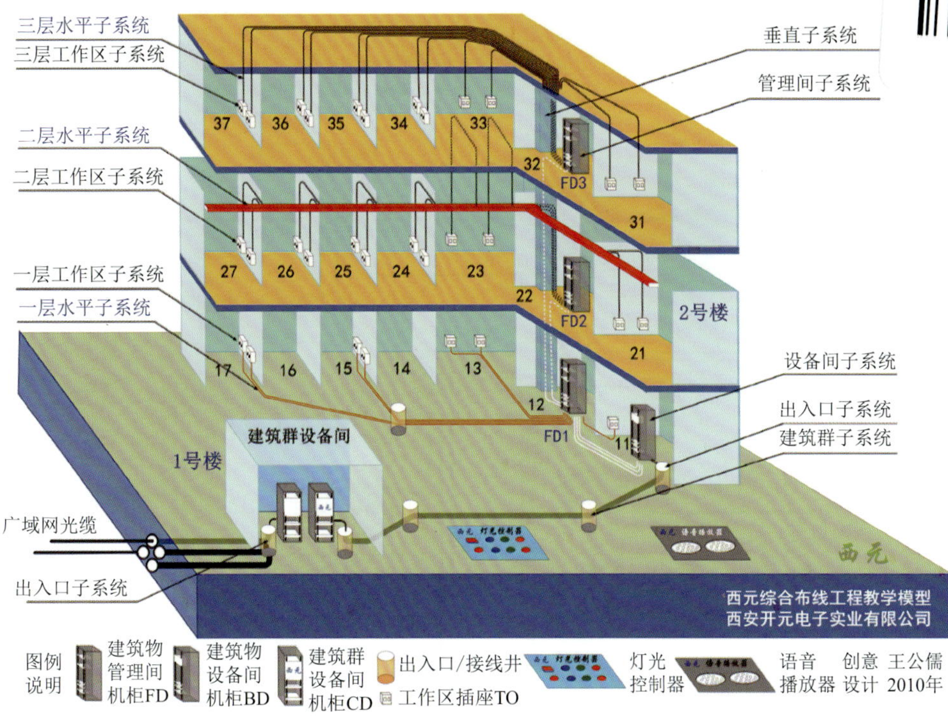

图1-1 西元综合布线工程教学模型

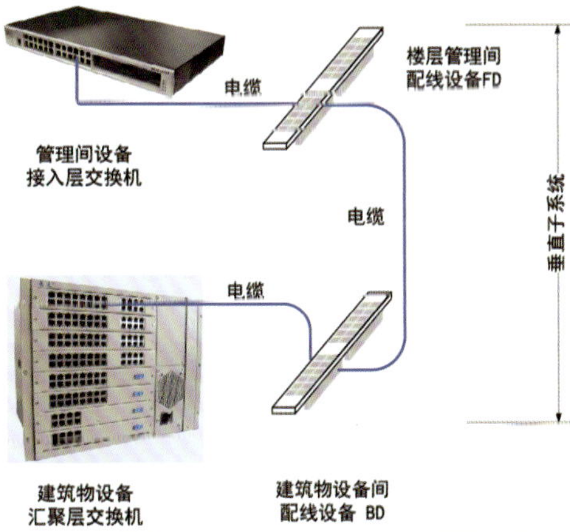

图1-11 垂直子系统原理图（电缆）

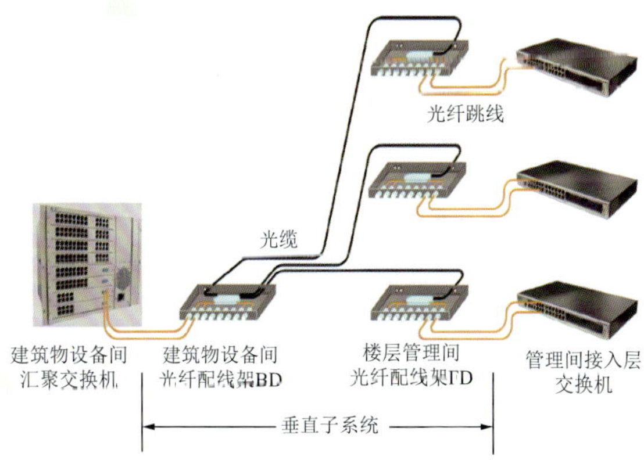

图1-12 垂直子系统原理图（光缆）

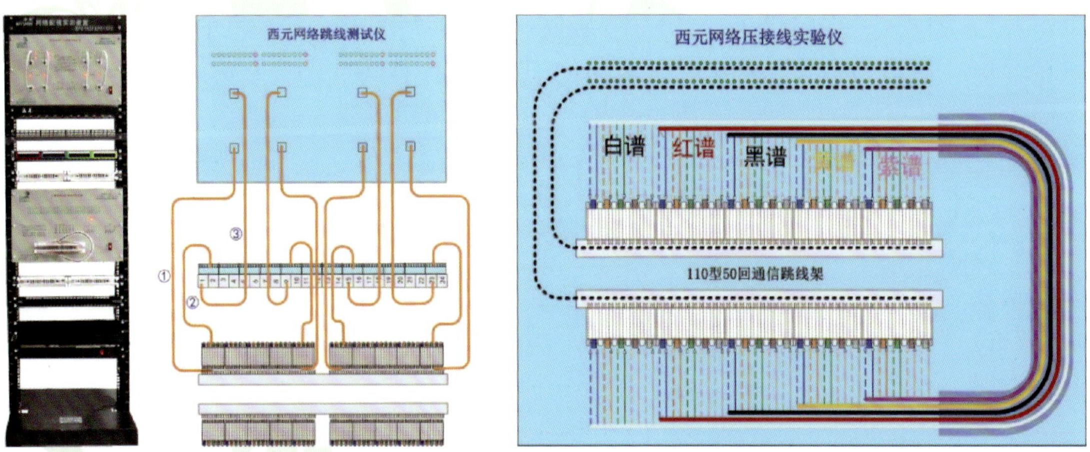

图1-32 西元第二代网络配线实训装置产品照片、永久链路和大对数电缆端接训练图

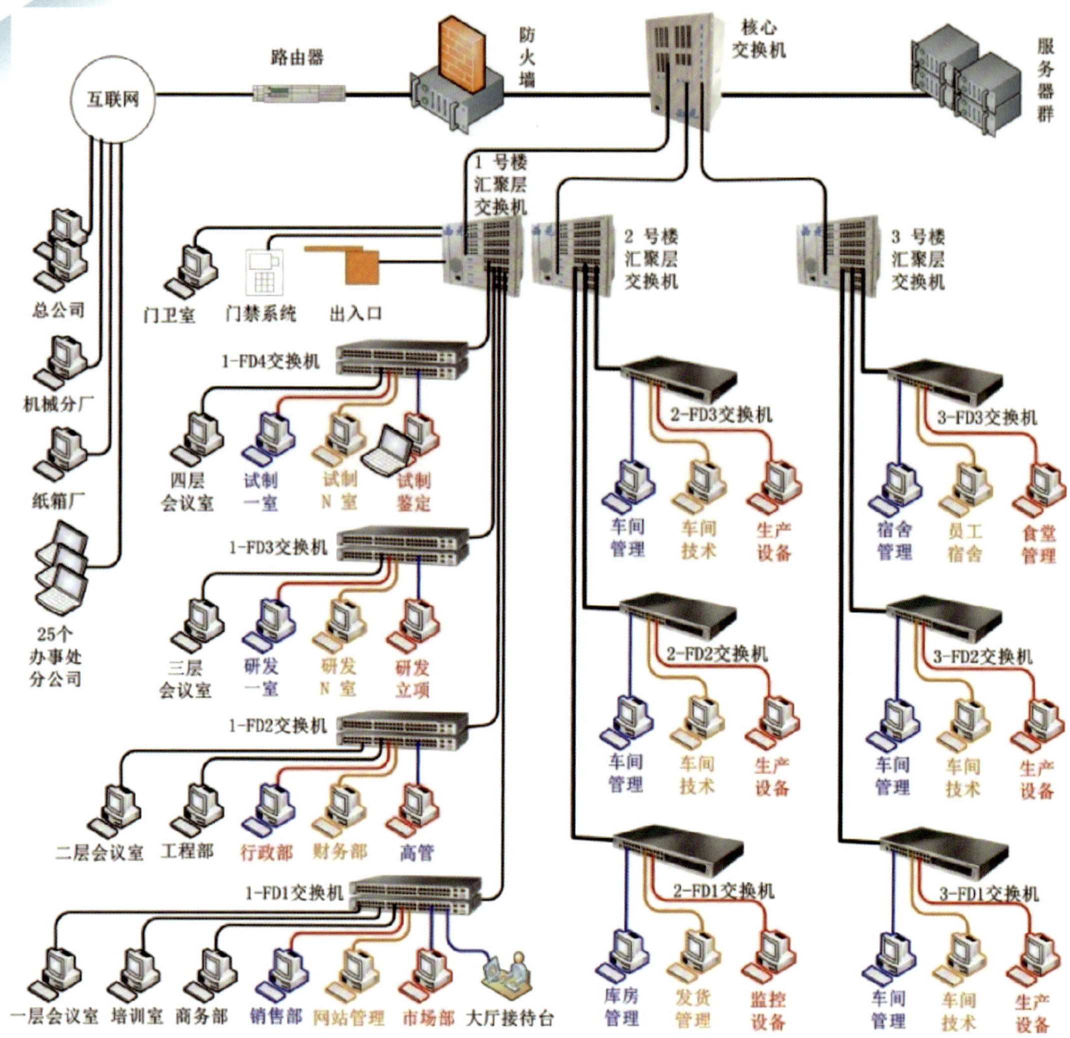

图1-36　西元集团网络应用拓扑图

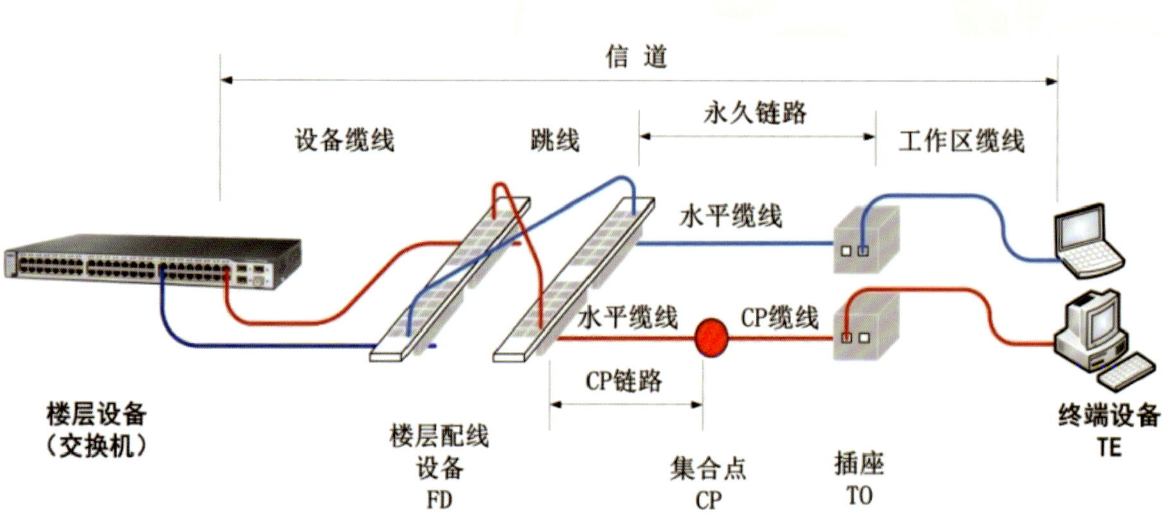

图3-3　综合布线系统信道、CP链路、永久链路示意图

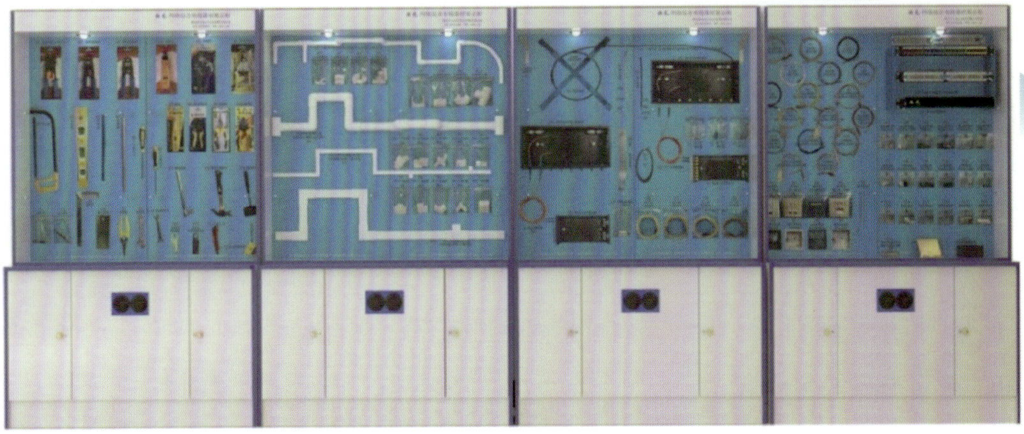

图4-1　“西元”综合布线工程常用器材和工具展示柜

图4-20　6U/UTP线对

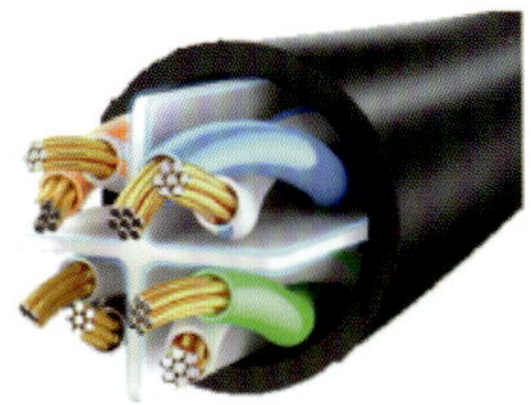

图4-21　线对扭绞结构

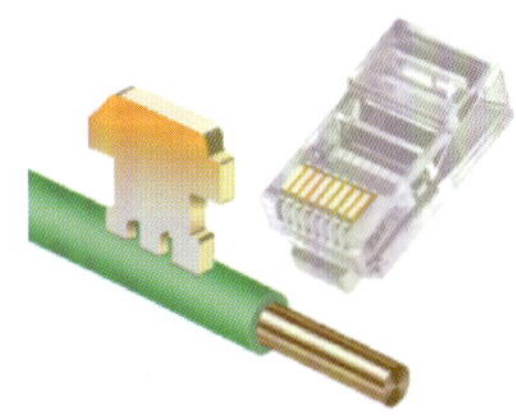

4-78　刀片工作原理图

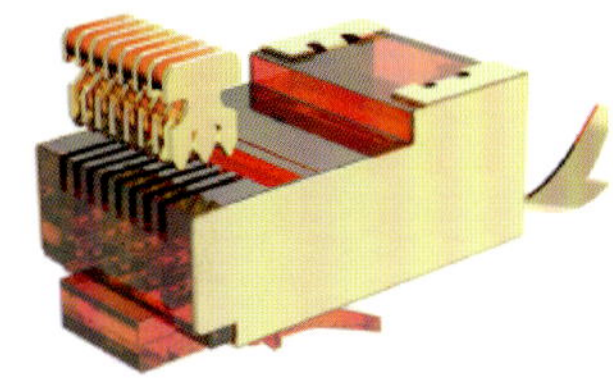

图4-95　3叉针刺

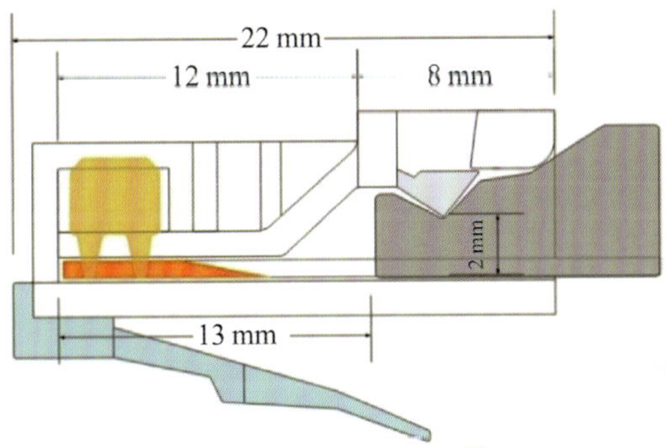

图4-69　水晶头压接结构图

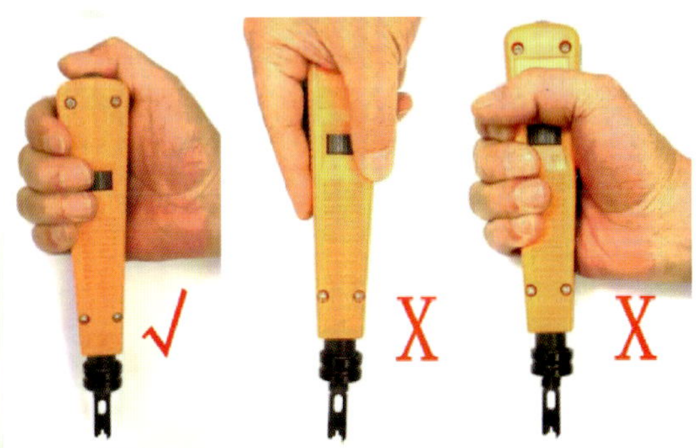

图4-228　单口打线钳的正确操作方法

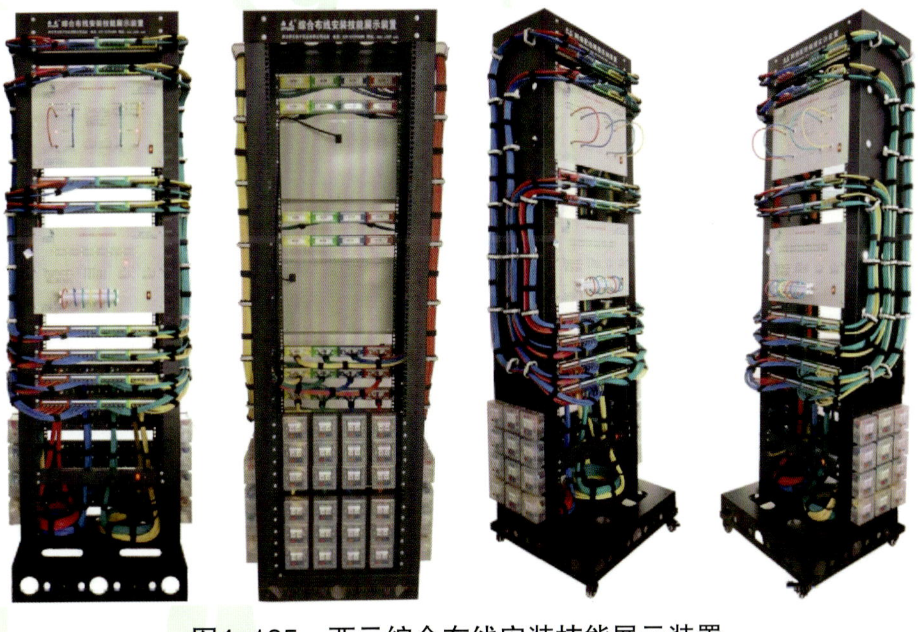

图4-185　西元综合布线安装技能展示装置

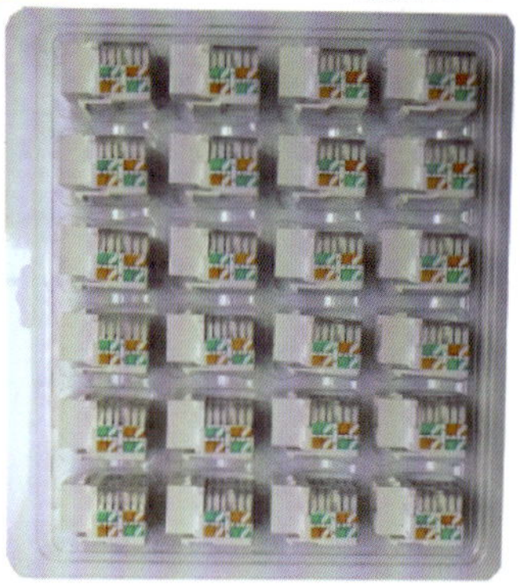

图4-48　非屏蔽模块包装盒

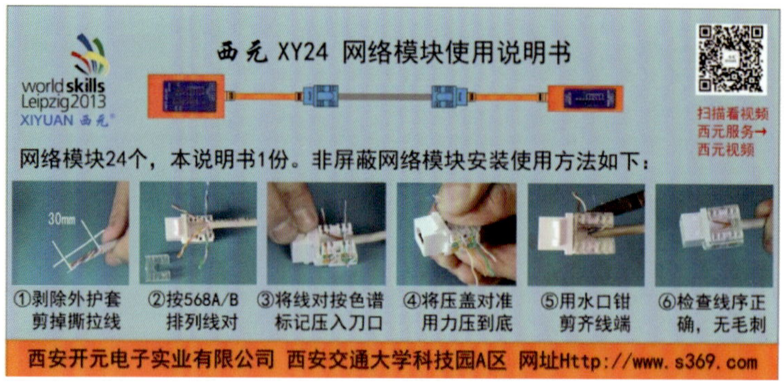

图4-49　产品使用说明书

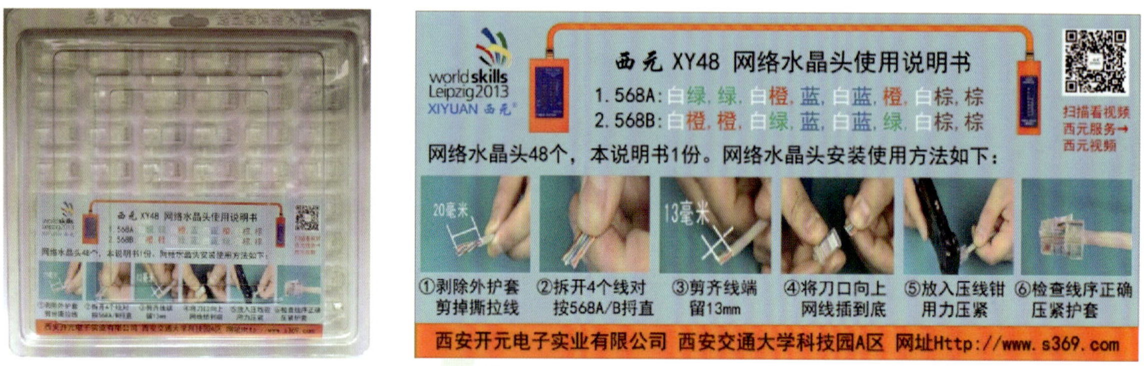

图4-106　水晶头包装盒与说明书

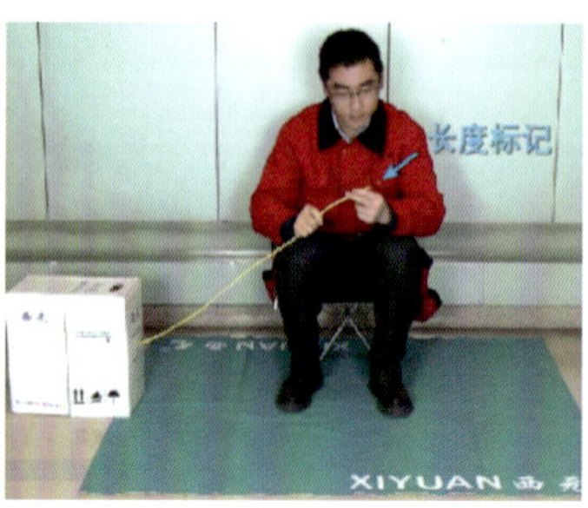

图6-39　检查标记

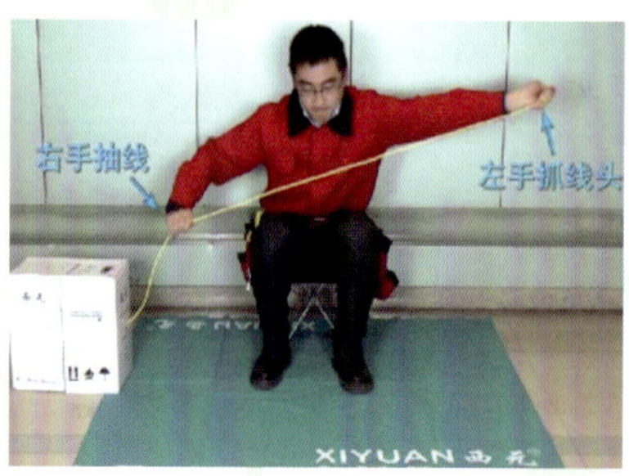

图6-40　抽线

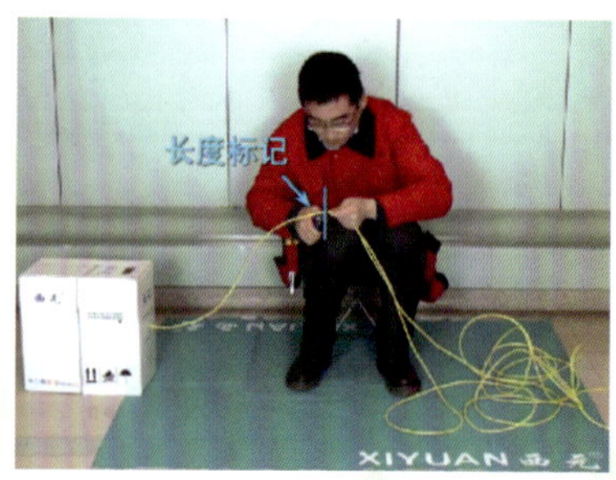

图6-41　剪线

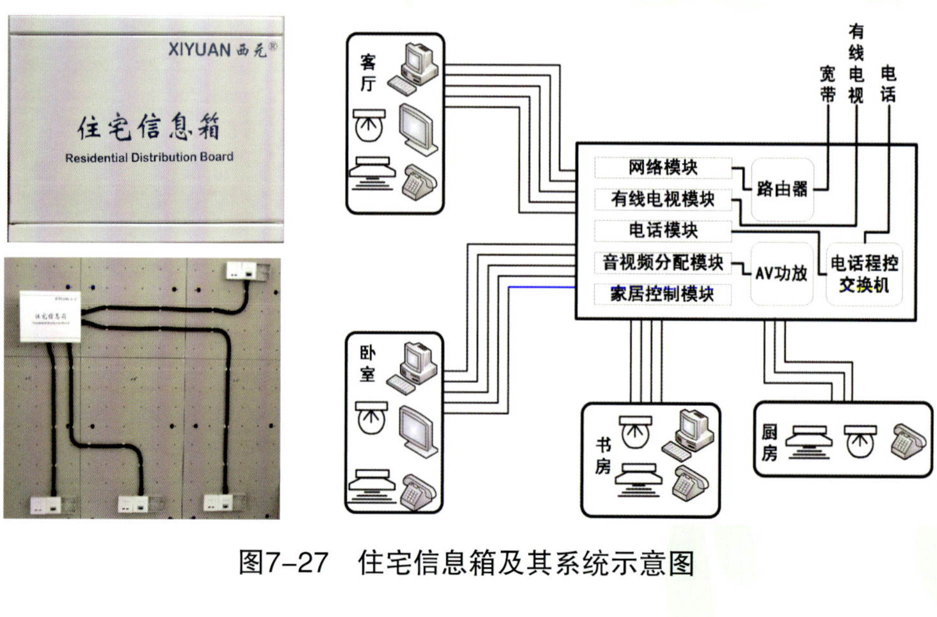

图7-27　住宅信息箱及其系统示意图

“十四五”高等职业教育计算机类专业规划教材

综合布线工程实用技术

（第3版）

ZONGHE BUXIAN GONGCHENG SHIYONG JISHU

王公儒　主　编
于　琴　艾　康　副主编

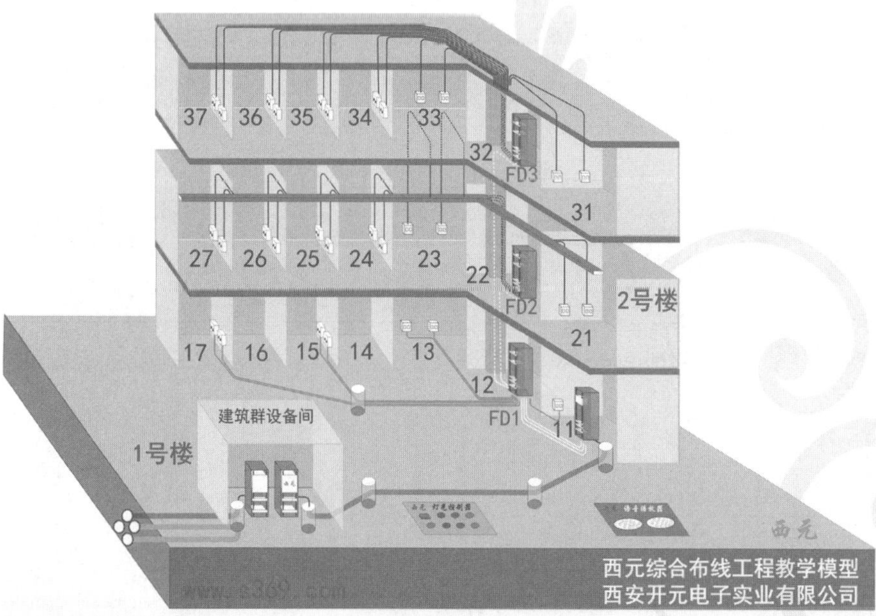

免费赠送：PPT课件、典型案例与工程经验Word版、习题Word版。

扫码观看：高清彩色照片、配套实训指导视频。

扫码下载：配套CAD或Visio原图，实训报告Word模板。

配套VR资源：PPT课件、高清彩色照片、实训项目与实操视频、习题。

增值VR资源：工程师讲标准、工程师授课、工程师讲案例、劳模传技能、互动练习、问卷星题库、扩展知识等。

中国铁道出版社有限公司
CHINA RAILWAY PUBLISHING HOUSE CO., LTD.

内 容 简 介

本书按照GB 50311—2016《综合布线系统工程设计规范》等现行国家标准及最新技术和教学实训与专业技能需求，在《综合布线工程实用技术》（第2版）的基础上，进行了重新编写，优化了3D教学模型，增加了国家标准的内容介绍和重点解读，全书共有配图600多张，用大量3D效果图和VR截图详细介绍了常用器材与安装施工技能等。全书以综合布线工程实用技术为重点，以CDIO工程教学方式，重点介绍了综合布线工程的规划设计、安装施工、测试验收和维护管理等内容，并给出各个子系统原理图和工程应用案例，形象生动地讲授理论知识、技能，内容翔实、丰富、典型，好学易记。

本书突出理论与工程实践相结合，教学实训与岗位技能考核相结合，预习和实训报告相结合。全书配套有彩色高清图、CAD或Visio原图，每个单元都有互动练习与习题，并且安排了13个典型案例，29个工程经验，15个实训。扫描书中二维码能够观看彩色高清图，下载CAD或Visio原图，下载习题、典型案例与实训的Word版，观看实训指导视频等。本书开创性地配套了VR教学实训资源，能够快速调用与切换多种配套资源，旋转和放大各种VR场景，实现了“教师轻松教、学生快乐学”的理念。

本书适合作为高职高专院校与培训机构的计算机网络类、计算机应用类、物联网类、智能建筑类等专业课的教学与实训教材，也可作为综合布线工程设计、施工安装与运维管理等专业技术人员的参考用书。

图书在版编目（CIP）数据

综合布线工程实用技术/王公儒主编. —3版. —北京:中国铁道出版社有限公司，2021.1（2024.8重印）
“十四五”高等职业教育计算机类专业规划教材
ISBN 978-7-113-27399-6

Ⅰ.①综… Ⅱ.①王… Ⅲ.①计算机网络-布线-技术-高等职业教育-教材 Ⅳ.①TP393.033

中国版本图书馆CIP数据核字(2020)第221458号

书　　名：综合布线工程实用技术
作　　者：王公儒

策　　划：翟玉峰　　**编辑部电话**：（010）51873135
责任编辑：汪　敏　徐盼欣
封面设计：付　巍
封面制作：刘　颖
责任校对：孙　玫
责任印制：樊启鹏

出版发行：中国铁道出版社有限公司（100054，北京市西城区右安门西街8号）
网　　址：https://www.tdpress.com/51eds/
印　　刷：河北宝昌佳彩印刷有限公司
版　　次：2011年3月第1版　2021年1月第3版　2024年8月第5次印刷
开　　本：880 mm×1 230 mm 1/16　**插页**：2　**印张**：22.25　**字数**：614千
印　　数：32 001 ～ 34 000册
书　　号：ISBN 978-7-113-27399-6
定　　价：59.80元

前言

《综合布线工程实用技术》第1版在2011年出版，第2版在2015年出版，连续印刷30次，销量超过15万册，全国近2 000所学校普遍使用，深受广大读者喜爱。本次第3版历时两年，进行了再次的市场调研和征求意见，在继承第2版主线和优点的基础上，对全书进行了重新编写。第一，优化了3D教学模型，更清楚地展现和描述了综合布线工程的各个子系统；第二，按照现行国家标准GB 50311—2016《综合布线系统工程设计规范》，进行了内容更新和调整，为了满足智慧城市、智能建筑和智能家居的运维与管理需要，增加了GB/T 50312—2016《综合布线系统工程验收规范》的关键内容，并且对生涩的标准词语和条款增加了图文解释，也为研究型读者提供了更多标准；第三，介绍了6_A类、7类等最新技术和设计原则、设计方法等工程实用技术应用，安排了13个典型案例；第四，更多地采用图文并茂的方式进行叙述，全书配图600多张，新增了部分VR截图和3D效果图，新增了大量二维码链接的高清图片、CAD或Visio原图，以及高清版视频，有助于教师轻松教、学生快乐学；第五，针对学生对口就业需求，安排了29个工程经验，13个习题，15个实训，15个实训报告，并且通过扫描二维码能够下载Word版进行再次创新和更多应用；第六，全书每个实训都有配套的实训操作视频，主要由劳动模范、技师或高级工等出镜操作，展示工匠精神和专业技能。

本书以快速培养专业工程师和高技能人才，掌握工程实用技术和积累工作经验为目的。各单元以相关国家标准涉及的理论知识为主线，讲述基本概念和应用案例；结合主编多年大型工程经验介绍了具体工作流程，给出了各个子系统的设计原则和安装要求，安排了很多典型设计案例；以积累工作经验和提高就业率为目标，安排了实训项目和工作经验等内容；以熟悉行业为目的，介绍了上海世博会、机场航站楼、政务网等行业典型应用案例。

本书具有理论知识与专业标准相结合、工程设计与典型案例相结合、实训质量与评判标准相结合、预习和实训报告相结合、专业技能与对口就业相结合的特点。本书安排的实训项目和实训设备与职业技能竞赛、综合布线系统安装与维护1+X证书等相结合，市场占有率超过90%，连续多年为全国技能大赛指定产品，部分产品为世界技能大赛指定产品，也是计算机类、物联网类、智能建筑类等专业必备的实训项目和实训设备，这些产品配套完善的产品手册、图文并茂的彩色说明书、国家标准、专业教材、PPT教学课件、实训视频、专业文化教学挂图、实训指导挂图、工程师认证培训、专业教学网站等软性资源，方便教学和实训，更多内容请登录www.s369.com查询。

全书按照CDIO工程教学模式，以综合布线工程项目流程为主线，每个单元首先介绍基本概念和原理图，其次给出工程项目工作流程和设计原则，以及具体安装施工步骤和方法，最后给出行业典型应用案例，在每个单元还列举了许多工程经验，增加了习题和实训项目等。全书共分13个单元。单元1、2主要通过可视化的3D教学模型让学生认识综合布线和掌握基本概念，熟悉常用工业标准；单元3主要介绍综合布线工程设计方法；单元4~10主要介绍综合布线工程各个子系统的设计和安装施工技术；单元11主要介绍工程项目测试与验收技术；单元12、13主要介绍工程招投标和项目管理。

在本书第3版的编著团队中，新增加了来自教学一线的杨兆平教授（江西农业工程职业学院）、董爱民教授（江苏建筑职业技术学院）、杨阳教授（天津电子信息职业技术学院）、白晓波教授（海南软件职业技术学院）等，突出了产教融合，特别增加具有丰富实践经验的西安市劳动模范纪刚技师、王涛工程师等，通过实操视频和工程经验展示劳模精神与工匠技能。主编王公儒（西安开元电子实业有限公司）规划了全书结构，重新编写了单元1、2、3、4，副主编于琴和艾康（西安开元电子实业有限公司）承担了主要编写工作，参编人杨兆平、董爱民、杨阳、白晓波编写或审核了部分章节，西安开元电子实业有限公司的王涛、蔡永亮、樊果、毋英凯、纪刚、李盼峰、叶文龙等参与了部分内容编写、典型案例整理、3D效果图设计、VR教学实训资源开发、习题和实训项目编写、视频制作等大量工作。

在本书编写过程中得到了陕西省智能建筑产教融合科技创新服务平台、西安市西元职业技能培训学校、西元职工书屋的支持，也参考了相关国家标准、专业杂志、厂家产品说明书和相关网站公开发表的文章，在此一并表示感谢。

由于综合布线技术是一个新兴综合性学科，快速发展并且应用广泛，书中存在不妥及疏漏在所难免，敬请广大读者指正或给出更好建议，帮助我们持续完善。欢迎加入50976037 QQ群交流与讨论，也欢迎通过电子邮件与编者进行探讨，编者E-mail: s136@s369.com。

本书配套有专门的VR教学实训资源，欢迎教师使用，读者在线学习。

王公儒

2020年11月

VR 教学实训资源简介和使用方法

新技术催生新教法，2018 年以来，本书主编王公儒带领团队持续探索和创新，把信息技术与教学内容、方法、资源和课堂教学组织深度融入，创新性地应用 VR 技术，开发了全新的 VR 教学实训资源。以 VR 技术手段，采用三维建模，将教材内容做成数字化资源，展示建筑结构与综合布线技术技能，局部放大，任意角度旋转，彩色场景，看得见知识点，能够重复学习，理实结合，实现轻松教，快乐学。

VR 教学实训资源丰富，源于教材优于教材，将教材的黑白照片以数字化彩色场景呈现，包括“工程师讲标准”“工程师讲设计”“工程师讲案例”“工程师授课”“技师技能展示”“问卷星答题”等。VR 资源能够快速切换教学场景，提高教学效率，寓教于乐，精准教学，快速掌握专业技能与工作经验。

1.《综合布线工程实用技术》（第 3 版）VR 教学实训资源内容如图 1 所示，一级目录导航图，如图 2 所示。

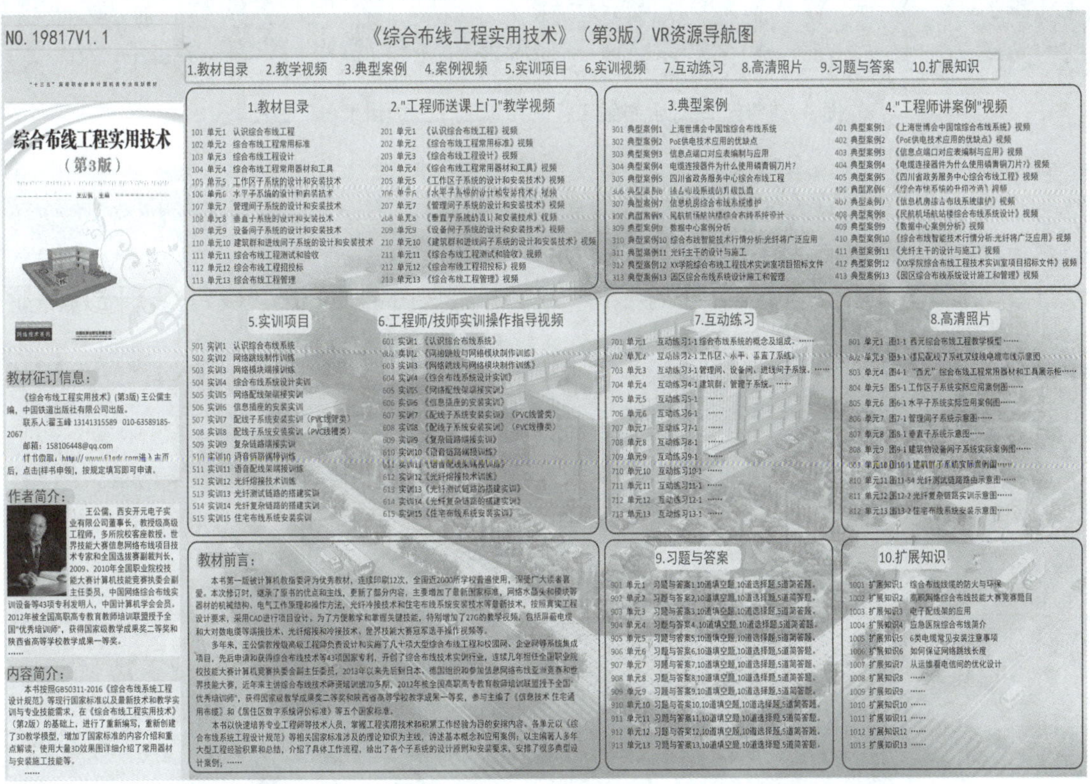

图 1 《综合布线工程实用技术》（第 3 版）VR 教学实训资源内容导航截图

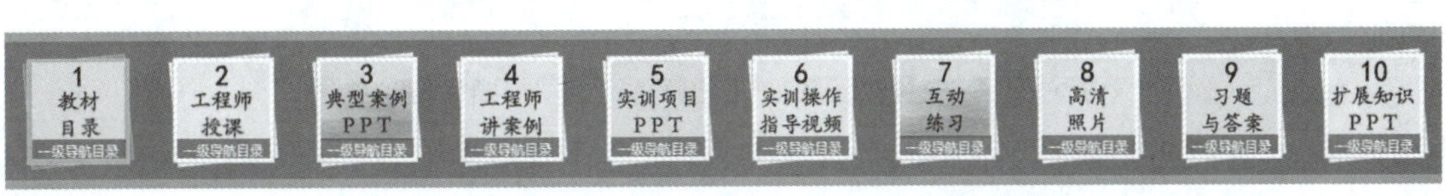

图 2 《综合布线工程实用技术》（第 3 版）VR 教学实训资源一级目录导航截图

2.《综合布线工程实用技术》（第 3 版）VR 教学实训资源二级目录导航图

图 3 所示为《综合布线工程实用技术》（第 3 版）VR 教学实训资源中，“工程师/技师实训操作指导视频”

二级目录导航截图。

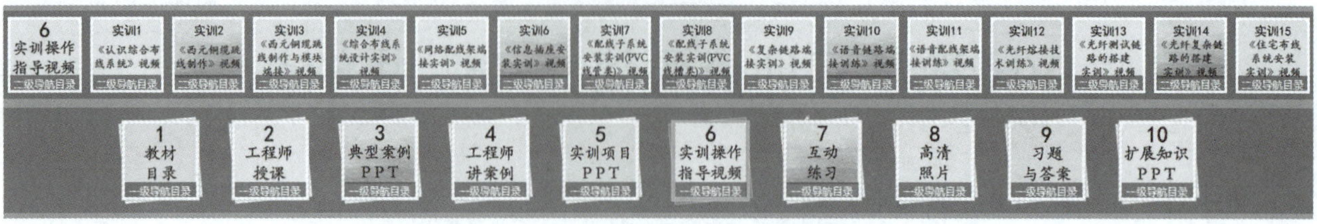

图 3 VR 教学实训资源中“工程师 / 技师实训操作指导视频”二级导航目录截图

3.《综合布线工程实用技术》（第 3 版）VR 教学实训资源三级目录导航图

图 4 所示为“单元 2- 综合布线工程常用标准”三级目录导航截图。

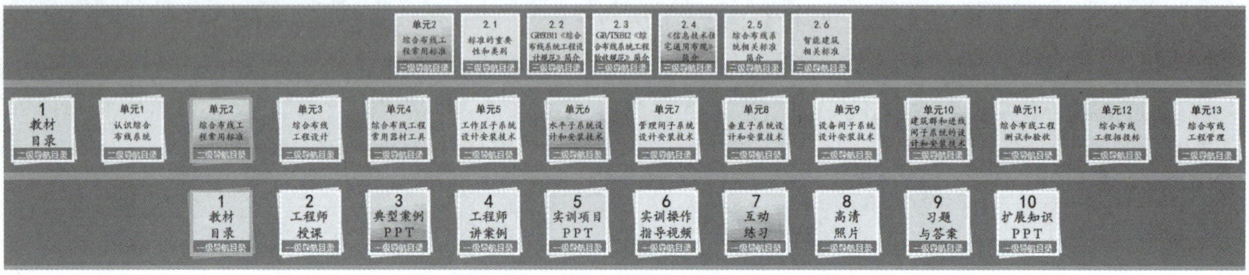

图 4 “单元 2- 综合布线工程常用标准”三级目录导航截图

4.《综合布线工程实用技术》（第 3 版）VR 教学实训资源使用方法

将本 VR 教学实训资源存入计算机硬盘或 U 盘（移动硬盘），插入配套加密狗，进入 VR 资源界面，选择并单击模块按钮就可以使用。下面举例说明使用方法。

（1）单击左侧教材封面的红色跳动“导航图”按钮，进入图 1 所示的 VR 教学实训资源导航图，可以看到该 VR 资源的全部一、二级目录。

（2）单击左下角“目录”按钮，显示图 4 所示的一、二、三级目录。滑动鼠标滚轮，目录左右移动，查看全部目录。再次单击“目录”按钮，全部目录隐藏。

（3）根据教学进度需要，选择并单击一级、二级或三级目录，出现该目录全部教学场景。例 1：单击“4 工程师讲案例”按钮，将出现 13 个典型案例按钮，如图 5 所示。例 2：单击“6 实训操作指导视频”按钮，将出现 15 个视频，如图 3 所示。滑动鼠标滚轮，目录左右移动，查看全部目录。

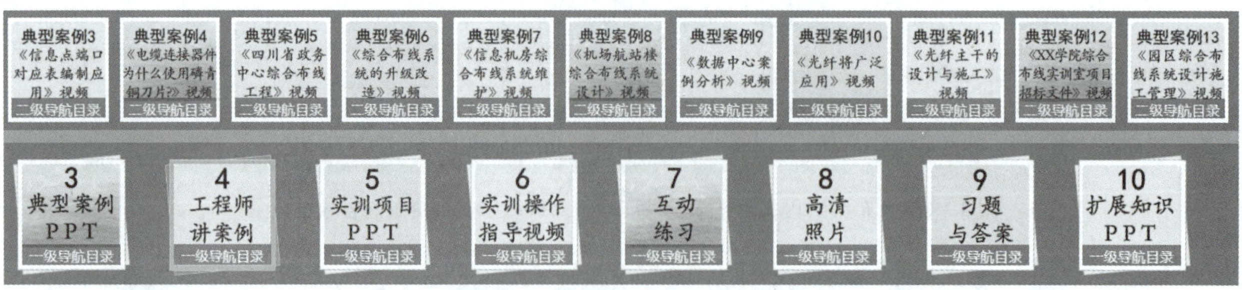

图 5 VR 教学实训资源中“工程师讲案例”视频目录截图

（4）该 VR 资源一级目录有 10 个，包括 1 教材目录、2 工程师授课、3 典型案例 PPT、4 工程师讲案例、5 实训项目 PPT、6 实训操作指导视频、7 互动练习、8 高清照片、9 习题与答案、10 扩展知识 PPT。该 VR 资源二级目录按照单元展开，三级目录按照章节展开。更多信息请扫描二维码体验。

目录

单元 1 认识综合布线工程

本单元通过西元综合布线工程教学模型，全面系统地介绍智能建筑中综合布线工程的各个子系统，认识综合布线工程，快速掌握综合布线工程基本结构和基本概念。

学习目标

掌握综合布线工程的规划和设计、安装和施工、测试和验收、维护和管理等基本技能和方法；通过每单元的练习题、典型行业应用案例、工程经验和实训项目等内容，掌握一定的岗位技能，积累工作经验。

1.1 综合布线系统概述

1.1.1 综合布线系统的基本概念

GB 50311—2016《综合布线系统工程设计规范》国家标准，在术语定义中，对“布线（cabling）”的定义为“能够支持电子信息设备相连的各种缆线、跳线、接插软线和连接器件组成的系统”。在系统构成中，定义为“综合布线系统应为开放式网络拓扑结构，应能支持语音、数据、图像、多媒体等业务信息传递的应用”。

结合标准定义，我们认为“综合布线系统就是用各种缆线、跳线、接插软线和连接器件构成的通用布线系统，能够支持语音、数据、图像、多媒体和其他控制信息技术的标准应用系统”。

现在，无论人们在学校学习，还是在办公室工作，或者在家里休闲上网时，都在使用综合布线系统，人们的生活已经与计算机网络和智能建筑密不可分。综合布线系统是信息系统的传输通道和基础，人们从计算机中获取的各种信息流都是通过综合布线系统传输的。

例如，在学校的教室或者宿舍上网时，都在使用校园网，校内全部计算机就是通过校园综合布线系统连接在一起的，也是通过综合布线系统的电缆和光缆传输各种文字、音乐、图片、视频等信息的。

1.1.2 综合布线系统是信息高速公路

互联网技术的快速发展推动了综合布线技术的发展，综合布线技术的普遍应用加速了互联网走进千家万户，综合布线系统就是信息高速公路，没有综合布线系统的普遍应用就没有互联网的普及和应用。近年来，随着物联网、大数据、云计算和5G等技术迅猛发展，再次加速了综合布线系统广泛应用，已经成为最基础的信息传输系统。

有研究表明，计算机网络系统的故障 70% 发生在综合布线系统，尤其在物联网和 5G 等新技术的自动驾驶、远程医疗、智能制造等主要应用中，可靠稳定的信息传输系统尤为重要，综合布线系统越来越重要。

1.1.3 综合布线系统是智能建筑的基础设施

综合布线系统已经成为智能建筑的主要信息传输系统，也是智能建筑的重要基础设施，它能使语音、数据、图像、通信设备、交换设备和其他信息管理系统彼此相连。综合布线系统也是信息网络集成系统的基础，它能够支持数据、语音及其图像等的传输，为计算机网络和信息通信系统提供了传输环境。

智能建筑设备监控系统、安全技术防范系统等普遍使用综合布线系统作为信息的传输介质。近年来，智能布线系统技术的应用又为智能建筑系统的集中监测、控制与管理打下了良好的基础。

综合布线系统是智能建筑和智慧建筑快速发展的重要基础和需求，没有综合布线技术的快速发展就没有智能建筑的普及和应用。例如，智能建筑一般包括计算机网络办公系统、楼宇设施控制管理系统、通信自动化系统、安全防范系统、停车场管理系统、出入口控制系统等，这些系统全部通过综合布线系统来传输和交流信息，以及传输指令和控制运行状态等。综合布线系统增加了智能建筑的先进性、方便性、安全性、经济性和舒适性等基本特征。

综合布线系统作为结构化的布线系统，综合和规范了通信网络、信息网络及控制网络的布线，为其相互间的信号交互提供通道，在智慧城市的信息化建设中有着极其广阔的使用前景。

1.2 初识综合布线系统

为了快速认识和掌握综合布线系统的基本原理和要点，我们以图 1-1 所示西元综合布线工程教学模型为例来讲述，该园区模型共有两栋建筑，其中 1 号楼为独立式建筑群设备间，也称园区网络中心，2 号楼为三层结构的智能建筑，实际用途为综合办公楼。请扫描“彩色高清图”二维码下载彩色高清图片。

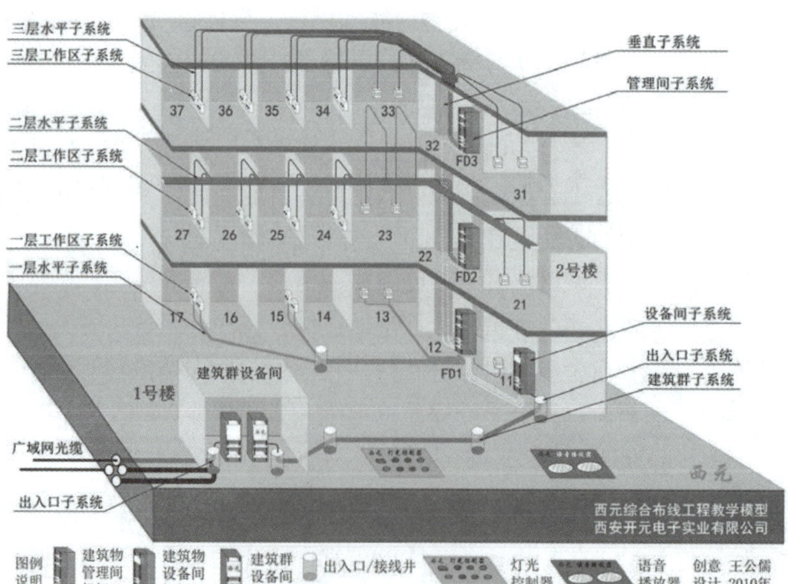

图 1-1 西元综合布线工程教学模型

彩色高清图

在 GB 50311—2016《综合布线系统工程设计规范》国家标准系统配置设计中，把综合布线系统的设计分为工作区、配线子系统、干线子系统、建筑群子系统、入口设施、管理系统等 6 部分。结合实际工程安装施工流程和步骤，为了方便教学与实训，我们把综合布线系统工程分解为如下 7 个子系统进行介绍。

（1）工作区子系统。对应标准中的工作区。

（2）配线子系统。包括水平子系统和管理间子系统。

（3）垂直子系统。对应标准中的干线子系统。

（4）建筑群子系统。对应标准中的建筑群子系统。

（5）设备间子系统。包括在标准的建筑群子系统中。

（6）进线间子系统。对应标准中的入口设施。

（7）管理子系统。对应标准中的管理系统。

从上述分解中可以看到，配线子系统包括了水平子系统和管理间子系统，同时在标准中，新增加了进线间子系统，主要是满足不少于三家运营商接入的需要，同时针对日常应用和管理需要，特别提出了综合布线系统工程管理的问题。图 1-2 所示为西元综合布线工程教学模型实物照片。请扫描“彩色高清图”二维码下载彩色高清图片。

彩色高清图

图 1-2　西元综合布线工程教学模型实物照片

1.2.1　工作区子系统

工作区子系统又称服务区子系统，它由跳线与信息插座所连接的设备组成。其中信息插座包括墙面型、地面型、桌面型等。图 1-3 所示为工作区子系统组成和应用案例。图 1-4 所示为建筑物工作区子系统和信息插座位置示意图。请扫描“彩色高清图”二维码下载彩色高清图片，用于 PPT 或投影播放。

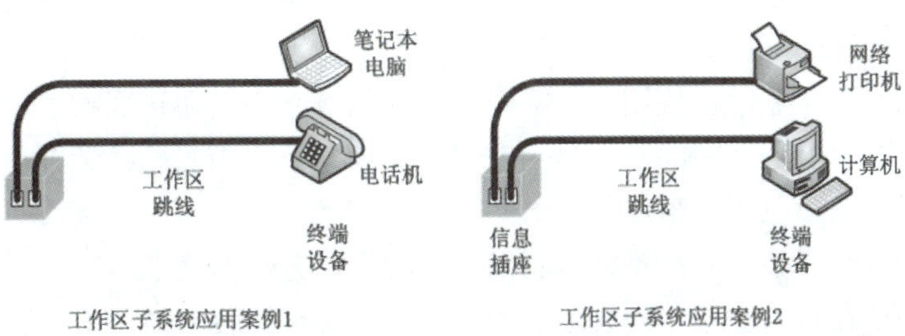

图 1-3　工作区子系统组成和应用案例

彩色高清图

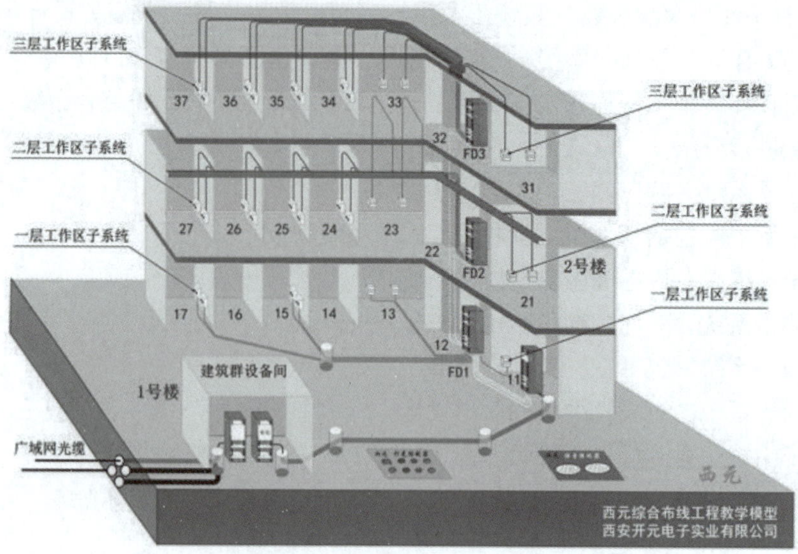

图 1-4　建筑物工作区子系统和信息插座位置示意图

人们在日常使用网络中，能够看到或者接触到的就是工作区子系统，例如，墙面或者地面安装的网络插座，终端设备跳线和计算机、打印机等。

在 GB 50311—2016《综合布线系统工程设计规范》第 2.1.4 条中，明确规定了综合布线系统工程中“工作区”的术语概念，工作区就是“需要设置终端设备的独立区域”。这里的工作区是指需要安装计算机、打印机、复印机、考勤机等网络终端设备的一个独立区域。在实际工程应用中，一个网络插口为一个独立的工作区，也就是一个网络模块对应一个工作区，而不是一个房间为一个工作区，在一个房间往往会有多个工作区。

在 GB 50311—2016《综合布线系统工程设计规范》第 2.1.30 条中，明确规定“多用户信息插座”就是“工作区内若干信息插座模块的组合装置”。常见的方式为一个插座底盒上安装一个双口面板和两个信息模块，在工程实际应用中，为了降低工程造价，通常使用双口插座，有时为双口网络模块，有时为双口语音模块，有时为 1 口网络模块和 1 口语音模块组合成多用户信息插座。

1.2.2　水平子系统

水平子系统在综合布线工程中范围广，距离长，因此非常重要。水平子系统不仅线管和缆线材料用量大，成本往往占到工程总造价的 50% 以上，而且布线距离长、拐弯多，施工复杂，直接影响工程质量。水平子系统在 GB 50311—2016 国家标准中属于配线子系统，以往资料中也称水平干线子系统。图 1-5 所示为水平子系统组成和应用案例，一层 11 ~ 17 号房间的水平缆线采用地面暗埋管布线方式，二层 21~27 号房间的水平缆线采用楼道桥架和墙体暗埋管布线方式，三层 31~37 号房间的水平缆线采用吊顶布线方式。请扫描“彩色高清图”二维码下载彩色高清图片，用于 PPT 或投影播放。

水平子系统一般由工作区信息插座模块、水平缆线、配线架等组成。实现工作区信息插座和管理间子系统的连接，包括所有缆线和连接硬件，水平子系统一般使用双绞线电缆，常用的连接器件有信息模块、面板、配线架、跳线架等附件。

图 1-6 所示为水平子系统原理图，实际上就是永久链路，它在建筑物土建阶段埋管，安装阶段首先穿线，然后安装信息模块和面板，最后在楼层管理间机柜内与配线架进行端接。请扫描“彩色高清图”二维码下载彩色高清图片，用于 PPT 或投影播放。

图 1-7 所示为水平子系统布线路由示意图，这种设计方式的优点是工作区信息插座与楼层管理间配线架在同一个楼层，穿线、安装模块和配线架端接等比较方便，检测和维护也很方便；缺点是穿线路由长，使用材料多，成本高，拐弯多，穿线时拉力大，对施工技术要求高。

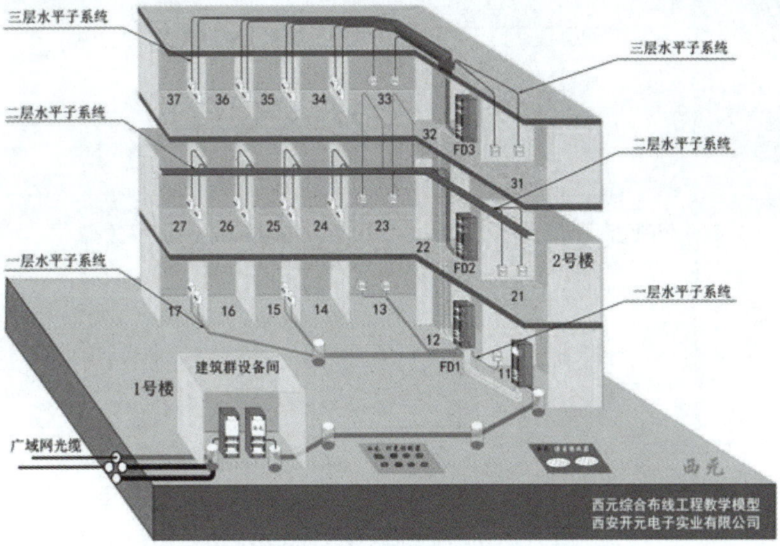

图 1-5 水平子系统组成和应用案例

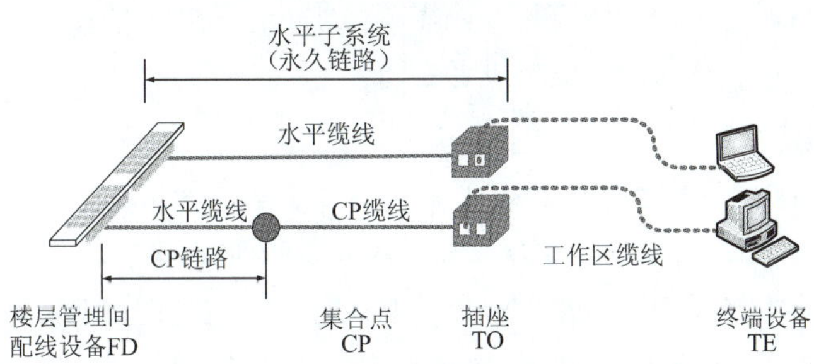

图 1-6 水平子系统原理图

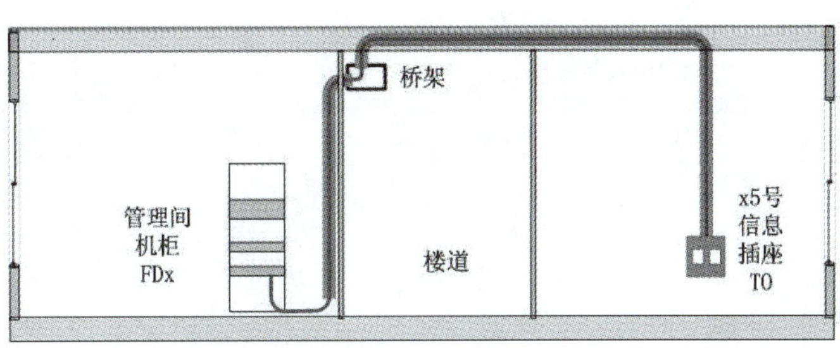

图 1-7 水平子系统布线路由示意图

图 1-8 所示为另一种水平子系统布线路由示意图。我们看到一层“15 号信息插座 TO”的水平缆线布线路由，采用地面暗埋管布线方式，一层信息点对应的管理间机柜也在一层。二层“25 号信息插座 TO”的水平缆线布线路由采用“垂直竖管 + 承重梁 + 楼板暗埋管”的布线方式，二层信息点对应的管理间机柜不在二层，而是在一层。就整栋楼来说，不仅减少了一个机柜，而且布线路由最短，比图 1-7 所示布线路由缩短了约 2.5m，拐弯也最少，与图 1-7 所示布线路由相比减少了 U 字形拐弯。

对比以上两种布线路由，图 1-8 所示设计方式的优点是穿线路由比较短，材料用量少，成本低，拐弯少，穿线时拉力也比较小；缺点是工作区信息插座与楼层管理间配线架不在同一个楼层，一般“*X*”层信息插座的对应管理间配线架和设备在 *X*-1 层。由于跨越了一个楼层，模块安装和配线架端接等不方便，后期检测和维护不方便。这种布线路由在施工时需要对讲机，以方便两个楼层安装人员沟通。

彩色高清图

彩色高清图

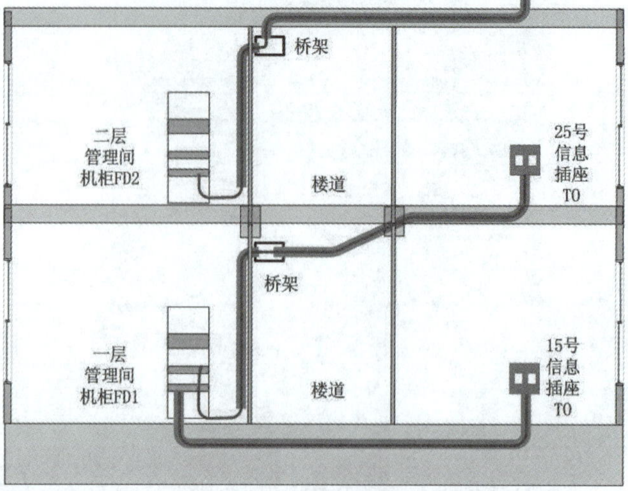

图 1-8　水平子系统布线路由示意图

在综合布线工程中,水平子系统一般使用非屏蔽双绞线电缆,能支持大多数现代化通信设备。对于工厂生产车间等有磁场干扰的建筑物，或需要保密的建筑物一般使用屏蔽双绞线电缆。在需要高带宽应用时也可以用屏蔽双绞线电缆或者光缆。

1.2.3　垂直子系统

在 GB 50311—2016 国家标准中，把垂直子系统称为干线子系统，为了便于理解和工程行业习惯叫法，我们把它仍然称为垂直子系统。图 1-9 所示为垂直子系统的组成和应用案例，我们看到该教学模型中的垂直子系统从一层 12 号房间垂直向上，经过二层的 22 号房间，到达三层的 32 号房间。图 1-10 所示为建筑物竖井中安装的垂直子系统桥架。请扫描“彩色高清图”二维码下载彩色高清图片，用于 PPT 或投影播放。

彩色高清图

彩色高清图

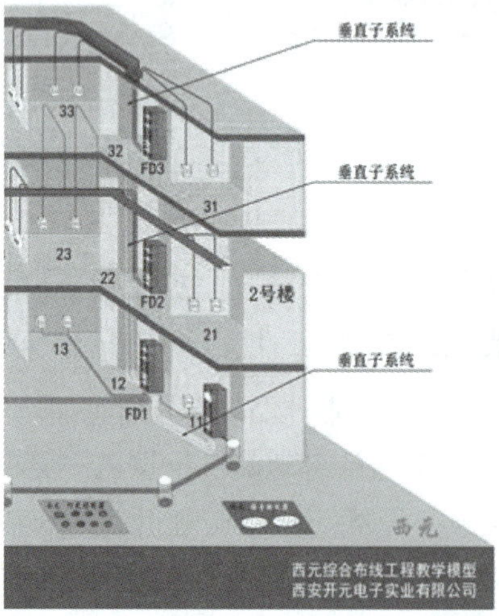

图 1-9　垂直子系统的组成和应用案例

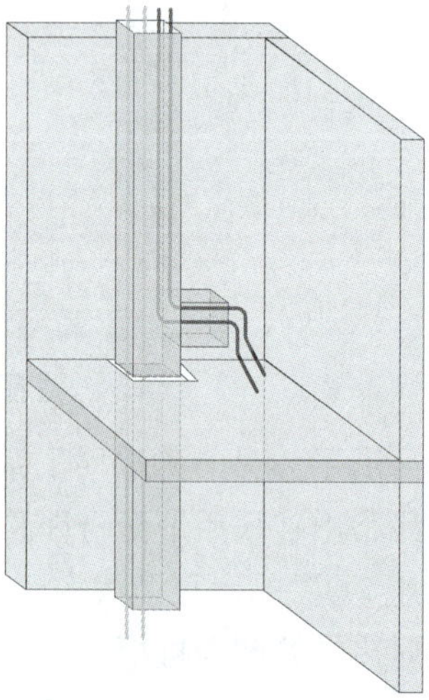

图 1-10　垂直子系统桥架

垂直子系统是把建筑物各个楼层管理间的配线架，连接到建筑物设备间的配线架，也就是负责连接管理间子系统到设备间子系统，实现主配线架与中间配线架的连接。从图 1-11 和图 1-12 所示原理图可以看到，该子系统由管理间配线架 FD、设备间配线架 BD 及它们之间连接的缆线组成。这些缆线包括双绞线电缆和光缆。一般这些缆线都是垂直安装的，因此在工程中通常称为垂直子系统。请扫描“彩色高清图”二维码下载彩色高清图片,用于 PPT 或投影播放。请扫描“Visio 图”二维码下载 Visio 版原图，自行设计更多布线方案。

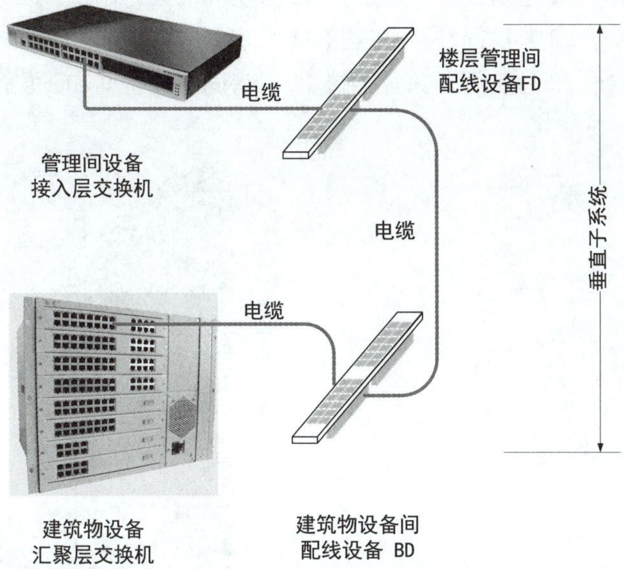

图 1-11　垂直子系统原理图（电缆）

彩色高清图

Visio 图

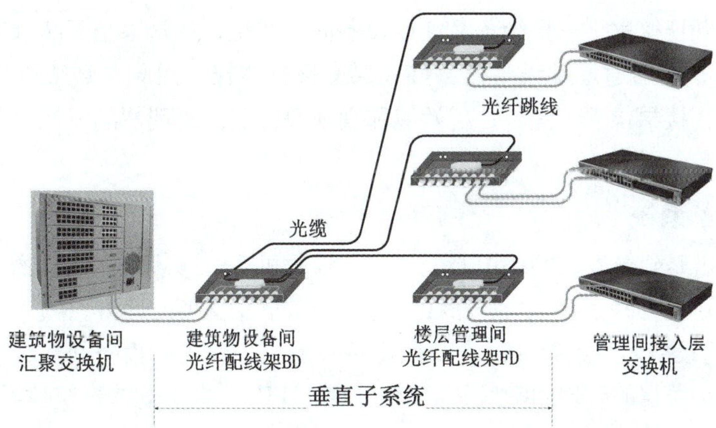

图 1-12　垂直子系统原理图（光缆）

彩色高清图

Visio 图

垂直子系统布线路由的走向必须选择缆线最短、最安全和最经济的路由，同时考虑未来扩展需要。垂直子系统在系统设计和施工时，一般应该预留一定的缆线做冗余信道，这对于综合布线系统的可扩展性和可靠性来说十分重要。

1.2.4　管理间子系统

管理间子系统也称电信间或者配线间，是专门安装楼层机柜、配线架、交换机的楼层管理间。一般设置在每个楼层的中间位置，主要安装建筑物楼层配线设备。管理间子系统也是连接垂直子系统和水平干线子系统的设备。当楼层信息点很多时，可以设置多个管理间。

新建建筑物弱电设计时应该考虑独立的弱电井，将综合布线系统的楼层管理间设置在弱电井中，每个楼层之间用金属桥架连接，管理间应该有可靠的综合接地排，管理间门宽度大于 0.9 m，外开，同时考虑照明和设备电源插座。图 1-13 所示为独立式管理间示意图。图 1-14 所示为管理间子系统应用案例。请扫描“彩色高清图”二维码下载彩色高清图片，用于 PPT 或投影播放。

对于信息点较少或者基本型综合布线系统，也可以将楼层管理间设置在房间的一个角或者楼道内，如果管理间在楼道时必须使用壁挂式机柜。

图 1-14 所示为管理间子系统应用案例，为了节约空间，将管理间设置在房间的一个区域。

（1）一层管理间位于 12 号房间，并且连接 11 号房间的设备间和一层水平子系统。

（2）二层管理间位于 22 号房间，并且连接 11 号房间的设备间和二层水平子系统。

（3）三层管理间位于 32 号房间，并且连接 11 号房间的设备间和三层水平子系统。

彩色高清图

彩色高清图

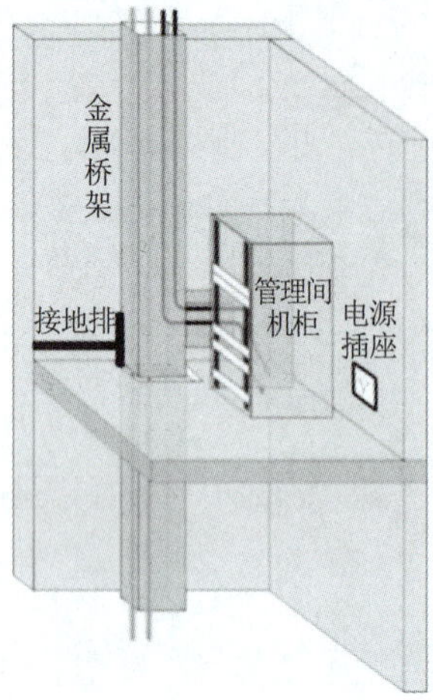

图 1–13　独立式管理间示意图

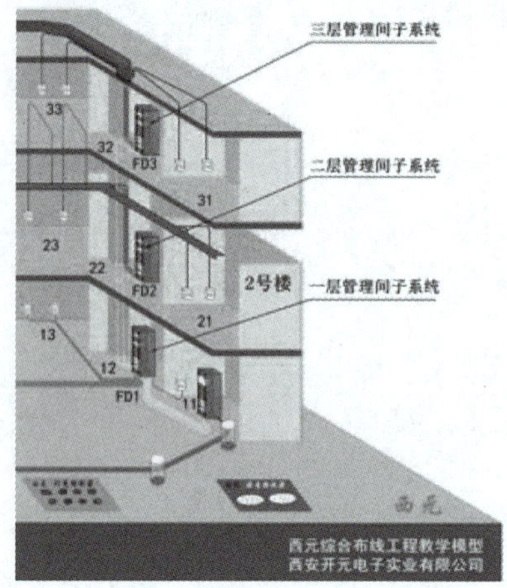

图 1–14　管理间子系统应用案例

管理间子系统既连接水平子系统，又连接设备间子系统，从水平子系统过来的电缆全部端接在管理间配线架中，然后通过跳线与楼层接入层交换机连接，因此，必须有完整的缆线编号系统，如建筑物名称、楼层位置、区号、起始点和功能等标志。管理间的配线设备应采用色标区别各类用途的配线区。

1.2.5　设备间子系统

设备间子系统就是建筑物的网络中心，也称建筑物机房。一般智能建筑物都有一个独立的设备间，因为它是对建筑物的全部网络和布线进行管理和信息交换的地方。

图 1–15 所示为设备间子系统原理，从图中可以看到，建筑物设备间配线设备 BD 通过电缆向下连接建筑物各个楼层的管理间配线架 FD1、FD2、FD3，向上连接建筑群汇聚层交换机。

彩色高清图

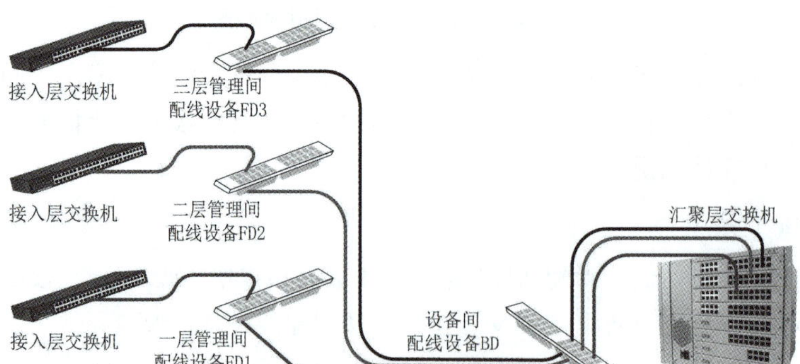

图 1–15　设备间子系统原理

图 1–16 所示为设备间子系统应用案例，设备间位于建筑物一层右侧的 11 号房间，与一层管理间 12 号房间相邻，这样不仅布线距离短，而且维护和管理方便。设备间缆线通过 11~12 号房间的地埋管布线到一层管理间，再通过从 12~32 号房间的垂直桥架系统分别布线到二层管理间和三层管理间。请扫描“彩色高清图”二维码下载彩色高清图片，用于 PPT 或投影播放。

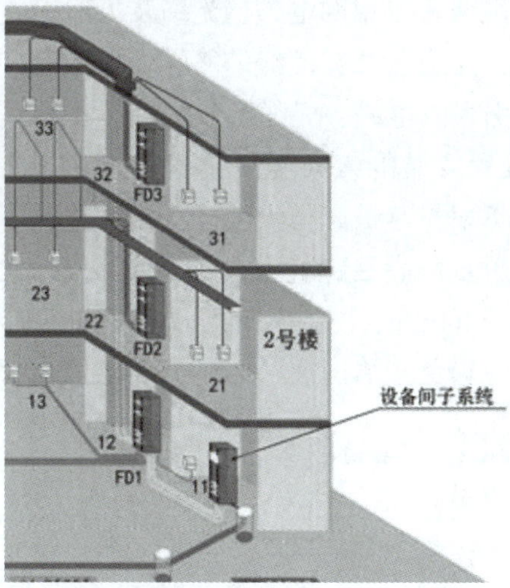

图 1-16　设备间子系统应用案例

彩色高清图

综合布线系统设备间的位置设计非常重要，因为各个楼层管理间信息只有通过设备间才能与外界连接和信息交换，也就是全楼信息的出口和入口部位。如果设备间出现故障，将会影响全楼信息交流。设备间设计时一般应该预留一定的缆线做冗余信道，这一点对于综合布线系统的可扩展性和可靠性来说十分重要。

1.2.6　进线间子系统

进线间是建筑物外部通信和信息管线的入口部位，并可作为入口设施和建筑群配线设备的安装场地。进线间是 GB 50311—2016 国家标准在系统设计内容中专门增加的，要求在建筑物前期系统设计中要增加进线间，满足不少于三家运营商需要，避免一家运营商自建进线间后独占该建筑物的宽带接入业务。进线间一般通过地埋管线进入建筑物内部，宜在土建阶段实施。

图 1-17 所示为进线间子系统原理，从图中可以看到，入口光缆经过室外预埋管道，直接布线进入进线间，并且与尾纤熔接，端接到入口光纤配线架，然后用光缆跳线与汇聚交换机连接。出口光缆的连接路由为，把与汇聚交换机连接的光纤跳线端接到出口光纤配线架，然后用尾纤与出口光缆熔接，通过预埋的管道引出到其他建筑物。请扫描“彩色高清图”二维码下载彩色高清图片，用于 PPT 或投影播放。

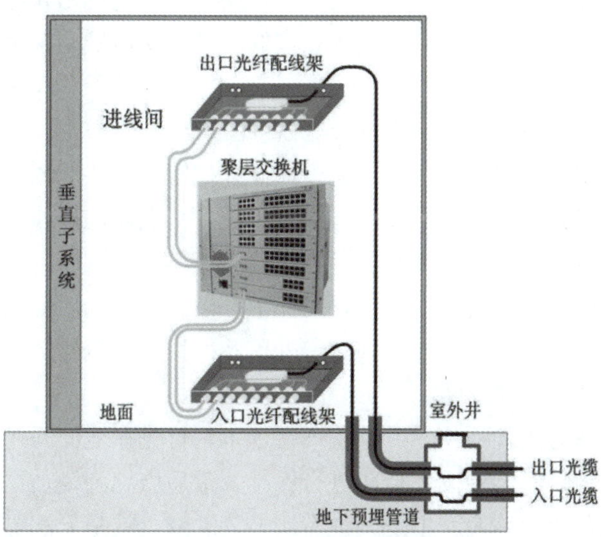

图 1-17　进线间子系统原理

彩色高清图

建筑群主干电缆和光缆、公用网和专用网电缆、光缆及天线馈线等室外缆线进入建筑物时，应在进线间成端转换成室内电缆、光缆，并在缆线的终端处可由多家电信业务经营者设置入口设施，入口设施中的配线设备应按引入的电缆、光缆容量配置。

电信业务经营者在进线间设置安装的入口配线设备应与BD或CD之间敷设相应的连接电缆、光缆，实现路由互通。缆线类型与容量应与配线设备相一致。

在进线间缆线入口处的管孔数量应满足建筑物之间、外部接入业务及多家电信业务经营者缆线接入的需求，并应留有不少于4孔的余量。图1-18所示为进线间（出入口）子系统实际应用案例。请扫描“彩色高清图”二维码下载彩色高清图片，用于PPT或投影播放。

彩色高清图

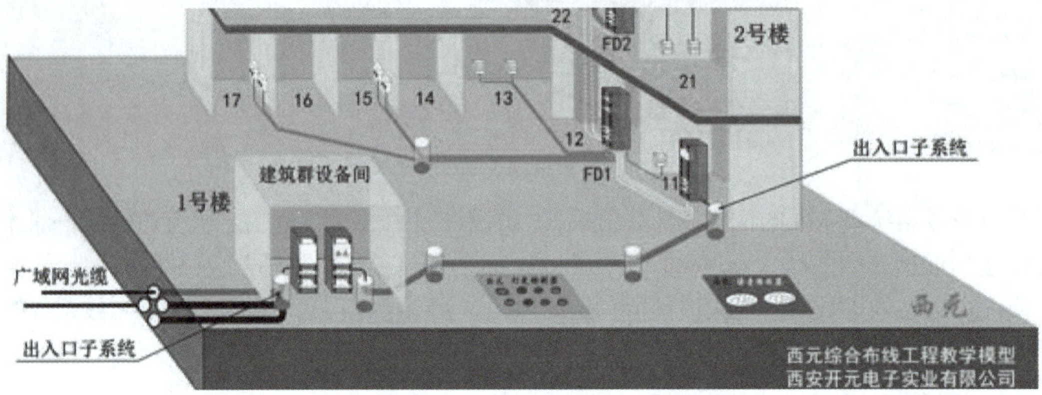

图1-18　进线间（出入口）子系统应用案例

1.2.7　建筑群子系统

建筑群子系统也称楼宇子系统，主要实现建筑物与建筑物之间的通信连接，一般采用光缆并配置光纤配线架等相应设备，它支持楼宇之间通信所需的硬件，包括缆线、端接设备和电气保护装置。设计时应考虑布线系统周围的环境，确定建筑物之间的传输介质和路由，并使线路长度符合相关网络标准规定。图1-19所示为建筑群子系统原理。请扫描“彩色高清图”二维码下载彩色高清图片。

从图1-19中可以清楚地看出该园区三栋建筑物之间的建筑群子系统的连接关系。1号建筑群为园区网络中心，将入园光缆与建筑群光纤配线架连接，然后通过多模光缆跳线连接到核心交换机光口，再通过核心交换机和多模光缆跳线分别连接到2号建筑物和3号建筑物设备间的光缆跳线架，最后再通过多模光缆跳线分别连接到相应的汇聚层交换机。各个建筑物之间通过室外光缆连接。

在建筑群子系统中室外缆线敷设一般有管道、直埋、架空、三种方式。下面介绍它们的优缺点。

（1）管道方式。在室外工程建设中，首先在地面开挖地沟，然后预布线埋管道，拐弯或者距离很长时在中间增加接线井，方便布线时拐弯或者拉线。两端通过接线井与建筑物进线间贯通。图1-20所示为建筑群子系统室外地埋管道应用案例。

管道方式的优点是能够对缆线提供比较好的保护，敷设容易，后期更换和维修及扩充比较方便，可以抽出旧的缆线，更换新的缆线，同时室外美观。目前城镇建筑群子系统基本采取这种方式。其缺点就是初期投资比较高。

（2）直埋方式。地埋方式就是将光缆直接埋在地下，首先在地面开挖沟槽，铺设沙子，安放光缆，铺设沙子保护光缆，然后铺设一层砖进行保护，最后填埋沟槽。这种方式的优点就是前期投资低和美观，以前应用比较普遍。但是其也有明显的缺点，就是无法更换和扩充，维修时需要开挖地面，目前在城镇建筑群子系统已经很少应用，只在长距离的城际网或者要求降低成本的情况下应用。

彩色高清图

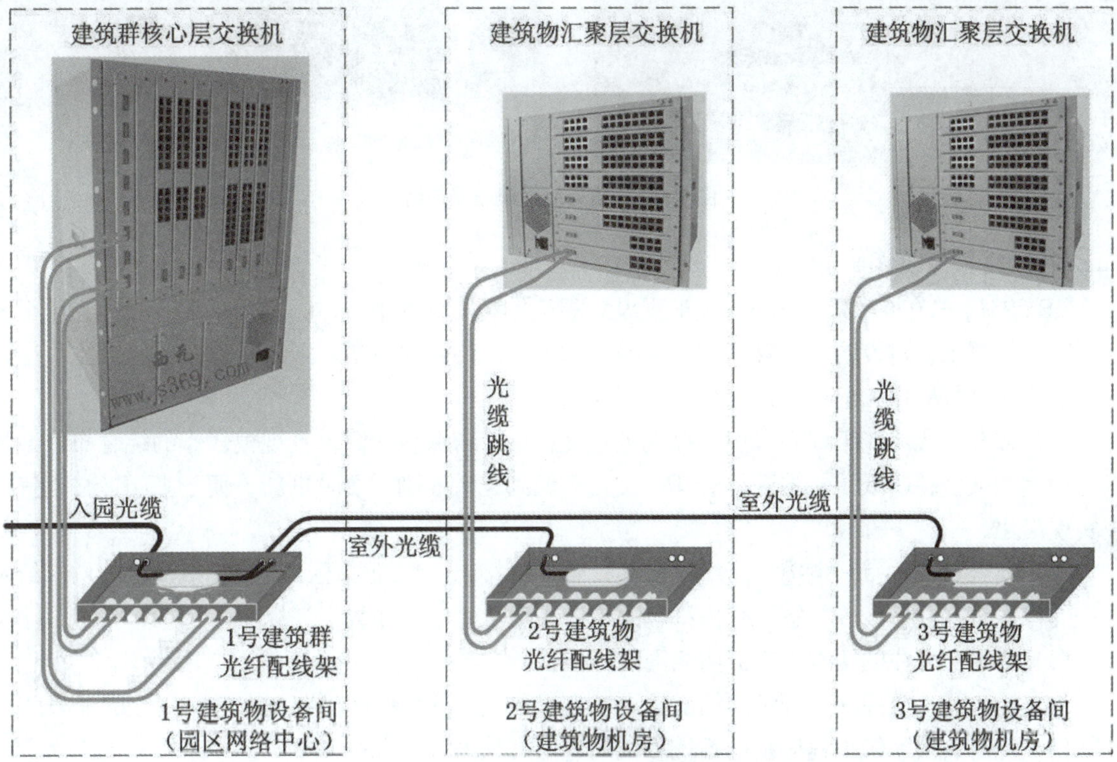

图 1-19　建筑群子系统原理

彩色高清图

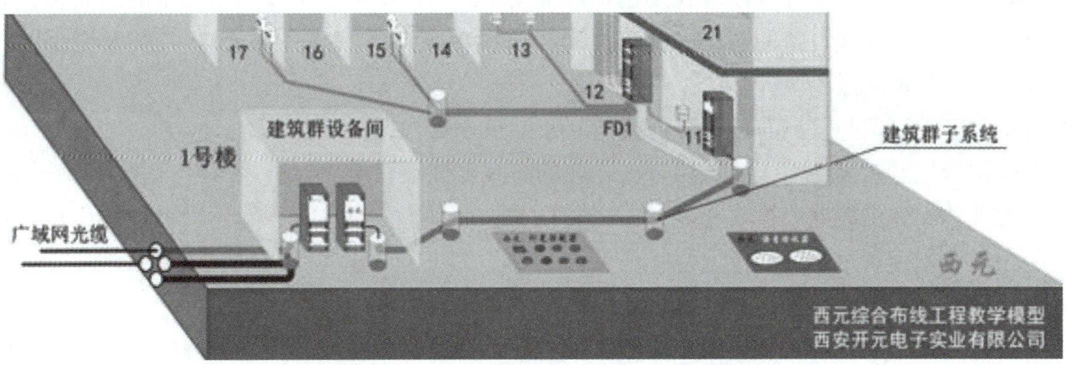

图 1-20　建筑群子系统室外地埋管道应用案例

（3）架空方式。架空方式成本低、施工快，曾经非常普及。但是架空方式安全可靠性低，不美观，而且需要有安装条件和路径。目前各大城市和园区都在开展架空缆线入地工程，因此架空方式一般不再采用。

2016 年 8 月 26 日发布的中华人民共和国住房和城乡建设部公告第 1292 号明确规定，GB 50311—2016《综合布线系统工程设计规范》国家标准第 8.0.10 条为强制性条文，必须严格执行，其内容为“当电缆从建筑物外面进入建筑物时，应选用适配的信号线路浪涌保护器”。电缆配置浪涌保护器的目的是防止雷电通过室外电缆线路进入建筑物内部，击穿或者损坏网络系统设备。图 1-21 所示为适合超五类系统使用的信号线路浪涌保护器。

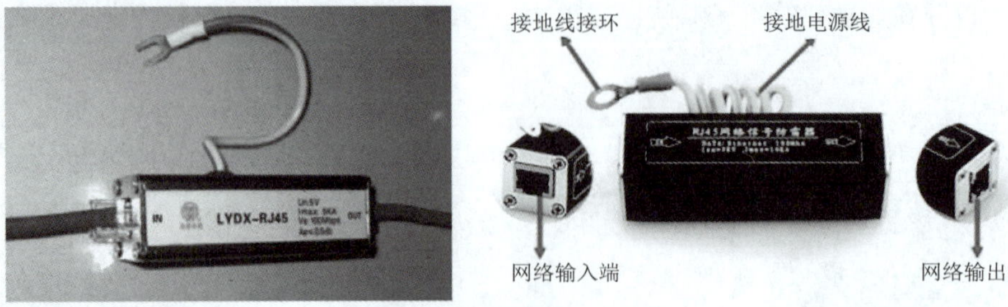

图 1-21 信号线路浪涌保护器

1.2.8 管理子系统

GB 50311—2016《综合布线系统工程设计规范》国家标准中，专门提出了综合布线系统工程的管理系统要求，对设备间、管理间、进线间和工作区的配线设备、缆线、信息点等设施，应按一定的模式进行标识和记录，并应符合下列规定。

(1) 综合布线系统工程宜采用计算机进行文档记录与保存。简单且规模较小的综合布线系统工程可按图纸资料等纸质文档进行管理。文档应做到记录准确、及时更新、便于查阅，文档资料应实现汉化。

(2) 综合布线的每一电缆、光缆、配线设备、终接点、接地装置、管线等组成部分均应给定唯一的标识符，并应设置标签。标识符应采用统一数量的字母和数字等标明。

(3) 电缆和光缆的两端均应标明相同的标识符。

(4) 设备间、管理间、进线间的配线设备宜采用统一的色标区别各类业务与用途的配线区。

(5) 综合布线系统工程应制订系统测试的记录文档内容。

(6) 所有标签应保持清晰，并应满足使用环境要求。

(7) 综合布线系统工程规模较大及用户有提高布线系统维护水平和网络安全的需要时，宜采用智能配线系统对配线设备的端口进行实时管理，显示和记录配线设备的连接、使用及变更状况，并应具备下列基本功能：

①实时智能管理与监测布线跳线连接通断及端口变更状态。

②以图形化显示为界面，浏览所有被管理的布线部位。

③管理软件提供数据库检索功能。

④用户远程登录对系统进行远程管理。

⑤管理软件对非授权操作或链路意外中断提供实时报警。

(8) 综合布线系统相关设施的工作状态信息应包括设备和缆线的用途、使用部门、组成局域网的拓扑结构、传输信息速率、终端设备配置状况、占用器件编号、色标、链路与信道的功能和各项主要指标参数及完好状况、故障记录等，还应包括设备位置和缆线走向等内容。

1.3 典型工程项目案例

下面介绍西安西元电子科技集团有限公司(以下简称西元集团)投资建设的西元科技园项目，并以该项目为案例介绍综合布线系统工程技术、项目设计与施工安装技术，同时介绍综合布线系统所涉及的建筑规划和设计的基本知识。

综合布线系统是智能建筑的基础设施，网络应用是智能建筑的灵魂。不了解建筑物的基本概况、企业业务、机构设置、生产流程和网络应用等知识，就无法进行规划和设计，也无法正确施工和管理。

1.3.1 工程项目概况

1. 工程名称

西元集团西元科技园综合布线系统工程项目。

2. 企业简介

西元集团的前身为西安交通大学开元集团在 1996 年设立的专业网络技术公司，注册资金 3 000 万元，西元科技园位于西安高新区草堂科技产业园，注册有西安西元电子科技集团有限公司。

3. 投资规模

西安西元电子科技集团有限公司注册资金 3 000 万元，征地面积 22 亩，一期建筑面积 12 600 m^2，投资规模为 8 500 万元。

4. 生产能力

正式投产后年产值 3.2 亿元人民币。

5. 工程项目总平面图介绍

西元科技园位于西安高新区草堂科技产业园秦岭四路西 1 号，如图 1-22 所示，该厂区位于十字路口，南边为主入口大门，大门东边设计门卫室一座，往北依次为研发楼一栋、厂房两栋。一期三栋建筑物均为东西方向布置，楼间距为 10 m，厂区地面南高北低，其中 1 号楼一层地面海拔为 464.30 m，2 号和 3 号楼一层地面海拔为 463.40 m，三栋楼的一层地面高度相差 0.9 m，在综合布线建筑物子系统设计时必须考虑地面高差问题。

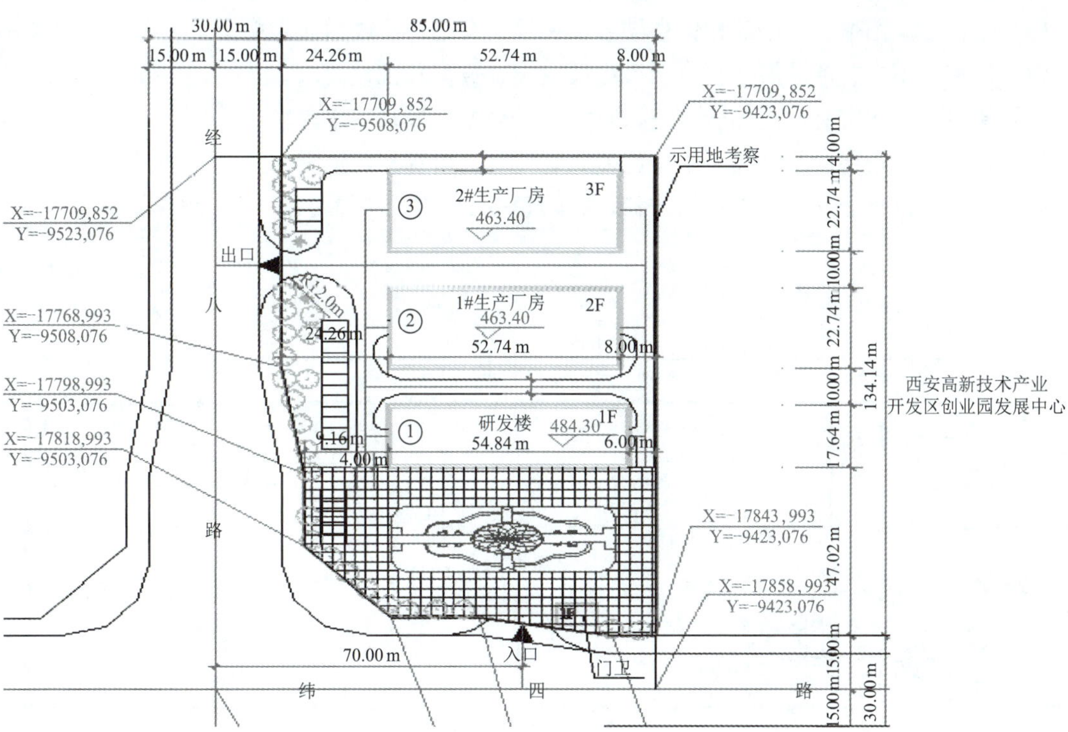

图 1-22 西安西元电子科技集团有限公司总平面图

6. 建筑物和面积介绍

西元科技园项目一期工程在 2010 年开工，建设一栋研发楼和两栋厂房，全部为框架结构，总建筑面积为 12 000 m^2，其中 1 号研发楼为地上四层，地下一层，建筑面积为 5 340 m^2，2 号生产厂房为三层，建筑面积为 3 300 m^2，3 号生产厂房为三层，建筑面积都为 3 300 m^2，门卫面积为 60 m^2。

该项目的绿地面积为 3 112 m^2，绿化率为 29%，建筑密度为 32.18%，停车位 30 辆。图 1-23 所示为基地鸟瞰图。

7. 建筑物功能和综合布线系统需求

西元科技园 1 号建筑物为研发楼，研发楼设计为五层，其中地上四层，地下一层，每层设计建筑面积为 1 068 m^2，总建筑面积为 5 340 m^2。研发楼的主要用途为技术研发和新产品试制。其中一层为市场部和销售部，二层为管理层办公室，三层为研发室，四层为新产品试制。

图 1-24 所示为 1 号建筑物（研发楼）立面图。

图 1-23　基地鸟瞰图

图 1-24　1 号建筑物（研发楼）立面图

图 1-25 所示为研发楼一层功能布局图。一层办公室主要有以下几个类型和信息化需求：

（1）经理办公室。图中市场部和销售部经理办公室等，有语音、数据和视频需求。

（2）集体办公室。图中市场部和销售部集体办公室等，有语音、数据和视频需求。

（3）会议室。图中有市场部和销售部会议室等，有语音、数据和视频需求。

（4）展室。图中有产品展室、公司历史展室，有数据和视频需求。

（5）接待室。图中有行政部接待室，有语音、数据和视频需求。

（6）接待台。接待台位于大厅中间位置，有传真、语音和数据需求。

（7）大厅。位于研发楼一层中间位置，有门禁控制、电子屏幕、视频播放等需求。

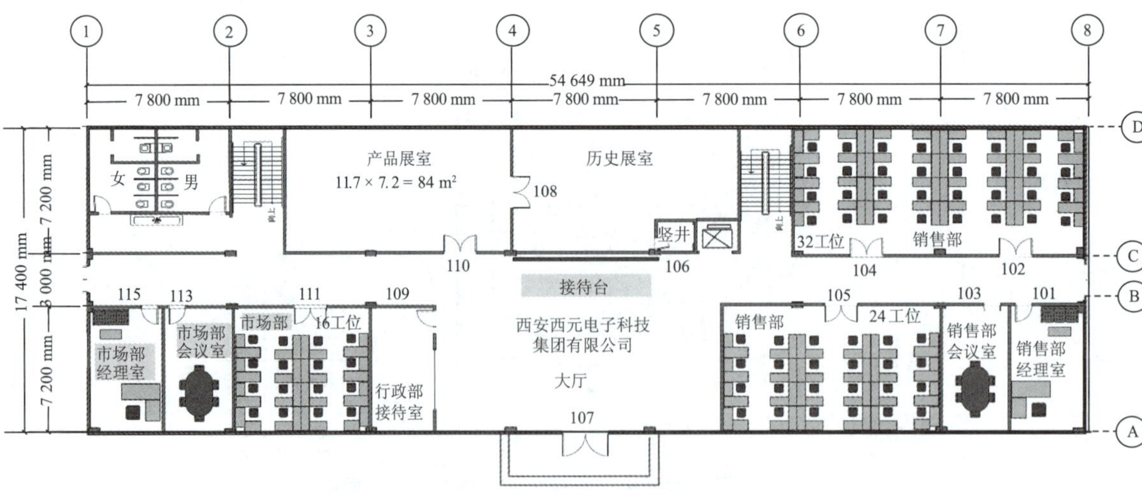

图 1-25　研发楼一层功能布局图

图 1-26 所示为研发楼二层功能布局图。二层办公室主要有以下几个类型和信息化需求：

（1）董事长办公室。有语音、数据、视频等需求。

（2）总经理办公室。有语音、数据、视频等需求。

（3）秘书室。有语音、数据、传真、复印等需求。

(4) 高管办公室。图中标记有生产副总、财务总监、销售总监、市场总监等办公室，有语音、数据和视频需求。

(5) 集体办公室。图中标记有市场部、供应部、财务部等办公室，有语音、数据需求。

(6) 会议室。有语音、数据和视频需求。

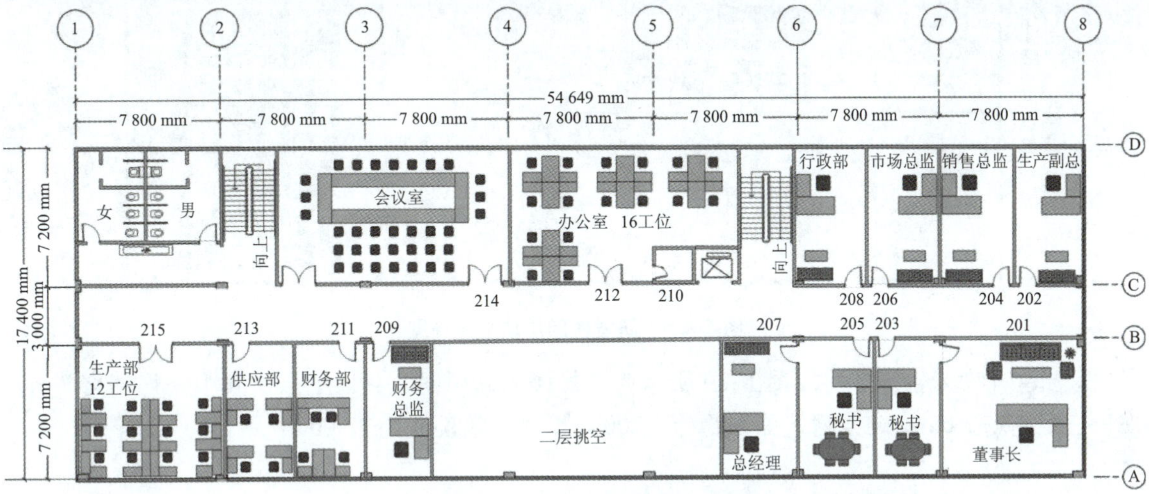

图 1-26　研发楼二层功能布局图

图 1-27 所示为研发楼三层功能布局图。三层办公室主要有以下几个类型和信息化需求：

(1) 总工程师办公室。有语音、数据、视频等需求。

(2) 技术总监办公室。有语音、数据、视频等需求。

(3) 秘书室。有语音、数据、传真、复印等需求。

(4) 资料室。有语音、数据、视频、复印、监控等需求。

(5) 研发室。有语音、数据需求。

(6) 会议室。有语音、数据和视频需求。

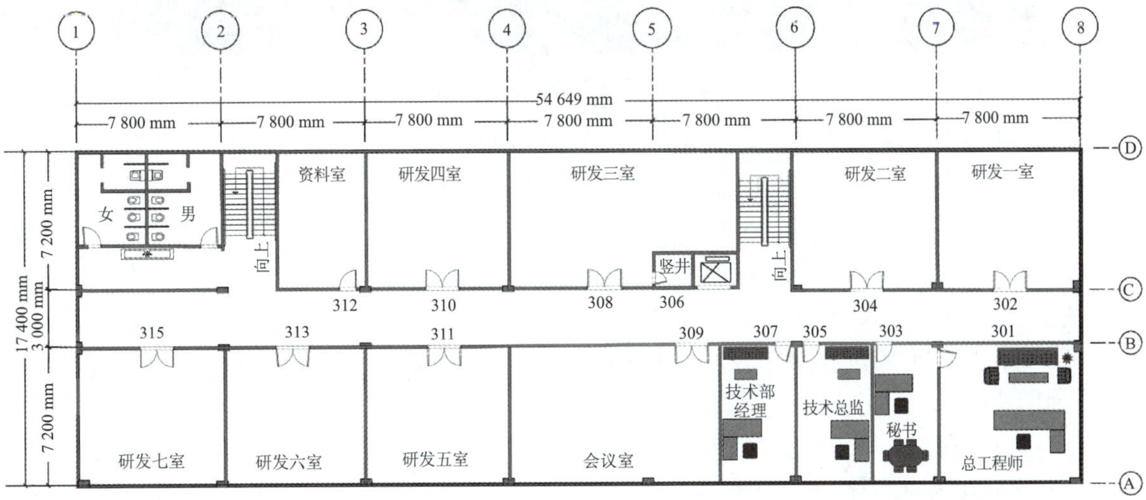

图 1-27　研发楼三层功能布局图

图 1-28 所示为研发楼四层功能布局图。四层办公室主要有以下几个类型和信息化需求：

(1) 办公室。有语音、数据等需求。

(2) 培训室。有语音、数据、视频、投影、音响等需求。

(3) 装配调试室。大开间，有语音、数据、控制等需求。

（4）试制室。有语音、数据、视频、复印、监控等需求。

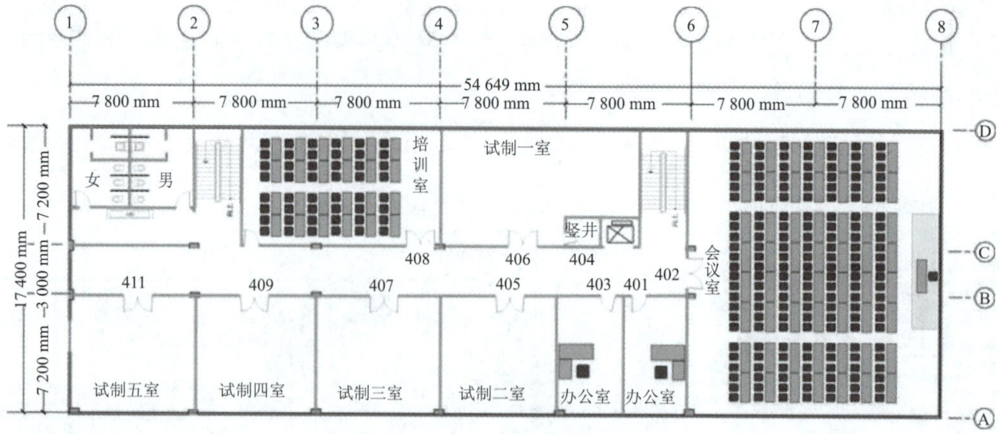

图 1–28　研发楼四层功能布局图

2 号建筑物为生产厂房，图 1–29 所示为 2 号楼的立面图，共计三层，其中一层高度 7 m，二、三层高度 3.6 m，每层建筑面积约为 1 100 m^2，总建筑面积为 3 300 m^2。

图 1–29　2 号建筑物（厂房）立面图

厂房一层主要用途为库房、备货和发货，主要业务有货物入库、登记、保管、报表等入库业务，成品备货、封包、出库、发货、报表等出库业务，还有物流报表和管理等物流业务。在一层设置有经理办公室、库管员办公室等。

厂房二、三层主要用途为产品电路板焊接、装配、检验、包装等生产业务，每层设置有管理室、技术室、质检室等办公室。

图 1–30 所示为 2 号建筑物二层功能布局图。其他楼层功能将在后续各单元中介绍。

二层主要有以下几个类型和信息化需求：

（1）车间管理室。有语音和数据需求。

（2）车间技术室。有语音和数据需求。

（3）生产设备区。车间生产设备有数控设备，需要与车间技术室计算机联网的需求。

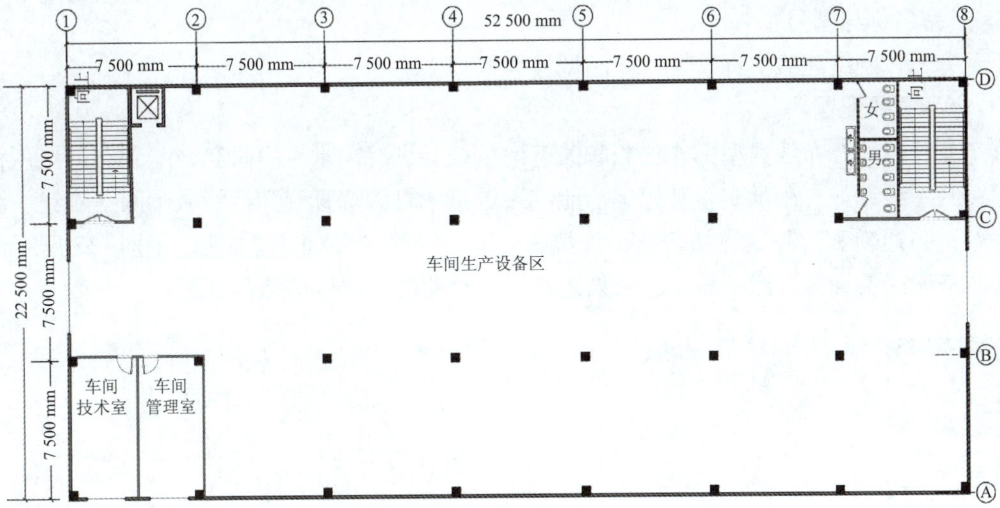

图 1–30　2 号建筑物（厂房）二层功能布局图

3 号建筑物为生产厂房，共计三层，其中一层高度 7 m^2，二、三层高度 3.6 m^2，每层建筑面积约为 1 100 m^2，总建筑面积为 3 300 m^2。

厂房一层主要用途为金属零部件和机箱等机加和钣金生产，安装有大型数控设备，需要与网络连接传输数据。主要有计划、领料、生产、检验、入库等生产管理业务，技术管理业务，质量管理业务等。厂房一层设置有车间主任办公室、车间技术室、车间质检室等，这些办公室都有语音和数据业务需求。

厂房二层主要用途为产品装配、检验、包装工序，设置有管理室、技术室、质检室等办公室，这些办公室都有语音和数据业务需求。

厂房三层主要用途为员工宿舍和食堂，设置有宿舍管理员室、员工宿舍、食堂管理员室和食堂等，这些房间都有语音、数据和视频业务需求。

1.3.2　具体业务和机构设置

西元集团的主要业务为产品研发和试制、生产和质检、推广和销售、安装和服务、人员培训和管理等。图 1–31 所示为西元集团机构设置图。

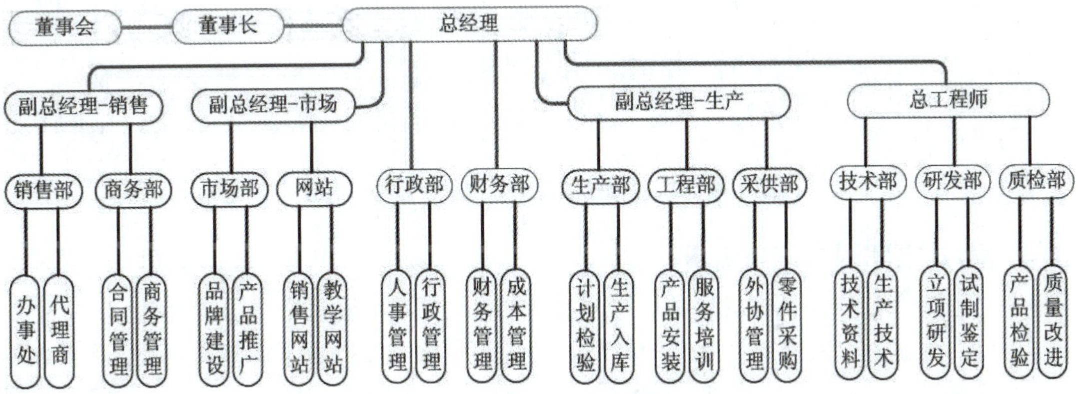

图 1–31　西元集团机构设置图

1.3.3　产品生产流程

工业产品的研发和生产流程基本相同，一般都是从市场调研开始，经历研制、鉴定、批量生产、质量检验、销售和安装服务等流程。下面以西元网络配线实训装置产品为例，首先介绍产品基本技术指标，然后说明生产流程。

1. 产品名称与型号

西元第二代网络配线实训装置，产品型号为 KYPXZ–01–52。

2. 产品主要配置

该产品针对综合布线典型工作任务和关键岗位技能训练需求专门研制，配置有网络压接线实验装置、网络线制作与测量实验装置等，能够通过指示灯闪烁直观和持续显示网络跳线、测试链路、复杂链路通断和故障，包括跨接、反接、短路、开路等各种常见故障。图 1–32 所示为西元第二代网络配线实训装置产品照片、永久链路和大对数电缆端接训练示意图。

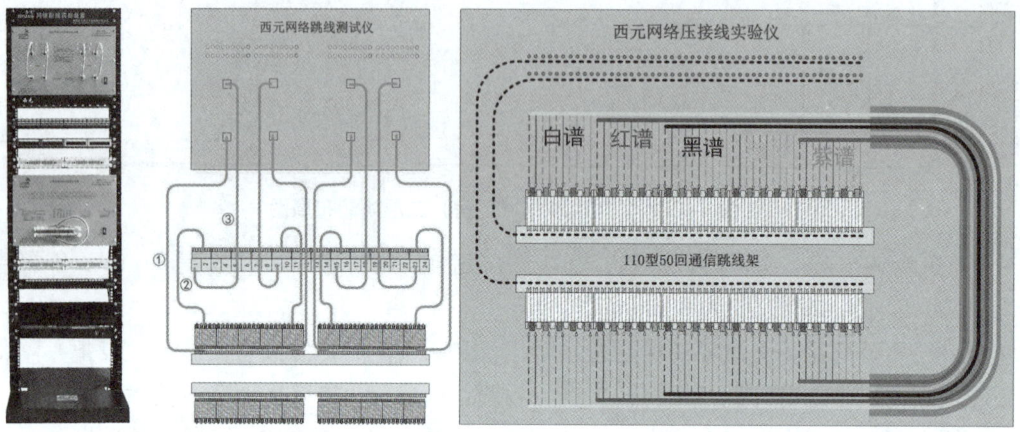

图 1–32 西元第二代网络配线实训装置产品照片、永久链路和大对数电缆端接训练示意图

3. 生产流程

图 1–33 所示为西元网络配线实训装置产品生产流程，从中可以看到工业产品的一般生产流程如下：市场调研→论证立项→研发试制→鉴定验收→批量生产→质量检验→推广销售→库存发货→安装服务。在每个流程又分为多个生产工序，例如，批量生产流程包括电路板生产、机箱生产、包装箱生产等。

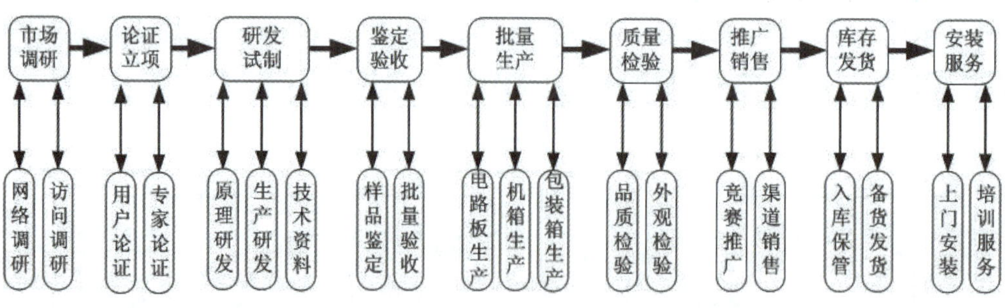

图 1–33 西元网络配线实训装置产品生产流程

1.3.4 西元集团网络应用需求

根据西元集团的主营业务和机构设置，首先分析和整理该企业网络系统应用需求。从图 1–34 中可以看到，这是一个具有典型意义的网络系统应用案例，涵盖了研究开发系统、生产制造系统、销售管理系统、物流运输系统、服务系统等全产业链的企业网络系统、各个应用系统及其子系统，具有企业网络应用的代表性和普遍性。

主要应用系统如下：

（1）企业管理系统。包括行政管理子系统、人事管理子系统、资产管理子系统等。

（2）研究开发系统。包括新产品调研立项子系统、试制鉴定子系统、技术资料子系统等。

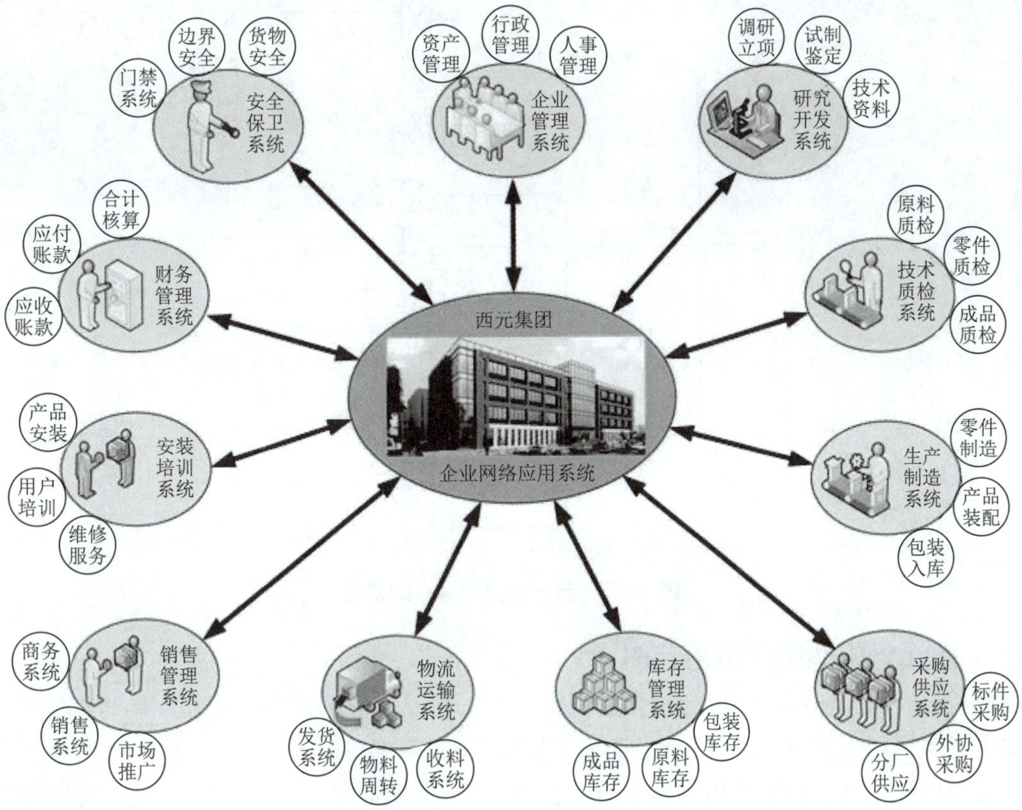

图 1-34 西元集团企业网络应用需求

(3) 技术质检系统。包括原料质检子系统、零件质检子系统、成品质检子系统等。

(4) 生产制造系统。包括零件制造子系统、产品装配子系统、包装入库子系统等。

(5) 采购供应系统。包括螺钉和电气零件等标件采购子系统、按图加工等外协采购子系统、分厂供应子系统等。

(6) 库存管理系统。包括钢材等原料库存管理子系统、成品库存子系统、纸箱和木箱等包装库存子系统等。

(7) 物流运输系统。包括原材料和标准件等收料子系统、厂内物流和半成品等物料周转子系统、发货和物流查询等发货子系统。

(8) 销售管理子系统。包括市场推广和品牌建设等市场推广子系统，办事处、分公司和代理商等销售子系统，签订合同和执行检查等商务子系统。

(9) 安装培训系统。包括人员派遣和上门安装等产品安装子系统、用户培训和指导等用户培训子系统、售后维修和服务等维修服务子系统等。

(10) 财务管理系统。包括应收账款子系统、应付账款子系统、成本分析等会计核算子系统等。

(11) 安全保卫系统。包括大门监控、库房监控、财务等门禁子系统，基地和建筑物边界等边界安全子系统，原材料和成品、消防等货物安全子系统。

1.3.5 西元集团综合布线系统图

根据以上应用需求，设计图 1-35 所示西元集团综合布线系统图。

请扫描彩色“彩色高清图”二维码下载高清图片，用于 PPT 或投影播放。

请扫描“Visio 图”二维码下载 Visio 版原图，自行设计更多综合布线系统图。

彩色高清图

Visio 图

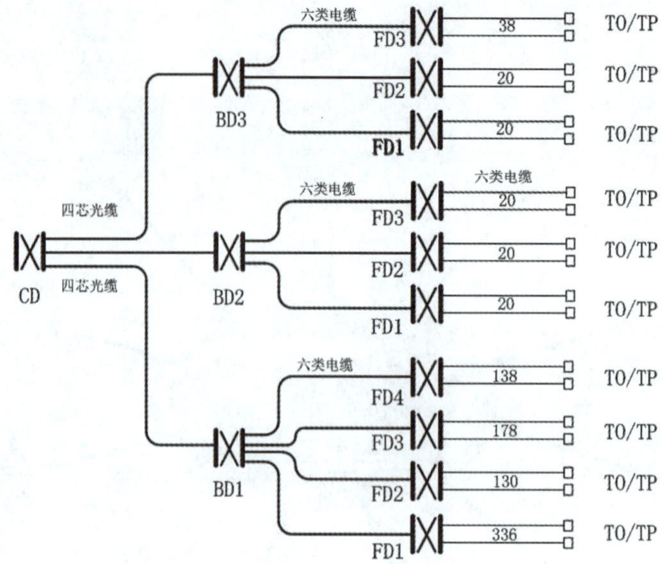

图 1-35　西元集团综合布线系统

1.3.6　西元集团网络应用拓扑图

根据前面的西元科技园总平面图、建筑物功能布局图、企业机构设置图、生产流程图、网络应用需求图等资料，设计图 1-36 所示西元集团网络应用拓扑图，从图中可以看到，该企业网络为星状结构，分布在 3 栋建筑物，由 1 台核心交换机、3 台汇聚交换机、14 台接入层交换机和服务器、防火墙、路由器等设备组成，共设计有 920 个信息点，还有门禁、电子屏、监控系统等，并且通过互联网与总公司、各个分厂和驻外办事处等联系。

彩色高清图

Visio 图

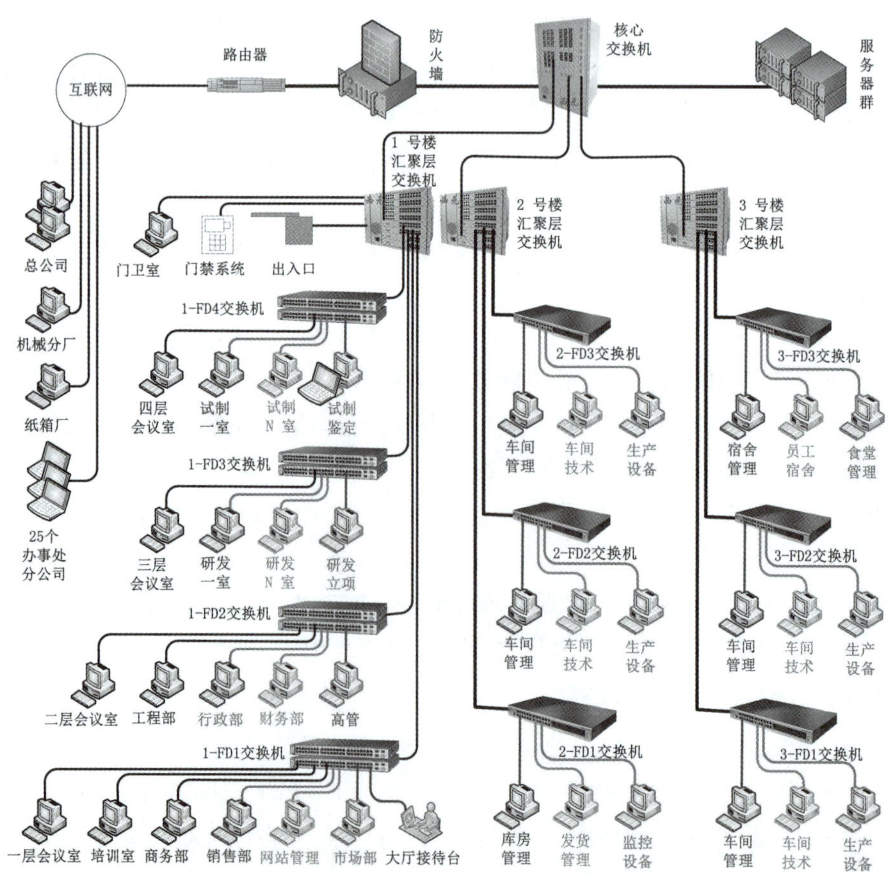

图 1-36　西元集团网络应用拓扑图

请扫描“彩色高清图”二维码下载彩色高清图片，用于 PPT 或投影播放。

请扫描“Visio 图”二维码下载 Visio 版原图，自行设计更多综合布线系统图。

从上述的逐步分析和拓扑图可以体会到，网络拓扑图应该紧贴企业生产流程，来自于企业实际应用，不是凭空随意设计的。不熟悉企业的管理架构、生产流程和网络应用需求，就无法设计出合理的网络拓扑图。

为了方便教学和实训，把复杂和抽象的网络拓扑图变得简单和清晰，按照图 1-37 所示西元网络拓扑图实物展示系统为例进行说明。从图中可以看到，右边机架为网络核心层，安装园区核心交换机和光纤配线系统；中间机架为网络汇聚层，安装汇聚交换机和光纤配线系统；左边机架为网络接入层，安装接入层交换机和电缆配线系统。

请扫描“彩色高清图”二维码下载彩色高清图片，用于 PPT 或投影播放。

彩色高清图

图 1-37　西元网络拓扑图实物展示系统

◎ 典型案例 1　上海世博会中国馆综合布线系统

2010 年世界博览会参观人数超过 7 000 万人，创造了多项世界第一。参观者被各国展馆的设计和高科技含量所深深吸引，其中最让人期待的就是中国馆，作为整个世博园最受关注的场馆，其内部“中枢神经”综合布线系统是中国馆的重要组成部分。

中国国家馆总建筑面积约 20 000 m^2。工程的总体目标是：建立一套先进、完善的大楼配线系统，为各种应用，包括语音、数据、多媒体等提供接入方式和配线，使系统达到配置灵活、易于管理、易于维护、易于扩充的目的，图 1-38 所示为中国馆 3D 效果图。

图 1-38　中国馆 3D 效果图

1. 综合布线系统的总体设计

中国馆综合布线系统主要分智能办公网及公众网两套网络两大部分，从物理上隔离。其中智能办公网提供其他弱电系统（如BA等）的通路及行政办公人员运用信息化资源。公众网主要提供参展商使用信息化资源。中国馆的网络应用系统分为核心层、汇聚层和接入层。建筑群数据配线架CD和建筑物数据配线架BD置于国家馆首层网络中心，建筑物语音配线架BD置于配线机房，楼层配线架FD置于弱电间，服务范围为至每个布线点的距离不超过90 m。

2. 工作区子系统

在中国馆综合布线系统的工作区子系统，主要考虑了3部分的内容：

（1）语音：普通语音点。

（2）数据：智能办公网信息点，公众网信息点等。

（3）无线AP：在展厅、会议室以及公共场所部署无线AP点作为有线局域网的补充。

中国馆全部信息点采用的信息插座为电话和计算机通用设计，由用户自己决定接电话还是计算机。根据客户需求，共为客户设计了3 362个非屏蔽6类双绞线电缆信息点和光纤信息点57个。信息点模块安装采用墙装模式和沿柱安装的方式，即在墙上和柱上信息点位预埋管路及86型底盒，并用86型面板封装。

信息点配置是每个工作区设置一个语音点，一个数据点，适当预留备份信息点。

考虑到中国馆作为写字楼有着大量的大开间办公区域和展厅区域，因此在每个工作区域设置区域弱电箱，待二次装修完成，再从弱电箱敷设线缆至工作区信息点出口。

国家馆展厅地坑和地方馆的地沟内按每12 m设置信息汇接箱，每个信息汇接箱设置2对信息点，部分加设一个光纤点。

中国馆B区为地区展示馆，共设置216个信息箱，每个信息箱设置4个语音信息点、4个数据信息点，其中31个信息箱还包括1个光纤信息点。信息箱安装在地沟中，信息点出口直接采用86型面板安装在信息箱中，为用户提供标准RJ-45信息点出口，为6类系统。开放式的6类RJ-45信息点出口，可兼容并支持各种电话、传真、计算机网络及计算机系统。同时提供1 000 Mbit/s以上的传输速率，并满足多种高速数据应用的要求。

3. 水平子系统

水平子系统缆线延伸到用户工作区。语音信息点和数据信息点均采用6类的4对非屏蔽双绞线电缆（Cat6/4UTP），带宽超过250 MHz。水平光缆采用50/125de 4芯室内光缆，水平语音和数据系统采用6类带十字骨架的4UTP电缆和双孔信息插座，实现高速数据及语音信号的传输，满足250 MHz的传输特性，并根据需要跳接为语音或数据信息点。全部缆线采用不同颜色以区分数据信息点或语音信息点，水平光纤点采用4芯多模光纤。

4. 垂直子系统

垂直子系统提供中国馆大楼主配线架（MDF）与楼层配线架（IDF）的连接路由。在本项目中话音信息点采用3类50对大对数电缆。数据主干公共网每个楼层配线间采用1根24芯10G多模光纤敷设，智能办公网在每个楼层配线间采用1根24芯10G多模光纤及2根12芯单模光纤敷设。其中传输话音的50对电缆属于3类传输介质，其数据传输速率在100 m范围内保证10 Mbit/s，它还可以传输各种70 V直流电压和16 MHz频率以内的弱电信号。

本设计中分配线间水平语音配线架采用110端接方式，水平数据配线架选用快接方式。语音分配线架分水平和垂直两部分，水平配线架卡接水平线缆，垂直配线架卡接垂直大对数线缆。两部分采用跳线连接，以方便数据信息点及语音信息点的功能转换。每个分配线间的光纤到光纤配线架后，通过光纤跳线连接到网络设备上，再通过数据跳线和数据的水平配线架连接计算机的水平线缆。配线架的数量应适当考虑冗余，以便将来系统扩容。

本设计中在分配线间语音信息点、数据信息点均选用 19 英寸机柜安装配线设备。

各子系统设计完成，最后到安装、测试，完成整个中国馆的综合布线系统工程。布线工程结束后，采用先进的网络测试仪，按照用户的要求，参照 6 类布线系统的相关规定进行 100% 测试，测试结果完全超过国际标准的要求。

请扫描二维码下载典型案例 1 的 Word 版。

典型案例 1
Word 版

◎ 习题 1

一、填空题

1. 综合布线系统应为________结构。（参考 1.1.1 节）

2. 综合布线系统包括 7 个子系统，分别是________、________、________、________、________、进线间子系统和管理子系统。（参考 1.2 节）

3. 工作区（work area）就是需要设置________的独立区域。（参考 1.2.1 节）

4. 水平子系统一般由工作区信息插座模块、________、________等组成。（参考 1.2.2 节）

5. 垂直子系统负责连接________到________，实现主配线架与中间配线架的连接。（参考 1.2.3 节）

6. 管理间子系统是连接________和________的设备。（参考 1.2.4 节）

7. 设备间子系统就是建筑物的________，也称建筑物机房。（参考 1.2.5 节）

8. 进线间是建筑物外部通信和________的入口部位。（参考 1.2.6 节）

9. 建筑群子系统也称楼宇子系统，主要实现________与________之间的通信连接。（参考 1.2.7 节）

10. GB 50311—2016《综合布线系统工程设计规范》国家标准强制性条文，明确规定“当电缆从建筑物外面进入建筑物时，应选用适配的信号线路________”。（参考 1.2.7 节）

二、选择题（部分为多选题）

1. 布线（cabling）是能够支持电子信息设备相连的各种（　　）、（　　）、接插软线和连接器件组成的系统。（参考 1.1.1 节）

A. 线缆　　B. 缆线　　C. 连接线　　D. 跳线

2. 工作区子系统又称服务区子系统，它由跳线与信息插座所连接的设备组成。其中信息插座包括（　　）。（参考 1.2.1 节）

A. 墙面型　　B. 地面型　　C. 桌面型　　D. 吸顶型

3. 常用的网络终端设备包括（　　）。（参考 1.2.1 节）

A. 计算机　　B. 打印机　　C. 交换机　　D. 考勤机

4. 水平子系统常用的连接器件有（　　）。（参考 1.2.2 节）

A. 信息模块　　B. 双绞线电缆　　C. 配线架　　D. 交换机

5. 垂直子系统布线路由的走向必须选择缆线（　　）、最安全和（　　）的路由。（参考 1.2.3 节）

A. 最长　　B. 最短　　C. 最贵　　D. 最经济

6. 管理间子系统也称电信间或者配线间，是专门安装楼层（　　）、（　　）、交换机的楼层管理间。（参考 1.2.4 节）

A. 机柜　　B. 汇聚交换机
C. 核心交换机　　D. 配线架

7. 各个楼层管理间信息只有通过（　　）设备间才能与外界连接和信息交换，它就是全楼

信息的出口和入口部位。（参考 1.2.5 节）

A. 工作区　　B. 管理间　　C. 设备间　　D. 进线间

8. 建筑群主干电缆和光缆等室外缆线进入建筑物时，应在进线间成端转换成（　　）、（　　）。（参考 1.2.6 节）

A. 信息插座　　B. 室内电缆　　C. 室内光缆　　D. 无线信号

9. 在建筑群子系统中室外缆线敷设方式，一般有架空、（　　）、（　　）3 种情况。（参考 1.2.7 节）

A. 桥架　　B. 直埋　　C. 地上管道　　D. 地下管道

10. 综合布线的每一电缆、光缆等组成部分均应给定（　　）的标识符，并应设置（　　）。（参考 1.2.7 节）

A. 唯一　　B. 确定　　C. 标志　　D. 标签

三、简答题

1. 给出综合布线系统的定义。（参考 1.1.1 节）

2. 综合布线系统工程可包括哪 7 个子系统？分别对应 GB 50311—2016《综合布线系统工程设计规范》中的哪些部分？（参考 1.2 节）

3. 人们日常接触最多的是哪个子系统？结合实际简述 1 个工作区与 1 个房间的区别。（参考 1.2.1 节）

4. 绘制设备间子系统原理图。（参考 1.2.5 节）

5. GB 50311—2016《综合布线系统工程设计规范》国家标准第 8.0.10 条为强制性条文，必须严格执行。该条文是如何规定的？为什么这样规定？（参考 1.2.7 节）

请扫描二维码下载习题 1 的 Word 版。

习题 1
Word 版

◎ 实训 1　认识综合布线系统

1. 实训任务来源

综合布线系统是信息高速公路，也是智能建筑的基础设施，计算机网络系统的故障约 70% 发生在综合布线系统，尤其在物联网、5G、自动驾驶、远程医疗、智能制造等应用中，综合布线系统越来越重要。

2. 实训任务

独立完成综合布线系统工程的各个子系统名称的标注，并简述各子系统的作用和特点。

3. 技术知识点

熟悉 GB 50311—2016《综合布线系统工程设计规范》国家标准对综合布线系统定义和构成的相关规定。

（1）“布线（cabling）”的定义是“能够支持电子信息设备相连的各种缆线、跳线、接插软线和连接器件组成的系统”。

（2）“综合布线系统”就是用各种缆线、跳线、接插软线和连接器件构成的通用布线系统，能够支持语音、数据、图像、多媒体和其他控制信息技术的标准应用系统。

（3）综合布线系统应为开放式网络拓扑结构，应能支持语音、数据、图像、多媒体等业务信息传递的应用。

4. 实训课时

（1）该实训共计 1 课时完成，其中技术讲解 8 min，视频演示 12 min，学员操作 20 min，实训总结 5 min。

（2）课后作业 2 课时，独立完成实训报告，提交合格实训报告。

5. 实训指导视频

27399- 实训 1-《认识综合布线系统》（10 分 18 秒）。

实训 1《认识综合布线系统》

6. 实训步骤

（1）预习和播放视频。课前应预习，初学者提前预习，请扫描右侧二维码观看实操视频。请多次认真观看实操视频，熟悉主要关键技能和评判标准。

本实训为该单元的总结性实训，教师首先回顾技术知识点和综合布线各个子系统 8 min，然后播放视频 12 min，最后介绍本单元典型案例等相关内容。

（2）实训内容。完成图 1–39 所示各个子系统名称的标注，并简述各子系统的作用和特点。

①完成各子系统名称的正确标注。

②简述各子系统的作用和特点。

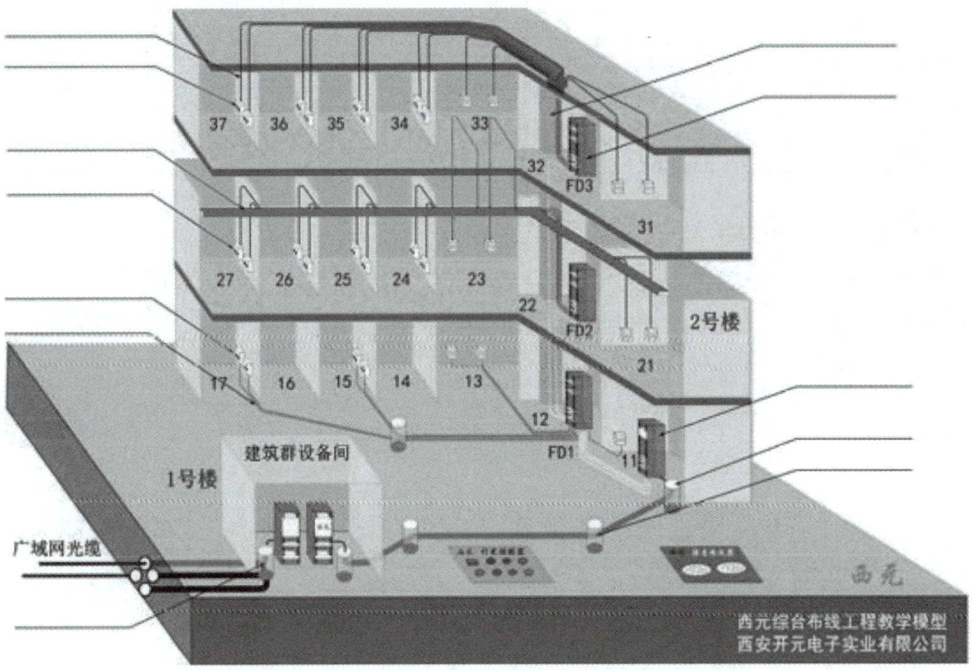

图 1–39 西元综合布线系统工程教学模型示意图

7. 实训报告

按照表 1–1 所示的实训报告模板（或学校模板）独立完成实训报告，2 课时。

为了通过实训报告训练读者的文案编写能力，训练工程师等专业人员的严谨工作态度、职业素养与岗位技能，作者对本书的全部实训报告提出如下具体要求，请教师严格评判。

（1）实训报告应该是一项工作任务，日事日毕，必须按照规定时间完成，教师评判成绩时，未按时提交者直接扣减 10 分（百分制）。

（2）实训报告必须提交打印版或电子版，要求页面和文字排版合理规范，图文并茂，没有错别字。建议教师评判时，每出现 1 个错别字直接扣 5 分。

（3）全部栏目内容填写完整，内容清楚、正确。表格为 A4 幅面，按照填写内容调整。

（4）在“实训步骤和过程描述”栏，必须清楚叙述主要实训操作步骤和过程，总结关键技能，增加实训过程照片、作品照片、测试照片等，至少有 1 张本人出镜的正面照片。

（5）“实训收获”栏描述本人完成工作量和实训收获，以及掌握的实践技能和熟练程度等。

表 1-1　实训报告模板

学校名称		学院 / 系		专业	
班级		姓名		学号	
课程名称		实训项目		日期	年　月　日

实训报告类别	成绩	实训报告内容
1. 实训任务来源和应用	5 分	
2. 实训任务	5 分	
3. 技术知识点	5 分	
4. 关键技能	5 分	
5. 实训时间（按时完成）	5 分	
6. 实训材料	5 分	
7. 实训工具和设备	5 分	
8. 实训步骤和过程描述	30 分	
9. 作品测试结果记录	20 分	
10. 实训收获	15 分	
11. 教师评判与成绩		

说明：该实训报告适用全书，也可根据不同项目进行增减。

请扫描“实训 1”二维码，下载实训 1 的 Word 版。

请扫描“实训报告”二维码，下载全书实训报告模板。

实训 1 Word 版

实训报告

单元2

综合布线工程常用标准

教学任务

图纸是工程师的语言，工程标准是工程图纸的语法，本单元教学任务是学习和掌握有关综合布线技术相关国家标准。

学习目标

（1）重点掌握 GB 50311—2016《综合布线系统工程设计规范》的主要内容。

（2）掌握 GB/T 50312—2016《综合布线系统工程验收规范》的主要内容。

（3）熟悉和了解综合布线系统工程相关国家标准。

2.1 标准的重要性和类别

2.1.1 标准的重要性

GB/T 20000.1—2014《标准化工作指南 第 1 部分：标准化和相关活动的通用术语》中，对于标准的定义为“通过标准化活动，按照规定的程序经协商一致制定，为各种活动或其结果提供规则、指南或特性，供共同使用和重复使用的文件”。

综合布线系统的设计是智能建筑的重要设计任务，能够直接提升智能建筑的使用功能，也直接影响工程总造价和工程质量。因此，在智能建筑实际工程项目设计中，设计人员必须依据相关国家标准和地方标准等进行设计，而不是按照教科书或者理论知识设计。丰富的设计经验不仅能够保障智能建筑的使用功能，而且能够提高智能建筑的智能化应用水平和环保节能与管理水平，还能够提高设计速度和效率。

图纸等设计文件中使用的图形符号，一般按照相关国家标准和设计图册的规定使用统一的图形符号，设计图纸是给建筑单位、业主和技术人员阅读的技术文件，必须让大家能够看懂，这点非常重要。俗话说，“图纸是工程师的语言”，就是这个道理，作者认为“工程标准就是工程图纸的语法”，“设计图册就是典型语句”。因此，一个合格的工程师应该非常熟悉这些标准和图册，也必须能够熟练应用这些标准和图册。

2.1.2 标准的分类

中国综合布线系统工程常用的技术标准分为国家标准、行业标准、团体标准、技术白皮书、设计图册等技术文件。近年来，我国非常重视国家标准的编写和发布，在网络技术领域和综合布线系统行业已经建立了比较完善的国家标准体系，有与国际标准对应的国家标准。

在实际综合布线系统工程中，各国都是参照国际标准，制定合适的国家标准。因此，我们不再对国际标准进行阐述，而是重点介绍我国综合布线行业的国家标准。

2.2 GB 50311—2016《综合布线系统工程设计规范》简介

现在执行的国家标准为 GB 50311—2016《综合布线系统工程设计规范》，该标准在 2016 年 8 月 26 日发布，2017 年 4 月 1 日开始实施。该标准共分为 9 章，具体内容包括：第 1 章总则，第 2 章术语和缩略语，第 3 章系统设计，第 4 章光纤到用户单元通信设施，第 5 章系统配置设计，第 6 章性能指标，第 7 章安装工艺要求，第 8 章电气防护及接地，第 9 章防火；另包括附录 A、附录 B、附录 C，本规范用词说明，引用标准名录。图 2-1 为该标准封面和发布公告。

下面按照计算机科学与技术类、计算机网络工程类、计算机应用类、智能建筑类等专业的教学实训需要，重点介绍该标准的主要内容，并对比较生涩的标准用语进行解读，方便读者快速正确理解和应用。

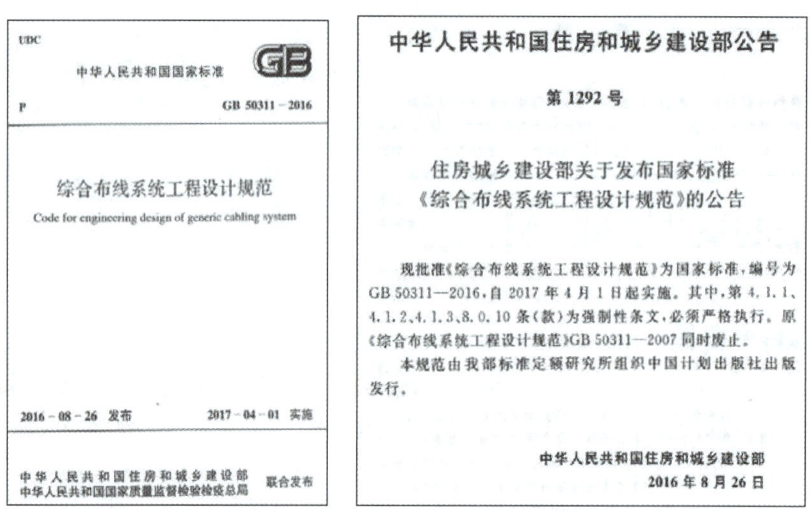

UDC

中华人民共和国国家标准 GB

P GB 50311－2016

综合布线系统工程设计规范

Code for engineering design of generic cabling system

2016－08－26 发布 2017－04－01 实施

中华人民共和国住房和城乡建设部
中华人民共和国国家质量监督检验检疫总局 联合发布

中华人民共和国住房和城乡建设部公告

第 1292 号

住房城乡建设部关于发布国家标准《综合布线系统工程设计规范》的公告

现批准《综合布线系统工程设计规范》为国家标准，编号为 GB 50311—2016，自 2017 年 4 月 1 日起实施。其中，第 4.1.1、4.1.2、4.1.3、8.0.10 条（款）为强制性条文，必须严格执行。原《综合布线系统工程设计规范》GB 50311—2007 同时废止。

本规范由我部标准定额研究所组织中国计划出版社出版发行。

中华人民共和国住房和城乡建设部
2016 年 8 月 26 日

图 2-1 GB 50311—2016《综合布线系统工程设计规范》封面和发布公告

2.2.1 总则

（1）为了规范建筑与建筑群的语音、数据、图像及多媒体业务综合网络建设，制定有规范。

（2）有规范适用于新建、扩建、改建建筑与建筑群综合布线系统工程设计。

上述两条主要解决了早年各种网络不兼容的问题，特别是不同缆线的插头、插座等无法互相兼容的问题。例如，早年用户电话交换机通常使用对绞电话线，计算机局域网络（LAN）则使用对绞线，用各种不同的传输线、配线插座及连接器件构成各自的配线网络，相互不兼容，扩展性差。

国家标准规定的综合布线系统，采用了标准的缆线与连接器件，将所有语音、数据、图像及多媒体业务系统设备的布线，组合在一套标准的布线系统中。其开放的结构可以作为各种不同工业产品标准的基准，使得配线系统将具有更大的适用性、灵活性、通用性，实现以最低成本随时对工作区域的配线设施重新规划，也为智能建筑与智慧城市信息化的建设中提供了统一和通用的通道。

(3) 综合布线系统设施的建设，应纳入建筑与建筑群相应的规划设计之中，根据工程项目的性质、功能、环境条件和近、远期用户需求进行设计，应考虑施工和维护方便，确保综合布线系统工程的质量和安全，做到技术先进、经济合理。

这条规定要求进行城区和园区的综合管线基础设施规划时，应考虑满足信息化、智能化发展要求的布线设施和管道，力求资源共享，避免今后重复开挖地面，给人们带来生活的不便和资金的浪费。

(4) 综合布线系统宜与信息网络系统、安全技术防范系统、建筑设备监控系统等的配线作统筹规划，同步设计，并应按照各系统对信息的传输要求，做到合理优化设计。

这条规定把综合布线系统作为建筑的通信基础设施，明确要求在建设期应考虑一次性投资建设，在管道与设施安装场地等方面，工程设计中应充分满足资源合理应用的要求，并能适应各种通信与信息业务服务接入的需求。综合布线系统与智能建筑应同步设计，以避免造成将来建筑物内管网的重复建设，影响到建筑物的安全与环保。

2.2.2 综合布线系统设计

1. 综合布线系统构成

(1) 综合布线系统应为开放式网络拓扑结构，应能支持语音、数据、图像、多媒体等业务信息传递的应用。

(2) 综合布线系统的构成应符合下列规定：

①综合布线系统的基本构成应包括建筑群子系统、干线子系统和配线子系统，如图 2-2 所示。在工程设计中配线子系统中不允许设置集合点 (CP)，在安装施工阶段因为管路不通时，可以设置集合点。

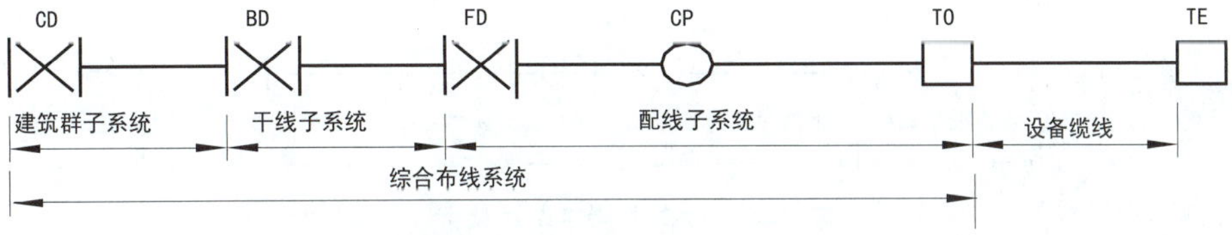

图 2-2 综合布线系统基本构成

②综合布线各子系统中，也可以建立下列直达路由：

如图 2-3 中虚线所示，建筑物内楼层配线设备 (FD) 之间可建立直达路由。

这是一种特殊应用，其目的是提高接入层网络交换机的利用率，减少数量和提高端口利用率，降低成本。例如，常用网络交换机一般都是 24 口，如果 X 层有 30 个信息点，就需要配置 2 台 24 口网络交换机，合计有 48 口，实际使用 30 口，网络交换机的端口利用率为 30/48=62.5%；X-1 层只有 16 个信息点，也需要配置 1 台 24 口网络交换机，实际使用 16 口，网络交换机的端口利用率为 16/24=67%。如果利用标准的这条规定，将 X 层的 6 个信息点转接到 X-1 层的网络配线架，再用跳线连接到 X-1 层的网络交换机，X 层就只有 24 个信息点，只需要配置 1 台 24 口网络交换机，其端口利用率为 24/24=100%，X-1 层信息点就成为 16+6=22 个，也只需要配置 1 台 24 口网络交换机，其端口利用率为 22/24=92%，也将原来的 3 台网络交换机减少为 2 台了，直接降低设备成本 33%。

如图 2-3 中虚线所示，不同建筑物的建筑物配线设备 (BD) 之间可建立直达路由。

这是一种特殊应用，其目的是提高汇聚层网络交换机的利用率，减少数量和提高端口利用率，降低成本。

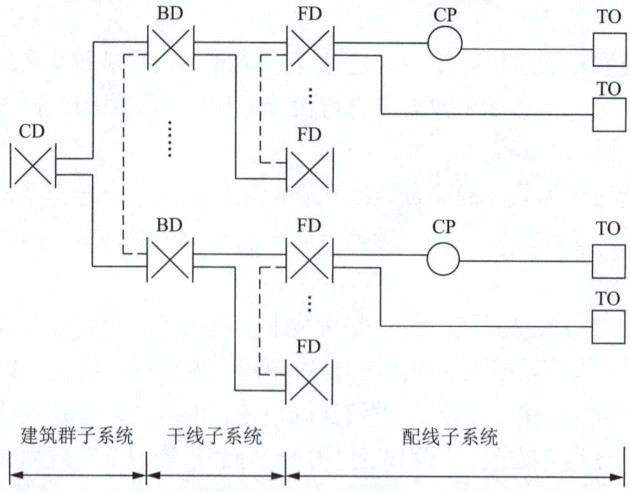

图 2-3　FD 之间可建立直达路由，BD 之间可建立直达路由

如图 2-4 所示，工作区信息插座 (TO) 可以直接连接至建筑物配线设备 (BD)，可不经过楼层配线设备 (FD)。

这是一种特殊应用，其目的就是减少楼层配线设备（FD）和管理间，降低成本，适合建筑物配线设备 (BD) 所在楼层的信息点，利用汇聚层交换机的冗余网络口，或者增加汇聚交换机。

楼层配线设备 (FD) 也可不经过建筑物配线设备 (BD) 直接与建筑群配线设备 (CD) 互连，如图 2-4 所示。

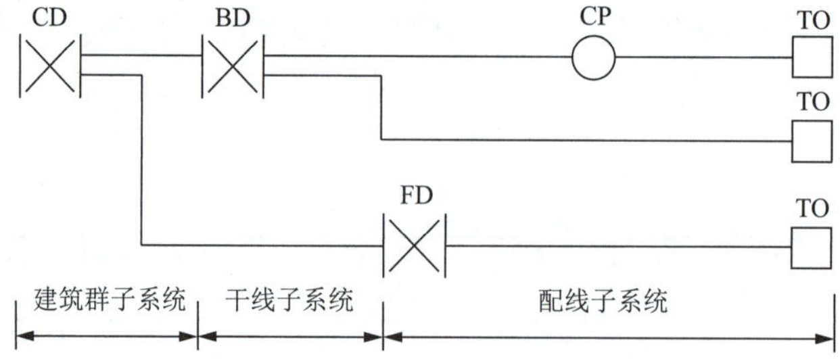

图 2-4　综合布线子系统构成

这是一种特殊应用，其目的是减少建筑物配线设备 (BD) 和设备间，降低成本，适合园区网络中心所在的建筑物，不再建设专门的设备间，而是将各个楼层管理间的交换机直接连接到网络中心的核心交换机中，利用核心交换机的冗余网络口。

③如图 2-5 所示，综合布线系统入口设施连接外部网络和其他建筑物的引入缆线，应通过缆线和 BD 或 CD 进行互连。对设置了设备间的建筑物，设备间所在楼层配线设备 (FD) 可以和设备间中的建筑物配线设备或建筑群配线设备 (BD/CD) 及入口设施安装在同一场地。

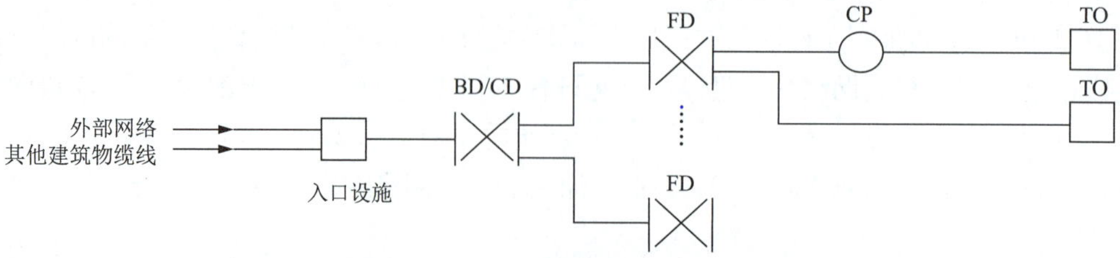

图 2-5　综合布线系统引入部分构成

④如图 2-6 所示，综合布线系统典型应用中，配线子系统信道应由 4 对对绞电缆和电缆连接

器件构成，干线子系统信道和建筑群子系统信道应由光缆和光连接器件组成。其中建筑物配线设备 (FD) 和建筑群配线设备 (CD) 处的配线模块和网络设备之间可采用互连或交叉的连接方式，建筑物配线设备 (BD) 处的光纤配线模块可仅对光纤进行互连。

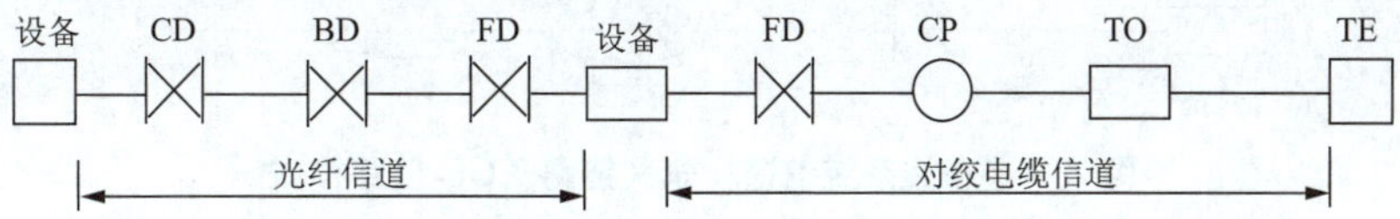

图 2-6　综合布线系统应用典型连接与组成

(3) 综合布线系统工程设计应符合下列规定：

①一个独立的需要设置终端设备 (TE) 的区域，宜划分为一个工作区。工作区应包括信息插座模块 (TO)、终端设备处的连接缆线及适配器。

②配线子系统应由工作区内的信息插座模块、信息插座模块至电信间配线设备 (FD) 的水平缆线、电信间的配线设备及设备缆线和跳线等组成。

③干线子系统应由设备间至电信间的主干缆线、安装在设备间的建筑物配线设备 (BD) 及设备缆线和跳线组成。

④建筑群子系统应由连接多个建筑物之间的主干缆线、建筑群配线设备 (CD) 及设备缆线和跳线组成。

⑤设备间应为在每栋建筑物的适当地点进行配线管理、网络管理和信息交换的场地。综合布线系统设备间宜安装建筑物配线设备、建筑群配线设备、以太网交换机、电话交换机、计算机网络设备。入口设施也可安装在设备间。

⑥进线间应为建筑物外部信息通信网络管线的入口部位，并可作为入口设施的安装场地。

⑦管理应对工作区、电信间、设备间、进线间，布线路径环境中的配线设备、缆线、信息插座模块等设施按一定的模式进行标识、记录和管理。

(4) 综合布线系统与外部配线网连接时，应遵循相应的接口要求。

2. 系统分级与组成

(1) 综合布线电缆布线系统的分级与类别划分，应符合表 2-1 的规定，并且 5、6、6_A、7、7_A 类布线系统应能支持向下兼容的应用。

表 2-1　电缆布线系统的分级与类别

系统分级	系统产品类别	支持最高带宽 / MHz	支持应用器件	
			电缆	连接硬件
A	—	0.1	—	—
B	—	1	—	—
C	3 类（大对数）	16	3 类	3 类
D	5 类（屏蔽和非屏蔽）	100	5 类	5 类
E	6 类（屏蔽和非屏蔽）	250	6 类	6 类
E_A	6_A 类（屏蔽和非屏蔽）	500	6_A 类	6_A 类
F	7 类（屏蔽）	600	7 类	7 类
F_A	7_A 类（屏蔽）	1 000	7_A 类	7_A 类

(2) 如图 2-7 所示，布线系统信道应由长度不大于 90 m 的水平缆线、10 m 的跳线和设备缆线段，以及最多 4 个连接器件组成。永久链路则应由长度不大于 90 m 水平缆线，以及最多 3 个连接器件组成。

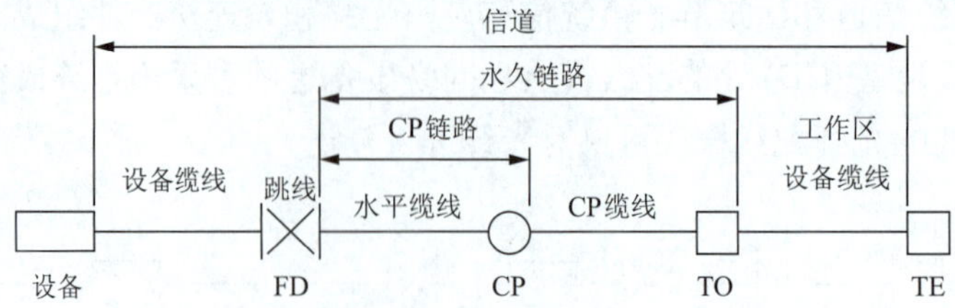

图 2-7　布线系统信道、永久链路、CP 链路构成

（3）光纤信道应分为 OF-300、OF-500 和 OF-2000 三个等级，各等级光纤信道应支持的应用长度不应小于 300 m、500 m 及 2 000 m。

（4）光纤信道构成方式应符合下列规定：

①如图 2-8 所示，水平光缆和主干光缆可在楼层电信间的光配线设备 (FD) 处，经光纤跳线连接构成信道。

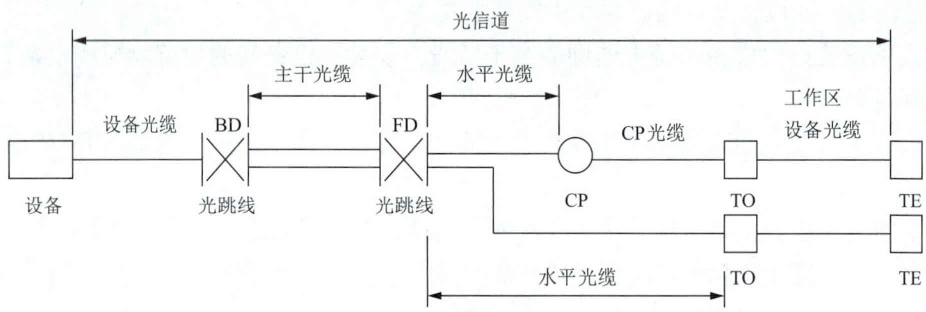

图 2-8　光纤信道构成 1

②如图 2-9 所示，水平光缆和主干光缆可在楼层电信间处，经过接续互通构成光纤信道，主干光缆接续宜采用熔接，水平光缆可以采用熔接或机械连接。

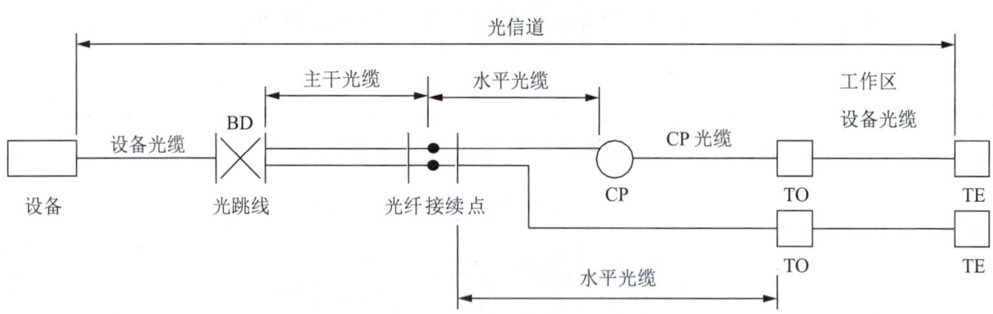

图 2-9　光纤信道构成 2

③如图 2-10 所示，电信间可只作为主干光缆或水平光缆的路径场所。

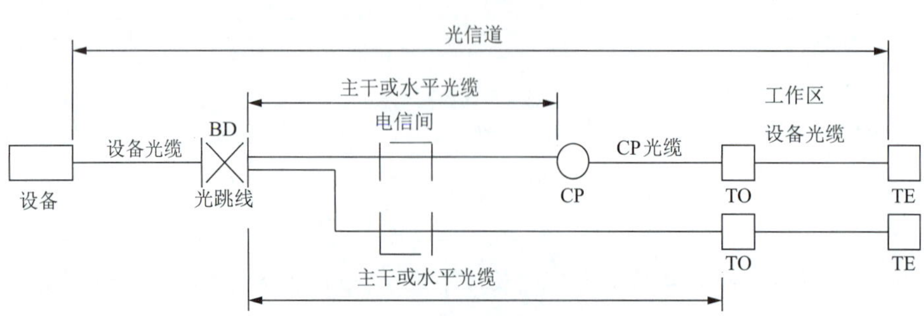

图 2-10　光纤信道构成 3

④当工作区用户终端设备或某区域网络设备，需直接与公用通信网进行互通时，宜将光缆从工作区直接布放至电信业务经营者提供的入口设施处的光配线设备。

3. 系统应用

（1）综合布线系统工程的产品类别及链路、信道等级的确定应综合考虑建筑物的性质、功能、应用网络和业务对传输速率及缆线长度的要求、业务终端的类型、业务的需求及发展、性能价格、现场安装条件等因素，应符合表 2-2 要求。

表 2-2　布线系统等级与类别的选用

业务种类		配线子系统		干线子系统		建筑群子系统	
		等级	类别	等级	类别	等级	类别
语音		D/E	5/6（4 对）	C/D	3/5（大对数）	C	3（室外大对数）
数据	电缆	D、E、E_A、F、F_A	5、6、6_A、7、7_A（4 对）	E、E_A、F、F_A	6、6_A、7、7_A（4 对）	—	—
	光纤	OF-300 OF-500 OF-2000	OM1、OM2、OM3、OM4 多模光缆；OS1、OS2 单模光缆及相应等级连接器件	OF-300 OF-500 OF-2000	OM1、OM2、M3、OM4 多模光缆；OS1、OS2 单模光缆及相应等级连接器件	OF-300 OF-500 OF-2000	OS1、OS2 单模光缆及相应等级连接器件
其他应用		可采用 5、6、6_A 类 4 对对绞电缆和 OM1、OM2、OM3、OM4 多模、OS1、OS2 单模光缆及相应等级连接器件					

（2）同一布线信道及链路的缆线、跳线和连接器件应保持系统等级与阻抗的一致性。

（3）综合布线系统光纤信道应采用标称波长为 850 nm 和 1 300 nm 的多模光纤 (OM1、OM2、OM3、OM4)，标称波长为 1 310 nm 和 1 550 nm(OS1)，1 310 nm、1 383 nm 和 1 550 nm(OS2) 的单模光纤。

（4）单模和多模光缆的选用应符合网络的构成方式、业务的互联方式、以太网交换机端口类型及网络规定的光纤应用传输距离。在楼内宜采用多模光缆，超过多模光缆支持的应用长度或需直接与电信业务经营者通信设施相连时应采用单模光缆。

（5）配线设备之间互连的跳线宜选用产业化制造的产品，跳线的类别应符合综合布线系统的等级要求。在应用电话业务时宜选用双芯对绞电缆。

（6）工作区信息点为电端口时应采用 8 位模块通用插座，光端口应采用 SC 或 LC 光纤连接器件及适配器。

（7）FD、BD、CD 配线设备应根据支持的应用业务、布线的等级、产品的性能指标选用，并应符合下列规定：

①应用于数据业务时，电缆配线模块应采用 8 位模块通用插座。

②应用于语音业务时，FD 干线侧及 BD、CD 处配线模块应选用卡接式配线模块（多对、25 对卡接式模块及回线型卡接模块），FD 水平侧配线模块应选用 8 位模块通用插座。

③光纤配线模块应采用单工或双工的 SC 或 LC 光纤连接器件及适配器。

④主干光缆的光纤容量较大时，可采用预端接光纤连接器件 (MPO) 互通。

（8）CP 集合点安装的连接器件应选用卡接式配线模块或 8 位模块通用插座或各类光纤连接器件和适配器。

（9）综合布线系统产品的选用应考虑缆线与器件的类型、规格、尺寸对安装设计与施工造成的影响。

4. 屏蔽布线系统

（1）屏蔽布线系统的选用应符合下列规定：

①当综合布线区域内存在的电磁干扰场强高于 3 V/m 时，宜采用屏蔽布线系统。

②用户对电磁兼容性有电磁干扰和防信息泄漏等较高的要求时，或有网络安全保密的需要时，宜采用屏蔽布线系统。

③安装现场条件无法满足对绞电缆的间距要求时，宜采用屏蔽布线系统。

④当布线环境温度影响到非屏蔽布线系统的传输距离时，宜采用屏蔽布线系统。

(2) 屏蔽布线系统应选用相互适应的屏蔽电缆和连接器件，采用的电缆、连接器件、跳线、设备电缆都应是屏蔽的，并应保持信道屏蔽层的连续性与导通性。

5. 综合布线在弱电系统中的应用

(1) 综合布线系统应支持具有 TCP/IP 通信协议的视频安防监控系统、出入口控制系统、停车库（场）管理系统、访客对讲系统、智能卡应用系统、建筑设备管理系统、能耗计量及数据远传系统、公共广播系统、信息导引（标识）及发布系统等弱电系统的信息传输。

(2) 综合布线系统支持弱电各子系统应用时，应满足各子系统提出的下列条件：

①传输带宽与传输速率。

②缆线的应用传输距离。

③设备的接口类型。

④屏蔽与非屏蔽电缆及光缆布线系统的选择条件。

⑤以太网供电 (POE) 的供电方式及供电线对实际承载的电流与功耗。

⑥各弱电子系统设备安装的位置、场地面积和工艺要求。

2.2.3 系统配置设计

1. 工作区

(1) 工作区适配器的选用应符合下列规定：

①设备的连接插座应与连接电缆的插头匹配，不同的插座与插头之间互通时应加装适配器。

②在连接使用信号的数 / 模转换、光电转换、数据传输速率转换等相应的装置时，应采用适配器。

③对于网络规程的兼容，应采用协议转换适配器。

④各种不同的终端设备或适配器均应安装在工作区的适当位置，并应考虑现场的电源与接地。

(2) 每个工作区的服务面积应按不同的应用功能确定。

2. 配线子系统

配线子系统的规定详见单元 6。

3. 干线子系统

(1) 干线子系统所需要的对绞电缆根数，大对数电缆总对数及光缆光纤总芯数，应满足工程的实际需求与缆线的规格，并应留有备份容量。

(2) 干线子系统主干缆线宜设置电缆或光缆备份及电缆与光缆互为备份的路由。

(3) 当电话交换机和计算机设备设置在建筑物内不同的设备间时，宜采用不同的主干缆线来分别满足语音和数据的需要。

(4) 在建筑物若干设备间之间，设备间与进线间及同一层或各层电信间之间宜设置干线路由。

(5) 主干电缆和光缆所需的容量要求及配置应符合下列规定：

①对语音业务，大对数主干电缆的对数应按每 1 个电话 8 位模块通用插座配置 1 对线，并应在总需求线对的基础上预留不小于 10% 的备用线对。

②对数据业务，应按每台以太网交换机设置 1 个主干端口和 1 个备份端口配置。当主干端口为电接口时，应按 4 对线对容量配置；当主干端口为光端口时，应按 1 芯或 2 芯光纤容量配置。

③当工作区至电信间的水平光缆需延伸至设备间的光配线设备 (BD/CD) 时，主干光缆的容

量应包括所延伸的水平光缆光纤的容量。

④建筑物配线设备处各类设备缆线和跳线的配置，应符合电信间 FD 采用的设备缆线和各类跳线，宜根据计算机网络设备的使用端口容量，以及电话交换系统的安装容量、业务的实际需求，或信息点总数的比例进行配置，比例范围宜为 25% ~ 50%。

(6) 设备间配线设备 (BD) 所需的容量要求及配置应符合下列规定：

①主干缆线侧的配线设备容量应与主干缆线的容量相一致。

②设备侧的配线设备容量应与设备应用的光、电主干端口容量相一致或与干线侧配线设备容量相同。

③外线侧的配线设备容量应满足引入缆线的容量需求。

4. 建筑群子系统

(1) 建筑群配线设备 (CD) 内线侧的容量，应与各建筑物引入的建筑群主干缆线容量一致。

(2) 建筑群配线设备 (CD) 外线侧的容量，应与建筑群外部引入的缆线容量一致。

(3) 建筑群配线设备各类设备缆线和跳线的配置，应符合电信间 FD 采用的设备缆线和各类跳线，宜根据计算机网络设备的使用端口容量和电话交换系统的安装容量、业务的实际需求或信息点总数的比例进行配置，比例范围宜为 25% ~ 50%。

5. 入口设施

(1) 建筑群主干电缆和光缆、公用网和专用网电缆、光缆等室外缆线进入建筑物时，应在进线间转换成室内电缆、光缆。缆线的终接处设置的入口设施外线侧配线模块，应按出入的电缆、光缆容量配置。

(2) 综合布线系统和电信业务经营者设置的入口设施内线侧配线模块，应与建筑物配线设备 (BD) 或建筑群配线设备 (CD) 之间敷设的缆线类型和容量相匹配。

(3) 进线间的缆线引入管道管孔数量，应满足建筑物之间、外部接入各类信息通信业务、建筑智能化业务及多家电信业务经营者缆线接入的需求，并应留有不少于 4 孔的余量。

6. 管理系统

(1) 对设备间、电信间、进线间和工作区的配线设备、缆线、信息点等设施，应按一定的模式进行标识和记录，并应符合下列规定：

①综合布线系统工程宜采用计算机进行文档记录与保存，简单且规模较小的综合布线系统工程可按图纸资料等纸质文档进行管理。文档应做到记录准确、及时更新、便于查阅，文档资料应实现汉化。

②综合布线系统的每一电缆、光缆、配线设备、终接点、接地装置、管线等组成部分，均应给定唯一的标识符，并应设置标签。标识符应采用统一数量的字母和数字等标明。

③电缆和光缆的两端均应标明相同的标识符。

④设备间、电信间、进线间的配线设备宜采用统一的色标，区别各类业务与用途的配线区。

⑤综合布线系统工程应制订系统测试的记录文档内容。

(2) 所有标签应保持清晰，并应满足使用环境要求。

(3) 综合布线系统工程规模较大，以及用户有提高布线系统维护水平和网络安全的需要时，宜采用智能配线系统对配线设备的端口进行实时管理，显示和记录配线设备的连接、使用及变更状况。并应具备下列基本功能：

①实时智能管理与监测布线跳线连接通断及端口变更状态。

②以图形化显示为界面，浏览所有被管理的布线部位。

③管理软件提供数据库检索功能。

④用户远程登录对系统进行远程管理。

⑤管理软件对非授权操作或链路意外中断提供实时报警。

（4）综合布线系统相关设施的工作状态信息，应包括设备和缆线的用途、使用部门、组成局域网的拓扑结构、传输信息速率、终端设备配置状况、占用器件编号、色标、链路与信道的功能和各项主要指标参数及完好状况、故障记录等信息，还应包括设备位置和缆线走向等内容。

2.2.4 性能指标

1. 缆线与连接器件性能指标

（1）D 级、E 级、F 级的对绞电缆布线信道器件的标称阻抗应为 100 Ω，A、B、C 级可为 100 Ω 或 120 Ω。

（2）对绞电缆基本电气特性应符合下列规定：

①信道每个线对中的两个导体之间的 d.c. 环路电阻不平衡度对所有类别不应超过 3%。

②电缆在所有的温度下应用时，D、E、E_A、F、F_A 级信道每一导体最小载流量应为 0.175 A(d.c.)。

③布线系统在工作环境温度下，D、E、E_A、F、F_A 级信道应支持任意导体之间 72 V(d.c.) 的工作电压。

④布线系统在工作环境温度下，D、E、E_A、F、F_A 级信道每个线对应支持承载 10 W 的功率。

⑤对绞电缆的性能指标参数应包括衰减、等电平远端串音衰减、等电平远端串音衰减功率和、衰减远端串音比、衰减远端串音比功率和、耦合衰减、转移阻抗、不平衡衰减（近端），近端串音功率和、外部串音 (E_A、F_A)。

⑥ 2 m、5 m 对绞电缆跳线的指标参数值应包括回波损耗、近端串音。

（3）对绞电缆连接器件基本电气特性应符合下列规定：

①配线设备模块工作环境的温度应为 -10 ～ +60 ℃。

②应具有唯一的标记或颜色。

③连接器件应支持 0.4 ～ 0.8 mm 线径导体的连接。

④连接器件的插拔率不应小于 500 次。

⑤器件连接应符合下列规定：RJ-45 的 8 位模块通用插座，可按 568A 或 568B 的方式进行连接。

4 对对绞电缆与非 RJ-45 模块终接时，应按线序号和组成的线对进行卡接。

⑥连接器件的性能指标参数，应包括回波损耗、插入损耗、近端串音、近端串音功率和、远端串音、远端串音功率和、输入阻抗、不平衡输入阻抗、直流回路电流、时延、时延偏差、横向转换损耗、横向转换转移损耗、耦合衰减（屏蔽布线）、转移阻抗（屏蔽布线）、绝缘电阻、外部近端串音功率和、外部远端串音功率和。

2. 系统性能指标

（1）对绞电缆布线系统永久链路、CP 链路及信道的回波损耗、插入损耗、近端串音、近端串音功率和、衰减远端串音比、衰减远端串音比功率和、衰减近端串音比、衰减近端串音比功率和、直流环路电阻、时延、时延偏差，外部近端串音功率和、外部远端串音比功率和等性能指标参数的规定值，应符合 GB 50311 附录 A 的规定。

（2）在工程的安装设计中，应考虑综合布线系统产品的缆线结构、直径、材料、承受拉力、弯曲半径等机械性能指标。

（3）光纤布线系统 OF-300、OF-500、OF-2000 各等级的光纤信道衰减值应符合 GB 50311 附录 A 的规定。

2.2.5 安装工艺要求

1. 工作区

（1）工作区信息插座的安装应符合下列规定：

①暗装在地面上的信息插座盒，应满足防水和抗压要求。

②工业环境中的信息插座可带有保护壳体。

③暗装或明装在墙体或柱子上的信息插座盒底，距地高度宜为 300 mm。

④安装在工作台侧隔板面及临近墙面上的信息插座盒底，距地高度宜为 1.0 m。

⑤信息插座模块宜采用标准 86 系列面板安装，安装光纤模块的底盒深度不应小于 60 mm。

（2）工作区的电源应符合下列规定：

①每个工作区宜配置不少于 2 个单相交流 220 V/10 A 电源插座盒。

②电源插座应选用带保护接地的单相电源插座。

③工作区电源插座宜嵌墙暗装，高度应与信息插座一致。

（3）CP 集合点箱体，多用户信息插座箱体宜安装在导管的引入侧，以及便于维护的柱子及承重墙上等处，箱体底边距地高度宜为 500 mm，当在墙体、柱子的上部或吊顶内安装时，距地高度不宜小于 1 800 mm。

（4）每个用户单元信息配线箱附近水平 70 ~ 150 mm 处，宜预留设置 2 个单相交流 220 V/10 A 电源插座，并应符合下列规定：

①每个电源插座的配电线路均应装设保护电器，电源插座宜嵌墙暗装，底部距地高度应与信息配线箱一致。

②用户单元信息配线箱内应引入单相交流 220 V 电源。

2. 设备间

（1）设备间的设置位置应根据设备的数量、规模、网络构成等因素综合考虑。

（2）每栋建筑物内应设置不小于 1 个设备间，并应符合下列规定：

①当电话交换机与计算机网络设备分别安装在不同的场地、有安全要求或有不同业务应用需要时，可设置 2 个或 2 个以上配线专用的设备间。

②当综合布线系统设备间与建筑内信息接入机房、信息网络机房、用户电话交换机房、智能化总控室等合设时，房屋使用空间应作分隔。

（3）设备间内的空间应满足布线系统配线设备的安装需要，其使用面积不应小于 10 m^2。当设备间内需安装其他信息通信系统设备机柜或光纤到用户单元通信设施机柜时，应增加使用面积。

（4）设备间的设计应符合下列规定：

①设备间宜处于干线子系统的中间位置，并应考虑主干缆线的传输距离、敷设路由与数量。

②设备间宜靠近建筑物布放主干缆线的竖井位置。

③设备间宜设置在建筑物的首层或楼上层。当地下室为多层时，也可设置在地下一层。

④设备间应远离供电变压器、发动机和发电机、X 射线设备、无线射频或雷达发射机等设备以及有电磁干扰源存在的场所。

⑤设备间应远离粉尘、油烟、有害气体以及存有腐蚀性、易燃、易爆物品的场所。

⑥设备间不应设置在厕所、浴室或其他潮湿、易积水区域的正下方或毗邻场所。

⑦设备间室内温度应保持在 10 ~ 35 ℃，相对湿度应保持在 20% ~ 80% 之间，并应有良好的通风。当室内安装有源的信息通信网络设备时，应采取满足设备可靠运行要求的对应措施。

⑧设备间内梁下净高不应小于 2.5 m。

⑨设备间应采用外开双扇防火门。房门净高不应小于 2.0 m，净宽不应小于 1.5 m。

⑩ 设备间的水泥地面应高出本层地面不小于 100 mm 或设置防水门槛。

⑪ 室内地面应具有防潮措施。

(5) 设备间应防止有害气体侵入，并应有良好的防尘措施。

(6) 设备间应设置不少于 2 个单相交流 220 V/10 A 电源插座盒，每个电源插座的配电线路均应装设保护器。设备供电电源应另行配置。

3. 进线间

(1) 进线间内应设置管道入口，入口的尺寸应满足不少于 3 家电信业务经营者，通信业务接入及建筑群布线系统和其他弱电子系统的引入管道管孔容量的需求。

(2) 在单栋建筑物或由连体的多栋建筑物构成的建筑群体内应设置不少于 1 个进线间。

(3) 进线间应满足室外引入缆线的敷设与成端位置及数量、缆线的盘长空间和缆线的弯曲半径等要求，并应提供安装综合布线系统及不少于 3 家电信业务经营者入口设施的使用空间及面积。进线间面积不宜小于 10 m^2。

(4)进线间宜设置在建筑物地下一层临近外墙、便于管线引入的位置,其设计应符合下列规定：

①管道入口位置应与引入管道高度相对应。

②进线间应防止渗水，宜在室内设置排水地沟并与附近设有抽排水装置的集水坑相连。

③进线间应与电信经营者的通信机房、建筑物内配线系统设备间、信息接入机房、信息网络机房、用户电话交换机房、智能化总控室等及垂直弱电竖井之间设置互通的管槽。

④进线间应采用相应防火级别的外开防火门，门净高不应小于 2.0 m，净宽不应小于 0.9 m。

⑤进线间宜采用轴流式通风机通风，排风量应按每小时不小于 5 次换气次数计算。

(5) 与进线间安装的设备无关的管道不应在室内通过。

(6) 进线间安装信息通信系统设施应符合设备安装设计的要求。

(7) 综合布线系统进线间不应与数据中心使用的进线间合设，建筑物内各进线间之间应设置互通的管槽。

(8) 进线间应设置不少于 2 个单相交流 220 V/10 A 电源插座盒，每个电源插座的配电线路均应装设保护器。设备供电电源应另行配置。

4. 导管与桥架安装

(1) 布线导管或桥架的材质、性能、规格及安装方式的选择应考虑敷设场所的温度、湿度、腐蚀性、污染，以及自身耐水性、耐火性、承重、抗挠、抗冲击等因素对布线的影响，并应符合安装要求。

(2) 缆线敷设在建筑物的吊顶内时，应采用金属导管或槽盒。

(3) 布线导管或槽盒在穿越防火分区楼板、墙壁、天花板、隔墙等建筑构件时，其空隙或空闲的部位应按等同于建筑构件耐火等级的规定封堵。塑料导管或槽盒及附件的材质应符合相应阻燃等级的要求。

(4) 布线导管或桥架在穿越建筑结构伸缩缝、沉降缝、抗震缝时，应采取补偿措施。

(5) 布线导管或槽盒暗敷设于楼板时不应穿越机电设备基础。

(6) 暗敷设在钢筋混凝土现浇楼板内的布线导管或槽盒最大外径宜为楼板厚的 1/4 ~ 1/3。

(7) 建筑物室外引入管道设计应符合建筑结构地下室外墙的防水要求。引入管道应采用热浸镀锌厚壁钢管，外径 50 ~ 63.5 mm 钢管的壁厚度不应小于 3 mm，外径 76 ~ 114 mm 钢管的壁厚度不应小于 4 mm。

(8) 建筑物内采用导管敷设缆线时，导管选用应符合下列规定：

①线路明敷设时，应采用金属管、可挠金属电气导管保护。

②建筑物内暗敷设时，应采用金属管、可弯曲金属电气导管等保护。

③导管在地下室各层楼板或潮湿场所敷设时，不应采用壁厚小于 2.0 mm 的热镀锌钢管或重型包塑可弯曲金属导管。

④导管在二层底板及以上各层钢筋混凝土楼板和墙体内敷设时，可采用壁厚不小于 1.5 mm 的热镀锌钢导管或可弯曲金属导管。

⑤在多层建筑砖墙或混凝土墙内竖向暗敷导管时，导管外径不应大于 50 mm。

⑥由楼层水平金属槽盒引入每个用户单元信息配线箱或过路箱的导管，宜采用外径 20 ~ 25 mm 的钢导管。

⑦楼层弱电间（电信间）或弱电暖井内钢筋混凝土楼板上，应按竖向导管的根数及规格预留楼板孔洞或预埋外径不小于 89 mm 的竖向金属套管群。

⑧导管的连接宜采用专用附件。

(9) 槽盒的直线连接、转角、分支及终端处宜采用专用附件连接。

(10) 在明装槽盒的路由中设置吊架或支架，宜设置在下列位置：

①直线段不大于 3 m 及接头处。

②首尾端及进出接线盒 0.5 m 处。

③转角处。

(11) 布线路由中每根暗管的转弯角不应多于 2 个，且弯曲角度应大于 90°。

(12) 过线盒宜设置于导管或槽盒的直线部分，并宜设置在下列位置：

①槽盒或导管的直线路由每 30 m 处。

②有 1 个转弯，导管长度大于 20 m 时。

③有 2 个转弯，导管长度不超过 15 m 时。

④路由中有反向（U 形）弯曲的位置。

(13) 导管管口伸出地面部分应为 25 ~ 50 mm。

5. 缆线布放

(1) 建筑物内缆线的敷设方式应根据建筑物构造、环境特征、使用要求、需求分布，以及所选用导体与缆线的类型、外形尺寸及结构等因素综合确定，并应符合下列规定：

①水平缆线敷设时，应采用导管、桥架的方式，并应符合下列规定：

- 从槽盒、托盘引出至信息插座，可采用金属导管敷设。
- 吊顶内宜采用金属托盘、槽盒的方式敷设。
- 吊顶或地板下缆线引入至办公家具桌面，宜采用垂直槽盒方式及利用家具内管槽敷设。
- 墙体内应采用穿导管方式敷设。
- 大开间地面布放缆线时，根据环境条件宜选用架空地板下或网络地板内的托盘、槽盒方式敷设。

②干线子系统垂直通道宜选用穿楼板电缆孔、导管或桥架、电缆竖井 3 种方式敷设。

(2) 建筑群之间的缆线宜采用地下管道或电缆沟方式敷设。

(3) 明敷缆线应符合室内或室外敷设场所环境特征要求，并应符合下列规定：

①采用线卡沿墙体、顶棚、建筑物构件表面或家具上直接敷设，固定间距不宜大于 1 m。

②缆线不应直接敷设于建筑物的顶棚内、顶棚抹灰层、墙体保温层及装饰板内。

③明敷缆线与其他管线交叉贴邻时，应按防护要求采取保护隔离措施。

④敷设在易受机械损伤的场所时，应采用钢管保护。

(4) 综合布线系统管线的弯曲半径应符合表 2-3 的规定。

表 2-3　线敷设弯曲半径

缆线类型	弯曲半径（mm）/ 倍
2 芯或 4 芯水平光缆	>25 mm
其他芯数和主干光缆	不小于光缆外径的 10 倍
4 对非屏蔽电缆	不小于电缆外径的 4 倍
4 对屏蔽电缆	不小于电缆外径的 4 倍
大对数主干电缆	不小于电缆外径的 10 倍
室外光缆、电缆	不小于缆线外径的 10 倍

注：当缆线采用电缆桥架布放时，桥架内侧的弯曲半径不应小于 300 mm。

（5）缆线布放在导管与槽盒内的管径与截面利用率，应符合下列规定：

①管径利用率和截面利用率应按下列公式计算

$$管径利用率 = d/D$$

式中：d——缆线外径；

D——管道内径。

$$截面利用率 = A_1/A$$

式中：A_1——穿在管内的缆线总截面积；

A——管径的内截面积。

②弯导管的管径利用率应为 40% ~ 50%。

③导管内穿放大对数电缆或 4 芯以上光缆时，直线管路的管径利用率应为 50% ~ 60%。

④导管内穿放 4 对对绞电缆或 4 芯及以下光缆时，截面利用率应为 25% ~ 30%。

⑤槽盒内的截面利用率应为 30% ~ 50%。

（6）用户光缆敷设与接续应符合下列规定：

①用户光缆光纤接续宜采用熔接方式。

②在用户接入点配线设备及信息配线箱内宜采用熔接尾纤方式终接，不具备熔接条件时可采用现场组装光纤连接器件终接。

③每一光纤链路中宜采用相同类型的光纤连接器件。

④采用金属加强芯的光缆，金属构件应接地。

⑤室内光缆预留长度应符合下列规定：

- 光缆在配线柜处预留长度应为 3 ~ 5 m。
- 光缆在楼层配线箱处光纤预留长度应为 1 ~ 1.5 m。
- 光缆在信息配线箱终接时预留长度不应小于 0.5 m。
- 光缆纤芯不做终接时，应保留光缆施工预留长度。

⑥光缆敷设安装的最小静态弯曲半径宜符合表 2-4 的规定。

表 2-4　光缆敷设安装的最小静态弯曲半径

光缆类型		静态弯曲半径
室内外光缆		15*D*/15*H*
微型自承式通信用室外光缆		10*D*/10*H* 且不小于 30 mm
管道入户光缆 蝶形引入光缆 室内布线光缆	G.652D 光纤	10*D*/10*H* 且不小于 30 mm
	G.657A 光纤	5*D*/5*H* 且不小于 15 mm
	G.657B 光纤	5*D*/5*H* 且不小于 10 mm

注：*D* 为缆芯处圆形护套外径；*H* 为缆芯处扁形护套短轴的高度。

（7）缆线布放的路由中不应有连接点。

6. 设备安装设计

（1）综合布线系统宜采用标准 19 英寸机柜，安装应符合下列规定：

①机柜数量规划应计算配线设备、网络设备、电源设备及理线等设施的占用空间，并考虑设备安装空间冗余和散热需要。

②机柜单排安装时，前面净空不应小于 1 000 mm，后面及机柜侧面净空不应小于 800 mm；多排安装时，列间距不应小于 1 200 mm。

（2）在公共场所安装配线箱时，暗装箱体底边距地面不宜小于 1.5 m。明装式箱体底面距地面不宜小于 1.8 m。

（3）机柜、机架、配线箱等设备的安装宜采用螺栓固定。在抗震设防地区，设备安装应采取减震措施，并应进行基础抗震加固。

7. 电气防护及接地

（1）综合布线电缆与附近可能产生高电平电磁干扰的电动机、电力变压器、射频应用设备等电器设备之间应保持间距，与电力电缆的间距应符合标准规定。

（2）综合布线系统应远离高温和电磁干扰的场地，根据环境条件选用相应的缆线和配线设备或采取防护措施，并应符合下列规定：

①当综合布线区域内存在的电磁干扰场强低于 3 V/m 时，宜采用非屏蔽电缆和非屏蔽配线设备。

②当综合布线区域内存在的电磁干扰场强高于 3 V/m，或用户对电磁兼容性有较高要求时，可采用屏蔽布线系统和光缆布线系统。

③当综合布线路由上存在干扰源，且不能满足最小净距要求时，宜采用金属导管和金属槽盒敷设，或采用屏蔽布线系统及光缆布线系统。

④当局部地段与电力线或其他管线接近，或接近电动机、电力变压器等干扰源，且不能满足最小净距要求时，可采用金属导管或金属槽盒等局部措施加以屏蔽处理。

（3）在建筑物电信间、设备间、进线间及各楼层信息通信竖井内均应设置局部等电位联结端子板。

（4）综合布线系统应采用建筑物共用接地的接地系统。当必须单独设置系统接地体时，其接地电阻不应大于 4 Ω。当布线系统的接地系统中存在两个不同的接地体时，其接地电位差不应大于 1 Vr.m.s

（5）配线柜接地端子板应采用两根不等长度，且截面不小于 6 mm^2 绝缘铜导线接至就近的等电位联结端子板。

（6）屏蔽布线系统的屏蔽层应保持可靠连接、全程屏蔽，在屏蔽配线设备安装的位置应就近与等电位联结端子板可靠连接。

（7）综合布线的电缆采用金属管槽敷设时，管槽应保持连续的电气连接，并应有不少于两点的良好接地。

（8）当缆线从建筑物外引入建筑物时，电缆、光缆的金属护套或金属构件应在入口处就近与等电位联结端子板连接。

（9）当电缆从建筑物外面进入建筑物时，应选用适配的信号线路浪涌保护器。

8. 防火

（1）根据建筑物的防火等级对缆线材料燃烧性能的要求，综合布线系统的缆线选用和布放方式及安装的场地应采取相应的措施。

（2）综合布线工程设计选用的电缆、光缆应从建筑物的高度、面积、功能、重要性等方面加以综合考虑，选用相应等级的阻燃缆线。

2.3 GB/T 50312—2016《综合布线系统工程验收规范》简介

GB/T 50312—2016《综合布线系统工程验收规范》在 2016 年颁布。该标准共分为 10 章，第 1 章总则，第 2 章缩略语，第 3 章环境检查，第 4 章器材及测试仪表工具检查，第 5 章设备安装检验，第 6 章缆线的敷设和保护方式检验，第 7 章缆线终接，第 8 章工程电气测试，第 9 章管理系统验收，第 10 章工程验收。更多内容详见单元 11。

2.4 《信息技术住宅通用布缆》简介

GB/T 29269—2012/ISO/IEC 15018：2004《信息技术住宅通用布缆》，在 2012 年 12 月 31 日发布，2013 年 6 月 1 日起开始实施。该标准由全国信息技术标准化技术委员会提出并归口，起草单位有西安开元电子实业有限公司等。

该标准规定了住宅通用布缆的设计和配置等要求，共分 11 章，5 个附录。第 1 章范围，第 2 章规范性引用文件，第 3 章术语和定义、缩略语，第 4 章符合性，第 5 章支持 ICT/BCT 应用的通用布缆系统结构，第 6 章支持 CCCB 应用的布缆，第 7 章性能，第 8 章参考实现，第 9 章线缆要求，第 10 章连接硬件，第 11 安全性要求和屏蔽实践。附录 A B.T 信道等级，附录 B 链路性能，附录 C B.T 等级：信道和链路性能及实现，附录 D 应用及相关布缆，附录 E 电视、广播应用的参考实现－平衡－不平衡阻抗变换器用法。

该标准用以规范支持以下 3 种应用的住宅通用布缆：

（1）信息和通信技术（ICT）。

（2）广播和通信技术（BCT）。

（3）建筑物内的指令、控制和通信（CCCB）。

住宅通用布缆概况如图 2-11 所示，用于指导在新建筑及翻新建筑中布缆的安装。该标准设计涵盖了这 3 种应用，因此在确定所选择的特定应用之前就可以提前进行布缆安装。该标准所指的住宅可能由一栋或多栋建筑组成，也可能一栋建筑中包含多个住宅。

根据此标准，通用布缆可实现：

（1）无须对固定的布缆基础设施做改动，即可实现广泛的应用部署。

（2）提供支持连通性移动、增加、变化的平台。

该标准可以：

（1）向用户提供具有支持广泛应用能力的独立的布缆系统。

（2）向用户提供灵活的布缆方案，使修改方便、经济。

（3）指导建筑界专业人士（如建筑师）在了解确切要求前，如在制定新建或翻新设计之初，进行布缆。

（4）为工业和应用标准组织（如 ITU-T、ISO/IEC JTC1/SC 6、ISO/IEC JTC1/SC 25/WG 1、IEC TC 100）提供支持现有产品的布缆系统并为今后住宅电子领域产品的开发提供一个基准。

（5）为有针对性应用的布缆系统的使用者、设计者和制作者提供了通用布缆的接口建议。

（6）为布缆组件供应商和布缆安装人员提出相关的要求。

（7）为服务商提供支持其服务的配线系统。

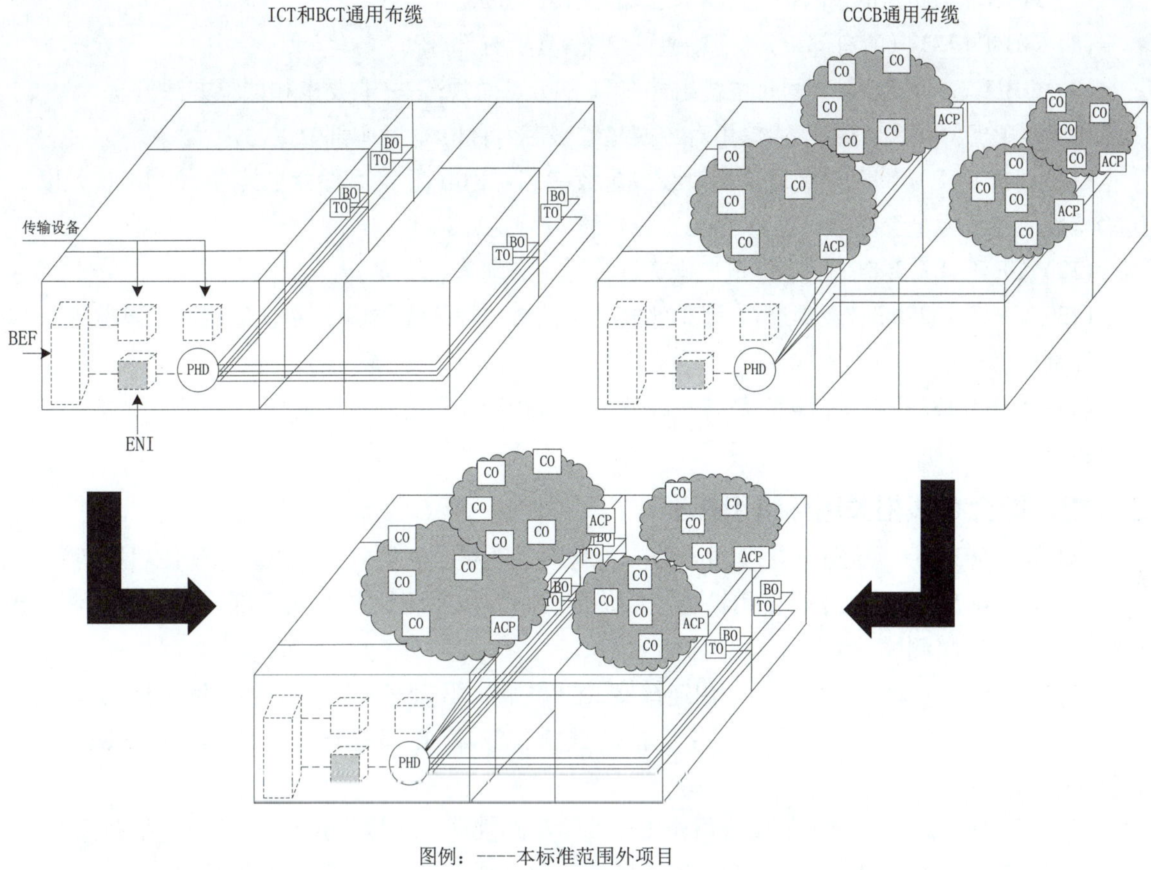

图 2-11　住宅通用布缆概况

2.5 综合布线系统相关标准简介

下列标准对于综合布线行业的设备和器材生产、工程规划设计、项目安装调试和长期运维的应用是必不可少的。鉴于标准经常更新，请读者在使用时，注意查询最新发布的标准。一般标准更新时，相同标准的编号不会改变，只改变后缀的年号，下面的标准取消了颁布的具体年号。一般中国国家标准都有对应的国际标准，在标准中一般都会给出对应的 IEC 等国际标准的编号。本节内容为研究性学者提供一些参考资料清单，需要时请查询原始文本或者联系本书作者。

2.5.1　综合布线相关中国国家标准

（1）GB/T 5095.3《电子设备用机电元件 基本试验规程及测量方法 第 3 部分：载流容量试验》。

（2）GB/T 11313.1《射频连接器 第 1 部分：总规范 一般要求和试验方法》。

（3）GB/T 11313.2《射频连接器 第 2 部分：9.52 型射频同轴连接器分规范》。

（4）GB/T 11327.1《聚氯乙烯绝缘聚氯乙烯护套低频通信电缆电线 第 1 部分：一般试验和测量方法》。

（5）GB/T 15157.7《频率低于 3 MHz 的印制板连接器 第 7 部分：有质量评定的具有通用插合特性的 8 位固定和自由连接器详细规范》。

（6）GB 16895.21《低压建筑物电气装置 第 4-41 部分：安全防护 电击防护》。

（7）GB/T 17045《电击防护 装置和设备的通用部分》。

（8）GB/T 17737（所有部分）《同轴通信电缆》（所有部分）。

（9）GB/T 17738.1《射频同轴电缆组件 第 1 部分：总规范 一般要求和试验方法》。

（10）GB/T 18015.1《数字通信用对绞或星绞多芯对称电缆 第 1 部分：总规范》。

（11）GB/T 18015.5《数字通信用对绞或星绞多芯对称电缆 第 5 部分：具有 600 MHz 及以下传输特性的对绞或星绞对称电缆 水平层布线电缆 分规范》。

（12）GB/T 18233《信息技术 用户建筑群的通用布缆》。

（13）GB/T 18290.3《无焊连接 第 3 部分：可接触无焊绝缘位移连接 一般要求、试验方法和使用导则》。

（14）GB/T 18290.4《无焊连接 第 4 部分：不可接触无焊绝缘位移连接 一般要求、试验方法和使用导则》。

2.5.2 综合布线相关国际组织标准

（1）IEC 60352-6《无焊连接 第 6 部分：绝缘刺破连接一般要求、试验方法和使用指南》。

（2）IEC 60512-2《电子设备用机电元件基本试验规程及测量方法 第 2 部分：一般检查、电连续性和接触电阻测试、绝缘试验和电压应力试验》。

（3）IEC 60512-25-1《电子设备用连接器试验和测量 第 25-1 部分：试验 25a 串扰比》。

（4）IEC 60512-25-2《电子设备用连接器试验和测量 第 25-2 部分：试验 25b 衰减（插入损耗）》。

（5）IEC 60512-25-4《电子设备用连接器试验和测量 第 25-4 部分：试验 25d 传播时延》。

（6）IEC 60512-25-5《电子设备用连接器试验和测量 第 25-5 部分：试验 25e 回波损耗》。

（7）IEC 60603-7-1：2002《电子设备用连接器 第 7-1 部分：质量经过评定的具有通用匹配特征的 8 路无屏蔽固定连接器的详细规范》。

（8）IEC 60603-7-2《电子设备用连接器 第 7-2 部分：最大频率为 100 MHz 数据传输用 8 路非屏蔽的活动和固定连接器的详细规范》。

（9）IEC 60603-7-3《电子设备用连接器第 7-3 部分：频率＜100 MHz 的数据传输用 8 道非屏蔽和固定式连接器的详细规范》。

（10）IEC 60603-7-4《电子设备连接器 第 7-4 部分：数据传输频率 250 MHz 及以下的 8 位非屏蔽自由和固定连接器的详细规范（6 类，非屏蔽）》。

（11）IEC 60603-7-5《电子设备用连接器 第 7-5 部分：最大频率为 250 MHz 数据传输用 8 路屏蔽的活动和固定连接器的详细规范（6 类，屏蔽）》。

（12）IEC 60603-7-7：2002《电子设备用连接器 第 7-7 部分：有最大频率为 600 MHz 的（7 类屏蔽）数据传输用 8 路屏蔽的固定和自由连接器的详细规范》。

（13）IEC 60728（所有部分）《电视和声音信号用电缆分布系统》。

（14）IEC 60966-2-4《射频和同轴电缆组件 第 2-4 部分：无线电和电视接收机的电缆组件用详细规范频率范围为 0 MHz-3 000 MHz 的 IEC 61169-2 连接器》。

（15）IEC 60966-2-5《射频和同轴电缆组件 第 2-5 部分：无线电和电视接收机的电缆组件用详细规范频率范围为 0 MHz-1 000 MHz 的 IEC 61169-2 连接器》。

（16）IEC 60966-2-6《射频和同轴电缆组件 第 2-6 部分：无线电和电视接收机的电缆组件用详细规范频率范围为 0-3 000 MHZ 的 IEC 60169 -24 连接器》。

（17）IEC 61024《系列建筑物的雷电保护》。

（18）IEC 61076-3-104《电器设备连接器 第3-104部分：矩形连接器频率为600 MHz以下的数据传输用活动和固定式无屏蔽8路连接器详细规范》。

（19）IEC 61156（所有部分）《数字通信用对绞/星绞多芯对称电缆》。

（20）IEC 61156-6《数字通信用对绞/星绞多芯对称电缆 第6部分：不高于600 MHz的有传输特性的对绞/星绞对称电缆工作场所布线分规范》。

（21）IEC 61156-7《数字通信用对绞/星绞多芯对称电缆 第7部分：1 200 MHz及以下传输特性的对绞对称电缆数字和模拟通信电缆的分规范》。

（22）IEC 61169-24《射频连接器 第24部分：分规范螺纹连接射频同轴连接器典型的用于75Ω 电缆分配系统（F型）》。

（23）IEC 61935-1：2000《通用布线系统根据ISO/IEC 11801对对称通信布线进行检验的规范 第1部分：电缆敷设修正案（2002）》。

（24）ISO/IEC 14763-1《信息技术用户建筑群布缆的实现和操作 第1部分：管理》。

（25）ISO/IEC TR 14763-2《信息技术用户建筑群布缆的实施和操作 第2部分：铜缆敷设的规划和安装》。

（26）EN 50289-1-14《通信电缆试验方法规范 第1-14部分：连接硬件的耦合衰减或屏蔽衰减》。

2.6 智能建筑相关标准

综合布线系统是智能建筑的主要基础设施，因此在综合布线系统工程的设计、施工安装和运维中，也必须熟悉智能建筑的相关标准，智能建筑主要国家标准如下：

（1）GB 50314—2015《智能建筑设计标准》。

（2）GB 50606—2010《智能建筑工程施工规范》。

（3）GB 50339—2013《智能建筑工程质量验收规范》。

（4）GB 50348—2018《安全防范工程技术标准》。

本节简单介绍智能建筑相关的国家标准，研究型读者需要时，请查询原始文本或者联系本书作者。

2.6.1 GB 50314—2015《智能建筑设计标准》简介

GB 50314—2015《智能建筑设计标准》由住房和城乡建设部和国家质量监督检验检疫总局联合发布，由住房和城乡建设部在2015年3月8日公告，公告号为778号，从2015年11月1日起开始实施。该标准是为了规范智能建筑工程设计，提高和保证设计质量专门制定，适用于新建、扩建和改建的民用建筑及通用工业建筑等的智能化系统工程设计，民用建筑包括住宅、办公、教育、医疗等。标准要求智能建筑工程的设计应以建设绿色建筑为目标，做到功能实用、技术适时、安全高效、运营规范和经济合理，在设计中应增强建筑物的科技功能和提升智能化系统的技术功效，具有适用性、开放性、可维护性和可扩展性。图2-12所示为该标准的封面，图2-13所示为该标准的公告页。

UDC

中华人民共和国国家标准

P　　GB 50314－2015

智能建筑设计标准

Standard for design of intelligent building

2015－03－08 发布　　2015－11－01 实施

中华人民共和国住房和城乡建设部
中华人民共和国国家质量监督检验检疫总局　联合发布

图 2-12　标准封面

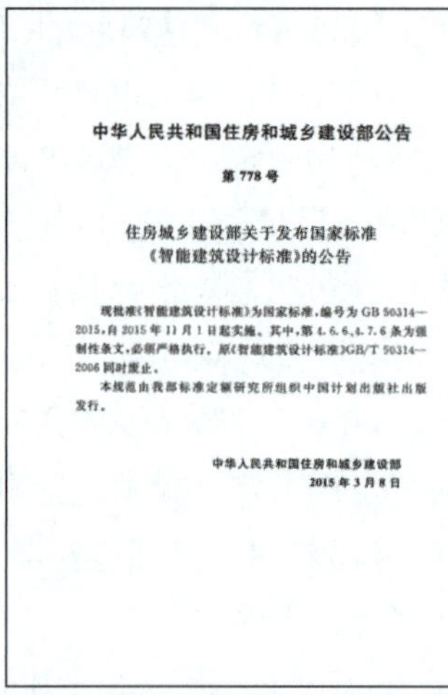

中华人民共和国住房和城乡建设部公告

第 778 号

住房城乡建设部关于发布国家标准
《智能建筑设计标准》的公告

现批准《智能建筑设计标准》为国家标准，编号为 GB 50314—2015，自 2015 年 11 月 1 日起实施。其中，第 4.6.6、4.7.6 条为强制性条文，必须严格执行。原《智能建筑设计标准》GB/T 50314—2006 同时废止。

本规范由我部标准定额研究所组织中国计划出版社出版发行。

中华人民共和国住房和城乡建设部
2015 年 3 月 8 日

图 2-13　标准公告页

2.6.2　GB 50606—2010《智能建筑工程施工规范》简介

GB 50606—2010《智能建筑工程施工规范》由住房和城乡建设部和国家质量监督检验检疫总局联合发布，由住房和城乡建设部在 2010 年 7 月 15 日公告，公告号为 668 号，从 2011 年 2 月 1 日起开始实施。该标准是为了加强智能建筑工程施工过程的管理，提高和保证施工质量专门制定，适用于新建、改建和扩建工程中的智能建筑工程施工。标准要求智能建筑工程的施工，要做到技术先进、工艺可靠、经济合理、管理高效。图 2-14 所示为该标准的封面，图 2-15 所示为该标准的公告页。

UDC

中华人民共和国国家标准

P　　GB 50606－2010

智能建筑工程施工规范

Code for installation of intelligent building systems

2010－07－15 发布　　2011－02－01 实施

中华人民共和国住房和城乡建设部
中华人民共和国国家质量监督检验检疫总局　联合发布

图 2-14　标准封面

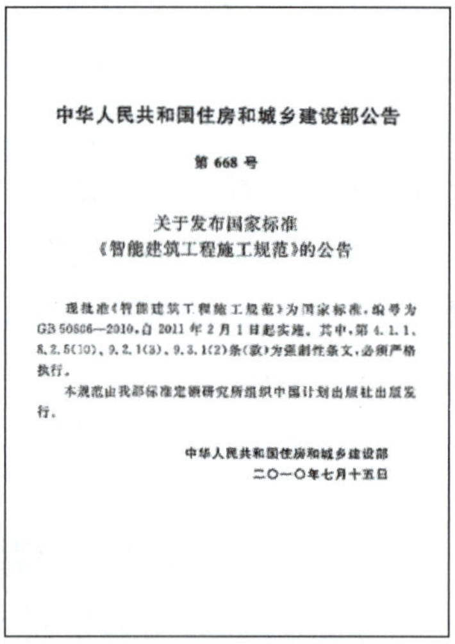

中华人民共和国住房和城乡建设部公告

第 668 号

关于发布国家标准
《智能建筑工程施工规范》的公告

现批准《智能建筑工程施工规范》为国家标准，编号为 GB 50606—2010，自 2011 年 2 月 1 日起实施。其中，第 4.1.1、8.2.5(10)、9.2.1(3)、9.3.1(2)条(款)为强制性条文，必须严格执行。

本规范由我部标准定额研究所组织中国计划出版社出版发行。

中华人民共和国住房和城乡建设部
二〇一〇年七月十五日

图 2-15　标准公告页

2.6.3　GB 50339—2013《智能建筑工程质量验收规范》简介

GB 50339—2013《智能建筑工程质量验收规范》由住房和城乡建设部和国家质量监督检验检疫总局联合发布，由住房和城乡建设部在 2013 年 6 月 26 日公告，公告号为 83 号，从 2014 年 2 月 1 日起开始实施。该标准是为了加强智能建筑工程质量管理，规范智能建筑工程质量验收，保证工程质量专门制定，适用于新建、改建和扩建工程中的智能建筑工程的质量验收。标准要求智能建筑工程的质量验收，要坚持“验评分离、强化验收、完善手段、过程控制”的指导思想。图 2-16 所示为该标准的封面，图 2-17 所示为该标准的公告页。

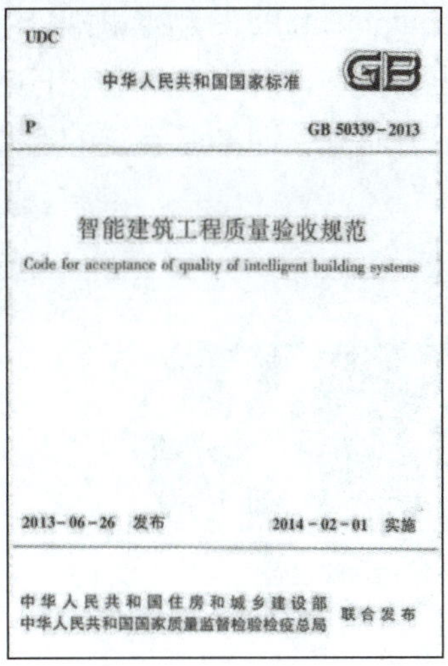

UDC

中华人民共和国国家标准 GB

P GB 50339－2013

智能建筑工程质量验收规范

Code for acceptance of quality of intelligent building systems

2013－06－26 发布 2014－02－01 实施

中华人民共和国住房和城乡建设部
中华人民共和国国家质量监督检验检疫总局 联合发布

图 2–16 标准封面

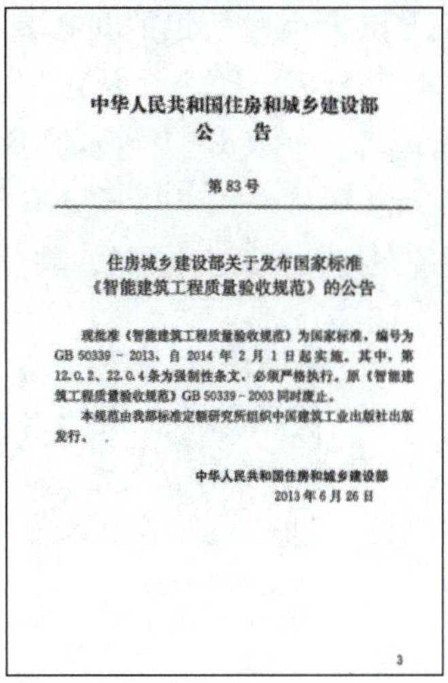

中华人民共和国住房和城乡建设部
公 告

第 83 号

住房城乡建设部关于发布国家标准
《智能建筑工程质量验收规范》的公告

现批准《智能建筑工程质量验收规范》为国家标准，编号为 GB 50339－2013，自 2014 年 2 月 1 日起实施。其中，第 12.0.2、22.0.4 条为强制性条文，必须严格执行。原《智能建筑工程质量验收规范》GB 50339－2003 同时废止。

本规范由我部标准定额研究所组织中国建筑工业出版社出版发行。

中华人民共和国住房和城乡建设部
2013 年 6 月 26 日

3

图 2–17 标准公告页

2.6.4 GB 50348—2018《安全防范工程技术标准》简介

GB 50348—2018《安全防范工程技术标准》由住房和城乡建设部和国家质量监督检验检疫总局联合发布，由住房和城乡建设部在 2018 年 5 月 14 日公告，公告号为 84 号，从 2018 年 12 月 1 日起开始实施。本标准是智能建筑安全防范工程建设的基础性通用标准，是保证安全防范工程建设质量，维护国家、集体和个人财产与生命安全的重要技术措施，其属性为强制性国家标准。本标准的主要内容包括 12 章：总则、术语、基本规定、规划、工程建设程序、工程设计、工程施工、工程监理、工程检验、工程验收、系统运行与维护、咨询服务。图 2–18 所示为该标准的封面，图 2–19 所示为该标准的公告页。

UDC

中华人民共和国国家标准 GB

P GB 50348－2018

安全防范工程技术标准

Technical standard for security engineering

2018－05－14 发布 2018－12－01 实施

中华人民共和国住房和城乡建设部
国家市场监督管理总局 联合发布

图 2–18 标准封面

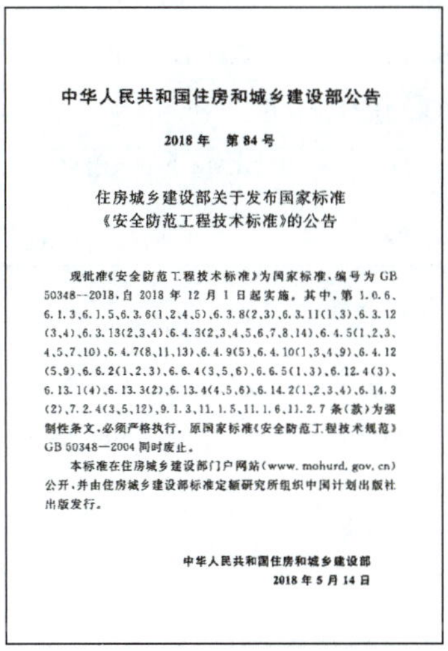

中华人民共和国住房和城乡建设部公告

2018 年 第 84 号

住房城乡建设部关于发布国家标准
《安全防范工程技术标准》的公告

现批准《安全防范工程技术标准》为国家标准，编号为 GB 50348--2018，自 2018 年 12 月 1 日起实施。其中，第 1.0.6、6.1.3、6.1.5、6.3.6(1、2、4、5)、6.3.8(2、3)、6.3.11(1、3)、6.3.12(3、4)、6.3.13(2、3、4)、6.4.3(2、3、4、5、6、7、8、14)、6.4.5(1、2、3、4、5、7、10)、6.4.7(8、11、13)、6.4.9(5)、6.4.10(1、3、4、9)、6.4.12(5、9)、6.6.2(1、2、3)、6.6.4(3、5、6)、6.6.5(1、3)、6.12.4(3)、6.13.1(4)、6.13.3(2)、6.13.4(4、5、6)、6.14.2(1、2、3、4)、6.14.3(2)、7.2.4(3、5、12)、9.1.3、11.1.5、11.1.6、11.2.7 条(款)为强制性条文，必须严格执行。原国家标准《安全防范工程技术规范》GB 50348—2004 同时废止。

本标准在住房城乡建设部门户网站(www.mohurd.gov.cn)公开，并由住房城乡建设部标准定额研究所组织中国计划出版社出版发行。

中华人民共和国住房和城乡建设部
2018 年 5 月 14 日

图 2–19 标准公告页

◎ 典型案例 2 PoE 供电技术应用的优缺点

1. PoE 供电

PoE（Power over Ethernet）指的是在现有的以太网 Cat.5 布线基础架构不作任何改动的情况下，在为一些基于 IP 的终端（如 IP 电话、无线 AP、网络摄像机等）传输数据信号的同时，还能为此类设备提供直流供电的技术。

一个完整的 PoE 系统包括供电端设备（power sourcing equipment，PSE）和受电端设备（powered device，PD）两部分。PSE 设备是为以太网客户端设备供电的设备，同时也是整个 PoE 以太网供电过程的管理者，如 PoE 交换机。PD 设备是接收供电的 PSE 负载，即 PoE 系统的客户端设备，如网络摄像机、无线 AP、IP PHONE 等。

PD 设备在接入 PSE 系统时，其供电流程如图 2-20 所示。

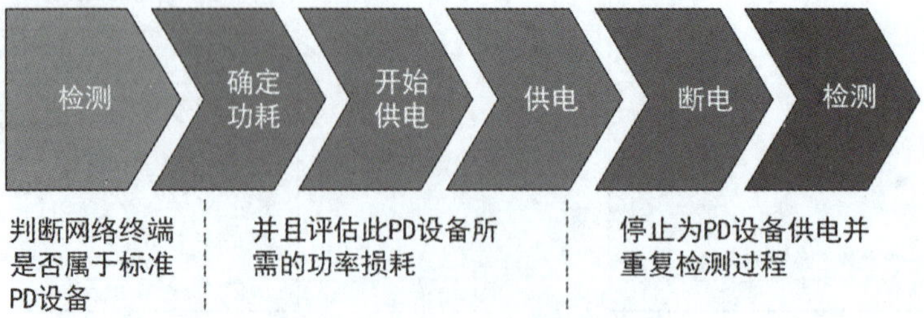

图 2-20　供电流程

在上述过程中，主要涉及以下几个过程：

（1）信号检测阶段：PSE 检测 PD 是否存在。PSE 通过检测电源输出线对之间的阻容值来判断 PD 是否存在，只有检测到 PD，PSE 才会进行下一步操作。

（2）分级阶段：PSE 确定 PD 功耗。PSE 通过检测电源输出电流来确定 PD 功率等级。

（3）供电阶段：PSE 给 PD 稳定供电。当检测到端口下挂设备属于合法的 PD 设备时，并且 PSE 完成对此 PD 的分类，PSE 开始对该设备进行供电，输出 48 V 的电压。

（4）监测阶段：实时监控，电源管理。供电期间，PSE 还要对每个端口的供电情况进行监视，提供欠电压和过电流保护。

（5）断电阶段：PSE 检测 PD 是否断开，PSE 会通过特定的检测方法判断 PD 是否断开。PD 断开，PSE 将关闭端口输出电压，端口状态返回到信号检测阶段。

2. PoE 供电标准

表 2-5 所示为 IEEE 国际标准参数表。

表 2-5　IEEE 国际标准参数表

Type	Standard	PSE minimum output power（W）	PD minimum intput power（W）	Cable category	Cable length（m）	Power over
Type1	IEEE 802.3af	15.4	12.95	Cat5e	100	2 pairs
Type2	IEEE 802.3at	30	25.5	Cat5e	100	2 pairs
Type3	IEEE 802.3bt	60	51~60	Cat5e	100	2 pairs class0–4 4 pairs class0–4 4 pairs class5–6
Type4	IEEE 802.3bt	90	71~90	Cat5e	100	4 pairs class7–8

2003 年发布的国际标准 IEEE 802.3af 要求：PSE 能达到 15.4 W 的输出功率，而到达受电设备的功率是 12.95 W。

2009 年发布的国际标准 IEEE 802.3at 要求：PSE 能达到 30 W 的输出功率，而到达受电设备的功率是 25.5 W。

随着时间的推移，这两种标准的功率已经不能满足现在新的更大功率的 PD 的供电要求。因此 2018 年的国际标准 IEEE 802.3bt 推出了两种要求：

（1）要求 PSE 能达到 60 W 的输出功率，到达受电设备的功率是 51~60 W。

（2）要求 PSE 能达到 90 W 的输出功率，到达受电设备的功率是 71~90 W。

3. PoE 供电技术的优缺点

1）优点

（1）简单，方便。PoE 只需要安装和支持一条电缆，简单而且节省空间，并且设备可随意移动。

（2）节约成本。许多带电设备，如视频监视摄像机等，都需要安装在难以部署 AC 电源的地方，PoE 使其不再需要昂贵电源和安装电源所耗费的时间，节省了费用和时间，同时减少了电力线的物料成本和人工布线成本。

（3）实时监控。像数据传输一样，PoE 可以通过使用简单网管协议（SNMP）来监督和控制该设备。

（4）安全性。PoE 供电端设备只会为需要供电的设备供电，只有连接了需要供电的设备，以太网电缆才会有电压存在，因而消除了线路上漏电的风险。

（5）集中供电。一个单一的 UPS 就可以提供相关所有设备在断电时的供电。

（6）兼容性。用户可以自动、安全地在网络上混用原有设备和 PoE 设备，这些设备能够与现有以太网电缆共存。

2）缺点

（1）传输距离有限。PoE 交换机最大传输距离主要取决于数据传输距离，当传输距离超过 100 m 时可能会发生数据延迟、丢包等现象。因此在实际施工过程中传输距离最好不超过 100 m。

（2）"不稳定性"。在实际施工和应用中，经常会出现 PoE 交换机不能供电或者供电不稳定的情况，事实上，PoE 技术发展多年，目前已经处于非常成熟的阶段，标准 PoE 供电足够稳定安全。大多数状况是由于选用的非标准 PoE 交换机或者线材品质过于低劣，再或者方案设计本身不合理等。

（3）风险过于集中。通常来说，一台 PoE 交换机同时会给多个前端设备进行供电，交换机的 PoE 供电模块任何故障都会导致所有的摄像机无法工作，风险过于集中。

请扫描二维码下载典型案例 2 的 Word 版。

典型案例 2 Word 版

◎ 习题 2

一、填空题

1.《综合布线系统工程设计规范》规范了________的语音、数据、图像及多媒体业务综合网络建设，适用于新建、扩建、改建建筑与建筑群综合布线系统工程设计。（参考 2.2.1 节）

2. 综合布线系统入口设施连接外部网络和其他建筑物的引入缆线，应通过缆线和________进行互连。（参考 2.2.2 节）

3. 综合布线系统典型应用中，配线子系统信道应由________和电缆连接器件构成，干线子系统信道和建筑群子系统信道应由________和光连接器件组成。（参考 2.2.2 节）

4. 光纤信道应分为 OF-300、OF-500 和 OF-2000 三个等级，各等级光纤信道应支持的应用长度不应小于________、________及________。（参考 2.2.2 节）

5. 屏蔽布线系统采用的电缆、连接器件、跳线、设备电缆都应是________，并应保持信道屏蔽层的连续性与导通性。（参考 2.2.2 节）

6. 设备的连接插座应与连接电缆的插头匹配，不同的插座与插头之间互通时应加装________。（参考 2.2.3 节）

7. 干线子系统设计中，当主干端口为电接口时，应按________对线对容量配置；当主干端口为光端口时，应按________芯光纤容量配置。（参考 2.2.3 节）

8. 2 m、5 m 对绞电缆跳线的指标参数值应包括________、________。（参考 2.2.4 节）

9. 缆线敷设在建筑物的吊顶内时，应采用________。（参考 2.2.5 节）

10.《综合布线系统工程验收规范》标准号是________。（参考 2.3 节）

二、选择题（部分为多选题）

1.《综合布线系统工程设计规范》的标准号是（　　），该标准在 2016 年 8 月 26 日发布，2017 年 4 月 1 日开始实施。（参考 2.2 节）

A. GB 50311　　B. GB/T 50312

C. GB 50313　　D. GB 50314

2. 综合布线系统的基本构成应包括（　　）、（　　）和配线子系统。（参考 2.2.2 节）

A. 建筑群子系统　　B. 干线子系统

C. 管理系统　　D. 工作区

3. 布线系统信道应由长度不大于（　　）的水平缆线、（　　）的跳线和设备缆线段，以及最多 4 个连接器件组成。（参考 2.2.2 节）

A. 10 m　　B.50 m　　C. 90 m　　D.100 m

4. 综合布线系统光纤信道采用的多模光纤和单模光纤标称波长分别为(　　)。(参考2.2.2 节）

A. 850 nm 和 1 300 nm　　B. 1 310 nm 和 1 550 nm

C. 1 383 nm 和 1 550 nm　　D. 850 nm 和 1 550 nm

5. 建筑物配线设备处，各类设备缆线和跳线的配置根据信息点总数的比例进行配置时，比例范围宜为（　　）。（参考 2.2.3 节）

A. 20% ~ 50%　　B. 25% ~ 50%　　C. 20% ~ 60%　　D. 25% ~ 60%

6. 在工程的安装设计中，应考虑综合布线系统产品的(　　)等机械性能指标。(参考 2.2.4 节）

A. 缆线结构　　B. 回波损耗　　C. 弯曲半径　　D. 承受拉力

7. D 级、E 级、F 级的对绞电缆布线信道器件的标称阻抗应为（　　），A、B、C 级可为（　　）。（参考 2.2.4 节）

A. 100 Ω　　B. 120 Ω　　C. 100 Ω 或 120 Ω　　D. 100 Ω 和 120 Ω

8. 建筑物室外引入管道应采用热浸镀锌厚壁钢管，外径 50 ~ 63.5 mm 钢管的壁厚度不应小于（　　）。（参考 2.2.5 节）

A. 2 mm　　B.3 mm　　C. 4 mm　　D. 5 mm

9. 建筑物内水平缆线敷设时，应采用（　　）方式。（参考 2.2.5 节）

A. 导管　　B. 电缆孔　　C. 桥架　　D. 地下管道

10. 综合布线系统应采用建筑物共用接地的接地系统。当必须单独设置系统接地体时，其接地电阻不应大于（　　）。（参考 2.2.5 节）

A. 2 Ω　　B. 4 Ω　　C. 5 Ω　　D. 10 Ω

三、简答题

1. 绘制综合布线系统的基本构成图。（参考 2.2.2 节）

2. 绘制电缆布线系统信道、永久链路、CP 链路构成图，并作简要说明。（参考 2.2.2 节）

3. 屏蔽布线系统的选用应符合哪些规定？（参考 2.2.2 节）

4. 综合布线系统支持弱电各子系统应用时，应满足各子系统提出的哪些条件？（参考 2.2.2 节）

5. 综合布线系统是智能建筑的主要基础设施，智能建筑主要有哪些国家标准？（参考 2.6 节）

习题 2 Word 版

请扫描二维码下载习题 2 的 Word 版。

◎ 实训 2　网络跳线制作训练

1. 实训任务来源

笔记本电脑、PC、打印机、网络摄像机等终端设备与信息插座的网络连接需求。

2. 实训任务

每人独立完成 4 根 5e 类网络跳线制作。要求 568B 线序，长度 300 mm/ 根，长度误差 ±5 mm。

3. 技术知识点

（1）熟悉 GB 50311—2016《综合布线系统工程设计规范》国家标准第 6.1.3 条，对绞电缆连接器件电气特性。

①连接器件应支持 0.4 ～ 0.8 mm 线径的连接。

②线芯插入 RJ-45 水晶头内长度不大于 13 mm，前端 10 mm 不能有缠绕。

③连接器件的插拔率不应小于 500 次。

（2）熟悉 568A/568B 线序知识。

568A 线序：白绿，绿，白橙、蓝，白蓝，橙，白棕，棕；

568B 线序：白橙，橙，白绿，蓝，白蓝，绿，白棕，棕。

（3）掌握 RJ-45 型 8 位模块通用插座 568A、568B 连接方式，如图 2-21 所示。

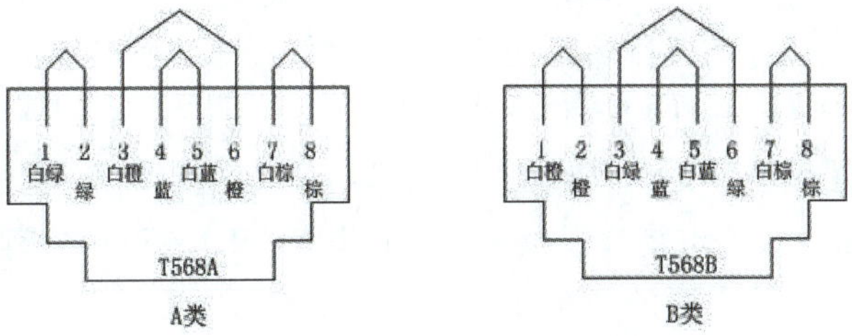

图 2-21　8 位模块通用插座连接

4. 关键技能

（1）掌握双绞线电缆的剥线方法，包括拆开扭绞长度、整理线序。

（2）插入 RJ-45 水晶头内长度不大于 13 mm，前端 10 mm 不能有缠绕。

（3）线芯插到前端，三角块压住护套 2 mm。

（4）掌握网络压线钳的正确使用方法。

5. 实训课时

（1）该实训共计 2 课时完成，其中技术讲解 10 min，视频演示 35 min，学员实际操作 30 min，跳线测试与评判 10 min，实训总结、整理清洁现场 5 min。

（2）课后作业 2 课时，独立完成实训报告，提交合格实训报告。

6. 实训指导视频

（1）《A117- 西元铜缆跳线制作》（16 分 56 秒）。

（2）27399- 实训 2、3-《网络跳线与网络模块制作训练》（14 分 54 秒）。

《A117- 西元铜缆跳线制作》

实训 2、3《网络跳线与网络模块制作训练》

7. 实训设备

“西元”网络配线实训装置，产品型号：KYPXZ-01-52。

本实训装置按照典型工作任务和关键技能实训专门研发，配置有网络压接线实验装置、网络线制作与测量实验装置等，仿真典型工作任务，能够通过指示灯闪烁直观和持续显示永久链路通断等故障，包括跨接、反接、短路、开路等各种常见故障。

8. 实训材料

实训材料如表 2-6 所示。

表 2-6 实训材料

序号	名称	规格说明	数量	器材照片
1	西元 XY786 电缆端接材料包	(1) 5e 类网线 7 根 (2) RJ-45 水晶头 8 个 (3) RJ-45 模块 6 个 (4) 使用说明书 1 份	1 包 / 人	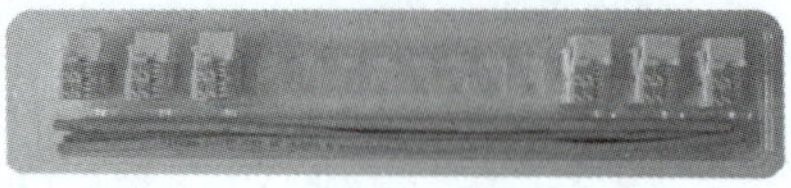

9. 实训工具

实训工具如表 2-7 所示。

表 2-7 实训工具

序号	名称	规格说明	数量	工具照片
1	旋转剥线器	旋转式双刀同轴剥线器，用于剥除外护套	1 个	
2	网络压线钳	支持 RJ-45 与 RJ-11 水晶头压接	1 把	
3	水口钳	6 寸水口钳，用于剪齐线端	1 把	
4	钢卷尺	2 m 钢卷尺，用于测量跳线长度	1 个	

10. 实训步骤

(1) 预习和播放视频。课前应预习，初学者提前预习，请扫描二维码观看实操视频，请多次认真观看，熟悉主要关键技能和评判标准，熟悉线序。

实训时，教师首先讲解技术知识点和关键技能 10 min，然后播放视频 35 min。更多可参考教材单元 4 第 4.1 节非屏蔽双绞线电缆，以及第 4.2 节非屏蔽 RJ-45 网络水晶头相关内容。

(2) 器材工具准备。建议在播放视频期间，教师准备和分发。

①发放西元电缆链路速度竞赛 XY786 材料包，每个学员一包，本实训只使用 RJ-45 水晶头与 5e 类网线。

②学员检查材料包规格数量合格。

③发放工具。

④每个学员将工具、材料摆放整齐，开始端接训练。

⑤本实训要求学员独立完成，优先保证质量，掌握方法。

(3) 水晶头的端接步骤和方法。

第一步：调整剥线器。调整剥线器刀片进深高度，保证划破护套的 60%~90%，避免损伤线芯，并且试剥 2 次，使用水口钳剪掉撕拉线。

第二步：剥除护套。初学者剥除网线外护套长度宜为 20 mm，并且沿轴线方向取下护套，不要严重折叠网线。

第三步：拆开线对。分开蓝橙绿棕 4 对线，绿线朝向自己，蓝线朝外，橙线朝左，棕线朝右。

第四步：捋直线芯。按照 568B 线序排好捋直，剪掉线端，保留 13 mm，线端至少 10 mm 没有缠绕。

第五步：插入水晶头。左手拿好水晶头，刀片朝向自己，将捋直的线对插入水晶头。再次仔细检查线序，保证线序正确，并且插到底。

提高材料利用率建议：初学者按照上述第一步～第五步，反复练习至少 5 次，牢记线序，熟练掌握基本操作方法后，再压接水晶头。

第六步：压接水晶头。将水晶头放入压线钳，并且将网线向前推，然后用力压紧即可。

第七步：质量检查。检查刀片是否压入线芯，线序正确，注意水晶头三角压块翻转后必须压紧护套。测量跳线长度正确。

（4）水晶头端接关键步骤与技能照片如图 2-22 所示。

①剥除外护套，剪掉撕拉线　②拆开4个线对，按T568B捋直　③剪齐线端，留13 mm　④将刀口向上，网线插到底　⑤放入压线钳，用力压紧　⑥保证线序正确，检查压住护套

图 2-22　水晶头端接关键步骤与技能照片

11. 评判标准

（1）每根跳线 100 分，4 根跳线 400 分。测试线序不合格，直接给 0 分，操作工艺不再评价。

（2）操作工艺评价如表 2-8 所示。

表 2-8　RJ-45 水晶头跳线实训评判表

评判项目姓名 / 跳线编号	跳线测试（合格 100 分，不合格 0 分）	操作工艺评价（每处扣 5 分）					评判结果得分	排名
		未剪掉撕拉线	拆开线对 >13 mm	没有压紧护套	线芯没有插到顶端	跳线长度不正确		

12. 跳线通断测试

将跳线两端 RJ-45 水晶头分别插入测试仪上下对应的端口中，观察测试仪指示灯闪烁顺序，如图 2-23 所示。

（1）当跳线线序压接正确时，上下对应的指示灯会按照 1—1，2—2，3—3，4—4，5—5，6—6，7—7，8—8 顺序轮流重复闪烁。

（2）如果有一芯或者多芯没有压接到位，对应的指示灯不亮。

（3）如果有一芯或者多芯线序错误时，对应的指示灯将显示错误的线序。

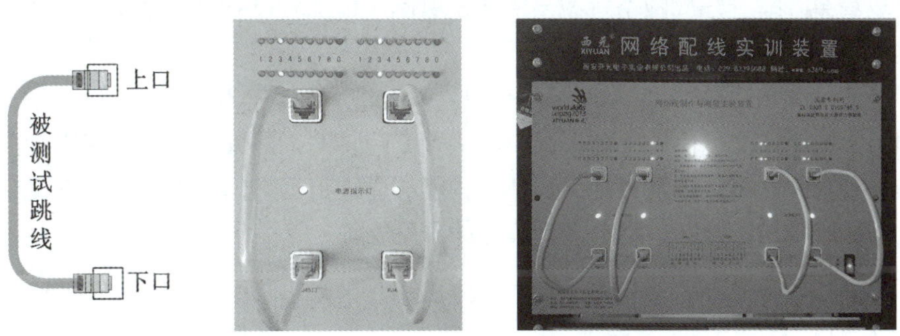

图 2-23　RJ-45–RJ-45 网络跳线测试示意图与照片

13. 实训报告

按照单元 1 表 1-1 所示的实训报告模板要求，独立完成实训报告，2 课时。

扫描二维码下载实训 2 的 Word 版。

实训 2 Word 版

◎ 实训 3　网络模块端接训练

1. 实训任务来源

工作区信息插座模块（TO）安装和运维需求。

2. 实训任务

每人独立完成 3 根 5e 类网络跳线制作，共计端接 5e 类网络模块 6 个。要求 568B 线序，长度 300 mm/ 根，长度误差 ±5 mm。

3. 技术知识点

（1）熟悉 GB 50311—2016《综合布线系统工程设计规范》第 6.1.3 条，对绞电缆连接器件电气特性。

①应具有唯一的标记或颜色。

②连接器件应支持 0.4 ～ 0.8 mm 线径的连接。

③连接器件的插拔率不应小于 500 次。

（2）掌握工作区信息插座模块（TO）的基本概念。

（3）掌握网络模块的机械结构与电气工作原理。

（4）掌握网络模块的色谱标识。

4. 关键技能

（1）掌握双绞线电缆的剥线方法，包括拆开扭绞长度、整理线序。

（2）RJ-45 网络模块，应按照模块色谱标识线序进行端接。

（3）剪断线端，小于 1 mm。

（4）掌握免打网络模块的端接方法。

《A113- 西元铜缆跳线制作与模块端接》

实训 2、3《网络跳线与网络模块制作训练》

5. 实训课时

（1）该实训共计 2 课时完成，其中技术讲解 10 min，视频演示 25 min，学员实际操作 35 min，跳线测试与评判 10 min，实训总结、整理清洁现场 10 min。

（2）课后作业 2 课时，独立完成实训报告，提交合格实训报告。

6. 实训指导视频

（1）《A113- 西元铜缆跳线制作与模块端接》(09 分 17 秒)。

（2）27399- 实训 2、3-《网络跳线与网络模块制作训练》(14 分 54 秒)。

7. 实训设备

“西元”第二代网络配线实训装置，产品型号：KYPXZ-01-52。

本实训装置按照典型工作任务和关键技能实训专门研发，配置有网络压接线实验装置、网络线制作与测量实验装置等，仿真典型工作任务，能够通过指示灯闪烁直观和持续显示永久链路通断等故障，包括跨接、反接、短路、开路等各种常见故障。

8. 实训材料

实训材料如表 2-9 所示。

表 2-9　实训材料

序号	名称	规格说明	数量	器材照片
1	西元 XY786 电缆端接材料包	（1）5e 类网线 7 根 （2）RJ-45 水晶头 8 个 （3）RJ-45 模块 6 个 （4）使用说明书 1 份	1 包 / 人	

9. 实训工具

实训工具如表 2-10 所示。

表 2-10 实训工具

序号	名称	规格说明	数量	工具照片
1	旋转剥线器	旋转式双刀同轴剥线器，用于剥除外护套	1 个	
2	水口钳	6 寸水口钳，用于剪齐线端	1 把	
3	钢卷尺	2 m 钢卷尺，用于测量跳线长度	1 个	

10. 实训步骤

（1）预习和播放视频。课前应预习，初学者提前预习，请扫描二维码观看实操视频，请多次认真观看，熟悉主要关键技能和评判标准，熟悉线序。

实训时，教师首先讲解技术知识点和关键技能 10 min，然后播放视频 25 min。更多可参考教材单元 4 中 4.2 节和 5.6.4 节相关内容。

（2）器材工具准备。建议在播放视频期间，教师准备和分发器材工具。

①发放西元电缆链路速度竞赛 XY786 材料包，每个学员 1 包，本实训只使用 RJ-45 网络模块与 5e 类网线。

②学员检查材料包规格数量合格。

③发放工具。

④每个学员将工具、材料摆放整齐，开始端接训练。

⑤本实训要求学员独立完成，优先保证质量，掌握方法。

（3）网络模块的端接步骤和方法。

第一步：调整剥线器。

调整剥线器刀片进深高度，保证划破护套的 60% ～ 90%，避免损伤线芯，并且试剥 2 次，使用水口钳剪掉撕拉线。

第二步：剥除护套。

初学者剥除网线外护套长度宜为 30 mm，并且沿轴线方向取下护套，不要严重折叠网线。

第三步：分开线对。

分开蓝橙绿棕 4 对线，按照网络模块色谱标识排列线对。

第四步：压接线芯。

按照网络模块色谱标识 568B 线序拆开线对，将线芯用手或者单口打线钳压入对应线柱内。

提高材料利用率建议：初学者按照上述第一步 ~ 第四步，反复练习至少 5 次，熟练掌握基本操作方法后，再压接网络模块。

第五步：压接防尘盖。

将防尘盖扣在网络模块上，缺口向内，使用双手用力将防尘盖压到底。

第六步：剪掉线头。

使用水口钳，剪掉多余线端，线端长度应小于 1 mm。

第七步：质量检查。

检查压盖是否压到底，压盖方向是否正确，线序端接正确，测量跳线长度正确。

（4）网络模块端接关键步骤与技能照片如图 2-24 所示

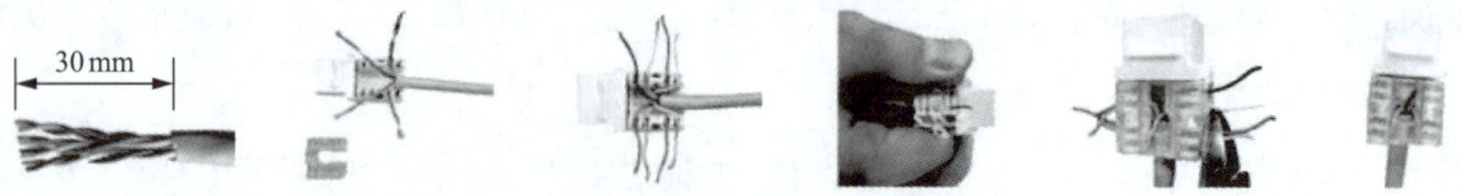

①剥除外护套，剪掉撕拉线　②按T568B位置，排列线对　③线对按照色谱压入刀口　④将压盖对准，用力压到底　⑤剪掉线端，小于1 mm　⑥线序正确，压盖牢固

图 2-24　网络模块端接关键步骤与技能照片

11. 评判标准

（1）每根跳线 100 分，4 根跳线 400 分。测试线序不合格，直接给 0 分，操作工艺不再评价。

（2）操作工艺评价如表 2-11 所示。

表 2-11　RJ-45 模块端接实训评分表

姓名或跳线编号	跳线测试合格 100 分不合格 0 分	操作工艺评价（每处扣 5 分）					评判结果得分	排名
		未剪掉撕拉线	压盖方向不正确	压盖没有压到底	线端 >1 mm	跳线长度不正确		

12. 跳线通断测试

（1）RJ-45 模块 -RJ-45 模块跳线的通断测试。在 RJ-45 模块—RJ-45 模块跳线的两端分别插入 2 根合格 RJ-45 水晶头跳线，接入测试仪上下对应的端口中，观察测试仪指示灯闪烁顺序，如图 2-25 所示，逐一完成 3 根跳线测试。

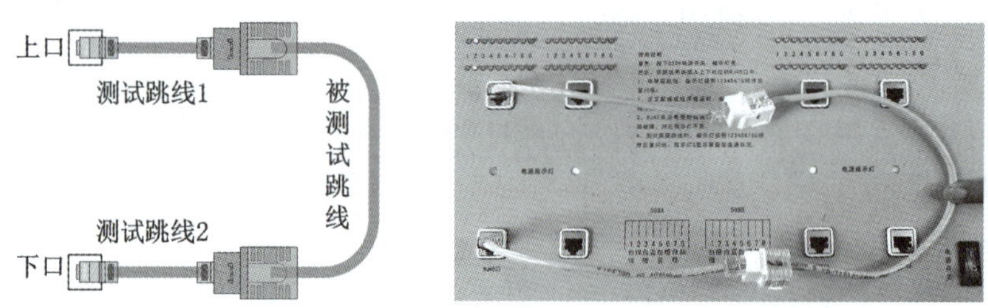

图 2-25　RJ-45 模块 -RJ-45 模块跳线测试示意图和照片

①如果全部线序压接正确时，上下对应的指示灯会按照 1—1、2—2、3—3、4—4、5—5、6—6、7—7、8—8 顺序轮流重复闪烁。

②如果有一芯或者多芯没有压接到位，对应的指示灯不亮。

③如果有一芯或者多芯线序错误时，对应的指示灯将显示错误的线序。

（2）链路测试。将实训 2 所做的 4 根跳线（RJ-45 水晶头—RJ-45 水晶头）和实训所做的 3 根跳线（RJ-45 模块—RJ-45 模块）头尾相连插在一起，形成一个经过 14 次端接的电缆链路，进行通断测试，如图 2-26 所示。

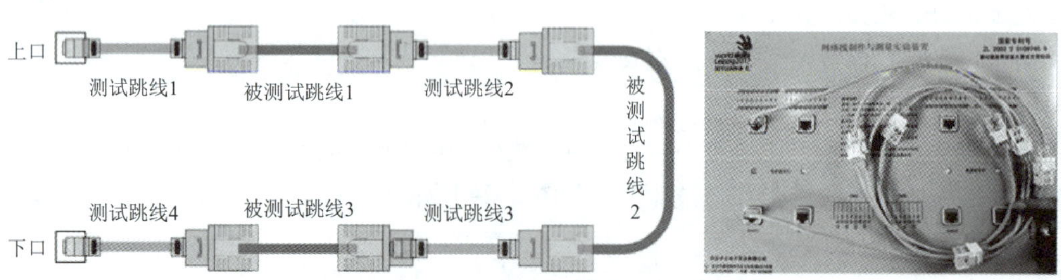

图 2-26　链路测试示意图和照片

13. 故障检测与维修

（1）故障检测的重要性。

①网络系统的故障约 70% 发生在综合布线系统。综合布线系统的故障约 90% 发生在配线端接。

②智能建筑系统的故障约 80% 发生在布线和配线端接中。

③网络综合布线系统的端接正确率，必须保证在 100%。

举例 1：99% 正确率将造成 88% 信息点故障。

例如，笔记本上网的故障分析。

设备跳线端接 2 次 + 墙面插座模块 1 次 +110 型配线架模块 2 次 + 接入层交换机跳线 2 次 + 汇聚层交换机跳线 2 次 + 核心交换机跳线 2 次 =11 次，每次端接 8 芯，合计 11 次 ×8=88 芯。

如果 99% 正确率，也就是 1% 的端接故障 ×88 芯 =88% 的故障。这当然无法接受，也无法完成验收。

举例 2：999 ‰正确率，也就是 1‰错误，也将造成 8.8% 信息点故障。

（2）华罗庚优选法。

华罗庚优选法是我国知名数学家华罗庚先生运用黄金分割法发明的一种可以尽可能减少做试验次数、尽快地找到最优方案的方法。

例如，进行某工艺时，温度的最佳点在 1 000 ～ 2 000 ℃之间。如果每隔 1℃做一次试验，那需要做 1 000 次试验。我们可以预备一个纸条，假定这是有刻度的纸条，刻了 1 000~2 000 ℃。第一个试点在总长度的 0.618 处做，也就是说第一点在 1 618 ℃，做出结果记下。把纸条对折，在 1 382 ℃处做第二次试验。比较第一、二试点结果，在较差点处将纸条撕下不要。对剩下的纸条，重复上述的处理方法，这样就能很快找出最佳点。

同样在综合布线工程中进行故障检测时，也可采用华罗庚优选法。例如，实训中完成的链路有故障时，可以将该链路一分为二，先测试其中一段链路是否有故障，如果没问题，表明故障在另一端链路。然后再把另一端链路再次一分为二，继续使用刚才的方法，很快就能准确地找到故障点，进行维修即可。

14. 实训报告

按照单元 1 表 1-1 所示的实训报告模板要求，独立完成实训报告，2 课时。

扫描二维码下载实训 3 的 Word 版。

实训 3 Word 版

单元 3 综合布线工程设计

本单元以西元综合布线工程教学模型为案例，采取“照猫画虎”的简单方法，逐步完成综合布线工程的基本设计任务，为后续真实项目的设计做准备，达到掌握工程设计技能的目标要求。

学习目标

独立完成以下 7 项设计任务，掌握综合布线工程设计项目和设计方法。

- 点数统计表设计。
- 系统图设计。
- 端口对应表设计。
- 施工图设计。
- 编制材料表。
- 编制工程预算表。
- 编制施工进度表。

本单元首先介绍综合布线工程常用专业名词术语和符号，这些名词术语和符号是相关国际和国家标准的规定，经常出现在工程技术文件和图纸中，是工程设计和读图的基础，也是工程师的语言；然后以西元综合布线工程教学模型为案例，重点介绍设计步骤和基本方法，掌握综合布线工程设计的常用基本方法。

3.1 综合布线工程常用名词术语

GB 50311—2016《综合布线系统工程设计规范》中规定的名词术语主要如下：

1. 布线（cabling）

能够支持信息电子设备相连的各种缆线、跳线、接插软线和连接器件组成的系统。

这里的缆线既包括光缆也包括电缆。跳线包括两端带头的电缆跳线，一端带头的电缆跳线及两端不带头的电缆跳线。连接器件包括光模块和电模块、配线架等，这些都是不需要电源就能正常使用的无电源设备，业界简称“无源设备”。由此可见国家标准规定的综合布线系统里没有交换机、路由器等有电源设备，因此常说“综合布线系统是一个无源系统”。图 3-1 所示为楼层配线子系统双绞线电缆布线示意图，其中虚线框内的为布线系统，左边的交换机和右边的终端设备不属于布线系统。请扫描“彩色高清图”二维码下载彩色高清图片，用于 PPT 或投影播放。

彩色高清图

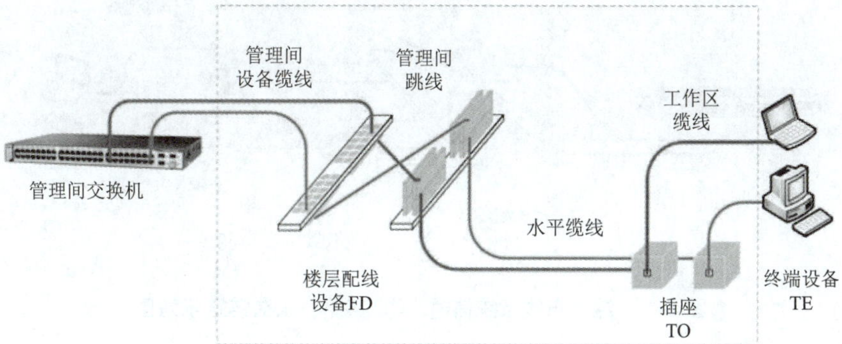

图 3-1　楼层配线子系统双绞线电缆布线示意图

2. 建筑群子系统（campus subsystem）

由配线设备、建筑物之间的干线缆线、设备缆线、跳线等组成。

这里的配线设备主要包括网络配线架和机柜，网络配线架一般都是光缆配线架，特殊情况下也可能是电缆配线架。建筑群子系统实际上由园区网络中心的配线架、机柜及与建筑物子系统之间连接的光缆或者电缆组成，图 3-2 中虚线框内的为建筑群子系统，左边的核心层交换机和右边的汇聚层交换机设备不属于建筑群子系统。请扫描“彩色高清图”二维码下载彩色高清图片。

彩色高清图

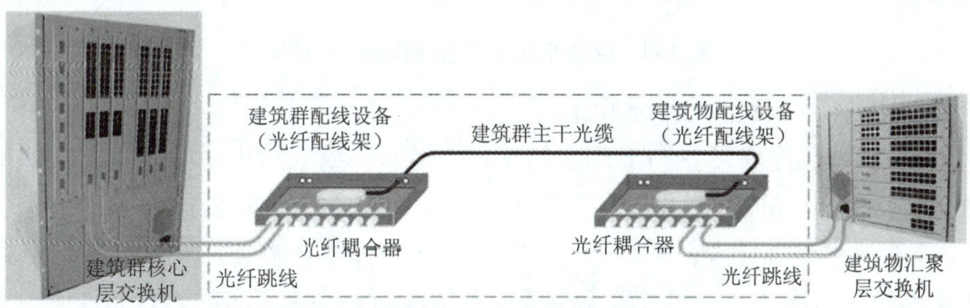

图 3-2　建筑群子系统光缆布线示意图

3. 建筑物配线设备（building distributor）

为建筑物主干缆线或建筑群主干缆线终接的配线设备，如图 3-2 所示。

4. 楼层配线设备（floor distributor）

终接水平缆线或其他布线子系统缆线的配线设备，如图 3-1 所示。

5. 建筑群主干缆线（campus backbone cable）

用于在建筑群内连接建筑群配线设备与建筑物配线设备的缆线，如图 3-2 所示。

6. 建筑物主干缆线（building backbone cable）

入口设施至建筑物配线设备、建筑物配线设备至楼层配线设备、建筑物内楼层配线设备之间相连接的缆线。

7. 入口设施（building entrance facility）

提供符合相关规范的机械与电气特性的连接器件，使得外部网络缆线引入建筑物内。

8. 水平缆线（horizontal cable）

楼层配线设备至信息点之间的连接缆线，如图 3-3 中笔记本电脑永久链路中标注的“水平缆线”。如果链路中存在 CP 集合点时，水平缆线为管理间配线设备到 CP 集合点之间的连接缆线，如图 3-3 中台式计算机永久链路中标注的“水平缆线”。请扫描“彩色高清图”二维码下载彩色高清图片。

彩色高清图

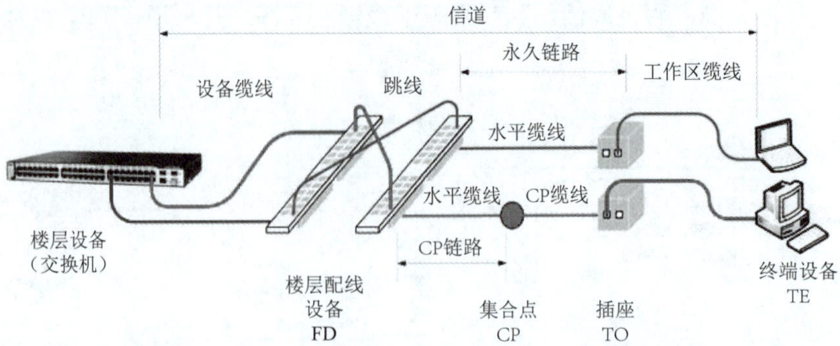

图 3-3　综合布线系统信道、CP 链路、永久链路示意图

图 3-4 所示为 GB 50311—2016《综合布线系统工程设计规范》中布线系统信道和链路构成，允许在永久链路的水平缆线安装施工中增加 CP 集合点。

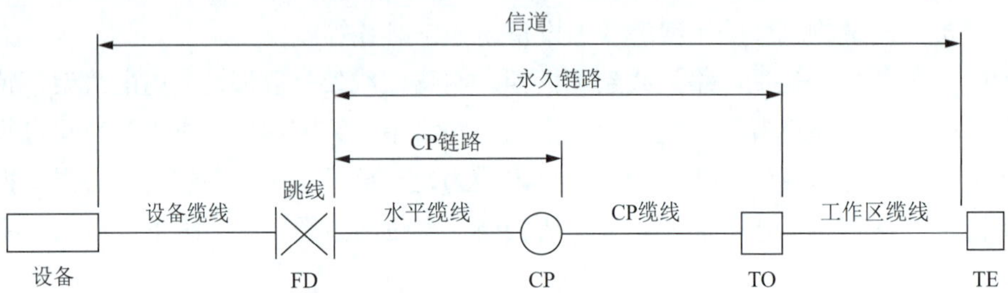

图 3-4　综合布线系统信道和链路构成图

9. CP 集合点（consolidation point）

CP 集合点是指楼层配线设备与工作区信息点之间水平缆线路由中的连接点，如图 3-3 中台式计算机永久链路中标注的“CP 集合点”和图 3-4 标注的“CP”所示。

《综合布线系统工程设计规范》标准中专门定义和允许 CP 集合点，其目的就是解决工程实际布线施工中遇到管路堵塞、拉线长度不够等特殊情况而无法重新布线时，允许使用网络模块进行一次端接，也就是说允许在永久链路实际施工中增加一个接头。注意不允许在设计中出现集合点。

在实际工程安装施工中，一般很少使用 CP 集合点，因为增加 CP 集合点可能影响工程质量，还会增加施工成本，也会影响施工进度。

10. CP 缆线（CP cable）

连接集合点（CP）至工作区信息点的缆线，如图 3-3 和图 3-4 所示。

11. CP 链路（CP link）

楼层配线设备与集合点 (CP）之间，包括两端的连接器件在内的永久性的链路，如图 3-3 和图 3-4 所示。

12. 链路（link）

一个 CP 链路或是一个永久链路，如图 3-3 和图 3-4 所示。

13. 永久链路（permanent link）

信息点与楼层配线设备之间的传输线路，它不包括工作区缆线和设备缆线、跳线，但可以包括一个 CP 链路，如图 3-3 和图 3-4 所示。

14. 信道（channel）

连接两个应用设备的端到端的传输通道。信道包括设备缆线和工作区缆线。

在实际工程中，信道就是从管理间交换机端口到终端设备端口之间的连线及配线设备，信道测试时必须包括管理间设备缆线、水平缆线和工作区缆线三段路由。

15. 工作区（work area）

需要设置终端设备的独立区域。

这里的工作区是指需要安装计算机、打印机、复印机、考勤机等在网络终端使用设备的一个独立区域。在实际工程应用中也就是一个网络插口为一个独立的工作区，而不是一个房间为一个工作区，在一个房间往往会有多个工作区。

16. 连接器件（connecting hardware）

用于连接电缆线对和光缆光纤的一个器件或一组器件。常用的电缆连接器件有 RJ-45 水晶头、鸭嘴接头、RJ-45 模块等，如图 3-5 所示。

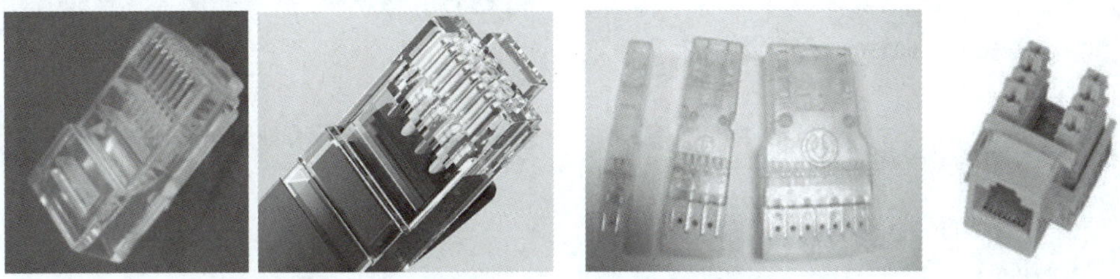

RJ-45 水晶头　　鸭嘴接头　　RJ-45 模块

图 3-5　常用的电缆连接器件

常用的光缆连接器件有 ST 接头、SC 接头、FC 接头等，如图 3-6 所示。

ST 接头　　SC 接头　　FC 接头

图 3-6　常用光缆连接器件

17. 光纤适配器（optical fiber connector）

将光纤连接器实现光学连接的器件，也就是将两对或一对光纤进行连接的器件，行业也称光纤耦合器，分为 ST 圆口和 SC 方口等，如图 3-7 所示。

ST 耦合器　　SC 耦合器　　FC 耦合器

图 3-7　常用光纤适配器

18. 信息点 (TO)（telecommunications outlet）

缆线终接的信息插座模块。也就是各类电缆或光缆终接的信息插座模块，注意这里定义的“信息点”只是安装后的模块，而不是整个信息插座，也不是信息面板。

19. 设备电缆（equipment cable）

通信设备连接到配线设备的缆线。也包括交换机等网络信息设备连接到配线设备的电缆，如图 3-3 所示。

20. 跳线（patch cord/jumper）

不带连接器件或带连接器件的电缆线对，带连接器件的光纤。用于配线设备之间进行连接。

电缆跳线一般有三类：第一类为两端带连接器件；第二类为一端带连接器件，一端不带连接器件；第三类为两端都不带连接器件，这里的连接器件一般是水晶头，在机房有时为鸭嘴头，如图 3-8 所示。

光纤跳线只有一类，必须两端都带连接器件如图 3-9 所示，两端的连接器件可以相同，也可以不同，这里的连接器件主要有 ST 头、SC 头、FC 头等多种。

图 3-8　电缆跳线

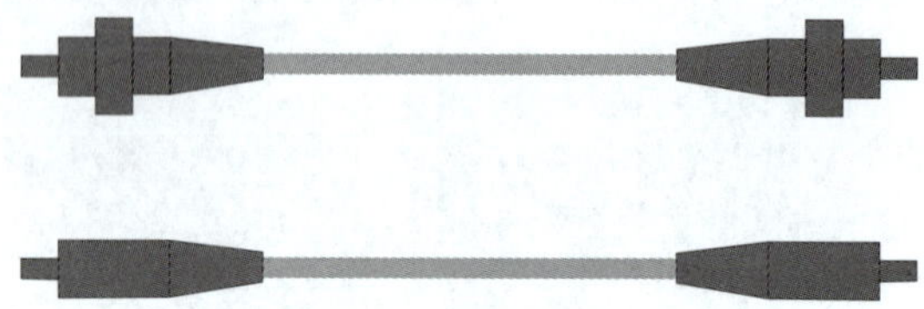

图 3-9　光缆跳线

21. 缆线（cable）

电缆和光缆的统称。一般在一个总的护套里，由一个或多个同一类型的缆线线对组成，并可包括一个总的屏蔽物或外护套，如图 3-10 所示。

22. 光缆（optical cable）

由单芯或多芯光纤构成的缆线，如图 3-11 所示。

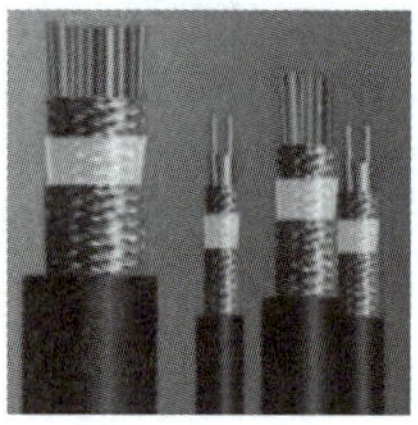

图 3-10　缆线

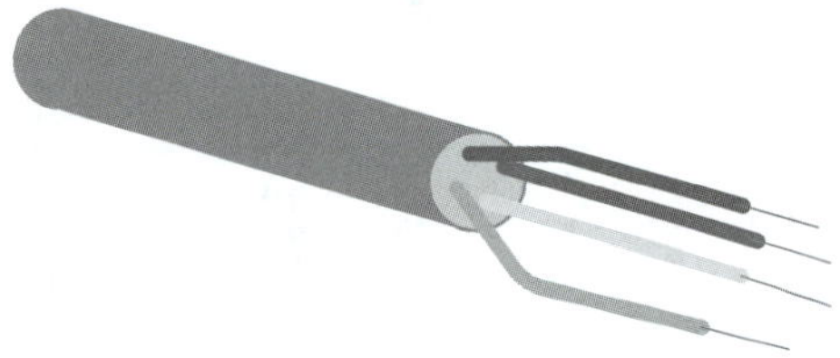

图 3-11　四芯多模室内光缆

23. 线对（pair）

由两个相互绝缘的导体对绞组成，通常是一个对绞线对，如图 3-12 所示。

24. 对绞电缆（balanced cable）

由一个或多个金属导体线对组成的对称电缆，如图 3-12 所示。

多芯软电缆线对结构示意图　　两个相互绝缘的导体对绞线对　　对绞电缆结构示意图

图 3-12　一个对绞的线对

25. 接插软线（patch calld）

一端或两端带有连接器件的软电缆。工程实际应用中就是软跳线，接插软线电缆跳线一般使用多线芯的对绞软电缆制作，比较柔软，两端带头的软电缆一般作为跳线，通常用于工作区信息插座与设备之间的跳线，一端带头的软电缆跳线通常用于配线子系统机柜内跳线。

26. 多用户信息插座（muiti-user telecommunications outlet）

工作区内若干信息插座模块的组合装置。也就是若干信息插座模块的组合。在工程实际应用中，通常为双口插座，有时为双口网络模块，有时为双口语音模块，有时为 1 口网络模块和 1 口语音模块组合成多用户信息插座。

3.2 综合布线工程常用符号和缩略词

表 3-1 为 GB 50311—2016《综合布线系统工程设计规范》规定的主要符号和缩略词。

表 3-1 GB 50311—2016《综合布线系统工程设计规范》规定的主要符号和缩略词

序号	英文缩写	中文名称或解释	英文名称
1	CD	建筑群配线设备	campus distributor
2	BD	建筑物配线设备	building distributor
3	FD	楼层配线设备	floor distributor
4	TO	信息插座模块	telecommunications outlet
5	CP	集合点	consolidation point
6	TE	终端设备	terminal equipment
7	IP	因特网协议	internet protocol
8	dB	电信传输单元：分贝	db
9	OF	光纤	optical fiber
10	SC	光纤连接器	subscriber connector （optical fiber connector）
11	SFF	小型连接器	small form factor connector

《智能建筑设计与施工系列图集》是设计与施工专业人员和行业工程师的常用工具书，一般由国家权威专业机构、行业龙头企业牵头，联合行业优秀组织和企业共同编制，也是相应国家和行业标准的专业化解读和典型应用案例汇集，一般都会给出各种常用的典型设计案例和范本，也是行业工程师的案头必备资料和参考书。图 3-13 所示为《智能建筑设计与施工系列图集》之一，我们简单介绍，其他更多图集请根据行业特点选用。

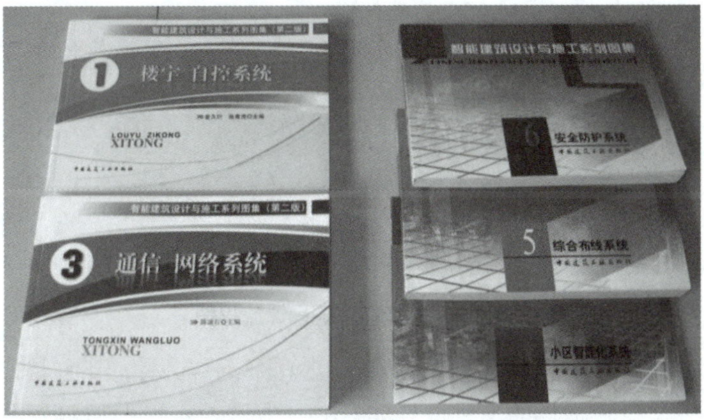

图 3-13 智能建筑设计与施工系列图集

（1）楼宇自控系统。本图集分为两大部分：第一部分内容包括控制系统图例，新风机组，空调机组，冷热源及交换站，给水排水，变配电及动力照明，控制设备、执行器及传感器；第二部分为工程实例，根据工程特点选用一些建筑设备监控系统的工程实例。

（2）消防系统。本图集包括火灾自动报警系统的消火栓、自动喷水灭火系统两部分内容。全书以现行施工及验收规范为依据，以图文形式介绍建筑物中智能建筑设备设计与施工方法，图集中介绍的方法既传统技术，又有目前正推广使用的新方法，是广大工程技术人员必备的工具书。

（3）通信网络系统。本图集包括通信、网络系统构成，系统集成，通信系统，无线通信系统，电缆电视系统，会议电视系统，扩声系统，可视图文系统，计算机网络系统，电信管理网，BMS网络系统，智能家庭网络，综合布线系统，网络连接，安装用箱、架、柜等内容。可供工程建设设计院的设计人员和建筑施工企业的主任工程师、技术队长、工长、施工员、班组长、质量检查员及操作工人使用。

（4）小区智能化系统。本图集包括的主要内容有：可视对讲系统、三表远传系统、一卡通系统、家庭安防报警系统、监控与周界防范系统、小区广播系统、集成智能终端网络等内容。

（5）综合布线系统。本图集介绍了综合布线系统标准、系统组成、设计要点、施工安装等内容，还包含了写字楼、宾馆、图书馆、科研综合楼、学校、商场、学生公寓、多层住宅、高层住宅、别墅等典型工程案例，适用于智能化建筑、住宅小区中综合布线系统工程的设计、安装、检测及验收。

（6）安全防护系统。本图集依据现行国家及行业标准编写，重点介绍了安全防范工作的内容。内容包括闭路电视监控系统、防盗报警系统、门禁系统、对讲系统、巡更系统、停车场管理系统等。

3.3 综合布线工程设计概述

在智能建筑实际工程设计中，有土建设计、水暖设计、强电设计和弱电设计等多个专业，经常出现水暖管道和设施、强电管路和设施、弱电管路和设施的多种交叉和位置冲突。例如，GB 50311《综合布线系统工程设计规范》中明确规定，网络双绞线电缆的布线路由不能与380 V或者220 V交流线路并行或者交叉，如果确实需要并行或者交叉时，必须保留一定的距离或者采取专门的屏蔽措施。为了减少和避免这些冲突，降低设计成本和工程总造价，土建设计、水暖设计、强电和弱电设计等专业不能同时进行。图3-14所示为智能建筑设计流程图，从前到后分别为结构设计→土建设计→水暖设计→强电设计→弱电设计。综合布线系统的设计一般在弱电设计阶段进行。

图3-14 智能建筑设计流程图

结构设计主要设计建筑物的基础和框架结构，如楼层高度、柱间距、楼面荷载等主体结构内容，结构设计主要依据业主提供的项目设计委托书、地质勘察报告和相关建筑设计国家标准及图集。

土建设计依据结构设计图纸，主要设计建筑物的隔墙、门窗、楼梯、卫生间等，决定建筑物内部的使用功能和区域分割。土建设计主要依据建筑物的使用功能、项目设计委托书、相关国家标准及图集。土建设计阶段不需要再画建筑物的楼层图纸，只需要在结构设计的图纸中添加土建设计内容。

水暖设计依据土建设计图纸，主要设计建筑物的上水和下水管道的直径、阀门和安装路由等，在我国北方地区还要设计冬季暖气管道的直径、阀门和安装路由等。水暖设计阶段也不需要再画建筑物的楼层图纸，只需要在前面设计阶段完成的图纸中添加水暖设计内容。

强电设计主要设计建筑物内部 380 V 或者 220 V 电力线的直径、插座位置、开关位置和布线路由等，确定照明、空调等电气设备插座位置等。强电设计阶段也不需要再画建筑物的楼层图纸，只需要在前面设计阶段完成的图纸中添加强电设计内容。

弱电设计主要包括计算机网络系统、通信系统、广播系统、门警系统、监控系统等智能化系统缆线规格、接口位置、机柜位置、布线埋管路由等等，这些全部属于综合布线系统的设计内容。弱电设计人员不需要再画建筑图纸，只需要在强电设计图纸上添加设计内容。

在智能建筑项目的设计中，综合布线系统的设计一般为最后一个阶段，这是因为综合布线系统属于智能建筑的最基础设施，遍布建筑物楼层和梁柱内，不仅直接关系到建筑物的实际使用功能，而且设计复杂和非常重要，主要原因如下：

（1）综合布线系统缆线比较柔软，容易低成本的规避其他水暖和电气管道及设施。

（2）综合布线系统缆线易受强电干扰，必须符合相关标准的明确规定。

（3）计算机网络系统的交换机、服务器等设备对环境温度、湿度等有要求，例如一般要求工作环境温度在 10 ~ 35 ℃之间。

（4）计算机网络技术和智能化管理系统技术发展快，产品更新也快，如物联网技术、人工智能技术的发展和用户需求。

（5）用户需求多样化，不同用户在不同时期的需求都在变化。

3.3.1 综合布线工程基本设计项目

在智能建筑设计中，必须包括计算机网络系统、通信系统、广播系统、门警系统、监控系统等众多智能化系统，为了清楚地讲述这些设计知识，下面将以计算机网络系统的综合布线设计为重点，介绍设计知识和方法。网络综合布线工程一般设计项目包括以下主要内容：

（1）点数统计表编制。

（2）系统图设计。

（3）端口对应表设计。

（4）施工图设计。

（5）材料表编制。

（6）预算表编制。

（7）施工进度表编制。

下面围绕上述具体设计项目，讲述如何正确完成设计任务。综合布线系统的设计离不开智能建筑的结构和用途，为了清楚地讲授设计知识，我们以图 3-15 所示西元综合布线工程教学模型为实例展开。它集中展示了智能建筑中综合布线系统的各个子系统，包括了 1 栋园区网络中心建筑，1 栋三层综合楼建筑物。我们将围绕这个建筑模型讲述设计的基本知识和方法。请扫描“彩色高清图”二维码下载彩色高清图片。

彩色高清图

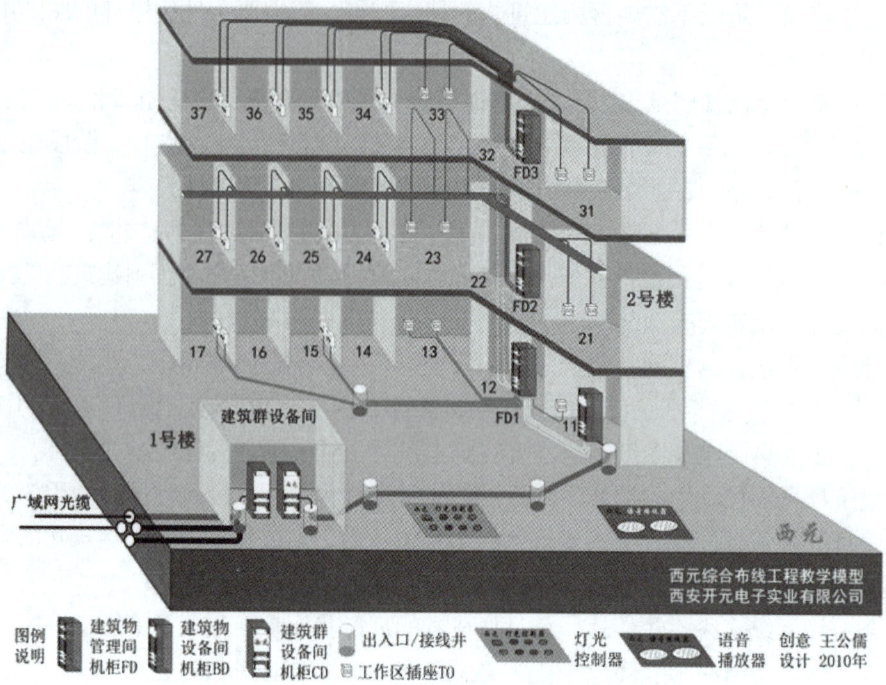

图 3-15　西元综合布线工程教学模型

3.3.2　综合布线工程设计

1. 点数统计表编制

编制信息点数量统计表目的是快速准确地统计建筑物的信息点。设计人员为了快速合计和方便制表，一般使用 Microsoft Excel 工作表软件进行。编制点数统计表的要点如下：

①表格设计合理。要求表格打印成文本后，表格的宽度和文字大小合理，特别是文字不能太大或者太小。

②数据正确。每个工作区都必须填写数字，要求数量正确，没有遗漏信息点和多出信息点。对于没有信息点的工作区或者房间填写数字 0，表明已经分析过该工作区。

③文件名称正确。作为工程技术文件，文件名称必须准确，能够直接反映该文件内容。

④签字和日期正确。作为工程技术文件，编写、审核、审定、批准等人员签字非常重要，如果没有签字就无法确认该文件的有效性，也没有人对文件负责，更没有人敢使用。日期直接反映文件的有效性，因为在实际应用中，可能会经常修改技术文件，一般是最新日期的文件替代以前日期的文件。

下面通过点数统计表实际编写过程来学习和掌握编制方法，具体编制步骤和方法如下：

1）创建工作表

首先打开 Microsoft Office Excel 工作表软件，创建一个通用表格，如图 3-16 所示。同时必须给文件命名，文件命名应该直接反映项目名称和文件主要内容，这里将该文件命名为“01- 西元教学模型点数统计表”。

2）编制表格，填写栏目内容

需要把这个通用表格编制为适合使用的点数统计表，通过合并行、列进行。图 3-17 所示为已经编制好的空白点数统计表。

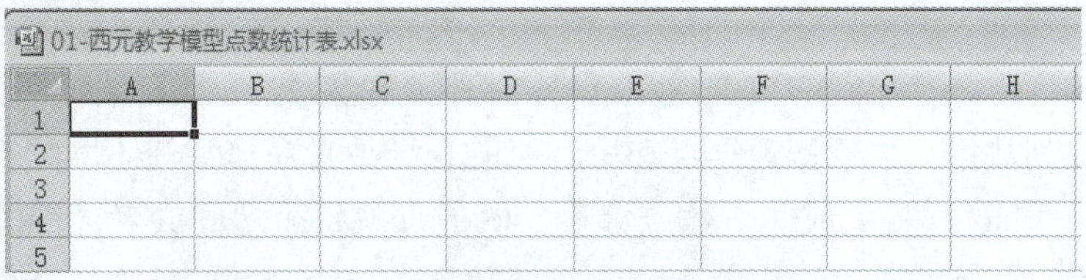

图 3-16 创建点数统计表初始图

西元网络综合布线工程教学模型点数统计表																		
房间号		x1		x2		x3		x4		x5		x6		x7		合计		
楼层号		TO	TP	TO	TP	TO	TP	TO	TP	TO	TP	TO	TP	TO	TP	TO	TP	总计
三层	TO																	
	TP																	
二层	TO																	
	TP																	
一层	TO																	
	TP																	
合计	TO																	
	TP																	
总计																		
编写:	审核:		审定:			西安开元电子实业有限公司						2010年12月12日						

图 3-17 空白点数统计表图

首先在表格第一行填写文件名称，第二行填写房间或者区域编号，第三行填写数据点和语音点。一般数据点在左栏，对应 TO；语音点在右栏，对应 TP；其余行对应楼层，注意每个楼层按照两行，其中一行为数据点，对应 TO；一行为语音点，对应 TP；同时填写楼层号，楼层号一般按照第一行为顶层，最后一行为一层，最后两行为合计。然后编制列，第一列为楼层编号，中间部分其余为房间编号，右边为合计。

3）填写数据和语音信息点数量

按照图 3-14 所示西元网络综合布线工程教学模型，把每个房间的数据点和语音点数量填写到表格中。填写时逐层、逐房间进行，从楼层的第一个房间开始，逐间分析应用需求和划分工作区，确认信息点数量。

在每个工作区首先确定网络数据信息点的数量，然后考虑语音信息点的数量，同时考虑其他智能化和控制设备的需要，例如，在门厅要考虑指纹考勤机、门禁系统等网络接口。表格中不需要设置信息点的位置不能空白，而是填写 0，表示已经考虑过这个点。图 3-18 所示为已经填写好的表格。

西元网络综合布线工程教学模型点数统计表																		
房间号		x1		x2		x3		x4		x5		x6		x7		合计		
楼层号		TO	TP	TO	TP	TO	TP	TO	TP	TO	TP	TO	TP	TO	TP	TO	TP	总计
三层	TO	2		2		4		4		4		4		2				
	TP		2		2		4		4		4		4		2			
二层	TO	2		2		4		4		4		4		2				
	TP		2		2		4		4		4		4		2			
一层	TO	1		1		2		2		2		2		2				
	TP		1		1		2		2		2		2		2			
合计	TO																	
	TP																	
总计																		
编写:	审核:		审定:			西安开元电子实业有限公司						2010年12月12日						

图 3-18 填写好信息点数量统计表图

4）合计数量

首先按照行统计出每个房间的数据点和语音点，注意把数据点和语音点的合计数量放在不同的列中。然后统计列数据，注意把数据点和语音点的合计数量应该放在不同的行中，最后进行合计，如图 3-19 所示。这样就完成了点数统计表，既能反映每个房间或者区域的信息点，也能看到每个楼层的信息点，还有垂直方向信息点的合计数据，全面清楚地反映了全部信息点。最后注明单位及时间。

S12 f_x 112

	A	B	C	D	E	F	G	H	I	J	K	L	M	N	O	P	Q	R	S
1	西元网络综合布线工程教学模型点数统计表																		
2	房间号		x1		x2		x3		x4		x5		x6		x7		合计		
3	楼层号		TO	TP	TO	TP	TO	TP	TO	TP	TO	TP	TO	TP	TO	TP	TO	TP	总计
4	三层	TO	2		2		4		4		4		4		2		22		
5		TP		2		2		4		4		4		4		2		22	
6	二层	TO	2		2		4		4		4		4		2		22		
7		TP		2		2		4		4		4		4		2		22	
8	一层	TO	1		1		2		2		2		2		2		12		
9		TP		1		1		2		2		2		2		2		12	
10	合计	TO	5		5		10		10		10		10		6		56		
11		TP		5		5		10		10		10		10		6		56	
12	总计																		112
13	编写：蔡永亮 审核：樊果 审定：王公儒 西安开元电子实业有限公司 2010年12月12日																		

图 3-19 完成的信息点数量统计表图

从点数统计表中可以看到，该教学模型共计有 112 个信息点，其中数据点 56 个，语音点 56 个。一层数据点 12 个，语音点 12 个；二层数据点 22 个，语音点 22 个；三层数据点 22 个，语音点 22 个。

5）打印和签字盖章

完成信息点数量统计表编写后，打印该文件，并签字确认，如果正式提交时必须盖章。图 3-20 所示为打印出来的文件。

西元网络综合布线工程教学模型点数统计表

房间号		x1		x2		x3		x4		x5		x6		x7		合计		
楼层号		TO	TP	TO	TP	TO	TP	TO	TP	TO	TP	TO	TP	TO	TP	TO	TP	总计
三层	TO	2		2		4		4		4		4		2		22		
	TP		2		2		4		4		4		4		2		22	
二层	TO	2		2		4		4		4		4		2		22		
	TP		2		2		4		4		4		4		2		22	
一层	TO	1		1		2		2		2		2		2		12		
	TP		1		1		2		2		2		2		2		12	
合计	TO	5		5		10		10		10		10		6		56		
	TP		5		5		10		10		10		10		6		56	
总计																		112

编写：蔡永亮 审核：樊果 审定：王公儒 西安开元电子实业有限公司 2010年12月12日

图 3-20 打印和签字的点数统计表图

点数统计表在工程实践中是常用的统计和分析方法，也适合监控系统、楼控系统等设备比较多的各种工程应用。

2. 综合布线系统图设计

点数统计表非常全面地反映了该项目的信息点数量和位置，但是不能反映信息点的连接关系，这样我们就需要通过设计网络综合布线系统图来直观反映了。

综合布线系统图非常重要，它直接决定网络应用拓扑图，因为网络综合布线系统是在建筑物建设过程中预埋的管线，后期无法改变，所以网络应用系统只能根据综合布线系统来设置和规划，作者认为“综合布线系统图直接决定网络拓扑图”。

综合布线系统图是智能建筑设计蓝图中必有的重要内容，一般在电气施工图册的弱电图纸部分的首页。

1）综合布线系统图的设计要点

（1）图形符号必须正确。在系统图设计时，必须使用规范的图形符号，保证其他技术人员和现场施工人员能够快速读懂图纸，并且在系统图中给予说明，不要使用奇怪的图形符号。GB 50311《综合布线系统工程设计规范》中使用的图形符号如下：

|X| 代表网络设备和配线设备，左右两边的竖线代表网络配线架，例如，光纤配线架，电缆配线架，中间的 X 代表跳线。

口代表网络插座，例如，单口网络插座，双口网络插座等。

--- 线条代表缆线，例如，室外光缆、室内光缆、双绞线电缆等。

（2）连接关系清楚。设计系统图的目的就是规定信息点的连接关系，因此必须按照相关标准规定，清楚地给出信息点之间的连接关系，信息点与管理间、设备间配线架之间的连接关系，也就是清楚地给出 CD—BD、BD—FD、FD—TO 之间的连接关系，这些连接关系实际上决定网络拓扑图。

（3）缆线型号标记正确。在系统图中要将 CD—BD、BD—FD、FD—TO 之间设计的缆线规定清楚，特别要标明是光缆还是电缆。就光缆而言，有时还需要标明是室外光缆还是室内光缆，再详细时还要标明是单模光缆还是多模光缆，如果布线系统设计了多模光缆，在网络设备配置时就必须选用多模光纤模块的交换机。系统中规定的缆线也直接影响工程总造价。

（4）说明完整。系统图设计完成后，必须在图纸的空白位置增加设计说明。设计说明一般是对图的补充，帮助理解和阅读图纸，对系统图中使用的符号给予说明。例如，增加图形符号说明，对信息点总数和个别特殊需求给予说明等。

（5）图面布局合理。任何工程图纸都必须注意图面布局合理，比例合适，文字清晰。一般布置在图纸中间位置。在设计前根据设计内容，选择图纸幅面，一般有 A4、A3、A2、A1、A0 等标准规格，例如 A4 幅面高 297 mm，宽 210 mm；A0 幅面高 841 mm，宽 1 189 mm。在智能建筑设计中也经常使用加长图纸。

（6）标题栏完整。标题栏是任何工程图纸都不可缺少的内容，一般在图纸的右下角。标题栏一般至少包括以下内容：

①建筑工程名称。例如：西元科技园研发楼等。

②项目名称。例如：网络综合布线系统图。

③工种。例如：电施图。

④图纸编号。例如：10-2。

⑤设计人签字。

⑥审核人签字。

⑦审定人签字。

2）系统图的设计方法

在综合布线系统图的设计时，工程技术人员一般使用 AutoCAD 软件完成，下面以 AutoCAD 软件和西元教学模型为例，介绍系统图的设计方法，具体步骤如下：

（1）创建 AutoCAD 绘图文件。打开程序，创建一个 AutoCAD 绘图文件，同时给该文件命名，例如命名为“02- 西元网络综合布线工程教学模型系统图”。

①打开 AutoCAD 文件：依次选择“所有程序”→ Autodesk → AutoCAD 2010-Simplified Chinese → AutoCAD 2010 命令，如图 3-21 所示。

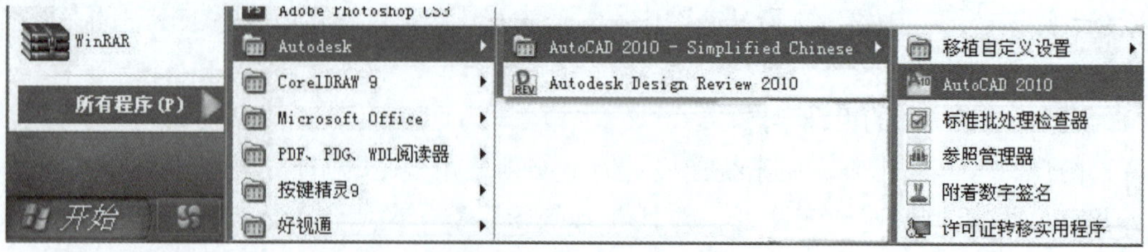

图 3-21 创建 AutoCAD 图

②在 AutoCAD 2010 中，创建新图形文件，具体方法有 3 种：

- 在命令行中输入 new，按 Enter 键。
- 在菜单栏中选择“文件”→“新建”命令。
- 在快速访问工具栏中单击“新建”按钮 。

执行“新建”命令后，会弹出“选择样板”对话框，如图 3-22 所示。选择对应的样板后单击“打开”按钮，即可建立新的图形。

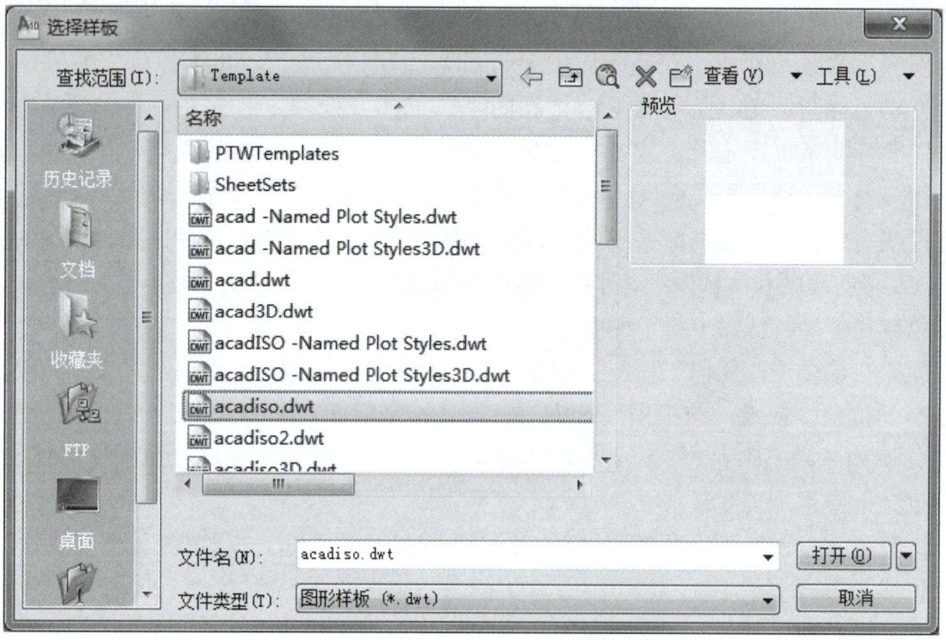

图 3-22 “选择样板”对话框

（2）绘制配线设备图形。具体绘制图形步骤如下：

第一步：将图层转换为“虚线”层，绘制两个正方形作为辅助线，并移动到同心位置，如图 3-23 所示。

第二步：将图层转换为“设备”层，绘制两条直线，与外围正方形两侧边重合，再绘制出内部正方形的两条对角线，如图 3-24 所示。

第三步：删除“虚线”层的辅助线，即完成配线设备的绘制，如图 3-25 所示。

图 3-23 绘制配线设备

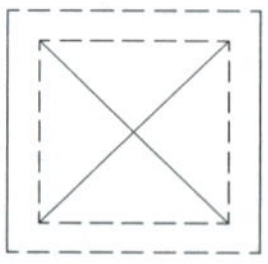

图 3-24 绘制配线设备

图 3-25 绘制配线设备

第四步：利用 W 命令将其保存为“配线设备”模块，如图 3-26 所示。

第五步：将图层转换为“设备”层，绘制正方形，如图 3-27 所示。利用 W 命令将其保存为“网络插座”模块。

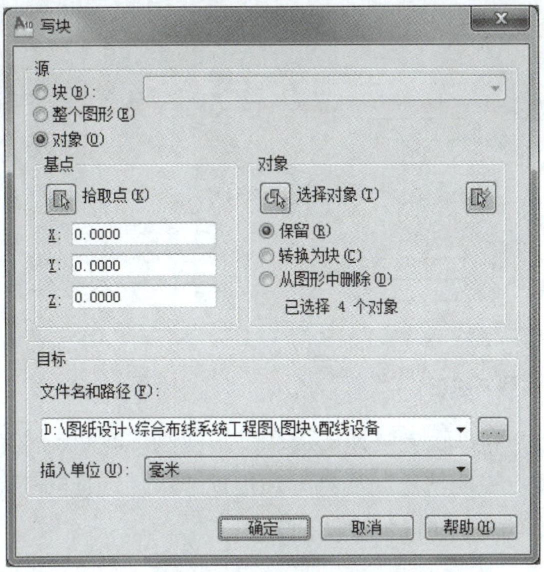

图 3-26 写块保存图形

图 3-27 绘制网络插座

(3) 插入设备图形。切换到“设备层”，通过“插入块”命令将设计好的“配线设备”与“网络插座”块插入图形中，通过“复制”和“移动”命令将图中建筑群配线设备图形（CD）、建筑物配线设备图形（BD）、楼层管理间配线设备图形（FD）和工作区网络插座图形（TO）进行排列，如图 3-28 所示。

图中的代表网络设备，左右两边的竖线代表网络配线，例如，光纤配线架或者铜缆配线架，中间的代表网络交互设备，例如交换机。

(4) 设计网络连接关系。切换到“缆线层”，利用“直线”命令，将 CD—BD、BD—FD、FD—TO 符号连接起来，这样就清楚地给出了 CD—BD、BD—FD、FD—TO 之间的连接关系，这些连接关系实际上决定网络拓扑图，如图 3-29 所示。

图 3-28 绘制设备图形

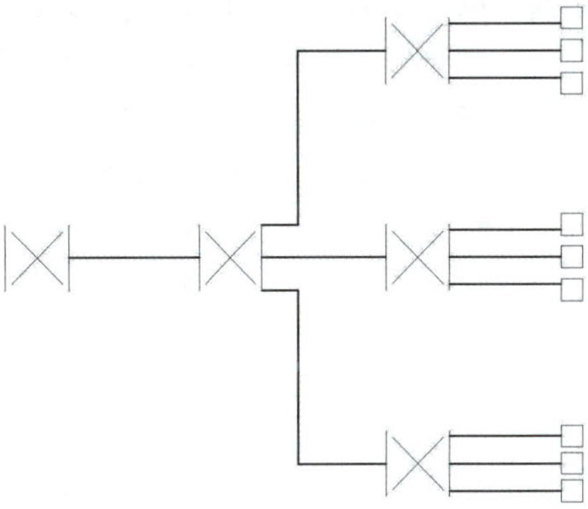

图 3-29 绘制缆线连接设备

(5) 添加设备图形符号和说明。为了方便快速地阅读图纸，一般在图纸中需要添加图形符号和缩略词的说明，通常使用英文缩略语，再把图中的线条用中文标明，如图 3-30 所示，切换到“符号标注”层，用“多行文字”命令对各设备进行标注。

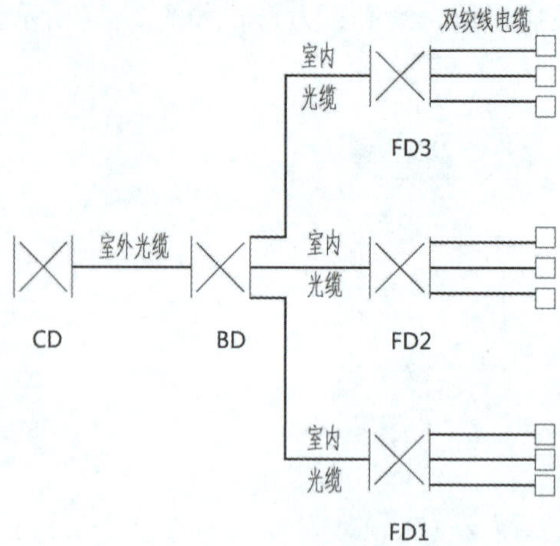

图 3-30　综合布线系统图

（6）设计说明。为了更加清楚地说明设计思想，帮助读者快速阅读和理解图纸，减少对图纸的误解，一般要在图纸的空白位置增加设计说明，重点说明特殊图形符号和设计要求。切换到“文字层”，对系统图添加“设计说明”。例如，西元教学模型的设计说明内容如下：

设计说明：

① CD 表示建筑群配线设备。

② BD 表示建筑物配线设备。

③ FD 表示楼层管理间配线设备。

④ TO 表示网络信息插座。

⑤ TP 表示语音信息插座。

⑥ |X|表示配线设备。CD 和 BD 为光纤配线架，FD 为光纤配线架或电缆配线架。

⑦ □表示网络插座，可以选择单口或者双口网络插座。

⑧ —表示缆线，CD—BD 为 4 芯单模室外光缆，BD—FD 为 4 芯多模室内光缆或者双绞线电缆，FD—TO 为双绞线电缆。

⑨ CD—BD 室外埋管布线，BD—FD1 底下埋管布线，BD—FD2、BD—FD3 沿建筑物墙体埋管布线，FD—TO 一层为地面埋管布线，沿隔墙暗管布线到 TO 插座底盒；二层为明槽暗管布线方式，楼道为明装线槽或者桥架，室内沿隔墙暗管布线到 TO 插座底盒；三层在楼板中隐蔽埋管或者在吊顶上暗装桥架，沿隔墙暗管布线到 TO 插座底盒。

⑩在两端预留缆线，方便端接。在 TO 底盒内预留 0.2 m，在 CD、BD、FD 配线设备处预留 2 m。请扫描二维码下载高清图片。

（7）设计标题栏。

标题栏是工程图纸不可缺少的内容，一般在图纸的右下角。图 3-31 中标题栏为一个典型应用实例，它包括以下内容：

①项目名称：图 3-31 中为西元教学模型系统图。

②图纸类别：图 3-31 中为电施。

③图纸编号：图 3-31 中为 03-15。

④设计单位：图 3-31 中为西安开元电子实业有限公司。

⑤设计人签字：图 3-31 中为于琴。

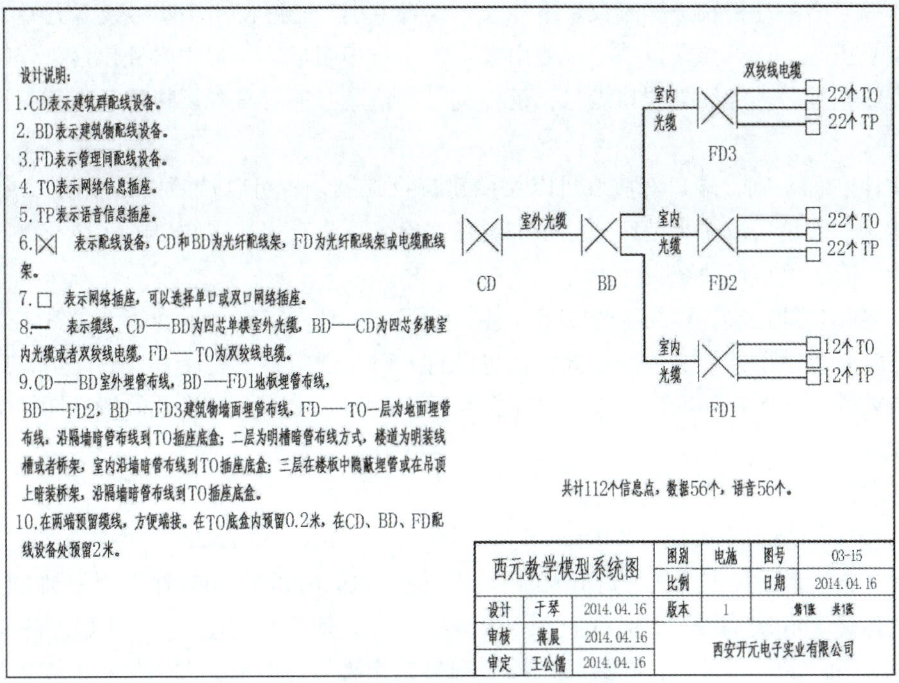

图 3-31 网络综合布线系统图

彩色高清图

⑥审核人签字：图 3-31 中为蒋晨。

⑦审定人签字：图 3-31 中为王公儒。

(8) AutoCAD 保存图形选择"文件"→"另存为"命令，将当前图形保存到新的位置，系统弹出"图形另存为"对话框，如图 3-32 所示。输入新名称，单击"保存"按钮。

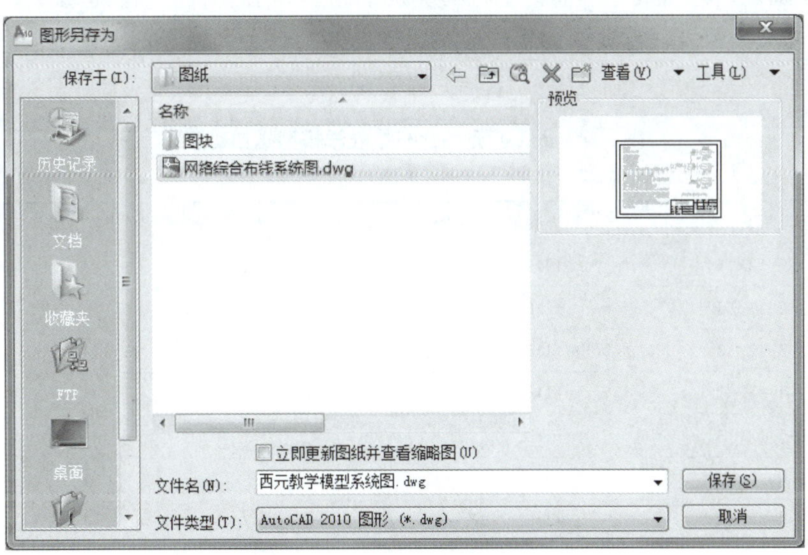

图 3-32 "图形另存为"对话框

3. 综合布线工程信息点端口对应表的编制

综合布线工程信息点端口对应表应该在进场施工前完成，并且打印带到现场，方便现场施工编号。端口对应表是综合布线施工必需的技术文件，主要规定房间编号、每个信息点的编号、配线架编号、端口编号、机柜编号等，主要用于系统管理、施工方便和后续日常维护。

1）端口对应表编制要求

(1) 表格设计合理。一般使用 A4 幅面竖向排版的文件，要求表格打印后，表格宽度和文字大小合理，编号清楚，特别是编号数字不能太大或者太小，一般使用小四号或者五号字。

（2）编号正确。信息点端口编号一般由数字＋字母串组成，编号中必须包含工作区位置、端口位置、配线架编号、配线架端口编号、机柜编号等信息，能够直观反映信息点与配线架端口的对应关系。

（3）文件名称正确。端口对应表可以按照建筑物编制，也可以按照楼层编制，或者按照 FD 配线机柜编制，无论采取哪种编制方法，都要在文件名称中直接体现端口的区域，因此，文件名称必须准确，能够直接反映该文件内容。

（4）签字和日期正确。作为工程技术文件，编写、审核、审定、批准等人员签字非常重要，如果没有签字就无法确认该文件的有效性，也没有人对文件负责，更没有人敢使用。日期直接反映文件的有效性，因为在实际应用中，可能会经常修改技术文件，一般是最新日期的文件替代以前日期的文件。

2）编制方法和要点

端口对应表的编制一般使用 Microsoft Word 软件或 Microsoft Excel 软件，下面以图 3-15 所示的西元综合布线教学模型为例，选择一层信息点，使用Microsoft Word软件说明编制方法和要点。

（1）文件命名和表头设计。首先打开 Microsoft Word 软件，创建一个 A4 幅面的文件，同时给文件命名，如“03-西元综合布线教学模型端口对应表”。然后编写文件题目和表头信息，文件题目为“西元综合布线教学模型端口对应表”，项目名称为西元教学模型，建筑物名称为 2 号楼，楼层为一层 FD1 机柜，文件编号为 XY03-2-1。

（2）设计表格。设计表格前，首先分析端口对应表需要包含的主要信息，确定表格列数量，如表 3-2 中为 7 列，第一列为“序号”，第二列为“信息点编号”，第三列为“机柜编号”，第四列为“配线架编号”，第五列为“配线架端口编号”，第六列为“插座底盒编号”，第七列为“房间编号”。其次确定表格行数，一般第一行为类别信息，其余按照信息点总数量设置行数，每个信息点一行。再次填写第一行类别信息。最后添加表格的第一列序号。这样一个空白的端口对应表就编制好了。

表 3-2　03-西元综合布线教学模型端口对应表

项目名称：西元教学模型　　建筑物名称：2 号楼　　楼层：一层 FD1 机柜　　文件编号：XY03-2-1

序号	信息点编号	机柜编号	配线架编号	配线架端口编号	插座底盒编号	房间编号
1	FD1-1-1-1Z-11	FD1	1	1	1	11
2	FD1-1-2-1Y-11	FD1	1	2	1	11
3	FD1-1-3-1Z-12	FD1	1	3	1	12
4	FD1-1-4-1Y-12	FD1	1	4	1	12
5	FD1-1-5-1Z-13	FD1	1	5	1	13
6	FD1-1-6-1Y-13	FD1	1	6	1	13
7	FD1-1-7-2Z-13	FD1	1	7	2	13
8	FD1-1-8-2Y-13	FD1	1	8	2	13
9	FD1-1-9-1Z-14	FD1	1	9	1	14
10	FD1-1-10-1Y-14	FD1	1	10	1	14
11	FD1-1-11-2Z-14	FD1	1	11	2	14
12	FD1-1-12-2Y-14	FD1	1	12	2	14
13	FD1-1-13-1Z-15	FD1	1	13	1	15
14	FD1-1-14-1Y-15	FD1	1	14	1	15

续表

序号	信息点编号	机柜编号	配线架编号	配线架端口编号	插座底盒编号	房间编号
15	FD1-1-15-2Z-15	FD1	1	15	2	15
16	FD1-1-16-2Y-15	FD1	1	16	2	15
17	FD1-1-17-1Z-16	FD1	1	17	1	16
18	FD1-1-18-1Y-16	FD1	1	18	1	16
19	FD1-1-19-2Z-16	FD1	1	19	2	16
20	FD1-1-20-2Y-16	FD1	1	20	2	16
21	FD1-1-21-1Z-17	FD1	1	21	1	17
22	FD1-1-22-1Y-17	FD1	1	22	1	17
23	FD1-1-23-2Z-17	FD1	1	23	2	17
24	FD1-1-24-2Y-17	FD1	1	24	2	17

编制人签字：樊果　　审核人签字：蔡永亮　　审定人签字：王公儒
编制单位：西安开元电子实业有限公司　　日期：2014 年 06 月 4 日

（3）填写机柜编号。图 3-15 所示的西元综合布线教学模型中 2 号楼为三层结构，每层有一个独立的楼层管理间，从该图中可以看到，一层的信息点全部布线到一层的这个管理间，而且一层管理间只有一个机柜，图中标记为 FD1，该层全部信息点将布线到该机柜，因此在表格中“机柜编号”栏全部行填写“FD1”。如果每层信息点很多，也可能会有多个机柜，工程设计中一般按照 FD11，FD12 等顺序编号，FD1 表示一层管理间机柜，后面 1、2 为该管理间机柜的顺序编号。

（4）填写配线架编号。根据前面的点数统计表，我们知道西元教学模型一层共设计有 24 个信息点。设计中一般会使用 1 个 24 口配线架，就能够满足全部信息点的配线端接要求了，我们就把该配线架命名为 1 号，该层全部信息点将端接到该配线架，因此在表格中“配线架编号”栏全部行填写 1。如果信息点数量超过 24 个以上时，就会有多个配线架，如 25—48 点时，需要两个配线架，我们就把两个配线架分别命名为 1 号和 2 号，一般在最上边的配线架命名为 1 号。

（5）填写配线架端口编号。配线架端口编号在生产时都印刷在每个端口的下边，在工程安装中，一般每个信息点对应一个端口，一个端口只能端接一根双绞线电缆。因此在表格中“配线架端口编号”栏从上向下依次填写数字 1~24。在数据中心和网络中心因为信息点数量很多，经常会用到 36 口或者 48 口高密度配线架，也是按照端口编号的数字填写。

（6）填写插座底盒编号。在实际工程中，每个房间或者区域往往设计有多个插座底盒，对这些底盒也要编号，一般按照顺时针方向从 1 开始编号。一般每个底盒设计和安装双口面板插座，因此在表格中“插座底盒”栏从上向下依次填写数字 1 或者 1、2。

（7）填写房间编号。设计单位在实际工程前期设计图纸中，每个房间或者区域都没有数字或者用途编号，弱电设计时首先给每个房间或者区域编号。一般用 2 位或者 3 位数字编号，第一位表示楼层号，第二位或者第二、三位为房间顺序号。西元教学模型中每层只有 7 个房间，所以就用两位数编号，例如，一层分别为 11、12……17。因此在表格中“房间编号栏”填写对应的房间号数字，11 号房间 2 个信息点就在 2 行中填写 11。

（8）填写信息点编号。完成上面的 7 步后，编写信息点编号就容易了。按照图 3-33 所示的信息点编号规定，就能顺利完成端口对应表，把每行第 3~7 栏的数字或者字母用“—”连接起来填写在“信息点编号”栏。特别注意双口面板一般安装两个信息模块，为了区分这两个信息点，一般左边用 Z，右边用 Y 标记和区分。为了安装施工人员快速读懂端口对应表，需要把编号规定作为编制说明设计在端口对应表件中。

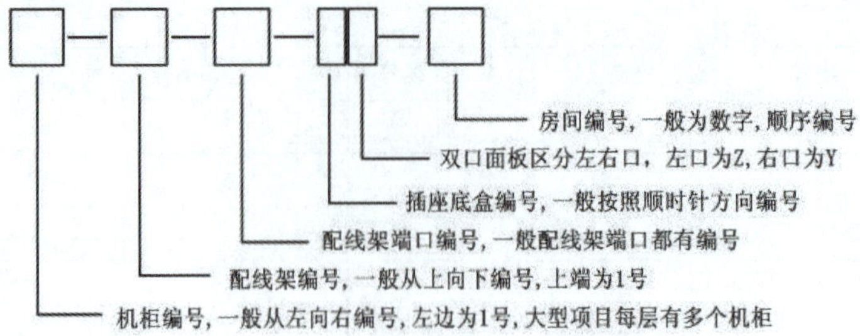

图 3-33 信息点编号规定

(9) 填写编制人和单位等信息。在端口对应表的下面必须填写“编制人”“审核人”“审定人”“编制单位”“日期”等信息，如表 3-2 所示。

4. 施工图设计

完成前面的点数统计表、系统图和端口对应表以后，综合布线系统的基本结构和连接关系已经确定，需要进行布线路由设计了，因为布线路由取决于建筑物结构和功能，布线管道一般安装在建筑立柱和墙体中。施工图设计的目的就是规定布线路由在建筑物中安装的具体位置，一般使用平面图。

1）施工图设计的一般要求

(1) 图形符号必须正确。施工图设计的图形符号，首先要符合相关建筑设计标准和图集规定。

(2) 布线路由合理正确。施工图设计了全部缆线和设备等器材的安装管道、安装路径、安装位置等，也直接决定工程项目的施工难度和成本。例如，水平子系统中电缆的长度和拐弯数量等，电缆越长，拐弯可能就越多，布线难度就越大，对施工技术就有较高的要求。

(3) 位置设计合理正确。在施工图中，对穿线管、网络插座、桥架等的位置设计要合理，符合相关标准规定。例如，网络插座安装高度，一般为距离地面 300 mm。但是，对于学生宿舍等特殊应用场合，为了方便接线，网络插座一般设计在桌面高度以上位置。

(4) 说明完整。

(5) 图面布局合理。

(6) 标题栏完整。

2）施工图的设计方法

在实际施工图设计中，综合布线部分属于弱电设计工种，不需要画建筑物结构图，只需要在前期土建和强电设计图中添加综合布线设计内容。下面用 Microsoft Office Visio 软件，以西元教学模型二层为例，介绍施工图的设计方法，具体步骤如下：

(1) 创建 Visio 绘图文件。首先打开程序，选择创建一个 Visio 绘图文件，同时给该文件命名，例如命名为“04- 西元教学模型二层施工图”。把图面设置为 A4 横向，比例为 1 ： 10，单位为 mm。

(2) 绘制建筑物平面图。按照西元教学模型实际尺寸，绘制出建筑物二层平面图，如图 3-34 所示。

(3) 设计信息点位置。根据点数统计表中每个房间的信息点数量，设计每个信息点的位置。例如，25 号房间有 4 个数据点和 4 个语音点。我们就在两个墙面分别安装两个双口信息插座，每个信息插座一个数据口，一个语音口。图 3-34 中 25 号办公室和 A 面视图所示，标出了信息点距离墙面的水平尺寸及距离地面的高度。为了降低成本，墙体两边的插座背对背安装。

(4) 设计管理间位置。楼层管理间的位置一般紧靠建筑物设备间。我们看到该教学模型的建筑物设备间在一层 11 号房间，一层管理间在隔壁的 12 号房间，垂直子系统桥架也在 12 号房间，因此就把二层的管理间安排在 22 号房间。

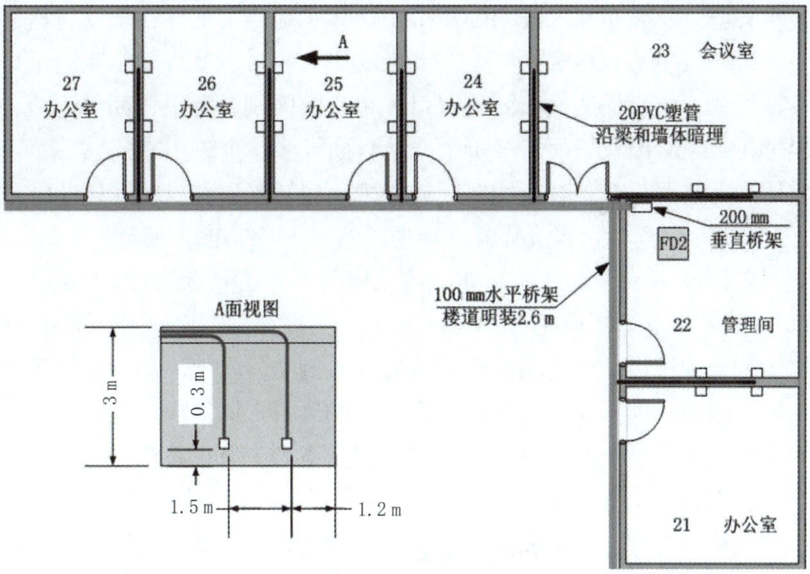

图 3-34 西元教学模型二层施工图

（5）设计水平子系统布线路由。二层采取楼道明装 100 mm 水平桥架，过梁和墙体暗埋 20PVC 塑料管到信息插座。墙体两边房间的插座共用 PVC 管，在插座处分别引到两个背对背的插座。

（6）设计垂直子系统路由。该建筑物的设备间位于一层的 12 号房间，使用 200 mm 桥架，沿墙垂直安装到二层 22 号房间和三层 32 号房间，并且与各层的管理间机柜连接。如图 3-34 中的 FD2 机柜所示。

（7）设计局部放大图。由于建筑体积很大，往往在图纸中无法绘制出局部细节位置和尺寸，这就需要在图纸中增加局部放大图。如图 3-34 中设计了 25 号房间 A 向视图，标注了具体的水平尺寸和高度尺寸。

（8）添加文字说明。设计中的许多问题需要通过文字来说明，如图 3-33 中，添加了“100 mm 水平桥架楼道明装 2.6 m”“20PVC 塑管沿梁和墙体暗埋”，并且用箭头指向说明位置。

（9）增加设计说明。

（10）设计标题栏。

5. 编制材料表

材料表主要用于工程项目材料采购和现场施工管理，实际上就是施工方内部使用的技术文件，必须详细地写清楚全部主材、辅助材料和消耗材料等。下面以二层施工图为例来说明材料表的编制。

1）编制材料表的一般要求

（1）表格设计合理。一般使用 A4 幅面竖向排版的文件，要求表格打印后，表格宽度和文字大小合理，编号清楚，特别是编号数字不能太大或者太小，一般使用小四号或者五号字。

（2）文件名称正确。材料表一般按照项目名称命名，要在文件名称中直接体现项目名称和材料类别等信息，文件名称为“04- 西元综合布线教学模型二层布线材料表”。

（3）材料名称和型号准确。材料表主要用于材料采购和现场管理。因此，材料名称和型号必须正确，并且使用规范的名词术语。例如，双绞线电缆不能只写“网线”，必须清楚地标明是超 5 类电缆还是 6 类电缆，是屏蔽电缆还是非屏蔽电缆，是室内电缆还是室外电缆，重要项目甚至要规定电缆的外观颜色和品牌。因为每个产品的型号不同，往往在质量和价格上有很大差别，对工程质量和竣工验收有直接的影响。

（4）材料规格齐全。综合布线工程实际施工中，涉及缆线、配件、辅助材料、消耗材料等很多品种或者规格，材料表中的规格必须齐全。如果缺少一种材料就可能影响施工进度，也会增加采购和运输成本。例如，信息插座面板就有双口和单口的区别，有平口和斜口两种，不能只写信息插座面板多少个，必须写出双口面板多少个，单口面板多少个。

（5）材料数量满足需要。在综合布线实际施工中，现场管理和材料管理非常重要，管理水平低材料浪费就大，管理水平高，材料浪费就比较少。例如，网络电缆每箱为 305 m，标准规定永久链路的最大长度不宜超过 90 m，而在实际布线施工中，多数信息点的永久链路长度在 20 ~ 40 m 之间，往往将 30 m 的网络电缆裁剪成 20 ~ 40 m 使用，这样每箱都会产生剩余的短线，这就需要有人专门整理每箱剩余的短线，首先用在比较短的永久链路。因此，在布线材料数量方面必须结合管理水平的高低，规定合理的材料数量，考虑一定的余量，满足现场施工需要。同时还要特别注明每箱电缆的实际长度要求，不能只写多少箱，因为市场上有很多产品长度不够，往往标注的是 305 m，实际长度不到 300 m，甚至只有 260 m，如果每件产品缺尺短寸，就会造成材料数量短缺。因此，在编制材料表时，电缆和光缆的长度一般按照工程总用量的 5%~8% 增加余量。

（6）考虑低值易耗品。在综合布线施工和安装中，大量使用 RJ-45 模块、水晶头、安装螺钉、标签纸等小件材料，这些材料不仅容易丢失，而且管理成本较高，因此，对于这些低值易耗材料，适当增加数量，不需要每天清点数量，以免增加管理成本。一般按照工程总用量的 10% 增加。

（7）签字和日期正确。编制的材料表必须有签字和日期，这是工程技术文件不可缺少的。

2）编制材料表的方法和步骤

下面以图 3-15 所示西元综合布线工程教学模型和图 3-34 所示西元教学模型二层施工图为例，说明编制材料表的方法和步骤。

（1）文件命名和表头设计。

创建一个 A4 幅面的 Word 文件，填写基本信息和表格类别，同时给文件命名。如表 3-3 所示，基本信息填写在表格上面，内容为“项目名称：西元教学模型 建筑物名称：2 号楼 楼层：二层 文件编号：XY03-2-2”，表格类别填写在第一行，内容为“序号、材料名称、型号或规格、数量、单位、品牌、说明”，文件名称为“04- 西元综合布线教学模型二层布线材料表”。

表 3-3　04- 西元综合布线教学模型二层布线材料表

项目名称：西元教学模型 建筑物名称：2 号楼 楼层：二层 文件编号：XY03-2-2

序号	材料名称	型号或规格	数量	单位	品牌	说明
1	网络电缆	超 5 类非屏蔽室内电缆	2	箱	西元	305 m/ 箱
2	信息插座底盒	86 型透明	22	个	西元	
3	信息插座面板	双口 86 型透明	22	个	西元	带螺钉 2 个
4	网络模块	超 5 类非屏蔽	22	个	西元	
5	语音模块	RJ-11	22	个	西元	
6	线槽	39 × 18/20 × 10	3.5/4	m	西元	
7	线槽直角	39 × 18/20 × 10	0/4	个	西元	
8	线槽堵头	39 × 18/20 × 10	2/1	个	西元	
9	线槽阴角	39 × 18/20 × 10	1/1	个	西元	
10	线槽阳角	39 × 18/20 × 10	1/0	个	西元	
11	线槽三通	39 × 18/20 × 10	0/1	个	西元	
12	安装螺丝	M6 × 16	20	个	西元	

编制人签字：樊果　　审核人签字：蔡永亮　　审定人签字：王公儒

编制单位：西安开元电子实业有限公司　　时间：2010 年 11 月 4 日

(2) 填写序号栏。序号直接反应该项目材料品种的数量。一般自动生成，使用数字 1、2，不要使用“一、二”等。

(3) 填写材料名称栏。材料名称必须正确，并且使用规范的名词术语。例如，表 3-3 中第 1 行填写“网络电缆”，不能只写“电缆”或者“缆线”等，因为在工程项目中还会用到 220 V 或者 380 V 交流电缆，容易混淆，“缆线”是光缆和电缆的统称，也不准确。

(4) 填写型号或规格栏。名称相同的材料，往往有多种型号或者规格，就网络电缆而言，就有 5 类、超 5 类和 6 类，屏蔽和非屏蔽，室内和室外等多个规格。例如，表 3-3 第 1 行就填写“超 5 类非屏蔽室内电缆”。

(5) 填写数量栏。材料数量中，必须包括网络电缆、模块等余量，对有独立包装的材料，一般按照最小包装数量填写，数量必须为整数。例如，网络电缆，每箱为 305 m，就填写“10 箱”，而不能写“9.5 箱”或者“2 898 m”。对规格比较多，不影响现场使用的材料，可以写成总数量要求，例如 PVC 线管，市场销售的长度规格有 4 m、3.8 m、3.6 m 等，就可以写成“200 m”，能够满足总数量要求就可以了。

(6) 填写材料单位栏。材料单位一般有“箱”“个”“件”等，必须准确，也不能没有材料单位或者错误。例如，把 PVC 线管如果只有数量“200”，没有单位时，采购人员就不知道是 200 m，还是 200 根。

(7) 填写材料品牌。同一种型号和规格的材料，不同的品牌或厂家，产品制造工艺往往不同，质量也不同，价格差别也很大，因此，必须根据工程需求，在材料表中明确填写品牌，基本上就能确定该材料的价格，这样采购人员就能按照材料表要求准确的供应材料，保证工程项目质量和施工进度。

(8) 填写说明栏。说明栏主要是把容易混淆的内容说明清楚，例如，表 3-3 中第 1 行网络电缆说明每箱 305 m。

(9) 填写编制者信息。在表格的下边，需要增加文件编制者信息，文件打印后签名，对外提供时还需要单位盖章。例如，表 3-3 中，“编制人签字：樊果，审核人签字：蔡永亮，审定人签字：王公儒，编制单位：西安开元电子实业有限公司，时间：2010 年 11 月 4 日”。

6. 编制预算表

工程项目预算表是确认总造价的依据，也是工程项目合同的附件，更是甲乙双方最为关注和纠结的技术文件。一般分为 IT 预算法和国家定额预算法两种，我们将在后续章节中详细介绍。

7. 编制施工进度表

略。

3.4 工程经验

建筑物的综合布线是一个较为复杂的工程，工程质量直接影响网络永久链路的性能。在工程的实施过程中需要注意以下几点：

1. 工程经验一 重视设计阶段

设计阶段非常重要，因此，必须提前对综合布线系统进行设计，与土建、消防、空调、照明等安装工程互相配合好，避免产生设计或者施工冲突。

2. 工程经验二 满足未来升级的需要

由于综合布线工程一般为建筑物建设阶段的一次性工程，后期要更改布线相对困难，而通信与网络设备可能需要经常更新，预留冗余或者备份满足未来升级的需要，因此，在工程设计和施工中，应尽量多设计一些信息点。

3. 工程经验三　选择性价比高的产品

国内正规厂家生产的电缆、光缆、模块等产品性能上已达到国家标准，建议选择性价比较高的产品。

◎ 典型案例 3　信息点端口对应表编制与应用

综合布线系统端口对应表，就是记录配线架端口与信息点位置对应关系的二维表，它是施工安装、测试验收和日常运维必备的主要技术文件，用于永久链路、信道连接，端口定位和故障查找与维修等。信息点端口对应表必须在工程施工之前编制完成。下面通过引入真实工程项目来介绍信息点端口对应表的实际应用。

1. 项目简介

西元科技园占地 22 亩，建筑面积 12 000 m^2，建设有一栋研发楼和两栋厂房，设计有信息点 562 个，该项目信息点均已开通使用。

下面以研发楼一层为例，介绍信息点端口对应表在实际工程中的编制与应用案例。图 3-35 所示为研发楼一层网络综合布线施工图。从图中可以看到，研发楼一层设计有一个管理间，位于建筑物的竖井内，编号为网络机柜 F12，同时设计了 3 个分管理间，每个分管理间设计有一个网络机柜，分别位于 101 室的网络机柜 F13、106 室的网络机柜 F14 和 110 室的网络机柜 F11，共计有 4 个网络机柜。

在图 3-35 中，“⊏”符号代表信息插座底盒，每个底盒配置一个双口信息面板，安装有两个模块，也就是两个信息点，分别为一个网络模块，一个语音模块，一层信息点总数合计 190 个。

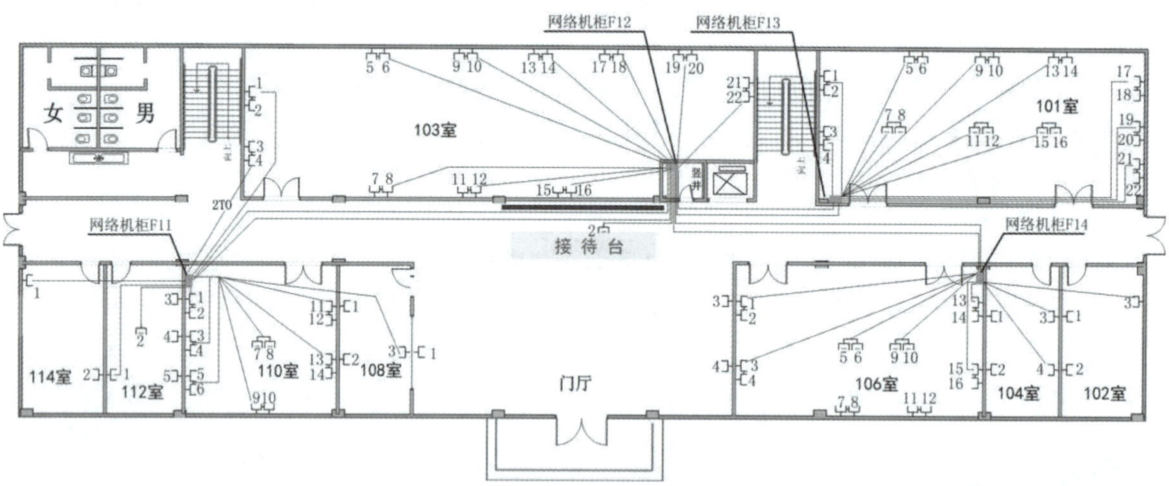

图 3-35　研发楼一层网络综合布线施工图

2. 编制端口对应表

下面按照 3.3.2 节“综合布线工程信息点端口对应表的编制”的规定完成一层分管理间网络机柜 F11 涉及的信息点端口对应表。

1）文件名称正确

该信息点端口对应表，包括西元科技园研发楼一层分管理间网络机柜 F11 管理的信息点，因此把文件命名为“西元科技园研发楼一层分管理间网络机柜 F11 信息点端口对应表”（以下简称 F11 端口对应表），如表 3-4 所示。从图 3-35 中可以看到，表 3-4 的 F11 端口对应表信息点编号涉及的房间为 103 室部分信息点、108 室、110 室、112 室、114 室全部信息点。

2）设计表格

第一步：设计表头。

表头一般应包括项目名称、建筑物名称、楼层、文件编号等信息，如表 3-4 所示。

第二步：确定表格列数量。

每个永久链路都有多次端接，每个端接点都应该有设备编号和端接位置编号，并且占用一列，具体有机柜编号、110 配线架编号、110 配线架连接块下层编号、110 配线架连接块上层编号、网络配线架编号、网络配线架端口编号、插座底盒编号 / 端口编号、信息点类型、房间编号等，我们把这些端接点分别设置为一列，就确定了表格列数量，如表 3-4 所示。

3）编制表格

为了快速编制 F11 端口对应表，我们按照下列步骤进行。

第一步：填写机柜编号。

鉴于本表中信息点全部位于 F11 机柜，因此“机柜编号”栏全部填写 F11。

第二步：填写 110 配线架编号。

FD11 机柜共有 58 个信息点，设计有两个 110 配线架，我们把这两个 110 配线架分别命名为 1、2，因此“110 配线架编号”栏根据信息点对应的 110 配线架编号填写。

第三步：填写 110 配线架连接块下层编号。

如图 3-36 所示，110 配线架端接有 24 个 4 对连接块，我们对 4 对连接块进行编号 1、2、3……23、24，连接块下层与信息点相对应，因此“110 配线架连接块下层编号”栏填写对应的连接块编号。

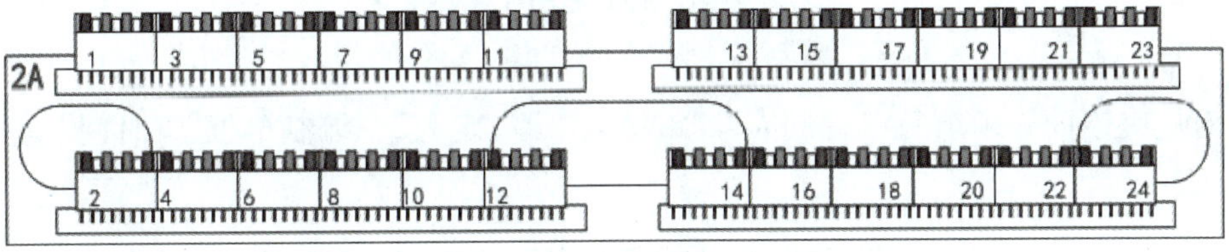

图 3-36　4 对连接块编号

第四步：填写 110 配线架连接块上层编号。

为了便于区分网络与语音，110 配线架连接块上层按照端接线芯进行编号。

(1) 双绞线电缆的 8 芯全部端接在 18 号，则编号填写为 18，表示 110 配线架连接块上层 1~8 芯全部端接在 18 号连接块。

(2) 语音只端接两芯，例如，信息插座语音模块端接蓝、白蓝，即 4、5 线芯，则编号填写 45，表示 110 配线架连接块上层只端接 4、5 两芯。

第五步：填写网络配线架编号。

FD11 机柜设计有 1 个 24 口网络配线架，将该网络配线架命名为 1，因此“网络配线架编号”栏填写 1，如果未端接至网络配线架，则填 0。

第六步：填写网络配线架端口编号。

网络配线架出厂时，每个端口都印有编号，每个端口对应一个信息点，因此“网络配线架端口编号”栏依次填写数字 1~24。

第七步：填写插座底盒编号 / 端口编号。

如图 3-35 所示，每个房间内有多个信息插座底盒，每个信息插座底盒都具有编号，一般按照顺时针方向，从 1 开始编号。信息底盒安装有双口面板，安装两个信息模块，为了区分这两个信息点，以及方便施工人员识别，一般采用汉语拼音的字头，左边用 Z，右边用 Y，也可以使用英文字头。

例如，108 室 1 号信息插座左边信息点编号为 1Z。

第八步：填写信息点类型。

双口面板安装有一个网络模块，一个语音模块，即一个网络信息点、一个语音信息点。网络信息点使用 TO 表示，语音信息点使用 TP 表示。

第九步：填写房间编号。

如图 3-35 所示，网路机柜 F11 涉及的房间为 103 室、108 室、110 室、112 室、114 室，因此在“房间编号”栏填写对应的房间号数字。

第十步：填写信息点编号。

完成上述 9 步后，按照图 3-37 所示的编号规定，完成端口对应表。上述每个编号之间使用“-”连接。

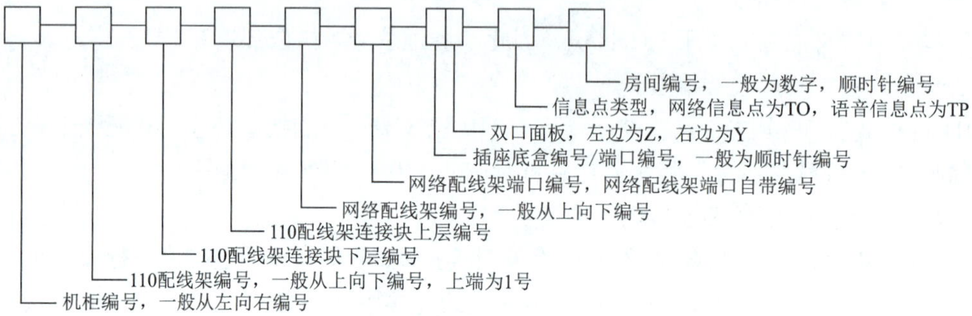

图 3-37　信息点编号规定

第十一步：填写编制人和单位等信息。

端口对应表下面必须填写“编制人”“审核人”“审定人”“编制单位”“时间”等信息，如表 3-4 所示。

表 3-4　西元科技园研发楼一层分管理间网络机柜 F11 信息点端口对应表

项目名称：西元科技园　建筑物名称：研发楼　楼层：一楼 FD11 机柜　文件编号：XY-01-1-1

序号	信息点编号	机柜编号	110 配线架编号	110 配线架连接块下层编号	110 配线架连接块上层编号	网络配线架编号	网络配线架端口编号	插座底盒编号 / 端口编号	信息点类型	房间编号
1	FD11-1-1-18-1-1-1Z-TO-103	FD11	1	1	18	1	1	1Z	TO	103
2	FD11-1-2-12-0-0-1Y-TP-103	FD11	1	2	12	0	0	1Y	TP	103
3	FD11-1-3-18-0-0-2Z-TO-103	FD11	1	3	18	0	0	2Z	TO	103
4	FD11-1-2-78-0-0-2Y-TP-103	FD11	1	2	78	0	0	2Y	TP	103
5	FD11-1-4-18-0-0-3Z-TO-103	FD11	1	4	18	0	0	3Z	TO	103
6	FD11-1-5-12-0-0-3Y-TP-103	FD11	1	5	12	0	0	3Y	TP	103
7	FD11-1-6-18-0-0-4Z-TO-103	FD11	1	6	18	0	0	4Z	TO	103
8	FD11-1-5-78-0-0-4Y-TP-103	FD11	1	5	78	0	0	4Y	TP	103
9	FD11-1-7-18-0-0-1Z-TO-108	FD11	1	7	18	0	0	1Z	TO	108
10	FD11-1-10-56-0-0-1Y-TP-108	FD11	1	10	56	0	0	1Y	TP	108
11	FD11-1-8-18-1-2-11Z-TO-110	FD11	1	8	18	1	2	11Z	TO	110
12	FD11-1-10-12-0-0-11Y-TP-110	FD11	1	10	12	0	0	11Y	TP	110
13	FD11-1-9-18-1-3-12Z-TO-110	FD11	1	9	18	1	3	12Z	TO	110
14	FD11-1-10-78-0-0-12Y-TP-110	FD11	1	10	78	0	0	12Y	TP	110
15	FD11-1-11-18-1-4-2Z-TO-112	FD11	1	11	18	1	4	2Z	TO	112

续表

序号	信息点编号	机柜编号	110 配线架编号	110 配线架连接块下层编号	110 配线架连接块上层编号	网络配线架编号	网络配线架端口编号	插座底盒编号 / 端口编号	信息点类型	房间编号
16	FD11-1-12-12-0-0-2Y-TP-112	FD11	1	12	12	0	0	2Y	TP	112
17	FD11-1-13-18-1-5-2Z-TO-108	FD11	1	13	18	1	5	2Z	TO	108
18	FD11-1-16-56-0-0-2Y-TP-108	FD11	1	16	56	0	0	2Y	TP	108
19	FD11-1-14-18-1-6-13Z-TO-110	FD11	1	14	18	1	6	13Z	TO	110
20	FD11-1-16-12-0-0-13Y-TP-110	FD11	1	16	12	0	0	13Y	TP	110
21	FD11-1-15-18-1-7-14Z-TO-110	FD11	1	15	18	1	7	14Z	TO	110
22	FD11-1-16-78-0-0-14Y-TP-110	FD11	1	16	78	0	0	14Y	TP	110
23	FD11-1-17-18-1-8-1Z-TO-114	FD11	1	17	18	1	8	1Z	TO	114
24	FD11-1-18-15-0-0-1Y-TP-114	FD11	1	18	15	0	0	1Y	TP	114
25	FD11-1-19-18-1-9-3Z-TO-108	FD11	1	19	18	1	9	3Z	TO	108
26	FD11-1-20-12-0-0-3Y-TP-108	FD11	1	20	12	0	0	3Y	TP	108
27	FD11-1-21-18-1-10-1Z-TO-MT	FD11	1	21	18	1	10	1Z	TO	MT
28	FD11-1-20-78-0-0-1Y-TP-MT	FD11	1	20	78	0	0	1Y	TP	MT
29	FD11-1-22-18-1-11-9Z-TO-110	FD11	1	22	18	1	11	9Z	TO	110
30	FD11-1-23-12-0-0-9Y-TP-110	FD11	1	23	12	0	0	9Y	TP	110
31	FD11-1-23-18-1-12-10Z-TO-110	FD11	1	23	18	1	12	10Z	TO	110
32	FD11-1-23-78-0-0-10Y-TP-110	FD11	1	23	78	0	0	10Y	TP	110

编制人：王涛　审核人：艾康　审定人：王公儒　编制单位：西安开元电子实业有限公司　时间：2020 年 4 月 30 日

3. 拓展练习

按照上述方法，完成西元科技园研发楼一层分管理间网络机柜 F13 信息点端口对应表。

要求表格设计合理、编号正确、文件名称正确、签字和日期完整。

请扫描二维码下载典型案例 3 的 Word 版。

典型案例 3 Word 版

◎ 习题 3

一、填空题

1. GB 50311《综合布线系统工程设计规范》规定的综合布线系统里没有交换机、路由器等有电源设备，因此常说“综合布线系统是一个________”。（参考 3.1 节）

2. 信道是连接两个应用设备的端到端的传输通道，包括________和________。（参考 3.1 节）

3. 缆线是________和________的统称。（参考 3.1 节）

4. GB 50311《综合布线系统工程设计规范》规定的缩略词中，BD 代表________，TO 代表________。（参考 3.2 节）

5. 智能建筑实际工程设计中，有土建设计、水暖设计、强电设计和________设计等多个专业，综合布线系统的设计一般在________设计阶段进行。（参考 3.3 节）

6. 信息点数量统计表目的是快速准确的统计建筑物的信息点，信息点包括________和________。（参考 3.3.2 节）

7. ________直接决定综合布线系统网络拓扑图。（参考 3.3.2 节）

8. ________是综合布线施工必需的技术文件，主要规定房间编号、每个信息点的编号、配线架编号、端口编号、机柜编号等。（参考 3.3.2 节）

9. 材料表主要用于工程项目________和现场施工管理。（参考 3.3.2 节）

10. ________是确认总造价的依据，也是工程项目合同的附件，更是甲乙双方最为关注和纠结的技术文件。（参考 3.3.2 节）

二、选择题（部分为多选题）

1. 下列属于永久链路的是（　　）。（参考 3.1 节）

A. 设备缆线　　B. 跳线　　C. 水平缆线　　D. CP. 缆线

2. （　　）是楼层配线设备至信息点之间的连接缆线。（参考 3.1 节）

A. 设备缆线　　B. 跳线　　C. 水平缆线　　D. CP 缆线

3. GB 50311《综合布线系统工程设计规范》规定的缩略词中，FD 代表（　　）。（参考 3.2 节）

A. 建筑群配线设备　　B. 楼层配线设备

C. 建筑物配线设备　　D. 进线间配线设备

4. GB 50311《综合布线系统工程设计规范》规定的缩略词中，TO 代表（　　）。（参考 3.2 节）

A. 信息插座模块　　B. 设备终端　　C. 集合点　　D. 配线终端

5. （　　）在综合布线工程实践中是常用的统计和分析方法，也适合监控系统、楼控系统等设备比较多的各种工程应用。（参考 3.3.2 节）

A. 端口对应表　　B. 点数统计表　　C. 施工图　　D. 系统图

6. 在综合布线图中，⊠表示（　　）（参考 3.3.2 节）

A. 交换机　　B. 网络设备和配线设备

C. 配线架　　D. 跳线

7. 工程图纸标题栏包括（　　）。（参考 3.3.2 节）

A. 项目名称　　B. 图纸编号

C. 设计人签字　　D. 建筑工程名称

8. 在综合布线的信息点端口对应表中，需要编制（　　）。（参考 3.3.2 节）

A. 机柜编号　　B. 配线架编号　　C. 插座底盒编号　　D. 验收人编号

9. （　　）设计的目的是规定布线路由在建筑物中安装的具体位置。（参考 3.3.2 节）

A. 点数统计表　　B. 系统图

C. 材料表　　D. 施工图

10. 下列属于材料表的是（　　）。（参考 3.3.2 节）

A. 名称　　B. 型号　　C. 价格　　D. 数量

三、简答题

1. 简述 CP 链路、永久链路、信道之间的区别与关系。（参考 3.1 节）

2. 写出《综合布线系统工程设计规范》中常用器材 / 设备的缩略词及其含义。（至少写出 5 个）（参考 3.2 节）

3. 网络综合布线工程一般设计项目包括哪些主要内容？（参考 3.3.1 节）

4. 综合布线系统图设计有哪些要点？（参考 3.3.2 节）

5. 简述信息点 FD3-2-7-10Z-15 的各部分含义。（参考 3.4.2 节）

请扫描二维码下载习题 3 的 Word 版。

习题 3
Word 版

◎ 实训 4 综合布线系统设计实训

1. 实训任务来源

综合布线系统工程设计项目和设计方法。

2. 实训任务

图 3-38 所示为综合布线系统模型，每人独立完成其综合布线系统设计的 7 项设计任务。要求内容正确、完善。

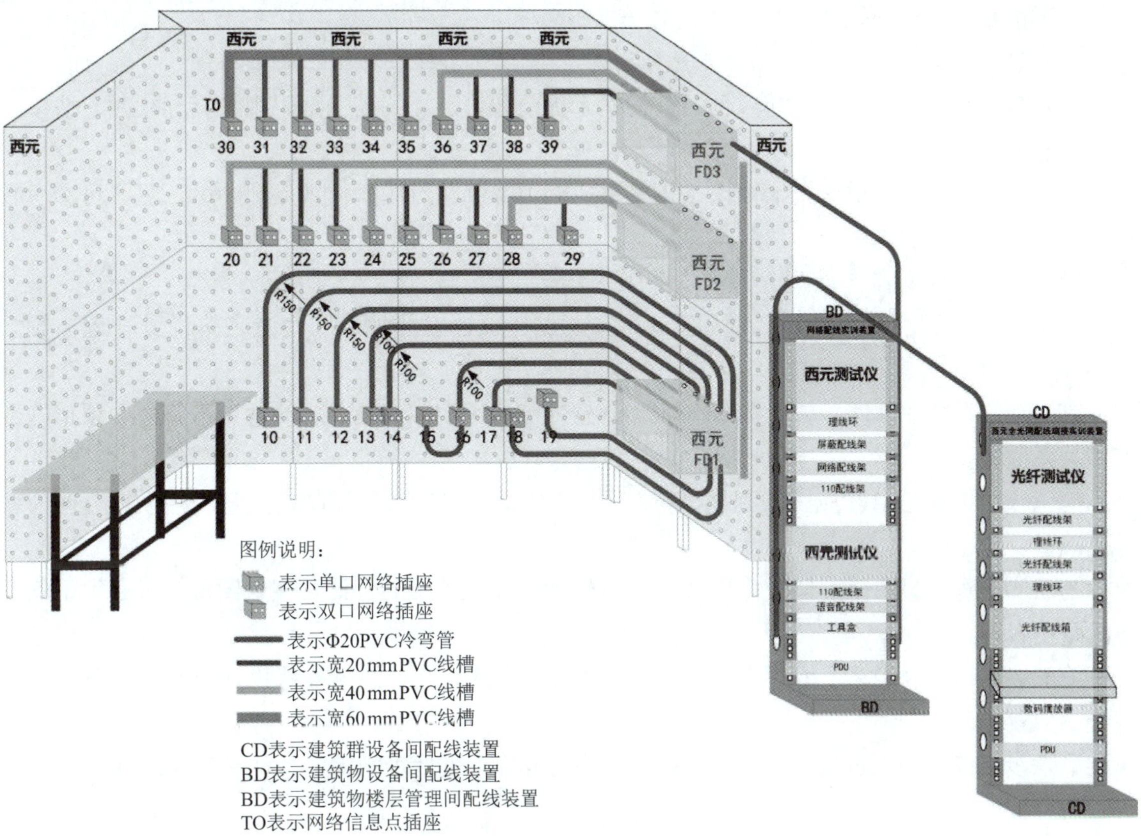

图 3-38 综合布线系统模型

3. 技术知识点

（1）掌握综合布线系统的 7 个子系统。

（2）熟悉综合布线相关标准对工程设计的相关规定，如系统基本构成、系统配置设计等。

（3）明确综合布线系统工程工程设计的 7 项设计任务。①点数统计表编制；②系统图设计；③端口对应表设计；④施工图设计；⑤材料表编制；⑥预算表编制；⑦施工进度表编制。

4. 关键技能

（1）掌握点数统计表的编制方法，表格设计合理，数据正确。

（2）掌握系统图的设计方法，图形符号必须正确，连接关系清楚。

（3）掌握端口对应表的编制方法，表格设计合理，编号正确。

（4）掌握施工图的设计方法，图形符号必须正确，布线路由合理。

（5）掌握材料表的编制方法，表格设计合理，材料名称和型号、数量准确。

（6）掌握预算表的编制方法，表格设计合理，材料名称和型号、数量、价格准确。

（7）掌握施工进度表的编制方法，施工工序正确，施工时间合理。

5. 实训课时

(1) 该实训共计 2 课时完成，其中技术讲解 10 min，视频演示 20 min，学员设计 50 min，实训总结 10 min。

(2) 课后作业 2 课时，独立完成实训报告，提交合格实训报告。

6. 实训指导视频

实训 4
《综合布线系统设计实训》

27399- 实训 4-《综合布线系统设计实训》(19 分 15 秒)。

7. 实训工具

计算机及相关设计软件。

8. 实训步骤

(1) 预习和播放视频。课前应预习，初学者提前预习，请扫描二维码观看指导视频，请多次认真观看。

实训时，教师首先讲解技术知识点和关键技能 10 min，然后播放视频 20 min。更多可参考教材单元 1、2、3 相关内容。

(2) 设计实训内容。

第一步：编制点数统计表。利用 Excel 完成点数统计表的编制，注意表格设计合理，数据正确。

第二步：系统图设计。利用 CAD 或 Visio 软件完成系统图的设计，注意图形符号必须正确，连接关系清楚。

第三步：编制端口对应表。利用 Word 软件完成端口对应表的编制，注意表格设计合理，编号正确。

第四步：施工图设计。利用 CAD 或 Visio 软件完成施工图的设计，注意图形符号必须正确，布线路由合理。

第五步：编制材料表。利用 Word 软件完成材料表的编制，注意表格设计合理，材料名称和型号、数量准确。

第六步：编制施工进度表。利用 Excel 软件完成施工进度表的编制，注意施工工序正确，施工时间合理。

9. 评判标准

综合布线系统的设计评判项目如表 3-5~ 表 3-10 所示。

表 3-5 综合布线系统信息点数量统计表评判项目表

姓名	表格设计合理（10 分）	数据正确（60 分）	文件名称正确（10 分）	签字和日期正确（10 分）	按时完成（10 分）	合计

表 3-6 综合布线系统图设计评判项目表

姓名	图形符号正确（10 分）	连接关系正确（40 分）	缆线型号正确（10 分）	图例说明完整（10 分）	图面布局合理(10 分)	标题栏完整(10 分)	按时完成（10 分）	合计

表 3-7 综合布线系统端口对应表评判项目表

姓名	图形符号正确（10 分）	连接关系正确（30 分）	缆线型号正确（10 分）	图例说明完整（20 分）	图面布局合理(10 分)	标题栏完整(10 分)	按时完成（10 分）	合计

表 3-8 综合布线系统施工图评判项目表

姓名	图形符号正确（10 分）	布线路由合理正确（40 分）	位置设计合理正确（10 分）	说明完整（10 分）	图面布局合理（10 分）	标题栏完整（10 分）	按时完成（10 分）	合计

表 3-9 综合布线系统工程材料统计表评判项目表

姓名	表格设计合理（10 分）	文件名称正确（10 分）	材料名称型号准确（20 分）	规格齐全（10 分）	数量正确（20 分）	易耗品齐全（10 分）	签字和日期正确（10 分）	按时完成（10 分）	合计

表 3-10 综合布线系统工程施工进度表评判项目表

姓名	表格设计合理（10 分）	文件名称正确（10 分）	工序工种齐全正确（30 分）	进度安排合理（30 分）	签字和日期正确（10 分）	按时完成（10 分）	合计

实训 4 综合布线系统设计实训项目成绩统计表如表 3-11 所示。

表 3-11 实训 4 综合布线系统设计实训项目成绩统计表

姓名	点数量统计表	系统图设计	端口对应表	施工图	工程材料统计表	工程施工进度表	合计

10. 实训报告

请按照单元 1 表 1-1 所示的实训报告要求和模板，独立完成实训报告，2 课时。具体设计任务作为实训报告的附件。

请扫描二维码下载实训 4 的 Word 版。

实训 4
Word 版

单元 4 综合布线工程常用器材和工具

在综合布线工程设计与施工中，离不开电缆和光缆等各种传输介质、连接器件和各种器材；在施工安装中离不开工具。本单元将重点学习和掌握这些传输介质、连接器件、设备器材和常用工具的专业知识和使用方法，为后续工程设计和施工做好技术准备。

学习目标

（1）了解网络传输介质及其分类，掌握常用器材的性能和用途。

（2）掌握双绞线电缆、光缆等缆线规格型号、技术性能和用途。

（3）掌握综合布线工程常用连接器件的机械机构和工作原理及常用规格。

（4）掌握常用工具使用方法和要求。

4.1 双绞线电缆

在各种网络信息系统中，最基础的就是通信线路和传输问题。网络通信分为有线通信和无线通信两种，有线通信利用电缆或光缆来充当传输介质，无线通信利用卫星、微波、红外线来传输信号。目前，在通信线路上使用的传输介质有双绞线电缆、大对数双绞线电缆、光缆等。

随着智慧城市、智能建筑、智能家居、智能制造和 5G 的快速发展应用，综合布线系统越来越重要和普及，特别是对光缆、双绞线电缆、连接器件等传输介质的技术性能和质量要求越来越高，没有高质量的传输介质，就没有高质量的综合布线系统。为了做到理实合一，直观快速掌握本单元内容，我们以图 4–1 所示综合布线工程常用的电缆、光缆、工具和管槽器材实物展示柜为例展开介绍。请扫描二维码下载彩色高清图片。

1. 双绞线电缆基本电气特性规定

GB 50311—2016《综合布线系统工程设计规范》第 6 章性能指标中，明确提出双绞线电缆基本电气特性应符合下列规定：

(1) 信道每个线对中，两个导体之间的交流环路电阻，不平衡度不应超过 3%。

在实际生产中，每个线对是由两根独立的导体绞绕而成的，每根导体都存在直径、均匀度等制造误差，可能造成两根导体之间的电阻不平衡。在实际工程应用中接触不良也会导致电阻不平衡。图 4–2 所示为两个导体之间的交流环路电阻不平衡度测试方法示意图。

彩色高清图

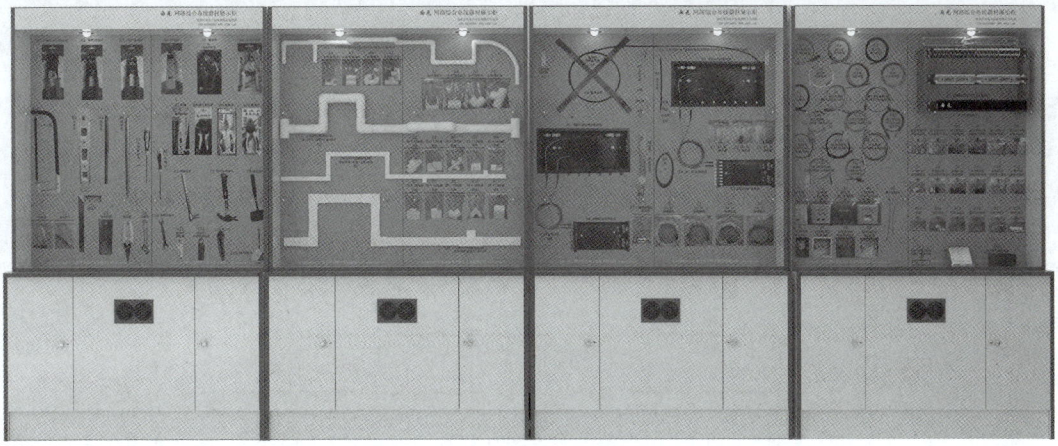

图 4-1 “西元”综合布线工程常用器材和工具展示柜

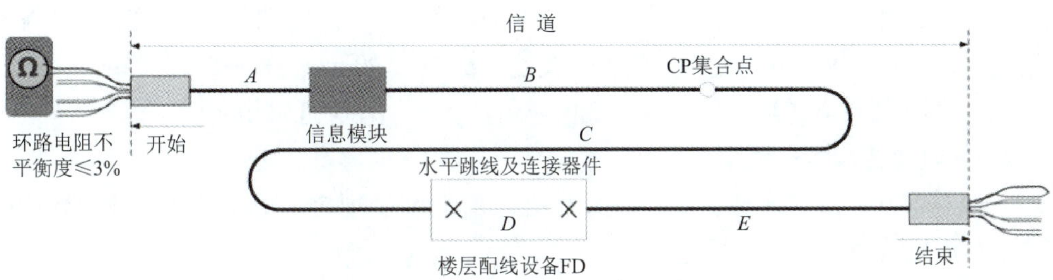

图 4-2 环路电阻不平衡度测试方法示意图

（2）电缆在所有的温度下应用时，信道每一导体最小载流量应为 0.175 A（直流），每根电缆的最大载流量应该为 0.175×4 A=0.7 A，在 PoE++ 应用中，8 芯电缆分配为四出四进。图 4-3 所示为导体最小载流量测试方法示意图。

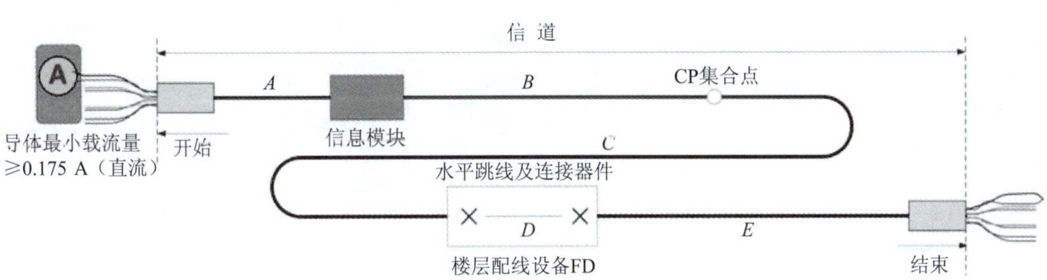

图 4-3 导体最小载流量测试方法示意图

（3）布线系统在工作环境温度下，信道应支持任意导体之间 72 V（直流）的工作电压。在 PoE 应用中，普遍使用的为 48 V 工作电压，也有少部分设备可提供最高 72 V 工作电压。图 4-4 所示为导体之间工作电压测试方法示意图。

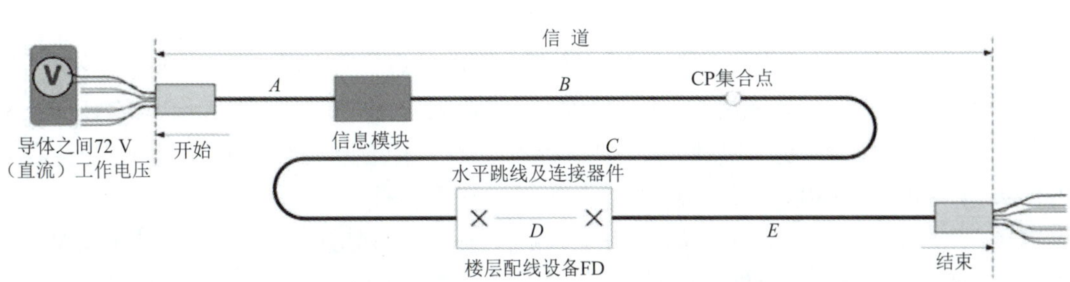

图 4-4 导体之间工作电压测试方法示意图

（4）布线系统在工作环境温度下，信道每个线对应支持承载 10 W 的功率。

2019 年的 PoE++ 标准应用中，平均每对线承载 22.5 W 功率，考虑到电缆的八芯分配为四出四进时，即每根电缆应能承载约 22.5 W 的标称功率值。四根芯线承载 22.5 × 4 W=90 W。图 4–5 所示为每个线对支持承载功率测试方法示意图。

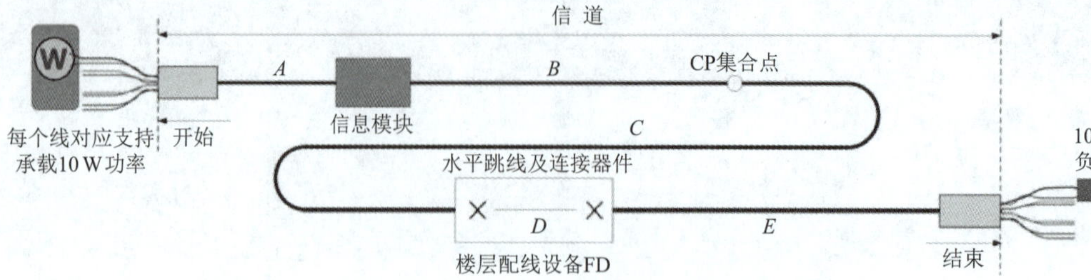

图 4–5　每个线对支持承载功率测试方法示意图

说明：图 4–2~ 图 4–5 中，*A* 为工作区终端设备电缆长度，*B* 为 CP 缆线长度，*D* 为配线设备连接跳线长度，*E* 为配线设备到设备连接电缆长度，$B+C \leqslant 90$ m，$A+D+E \leqslant 10$ m。

（5）2 m、5 m 对绞电缆跳线的指标参数值应包括回波损耗、近端串音。

2. 双绞线电缆传输距离规定

GB 50311—2016《综合布线系统工程设计规范》附录 C 规定，电缆在通信业务网中的应用等级与传输距离应符合表 4–1 的规定。

表 4–1　双绞线电缆应用传输距离

应用网络	布线类别				应用距离（m）	备注
10BASE–T 以太网	3	5e	6	6_A	100	—
100BASE–TX 以太网	–	5e	6	6_A	100	—
1000BASE–T 以太网	–	5e	6	6_A	100	—
10GBASE–T 以太网	–	–	–	6_A	100	—
ADSL	3	5e	6	6_A	5 000	1.5~9 Mbit/s
VDSL	3	5e	6	6_A	5 000	1 500 m 时，12.9 Mbit/s；300 m 时，52.8 Mbit/s
模拟电话	3	5e	6	6_A	800	—
FAX 传真	3	5e	6	6_A	5 000	—
ATM 25.6	3	5e	6	6_A	100	—
ATM 51.84	3	5e	6	6_A	100	—
ATM 155.52	–	5e	6	6_A	100	—
ATM 1.2G	–	–	6	6_A	100	—
ISDNBRI	3	5e	6	6_A	5 000	128 kbit/s
ISDN PRI	3	5e	6	6_A	5 000	1.472 Mbit/s

以太网（Ethernet）采用的是 CSMA/CD 访问控制法，它们都符合 IEEE 802.3，规定了包括物理层的缆线、电信号和介质访问层协议的内容。以太网为 1980 年 DEC、Intel 和 Xerox 三家公司联合开发的一个标准，是应用最为广泛的局域网，包括标准以太网（10 Mbit/s）、快速以太网（100 Mbit/s）和 10G（10 Gbit/s）以太网。

ATM（asynchronous transfer mode）为异步传输模式，ATM 是一项数据传输技术，它适用于局域网和广域网，具有高速数据传输率，支持多种类型的通信协议，包括声音、数据、传真、图像、实时视频等。

从表 4-1 可以看到，在以太网和 ATM 网络中，双绞线电缆的最大应用传输距离为 100 m，这就是在综合布线系统中，信道不超 100 m，永久链路不超过 90 m 的理论依据。在实际工程设计中，一般按照设备缆线 5 m+ 永久链路 90 m + 工作区设备缆线 5 m 的原则，这样就能保证信道不超过 100 m。

ADSL（asymmetric digital subscriber line）因为上行和下行带宽不对称，因此称为非对称数字用户线环路。它采用频分复用技术把普通的电话线分成电话、上行和下行 3 个相对独立的信道，从而避免了相互之间的干扰。即使边打电话边上网，也不会发生上网速率和通话质量下降的情况。通常 ADSL 在不影响正常电话通信的情况下可以提供最高 3.5 Mbit/s 的上行速度和最高 24 Mbit/s 的下行速度。

VDSL（very high speed digital subscriber line，超高速数字用户线路）短距离内的最大下传速率可达 55 Mbit/s，上传速率可达 19.2 Mbit/s。简单地说，VDSL 就是 ADSL 的快速版本。

ISDN（integrated services digital network，综合业务数字网）是一种典型的电路交换网络系统，也是一个数字电话网络国际标准。ISDN 是一种在数字电话网 IDN 的基础上发展起来的通信网络，ISDN 能够支持多种业务，包括电话业务和非电话业务。

从表 4-1 可以看到，在 ADSL、VDSL、ISDN、FAX 等采用电话线的网络应用中，最大应用传输距离为 5 000 m。

3. 双绞线电缆的分级与类别

综合布线电缆布线系统的分级与类别划分应符合表 4-2 的规定。其中 5、6、6_A、7、7_A 类布线系统应能支持向下兼容的应用。

表 4-2 电缆布线系统的分级与类别

系统分级	系统产品类别	支持最高带宽（MHz）	支持应用器件	
			电缆	连接硬件
A	—	0.1	—	—
B	—	1	—	—
C	3 类（大对数）	16	3 类	3 类
D	5 类（屏蔽和非屏蔽）	100	5 类	5 类
E	6 类（屏蔽和非屏蔽）	250	6 类	6 类
EA	6_A 类（屏蔽和非屏蔽）	500	6_A 类	6_A 类
F	7 类（屏蔽）	600	7 类	7 类
FA	7_A 类（屏蔽）	1 000	7_A 类	7_A 类

4. 双绞线电缆的制造生产工序和检验

我们以非屏蔽双绞线电缆为例，介绍制造过程和检验项目。一般制造生产工序为：铜棒拉丝→单芯覆盖绝缘层→两芯绞绕→ 4 对绞绕→覆盖外绝缘层→印刷标记→成卷。

首先将铜棒拉制成直径为 0.50 mm（5 类）或 0.55 mm（6 类）的铜导线，然后在铜导线外均匀覆盖绝缘层；接着将两根导线绞绕在一起，再将 4 对单绞线按照一定的节距进行第二次绞绕；最后在已经经过两次绞绕的 4 对双绞线外，覆盖保护绝缘外套。工厂专业化大规模生产非屏蔽 5 类双绞线电缆的生产工艺流程如图 4-6 所示，分为铜棒拉丝、绝缘、绞对、成缆、护套 5 项。

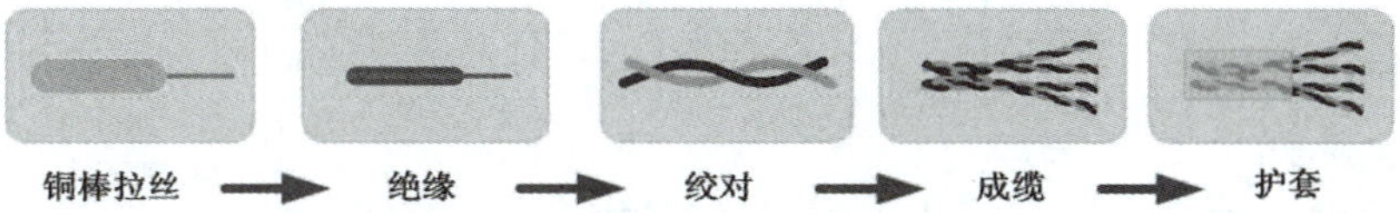

图 4-6 非屏蔽 5 类双绞线电缆生产工艺流程

下面详细介绍主要生产流程和产品出厂检验技术指标。

生产工序 1：铜棒拉丝。

拉丝工艺是一种金属拉丝工艺，在对金属的压力加工过程中，使金属强行通过模具，金属横截面积被压缩，并获得所要求的横截面积形状和尺寸的金属丝。现代化生产中使用专业拉丝机进行拉丝，其生产过程如图 4–7 所示。

拉丝工艺是将铜棒拉制成直径为 0.50 mm 的铜导线，如果导线直径小于 0.5 mm 时，成缆后检验将不合格；如果导线直径太粗时，将增加生产成本。因此，生产企业一般都把铜棒拉制成直径为 0.5 ~ 0.52 mm 铜导线，使用激光测径仪精确测量导线直径。

生产工序 2：导线覆盖绝缘层。

在这个生产工序中，要特别注意保证绝缘外径、同轴度和延伸率。图 4–8 所示为线芯覆盖绝缘层工序，表 4–3 为绝缘线检测项目、检测指标和测试方法。

图 4–7　铜棒拉丝生产工序

图 4–8　线芯覆盖绝缘层生产工序

表 4–3　绝缘线检测项目、指标和方法

序　号	检 查 项 目	指　　标	检 查 方 法
1	导体直径 (mm)	0.511	激光测径仪
2	绝缘外径 (mm)	0.92	激光测径仪
3	绝缘最大偏心 (mm)	≤ 0.020	激光测径仪
4	导体伸长率 (%)	20 ~ 25	伸长试验仪
5	同轴电容 pF/m	228	电容测试仪
6	火花击穿数 (个)	≤ 2（3 500 V 直流电压	火花记录器
7	颜色	孟塞尔色标	比色

生产工序 3：电缆绞对。

双绞线电缆制造过程中，将绝缘线芯绞合成线组，除了保持回路传输参数稳定，增加电缆弯曲性能便于使用，还可以减少电缆组间的电磁耦合，利用其交叉效应来减小线对 / 组间的串音。线对绞对的节距大小及节距的配合情况，直接影响电缆的串音指标。可用线组绞合节距的相互配合，来减少组间的直接系统性耦合，以达到减小串音的目的。电缆绞对工序如图 4–9 所示，检测项目、指标和测试方法要求如表 4–4 所示。

表 4–4　绞对检测项目、指标和方法

序号	检 查 项 目	指　　标	检 查 方 法
1	节距	白蓝 10 mm，白橙 15.6 mm， 白绿 12.5 mm，白棕 18 mm	直尺测量
2	绞向	Z 向（右向）	目测
3	单根导线直流电阻	≤ 93 Ω	电阻表
4	绞对前后电阻不平衡	≤ 2%	（大电阻值 – 小电阻值）/（大电阻值 + 小电阻值）×100%
5	耐高压	2 kV 直流，3 s，无击穿	高压发生器

生产工序 4：成缆。

为提高生产效率和产量，多数厂家常用群绞设备，群绞机在成缆时联动了绞对和成缆，缩短了绞对工序与成缆工序之间的等待时间，减少了生产周期，提高了生产效率。

4 对非屏蔽双绞线电缆的成缆相对比较简单，束绞或 S-Z 绞都是可以采用的工艺方式，以一定的成缆节距，减小线对间的串音等。图 4-10 为成缆生产工序。

生产工序 5：护套。

护套工序在生产中类似于电缆的绝缘工序，该工序为已经绞绕好的 8 芯电缆覆盖一层保护外套，如图 4-11 和图 4-12 所示，分别是覆盖保护套和护套印字生产工序。

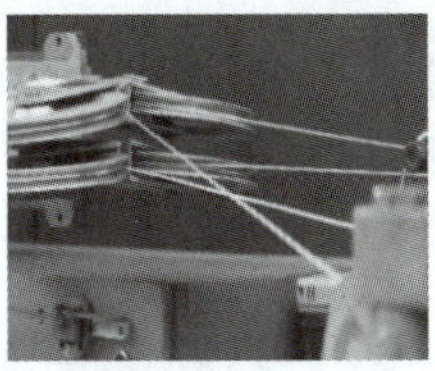

图 4-9　电缆绞对工序

图 4-10　成缆生产工序

图 4-11　覆盖保护套

图 4-12　护套印字

电缆护套一般分为屏蔽或非屏蔽，阻燃或非阻燃，室内或室外等多种规格。表 4-5 所示为 5e 类非屏蔽室内双绞线电缆护套检测项目、指标和方法。

表 4-5　护套检测项目、指标和方法

序号	检 查 项 目	指　　标	检 查 方 法
1	外观检测	光滑、圆整、无孔洞、无杂质	目测
2	最小护套厚度 /mm	标称：0.6	游标卡尺
3	偏心 /mm	≤ 0.20（在电缆同一截面上测量）	游标卡尺
4	电缆外径 /mm	标称：5.4	纸带法
5	记米长度误差	≤ 0.5%	卷尺

5. 双绞线电缆的命名方式

GB 50311—2016《综合布线系统工程设计规范》国家标准条文说明中，给出了双绞线电缆的命名方式，这个命名方式来自于国际标准，因此在全世界都是统一的。双绞线电缆的命名方式一般参照国际标准《用户建筑通用布线系统》ISO/IEC 11801—2010.4 相关规定。

综合布线系统推荐的电缆统一命名方法使用 XX/Y ZZ 编号表示，如图 4-13 所示。

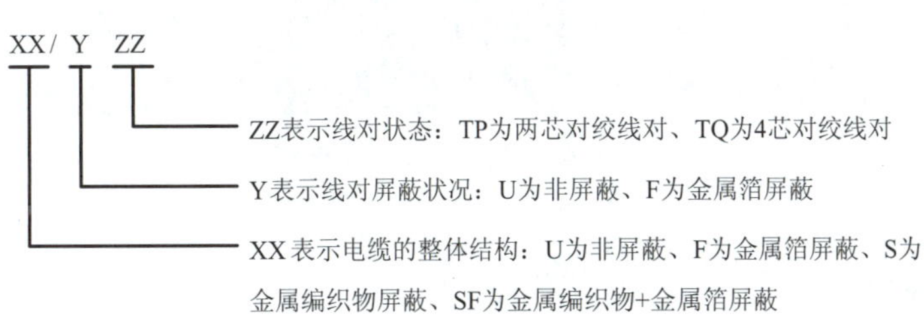

图 4-13　双绞线电缆的命名方式

按照该规定，双绞线电缆的型号可以分为以下 8 种类型：

（1）U/UTP 表示非屏蔽外护套结构，非屏蔽的两芯对绞线对电缆，简称非屏蔽电缆。

（2）F/UTP 表示金属箔屏蔽外护套结构，非屏蔽的两芯对绞线对电缆，简称屏蔽电缆，该电缆外护套有金属箔屏蔽层。

（3）U/FTP 表示非屏蔽外护套结构，金属箔屏蔽的两芯对绞线对电缆，简称屏蔽电缆，该电缆线对有金属箔屏蔽层。

（4）SF/UTP 表示金属编织物 + 金属箔屏蔽外护套结构，非屏蔽的两芯对绞线对电缆，简称双屏蔽电缆，该电缆外护套有一层金属编织物屏蔽层和一层金属箔屏蔽层。

（5）S/FTP 表示金属编织物屏蔽外护套结构，金属箔屏蔽的两芯对绞线对电缆，简称双屏蔽电缆，该电缆外护套有金属编织物屏蔽层，线对有金属箔屏蔽层。

（6）U/UTQ 表示非屏蔽外护套结构，非屏蔽的 4 芯对绞线对电缆，简称非屏蔽电缆，该电缆为 4 芯对绞电缆。

（7）U/FTQ 表示非屏蔽外护套结构，金属箔屏蔽的 4 芯对绞线对电缆，简称屏蔽电缆，该电缆线对有金属箔屏蔽层。

（8）S/FTQ 表示金属编织物屏蔽外护套结构，金属箔屏蔽的四芯对绞线对电缆，简称双屏蔽电缆，该电缆外护套有金属编织物屏蔽层，线对有金属箔屏蔽层。

为了直观地介绍双绞线电缆的型号和规格，方便教学和学生参观实训，快速掌握常用双绞线电缆知识，认识产品和积累工程经验，我们以“西元”电缆展示柜为例展开介绍和说明。“西元”电缆展柜精选了电缆传输系统的典型缆线和设备进行展示和介绍，如图 4–14 所示。请扫描二维码下载“西元”电缆展示柜配套的教学视频和语音文件，对照实物反复学习和熟悉更多双绞线电缆。

音频

《电缆展示柜介绍》

视频

《电缆展示柜介绍》

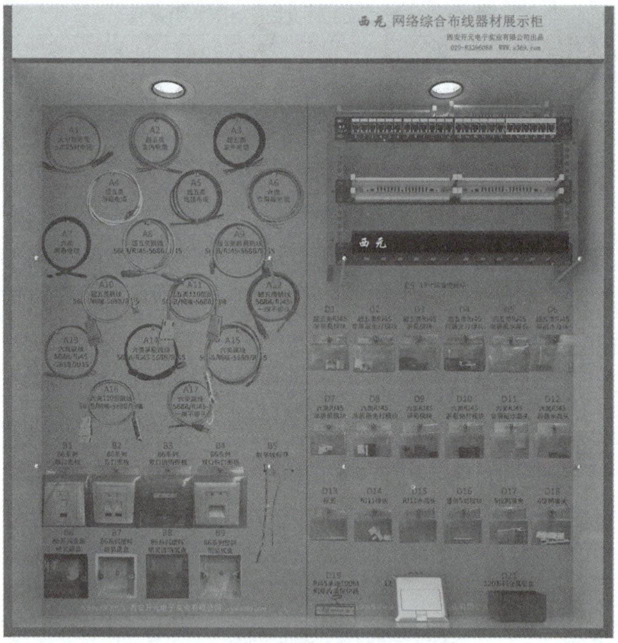

图 4–14 “西元”电缆展示柜

6. 非屏蔽双绞线电缆

目前，非屏蔽双绞线电缆的市场占有率高达 90% 以上，主要用于建筑物楼层管理间到工作区信息插座等配线子系统部分的布线，也是综合布线系统工程中施工最复杂、材料用量最大、质量最大的部分。

常用的非屏蔽双绞线电缆种类为 U/UTP，非屏蔽外护套结构，非屏蔽的两芯对绞线对电缆，简称非屏蔽电缆。非屏蔽双绞线电缆的色谱由 1 个主色（白色）、4 个副色（蓝、橙、绿、棕）组成，如图 4–15 所示，具体色谱如下：

白橙、橙，白蓝、蓝，白绿、绿，白棕、棕。

非屏蔽电缆规格又分为 5 类、5e 类、6 类、6_A 等。图 4–15 所示为常用 5e 类非屏蔽双绞线电缆（5e U/UTP）线对示意图，分别由外护套和蓝、橙、绿、棕 4 对双绞线扭绞组成。

图 4-16 所示为 5e 类非屏蔽双绞线电缆（5e U/UTP）包装箱，包装箱外形尺寸为长 350 mm，宽 208 mm，高 355 mm，体积为 26 L，整箱毛重为 10 kg。包装箱正面设计有手提孔，方便搬运。包装箱外面应该印刷有企业 Logo，产品名称、规格、数量等信息，没有这些信息时，可能为不合格产品或者假冒产品。箱外的 Pull Wire Here 含义为“在这里拉线”，Structured Cabling Solutions 含义为“结构化布线解决方案”。

图 4-17 所示为包装箱正面设计有专门的塑料出线孔和电缆固定夹，以及预留的线端插入十字孔，保护线端不受损伤，同时满足电缆曲率半径的要求。

图 4-18 所示为线端长度标记，在收货验收时，首先查看箱外标签与线端标志，合格产品应为 305 m，没有标记或者不是 305 m 时属于不合格产品。5e 类非屏蔽双绞线电缆（5e U/UTP）一般每箱长度为 305 m。图 4-19 所示为包装箱标签照片，应清楚标注产品规格、长度、颜色及品牌 Logo、出厂日期、厂家名称、地址、电话等信息，产品收货时，检查产品规格、长度、颜色等信息应与标识的信息一致，没有这些信息或者产品与标注不一致时，应判定为三无或假冒产品。

图 4-15　5e 线对

图 4-16　包装箱

图 4-17　出线孔

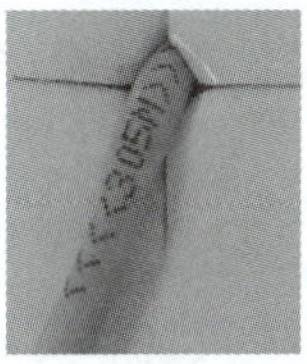

图 4-18　305 m 标记

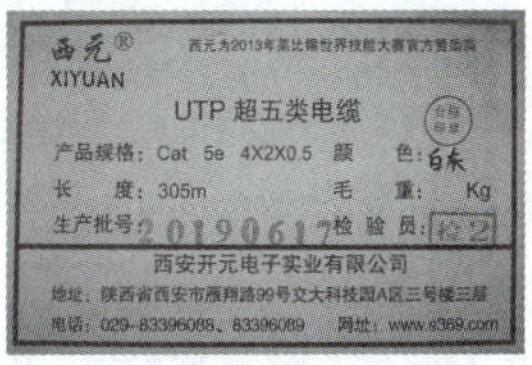

西元®
XIYUAN

UTP 超五类电缆

产品规格：Cat 5e 4X2X0.5　颜　色：白棕
长　度：305m　毛　重：　Kg
生产批号：20190617　检验员：

西安开元电子实业有限公司

电话：029-83396088、83396089

图 4-19　包装箱标签

图 4-20 所示为 6 类非屏蔽双绞线电缆（6 U/UTP）的线对；图 4-21 所示为线对扭绞结构示意图，可以看到增加了塑料十字骨架；图 4-22 所示为包装轴照片；图 4-23 所示为便携式放线盘应用照片。

图 4-20　6U/UTP 线对

图 4-21　线对扭绞结构

图 4-22　包装轴照片

图 4-23　放线盘应用照片

7. 屏蔽双绞线电缆

常用的屏蔽双绞线电缆规格分为 6 类、6_A 类、7 类、7_A 类等。

屏蔽双绞线电缆的屏蔽层结构分为 3 类结构，具体如下：

第一类为外护套屏蔽结构，就是在 4 对双绞线外，增加屏蔽层，常见的型号如下：

（1）F/UTP，如图 4-24 所示，金属箔屏蔽外护套结构。

（2）SF/UTP，如图 4-25 所示，金属编织物 + 金属箔屏蔽外护套结构。

第二类为线对屏蔽结构，就是在每组线对外，增加屏蔽层，常见的型号如下：

U/FTP，如图 4-26 所示，非屏蔽外护套结构，金属箔屏蔽的两芯对绞线对结构。

第三类为外护套屏蔽 + 线对屏蔽结构，也称双屏蔽结构，常见的型号如下：

S/FTP，如图 4-27 所示，金属编织物屏蔽外护套 + 金属箔屏蔽的两芯对绞线对结构。

常用的屏蔽双绞线电缆的色谱与非屏蔽双绞线电缆的色谱相同，也是由 1 个主色（白色）、4 个副色（蓝、橙、绿、棕）组成，如图 4-24 至图 4-27 所示，具体色谱如下：

白橙、橙，白蓝、蓝，白绿、绿，白棕、棕。

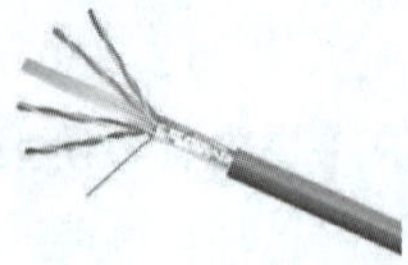

图 4-24 F/UTP 屏蔽结构　图 4-25 SF/UTP 屏蔽结构　图 4-26 U/FTP 屏蔽结构　图 4-27 S/FTP 屏蔽结构

8. 大对数双绞线电缆

1）大对数双绞线电缆的组成

大对数双绞线电缆是由 25 对具有绝缘保护层的铜导线组成的，一般有 3 类 25 对大对数双绞线电缆和 5 类 25 对大对数双绞线电缆，可为用户提供更多的可用线对。大对数双绞线电一般常用于垂直子系统替代多根 4 对双绞线电缆，也用于电话系统。

2）大对数双绞线电缆的规格

大对数双绞线电缆的规格分为非屏蔽大对数双绞线电缆和屏蔽大对数双绞线电缆，如图 4-28 和图 4-29 所示。其中，非屏蔽大对数双绞线电缆主要用于综合布线工程中的垂直子系统，作为建筑物的干线电缆，负责连接管理间子系统到设备间子系统。屏蔽大对数双绞线电缆则是在缆线护套内增加了一层铝箔屏蔽层，减小电磁干扰，可以起到更好的屏蔽作用。

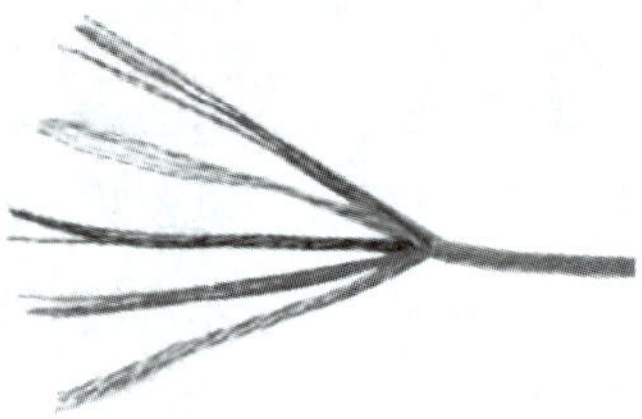

图 4-28 非屏蔽大对数电缆

图 4-29 屏蔽大对数电缆

3）大对数双绞线电缆的色谱

大对数双绞线电缆的色谱必须符合相关国际标准和中国标准，共由 10 种颜色组成，如表 4-6 所示。主色为白、红、黑、黄、紫 5 种，副色为蓝、橙、绿、棕、灰 5 种。

表 4-6 大对数双绞线电缆色谱表

主 色	白	红	黑	黄	紫
副 色	蓝	橙	绿	棕	灰

5 种主色和 5 种副色组成 25 种色谱，其色谱如下：

白谱：白蓝，白橙，白绿，白棕，白灰；

红谱：红蓝，红橙，红绿，红棕，红灰；

黑谱：黑蓝，黑橙，黑绿，黑棕，黑灰；

黄谱：黄蓝，黄橙，黄绿，黄棕，黄灰；

紫谱：紫蓝，紫橙，紫绿，紫棕，紫灰。

50 对电缆由 2 个 25 对组成，100 对电缆由 4 个 25 对组成，依此类推。每组 25 对再用副色标识，例如蓝、橙、绿、棕、灰。

4.2 双绞线电缆连接器件

为了直观地介绍电缆连接器件，方便教学和学生参观实训，快速掌握常用电缆连接器件，认识产品和积累工程经验，我们以“西元网络综合布线器材展示柜”电缆展柜为例，逐一介绍和说明。详见本单元 4.1 节中图 4-14 所示。

1. 双绞线电缆连接器件性能指标规定

GB 50311—2016《综合布线系统工程设计规范》第 6 章性能指标中，明确提出了双绞线电缆连接器件基本电气特性应符合下列规定：

（1）D 级、E 级、F 级的对绞电缆布线信道器件的标称阻抗应为 100 Ω，具体支持最高带宽和应用器件如下：

D 级对应 5 类产品，支持最高带宽为 100 MHz，支持 5 类电缆和连接硬件。

E 级对应 6 类产品，支持最高带宽为 250 MHz，支持 6 类电缆和连接硬件。

F 级对应 7 类产品，支持最高带宽为 600 MHz，支持 7 类电缆和连接硬件。

（2）配线设备模块工作环境的温度应为 -10 ~ +60 ℃。

（3）连接器件模块应具有唯一的标记或颜色。

（4）连接器件应支持 0.4 ~ 0.8 mm 线径导体的连接。如果导线线径小于 0.5 mm，或者大于 0.65 mm 时，应考虑与连接器件的兼容性。

（5）连接器件的插拔次数不应小于 500 次。

2. 双绞线电缆器件的连接方式规定

（1）RJ-45 型 8 位模块通用插座，可按 568A 或 568B 的方式进行连接，如图 4-30 所示。

图 4-30　RJ-45 型 8 位模块式通用插座连接

（2）568A 连接图中的线对支持业务应用。

1# 对（蓝）普通电话。

1# 对（蓝）BRI(2B+D)U 接口 ISDN（综合业务数字网）。

1#、2# 对（蓝 – 橙）BRI(2B+D) S/T 接口 ISDN（综合业务数字网）。

3#、4# 对（绿 – 棕）56 bit/s、64 kbit/s 传输速率接口。

1#、3# 对（蓝 – 绿）El/Tl（2 Mbit/s、155 Mbit/s 传输速率接口）。

2#、3# 对（橙 – 绿）10/100 Mbit/s（以太网接口）。

（3）568B 连接图中线对支持业务应用。

1# 对（蓝）普通电话。

1# 对 (蓝) BRI(2B+D)U 接口 ISDN(综合业务数字网)。

1#、3# 对（蓝 – 绿）BRI(2B+D) S/T 接口 ISDN（综合业务数字网）。

2#、4# 对（橙 – 棕）56 bit/s、64 kbit/s 传输速率接口。

1#、2# 对（蓝－橙）E1/T1（2 Mbit/s、155 Mbit/s 传输速率接口）。

2#、3# 对（橙－绿）10/100 Mbit/s（以太网接口）。

（4）4 对对绞电缆与非 RJ-45 模块终接时，应按线序号和组成的线对进行卡接，如图 4-31 和图 4-32 所示。7 类布线系统的插座采用非 RJ-45 连接方式，图 4-31 所示的 $7/7_A$ 模块插座连接方式 1 应符合 IEC 60603-7 标准的描述，当插座使用插针 1、2、3、4、5、6、7、8 时，能够支持 5 类、6 类和 6_A 类布线应用；当使用插针 1、2、3'、4'、5'、6'、7、8 时，能够支持 7 类和 7_A 类布线应用。

图 4-32 所示的 $7/7_A$ 插座连接方式 2 应符合 IEC 61076-7 标准类的模块连接图要求，模块可以使用转换跳线兼容 IEC 60603-7 标准类型模块。

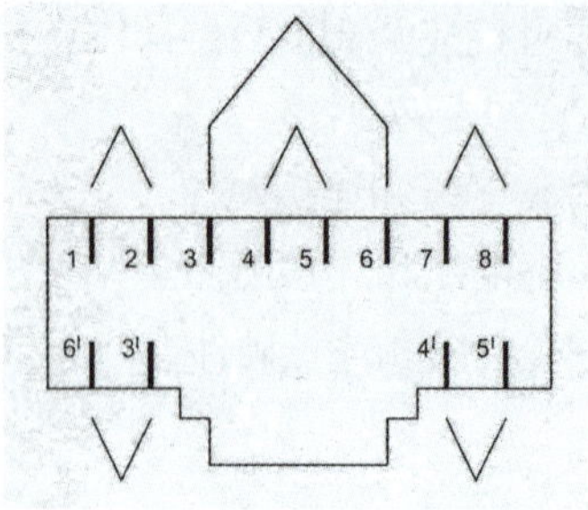

图 4-31　$7/7_A$ 模块插座连接（正视）方式 1

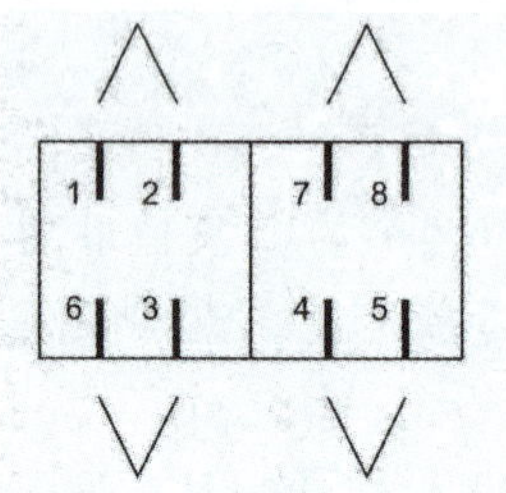

图 4-32　$7/7_A$ 插座连接（正视）方式 2

3. 双绞线电缆连接器件相关国际标准

双绞线电缆连接器件的性能指标参数应符合表 4-7 所示的相关国际标准，这些性能指标参数包括回波损耗、插入损耗、近端串音、近端串音功率和、远端串音、远端串音功率和、输入阻抗、不平衡输入阻抗、直流回路电流、时延、时延偏差、横向转换损耗、横向转换转移损耗、耦合衰减（屏蔽布线）、转移阻抗（屏蔽布线）、绝缘电阻、外部近端串音功率和、外部远端串音功率和等。

表 4-7　双绞线电缆连接器件相关国际标准

布线系统类别		符合的标准	布线系统类别		符合的标准
非屏蔽布线系统	3 类非屏蔽布线系统	IEC 60603-7	屏蔽布线系统	3 类屏蔽布线系统	IEC 60603-7-1
	5 类非屏蔽布线系统	IEC 60603-7-2		5 类屏蔽布线系统	IEC 60603-7-3
	6 类非屏蔽布线系统	IEC 60603-7-4		6 类屏蔽布线系统	IEC 60603-7-5
	6_A 类非屏蔽布线系统	IEC 60603-7-41		6_A 类屏蔽布线系统	IEC 60603-7-51
	无			7 类屏蔽布线系统	IEC 60603-7-7
	无			7_A 类屏蔽布线系统	IEC 60603-7-71 IEC 61076-3-104 IEC 61076-3-110

从表 4-7 可以看到，目前 7 类、7_A 类都是屏蔽布线系统，没有非屏蔽布线系统。

4. 双绞线电缆永久链路的性能指标参数规定值

由双绞线电缆和连接器件组成的永久链路，其性能指标参数的规定值应符合 GB 50311—2016《综合布线系统工程设计规范》附录 A 的规定。具体包括永久链路、CP 链路及信道的回波损耗、插入损耗、近端串音、近端串音功率和、衰减远端串音比、衰减远端串音比功率和、衰减近端串音比、衰减近端串音比功率和、直流环路电阻、时延、时延偏差，外部近端串音功率和、外部远端串音比功率和等。

在工程的安装设计中，还应考虑综合布线系统产品的缆线结构、直径、材料、承受拉力、弯曲半径等机械性能指标。

附录 A 规定的性能指标参数的计算公式、指标值与说明等，来自国际标准《用户建筑通用布线系统》ISO/IEC 11801-2008.4 与 ISO /IEC 11801—2010.4 的内容。

5. 8 位模块式通用插座端子支持的通信业务

GB 50311—2016《综合布线系统工程设计规范》国家标准附录 B 规定，8 位模块式通用插座端子支持的通信业务应符合表 4-8 所示的规定。

表 4-8　8 位模块式通用插座端子支持的通信业务

应用通信业务	1、2 端子	3、6 端子	4、5 端子	7、8 端子
PBX	A 级①	A 级①	A 级	A 级①
X.21	—	A 级	A 级	—
V.11	—	A 级	A 级	—
SO-Bus（扩展的）	②	B 级	B 级	②
SO(点到点)	②	B 级	B 级	②
S1/S2	B 级	③	B 级	②
以太网 10BASE-T	C 级	C 级	②	②
令牌网 4 Mbit/s	—	C 级	C 级	—
ATM-25 3 次群	C 级	—	—	C 级
ATM-51 3 次群	C 级	—	—	C 级
ATM-155 3 次群	C 级	—	—	C 级
令牌网 16 Mbit/s	—	D 级	D 级	—
ATM-155 5 次群	D 级	—	—	D 级
以太网 100BASE-TX	D 级	D 级	—	—
令牌网 16 Mbit/s	—	D 级	D 级	—
以太网 1000BASE-T	D 级	D 级	D 级	D 级
1G FCBase-T	D 级	D 级	D 级	D 级
ATM-1200 6 次群	E 级	E 级	E 级	E 级
以太网 10GBASE T	E_A 级	E_A 级	E_A 级	E_A 级
1G FCBase-T	E_A 级	E_A 级	E_A 级	E_A 级
1G FCBase-T	E_A 级	E_A 级	E_A 级	E_A 级
FC-100-DF-EL-S④	F 级	F 级	—	—

注：①根据设备的要求。②可选择的电源。③可选择的连续的屏蔽电缆。④选择范围为 ISO/IEC14165-114 指定的 IEC61076-3-104 标准。

6. 非屏蔽网络模块

1）非屏蔽网络模块的机械结构与电气工作原理

目前，非屏蔽网络模块的常用规格包括 5 类、5e 类、6 类、6_A 类等，其机械结构和电气原理基本相同，下面以最常见的非屏蔽 5 类网络模块为例进行介绍。如图 4-33 所示，其外形尺寸为长 31 mm、宽 19 mm、高 19 mm，图 4-34 为实物照片。每个网络模块由 6 个部件组成，分别是塑料线柱、刀片、水晶头插口、电路板、压盖、色谱标识。

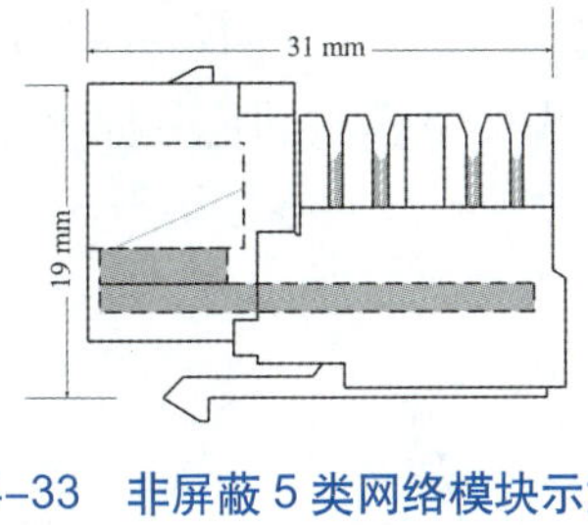

图 4-33　非屏蔽 5 类网络模块示意图

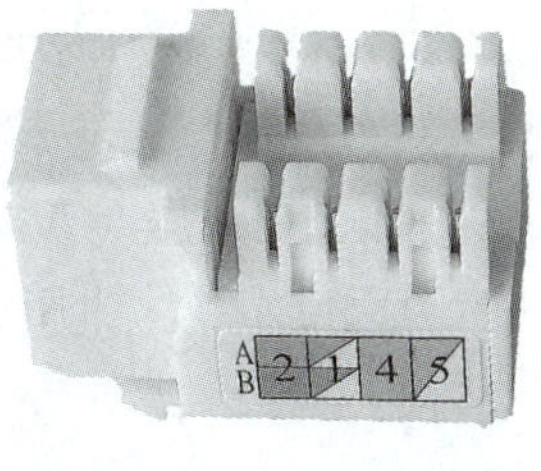

图 4-34　非屏蔽 5 类网络模块实物照片

（1）塑料线柱。塑料线柱的结构如图 4–35 所示，每个塑料线柱内嵌有一个弹性刀片，塑料线柱应能满足工作环境温度 –10 ～ +60 ℃永久不变形的可靠工作需要。

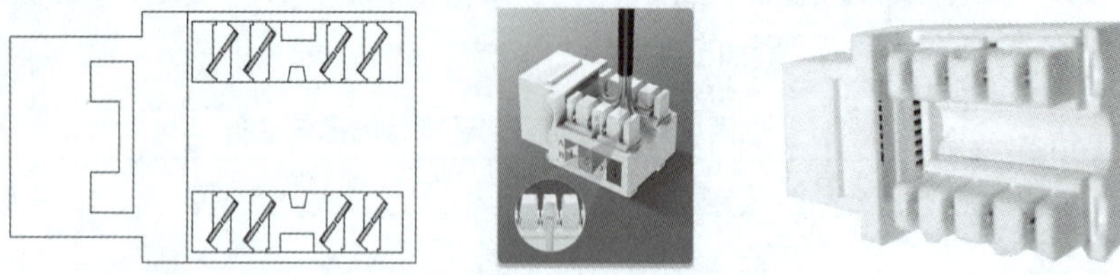

图 4–35　塑料线柱结构

（2）刀片。刀片的结构和形状如图 4–36 所示，刀片高 12 mm、宽 4 mm，具有弹性。图 4–37 所示为刀片实物照片，刀片下端焊接固定在电路板上。如图 4–38 所示，刀片上端穿入塑料线柱中，线芯压入塑料线柱时，被刀片划破绝缘层，刀片夹紧铜导体，实现电气连接功能。刀片应具有合适的硬度和弹性，既能划破绝缘层，夹紧铜导体，又不能夹断铜导体，还要保持永久的弹性，实现电气连接，满足不少于 500 次端接的需要。

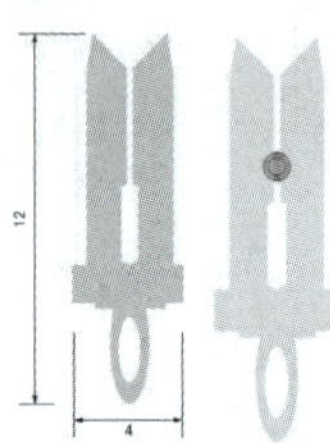

图 4–36　刀片

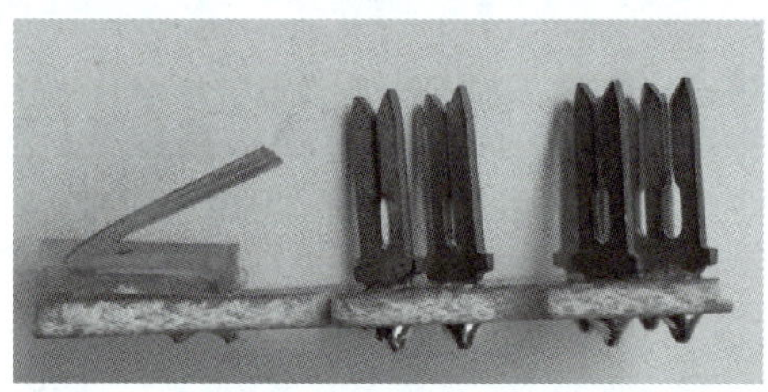

图 4–37　刀片实物照片

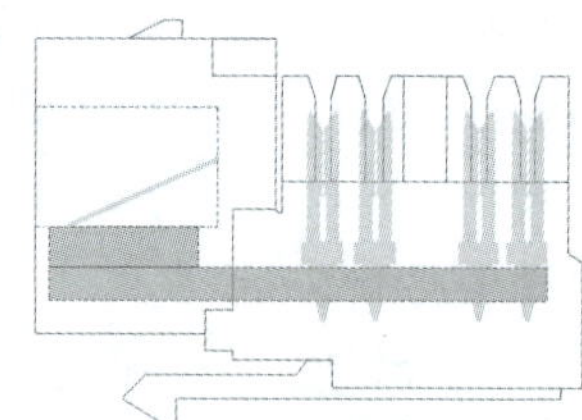

图 4–38　照片安装位置图

（3）模块插口。模块插口结构和形状如图 4–39 和图 4–40 所示，插口内有 8 个弹簧插针，弹簧插针一端焊接固定在电路板上，通过电路板与刀片连通，另一端与电路板成 30°，水晶头插入后，8 个弹簧插针与水晶头上的 8 个刀片紧密接触，实现水晶头与模块的电气连接。弹簧插针应能满足不少于 500 次的插拔。

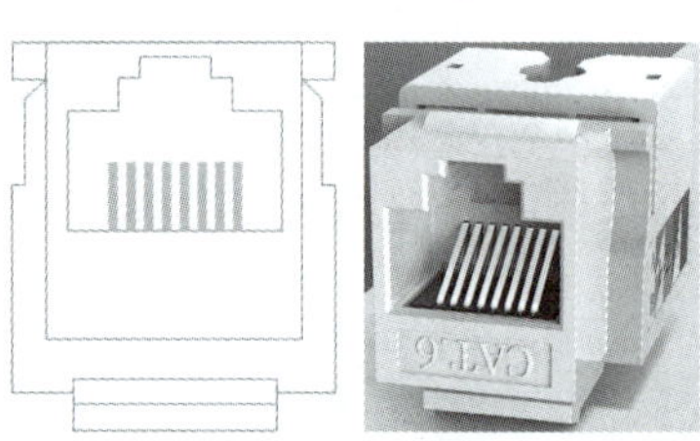

图 4–39　水晶头插口

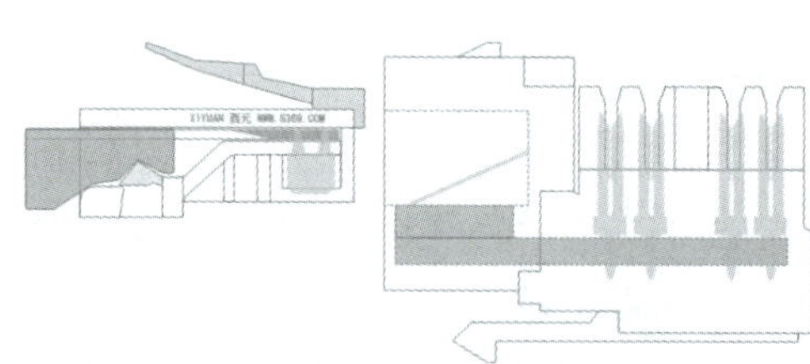

图 4–40　水晶头与网络模块连接示意图

（4）电路板。图 4–41 所示为电路板实物照片，图 4–42 所示为电路板在模块中的安装位置。电路板为网络模块中的核心部件，采用单层电路板，分别焊接有 8 个刀片和 8 根弹簧插针，电路板中每条连接线路需要满足最小载流量为 0.175 A(直流)的需要，两条连接线路需要满足之间应支持 72 V(直流)的工作电压需要。

（5）压盖。图 4–43 所示为模块压盖实物照片，模块压盖一般都是透明塑料材质，能够看见压接后的线对。模块端接时，通过压盖将线芯压入刀片内。常用网络模块都是免打设计，如图 4–44 所示，都是用力将压盖向下压，直接将线芯压入刀片内，要求压盖与网络模块卡台之间的间隙不大于 0.5 mm。也可以使用模块钳压紧，如图 4–45 所示。

图 4-41 电路板照片

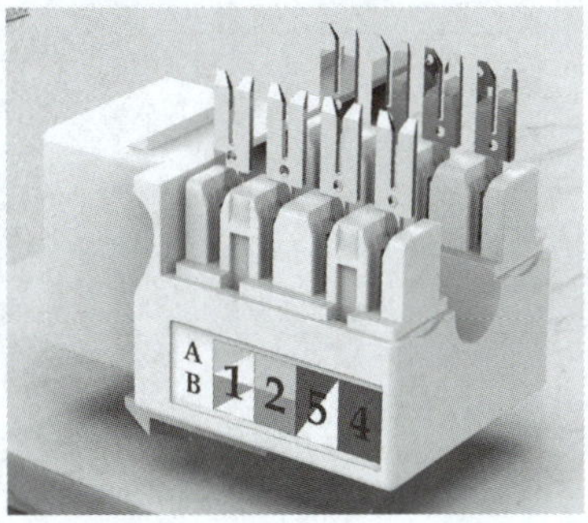

图 4-42　电路板嵌入在模块中

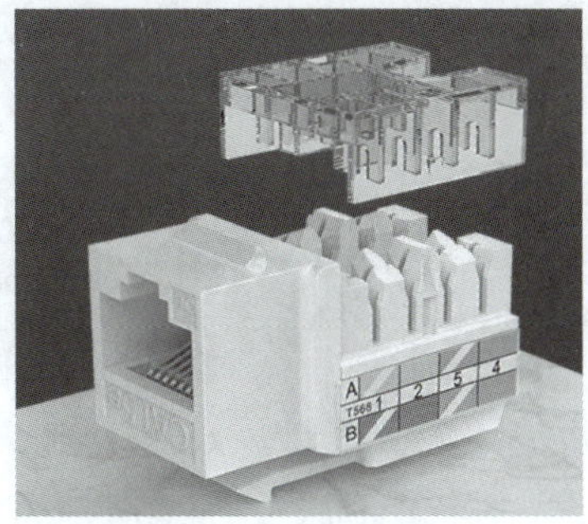

图 4-43　模块与压盖

图 4-44　免打压线方法（手压）

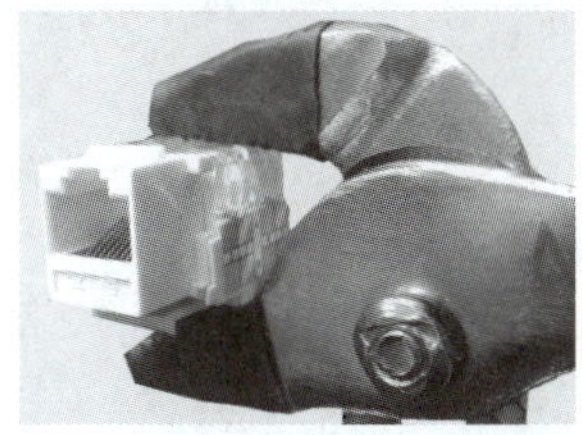

图 4-45　模块钳压线方式

（6）色谱标识。不同厂家网络模块的线序不同，模块端接时，必须按照产品的线序色谱标识进行。

图 4-46 所示为一种模块线序色谱标识的实物照片，左面为绿色和橙色两个线对，上排为 568A 线序标识，顺序为绿、白绿和橙、白橙；下排为 568B 线序标识，顺序为橙、白橙和绿、白绿。右面为蓝色和棕色两个线对，上排 568A 和下排 568B 线序标识相同，顺序都是白蓝、蓝和白棕、棕。

图 4-47 所示为另一种模块线序色谱标识的实物照片，左面上排为 568A 线序标识，顺序为白绿、绿和白蓝、蓝；下排为 568B 线序标识，顺序为白橙、橙和白蓝、蓝。右面上排为 568A 线序标识，顺序为橙、白橙和棕、白棕，下排为绿、白绿和棕、白棕。

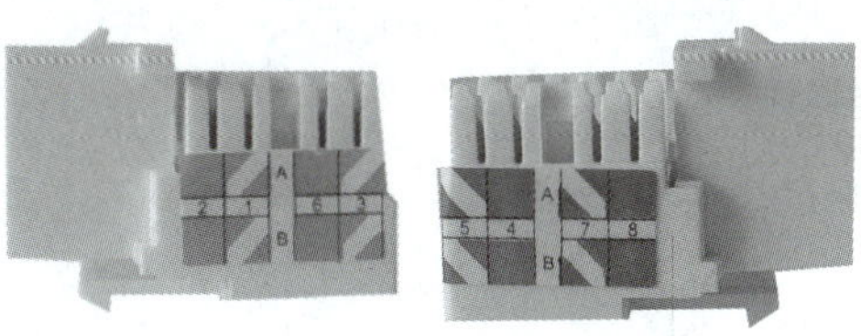

色谱标识（左面）　色谱标识（右面）

图 4-46　网络模块线序色谱标识 1

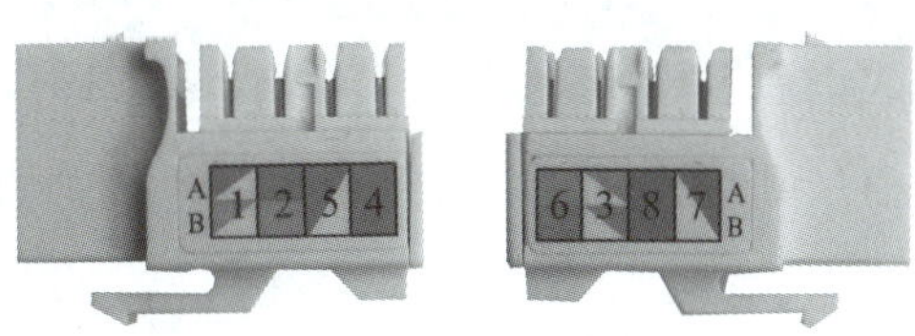

色谱标识（左面）　色谱标识（右面）

图 4-47　网络模块线序色谱标识 2

2）常用非屏蔽网络模块种类

常用的非屏蔽网络模块主要有 5 类、5e 类、6 类、6_A 类等。图 4-48 所示为非屏蔽模块包装盒，每盒 24 个模块，刚好满足 24 口配线架使用，出厂时一般将同类模块独立包装一盒。图 4-49 所示为“西元 XY24 网络模块使用说明书”，请扫描二维码下载高清图片。

网络模块有多种结构和形状，下面用图片形式分别介绍。使用前请仔细阅读厂家产品说明书，特别注意线序色谱标识，按照产品说明书进行安装。网络模块的重复端接次数应该不少于 500 次。

彩色高清图

图 4-48　非屏蔽模块包装盒

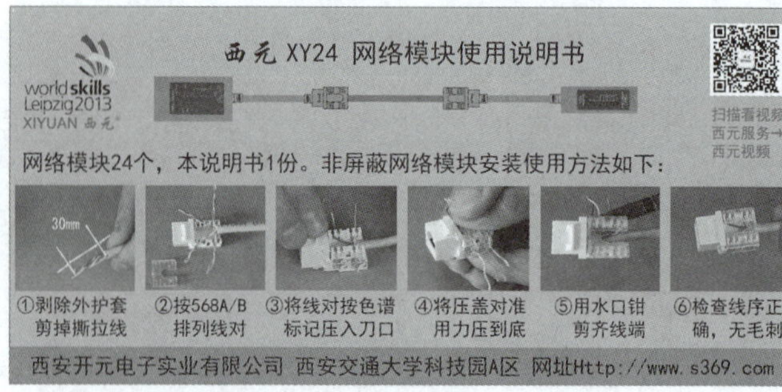

图 4-49　产品使用说明书

（1）图 4-50 所示为普通非屏蔽 5 类网络模块，简称 5 类模块。

（a）5 类 90° 网络模块与压盖　　（b）网络模块卡装图示意图　　（c）网络面板安装图

图 4-50　5 类模块

（2）图 4-51 所示为常见的非屏蔽 5e 类网络模块，简称 5e 类模块。

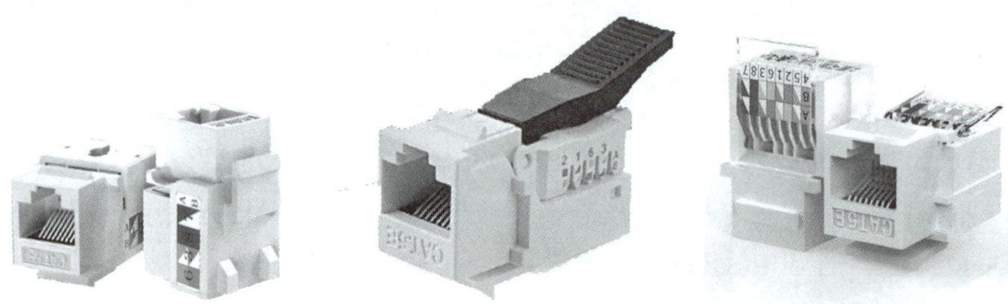

（a）5e 类直通非屏蔽模块　　（b）免打模块 1　　（c）免打模块 2

图 4-51　5e 类模块

（3）图 4-52 所示为非屏蔽 6 类网络模块，简称 6 类模块。

图 4-52　6 类模块

7. 屏蔽网络模块

1）屏蔽网络模块的机械结构与电气工作原理

目前，屏蔽网络模块的结构有多种，不同品牌的产品结构不尽相同。下面选择了一种锌合金外壳的 6 类屏蔽网络模块，介绍其基本机械结构和电气工作原理。如图 4-53 所示，该屏蔽网络模块由 3 个部件和 6 个零件组成，外形尺寸为长 41 mm、宽 17 mm、高 26 mm。

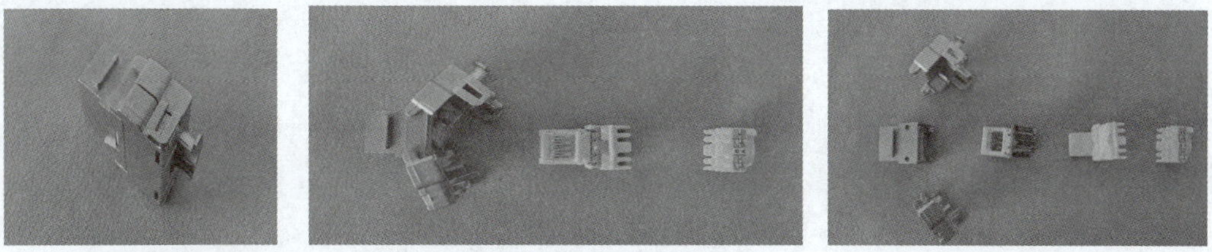

(a) 6类屏蔽网络模块　　(b) 6类屏蔽网络模块部件　　(c) 6类屏蔽网络模块零件

图 4-53　6 类屏蔽网络模块

（1）网络模块。如图 4-54~ 图 4-57 所示，网络模块由 2 个塑料注塑件、1 块 PCB、8 个刀片、8 个弹簧插针组成，其中刀片长 12 mm、宽 4 mm。线芯压入塑料线柱时，被刀片划破绝缘层，夹紧铜导体，实现电气连接功能。将 8 个刀片和 8 个弹簧插针焊接在 PCB 上，通过 PCB 实现 RJ-45 插口与模块的电气连接。PCB 与两个塑料注塑件固定在一起，装入屏蔽外壳中，组成完整的网络模块。

图 4-54　网络模块部件

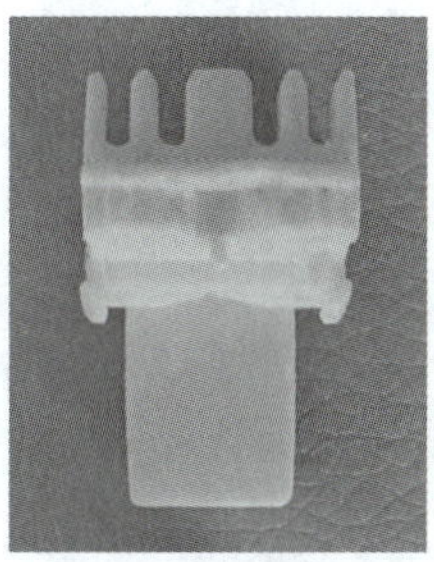

图 4-55　塑料注塑件

图 4-56　刀片结构示意图

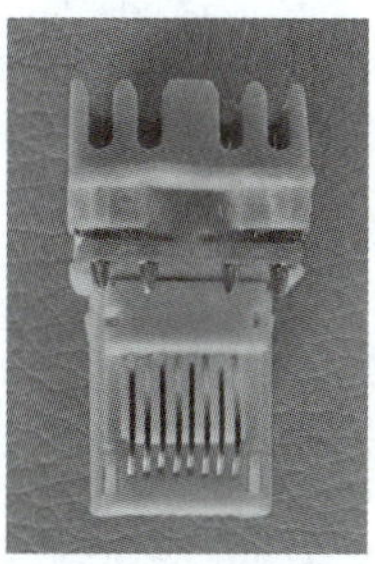

图 4-57　网络模块

（2）塑料压盖。图 4-58 所示为塑料压盖，设计有 8 个卡线槽，上部为圆弧，下部为矩形凹槽，中间为穿线孔，两面有线序标记。

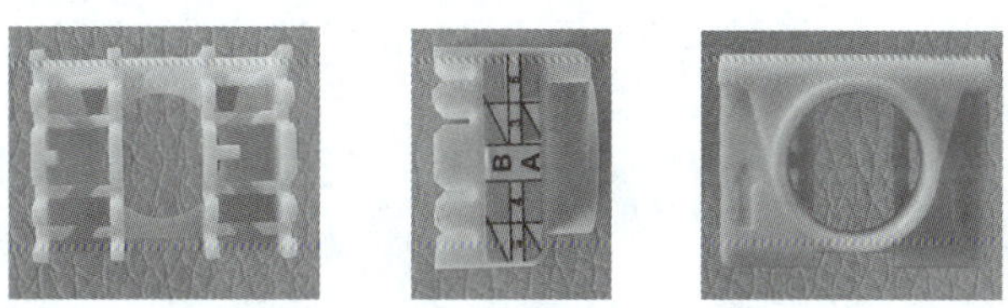

图 4-58　模块压盖

（3）锌合金屏蔽外壳。如图 4-59 所示，锌合金屏蔽外壳由 3 个铸件组成，中间为 RJ-45 插口，上部设计有与配线架固定的卡台，两边为活动压盖。压盖内部贴有绝缘片，避免线头与外壳接触短路。特别注意压盖上有双箭头，箭头向下表示压在下边，箭头向上表示压在上边。压盖一端设计有适合绑扎电缆的圆槽。

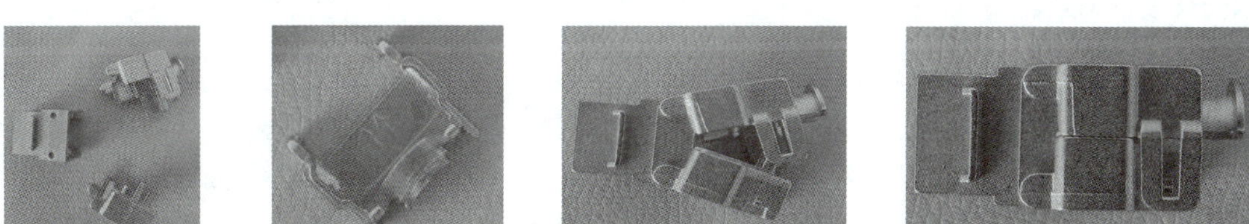

(a) 屏蔽外壳铸件图　　(b) 箭头图　　(c) 微开图　　(d) 闭合图

图 4-59　锌合金屏蔽外壳

2）常用屏蔽网络模块种类

屏蔽网络模块有多种结构和形状，常用的规格包括 5e 类、6 类、6_A 类、7 类等，下面我们通过图文并茂的形式分别介绍。

（1）5e 类屏蔽网络模块。5e 类屏蔽网络模块如图 4-60 所示，采用锌合金屏蔽外壳，抗干扰能力强，50 μm 镀金接触针片，电气接触和传输稳定，具有良好的抗氧性。该类模块的安装使用方法如图 4-61 所示。

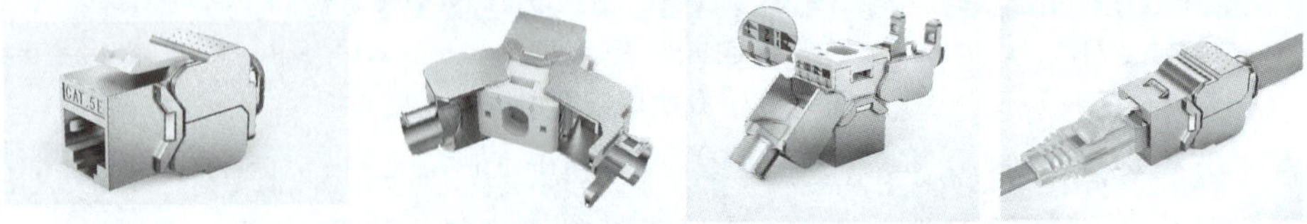

图 4-60　5e 类屏蔽网络模块机械结构示意图

1. 剥掉网线外皮　2. 剪掉撕拉线和十字骨架　3. 把防尘盖套进网线中　4. 把网线放入防尘盖中，按568A/568B颜色编码

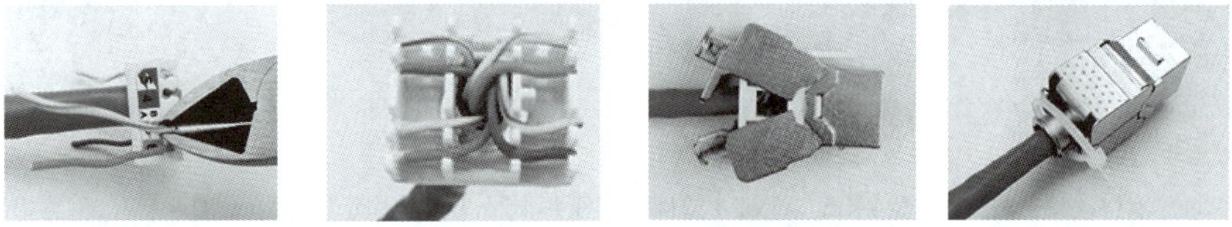

5. 剪掉防尘盖外面多余网线　6. 完成的防尘盖槽内网线位置　7. 将防尘盖正确安装在模块上面　8. 将两边护套盖扣紧，用线扎绑紧

图 4-61　5e 类屏蔽网络模块的安装使用方法

（2）6_A 类屏蔽网络模块。6_A 类屏蔽模块网络模块的机械结构如图 4-62 所示。

图 4-62　6_A 类屏蔽网络模块的机械结构

（3）7 类屏蔽网络模块。7 类屏蔽网络模块的机械结构和应用如图 4-63 所示，采用锌合金屏蔽外壳，抗干扰能力强，50 μm 镀金接触针片，电气接触和传输稳定，具有良好的抗氧性。图 4-64 所示为其线序示意图。

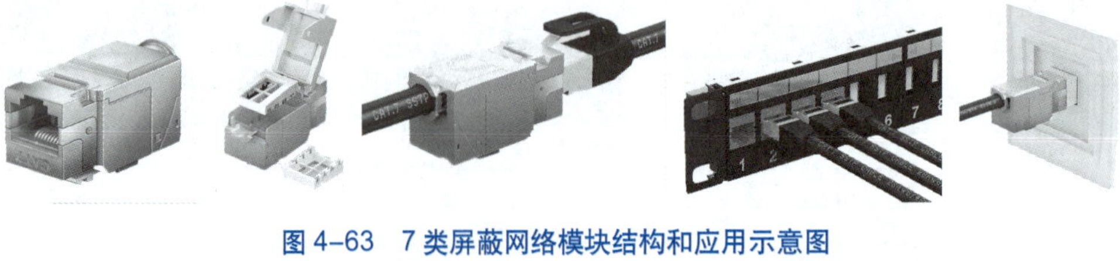

图 4-63　7 类屏蔽网络模块结构和应用示意图

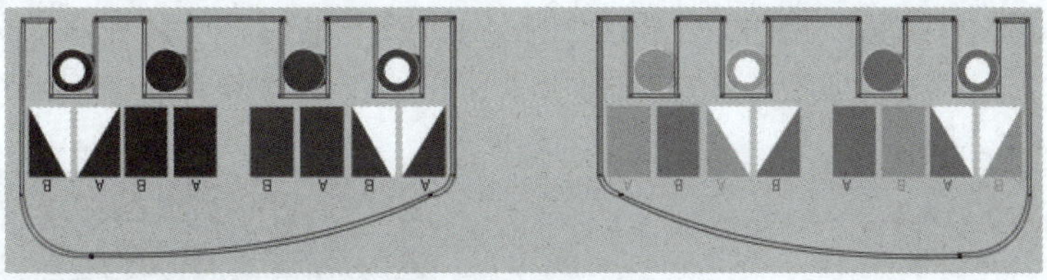

标准 T568A 线序

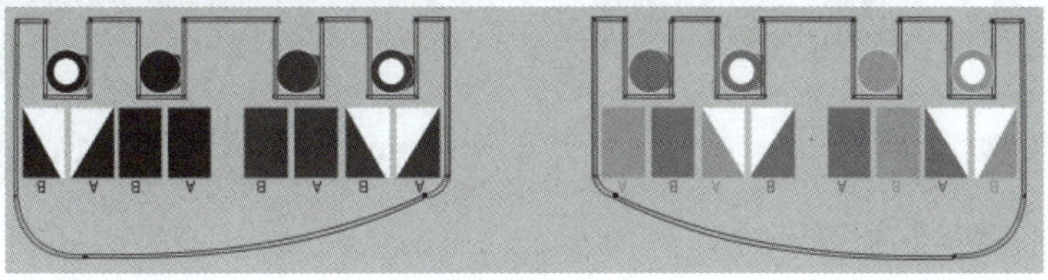

标准 B568B 线序

图 4-64 标准线序示意图

8. 非屏蔽 RJ- 45 网络水晶头

RJ-45 水晶头是一种国际标准化的接插件，使用国际标准定义的 8 个位置（8 针）的模块化插孔或者插头。

1）5 类水晶头的机械结构与电气工作原理

下面以图 4-65 所示的 5 类水晶头为例，介绍水晶头的机械结构和电气工作原理。每个水晶头由 9 个零件组成，包括 1 个透明注塑插头体和 8 个刀片。同时每个水晶头配套一个塑料护套，如图 4-66 所示。

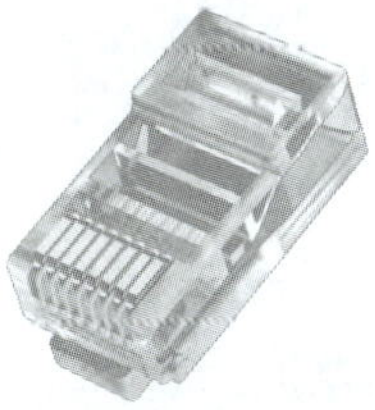

图 4-65 5 类水晶头

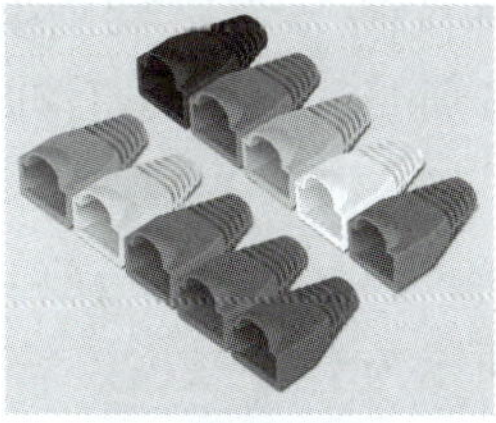

图 4-66 护套

（1）插头体由透明塑料一次注塑而成，常见的插头体高 13 mm，宽 11 mm，长 22 mm，如图 4-67 所示。

（2）插头体下边有一个弹性塑料限位手柄，弹性塑料手柄的结构如图 4-68 所示，手柄上有个卡装结构，用于将水晶头卡在 RJ-45 接口内。安装时，压下手柄，能够轻松插拔水晶头；松开手柄，水晶头就卡装在 RJ-45 接口内，保证可靠的连接。

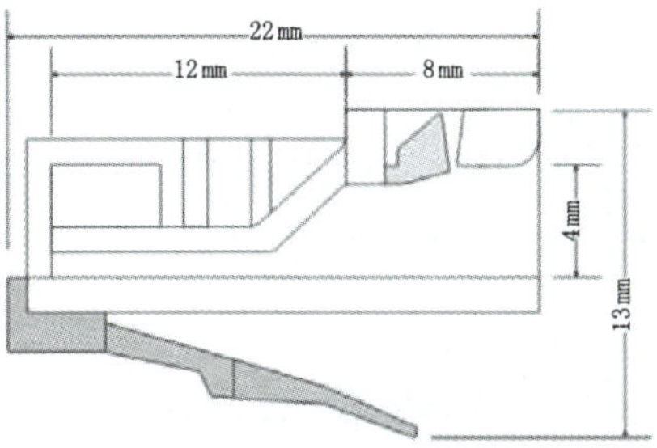

图 4-67 插头体结构图（5 类）

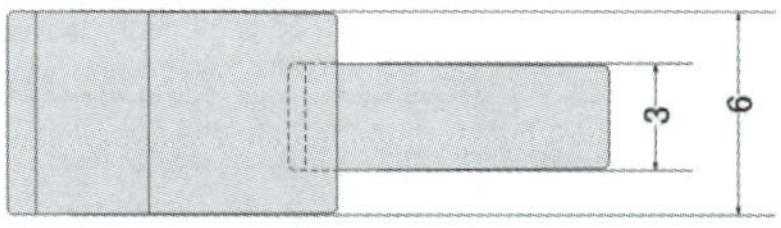

图 4-68 弹性塑料手柄结构图

（3）如图 4-67 所示，插头体的右端设计有三角形塑料压块，压接水晶头前，三角形塑料压块没有向下翻转，此时，插头体右端插入网线的入口尺寸为高 4 mm，网线可以轻松插入。

如图 4-69 所示，水晶头压接时，三角形塑料压块向下翻转，卡装在水晶头内，将网线的护套压扁固定。这时，插头体右端的入口高度变为 2 mm。图 4-70 所示为水晶头压接后实物照片。

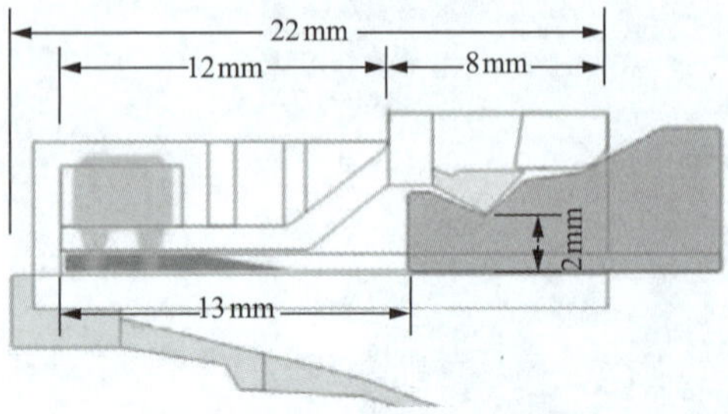

图 4-69　水晶头压接结构图

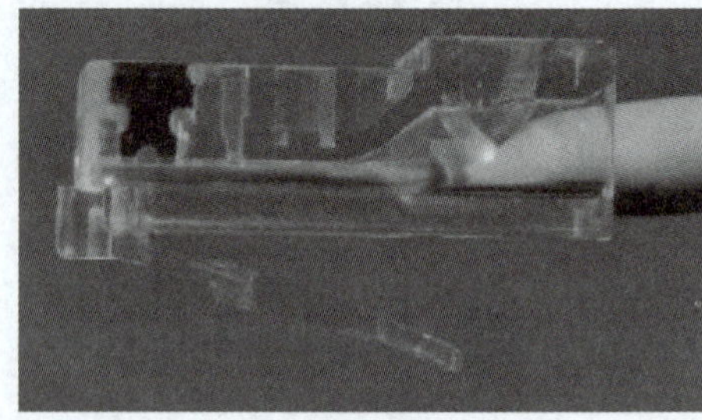

图 4-70　水晶头压接后实物照片

（4）插头体中间有 8 个限位槽，每个限位槽的尺寸稍微大于线芯直径，刚好安装一根线芯，防止两根线芯同时插入一个限位槽中。特别注意，5 类、5e 类水晶头的 8 个限位槽并排排列，如图 4-71 所示。

图 4-71　5 类水晶头限位槽并排排列结构示意图

（5）如图 4-72 所示，插头体中安装有 8 个刀片，每个刀片高度为 4 mm，宽度为 3.5 mm，厚度为 0.3 mm。刀片材料为铜，表面镀镍，不生锈，针刺触点镀金，导电性能好，5 类刀片前端设计有 2 个针刺触点，为二叉结构。

如图 4-73 所示，水晶头压接时，刀片下端的针刺触点首先穿透外绝缘层，然后扎入铜导体中，实现电气可靠连接。

图 4-74 所示为水晶头压接前刀片的上下位置，全部刀片凸出水晶头表面。

图 4-75 所示为水晶头压接后刀片的上下位置，全部刀片凹入水晶头表面。

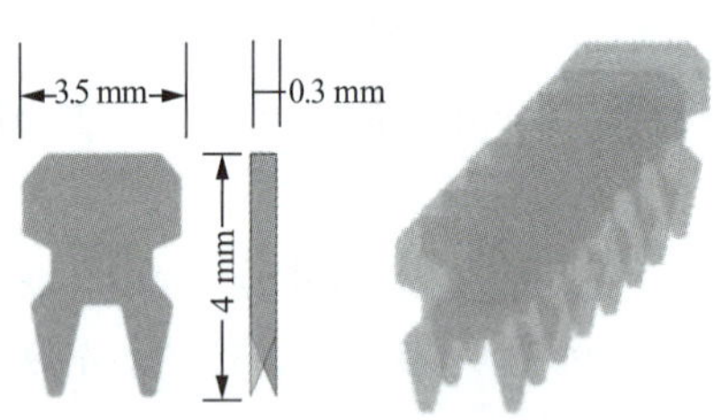

图 4-72　刀片结构和排列示意图

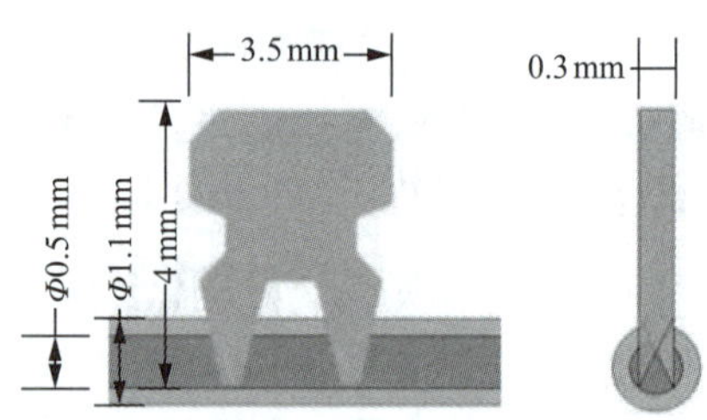

图 4-73　刀片针刺扎入铜导体示意图

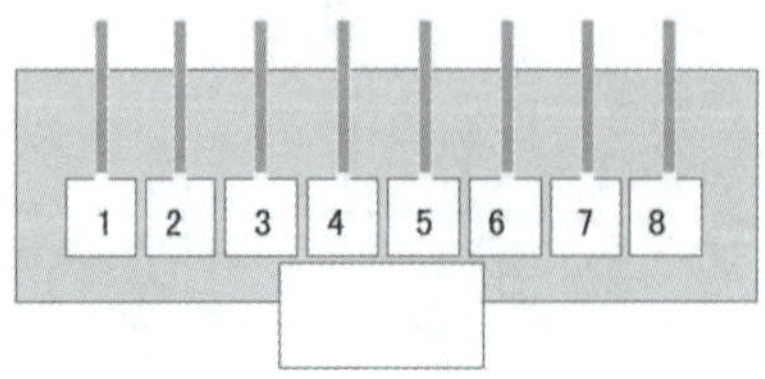

图 4-74　5 类水晶头压接前刀片凸出示意图

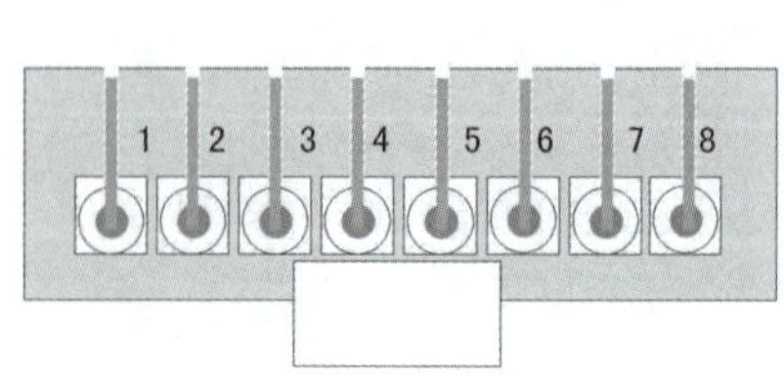

图 4-75　5 类水晶头压接后刀片凹入示意图

通过对水晶头机械结构的了解，可以掌握水晶头的工作原理，就是用 8 个刀片针刺，穿透每根线芯铜导体的绝缘层，扎入 8 个铜导体中连接，实现可靠的电气连接。

2）5e 类水晶头的机械结构与电气工作原理

（1）5e 类水晶头的机械结构、外形尺寸和工作原理与 5 类水晶头基本相同，如图 4–76 所示，插头体采用环保透明塑料一次注塑成型，阻燃系数高，耐腐蚀，韧性强，使用寿命长。5e 类和 5 类水晶头结构的最大区别是 5e 类水晶头的刀片采用三叉结构，如图 4–77 所示，刀片有 3 个针刺触点，接触面积更大，电气连接更可靠，满足高速传输需求。图 4–78 所示为刀片工作原理图。

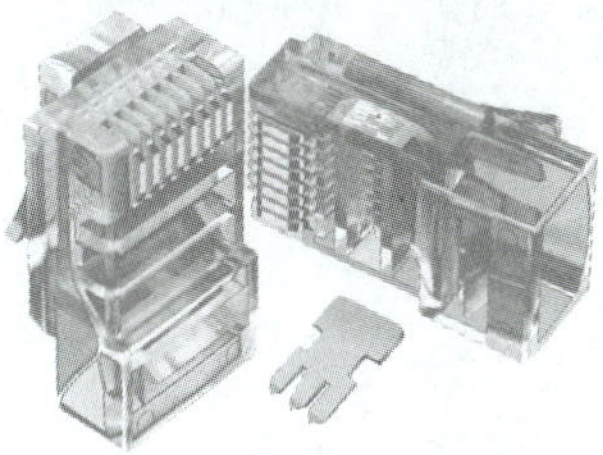

图 4–76 5e 类水晶头示意图

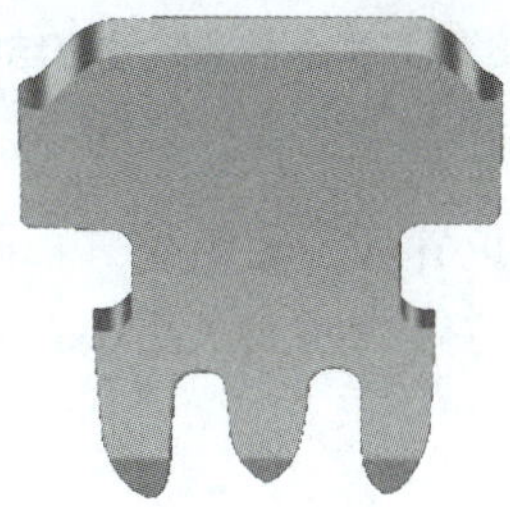

图 4–77 刀片三叉结构示意图

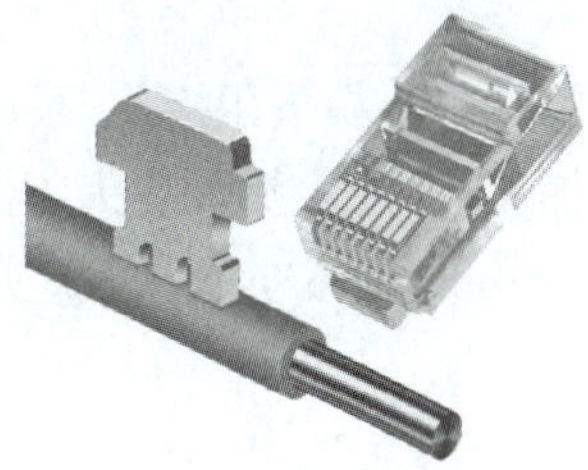

图 4–78 刀片工作原理图

（2）5e 类水晶头产品的技术参数。5e 类水晶头接口为 RJ–45 型，兼容 RJ–11。刀片为铜材料，先镀镍再镀金，刀片前端为三叉结构。工作环境温度为 –40~+85℃。详细尺寸如图 4–79 所示。

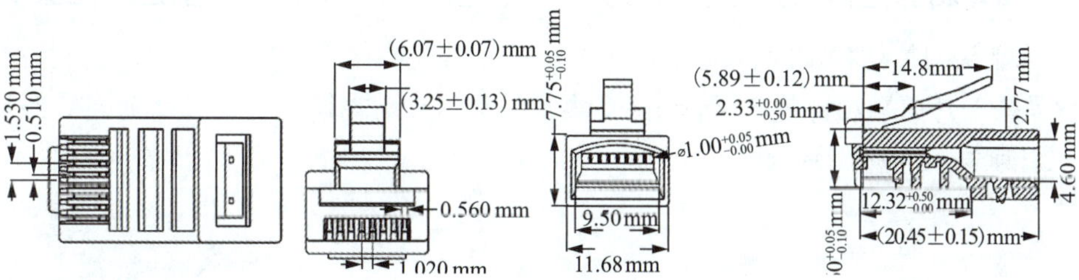

图 4–79 5e 类水晶头技术参数

（3）水晶头端接连接线序标准。水晶头端接时，正面向上，图 4–80 所示为 T568A 线序标准，图 4–81 为 T568B 线序标准。

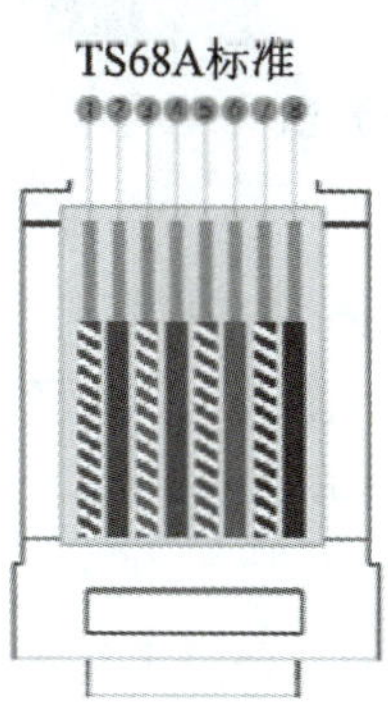

白绿、绿，白橙、蓝，白蓝、橙，白棕、棕

图 4–80 568A 线序标准

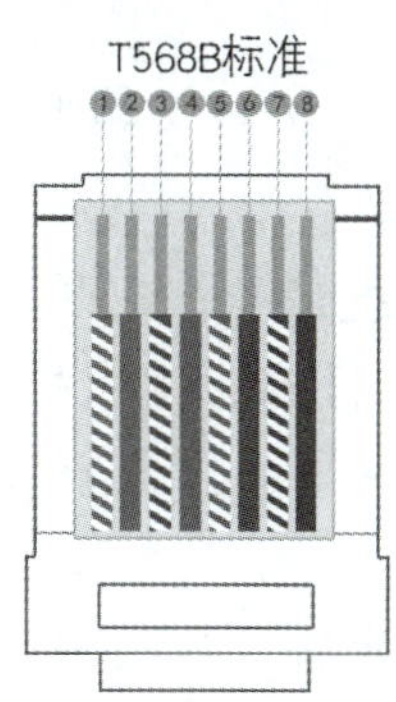

白橙、橙，白绿、蓝，白蓝、绿，白棕、棕

图 4–81 568B 线序标准

3）6 类水晶头的机械结构与电气工作原理

6 类水晶头和 5 类、5e 水晶头结构表面看起来大体相似，其实有很大不同。

第一，限位槽（进线孔）排列方式不同。

5 类、5e 类水晶头的 8 个限位槽并排排列。但 6 类水晶头为 8 个进线孔上下两排排列。图 4–82 所示为 6 类水晶头和内部的 8 个进线孔位置示意图。

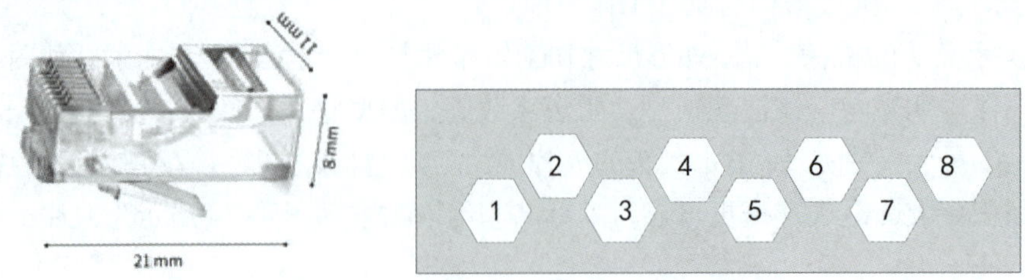

图 4-82　6 类水晶头限位槽结构图

第二，水晶头压接前刀片位置不同。

图 4-83 为 6 类水晶头压接前刀片位置，凸出水晶头表面。

图 4-84 为 6 类水晶头压接后刀片位置，凹入水晶头表面。

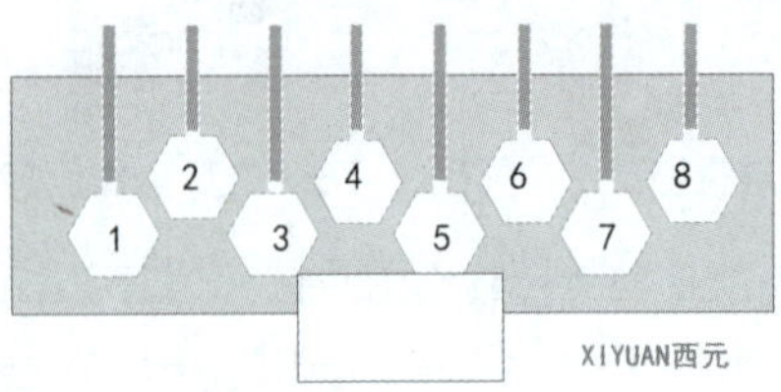

图 4-83　6 类水晶头压接前刀片凸出示意图

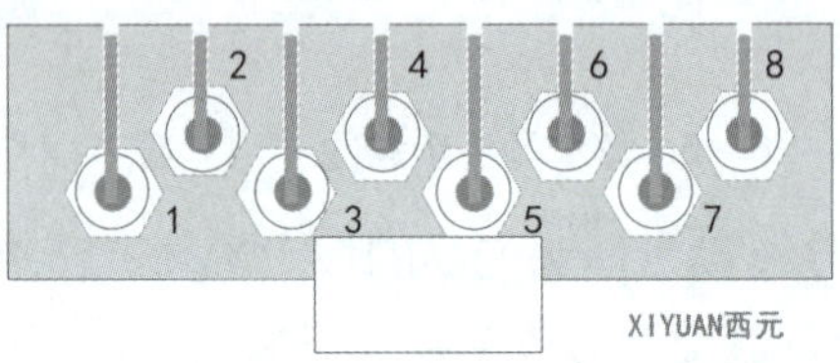

图 4-84　6 类水晶头压接后刀片凹入示意图

第三，水晶头刀片结构不同。

6 类水晶头刀片前端设计为 3 叉针刺，5 类水晶头刀片前端设计有 2 叉针刺。图 4-85 为 6 类水晶头 3 叉针刺结构和应用示意图。

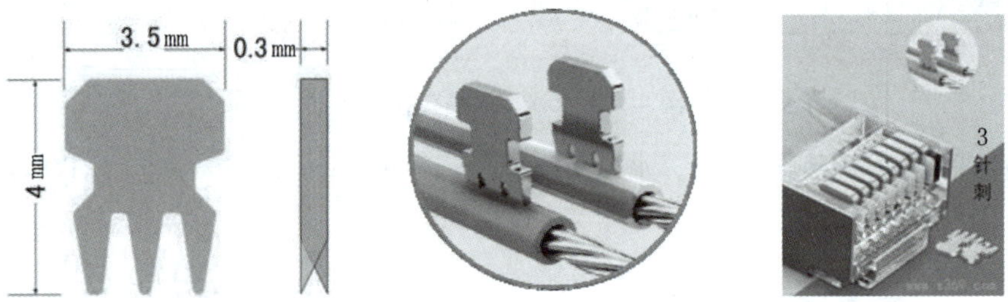

图 4-85　6 类水晶头 3 叉针刺结构和应用示意图

9. 屏蔽插头

屏蔽布线系统必须全部采用屏蔽器件，包括屏蔽电缆、屏蔽插头（水晶头）、屏蔽模块和屏蔽配线架等，同时建筑物和机柜需要有良好的接地线系统。在实际施工时，必须做到全部信道屏蔽的连续性，如果屏蔽层不连续时，可能屏蔽层本身就会成为最大的干扰源，导致性能不如非屏蔽布线系统。

屏蔽插头（水晶头）全部都带有金属屏蔽层，抗干扰性能优于非屏蔽水晶头，一般应用在屏蔽布线系统。屏蔽插头（水晶头）与非屏蔽水晶头的线序相同，机械结构也类似，最大区别在于屏蔽插头（水晶头）带有金属屏蔽外壳，通过屏蔽外壳将外部电磁波与内部电路完全隔离。因此，它的屏蔽层需要与模块及传输电缆等综合布线系统的屏蔽层连接，形成完整的屏蔽结构。屏蔽外壳一般保证在插入模块后裸露的 4 个面全部被金属屏蔽外壳完全包裹，只有插头的插入部分和插入双绞线部分没有完全封闭。

1）GG-45 插头与连接器

7 类、7_A 类、8 类布线系统全部为屏蔽布线系统，连接器件也为屏蔽产品，常用的连接器件为屏蔽插头。以金属铸件为主体的产品往往通体都不是透明的，因此称为插头，其插头的结构为

GG-45 型。图 4-86 所示为 GG-45 插头，图 4-87 所示为 GG-45 插座。

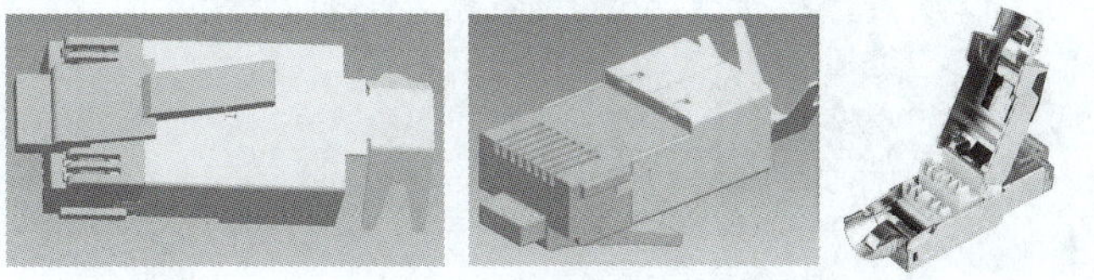

图 4-86　GG-45 插头

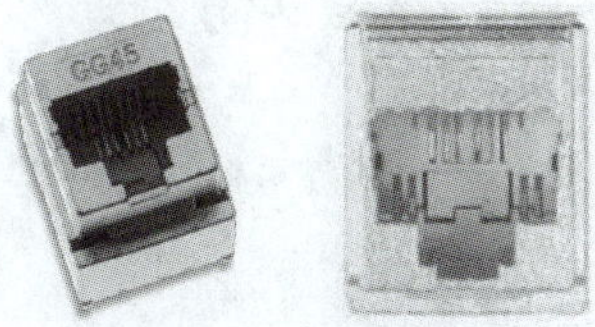

图 4-87　GG-45 插座

GG-45 为 Nexans 公司 1999 年的专利产品，获得 ISO/IEC 标准化组织批准，成为新的国际标准插头结构。该产品减少了连接器中的信号串扰，提升了传输质量，并且兼容 RJ-45 水晶头。其基本结构为在 RJ-45 的基础上增加 2 对连接（3' 6' /4' 5'），位置设计在原 RJ-45 结构 1/2、7/8 针脚的对面，兼容 RJ-45 插头 (250 MHz)，实现高速连接时则断开 36/45 针，启用 3' 6' /4' 5' 针。在进行转换时 GG-45 插头挤压 GG-45 插座内的转换开关，接通新增的 3' 6' /4' 5' 针 (600 MHz)。GG-45 与 RJ-45 兼容性较好，支持 7 类 600 MHz 物理带宽。图 4-88 所示为 GG-45 插座、GG-45 模块、GG-45 跳线插头实物照片。

GG-45 插座　　GG-45 模块　　GG-45 跳线插头

图 4-88　GG-45 插座、模块、插头产品照片

图 4-89 所示为 $7/7_A$ 模块插座连接方式，当插座使用插针 1、2、3、4、5、6、7、8 时，能够支持 5 类、6 类和 6_A 类布线应用；当使用插针 1、2、3'、4'、5'、6'、7、8 时，能够支持 7 类和 7_A 类布线应用。

通俗来讲，GG 45 的特点就是在肩膀上安装了 3' 6' 和 4' 5'，有些厂家的 GG 45 插头产品则去掉了 36 和 45，只保留 12-3' 6' -4' 5' -78。

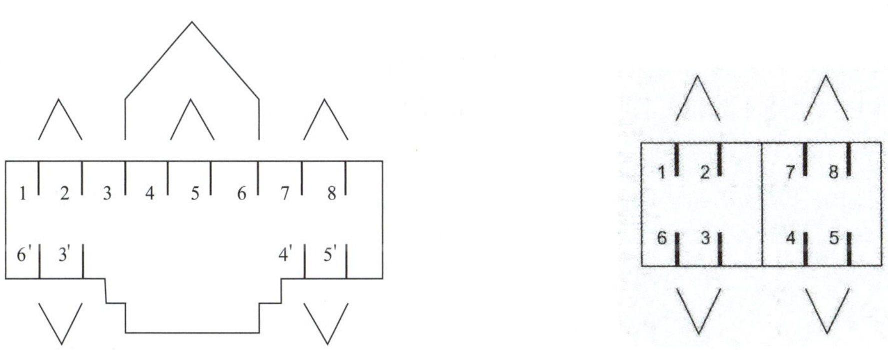

$7/7_A$ 模块插座连接（正视）方式 1　　$7/7_A$ 插座连接（正视）方式 2

图 4-89　$7/7_A$ 模块插座连接方式

2）Tera 插头与连接器

Tera 连接器是美国 Siemon 公司的专利产品，由 TIA 批准为标准结构，支持 1 000 MHz 物理带宽，但是不能兼容 RJ-45 结构。如图 4-90 所示，该产品在类似 RJ-45 尺寸基础上，在 4 角设计了 4 对针脚，并且各自屏蔽，这样的设计加大 4 个线对的间距，减少了线对之间的“串扰”。

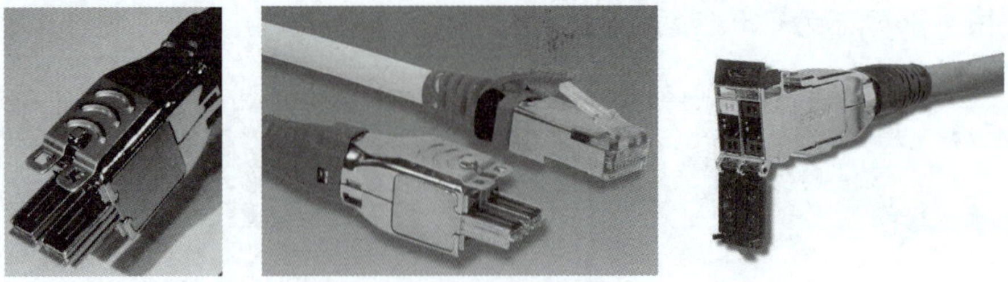

图 4–90　Tera 连接器的结构照片

Tera 连接器中的 4 个独立屏蔽线对能够相互独立地同时支持各种应用及多项专门应用。图 4–91 所示为同时支持 RJ–11 型连接器的语音，CVTA 插头的宽带视频，RJ–45 型的 10/100 Mbit/s 宽带以太网等多种综合应用。图 4–92 所示为可以专门支持 4 个语音用户，或者两个以太网用户，或者两个宽带视频用户应用。

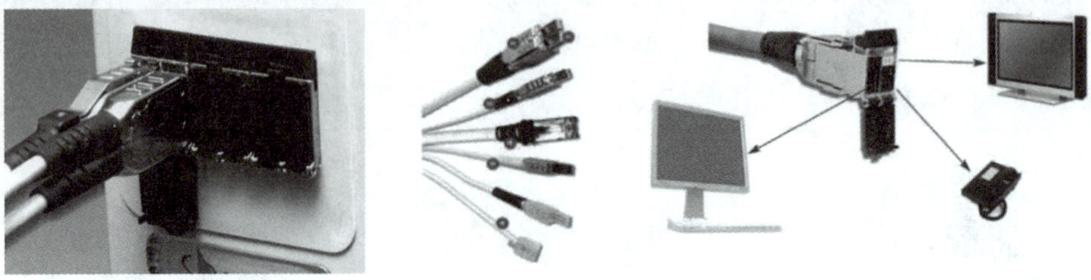

图 4–91　同时支持 RJ-11 语音、CVTA 宽带视频、RJ-45 宽带以太网综合应用

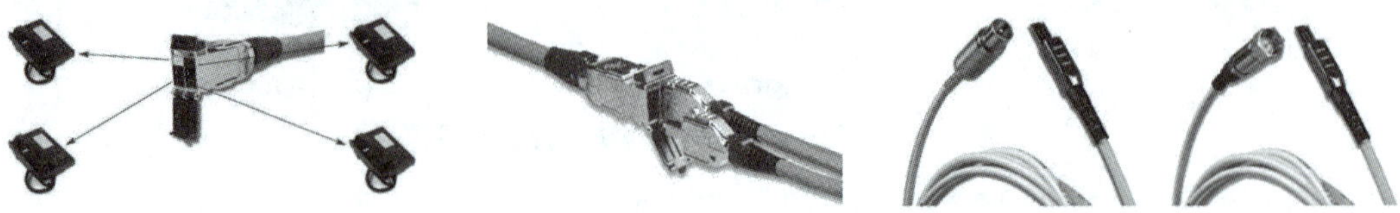

图 4–92　专门支持 4 个语音用户或 2 个以太网用户或 2 个宽带视频用户应用

3）7 类屏蔽水晶头的机械结构和电气工作原理

下面以图 4–93 所示 7 类屏蔽水晶头为例，介绍屏蔽水晶头的机械结构和电气工作原理，该屏蔽水晶头由 11 个零件组成，包括 1 个透明注塑插头体、8 个刀片、1 个金属屏蔽外壳、1 个透明限位支架。

（1）图 4–94 所示为金属燕尾夹的应用示意图，保证水晶头的屏蔽层与电缆的屏蔽层可靠接触，并且固定牢固，电缆不松动。图 4–95 所示的水晶头刀片为 3 叉针刺结构，表面镀镍、镀金，电气导通性更强，传输更稳定。

（2）图 4–96 所示屏蔽水晶头的限位支架上下两排排列。图 4–97 所示为限位支架应用，能够保证排线准确，快速端接。

图 4–93　屏蔽水晶头

图 4–94　燕尾夹

图 4–95　3 叉针刺

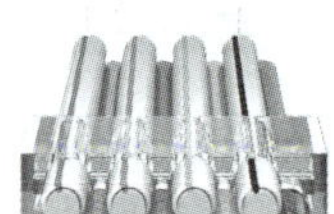

图 4–96　限位支架

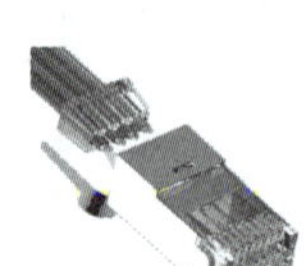

图 4–97　限位支架应用

（3）7 类屏蔽水晶头技术参数。该 7 类屏蔽水晶头为 RJ–45 型，限位孔兼容线芯直径≤ 1.3 mm，刀片镀镍、镀金，增强抗氧化性能与电气传导性能，详细尺寸如图 4–98 所示。

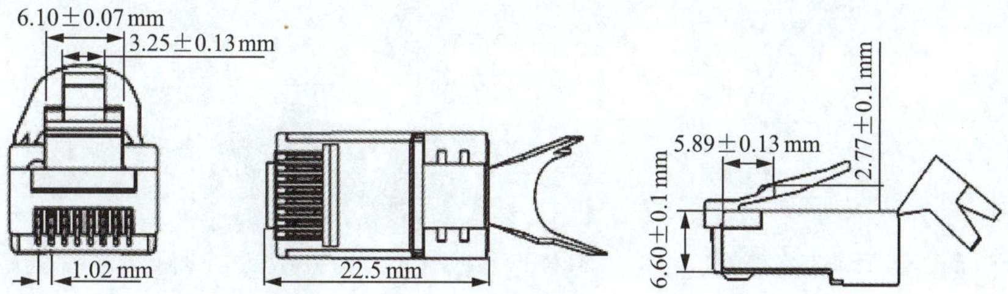

图 4–98 7 类屏蔽水晶头技术参数

4）8 类屏蔽插头的机械结构和电气工作原理

截至 2020 年 3 月，虽然 8 类屏蔽布线系统的国际标准还未正式发布，但是已经有企业设计了 8 类屏蔽插头。该屏蔽插头沿用类似的 RJ–45 结构，与其他屏蔽水晶头在机械结构及端接方法上区别较大。

（1）端接方式不同。如图 4–99 所示，8 类屏蔽插头为免打型，无须打线工具，操作简单，可重复使用，插拔次数≥ 1 500 次。

（2）机械结构不同。8 类屏蔽插头结构复杂，主要组成零件包括锌合金外壳、刀片、电路板、限位支架、卡线端子、锡箔纸、金属护套等。图 4–100 所示为 8 类屏蔽插头零件。

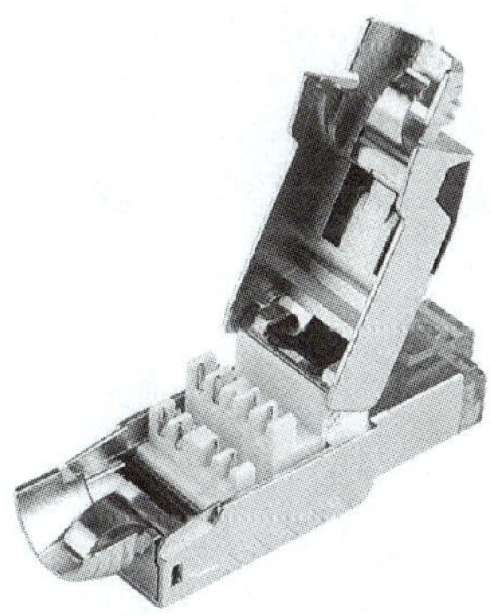

图 4–99 8 类屏蔽水晶头照片

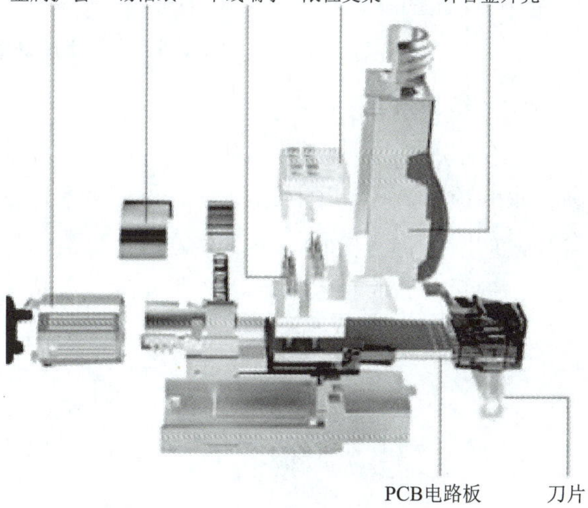

图 4–100 8 类屏蔽水晶头零件

（3）限位支架不同。如图 4–101 所示，8 类屏蔽插头限位支架分为上下两层结构，并且自带有线序标识，限位支架上下两排长短不同，与卡线端子相对应。图 4–102 所示为限位槽应用示意图。

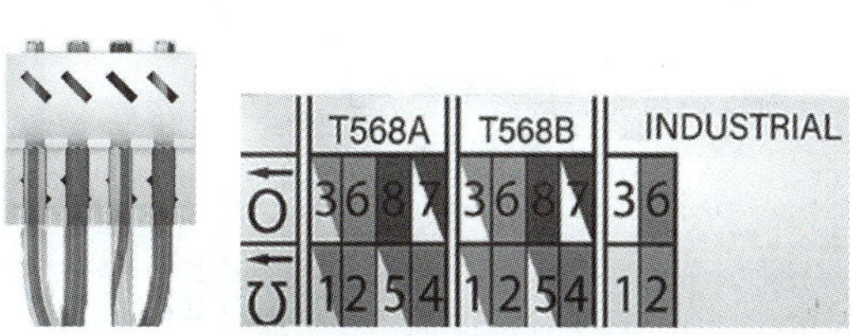

图 4–101 限位槽线序标识

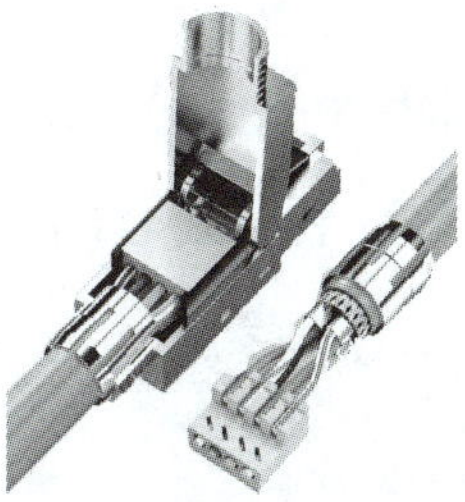

图 4–102 限位槽应用示意图

（4）8 类屏蔽插头端接步骤。如图 4–103 所示，8 类屏蔽插头的端接方法和步骤如下：

1. 把护套穿进网线

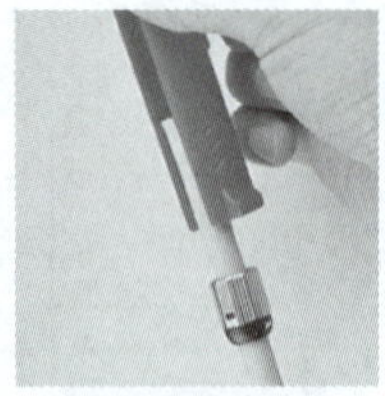
2. 剥除电缆外护套

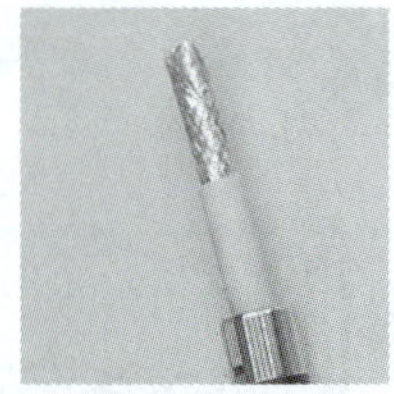
3. 保持屏蔽层完整

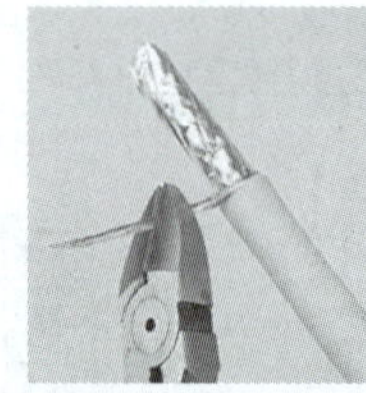
4. 剪掉多余屏蔽线

5. 剪开铝箔屏蔽层

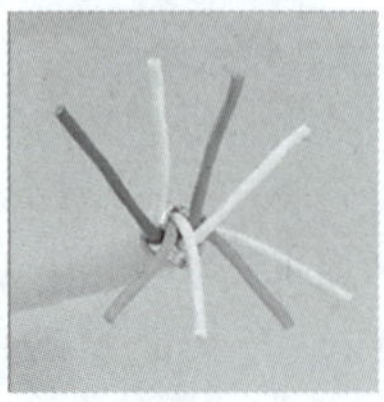
6. 按 568B 整理线序

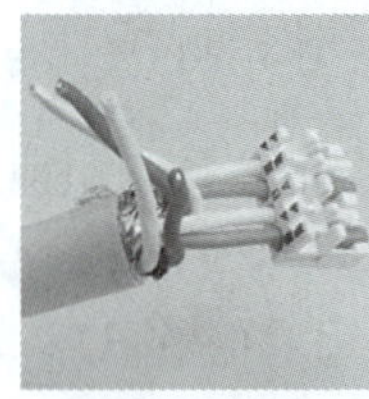
7. 线芯穿过打线盖

8. 线芯压入线槽

9. 检查线序

10. 将锡箔粘在尾部

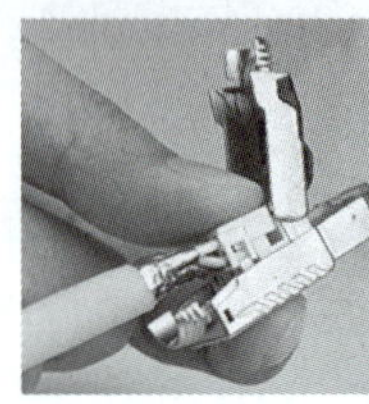
11. 压紧打线盖

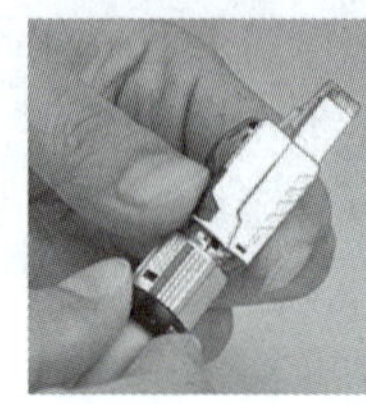
12. 压紧和旋入螺丝护套

图 4-103　8 类屏蔽插头的端接方法和步骤

10. 组合水晶头

组合水晶头通过水晶头的机械结构实现准确定位、分线以及高可靠性连接，常用于高标准、高要求的项目，提高项目端接效率与合格率。常见的组合水晶头一般分为三件套、四件套、五件套等，如图 4-104 所示。三件套包括分线器、理线器、水晶头；四件套包括分线器、水晶头、理线器、护套；五件套包括卡环、理线器、水晶头、压板、尾卡。

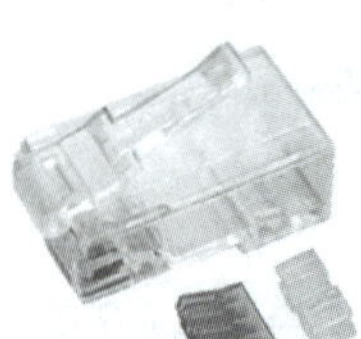
三件套

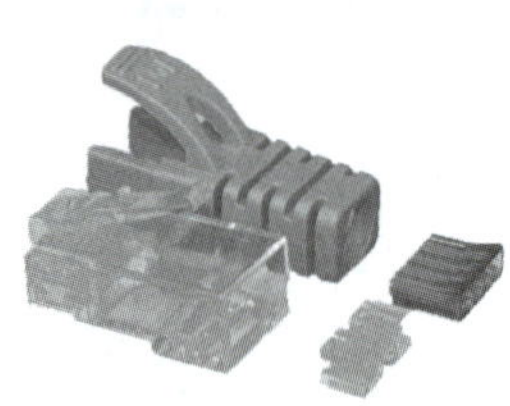
四件套

五件套

图 4-104　组合水晶头

11. 链路插头的常用规格

前面已经分别介绍了多种插头与水晶头的机械结构和工作原理，下面结合表 4-9 介绍综合布线链路插头的常用规格、支持最高带宽以及适用的布线系统等。

表 4-9　链路插头 (RJ-45/GG45 等) 常用规格与支持最高带宽分类

序号	水晶头 / 插头规格		支持最高带宽（MHz）							适用的布线系统	IEC 标准
			16	100	250	500	600	1 000	2 000		
1	3 类非屏蔽水晶头	RJ-45	●							3 类非屏蔽布线系统	IEC 60603-7
2	5 类非屏蔽水晶头	RJ-45		●						5 类非屏蔽布线系统	IEC 60603-7-2
3	5 类屏蔽水晶头	RJ-45		●						5 类屏蔽布线系统	IEC 60603-7-3
4	5e 类非屏蔽水晶头	RJ-45		●						5e 类非屏蔽布线系统	要求同 5 类

续表

序号	水晶头 / 插头规格		支持最高带宽（MHz）							适用的布线系统	IEC 标准
			16	100	250	500	600	1 000	2 000		
5	5e 类屏蔽水晶头	RJ-45		●						5e 类屏蔽布线系统	要求同 5 类
6	6 类非屏蔽水晶头	RJ-45			●					6 类非屏蔽布线系统	IEC 60603-7-4
7	6 类屏蔽水晶头	RJ-45			●					6 类屏蔽布线系统	IEC 60603-7-5
8	6_A 类非屏蔽水晶头	RJ-45				●				6_A 类非屏蔽布线系统	IEC 60603-7-41
9	6_A 类屏蔽水晶头	RJ-45				●				6_A 类屏蔽布线系统	IEC 60603-7-51
10	7 类屏蔽插头	GG-45/Tera					●			7 类屏蔽布线系统	IEC 60603-7-7
11	7_A 类屏蔽插头	GG-45/Tera						●		7_A 类屏蔽布线系统	IEC 60603-7-71
12	8 类屏蔽插头	RJ-45 外形							●	8 类屏蔽布线系统	等待标准发布

1）水晶头

在表 4-9 中，可以看到 3 类、5 类、5e 类、6 类、6_A 类的插头全部为 RJ-45 结构，插头体以透明塑料注塑成型，通体都是透明的。增加屏蔽外壳后就变为屏蔽水晶头，常见屏蔽外壳的材料有不锈钢、铝、铜、塑料镀金属等，它是防护电磁干扰的屏障，因此屏蔽水晶头的抗干扰性能优于非屏蔽水晶头，如图 4-105 所示。

图 4-105　RJ-45 屏蔽水晶头

2）屏蔽插头

在表 4-9 中，7 类和 7_A 类插头全部为屏蔽插头，没有非屏蔽插头，在实际应用中，7 类和 7_A 类只有屏蔽系统，没有非屏蔽系统。7 类、7_A 类插头结构为 GG-45 型、Tera 型，不再是 RJ-45 结构。GG-45 外形有些像 RJ-45，也可以向下兼容 RJ-45，但针脚排列和内部结构与 RJ-45 不一样。Tera 无论从外形、尺寸、材质等都跟 RJ-45 完全不同且不兼容。

8I 类外形尺寸虽然与 RJ-45 相同，但内部构造和材质跟 RJ-45 完全不同，也不适宜再称为水晶头。现在多数 8I 类产品的电路板和刀片头都是一体化的，插头就是电路板。

8II 类外形尺寸与 GG-45/Tera 外形尺寸相同，但标准参数还没有统一规定。

3）常用水晶头的包装和使用说明书

如图 4-106 所示为水晶头包装盒与使用说明书，每盒 48 个水晶头，适合制作 24 根跳线，满足 24 口配线架需要。请扫描二维码下载高清照片阅读。

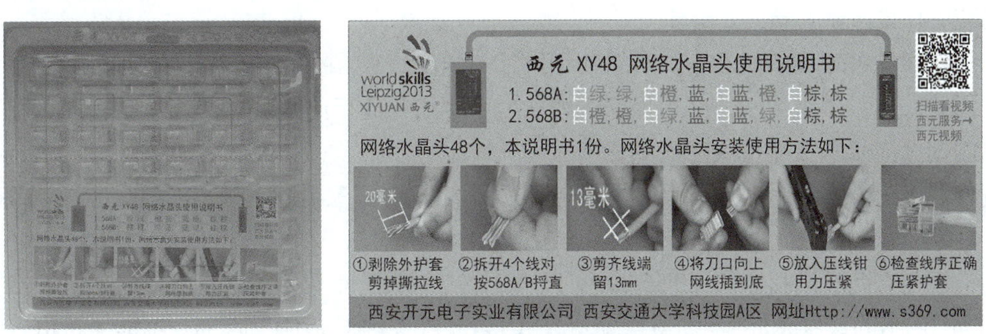

图 4-106　水晶头包装盒与说明书

彩色高清图

12. 网络跳线

1）网络跳线制作技术要求

网络跳线制作主要技术要求如下：

第一，8 芯导线插入的正确长度为 13 mm。

为了保证电气连接可靠，要求 8 芯导线必须插到底，保证刀片的 2 叉或 3 叉针刺都能扎入导线。根据水晶头机械结构，8 芯导线插入的正确长度应该为 13 mm，如图 4-107 所示，保证针刺都能扎入导线。

如果插入导线长度小于 13 mm 时，如只有 10 mm 时，可能只有一个针刺扎入导线，如图 4-108 所示，电气连接不可靠。

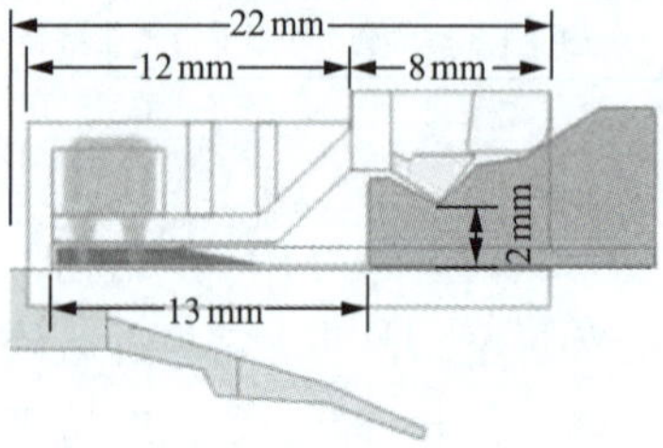

图 4-107　2 个针刺同时扎入导线

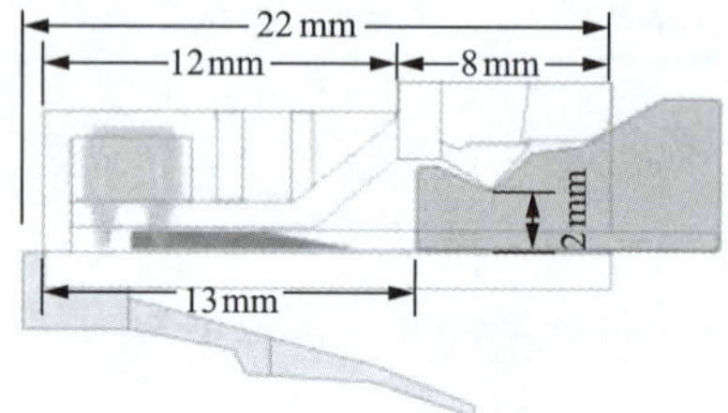

图 4-108　只有 1 个针刺扎入导线

如果插入导线长度更短时，如 8 mm 时，两个针刺都不能插入导线，如图 4-109 所示，造成开路，没有实现电气连接。

如果插入导线长度很长，超过 13 mm，如 20 mm 时，虽然左端能够保证两个针刺都插入导线，但是右端网线外护套不能被三角形压块压扁固定，网线容易拔出，如图 4-110 所示。

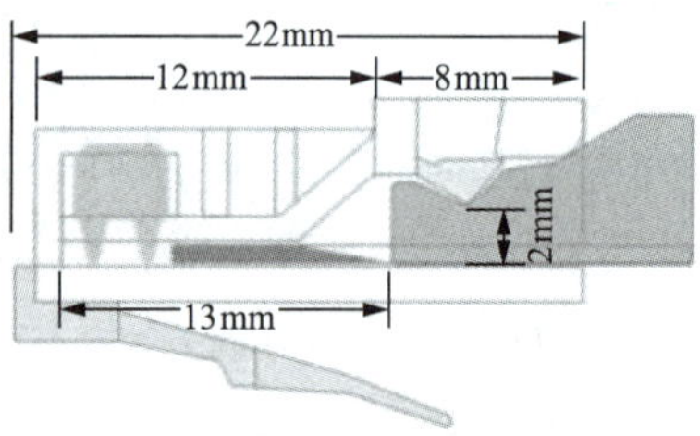

图 4-109　没有针刺扎入导线

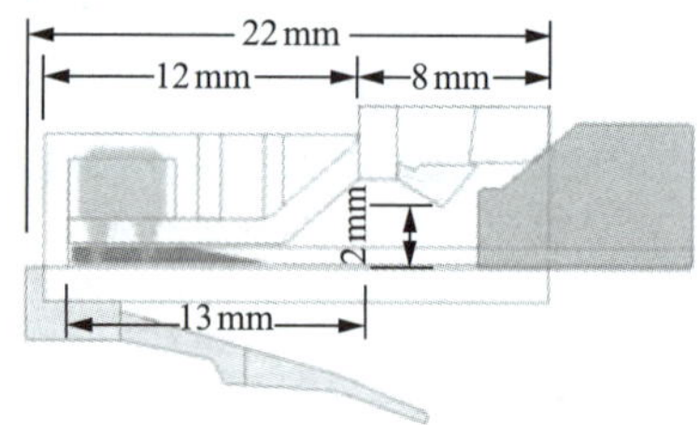

图 4-110　网线外护套没有压扁固定

第二，剪掉撕拉线。

网络电缆中一般都有一根撕拉线，在制作水晶头时，必须剪掉露出的撕拉线，因为撕拉线韧性很高，可能影响针刺插入导线。

注意：6 类跳线制作时，必须剪掉网线中间的塑料十字骨架。

第三，保证跳线长度。

在设备间和管理间的机柜中，大量使用跳线连接配线架和交换机等设备，对跳线长度的要求较高，因此，在制作跳线时，必须保证跳线长度。跳线长度指的是包括两端水晶头的总长度。

第四，保证水晶头端接线序正确。

制作跳线时，必须保证水晶头端接线序正确。端接方式又称接线图，如图 4-111 和图 4-112 所示。

标准规定有两种端接方式，T568A 和 T568B，两者电气性能相同，唯一区别在于 1、2 和 3、6 线对的颜色不同，特别注意 3、6 线对必须跨接在 4、5 线对两侧，否则，不能通过电气测试，并且会影响电气性能。

T568A 线序的接线图为白绿、绿、白橙、蓝、白蓝、橙、白棕、棕。

T568B 线序的接线图为白橙、橙、白绿、蓝、白蓝、绿、白棕、棕。

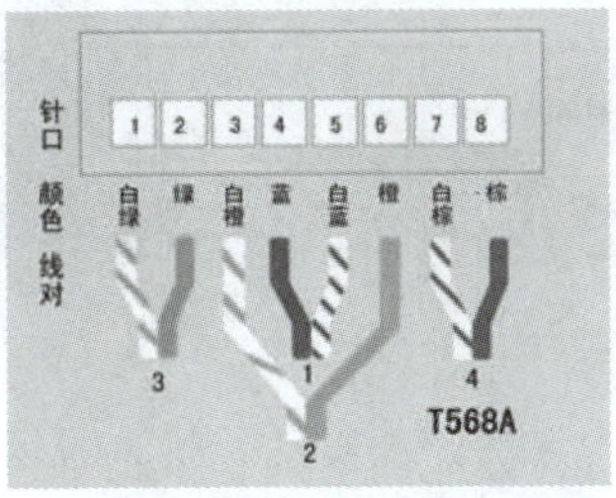

图 4–111 T568A 接线图

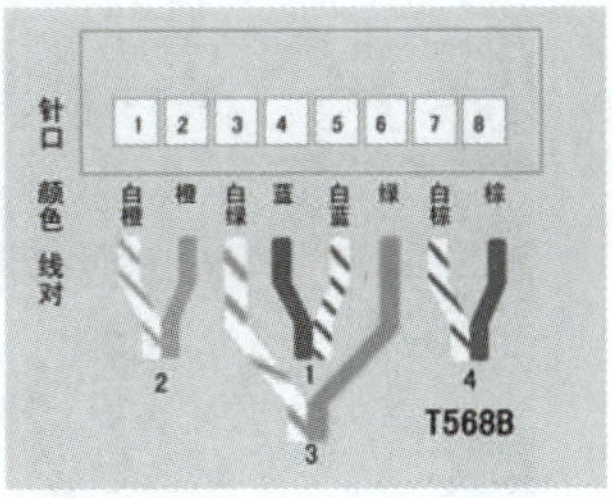

图 4–112 T568B 接线图

2）双绞线的剥线方法

下面介绍网络电缆的外护套剥除方法。

第一步：调整剥线器刀片进深高度，剥除网络电缆的外护套。

由于剥线器可用于剥除多种直径的网络电缆护套，每个厂家的护套直径也不相同，因此，在每次制作前，必须调整剥线器刀片进深高度，保证在剥除外护套时，不划伤导线绝缘层或者铜导体。如图 4–113 所示，切割外护套时，刀片切入深度应控制在护套厚度的 60%~90%，而不是彻底切透。

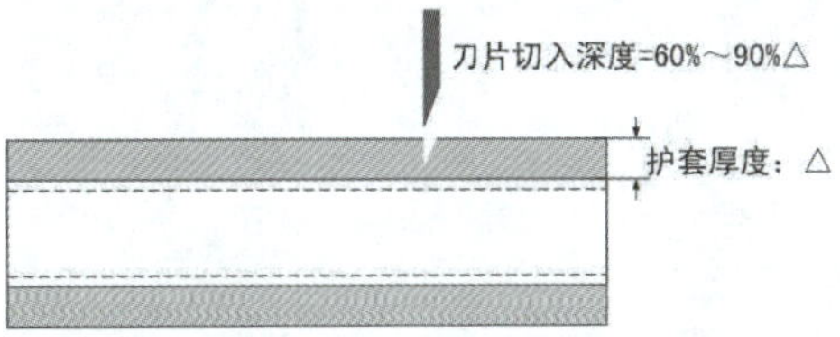

图 4–113 剥除护套切割深度示意图

第二步：剥除外护套。

首先将网络电缆放入剥线器中，顺时针方向旋转剥线器 1~2 周，然后用力取下护套，因为刀片没有完全将护套划透，因此不会损伤线芯。

初学者剥除护套的长度宜为 20 mm，如果剥除护套太长，拆开线对比较费时；如果剥除护套太短，捋直线对会比较困难。

第三步：剪掉撕拉线。

用剪刀剪掉撕拉线，6 类线还需要剪掉中间的十字骨架。

3）5e 类水晶头跳线的制作

第一步：剥开外护套和拆开 4 对双绞线。先将已经剥去外护套的 4 对单绞线分别拆开相同长度，将每根线轻轻捋直。

第二步：将 8 根线排好线序，并剪齐线端。按照 568B 线序（白橙、橙、白绿、蓝、白蓝、绿、白棕、棕）水平排好，如图 4–114（a）和图 4–114（b）所示。将 8 根线端头一次剪掉，留 13 mm 长度，从线头开始，至少 10 mm 导线之间不应有交叉，如图 4–114（c）所示。

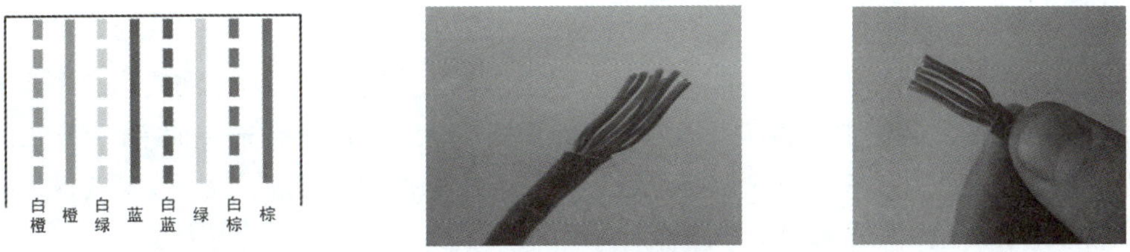

（a）568B 线序图 （b）剥开排好 568b 线序照片 （c）剪齐的双绞线照片

图 4–114 剥开外护套

第三步：插入 RJ-45 水晶头，并用压线钳压接。将双绞线插入 RJ-45 水晶头内，如图 4-115（a）所示。注意一定要插到底，如图 4-115（b）所示。

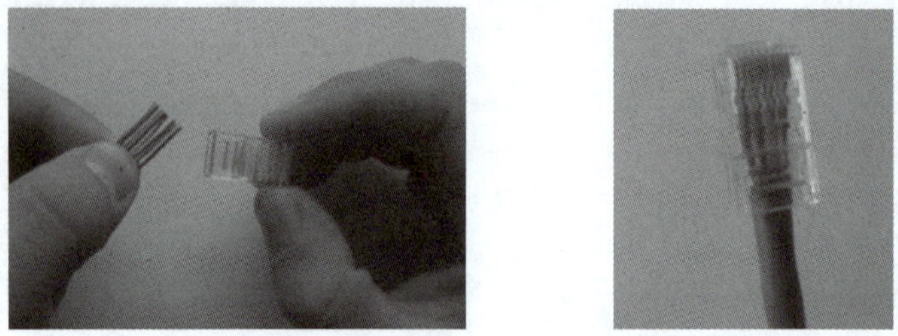

（a）导线插入 RJ-45 插头　　（b）双绞线全部插入水晶头

图 4-115　双绞线插入 RJ-45 水晶头

4）6 类水晶的制作

6 类水晶头必须使用 6 类线，6 类水晶头的线芯采用双层排列方式，目的是增加线芯之间的距离，降低串扰影响。如图 4-116 所示，6 类水晶头定位孔为上下两层排列，上排 4 个，下排 4 个。

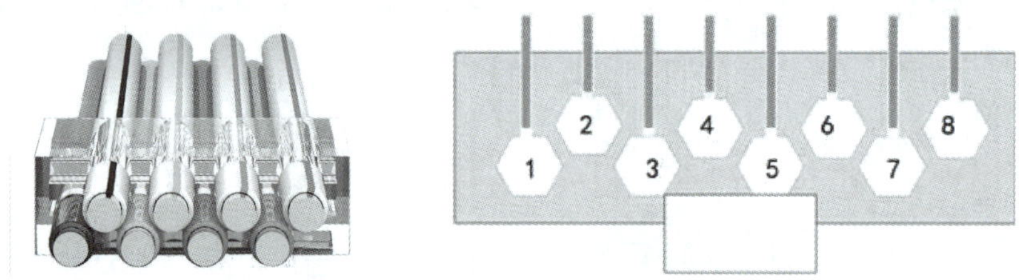

图 4-116　六类水晶头上下两层排列定位孔示意图

图 4-117 所示为“三件套”6 类 RJ-45 水晶头的制作步骤。

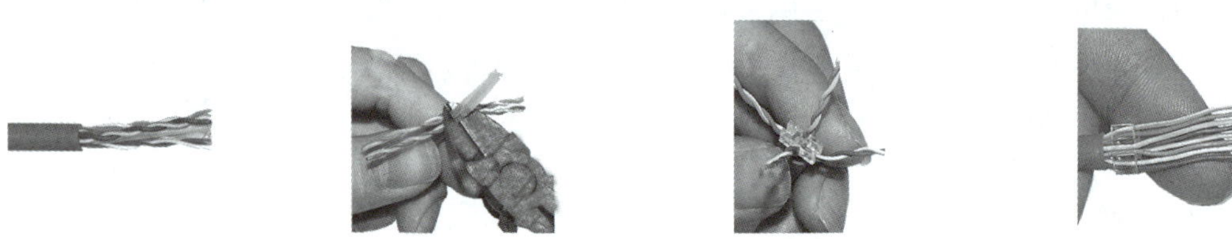

1. 剥去外护套　2. 剪去十字骨架　3. 安装分线器　4. 理线

5. 安装单排插件　6. 剪齐线端　7. 插入水晶头　8. 压线

图 4-117　“三件套”6 类 RJ-45 水晶头的制作步骤

13. 网络配线架

1）非屏蔽网络配线架

网络配线架是设备间和管理间中最重要的组件，是实现垂直干线和水平布线两个子系统交叉连接的枢纽。网络配线架通常安装在机柜内。在计算机网络综合布线系统中，信息点过来的双绞线电缆全部端接在配线架上。非屏蔽网络配线架一般都是集成式，网络模块与支架集成在一起。下面介绍常用的非屏蔽网络配线架。

如图 4-118 所示，常用的非屏蔽网络配线架都是 1U 规格，外形尺寸为高上下 44.45 mm（1U），左右长 482 mm（19 in × 25.4 mm/in=482.6 mm），前后宽为 30 mm；安装孔距为上下高 31.75 mm，左右长 465.1mm。

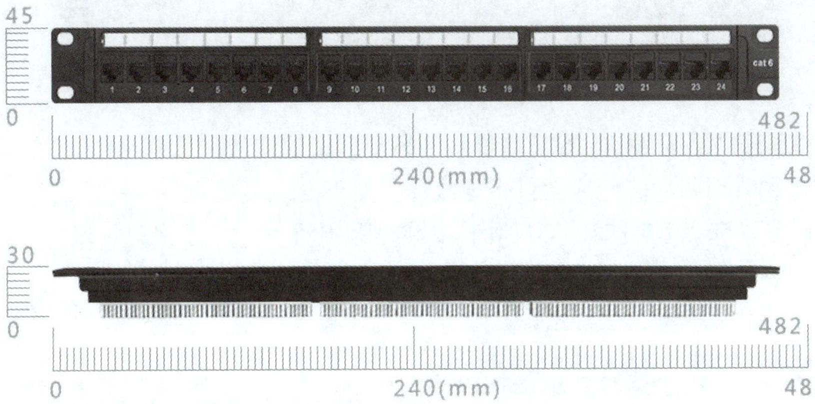

图 4–118　非屏蔽网络配线架外形尺寸示意图

（1）5 类非屏蔽网络配线架。5 类网络配线架是使用较早的一种非屏蔽配线架，可提供 100 MHz 的带宽，如图 4–119 所示，正面为 RJ–45 口，用于插接跳线，插拔次数 500 次以上，丝印有插口编号，一般从左向右为 1~24。如图 4–120 所示，背面为 110 型模块，采用 110 型端接方式，端接次数 500 次以上，粘贴有与正面 RJ–45 插口对应的 1~24 编号，以及 T568A/B 色谱标签。5 类网络配线架的常用规格为 24 口，也有 1U 的 36 口的高密度 V 形结构，2U 的 48 口等，全部为 19 英寸机架 / 机柜式安装，其优点是体积小，密度高，端接简单且可以重复端接 500 次以上。

图 4–119　5 类网络配线架正面插口放大图

图 4–120　5 类网络配线架背面模块放大图

（2）5e 类非屏蔽网络配线架。目前 5e 类网络配线架普遍应用于局域网中，由于价格与 5 类配线架相差不多，因此目前在一般局域网中使用 5e 类网络配线架。5e 类网络配线架支持最高 100 MHz 带宽。RJ–45 口采用镀金端子，端子为铜材料制造，自带理线环。配线架可按照 T568A 和 T568B 线序进行端接。5e 类和 5 类的外形尺寸、安装尺寸相同。图 4–121 所示为产品正面照片和背面的端接照片。图 4–122 所示为 T568A、T568B 色谱标签和端接示意图。

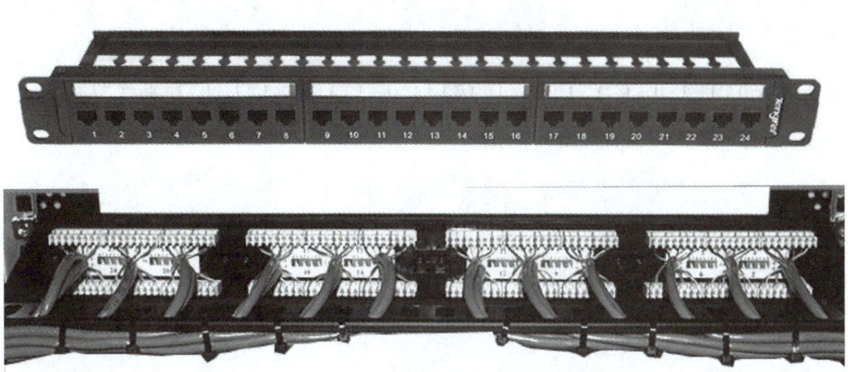

图 4–121　5e 类非屏蔽网络配线架

图 4-122 非屏蔽网络配线架色谱与端接示意图

（3）6 类非屏蔽网络配线架。6 类非屏蔽网络配线架支持最高 250 MHz 带宽。图 4-123 所示为产品正面照片和背面照片。配线架自带理线环，便于电缆捆扎固定，保证机柜内电缆方便检修和整体美观。6 类与 5e 类配线架外形尺寸和安装孔距相同。

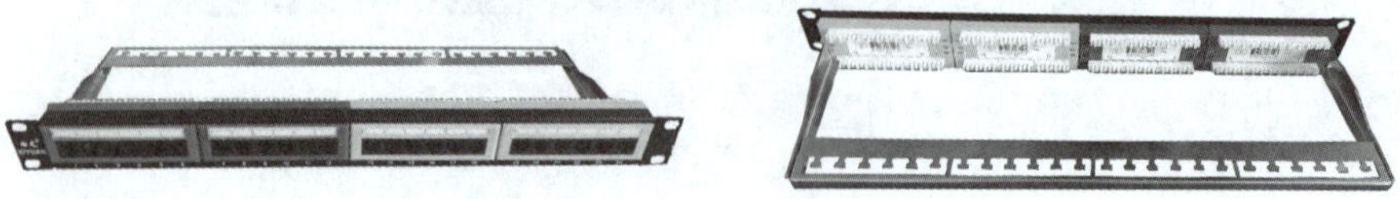

图 4-123 6 类非屏蔽网络配线架

图 4-124 所示为 6 类非屏蔽网络配线架的端接与安装关键步骤示意图。

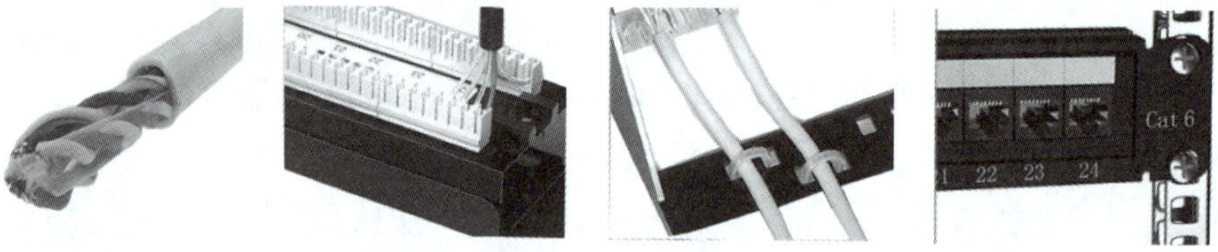

1. 剥除电缆外护套，剪掉撕拉线　2. 将电缆线芯，压入对应卡槽　3. 电缆穿过理线环并用线扎固定　4. 用螺钉把配线架安装在机柜立柱

图 4-124 6 类非屏蔽网络配线架的端接与安装示意图

（4）免打网络配线架。免打网络配线架也称直通式网络配线架，在支架上安装了直通式 RJ-45 插口模块，配线架前后两面都是 RJ-45 插口，直接将带 RJ-45 水晶头的电缆插入即可，因此称为免打网络配线架。免打网络配线架的安装尺寸与普通网络配线架相同。随着人力成本和管理成本的持续增高，以及工期较短项目需要，免打网络配线架将普遍使用。图 4-125 所示为直通式 RJ-45 模块电路板，图 4-126 所示为免打网络配线架及其实际应用示意图。

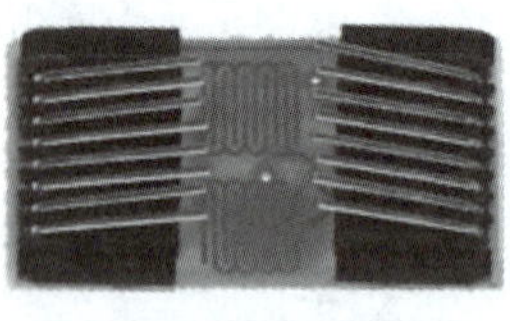

图 4-125 直通式 RJ-45 模块电路板

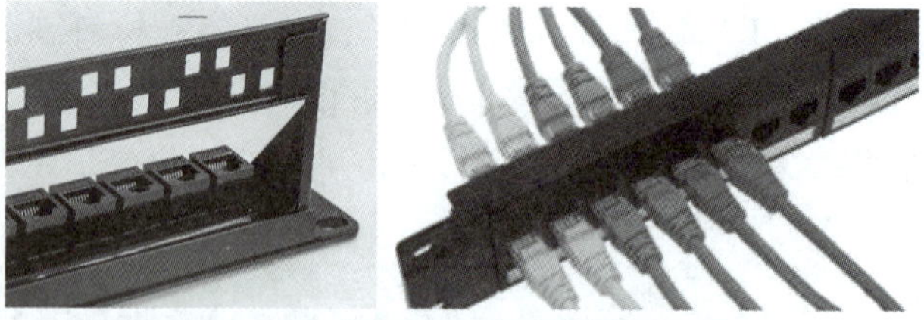

图 4-126 免打网络配线架及其应用示意图

2）屏蔽网络配线架

7 类布线系统一般为屏蔽布线系统，支持最高 600 MHz 带宽，7 类布线系统都采用屏蔽网络配线架，设计有专门的接地汇集排和接地端子，汇集排将屏蔽模块的金属壳体电气连接一起，连接至机柜内的接地端子完成接地。图 4-127 所示为 7 类屏蔽网络配线。

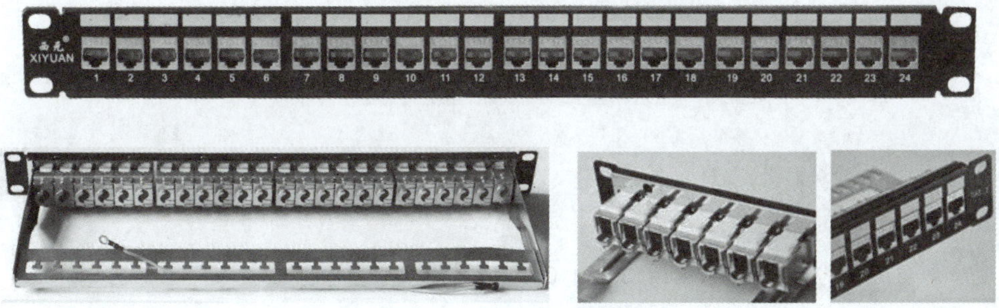

图 4-127 7 类屏蔽网络配线架

7 类屏蔽网络配线架一般采用卡装式模块，其外壳一般为锌合金铸件，安装尺寸与非屏蔽配线架相同。图 4-128 所示为 7 类屏蔽网络配线架模块端接和应用示意图。

1. 剥除电缆外皮

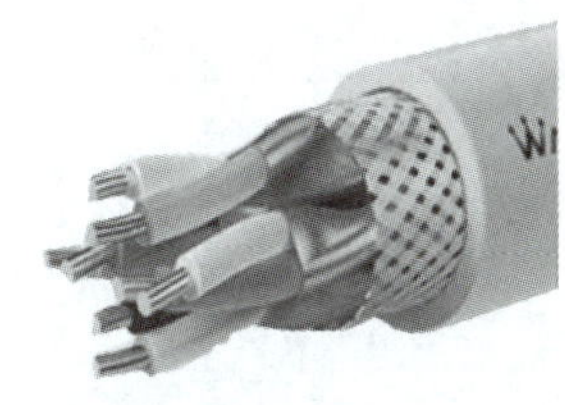

2. 剥除屏蔽层和整理线序

3. 将线芯嵌入

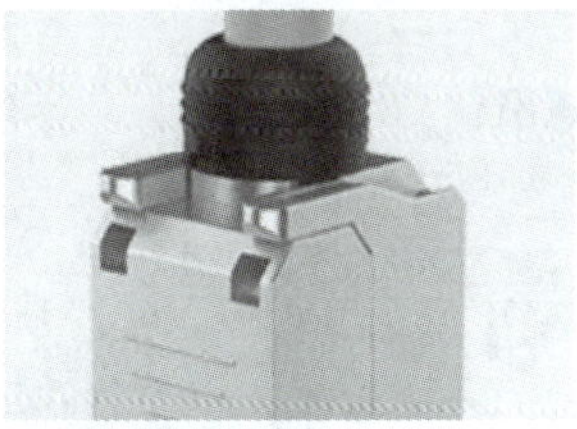

4. 压线和扣紧压盖

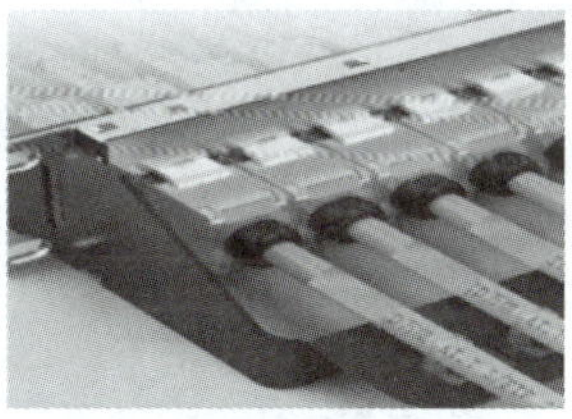

5. 把模块卡装在配线架上

6. 安装在机柜上并且理线

图 4-128 7 类配线架端接和应用示意图

14. 110 语音配线架

110 语音配线架在综合布线系统中主要用于语音配线系统，俗称鱼骨架。图 4-129 所示为 110 型语音配线架的高强度塑料鱼骨、连接块、标识标签、标准 U 支架。端接时使用专用打线钳可将线对依次“冲压”端接到语音配线架上，完成大对数电缆的端接。图 4-130 所示为 110 型语音配线架端接后的照片。110 语音配线架有时也应用于网络系统，在信息点较多的综合布线系统中，可以利用大对数电缆结合 110 语音配线架完成对语音、数据信息点的转接，减少大量缆线的应用，节约成本。

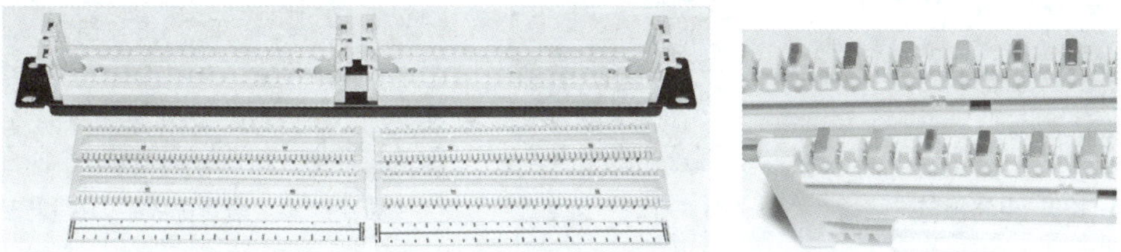

图 4-129 110 型语音配线架塑料鱼骨、连接块、标识标签、标准 U 支架

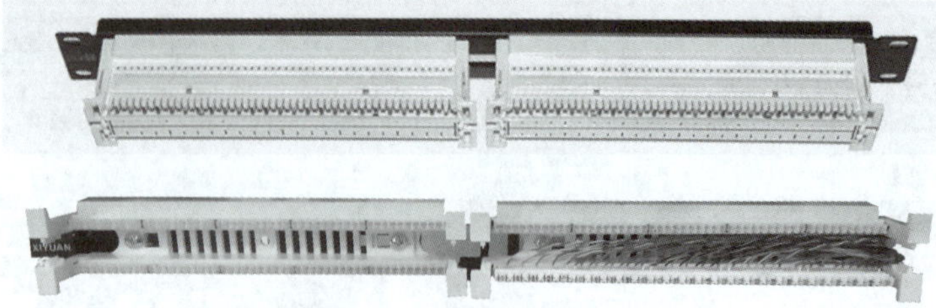

图 4–130　110 型语音配线架端接作品

15. RJ–45 口语音配线架

常用 RJ–45 语音配线架为 25 口，用于 25 对大对数电缆的端接。外形尺寸长 482 mm（19 英寸），宽 133 mm，高 44.45 mm（1U）。规格为 25 个 RJ–45 口，安装孔距为左右 465.1 mm，上下 31.75 mm。配线架后端设计有 T 形理线排，每个理线排对应一个语音模块，用于绑扎和固定线对。图 4–131 所示为 25 口 RJ–45 语音配线架结构示意图，图 4–132 所示为语音配线架插口、卡线槽示意图。

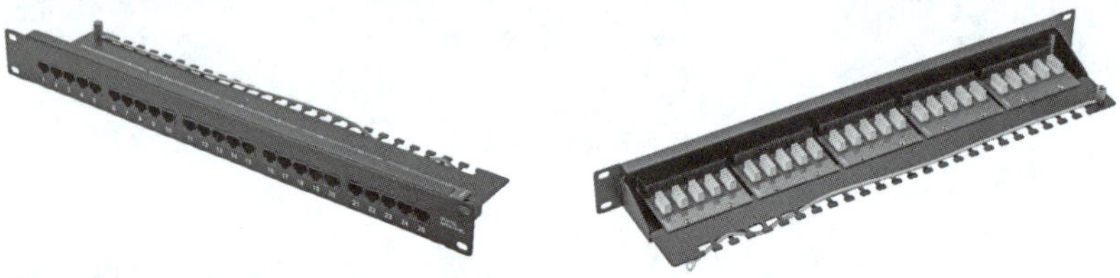

图 4–131　25 口 RJ-45 语音配线架结构示意图

图 4–132　25 口 RJ-45 语音配线架插口、卡线槽示意图

25 口 RJ–45 语音配线架的前面板设计有 25 个 RJ–45 形插口，每个插口有 4 个弹簧插针，采用镀金触片，弹簧插针通过电路板与卡线槽 3、4、5、6 连接，如图 4–133 所示。语音配线架都设计有接地线，采用铜材料导线与机柜连接接地，具有防雷防静电作用，如图 4–134 所示。图 4–135 所示为语音配线架端接和安装应用图。

图 4–133　电路板与卡线槽

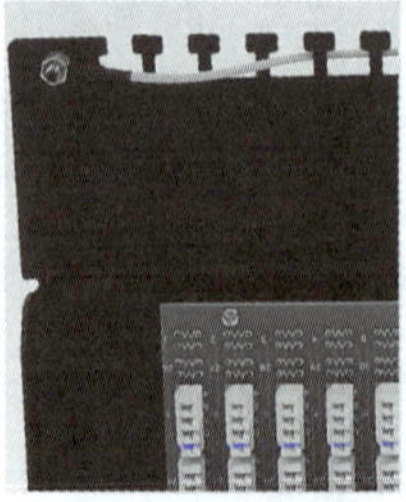

图 4–134　接地线

图 4–135　语音配线架端接和安装

16. 信息插座

墙面安装的插座一般为 86 系列，插座为正方形，边长 86 mm，一般为白色塑料制造。信息插座一般采用暗装方式，把插座底盒暗藏在墙内，只有信息面板凸出墙面，如图 4–136 所示，暗装方式一般配套使用线管，线管也必须暗装在墙面内。明装方式即将插座底盒和面板全部突出明

装在墙面上，适合旧楼改造或者无法暗藏安装的场合，如图 4–137 所示。

地面安装的插座也称“地弹插座”，使用时只要推动限位开关，就会自动弹起。一般为 120 系列，常见的插座分为正方形和圆形两种。正方形长 120 mm，宽 120 mm，图 4–138 所示为方形地弹插座。圆形直径为 150 mm，图 4–139 所示为圆形地弹插座。地面插座要求抗压和防水功能，因此都采用黄铜材料铸。

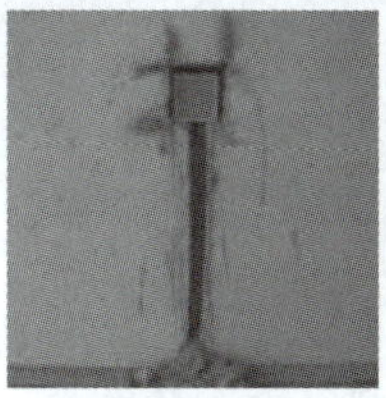
图 4–136 墙面暗装底盒

图 4–137 墙面明装底盒

图 4–138 方形地弹插座

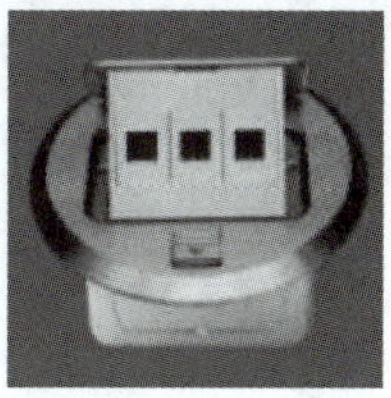
图 4–139 圆形地弹插座

插座底盒内安装有各种信息模块，有光模块、电模块、数据模块、语音模块等。

按照缆线种类区分，有与电缆连接的电模块和与光缆连接的光模块。

按照屏蔽方式区分，有屏蔽模块和非屏蔽模块。

按照传输速率区分，有 5 类模块、5e 类模块、6 类模块、7 类模块等。

按照实际用途区分，有数据模块和语音模块等。

1）面板

常用的面板分为单口面板和双口面板，面板外形尺寸符合国标 86 型、120 型。

86 型面板的宽度和长度分别是 86 mm，如图 4–140 所示。通常采用高强度塑料材料制成，适合安装在墙面，具有防尘功能。86 型面板应用于工作区子系统，面板表面带嵌入式图标及标签位置，便于识别数据和语音端口；配有防尘滑门用以保护模块、遮蔽灰尘和污物进入。

120 型面板的宽度和长度是 120 mm，通常采用铜等金属材料制成，适合安装在地面，具有防尘、防水功能，如图 4–141 所示。

2）底盒

常用底盒分为明装底盒和暗装底盒。明装底盒通常采用高强度塑料材料制成，如图 4–142 所示。而暗装底盒根据需求可采用塑料材料制成或金属材料制成，如图 4–143 所示。

图 4–140 86 型面板

图 4–141 120 型面板

图 4–142 明装底盒

图 4–143 暗装底盒

4.3 光纤和光缆

为了直观地介绍光纤和光缆，方便教学和学生参观实训，快速掌握常用光缆知识，认识产品和积累工程经验，我们以“西元网络综合布线器材展示柜”光缆展柜为例展开介绍和说明。“西元”光缆展柜精选了光缆传输系统的典型缆线和设备进行展示和介绍，如图 4–144 所示。请扫描二维码下载视频和语音解说词学习。

音频
《光缆展示柜介绍》

视频
《光缆展示柜介绍》

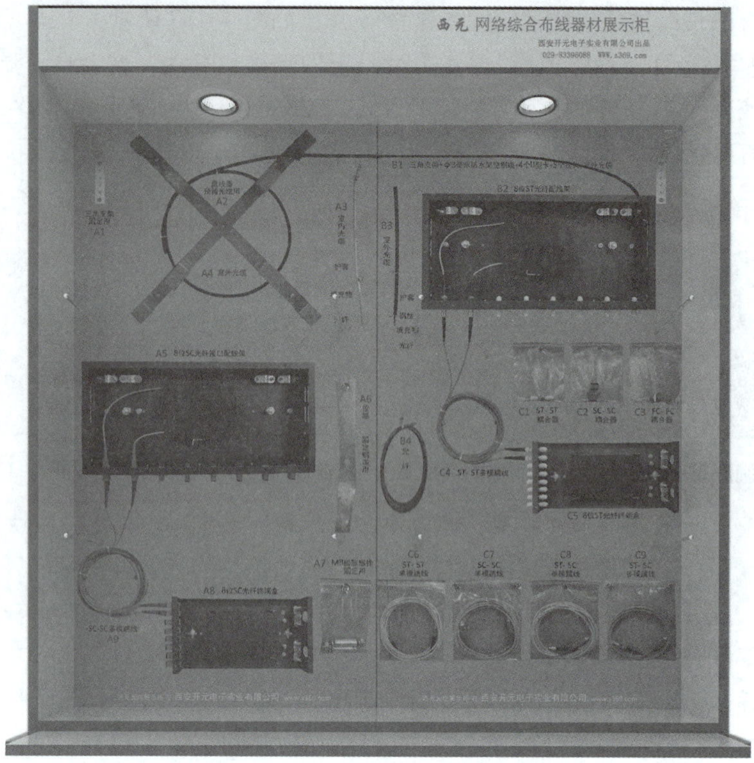

图 4-144 “西元”光缆展示柜

4.3.1 光纤基本知识

1. 光纤通信原理

光纤通信是以光波作为信息载体，以光纤作为传输介质的一种通信方式。从原理上看，构成光纤通信的基本物质要素是光纤、光源和光检测器。

光纤通信原理是：在发送端首先要把传送的信息（如视频信号）变成电信号，然后调制到光发射机发出的激光束上，使光的强度随电信号的幅度（频率）变化而变化，并通过光纤发送出去；在接收端，光接收机再将光信号变换成电信号，经解调后恢复原信息。图 4-145 所示为光纤通信示意图。

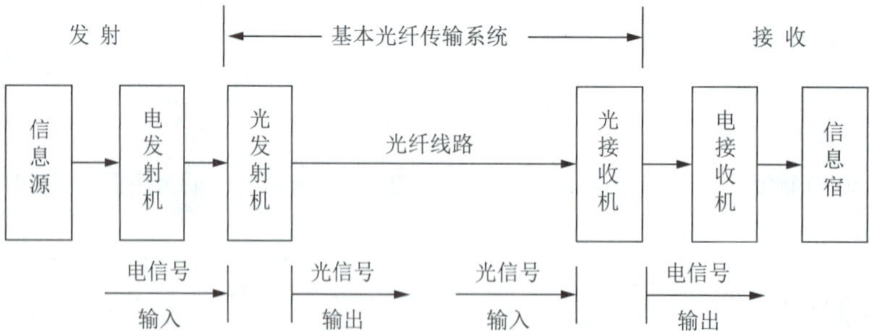

图 4-145 光纤通信示意图

2. 光纤基本结构

光纤是一种由玻璃或者塑料制成的通信纤维，其利用“光的全反射”原理，作为一种光传导工具。光纤结构一般是双层或多层的同心圆柱体。中心部分为纤芯，纤芯以外的部分称为包层。纤芯的作用是传导光波，包层的作用是将光波封闭在光纤中传播。图 4-146 所示为光纤结构示意图，图 4-147 所示为“西元”光缆展柜光纤。

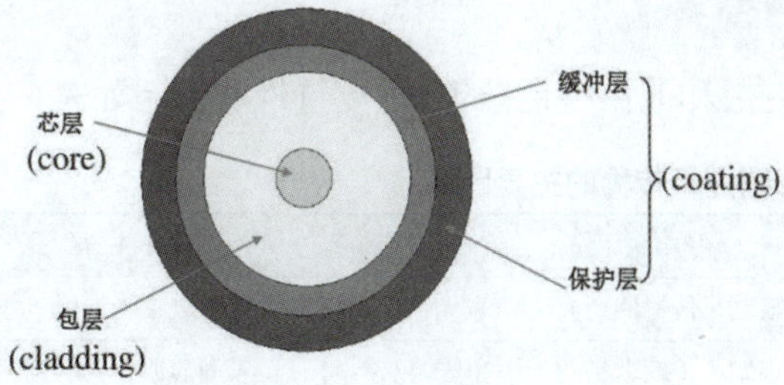

图 4–146 光纤结构示意图

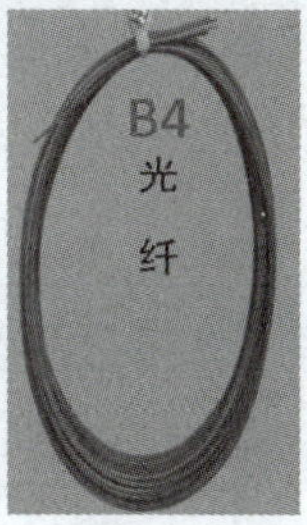

图 4–147 光纤

3. 光纤分类

光纤按光在其中的传输模式可分为单模光纤和多模光纤。

1）单模光纤

图 4-148 所示为单模光纤传输模式图，采用一种传输路径模式，进行传输的光纤，简称单模光纤。单模光纤芯径较小，只有 9 μm，由于使用更细的纤芯和单模光源，单模光纤的优点为消除了模式色散，衰减低，大宽带，传输距离远；缺点为不能与光源以及其他光纤进行耦合，需要高质量的激光源，成本较高。单模光纤主要应用在长途主干网、城域网、接入网等场合。

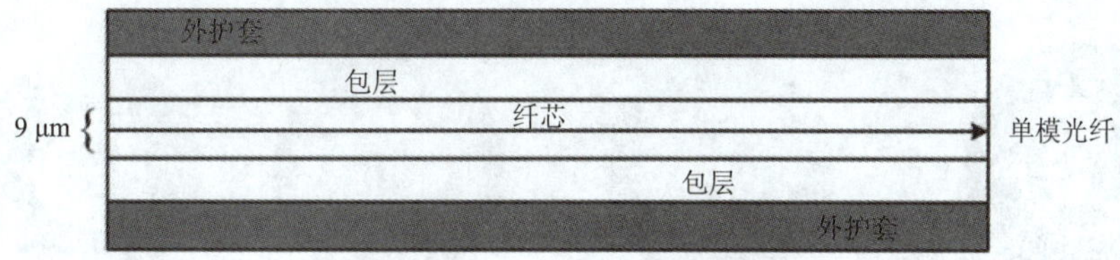

图 4–148 单模光纤传输模式图

2）多模光纤

图 4-149 所示为多模光纤传输模式图，采用多种不同的传输路径模式，进行传输的光纤，简称多模光纤。多模光纤的芯径比较大，常用的为 50 μm 或 62.5 μm，多模光纤的优点为，容易与光源以及其他光纤进行耦合，光源成本低；缺点为具有较高的衰减，低带宽、传输距离短。多模光纤主要应用在接入网和局域网等短距离场合。

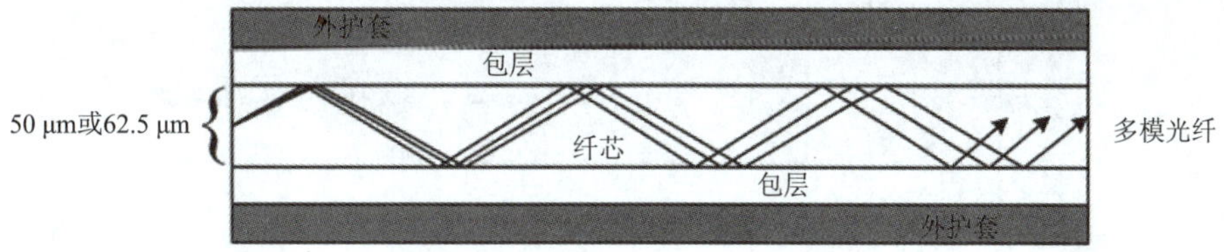

图 4–149 多模光纤传输原理图

表 4–10 所示为目前常用的光纤分类及标准。

表 4–10 常用的光纤分类及标准

光纤名称	GB 15972(国标)	IEC 793（国际电工委员会）	ITU（国际电信联盟）
50 μm 多模光纤	A1a	A1a	G.651
62.5 μm 多模光纤	A1b	A1b	
非色散位移单模光纤	B1.1	B1.1	G.652A,B
截止波长位移单模光纤	B1.2	B1.2	G.654
波长扩单模光纤	B1.3	B1.3	G.652C,D
色散位移单模光纤	B2	B2	G.653
色散平坦单模光纤	B3	B3	
非零色散位移单模光纤	B4	B4	G.655A,B

4. 影响光纤传输的主要因素

影响光纤传输的主要因素包括有衰减、色散和偏振模色散等，主要特性和原因如表4-11所示。

表 4-11 影响光纤传输的主要因素

主要因素	特 性	影 响	主要原因
衰减（Attenuation）	反映光信号损失的特性	限制了传输的距离	光的吸收、散射
色散（Dispersion）	反映脉冲展宽的特性	限制了传输容量的大小和传输的距离	不同的波长具有不同的速度
偏振模色散（PMD）	反映脉冲展宽的特性	限制了传输容量的大小和传输的距离	极化模的轴向传输速度不同

4.3.2 光缆基本知识

1. 光缆基本结构

光缆是由单芯或多芯光纤构成的缆线。用适当的材料和缆结构，对通信光纤进行收容保护，使光纤免受机械和环境的影响和损害，适用不同的场合使用。光缆的基本结构一般是由缆芯、加强钢丝、填充物和护套等几部分组成，另外根据需要还有防水层、缓冲层、绝缘金属导线等构件。图 4-150 所示为常见的光缆结构。

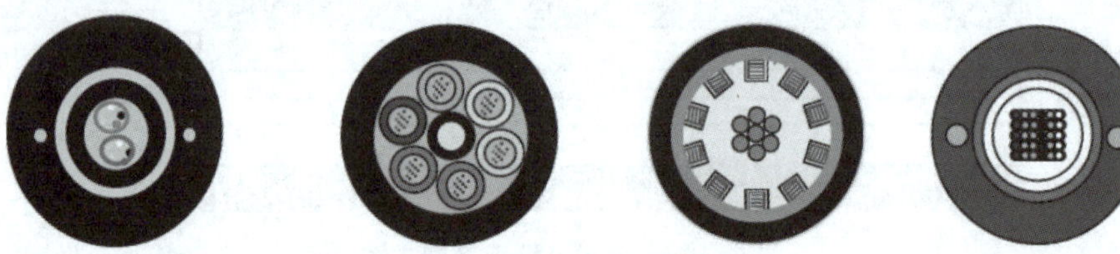

图 4-150 常见的光缆结构

2. 光缆型号的命名

光缆型号的组成如图 4-151 所示，型式代号、规格代号和特殊性能标识之间应空一格。

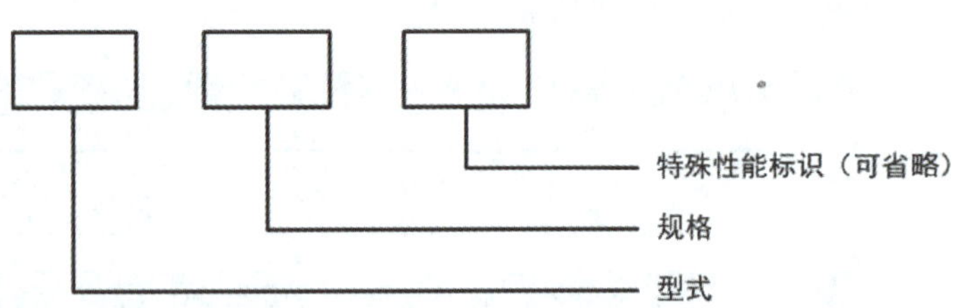

图 4-151 光缆型号的组成

型式由 5 部分组成，依次为分类、加强构件、结构特征、护套、外护层，各部分均用代号表示。

规格依次由光纤规格、通信线和馈电线的有关组成，各规格之间用“+”号隔开。

特殊性能标识，一般对于光缆的某些特殊性能可加相应标识。

光缆型号的命名比较复杂，具体可参考 YDT 908—2011《光缆型号命名方法》。表 4-12 所示为光缆型号中常见的代号及其含义。

表 4-12 光缆型号中常见的代号及其含义

分类		加强构件		结构特征		护套		外护层	
代号	含义	代号	含义	代号	含义	代号	含义	代号	含义
GY	室外光缆	无符号	金属	T	填充式	Y	聚乙烯	23	绕包钢带铠装聚乙烯
GJ	室内光缆	F	非金属	B	扁平形状	V	聚氯乙烯	22	绕包钢带铠装聚氯乙烯

续表

分类		加强构件		结构特征		护套		外护层	
代号	含义	代号	含义	代号	含义	代号	含义	代号	含义
GJY	室内外光缆			8	8字形状	U	聚氨酯	33	单细圆形钢丝铠装聚乙烯
GH	海底光缆			S	光纤束结构	A	铝－聚乙烯粘接（A护套）	32	单细圆形钢丝铠装聚氯乙烯
GS	设备光缆			D	光纤带结构	S	钢－聚乙烯粘接（S护套）	63	非金属丝铠装聚乙烯
GM	移动式光缆			M	金属松套管	L	铝	62	非金属丝铠装聚氯乙烯

3. 光缆的分类

光缆结构的主要用于保护内部光纤，不受外界机械应力和水、潮湿的影响。因此，光缆设计、生产时，需要按照光缆的应用场合、敷设方法设计光缆结构。不同材料构成了光缆不同的机械、环境特性，有些光缆需要使用特殊材料从而达到阻燃、阻水等特殊性能。

光缆根据不同的角度分为不同的类型，以下为几种常用的分类方法：

(1) 按使用环境场合，分为室外光缆、室内光缆等。

(2) 按光缆内光纤的种类，分为单模光缆和多模光缆。

(3) 按敷设方式，分为架空光缆、直埋光缆、管道光缆、水底光缆等。

(4) 按缆芯结构，分为中心管式、层绞式、骨架式等。

(5) 按光纤在光缆中的状态，分为紧结构、松结构、半松半紧结构等。

4. 综合布线系统工程常用的光缆

1) 室内光缆

室内光缆通常由紧套光纤、加强件及外护套组成，如图 4-152 所示。室内光缆主要用于建筑物内部局域网建设、垂直布线等。由于室内环境比室外要好得多，一般不需要考虑自然的机械应力和雨水等因素，所以多数室内光缆是紧套、干式、阻燃、柔韧型的光缆。

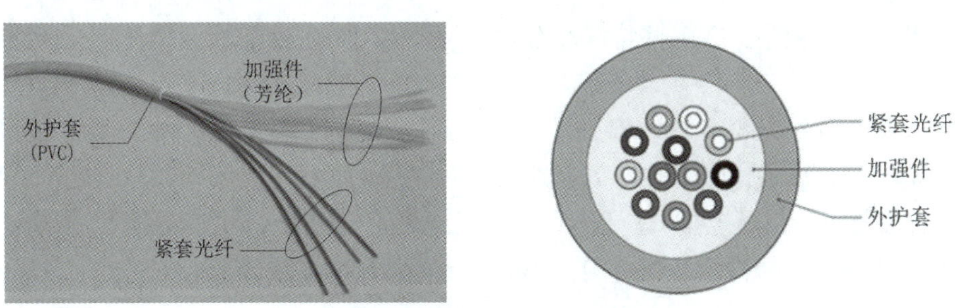

图 4-152 室内光缆基本组成

对于特定场所的光缆需求，也可以选择金属铠装、非金属铠装的室内光缆，这种光缆的结构有松套和紧套两种，类似室外光缆结构，其机械性能要优于无铠装结构的室内光缆，主要用于环境、安全性要求较高的场所。所示图 4-153 所示为普通单芯室内光缆示意图，图 4-154 所示为室内束状铠装光缆示意图，图 4-155 为“西元”光缆展柜室内光缆。

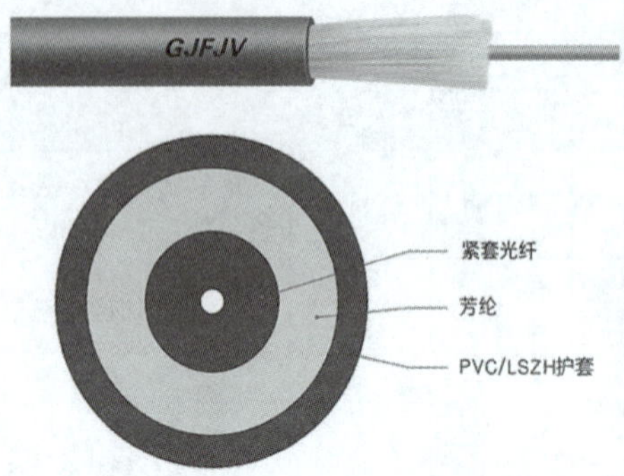

图 4-153　普通单芯室内光缆示意图

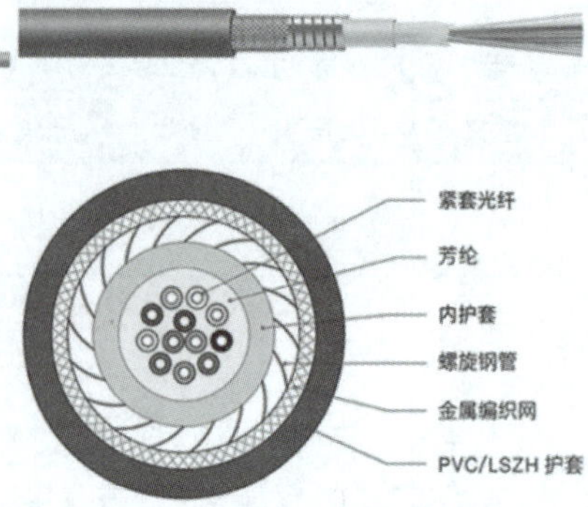

图 4-154　室内束状铠装光缆示意图

图 4-155　室内光缆

2）室外光缆

室外光缆在结构组成方面和室内光缆基本相同，由于室外环境的特殊性，其保护层较厚重，一般包裹有金属铠装层，具有耐压、耐腐蚀、抗拉、防水等特性。室外光缆主要用于干线和城域网的直埋、管道、架空建设等。图 4-156 所示为室外层绞式铝铠装光缆示意图，图 4-157 所示为室外中心管式非金属铠装光缆示意图，图 4-158 所示为“西元”光缆展柜室外光缆。

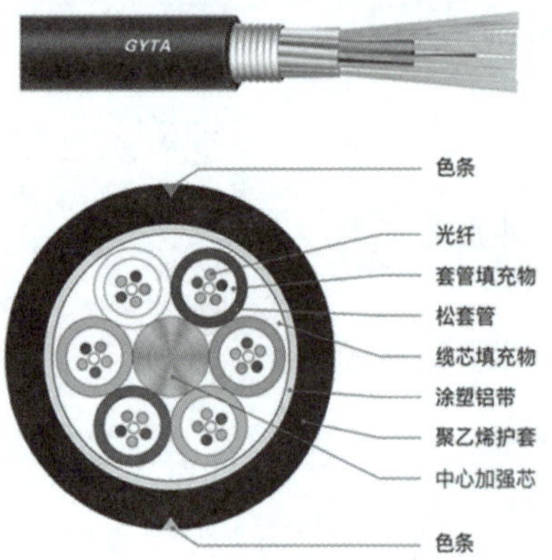

图 4-156　室外层绞式铝铠装光缆

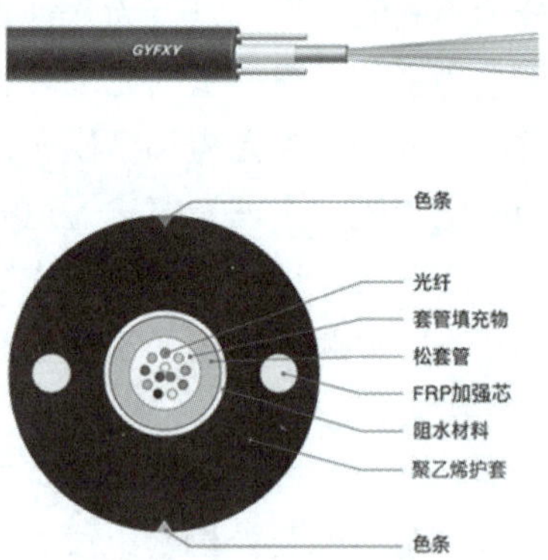

图 4-157　室外中心管式非金属铠装光缆

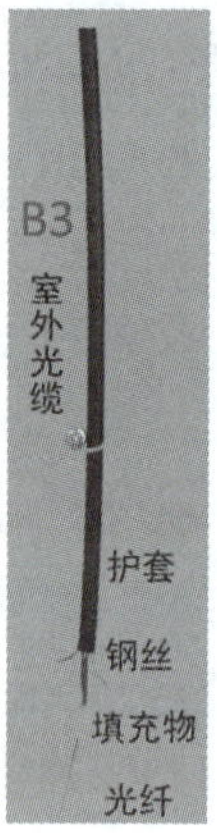

图 4-158　室外光缆

3）特殊光缆

在综合布线系统工程中，在一些特殊场合，经常会使用特定性能的光缆。下面介绍几种特殊光缆。

（1）皮线光缆。皮线光缆多为单芯、双芯、四芯结构，横截面呈 8 字形，加强件位于两圆中心，可采用金属或非金属加强件，光纤位于 8 字形的几何中心。皮线光缆因为柔软、轻巧，可以与尾纤熔接，也可以直接进行机械连接（冷接）等，在光纤到户（FTTH）等接入工程中被大量使用。图 4-159 所示为皮线光缆结构示意图，图 4-160 所示为常见的皮线光缆。

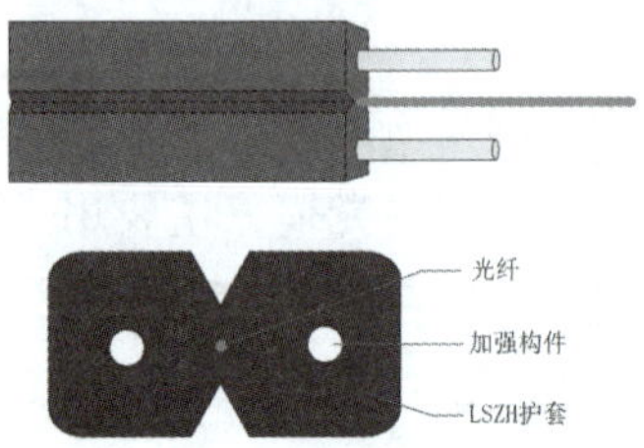

图 4-159　皮线光缆结构示意图

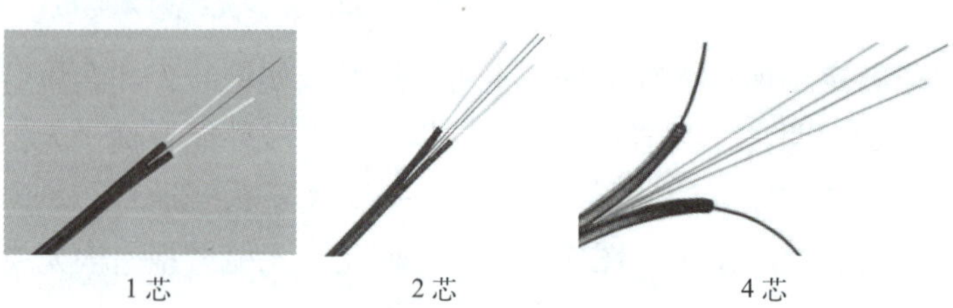

图 4-160　常见的皮线光缆

（2）8 字光缆。8 字光缆将缆芯部分和钢丝掉线集成到了一个 8 字形的 PE 护套内，形成自承式结构，在敷设过程中无须架设吊线和挂钩，施工效率高，施工费用低。该光缆可以简单地实现电杆与电杆之间、电杆与建筑物之间、建筑物与建筑物之间等的架空敷设。图 4-161 所示为常见的 8 字光缆示意图。

（3）路面微槽光缆。在光缆敷设的路径上，可能已是定型的园区或已经硬化的路面，重新建设通信管道有困难且不经济，路面微槽光缆就是解决这种情况的一种方式。路面微槽光缆具有结构简单、缆径小、轻便柔软、成本低等特点，敷设时只需在路面上开一道狭窄的浅槽，将光缆埋入槽内，回填恢复原路面即可，对于改造项目简易高效。图 4-162 所示为路面微槽光缆示意图。

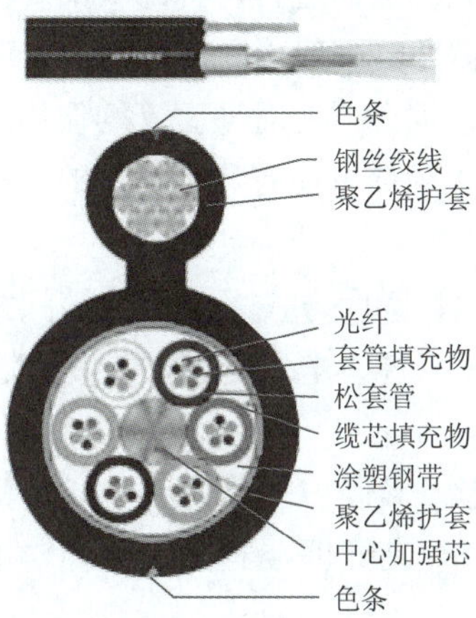

图 4-161　8 字光缆示意图

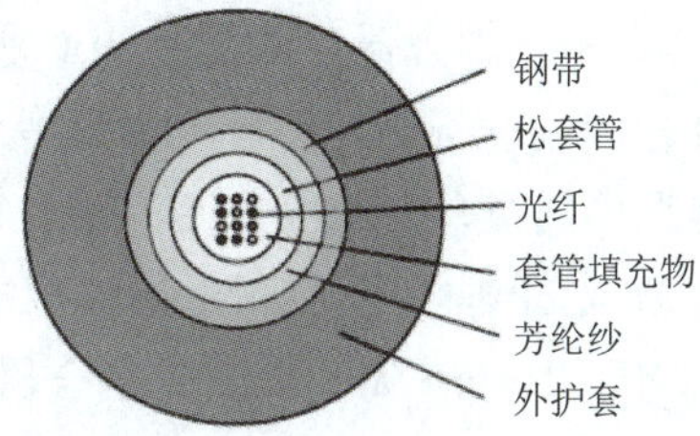

图 4-162　路面微槽光缆示意图

（4）海底光缆。海底光缆是保证全球各大区域网络之间能够互联互通的主动脉，全世界超过 90% 的跨国数据传输，都由海底光缆承担。海底光缆和陆地光缆最大的区别就是它的“铠装保护”。图 4-163 所示为海底光缆，图 4-164 为典型海底光缆的结构示意图。为了适应海底复杂严苛环境，增加了多层保护，避免海水腐蚀、海水压力、地震、海啸、生物破坏等。图 4-165 所示为海底光缆实物图。

图 4-163　海底光缆

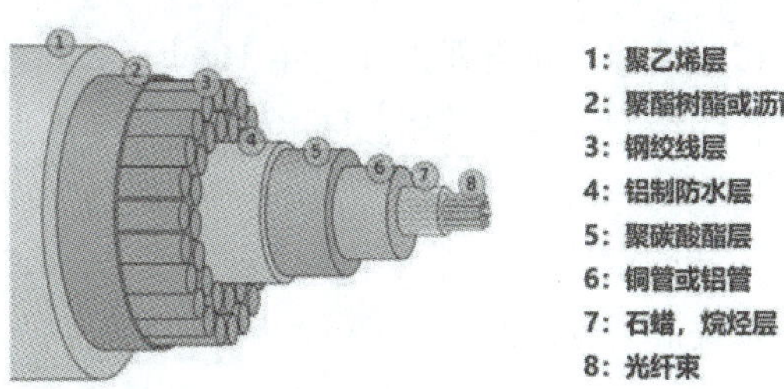

图 4-164　典型海底光缆的结构示意图

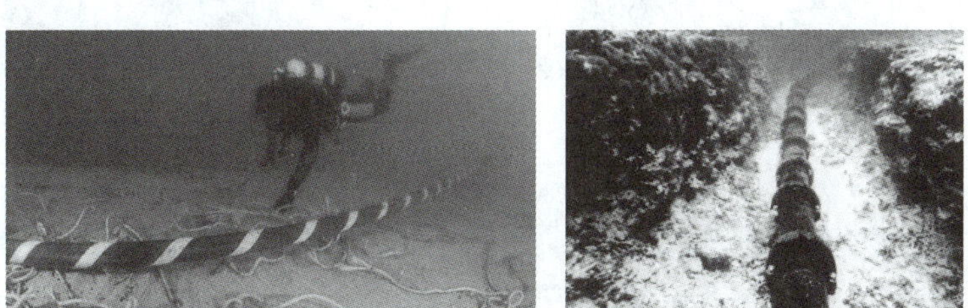

图 4-165　海底光缆实物图

4.4 光缆连接器件

光缆连接器件是为两段光缆提供光学、密封和机械强度连续性的机械保护装置。其目的是使发射光纤输出的光能量能最大限度地耦合到接收光纤中去。在一定程度上，光缆连接器件影响了光传输系统的可靠性和各项性能。下面结合“西元”光缆展柜，对综合布线系统常见的光缆连接器件展开介绍和说明。

1. 光纤耦合器

光纤耦合器也称光纤连接器、光纤适配器，是光纤与光纤之间进行可拆卸（活动）连接，实现光信号分路 / 合路，或用于延长光纤链路的器件。光纤耦合器一般由 3 部分组成：两个光纤连接头和一个耦合器，两个光纤接头用于装进两个光纤尾端，耦合器起对准套管的作用。通常按照连接头的结构形式可分为 SC、ST、FC、LC 等类型，根据不同需求还有各种类型的转接耦合器，如 ST-SC 光纤耦合器。

（1）SC 光纤耦合器。如图 4-166 所示，其外形呈矩形，紧固方式采用插拔销闩式，在路由器交换机和传输设备侧光接口应用最多。对于 100Base-FX 来说，耦合器通常为 SC 类型。SC 光纤耦合器直接插拔，使用很方便，缺点是容易脱落。

（2）ST 光纤耦合器。如图 4-167 所示，其外形呈圆形，紧固方式为螺钉扣式，常用于光纤配线架。对于 10Base-FX 来说，耦合器通常为 ST 类型。ST 光纤耦合器插入后旋转半周有一卡口固定，缺点是容易折断。

接头　耦合器

图 4-166　SC 光纤耦合器

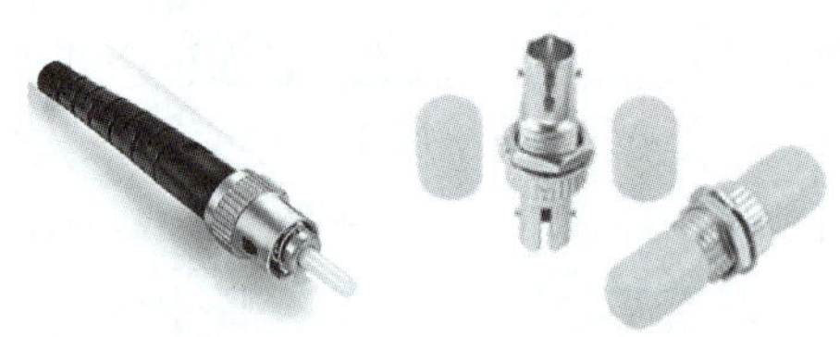

接头　耦合器

图 4-167　ST 光纤耦合器

（3）FC 光纤耦合器。如图 4-168 所示，其外部加强方式是采用金属套，紧固方式为螺钉扣式，一般在光纤配线架侧采用。FC 光纤耦合器优点是牢靠、防灰尘，缺点是安装时间稍长。

（4）LC 光纤耦合器。如图 4-169 所示，其外形与 SC 光纤耦合器相似，采用操作方便的模块化插孔闩锁方式，常用于路由器等设备。LC 光纤耦合器尺寸仅为 SC/ST/FC 连接器的 1/2，这样可以提高光纤配线架中光纤耦合器的密度。

接头　耦合器

图 4-168　FC 光纤耦合器

接头　耦合器

图 4-169　LC 光纤耦合器

2. 光纤跳线

光纤跳线是指光纤两端都装上光纤接头，用来实现光路活动连接的跳接线。一端装有光纤接头的光纤称为尾纤。光纤跳线常应用在光纤通信系统、光纤接入网、光纤数据传输及局域网等领域。

根据光纤接头的不同，光纤跳线一般分为 SC、ST、FC、LC 型。图 4–170 所示为常见的光纤跳线。根据光纤类型的不同，光纤跳线可分为单模跳线和多模跳线。根据不同需求还有各种类型的转接跳线，如 ST–SC 光纤跳线。图 4–171 所示为“西元”光缆展柜展示的几种类型的光纤跳线。请扫描二维码下载“西元”光缆展柜配套的视频和语音进行学习，并且仔细观察展柜内的实物展品，熟悉和掌握光纤光缆知识。

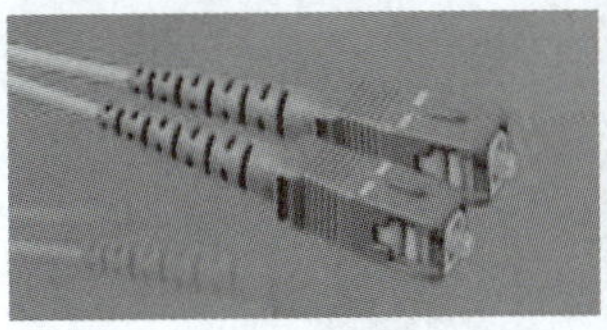
SC/SC 光纤跳线

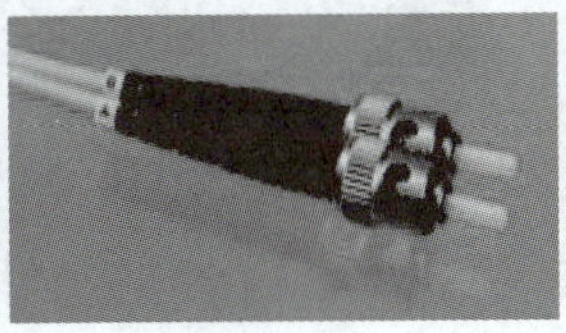
ST/ST 光纤跳线

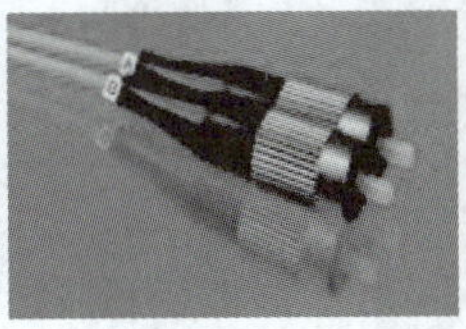
FC/FC 光纤跳线

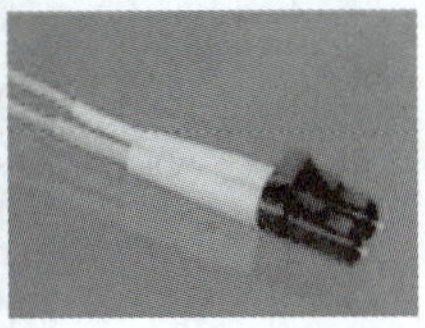
LC/LC 光纤跳线

图 4–170 常见的光纤跳线

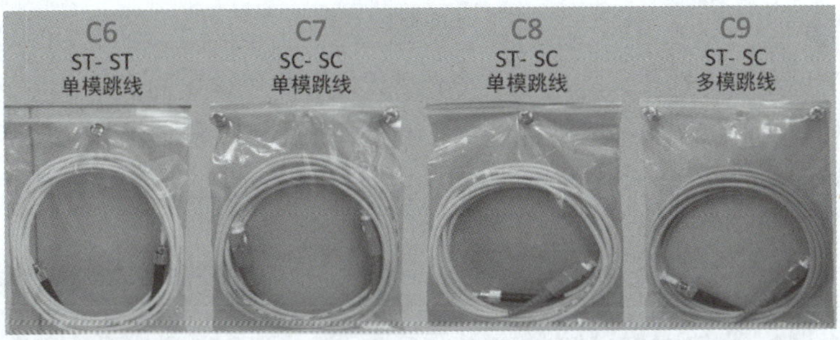

图 4–171 “西元”光缆展柜展示的几种类型的光纤跳线

3. 光纤配线架

光纤配线架是光缆和光通信设备之间或光通信设备之间的配线连接设备，用于光纤通信系统中局端主干光缆的成端和分配，可方便地实现光纤线路的连接、分配和调度。图 4–172 所示为“西元”光缆展柜展示的 8 位 SC 光纤配线架，图 4–173 为所示“西元”光缆展柜展示的 8 位 ST 光纤配线架，图 4–174 所示为西元 8 位 SC+8 位 ST 组合型光纤配线架。

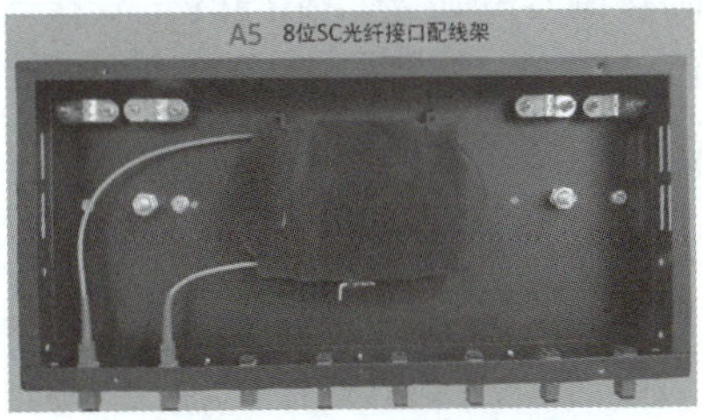

图 4–172 8 位 SC 光纤配线架

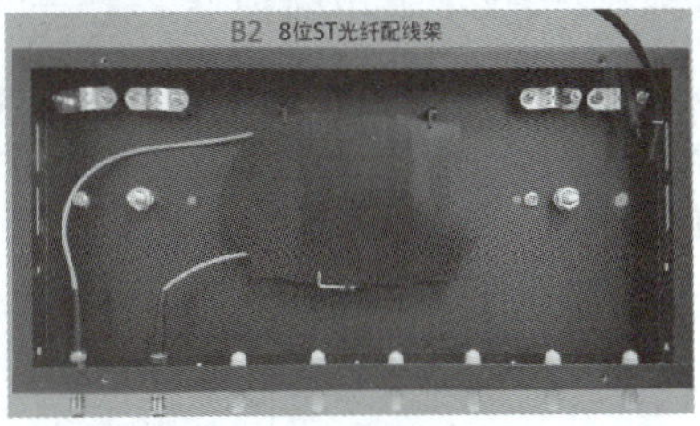

图 4–173 8 位 ST 光纤配线架

图 4–174 西元 8 位 SC+8 位 ST 组合型光纤配线架

4. 光缆接续盒

光缆接续盒又称光缆接头盒、炮筒，是将两根或多跟光缆连接在一起，并具有保护接头作用的装置。光缆接续盒主要用于室外光缆的架空、管道、直埋等敷设直通、接续和分支连续。根据其外形可分为立式接续盒和卧式接续盒，如图 4–175 所示。

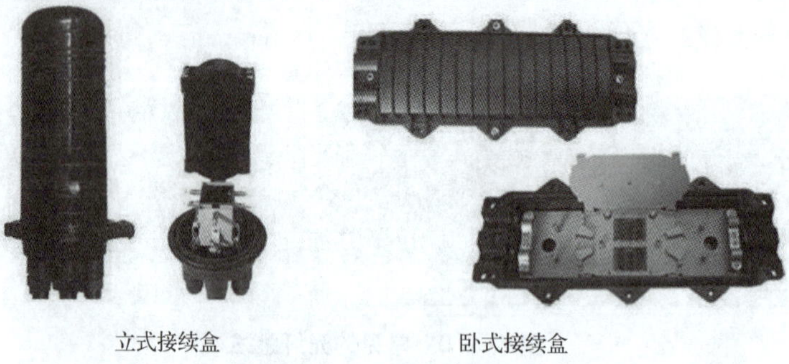

图 4–175 光缆接续盒

5. 光纤终端盒

光纤终端盒又称光缆终端盒，是用于保护光缆终端和尾纤熔接的盒子，主要用于室内、室外光缆的直通熔接和分支接续及光缆终端的固定，并且保护尾纤盘储，保护接头。图 4–176 所示为“西元”光缆展柜展示的 8 位 SC 光纤终端盒与 8 位 ST 光纤终端盒。

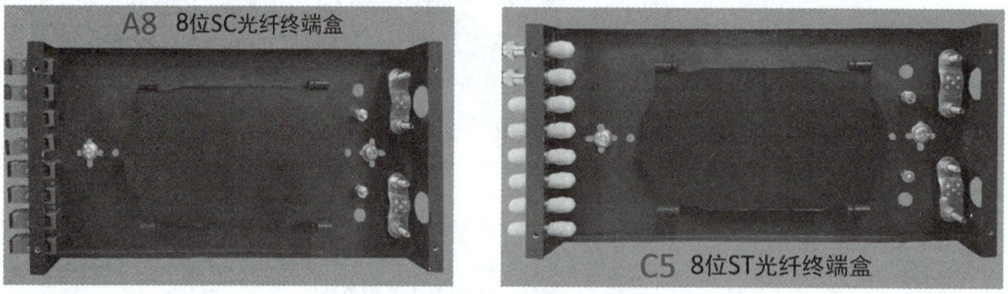

图 4–176 光纤终端盒

6. 光纤收发器

光纤收发器又名光电转换器，是一种类似于数字调制解调器的设备，不同的是其接入的是光纤专线,传输的是光信号。光电转换器将短距离的双绞线电信号和长距离的光信号进行互相转换，一般应用在以太网电缆无法覆盖、必须使用光纤来延长传输距离的网络环境中。图 4–177 所示为光电转换器及其连接示意图。

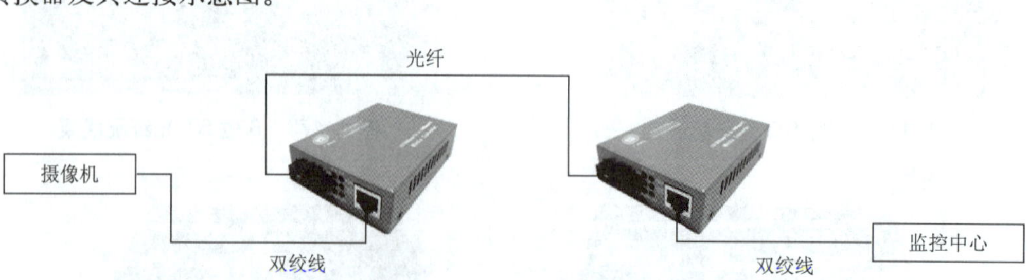

图 4–177 光电转换器及其连接示意图

7. 光分路器

光分路器又称分光器，是光纤链路中重要的无源器件之一，是具有多个输入端和多个输出端的光纤汇接器件。它将一根光纤中传输的光能量按照既定的比例分配给两根或者是多根光纤，或者将多根光纤中传输的光能量合成到一根光纤中。图 4–178 所示为常见的光分路器。

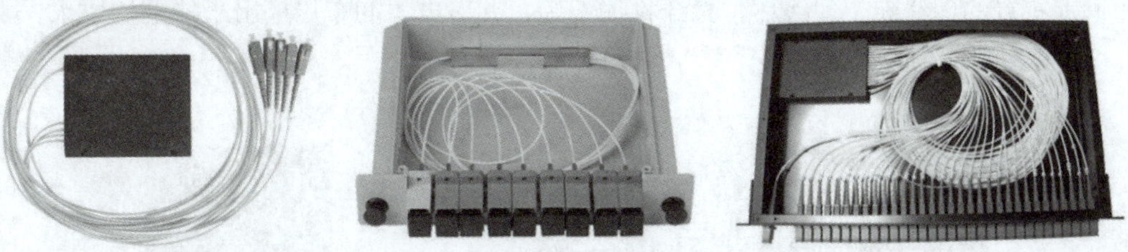

模块式　　插片式　　机架式

图 4-178　常见的光分路器

8. 光纤面板与底盒

光纤面板也称光纤插座，是实现光纤到桌面解决方案的用户终端产品，用于家庭或工作区，完成双芯光纤的接入及端口输出。结合安装底盒，使其内部空间可充分满足光纤弯曲半径的要求，并保护好进出光纤，为纤芯提供安全的保护。适当的曲率半径，允许小量冗余光纤的盘存，实现FTTD（光纤到桌面）系统应用。图 4-179 所示为常见的光纤面板与底盒，为了满足盘纤和曲率半径的需要，底盒深度应不小于 60 mm。

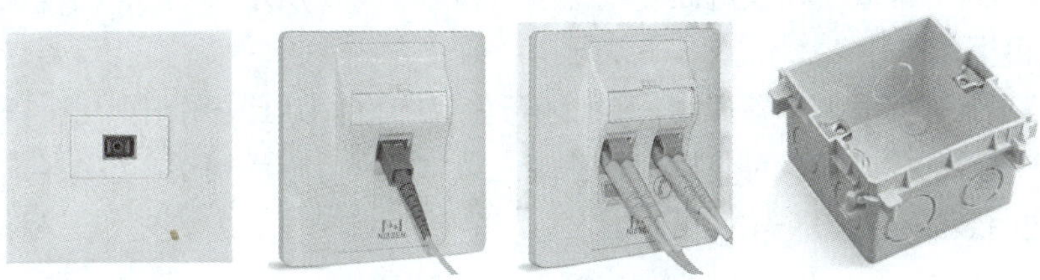

图 4-179　光纤面板与底盒

4.5 网络机柜

1. 标准 U 机柜

机柜是安装设备和缆线交接的地方。标准机柜以 U 为单位区分（1 U=44.45 mm）。

标准机柜的规格一般为 19 英寸，内部立柱安装尺寸宽度 482 mm（19 英寸）。机柜外部尺寸宽度为 600 mm，深度为 600 mm，高度尺寸一般为 2 000 mm。服务器机柜深度≥ 800 mm，满足刀片式服务器安装。具体规格如表 4-13 所示。

表 4-13　网络机柜规格

产品名称	单元	规格型号（mm）（宽 × 深 × 高）	产品名称	用户单元	规格型号（mm）（宽 × 深 × 高）
普通墙柜系列	6U	530 × 400 × 300	普通网络机柜系列	18U	600 × 600 × 1 000
	8U	530 × 400 × 400		22U	600 × 600 × 1 200
	9U	530 × 400 × 450		27U	600 × 600 × 1 400
	12U	530 × 400 × 600		31U	600 × 600 × 1 600
普通服务器机柜系列（加深）	31U	600 × 800 × 1 600		36U	600 × 600 × 1 800
	36U	600 × 800 × 1 800		40U	600 × 600 × 2 000
	40U	600 × 800 × 2 000		45U	600 × 600 × 2 200

2. 配线机柜

配线机柜是为综合布线系统特殊定制的机柜。其特殊点在于增添了布线系统特有的一些附件，如垂直布置的理线架、理线环、光纤收纳架等，并对电源的布局提出了特别的要求，常见的配线机柜如图 4–180 所示。

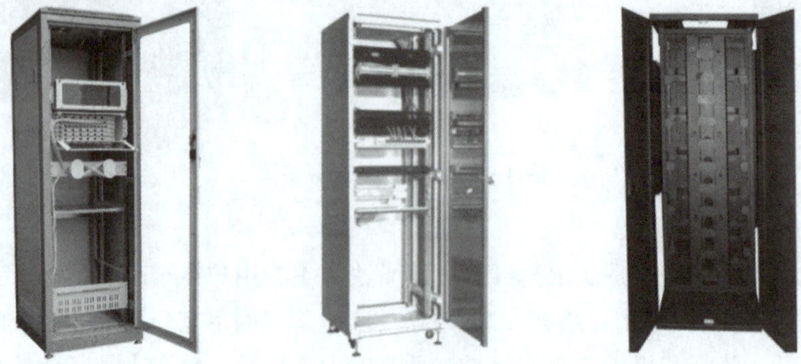

图 4–180　配线机柜

3. 服务器机柜

常用服务器机柜一般安装在设备间子系统中，如图 4–181 所示。

4. 壁挂式机柜

主要用于楼层管理间或者分管理间，外观轻巧美观，全柜采用钢板制作，柜门一般装有玻璃，机柜背面有 4 个挂墙的安装孔，可将机柜挂在墙上节省空间，广泛用于小型综合布线工程、楼道明装、办公室内明装等，如图 4–182 所示。

图 4–181　服务器机柜

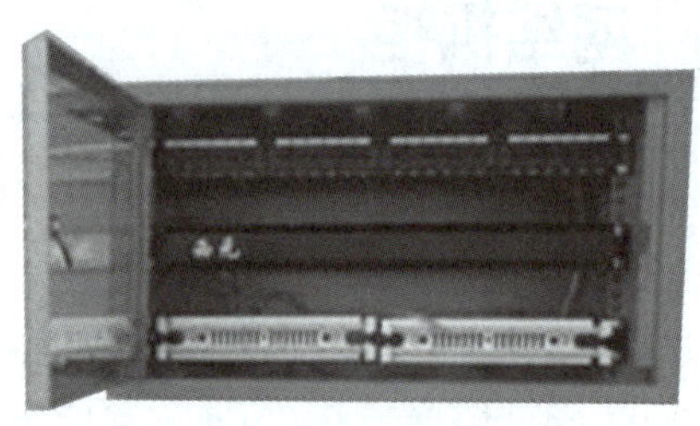

图 4–182　壁挂式网络机柜

5. 机柜立柱安装尺寸

在楼层管理间和设备间，模块化配线架和网络交换机一般安装在 19 英寸的机柜内。为了使安装在机柜内的配线架和网络交换机美观大方且方便管理，必须对机柜内设备的安装进行规划，具体遵循以下原则：

（1）一般配线架安装在机柜下部，交换机安装在其上方。

（2）每个配线架之间安装一个理线环，每个交换机之间也要安装理线环。

（3）正面的跳线从配线架中出来全部要放入理线环内，然后从机柜侧面绕到上部的交换机间的理线环中，再插入交换机端口。

一般网络机柜的安装尺寸执行 YD/T 1819—2016《通信设备用综合集装架》标准的规定，具体安装尺寸如图 4–183 所示。图 4–184 所示为常见的机柜内配线架安装实物图，图 4–185 所示为西元综合布线安装技能展示装置。请扫描二维码下载彩色高清照片阅读。

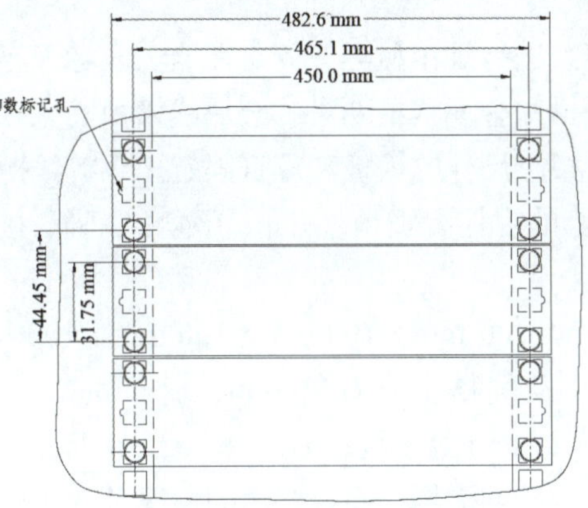

图 4-183 网络机柜的安装尺寸

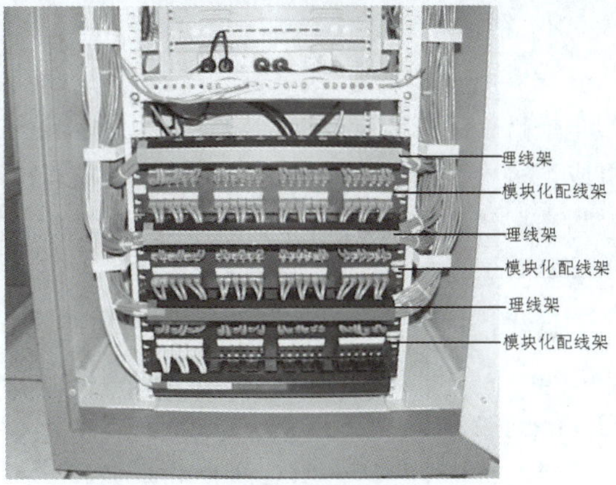

图 4-184 机柜内配线架安装实物图

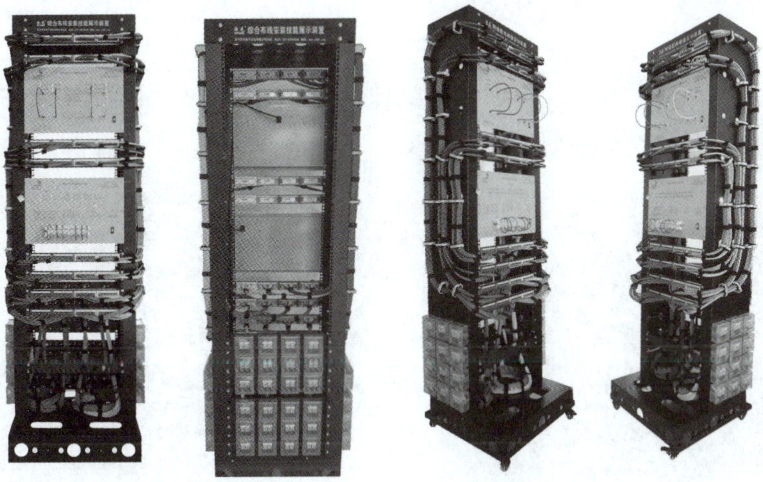

图 4-185 西元综合布线安装技能展示装置

彩色高清图

4.6 综合布线工程常用线管线槽与桥架

1. 线管与配件

线管是综合布线系统工程中常用的穿线管道，我们以图 4-186 所示的“西元”配件展示柜为例进行介绍。综合布线系统工程中常用的线管主要有：

（1）PVC 线管。主要用于水平子系统布线，一般暗埋在楼板与过梁和立柱内，也用于楼层吊顶上的隐蔽布线，常用规格为 Φ20 或者 Φ16 等。在工程设计和施工安装中，Φ20 管内最多安装 3 根网线，距离短拐弯少时，也允许安装 4 根网线；Φ16 管内最多安装 2 根网线，距离短拐弯少时，也允许安装 3 根网线。

在工程设计和安装中应注意下列问题：

③ PVC 管应采用暗埋方式，楼板内暗埋管的直径一般不超过 Φ20 mm。

②临时或者特殊情况下，需要明装布线时，宜使用 PVC 线槽，不应使用 PVC 管。

① PVC 管拐弯时，应保证网线的曲率半径符合要求，宜使用自制的大拐弯弯头，不能使用注塑成型的工业成品弯头。

（2）PVC 管接头，一般用于同规格 PVC 线管的延长连接，常用规格有 Φ20、Φ16 等。

（3）PVC 管卡，一般用于楼层吊顶上，固定 PVC 管，常用规格有 Φ20、Φ16 等。

2. 线槽

线槽又名走线槽、配线槽、行线槽，是用来将缆线进行规范梳理，固定在墙上或者天花板上的布线材料。线槽一般根据槽体材质可以分为塑料线槽和金属线槽两种。金属线槽由槽底和槽盖组成，每根线槽长度一般为 2 m，槽与槽连接时使用相应尺寸的铁板和螺钉固定。塑料线槽的外形与金属线槽类似，但它的品种和规格更多，与其配套的附件有阳角、阴角、平角、三通、接头、堵头等。

就线槽规格而言，一般金属线槽的规格有 50 mm × 100 mm、100 mm × 100 mm、100 mm × 200 mm 等多种。塑料线槽的规格种类更加多元化，从规格上分有 20 mm × 12 mm、25 mm × 12.5 mm、25 mm × 25 mm、30 mm × 15 mm、40 mm × 20 mm 等多种型号。

线槽是日常布设和整理线材的常用器材，尤其对于后期需增加布线路由的情况时，线槽明装布线因其整齐、美观、方便等特点，成为人们的首选方案。

3. 桥架

桥架是建筑物综合布线不可缺少的一个部分，一般安装在建筑物的设备间、管理间、弱电竖井，或者楼道顶部、吊顶上等，用于电缆和光缆的安装。图 4-187 所示为西元桥架展示系统，以实物方式展示了桥架的安装方法和常用部件。

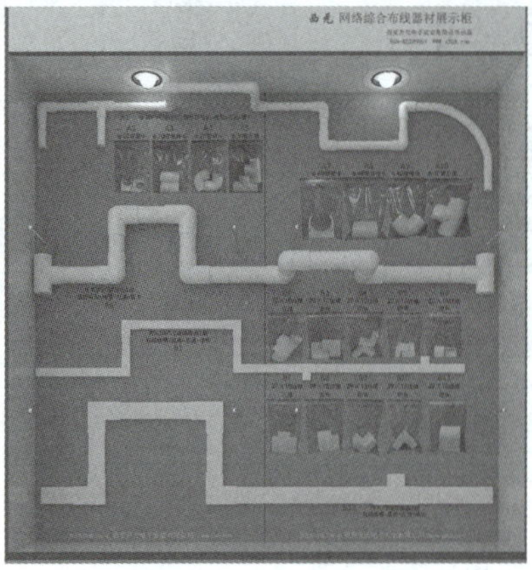

图 4-186 西元配件展示柜

图 4-187 西元桥架展示系统

（1）托盘式桥架：托盘式电缆桥架是应用最为广泛的一种桥架设备。它具有质量小、载荷大、造型美观、结构简单和安装方便等优点。

（2）槽式桥架：槽式桥架是一种全封闭型电缆桥架，适用于敷设计算机网络电缆、通信电缆及其他控制电缆，也能够屏蔽外来干扰，在腐蚀环境中保护电缆。

（3）梯式桥架：梯式桥架具有质量小、载荷大、成本低、安装方便、散热和通透性好、外形美观等优点，适合安装大对数电缆和密集布线。

（4）网格桥架：一般用表面电镀的铁丝制作，如图 4-188 所示，适用于设备间、管理间等室内布线。

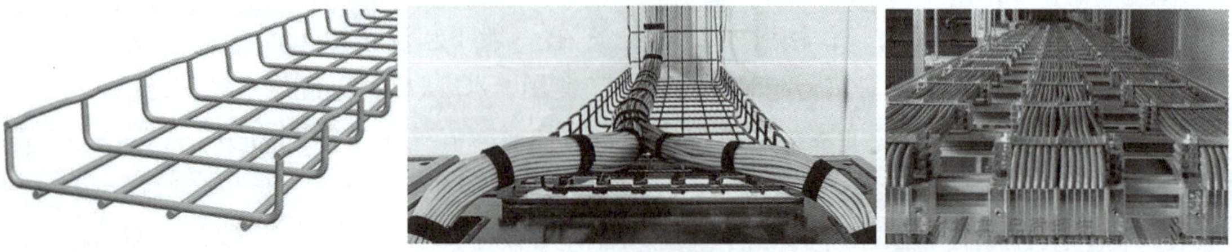

图 4-188 网格桥架

4.7 住宅信息箱

住宅信息箱又称多媒体信息箱，是综合布线系统不可缺少的设备，可对住宅内所有弱电系统进行统一管理和集中控制，在房地产建设及住宅装修中被广泛应用。2019 年 7 月 1 日 GB/T 37142—2018《住宅用综合布线信息箱技术要求》国家标准正式发布实施，对住宅用综合信息箱进行了指导性规定。下面结合标准和西元住宅信息箱，展开介绍和说明。

1. 住宅信息箱的组成

住宅信息箱是由箱体及功能模块组成，安装在居住单元套（户）内，用于实现居住单元的宽带接入、智能家居控制管理、路由交换，以及具有语音、数据和有线电视线缆配线功能的设备箱。

（1）箱体。箱体一般由金属材料、塑料材料或组合材料制成，箱体内要预留足够的空间以便安装各种功能模块。一般要求箱体应能为接入光缆提供不小于 0.5m 的盘绕空间。箱门应平整牢固，具有关闭锁位机构，开启角度不应小于 110°。图 4-189 所示为西元住宅信息箱。

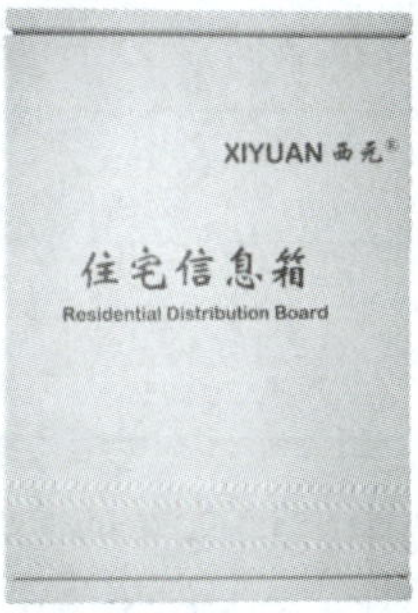

国标款

传统款

图 4-189 西元住宅信息箱

（2）功能模块。住宅信息箱的功能模块一般包括宽带接入模块、智能家居中控模块、路由交换模块、语音配线模块、数据配线模块、有线电视配线模块、直流电源模块等。各功能模块均应满足相关性能需求，如数据配线模块应明确指示产品性能等级，其电气性能应至少满足 YD/T 926.3 中超 5 类的要求等。图 4-190 所示为西元住宅信息箱内部配置图，包括有数据配线模块、光纤配线模块、有线电视配线模块、交流电源模块等。

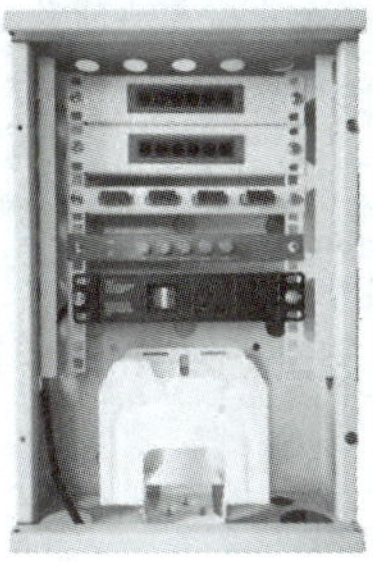

国标款

传统款

图 4-190 西元住宅信息箱内部配置图

2. 住宅信息箱的基本技术要求

住宅信息箱应满足下列基本技术要求：

（1）住宅信息箱的使用条件：工作温度为 -10 ～ +40℃，相对湿度为不大于 90%。

（2）在试验电压 DC500 V 条件下，箱体与带电部件之间的绝缘电阻不应小于 100 MΩ，环境试验后不应小于 10 MΩ。

（3）箱体与带电部件之间的耐电压强度不应小于 DC1 500 V 或 AC1 000 V，1 min 内无击穿和飞狐现象。

（4）箱体金属部分应良好导通，并预留接地端子，接地端子应能连接截面积不小于 6 mm^2 的接地线，而且接地连接点应有清晰的接地标识。

（5）各功能模块应符合相关技术的基本要求，并应满足实际应用需求。

3. 住宅信息箱的尺寸

住宅信息箱功能与暗装箱体底盒尺寸宜参照表 4–14 要求。

表 4–14 住宅用综合信息箱功能与暗装箱体底盒尺寸

功　能	暗装箱体底盒尺寸（高 × 宽 × 深）(mm)	功能模块单元数（典型配置）
可安装宽带接入模块、智能家居中控模块、路由交换模块、语音配线模块、数据配线模块、有线电视配线模块、直流电源模块	470 × 300 × 115	9
可安装宽带接入模块、智能家居中控模块、路由交换模块、语音配线模块、数据配线模块、有线电视配线模块、直流电源模块	420 × 300 × 115	7
可安装宽带接入模块、智能家居中控模块、直流电源模块	370 × 300 × 115	5

4.8 常用工具

“工欲善其事，必先利其器。”在综合布线系统工程施工安装中，需要多种工具，如在光纤熔接中主要依靠各种专用工具完成任务。本节以西元综合布线工具箱（KYGJX–12）和西元光纤工具箱（KYGJX–31）为例进行介绍和说明。

1. 综合布线工具箱

图 4–191 所示为西元综合布线工具箱，产品型号为 KYGJX–12，适合电缆的安装与端接，其配置的工具和用途如下：

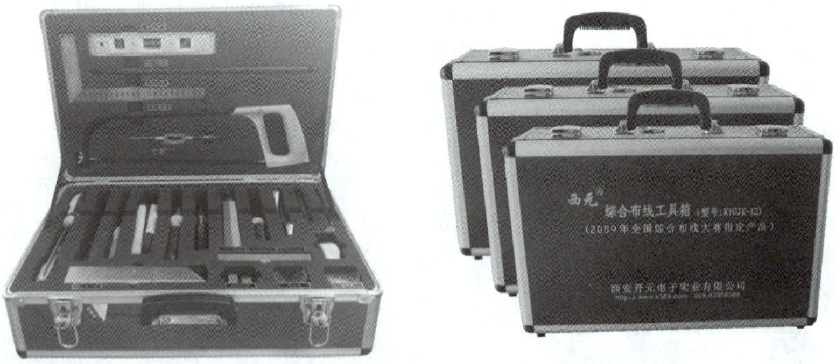

图 4–191 西元综合布线工具箱

1）网络压线钳

网络压线钳主要用于压接 RJ–45 水晶头，同时具备剥线和剪线功能。压线钳的 8 个卡齿精准对接水晶头的 8 个刀片，刀口平整，压制契合度高，位置正确。图 4–192 所示为网络压线钳的产品照片和主要使用方法示意图。有些多功能网线压线钳还有压接 RJ–11 水晶头等功能，同时在刀片外面安装有安全挡板，防止刀片割伤手指。

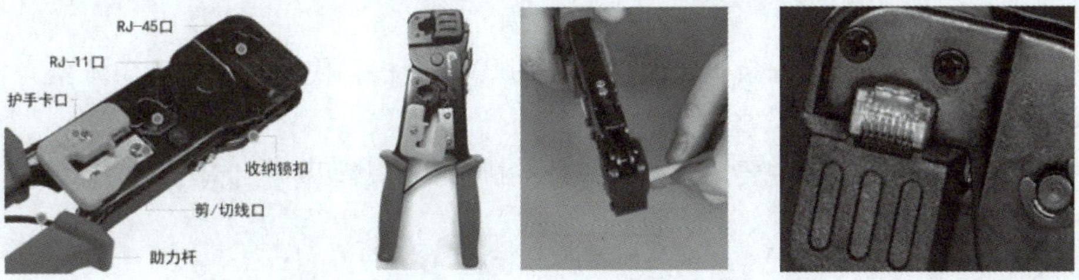

图 4-192 网络压线钳产品照片和使用方法示意图

2）单口打线钳

单口打线钳主要用于网络配线架、网络模块等的端接打线。单口打线钳内置钢带和弹簧，具有高冲压式压线功能，一般最高冲击力（15±2）kg，最低冲击力（10±2）kg，操作时不要使蛮力，只要压力超过 15 kg 就可以了。打线时应注意打线刀头是否良好，刀刃是否锋利；打线时应对准模块，垂直快速打下，并且用力适当。

打线时依靠机械压力将线芯快速压至模块内的弹簧刀片中，同时划破铜线芯绝缘层，实现铜线芯与模块弹簧刀片的长期电气连接。图 4-193 所示为单口打线钳、使用方法和刀头，注意刀刃在线尾端。打线钳刀刃裁线次数宜为 1 000 次，属于易耗品，超过使用次数后，刀刃磨损变钝，无法裁断线，请及时更换。

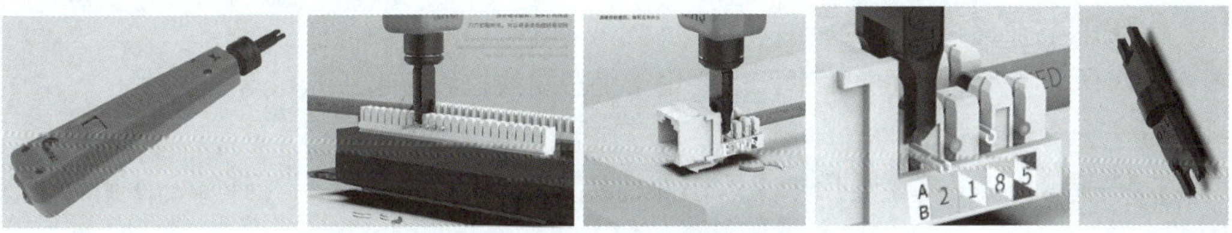

图 4-193 单口打线钳、打线示意图和工具钢双头刀片

3）钢卷尺

钢卷尺用于测量长度，常用不锈钢卷尺规格有 2 m、3 m、5 m，西元工具箱配置的规格为 2 m。如图 4-194 所示，一般卷尺产品的尺带都为不锈钢带，印刷有尺码数字，设计有锁尺装置、尺带收回装置和挂绳等。使用时请爱护和小心使用，注意匀速拉出，收回时也要匀速进行，不能快速收回。特别注意不锈钢尺带的边缘比较锋利，小心划伤手。

4）活扳手

活扳手主要用于拧紧或者拆卸螺栓与螺母，使用时应调整钳口开合与螺母规格相适应，并且用力适当，防止扳手滑脱。图 4-195 所示为西元工具箱配置的 150 mm 活扳手。常用的活扳手规格如下：

150 mm，也称 6 英寸，最大开口 20 mm；200 mm，也称 8 英寸，最大开口 25 mm；250 mm，也称 10 英寸，最大开口 30 mm；300 mm，也称 12 英寸，最大开口 36 mm。

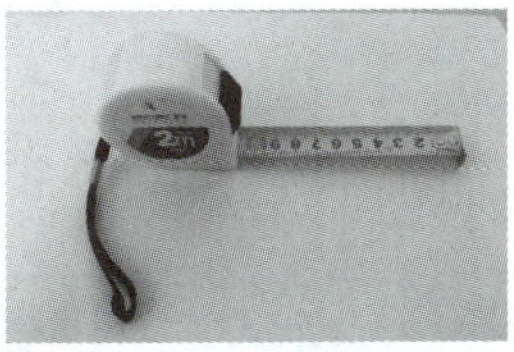

图 4-194 不锈钢尺带卷尺

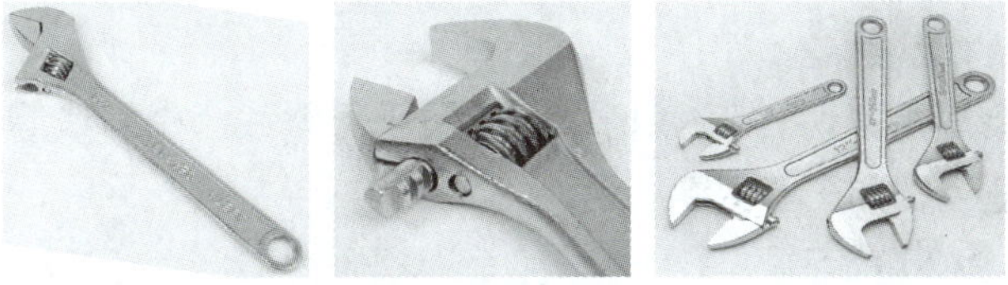

图 4-195 活扳手

5）十字螺丝刀

图 4-196 所示为 150 mm 十字螺丝刀，主要用于十字槽头螺钉、螺栓的拆装。

6）锯弓、钢锯条

图 4-197 所示为锯弓和钢锯条，主要用于锯切 PVC 管槽，使用时请将锯条张紧。

7）美工刀

图 4-198 所示为美工刀，主要用于割断柔软的撕拉线、裁切标签纸等。刀刃锋利，请小心使用，切勿受伤。

8）线管剪

图 4-199 所示为线管剪，主要用于旋转切断 Φ16、Φ20、Φ25 PVC 线管。请按照产品说明书规定规范使用，安全使用，请勿受伤。

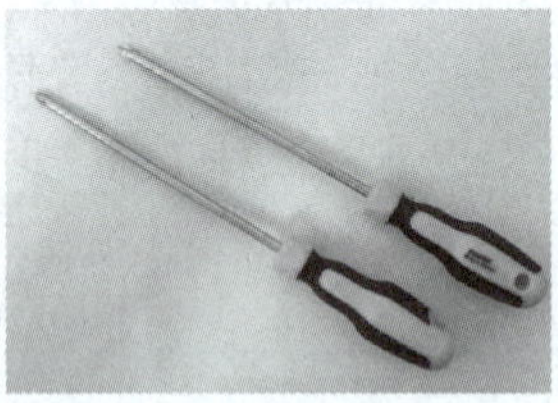

图 4-196　150 mm 十字螺丝刀

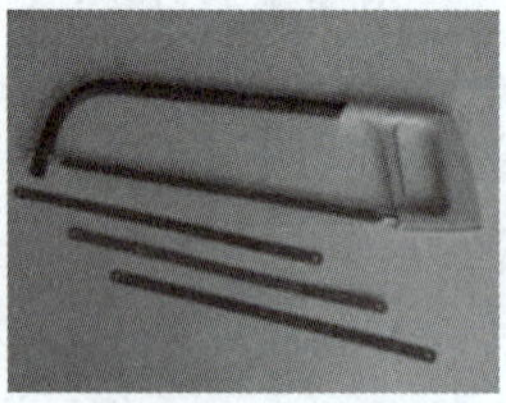

图 4-197　锯弓和钢锯条

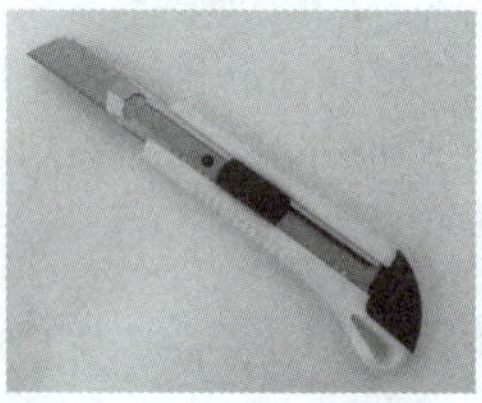

图 4-198　美工刀

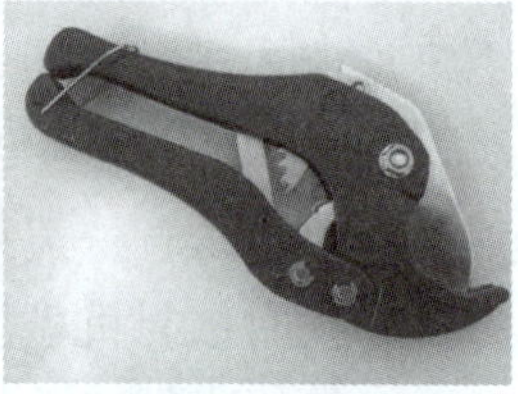

图 4-199　线管剪

9）老虎钳

图 4-200 所示为 200 mm 老虎钳。主要用于夹持缆线拉线、拔连接块、剪断铁丝等。

10）尖嘴钳

图 4-201 所示为 150 mm 尖嘴钳，主要用于夹持缆线拉线、电工接线等。

11）镊子

图 4-202 所示为镊子，主要用于夹取小件物品，拾取较小的线头、光纤等，使用时注意防止尖头伤人。

12）不锈钢角尺

图 4-203 所示为 250 mm 不锈钢角尺，主要用于 90° 划线和测量。

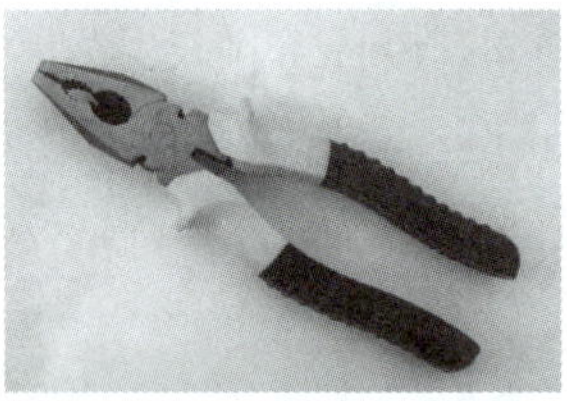

图 4-200　200 mm 老虎钳

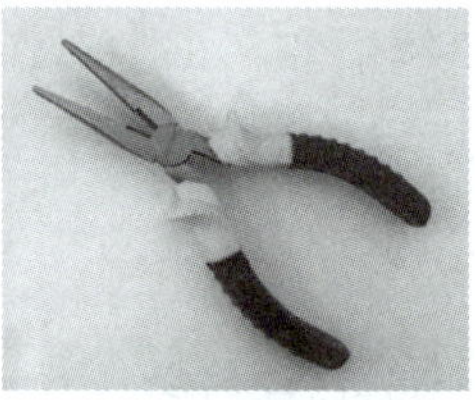

图 4-201　150 mm 尖嘴钳

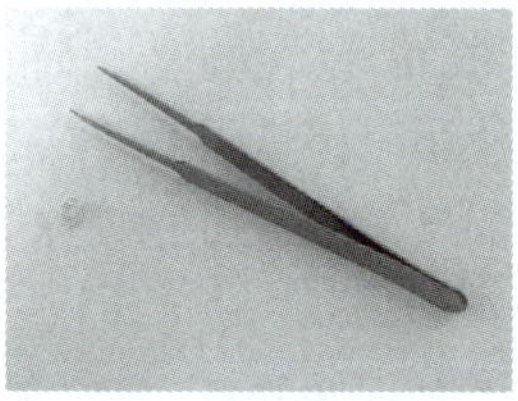

图 4-202　镊子

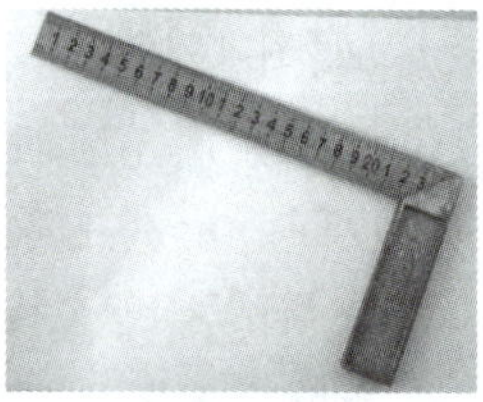

图 4-203　250 mm 不锈钢角尺

13）条形水平尺

在综合布线工程安装中，用于测量机柜和桥架等设备的水平度，保证横平竖直等。图 4-204 所示为 230 mm 条形水平尺。

14）线槽剪

主要用于剪切 PVC 线槽，也适用于剪软线、牵引线等，使用时手应远离刀口，快要切断时应用力适当，如图 4-205 所示。

15）Φ20 弯管器

弯管器用于自制大拐弯的弯头，如图 4-206 所示。注意只能对 PVC 冷弯管进行折弯。图 4-207 所示为弯管器自制弯头的方法示意图。

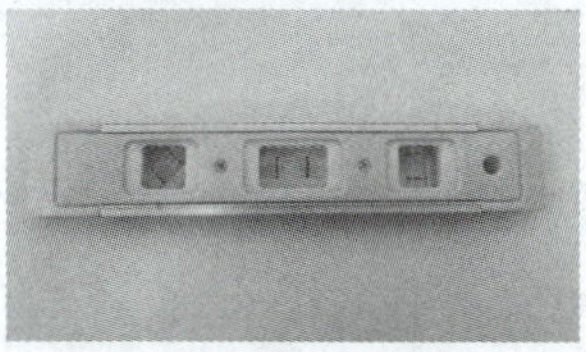

图 4-204　230 mm 条形水平尺

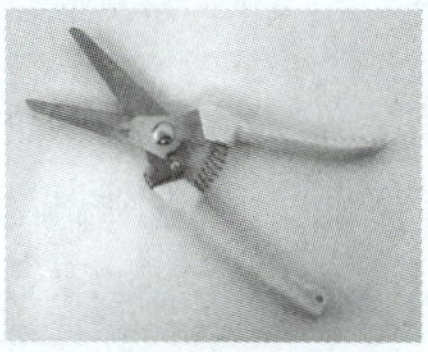

图 4-205　线槽剪

图 4-206　Φ20 弯管器

图 4-207　弯管器自制弯头方法示意图

16）计算器

计算器主要用于施工过程中的数值计算，如图 4-208 所示。

17）麻花钻头

麻花钻头用于在金属上钻孔，应根据钻孔尺寸选用合适规格的钻头。钻孔时必须夹紧钻头，保持电钻垂直于钻孔表面，并且用力适当，防止钻头滑脱。在壁挂式机柜、桥架安装中经常需要开孔。图 4-209 所示为 Φ10、Φ8、Φ6 钻头，表面涂油防锈处理。

18）十字批头

配合电动螺丝刀用于十字槽螺钉的拆装，使用时应确认十字批头卡装牢固，必须卡装在电动工具上使用。十字批头为易耗品，如果磨损严重时，更换新的十字批头，如图 4-210 所示。

19）M6 螺钉

备用螺钉，用于机架内设备安装。图 4-211 所示为西元工具箱配置的 M6 × 12 镀镍螺钉。

20）RJ-45 水晶头

备用水晶头，用于端接在网络电缆上使用，如图 4-212 所示。

图 4-208　计算器

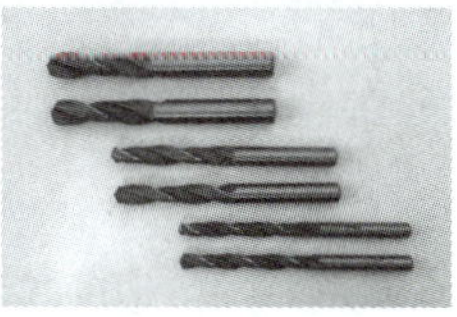

图 4-209　麻花钻头

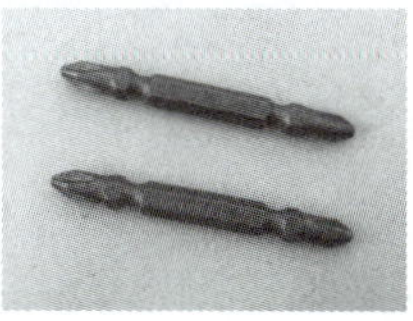

图 4-210　十字批头

图 4-211　螺钉

图 4-212　水晶头

21）弯头模具

主要用于锯切斜角的线管、线槽，使用时将线槽水平放入弯头模具内槽中，用锯弓通过其带有的切割槽，完成各种斜角线管、线槽的现场制作，如图 4-213 所示。

22）旋转网络剥线器

用于剥取网络电缆外护套，使用时将工具顺时针旋转剥线，切割护套的 60%~90%。图 4-214 所示为旋转网络剥线器与使用方法。

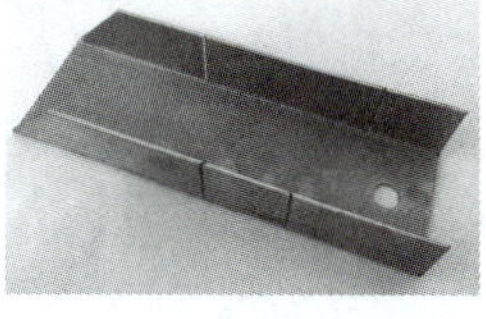

图 4-213　弯头模具

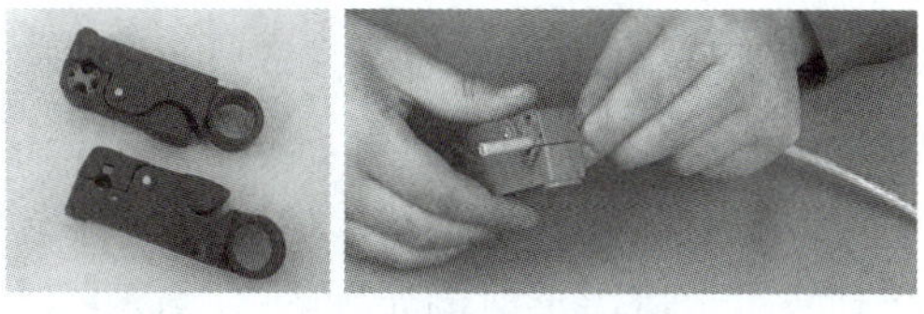

图 4-214　剥线器与使用方法

23）丝锥和丝锥架

丝锥属于钳工工具，常用于在金属零件上攻丝，或者在维修时对螺孔进行套丝。例如，西元孔板上的 M6 螺孔被喷塑层或者杂物堵塞时，用丝锥再次套丝，就能快速安装螺钉。丝锥必须与丝锥架或者手枪钻配合使用，与丝锥配合用于开孔或者对螺纹孔进行套丝。图 4–215 所示为丝锥和丝锥架使用方法。特别注意使用丝锥手动套丝（攻丝）时，一般进 1 圈退半圈，使用电动手枪钻夹持丝锥套丝（攻丝）时，将转速调到最低，也必须进 3~4 圈，退 1~2 圈，慢慢攻丝。在综合布线系统工程安装施工中，常用于维修不顺畅的螺钉孔。

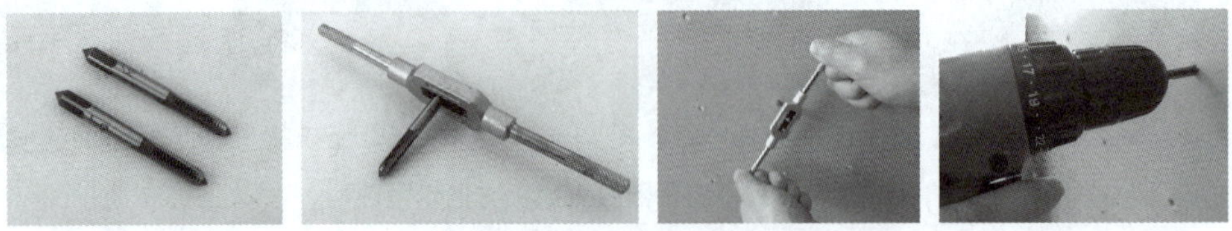

图 4–215　丝锥和丝锥架使用方法

2. 光纤工具箱

光纤工具箱主要用于光纤光缆的施工、维护、抢修等，提供光纤截断、开剥、清洁及光纤端面的切割等工具。我们以西元光纤工具箱（KYGJX–31）为例进行说明。图 4–216 所示为“西元”光纤工具箱，其工具名称和用途如下：

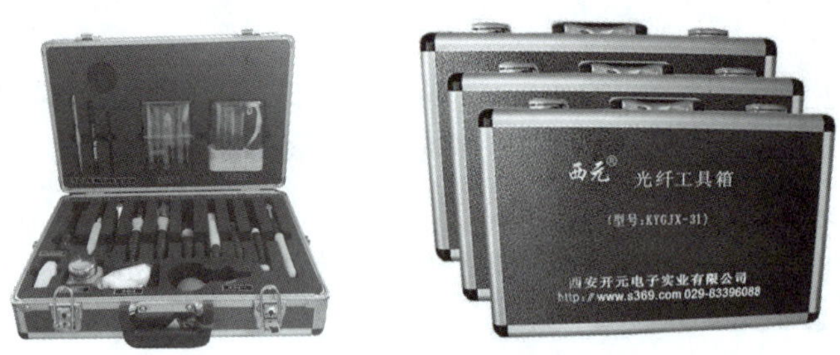

图 4–216　西元光纤工具箱

（1）束管钳：主要用于剪切光缆中的钢丝绳，如图 4–217 所示。

（2）8 英寸多用剪：适合剪一些相对柔软的物件，如牵引线等，不宜用来剪硬物，如图 4–218 所示。

（3）剥皮钳：主要用于光纤或者尾纤的护套剥皮，不适合剪切室外光缆的钢丝。剪剥外皮时，要注意剪口的选择，如图 4–219 所示。

（4）150 mm 斜口钳：主要用于剪光缆外皮，不适合剪切钢丝，如图 4–220 所示。

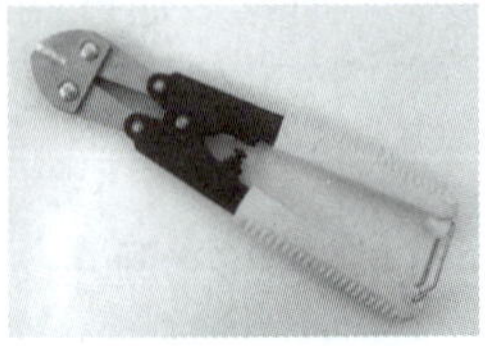

图 4–217　束管钳

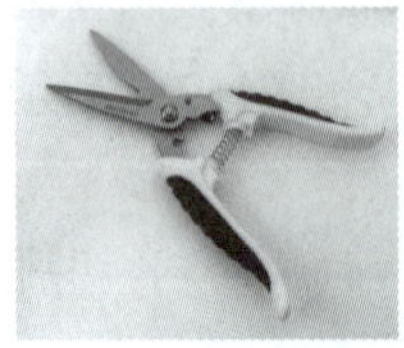

图 4–218　8 英寸多用剪

图 4–219　剥皮钳

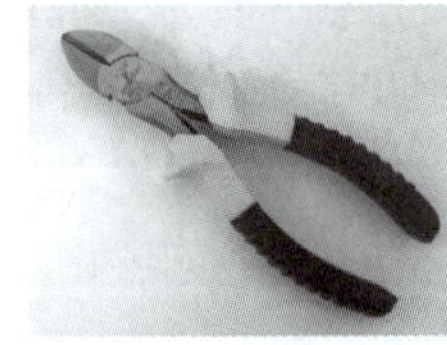

图 4–220　150 mm 斜口钳

（5）150 mm 尖嘴钳：适用于拉开光缆外皮或夹持小件物品。

（6）200 mm 钢丝钳：俗名老虎钳，主要用来夹持物件，剪断钢丝。

（7）美工刀：用于裁剪跳线、双绞线内部牵引线等，不可用来切硬物。

（8）光纤剥线钳：适用于剪剥光纤的各层保护套，有 3 个剪口，可依次剪剥尾纤的外皮、中层保护套和树脂保护膜。剪剥时注意剪口的选择，如图 4-221 所示。

(9) 150 mm 活扳手：用于紧固螺钉。

(10) 横向开缆刀：用于切割室外光缆的黑色外皮，如图 4-222 所示。

(11) 清洁球：用于清洁灰尘，如图 4-223 所示。

(12) 酒精泵：盛放酒精，不可倾斜放置，盖子不能打开，以防止挥发，如图 4-224 所示。

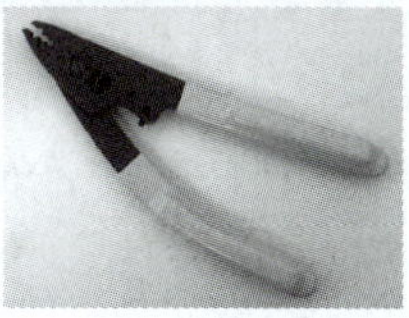

图 4-221　光纤剥线钳

图 4-222　横向开缆刀

图 4-223　清洁球

图 4-224　酒精泵

(13) 2 m 钢卷尺：用于测量长度。

(14) 镊子：用于夹持细小物件。

(15) 记号笔和红光笔：记号笔用于标记，红光笔可简单检查光纤的通断，如图 4-225 所示。

(16) 酒精棉球：蘸取酒精擦拭裸纤，平时应保持棉球的干燥。

(17) 组合螺丝批：即组合螺丝刀，用于紧固相应的螺钉，如图 4-226 所示。

(18) 微型螺丝批：即微型螺丝刀，用于紧固相应的螺钉，如图 4-227 所示。

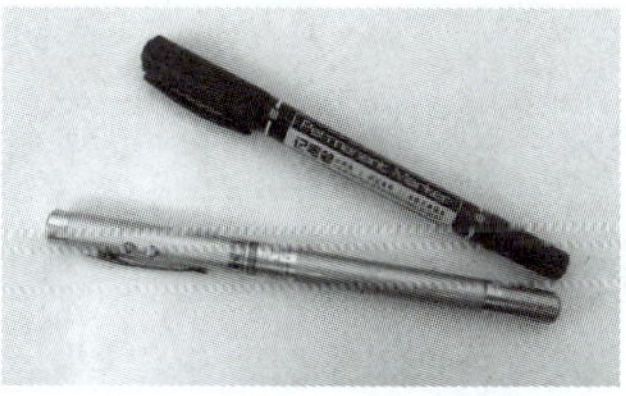

图 4-225　记号笔和红光笔

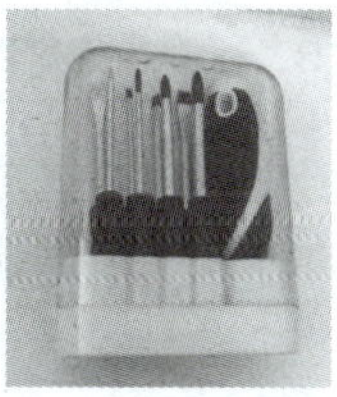

图 4-226　组合螺丝批

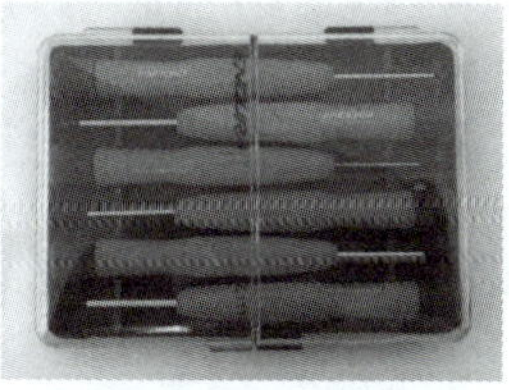

图 4-227　微型螺丝批

4.9 工程经验

1. 工程经验一，单口打线钳的正确使用方法

单口打线钳内采用冲压式压线方式，一般最高冲击力（15±2）kg，最低冲击力（10±2）kg，操作时不要使蛮力，适当用力，垂直快速压下，只要压力超过最低冲压力就可以了，握持打线钳的正确操作方法如图 4-228 所示，大拇指应该在打线钳的上端。

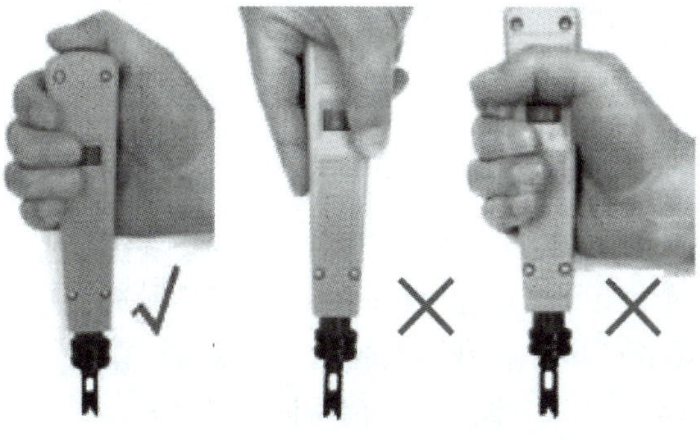

图 4-228　单口打线钳的正确操作方法

2. 工程经验二，单口打线钳到头应及时更换

单口打线钳刀刃裁线次数宜为 1 000 次，属于易耗品，超过使用次数后，刀刃磨损变钝，无法裁断线，请及时更换。

◎ 典型案例 4 电缆连接器件刀片材料磷青铜

磷青铜，即锡磷青铜，一种以锡和磷作为主要合金元素的青铜，含有 2% ~ 8% 锡，0.1% ~ 0.4% 磷，其余为铜。具有强度高、弹性好、耐磨和抗磁等优点，在热态和冷态下压力加工性良好，对电火花有较高的抗燃性，在大气和淡水中耐蚀，在工业上主要用作耐磨零件和弹性元件。在综合布线系统中，多用于制造电缆连接器件刀片。下面从三方面来介绍磷青铜刀片。

1. 磷青铜硬度为纯铜的两倍

在综合布线系统中，电缆连接器件均使用磷青铜刀片，电缆连接器件在端接时，为了实现可靠的电气连接，刀片会需要刺入电缆铜导体的线芯中，这时就需要刀片的硬度大于电缆线芯的硬度。

为了减少信号在传输过程中减少损耗，网络电缆线芯多为纯铜，纯铜在特硬状态下的维氏硬度 HV ≥ 100，电缆连接器件使用的磷青铜刀片在特硬状态下的维氏硬度 HV ≥ 210。磷青铜刀片硬度远大于电缆线芯刀片，所以在电缆连接器件端接时，刀片很容易刺入线芯，实现可靠的电器连接。表 4-15 所示为纯铜和磷青铜力学性能

表 4-15 纯铜和磷青铜力学性能

类 别	状态	拉 伸 试 验		硬 度 试 验
		抗拉强度 R_m/MPa	断后伸长率 $A_{11.3}$/%	维氏硬度 HV
纯铜 无氧铜	M	≥ 195	≥ 30	≤ 70
	Y_4	215 ~ 275	≥ 25	60 ~ 90
	Y_2	245 ~ 345	≥ 8	80 ~ 110
	Y	295 ~ 380	≥ 3	90 ~ 120
	T	≥ 350	—	≥ 110
磷青铜 QSn6.5-0.1	M	≥ 315	≥ 40	≤ 120
	Y_4	390 ~ 510	≥ 35	110 ~ 155
	Y_2	490 ~ 610	≥ 10	150 ~ 190
	Y	590 ~ 690	≥ 8	180 ~ 230
	T	630 ~ 720	≥ 5	200 ~ 240
	TY	≥ 690	—	≥ 210

2. 磷青铜电阻率

电阻率是用来表示各种物质电阻特性的物理量，某种材料制成的长为 1 m，横截面积为 1 mm^2 的导体的电阻，在数值上等于这种材料的电阻率。它反映物质对电流阻碍作用的属性，它与物质的种类有关，还受温度影响。在网络系统中，电缆与连接器件的电阻率对信号的传输有较大的影响。从表 4-16 可以看出，银、铜、金、铝 4 种材料电阻率最小，都在电工电子行业大量使用。例如，大功率电器设备接线排和接线端子往往采取镀银，5e 类和 6 类网络水晶头刀片采取镀金，实现电阻低和不生锈的目的，铜也常用于电线电缆导体，铝常用于高压输电导线。

表 4–16 常见金属材料的电阻率

金属种类	材料电阻率（Ω · m）	金属种类	材料电阻率（Ω · m）
银	1.65×10^{-8}	铜	1.75×10^{-8}
金	2.4×10^{-8}	磷青铜	1.28×10^{-7}
铝	2.83×10^{-8}	锰铜	4.4×10^{-7}
钨	5.48×10^{-8}	康铜	5.0×10^{-7}
铁	9.78×10^{-8}	镍铬合金	1.0×10^{-6}

网络电缆多为纯铜，在 20 ℃下其电阻率为 $1.75 \times 10^{-8}\ \Omega \cdot m$。由于磷青铜是一种合成铜，其电阻率高于纯铜，20 ℃磷青铜的电阻率为 $1.28 \times 10^{-7}\ \Omega \cdot m$，所以电缆连接器件的刀片一般都会刀片表面进行镀金处理，增强导电性，同时可以防止氧化。图 4–229 所示为 RJ–45 水晶头刀片结构图和应用图。

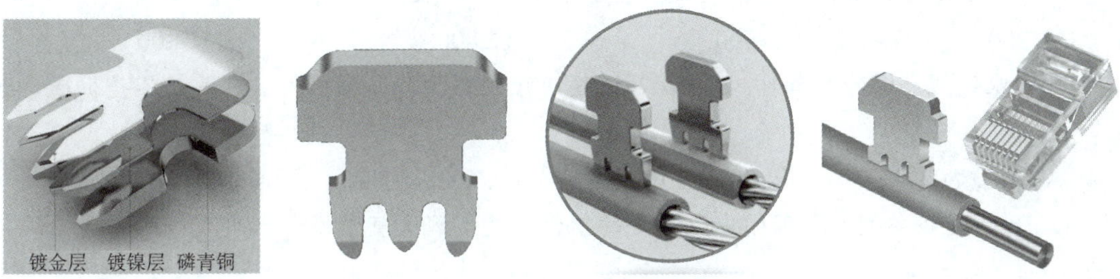

图 4–229 RJ-45 水晶头刀片结构示意图和应用图

3）抗氧化

磷青铜是铸造收缩率最小的有色金属合金，用来生产形状复杂、轮廓清晰、气密性要求不高的铸件，如图 4–229 所示，磷青铜片切割成型后，再进行双层电镀。第 1 层是镀镍，镍不活泼可以保护铜不被氧化，提高抗氧化能力；第 2 层镀金，再进一步提高抗氧化能力，同时也提高耐磨性和导电性能。请扫描二维码下载典型案例 4 的 Word 版。

典型案例 4 Word 版

◎ 习题 4

一、填空题

1. 综合布线电缆布线系统中，5 类（屏蔽和非屏蔽）电缆的系统等级为________。（参考 4.1 节）

2. 非屏蔽外护套结构，非屏蔽的两芯对绞线对电缆，简称________，其型号为________。（参考 4.1 节）

3. RJ-45 水晶头是一种国际标准化的接插件，使用国际标准定义的________的模块化插孔或者插头。（参考 4.2 节）

4. T568B 线序标准为____。（参考 4.2 节）

5. 屏蔽水晶头与普通水晶头的结构类似，最大区别在于屏蔽水晶头带有________，将外部电磁波与内部电路完全隔离。（参考 4.2 节）

6. 光纤按光在其中的传输模式可分为________和________。（参考 4.3 节）

7. 光缆按其使用环境场合，分为________、________等。（参考 4.3 节）

8. 一端装有光纤接头的光纤称为________。（参考 4.4 节）

9. 标准 U 机柜以 U 为单位区分，1 U 等于________mm。（参考 4.5 节）

10. ________安装在居住单元套（户）内，可对住宅的所有弱电系统进行统一管理和集中控制。（参考 4.7 节）

二、选择题

1. 5 类（屏蔽和非屏蔽）电缆支持的最高带宽是（　　）。（参考 4.1 节）

A. 100 MHz　　B. 250 MHz　　C. 500 MHz　　D. 1 000 MHz

2. 金属编织物屏蔽外护套结构，金属箔屏蔽的两芯对绞线对电缆，简称双屏蔽电缆，其型号为（　　）。（参考 4.1 节）

A. U/FTP　　B. F/UTP　　C. S/FTP　　D. S/FTQ

3. 大对数电缆的色谱必须符合相关国际标准和中国标准，共有 10 种颜色组成。主色为（　　）5 种，副色为（　　）5 种。（参考 4.1 节）

A. 白、红、黑、黄、紫　　B. 白、红、黑、黄、粉红

C. 蓝、橙、绿、棕、灰　　D. 蓝、橙、绿、棕、青绿

4. 双绞线电缆连接器件的插拔次数不应小于（　　）次。（参考 4.2 节）

A. 200　　B. 500　　C. 800　　D. 1 000

5. 切割双绞线电缆外护套时，刀片切入深度应控制在护套厚度的（　　），而不是彻底切透。（参考 4.2 节）

A. 50%~80%　　B. 50%~90%　　C. 60%~80%　　D. 60%~90%

6.（　　）是设备间和管理间中最重要的组件，是实现垂直干线和水平布线两个子系统交叉连接的枢纽。（参考 4.2 节）

A. 网络跳线　　B. 网络配线架　　C. 网络模块　　D. 信息插座

7. 室内光缆的代号为（　　），室外光缆的代号为（　　）。（参考 4.3 节）

A. GH　　B. GJ　　C. GY　　D. GS

8. 为了满足盘纤和曲率半径的需要，底盒深度应不小于（　　）mm。（参考 4.4 节）

A. 30　　B. 50　　C. 60　　D.80

9. 标准的机柜内部安装尺寸宽度为（　　），机柜宽度为（　　）。（参考 4.5 节）

A. 19 英寸　　B. 20 英寸　　C. 600 mm　　D.800 mm

10. 住宅信息箱箱体应能为接入光缆提供不小于（　　）的盘绕空间。（参考 4.7 节）

A. 0.3 m　　B. 0.5 m　　C. 0.8 m　　D.1.0 m

三、简答题

1. 双绞线电缆的统一命名方法使用 XX/Y ZZ 编号表示，请说明各部分的含义。（参考 4.1 节）
2. 简述双绞线的剥线方法及注意事项。（参考 4.2 节）
3. 简述单模光纤和多模光纤的特点。（参考 4.3 节）
4. 简述光纤耦合器的 4 种常见类型及各自的特点。（参考 4.4 节）
5. 综合布线系统常用的工具有哪些？并说明其使用方法（至少列出 10 个）。（参考 4.8 节）

请扫描二维码下载习题 4 的 Word 版。

习题 4 Word 版

◎ 实训 5　网络配线架端接实训

1. 实训任务来源

综合布线系统管理间子系统（FD）、设备间子系统（BD）的网络配线架等端接基本技能。

2. 实训任务

每人单独完成一组数据永久链路搭建，包括两根 5e 类跳线的 4 次端接，具体路由如图 4–230

所示，仿真信息点至网络配线架，配线架至网络交换机端口的跳线。要求端接路由正确，剪掉撕拉线、剥开线对长度合适、没有偏心、端口位置正确、跳线长度合适、链路通断测试通过。

请扫描“彩色高清图”二维码，下载彩色高清图。

请扫描“Visio 图”二维码，下载 Visio 原图，自行设计更多永久链路。

彩色高清图

Visio 图

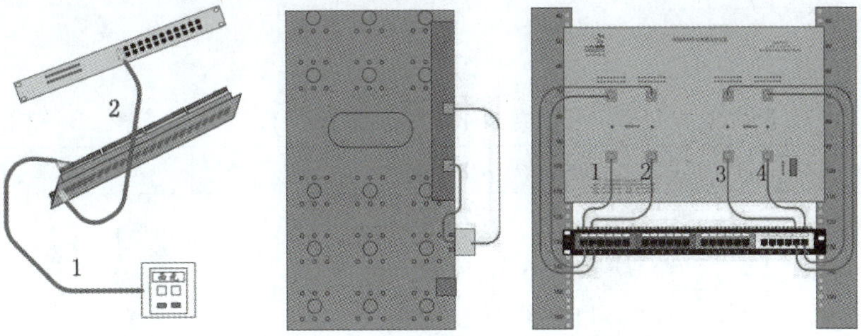

图 4-230　数据永久链路路由示意图

3. 技术知识点

（1）熟悉网络配线架的结构与用途。

①网络配线架主要用于管理间子系统（FD）实现信息点与接入层交换机的连接，对来自信息点的电缆进行模块化端接和管理。

②网络配线架也是管理间子系统（FD）中最重要的组件，实现垂直子系统和水平子系统交叉连接的枢纽设备。

（2）熟悉网络配线架模块色谱知识，例如西元网络配线架模块色谱如图 4-231 所示。

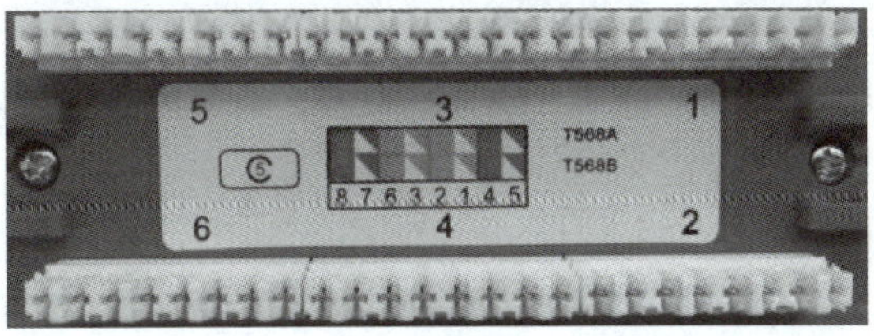

图 4-231　西元网络配线架模块色谱

4. 关键技能

（1）网络配线架的端接技术和测试方法。

（2）网络配线架端接时，应保证端接线序正确、位置正确。

（3）拆开双绞线长度合适，剥除外护套应不大于 13 mm，没有偏心。

（4）打线钳的正确使用方法。

5. 实训课时

（1）该实训共计 2 课时完成，其中技术讲解 15 min，视频播放两次 15 min，学员实际操作 45 min，跳线测试与评判 10 min，实训总结、整理清洁现场 5 min。

（2）课后作业 2 课时，独立完成实训报告，提交合格实训报告。

6. 实训指导视频

27399- 实训 5-《网络配线架端接实训》(6 分 54 秒)，请点击二维码下载反复观看学习。

实训 5《网络配线架端接实训》

7. 实训材料

实训材料表 4-17 所示。

表 4-17　实训材料

序号	名　称	规 格 说 明	数　量	器 材 照 片
1	网络双绞线电缆	5e 类，1 m/ 根	1 根 / 人	
2	水晶头	5e 类 RJ-45 网络水晶头	3 个 / 人	

8. 实训工具

实训工具如表 4-18 所示。

表 4-18　实训工具

序号	名　称	规 格 说 明	数量	工 具 照 片
1	旋转剥线器	旋转式双刀同轴剥线器，剥除外护套	1 把	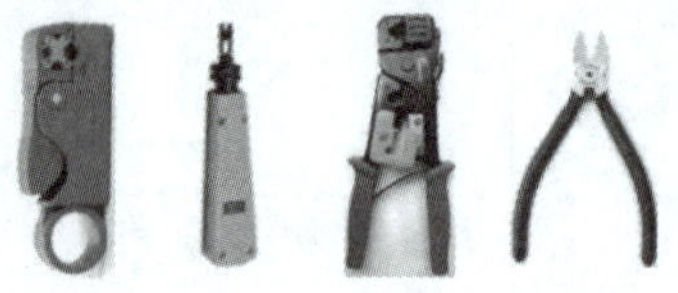
2	网络压线钳	支持 RJ-45 与 RJ-11 水晶头压接	1 把	
3	水口钳	6 英寸水口钳，用于剪断网线，剪掉撕拉线	1 把	
4	单口打线钳	端接网络模块使用	1 把	

9. 实训设备

西元网络配线实训装置，产品型号：KYPXZ-01-52。

本实训装置按照典型工作任务和关键技能训练需要专门研发，配置有网络压接线实验装置、网络线制作与测量实验装置、网络配线架、理线环等，能够仿真多种典型永久链路，能够通过指示灯闪烁直观和持续显示永久链路通断等故障，包括跨接、反接、短路、开路等各种常见故障。

10. 实训步骤

（1）预习和播放视频。初学者应提前预习，请扫描二维码观看实操视频，建议多次认真观看，熟悉关键技能和评判标准，熟悉线序和操作方法。

实训时，教师首先讲解技术知识点和关键技能，然后播放视频，更多可参考教材 4.2、7.5.5 相关内容。

（2）器材工具准备。建议在播放视频期间，教师准备和分发器材工具。

① 5e 类网线每人 1 根，长度 1 m，5e 类 RJ-45 水晶头每人 3 个。

②学员检查材料规格数量合格。

③发放工具。

④本实训 4 人为 1 组，要求每个学员单独完成 1 组永久链路搭建，优先保证质量，掌握方法。

（3）网络配线架端接训练步骤和方法。

第一步：研读图纸。

反复研读永久链路图纸，确定端接位置和端口，进行工作任务分工。建议按照下列分工：

第 1 人完成配线架 1 口永久链路。

第 2 人完成配线架 2 口永久链路。

第 3 人完成配线架 23 口永久链路。

第 4 人完成配线架 24 口永久链路。

教师也可以临时调整分工，指定其他配线架端口。

第二步：端接第一根跳线。

按照 T568B 线序制作一根网络跳线，一端插在测线仪上部端口，另一端插在网络配线架 RJ-45 口（例如 1 口）。

第三步：端接网络配线架模块。

第二根跳线一端按照 T568B 线序制作水晶头，插在测线仪下部端口。另一端与网络配线架背面的模块端接（例如 1 口），完成永久链路搭建。注意端接时不能出现偏芯，如图 4-232 所示。为了保证正确端接，建议首先端接 1、2 和 3、6 线对，最后端接 4、5 和 7、8 线对。

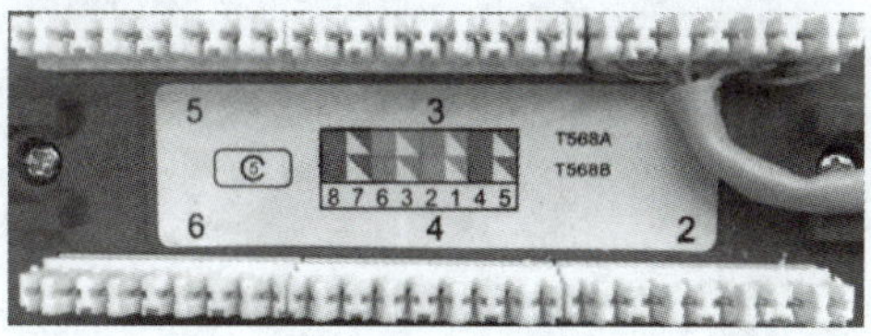

图 4-232　网络配线架模块端接示意图

第四步：链路检查和测试。

对照永久链路路由图纸，检查永久链路路由是否正确，端接是否可靠到位，电气连通。打开测试仪电源，观察测试仪指示灯闪烁顺序。

①如果永久链路全部线序端接正确时，上下对应的指示灯会按照 1–1、2–2、3–3、4–4、5–5、6–6、7–7、8–8 顺序轮流重复闪烁。

②如果有 1 芯或者多芯没有压接到位，或者端口错误时，对应的指示灯不亮。

③如果有 1 芯或者多芯线序错误时，对应的指示灯将显示错误的线序。

11. 评判标准

本训练按照工程标准评判，只有合格与不合格，不允许使用“及格”或“半对”等模糊的概念。每个永久链路 100 分，通断测试合格 100 分，不合格直接给 0 分，操作工艺不再评价，具体评判标准和操作工艺如表 4–19 所示。

表 4–19　实训 5 数据永久链路端接技能训练评分表

姓名 / 链路编号	永久链路测试 合格 100 分 不合格 0 分	操作工艺评价（每处扣 5 分）						评判结果得分	排名
		路由正确 2 处	剪掉撕拉线 4 处	剥开线对长度合适 4 处	没有偏心 4 处	端口位置正确 4 处	跳线长度合适 2 根		

评分表说明：该评分表中，每条合格永久链路满分 100 分，扣分点共计有 20 处，即使通断测试通过，也可能在操作工艺评价中扣减 100 分，实际得分为 0 分。

12. 实训报告

请按照单元 1 表 1–1 所示的实训报告模板要求，独立完成实训报告，2 课时。

请扫描二维码下载实训 5 的 Word 版。

实训 5
Word 版

单元 5 工作区子系统的设计和安装技术

通过本单元内容的学习，熟悉工作区子系统的设计思路和方法，掌握工作区子系统安装和施工技术。

学习目标

（1）独立完成工作区子系统的设计。

（2）掌握工作区子系统所用设备和耗材。

（3）掌握工作区子系统安装和施工技术。

5.1 工作区的基本概念和工程应用

综合布线系统工作区的应用，在智能建筑中随处可见，就是安装在建筑物墙面或者地面的各种信息插座，有单口插座，也有双口插座。图 5-1 所示为工作区子系统实际应用案例图。请扫描二维码下载彩色高清图片。

彩色高清图

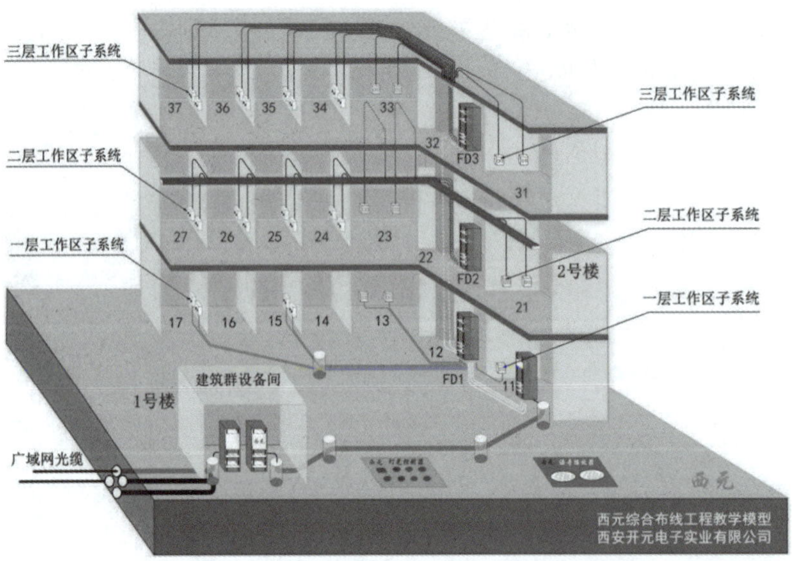

图 5-1　工作区子系统实际应用案例图

在 GB 50311—2016《综合布线系统工程设计规范》中，明确规定了综合布线系统工程“工作区”的基本概念，工作区就是“需要设置终端设备的独立区域”。这里的工作区是指需要安装计算机、打印机、复印机、考勤机等网络终端设备的一个独立区域。

如果一个插座底盒上安装了一个双口面板和两个网络插座，标准规定为“多用户信息插座”。在工程实际应用中，为了降低工程造价，通常使用双口插座，有时为双口网络模块，有时为双口语音模块，有时为一口网络模块和一口语音模块组合成多用户信息插座。

5.2 工作区子系统的设计原则

在工作区子系统的设计中，一般要遵守下列原则。

1. 优先选用双口插座原则

一般情况下，信息插座宜选用双口插座。不建议使用三口或者四口插座，因为一般墙面安装的网络插座底盒和面板的尺寸为长 86 mm，宽 86 mm，底盒内部空间很小，无法保证和容纳更多网络双绞线的曲率半径。

2. 插座高度 300 mm 原则

在墙面安装的信息插座距离地面高度为 300 mm，在地面设置的信息插座必须选用金属面板，并且具有抗压防水功能。在学生宿舍家居遮挡等特殊应用情况下信息插座的高度也可以设置在写字台以上位置。

3. 信息插座与终端设备 5 m 以内原则

为了保证传输速率和使用方便及美观，GB 50311 规定，信息插座与计算机等终端设备的距离宜保持在 5 m 范围内。

4. 信息插座模块与终端设备网卡接口类型一致原则

GB 50311 规定，插座内安装的信息模块必须与计算机、打印机、电话机等终端设备内安装的网卡类型一致。例如，终端计算机为光模块网卡时，信息插座内必须安装对应的光模块；计算机为 RJ-45 网络接口时，信息插座内必须安装对应的 RJ-45 口模块。

5. 数量配套原则

一般工程中大多数使用双口面板，也有少量的单口面板，因此在设计时必须准确计算工程使用的信息模块数量、信息插座数量、面板数量等。

6. 配置电源插座原则

在信息插座附近必须设置电源插座，减少设备跳线的长度。为了减少电磁干扰，电源插座与信息插座的距离应大于 200 mm。

7. 配置软跳线原则

从信息插座到计算机等终端设备之间的跳线一般使用软跳线，软跳线的线芯应为多股铜线组成，不宜使用线芯直径 0.5 mm 以上的单芯跳线，长度一般小于 5 m。6 类电缆综合布线系统必须使用 6 类跳线，7 类电缆综合布线系统必须使用 7 类跳线，光纤布线系统必须使用对应的光纤跳线。特别注意的是，在屏蔽布线系统中，禁止使用非屏蔽跳线。

8. 配置专用跳线原则

工作区子系统的跳线宜使用工厂专业化生产的跳线，尽量少在现场制作跳线，这是因为现场制作跳线时，往往会使用工程剩余的短线，而这些短线已经在施工过程中承受了较大拉力和多次拐弯，缆线结构已经发生了很大的改变。另外，实际工程经验表明在信道测试中影响最大的就是跳线，在 6 类、7 类布线系统中尤为明显，信道测试不合格主要原因往往是两端的跳线造成的。

9. 配置同类跳线原则

跳线必须与布线系统的等级和类型相配套。例如，在 6 类布线系统必须使用 6 类跳线，不能使用 5 类跳线；在屏蔽布线系统不能使用非屏蔽跳线；在光缆布线系统必须使用配套的光缆跳线，光缆跳线使用室内光纤，没有铠装层和钢丝，比较柔软。国际电联标准对光缆跳线的规定是橙色为多模跳线，黄色为单模跳线。

5.3 工作区子系统的设计步骤和方法

在工作区子系统设计前，首先需要研读用户提供的设计委托书，初步了解设计要求，然后需要与用户进行充分的技术交流，了解建筑物结构、面积及用户需求，再次认真阅读建筑物设计图纸，根据建筑物使用功能，配置和计算信息点数量，最后确定信息插座类型和位置等，进行规划、设计和预算，完成设计任务。一般工作流程和步骤如图 5-2 所示。

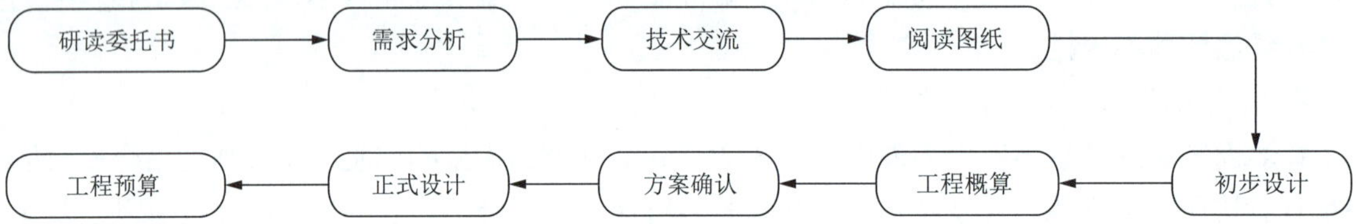

图 5-2　工作区子系统设计流程

5.3.1　研读委托书

一般工程的项目设计按照用户设计委托书的需求来进行，在设计前必须认真研究和阅读设计委托书。重点了解网络综合布线项目的内容，如建筑物用途、数据量的大小，人员数量等，也要熟悉强电、水暖的路由和位置。智能建筑项目设计委托书中一般重点为土建设计内容，往往对综合布线系统的描述和要求较少，这就要求设计者把与综合布线系统有关的问题整理出来，需要与用户再进行需求分析。

5.3.2　需求分析

需求分析是综合布线系统设计的首项重要工作，对后续工作的顺利开展是非常重要的，也直接影响最终工程造价。需求分析主要掌握用户的当前用途和未来扩展需要，目的是把设计对按照写字楼、宾馆、综合办公室、生产车间、会议室、商场等类别进行归类，为后续设计确定方向和重点。

需求分析首先从整栋建筑物的用途开始进行，然后按照楼层进行分析，最后再到楼层的各个工作区或者房间，逐步明确和确认每层和每个工作区的用途和功能，分析这个工作区的需求，规划工作区的信息点数量和位置。

现在的建筑物往往有多种用途和功能。例如，一栋 18 层的建筑物可能会有这些用途：地下 -2 层为空调机组等设备安装层，地下 -1 层为停车场，1~2 层为商场，3~4 层为餐厅，5~10 层为写字楼，11~18 层为宾馆。

5.3.3　技术交流

在进行需求分析后，要与用户进行技术交流，这是非常必要的。不仅要与技术负责人交流，也要与项目或者行政负责人进行交流，进一步充分和广泛地了解用户的需求，特别是未来的发展需求。在交流中重点了解每个房间或者工作区的用途、工作区域、工作台位置、工作台尺寸、设备安装位置等详细信息。在交流过程中必须进行详细的书面记录，每次交流结束后要及时整理书面记录，这些书面记录是初步设计的依据。

5.3.4 阅读建筑物图纸和工作区编号

索取和认真阅读建筑物设计图纸是不能省略的程序，通过阅读建筑物图纸掌握建筑物的土建结构、强电路径、弱电路径，特别是主要电器设备和电源插座的安装位置，重点掌握在综合布线路径上的电器设备、电源插座、暗埋管线等。在阅读图纸时，进行记录或者标记，这有助于将网络和电话等插座设计在合适的位置，避免强电或者电器设备对网络综合布线系统的影响。

工作区信息点命名和编号是非常重要的一项工作，命名首先必须准确表达信息点的位置或者用途，要与工作区的名称相对应，这个名称从项目设计开始到竣工验收及后续维护最好一致。如果项目投入使用后用户改变了工作区名称或者编号，必须及时制作名称变更对应表，作为竣工资料保存。

5.3.5 初步设计

1. 工作区面积的确定

随着智能建筑和数字化城市的普及和快速发展，建筑物的功能呈现多样性和复杂性，智能化管理系统普遍应用。建筑物的类型也越来越多，大体上可以分为商业、文化、媒体、体育、医院、学校、交通、住宅、通用工业等类型，因此，对工作区面积的划分应根据应用的场合做具体的分析后确定。

工作区子系统包括办公室、写字间、作业间、技术室等需用电话、计算机终端、电视机等设施的区域和相应设备。一般建筑物设计时，网络综合布线系统工作区面积的需求参照表 5-1。

表 5-1　工作区面积划分表（GB 50311—2016 规定）

建筑物类型及功能	工作区面积 (m^2)
网管中心、呼叫中心、信息中心等座席较为密集的场地	3 ~ 5
办公区	5 ~ 10
会议、会展	10 ~ 60
商场、生产机房、娱乐场所	20 ~ 60
体育场馆、候机室、公共设施区	20 ~ 100
工业生产区	60 ~ 200

2. 工作区信息点的配置

一个独立的需要设置终端设备的区域宜划分为一个工作区，每个工作区需要设置一个计算机网络数据点或者语音电话点，或按用户需要设置。也有部分工作区需要支持数据终端、电视机及监视器等终端设备。

同一个房间或者同一区域面积按照不同的应用需求，其信息点种类和数量差别有时非常大，从现有的工程实际应用情况分析，有时一个信息点，有时可能会有 10 个信息点；有的只需要铜缆信息模块，有时还需要预留光缆备份的信息插座模块。因为建筑物用途不一样，功能要求和实际需求也不同。信息点数量的配置，不能只按办公楼的模式确定，要考虑多功能和未来扩展的需要，尤其是对于内外两套网络系统同时存在和使用的情况，更应加强需求分析，做出合理的配置。

每个工作区信息点数量可按用户的性质、网络构成和需求来确定。

在综合布线系统工程实际设计和应用中，一般按照下述面积或者区域配置来确定信息点数量。表 5-2 所示为作者根据多年项目设计经验总结的配置原则，提供读者参考。

表 5-2　常见工作区信息点的配置原则

工作区类型及功能	安装位置	信息点数量	
		数据	语音
网管中心、呼叫中心、信息中心等座席较为密集的场地	工作台附近的墙面 集中布置的隔断或地面	1 个 / 工位	1 个 / 工位
集中办公区域的写字楼、开放式工作区等人员密集场所	工作台附近的墙面 集中布置的隔断或地面	1 个 / 工位	1 个 / 工位
研发室、试制室等科研场所	工作台或试验台处墙面或者地面	1 个 / 台	1 个 / 台
董事长、经理、主管等独立办公室	工作台处墙面或者地面	2 个 / 间	2 个 / 间
餐厅、商场等服务业	收银区和管理区	1 个 /50 m^2	1 个 /50 m^2
宾馆标准间	床头或写字台或浴室	1 个 / 间，写字台	1 ~ 3 个 / 间
学生公寓（4 人间）	写字台处墙面	4 个 / 间	4 个 / 间
公寓管理室、门卫室	写字台处墙面	1 个 / 间	1 个 / 间
教学楼教室	讲台附近	2 个 / 间	0
住宅楼	书房	1 个 / 套	2 ~ 3 个 / 套
小型会议室 / 商务洽谈室	主席台处地面或者台面 会议桌地面或者台面	2 ~ 4 个 / 间	2 个 / 间
大型会议室，多功能厅	主席台处地面或者台面 会议桌地面或者台面	5 ~ 10 个 / 间	2 个 / 间
＞5 000 m^2 的大型超市或者卖场	收银区和管理区	1 个 /100 m^2	1 个 /100 m^2
2 000 ~ 3 000 m^2 中小型卖场	收银区和管理区	1 个 /30 ~ 50 m^2	1 个 /30 ~ 50 m^2

3. 工作区信息点点数统计表

工作区信息点点数统计表简称点数表，是设计和统计信息点数量的基本工具和手段。

初步设计的主要工作是完成点数表，初步设计的程序是在需求分析和技术交流的基础上，首先确定每个房间或者区域的信息点位置和数量，然后制作和填写点数统计表。

点数统计表的做法是首先按照楼层，然后按照房间或者区域逐层逐房间的规划和设计网络数据、语音信息点数，再把每个房间规划的信息点数量填写到点数统计表对应的位置。每层填写完毕，就能够统计出该层的信息点数，全部楼层填写完毕，就能统计出该建筑物的信息点数。

点数统计表能够一次准确和清楚地表示和统计出建筑物的信息点数量。点数表的制作方法为利用 Microsoft Excel 工作表软件进行，一般常用的表格格式为房间按照行表示，楼层按列表示。

第一行为设计项目或者对象的名称，第二行为房间或者区域名称，第三行为数据或者语音类别，其余行填写每个房间的数据或者语音点数量，为了清楚和方便统计，一般每个房间有两行，一行数据，一行语音。最后一行为合计数量。在点数表填写中，房间编号由大到小按照从左到右顺序填写。

第一列为楼层编号，填写对应的楼层编号，中间列为该楼层的房间号，为了清楚和方便统计，一般每个房间有两列，一列数据，一列语音。最后一列为合计数量。在点数表填写中，楼层编号由大到小按照从上往下顺序填写。

在填写点数统计表时，从楼层的第一个房间或者区域开始，逐间分析需求和划分工作区，确认信息点数量和大概位置。在每个工作区首先确定网络数据信息点的数量，然后考虑电话语音信息点的数量，同时还要考虑其他控制设备的需要，例如，在门厅和重要办公室入口位置考虑设置指纹考勤机、门禁系统网络接口等。

表 5-3 所示为西安开元电子公司生产基地科研楼点数统计表，按照单元 1 中图 1-24~ 图 1-27 的楼层功能布局图设计，共设计有 477 个数据信息点和 295 个语音信息点。从这个点数表中可以

看到各层的信息点分配情况和总信息点数量如下：

（1）一层共设计有数据信息点 240 个，语音信息点 96 个。

（2）二层共设计有数据信息点 76 个，语音信息点 54 个。

（3）三层共设计有数据信息点 90 个，语音信息点 88 个。

（4）四层共设计有数据信息点 71 个，语音信息点 57 个。

关于这些信息点的设计情况，将在 5.4 节中详细说明。

表 5-3　研发楼信息点数统计表

西安开元电子实业有限公司 研发楼综合布线点数统计表

房间号		x01		x02		x03		x04		x05		x06		x07		x08		x09		x10		x11		x12		x13		x14		x15		合计		
楼层号		TO	TP	TO	TP	TO	TP	TO	TP	TO	TP	TO	TP	TO	TP	TO	TP	TO	TP	TO	TP	TO	TP	TO	TP	TO	TP	TO	TP	TO	TP	TO	TP	Σ
四层	TO	2		8		2		0		10		15		10		4		10		0		10										71		
	TP		2		8		2		0		15		10		0		10		0		0		10										57	
三层	TO	2		10		1		10		2		0		2		15		4		10		10		4		10				10		90		
	TP		2		10		1		10		2		0		2		15		4		10		10		2		10				10		88	
二层	TO	4		2		1		2		1		2		2		2		2		0		4		16		4		22		12		76		
	TP		2		2		1		2		1		2		2		2		2		0		4		16		4		2		12		54	
一层	TO	2		34		14		0		24		0		17		0		1		116		16				14				2		240		
	TP		2		34		2		0		24		0		3		0		1		10		16				2				2		96	
合计	TO																															477		
	TP																																295	
	Σ																																	772

编写：蔡永亮　　审核：樊果　　审定：王公儒　　西安开元电子实业有限公司 2019年5月13日

5.3.6 工程概算

在初步设计的基础上最后要给出该项目的概算，这个概算是指整个综合布线系统工程的造价概算，当然也包括工作区子系统的造价。工程概算的计算方法公式如下：

工程概算 = 信息点数量 × 信息点的概算价格

例如，按照表 5-3 点数表统计的数据信息点数量为 772 个，每个信息点的概算价格按照 200 元计算，该工程分项概算为 772 × 200=154 400（元）。

每个信息点的概算中应该包括材料费、工程费、运输费、管理费、税金等全部费用。材料中应该包括机柜、配线架、配线模块、跳线架、理线环、网线、模块、底盒、面板、桥架、线槽、线管等全部材料及配件。

5.3.7 初步设计方案确认

初步设计方案主要包括点数统计表和概算两个文件。工作区子系统信息点数量直接决定综合布线系统工程的造价，信息点数量越多，工程造价越大。工程概算的多少与选用产品的品牌和质量有直接关系，工程概算多时宜选用高质量的知名品牌，工程概算少时宜选用区域知名品牌。点数统计表和概算也是综合布线系统工程设计的依据和基本文件，因此必须经过用户确认。

用户确认的一般程序如图 5-3 所示。

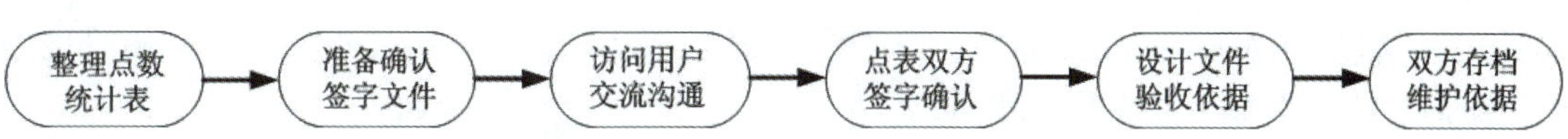

图 5-3　点数统计表用户确认程序

用户确认签字文件至少一式四份，双方各两份。设计单位一份存档，一份作为设计依据。

5.3.8 正式设计

用户确认初步设计方案和概算后，就必须开始进行正式设计，正式设计主要工作为准确设计每个信息点的位置，确认每个信息点的名称或编号，核对点数统计表最终确认信息点数量，为整个综合布线工程系统设计奠定基础。

1. 新建建筑物

根据 GB 50311—2016《综合布线系统工程设计规范》的规定，新建筑物必须设计网络综合布线系统，因此建筑物的原始设计图纸中必须有完整的初步设计方案和网络系统图。必须认真研究和读懂设计图纸，特别是与弱电有关的网络系统图、通信系统图、电气图等。

如果土建工程已经开始或者封顶，必须到现场实际勘测，并且与设计图纸对比。

新建建筑物的信息点底盒必须暗埋在建筑物的墙内，一般使用金属底盒。

2. 旧楼增加网络综合布线系统的设计

当旧楼改造需要增加网络综合布线系统时，设计人员必须到现场勘察，根据现场使用情况具体设计信息插座的位置、数量。

旧楼增加信息插座一般多为明装 86 系列插座，也可以在墙面开槽暗装信息插座。

3. 信息点安装位置

信息点的安装位置宜以工作台为中心进行设计，如果工作台靠墙布置，信息点插座一般设计在工作台侧面的墙面，通过网络跳线直接与工作台上的计算机连接。避免信息点插座远离工作台，这样网络跳线比较长，既不美观，也可能影响网络传输速度或者稳定性，也不宜设计在工作台的前后位置。

如果工作台布置在房间的中间位置或者没有靠墙，信息点插座一般设计在工作台下面的地面，通过网络跳线直接与工作台上的计算机连接。在设计时必须准确估计工作台的位置，避免信息点插座远离工作台。

如果是集中或者开放办公区域，信息点的设计应该以每个工位的工作台和隔断为中心，将信息插座安装在地面或者隔断上。目前市场销售的办公区隔断上都预留有两个 86 × 86 系列信息点插座和电源插座安装孔。新建项目选择在地面安装插座时，有利于一次完成综合布线，适合在办公家具和设备到位前综合布线工程竣工，也适合工作台灵活布局和随时调整，但是地面安装插座施工难度比较大，地面插座的安装材料费和工程费成本是墙面插座成本的 10 ~ 20 倍。对于已经完成地面铺装的工作区不宜设计地面安装方式。对于办公家具已经到位的工作区宜在隔断安装插座设计。

在大门入口或者重要办公室门口宜设计门禁系统信息点插座。

在公司入口或者门厅宜设计指纹考勤机、电子屏幕使用的信息点插座。

在会议室主席台、发言席、投影机位置宜设计信息点插座。

在各种大卖场的收银区、管理区、出入口宜设计信息点插座。

4. 信息点面板

信息点面板的设计非常重要，首先必须满足使用功能需要，然后考虑美观，同时还要考虑费用成本等。

地弹插座面板一般为黄铜制造，只适合在地面安装，每只售价为 100 ~ 200 元。地弹插座面板一般都具有防水、防尘、抗压功能，使用时打开盖板，不使用时，盖好盖板与地面高度相同。地弹插座有双口 RJ-45、双口 RJ-11、单口 RJ-45+ 单口 RJ-11 组合等规格，外形有圆形的也有方形的。地弹插座面板不能安装在墙面。

墙面插座面板一般为塑料制造，只适合在墙面安装，每只售价为 5 ~ 20 元，具有防尘功能，使用时打开防尘盖，不使用时，防尘盖自动关闭。墙面插座面板有双口 RJ-45、双口 RJ-11、单口 RJ-45+ 单口 RJ-11 组合等规格。墙面插座面板不能安装在地面，因为塑料结构容易损坏，而且不具备防水功能，灰尘和垃圾进入插口后无法清理。

桌面型面板一般为塑料制造，适合安装在桌面或者台面，在设计中很少应用。

信息点插座底盒常见的有两个规格，适合墙面或者地面安装。墙面安装底盒为长 86 mm，宽 86 mm 的正方形盒子，设置有两个 M4 螺孔，孔距为 60 mm，又分为暗装和明装两种，暗装底盒的材料有塑料和金属材质两种，暗装底盒外观比较粗糙。明装底盒外观美观，一般由塑料注塑。

地面安装底盒比墙面安装底盒大，为长 100 mm、宽 100 mm 的正方形盒子，深度为 55 mm（或 65 mm），设置有两个 M4 螺孔，孔距为 84 mm，一般只有暗装底盒，由金属材质一次冲压成型，表面电镀处理。面板一般为黄铜材料制成，常见有方形和圆形面板两种，方形的长为 120 mm，宽 120 mm，圆形的直径为 150 mm。

5.3.9 工程预算

正式设计完毕后，所有方案已确定。可按照概算的公式进行系统造价预算。同样，预算中每个信息点的应该包括材料费、工程费、运输费、管理费、税金等全部费用。材料中应该包括机柜、配线架、配线模块、跳线架、理线环、网线、模块、底盒、面板、桥架、线槽、线管等全部材料及配件。

工作区信息点的图纸设计是基础工作，直接影响工程造价和施工难度，大型工程也直接影响工期，因此工作区子系统信息点的设计工作非常重要。

在一般综合布线工程设计中，不会单独设计工作区信息点布局图，而是在综合网络系统图纸中。为了清楚地说明信息点的位置和设计的重要性，将在以后各节中给出常见工作区信息点的位置设计图。

5.4 工作区子系统设计案例

本节将以单元 1 中介绍的西安开元电子公司生产基地项目为例，说明工作区子系统的设计要求和设计方法。图 5-4 所示为该基地科研楼一层功能布局图，科研楼一层是园区建筑物信息点最多、应用最广泛的一个楼层，其中有单人办公室、集体办公室、会议室、展室、大厅等多种应用。

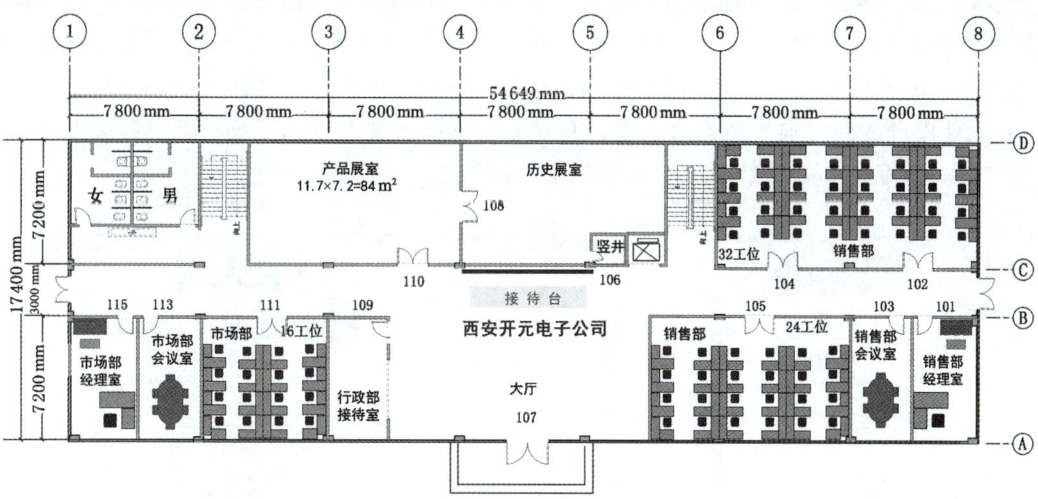

图 5-4　研发楼一层功能布局图

5.4.1 单人办公室信息点设计

我们以研发楼一层的销售部经理办公室为例，说明单人办公室信息点的设计。

第一步：确定工作区人员数量。

从图 5-4 可以看到，销售部经理室设计一人使用，因此按照单人办公室设计信息点。

第二步：分析业务需求。

从单元 1 图 1-30 西安开元电子公司机构设置图中，可以看到销售部经理向上对副总经理负责，管理公司遍布全国各地的办事处和代理商。从图 1-33 西安开元电子公司企业网络应用图中可以看到，公司的销售管理系统主要有商务系统、销售系统和市场推广系统等。销售部经理不仅业务量大，管理范围覆盖全国，数据和语音需求非常重要，而且这些需求也很频繁和持续，需要经常召开网络会议和电话会议，同时销售部经理也是公司关键岗位，在信息点设计时要特别关注。

第三步：确定信息点数量。

按照表 5-2 的规定，经理室应分配两个数据信息点和两个语音信息点，因此对销售部经理室设计两个双口信息插座，每个插座安装一个 RJ-45 数据口，一个 RJ-11 语音口。

第四步：确定安装位置。

根据 5-8 布局图，销售部经理室办公桌靠墙摆放，因此就把一个双口信息插座设计在办公桌旁边的墙面，距离窗户墙面 3.0 m，距离地面高度 0.30 m，用网络跳线与计算机连接，用语音跳线与电话机连接。另一个双口信息插座设计在沙发旁边的墙面，距离门口墙面 1.0 m，方便在办公室召开小型会议时就近使用计算机，也可以坐在沙发上召开电话会议。

第五步：确定工作区材料规格和数量。

完成以上四步后，我们就能清楚地确定该工作区的材料规格和数量，具体如表 5-4 所示。

表 5-4　销售部经理办公室材料规格和数量

序号	材料名称	型号 / 规格	数量	单位	厂家 / 品牌	使用说明
1	信息插座底盒	86 系列，金属，镀锌	2	个	西元	土建施工，墙内安装
2	信息插座面板	86 系列，双口，白色塑料	2	个	西元	弱电施工安装
3	信息插座模块	网络模块，RJ-45，非屏蔽，六类	2	个	西元	弱电施工安装 1 个 / 面板
4	信息插座模块	语音模块，RJ-11	2	个	西元	弱电施工安装 1 个 / 面板

第六步：弱电施工详图设计。

一般建筑设计院提供的建筑物设计图纸中，对于信息点没有详细的具体位置和尺寸，需要业主根据使用功能进行二次施工详图设计，业主单位一般委托专门的网络公司进行施工设计。设计时一般使用 AutoCAD 软件进行，网络公司往往也用 Visio 软件进行设计。图 5-5 和图 5-6 就是用 Visio 软件设计的两种典型单人办公室信息点施工详图。图 5-5 所示为销售部经理办公室的工作区信息点施工设计详图，图 5-6 所示为董事长室信息点施工设计详图。

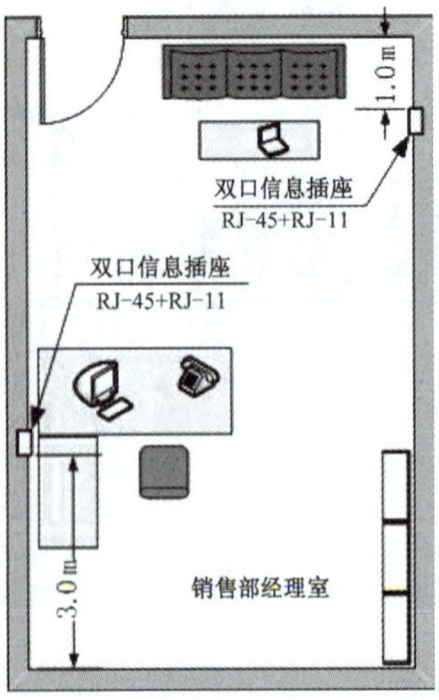

图 5-5　销售部经理室施工详图

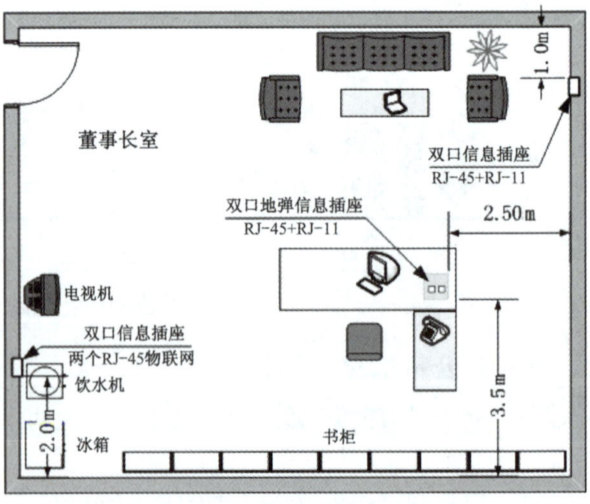

图 5-6　董事长室信息点施工设计详图

其他重要的单人办公室，如总经理、副总经理、总监、市场部经理等办公室也按照上面的步骤和方法进行设计。

5.4.2 多人办公室信息点设计

我们定义多人办公室为 2~4 人工作的独立房间。下面以单元 1 图 1–26 研发楼二层 211 房间财务部办公室为例说明多人工作区设计。

第一步：确定工作区人员数量。

从单元 1 图 1–26 可以看到，财务部设计有 4 人办公，一般两名会计、两名出纳，因此按照多人办公室设计信息点。

第二步：分析业务需求。

从西安开元电子公司机构设置图中可以看到，财务部业务主要有财务管理和成本管理两大业务；从西安开元电子公司企业网络应用图中可以看到，公司的财务管理系统主要有会计核算、应收账款、应付账款等。现在一般公司都使用网络版财务管理系统软件，财务收支也经常使用网络银行，因此财务部对数据和语音需求非常重要。

从图 1–26 还可以看到，鉴于安全和保密需要，财务部办公室的布局与其他部门不同，往往要在门口设置一个柜台，把外来人员与财务人员隔离，隔台进行业务作业，同时财务部也是公司关键部门，在信息点设计时要特别关注。

第三步：确定信息点数量。

按照表 5–2 的规定，每个工位配置一个数据点和一个语音点的基本要求，财务部 4 个工位，设计 4 个双口信息插座，每个插座安装一个 RJ–45 数据口，一个 RJ–11 语音口。

第四步：确定安装位置。

根据单元 1 中图 1–26，211 室财务部两个出纳工位靠近门口，并且组成一个柜台，两个会计工位靠里边墙面布置。因此把两个出纳工位的信息插座设计在右边墙面，设计两个双口信息插座，距离门口墙面 3.0 m，用网络跳线与电脑连接，用语音跳线与电话机连接。把两个会计工位的信息插座设计在里边墙面，设计两个双口信息插座，距离左边隔墙分别为 1.5 m 和 3.0 m，全部信息插座距离地面高度 0.30 m。

第五步：确定工作区材料规格和数量。

完成以上四步后，我们就能清楚的确定该工作区的材料规格和数量，具体如表 5–5 所示。

表 5–5 财务部办公室材料规格和数量

序号	材料名称	型号 / 规格	数量	单位	厂家 / 品牌	使 用 说 明
1	信息插座底盒	86 系列，金属，镀锌	4	个	西元	土建施工 墙内安装
2	信息插座面板	86 系列，双口，白色塑料	4	个	西元	弱电施工安装
3	信息插座模块	网络模块，RJ–45，非屏蔽，六类	4	个	西元	弱电施工安装 1 个 / 面板
4	信息插座模块	语音模块，RJ–11	4	个	西元	弱电施工安装 1 个 / 面板

第六步：弱电施工详图设计。

按照以上确定的内容，设计财务部信息点施工设计详图，如图 5–7 所示。图 5–8 所示为采供部信息点施工设计详图。

其他 2 人、3 人、4 人等多人办公室，也按照上面的步骤和方法进行设计。

5.4.3 集体办公室信息点设计

我们定义集体办公室为大于 4 人工作的独立房间，现在集体办公室一般使用隔断分割成工位。下面以研发楼一层 102 房间销售部办公室为例说明集体工作区设计。

第一步：确定员工数量。

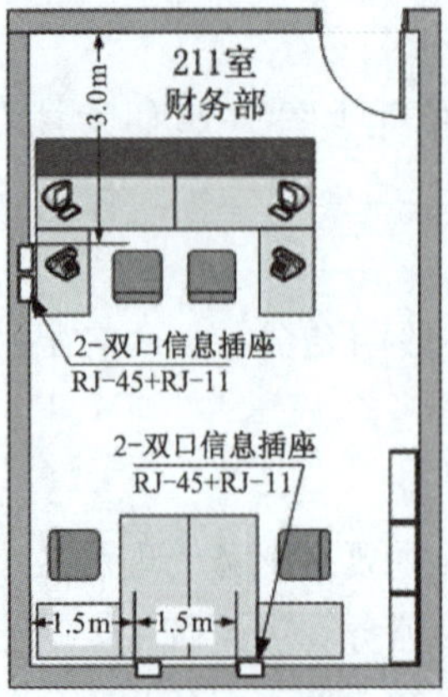

图 5-7　财务部信息点施工设计详图

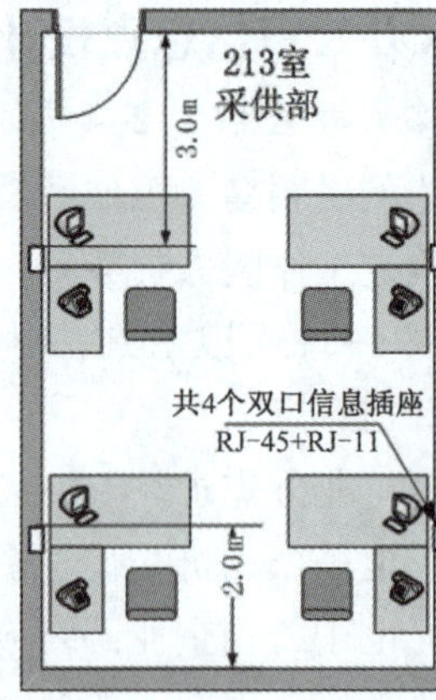

图 5-8　采供部信息点施工设计详图

由图 5-4 可以看到，研发楼一层 102 房间销售部办公室共可容纳 32 人同时办公，因此按照集体办公室设计信息点。

第二步：业务需求分析。

从西安开元电子公司机构设置图中可以看出，销售部主要由遍布全国各地的办事处和代理商组成。同时与商务部进行配合完成整个销售流程。结合西安开元电子公司企业网络应用图可以看到，销售管理系统由商务系统，销售系统和市场推广三部分组成。主要工作有产品销售、合同签订、方案制作等，对数据和语音有很大需求。因此，销售部的数据信息点和语音信息点设计尤为重要。

第三步：确定信息点数量。

按照表 5-2 的规定，每个工位配置一个数据点和一个语音点的基本要求，销售部办公室 32 个工位，设计 32 个双口信息插座，每个插座安装一个 RJ-45 数据口，一个 RJ-11 语音口。同时在两侧墙面分别多设计一个插座，用于传真机或预留插座。因此，销售部办公室共有 68 个信息点，其中数据信息点 34 个，语音信息点 34 个。

第四步：确定安装位置。

由图 5-4 所示布局图，102 销售部办公室共设置有 32 个工位，其中 14 个工位靠墙设置，18 个工位没有靠墙放置。对于靠墙的工位，我们设计一个双口插座在办公桌旁边的墙面，距离地面 0.3 m，用网络跳线与计算机连接，用语音跳线与电话机连接。对于没有靠墙的工位，我们设计为地弹插座，安装在对应办公桌下的地面。多设计的两个插座分别安装在左右两侧墙面靠近门口的一端。

第五步：确定工作区材料规格和数量。

完成以上四步后，我们就能清楚地确定该工作区的材料规格和数量，具体如表 5-6 所示。

表 5-6　销售部办公室材料规格和数量

序号	材料名称	型号 / 规格	数量	单位	品牌	使用说明
1	信息插座底盒	86 系列，金属	16	个	西元	土建施工，墙内安装
2	信息插座底盒	120 系列，金属	18	个	西元	土建施工，墙内安装
3	信息插座面板	86 系列，双口，白色塑料	16	个	西元	弱电施工安装
4	地弹信息面板	120 系列，双口，金属镀锌	18	个	西元	弱点施工安装
5	信息插座模块	网络模块，RJ-45，非屏蔽，六类	34	个	西元	弱电安装 1 个 / 面板
6	信息插座模块	语音模块，RJ-11	34	个	西元	弱电安装 1 个 / 面板

第六步：弱电施工详图设计。

按照以上确定的内容，设计销售部信息点施工设计详图，如图 5-9 所示。

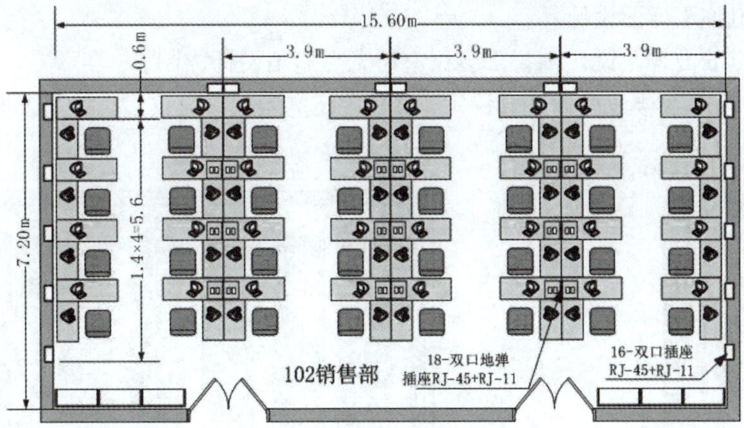

图 5-9 销售部信息点施工设计详图

其他集体办公室，像市场部办公室，生产部办公室等，也按照上面的步骤和方法进行设计。

5.4.4 会议室信息点设计

我们将会议室分为小型会议室和大型会议室。小型会议室指可容纳 12 人开会的房间，一般为圆桌式布置，大型会议室指可容纳 12 人以上同时进行会议的房间，一般为课桌式布置。

我们以研发楼一层 103 销售部会议室为例说明小型会议室信息点设计方法。

第一步：确定员工数量。

由图 5-4 可以看到，销售部会议室为圆桌式布置，按照最多 12 人开会设计。

第二步：业务需求分析。

销售部会议室为销售部召开会议的场所。销售部需要管理全国各地的分公司、办事处及代理商，经常需要召开网络会议和电话会议，同时也需要接待来访客户或者召开部门内部会议，经常使用笔记本电脑、投影机等设备，这个会议室使用最频繁，需要在销售部会议室设置较多的信息点，满足与会人员的需要。

第三步：确定信息点数量。

根据以上分析和图 5-4 所示，该会议室最多为 12 人，根据对称原则，在销售部会议室设计 8 个双口信息插座，其中 14 个网络数据插口，2 个电话语音插口。

第四步：确定安装位置。

根据图 5-10 会议室的布置，在两边墙面分别安装两个双口插座，全部安装 8 个 RJ-45 网络模块。会议桌下的地面安装 4 个双口插座，安装 6 个 RJ-45 网络模块和两个语音模块，与会计算机小于 6 台时，使用会议桌下面的地弹插座，与会计算机多于 6 台时，使用两边墙面的插座。

第五步：确定工作区材料规格和数量。

完成以上四步后，我们就能清楚地确定该工作区的材料规格和数量，具体如表 5-7 所示。

表 5-7 销售部会议室材料规格和数量

序号	材 料 名 称	型号 / 规格	数量	单位	厂家 / 品牌	使 用 说 明
1	信息插座底盒	86 系列，金属，镀锌	4	个	西元	土建施工墙内安装
2	信息插座底盒	120 系列，金属，镀锌	4	个	西元	土建施工墙内安装
3	信息插座面板	86 系列，双口，白色塑料	4	个	西元	弱电施工安装
4	地弹信息面板	120 系列，双口，金属镀锌	4	个	西元	弱点施工安装
5	信息插座模块	网络模块，RJ-45，非屏蔽，6 类	14	个	西元	弱电施工安装 1 个 / 面板
6	信息插座模块	语音模块，RJ-11	2	个	西元	弱电施工安装 1 个 / 面板

第六步：弱电施工详图设计。

按照以上确定的内容，设计销售部会议室信息点施工设计详图。

图 5-11 所示为研发楼三层 309 会议室，309 会议室为大型会议室，48 人同时参加会议。

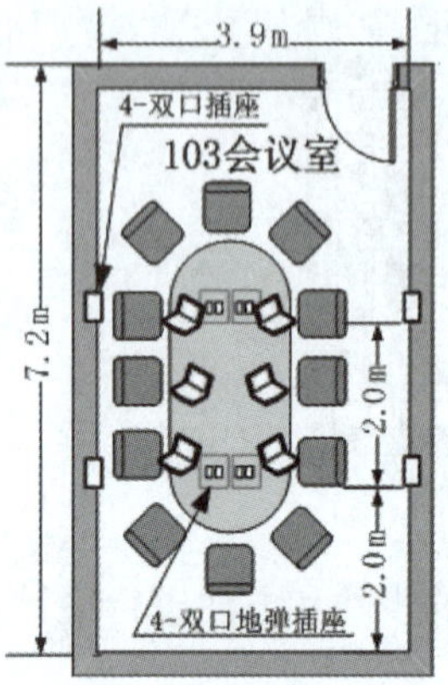

图 5-10　103 室信息点设计图

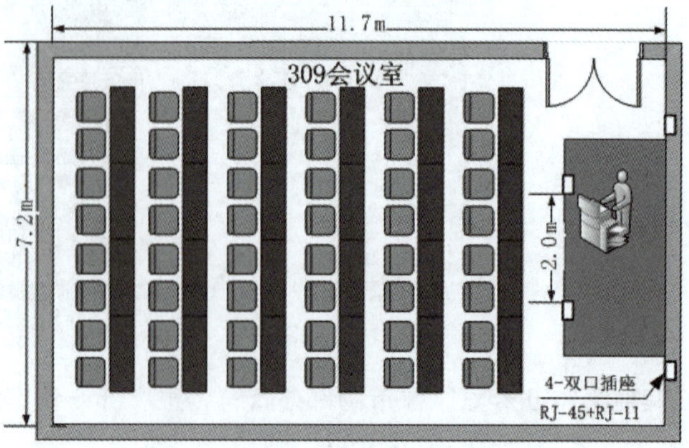

图 5-11　309 会议室信息点设计图

大型会议室为课桌式布置，一般在主席台前沿的左右两边设置两个信息插座，方便主席台使用，同时在墙面也要设置两个信息插座，方便投影机等其他设备使用。大型会议室一般不在听众席设置信息点。

其他会议室，如市场部会议室，也按照上面的步骤和方法进行设计。

5.4.5　培训室信息点设计

下面以研发楼四层 408 房间培训室为例说明培训室工作区的设计。

第一步：确定员工数量。

从图 5-12 可以看到，培训室设计有一个主讲台和 48 个课桌，可接纳 48 人进行培训。

第二步：业务需求分析。

培训室是公司进行业务培训的场所，一般使用计算机、投影机等多媒体设备。

第三步：确定信息点数量。

根据以上分析和图 5-12 所示，信息点主要在讲台周围使用，我们为培训室设计两个双口网络插座，全部安装网络模块，共 4 个数据信息点。

第四步：确定安装位置。

根据图 5-12 中 408 培训室的布置，在讲台下沿设计一个双口网络插座，供讲台使用，同时在黑板墙面下方设计一个双口网络插座，解决增加设备使用。其中讲台下沿网络插座距离内墙为 2.4 m，墙面信息插座距离内墙为 1.0 m。

第五步：确定工作区材料规格和数量。

完成以上四步后，我们就能清楚地确定该工作区的材料规格和数量，具体如表 5-8 所示。

表 5-8　培训室材料规格和数量

序号	材料名称	型号 / 规格	数量	单位	厂家 / 品牌	使用说明
1	信息插座底盒	86 系列，金属	2	个	西元	土建施工
2	信息插座面板	86 系列，双口，白色塑料	2	个	西元	弱电施工安装
3	信息插座模块	网络模块，RJ-45，非屏蔽，6 类	4	个	西元	弱电施工安装 1 个 / 面板
4	信息插座模块	语音模块，RJ-11	0	个	西元	弱电施工安装 1 个 / 面板

第六步：弱电施工详图设计。

按照以上确定的内容，培训室信息点施工设计详图，如图 5-12 所示。

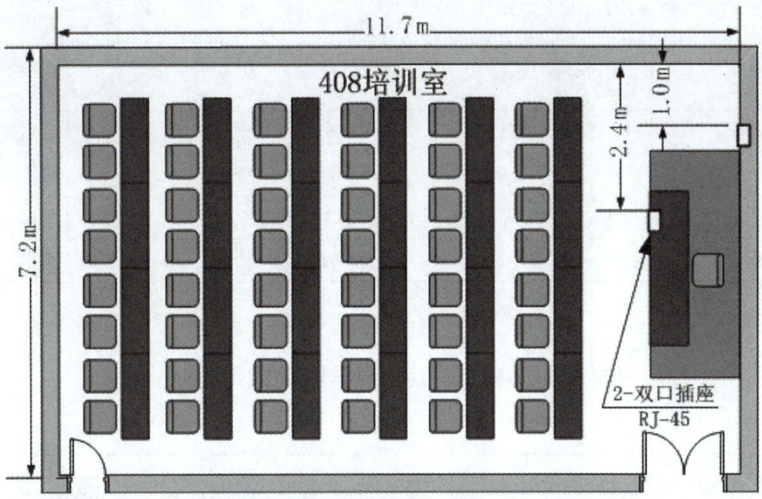

图 5-12 培训室信息点施工设计详图

5.4.6 大厅信息点设计

接待大厅位于研发楼一层中间位置，是公司管理层和研发人员出入主通道，也是接待客户的必经场所，同时接待大厅拥有很多多媒体设备，因此接待大厅的设计非常重要。下面以研发楼一层 107 大厅为例，说明该区域的信息点设计。

第一步：确定员工数量。

由图 5-4 可以看到，大厅设有接待台，一般安排两名工作人员。

第二步：业务需求分析。

大厅是公司最为重要的场所，代表了公司形象，大厅综合布线的设计既隐蔽，也要满足业务需要。一般接待大厅的主要业务应用有接待台工作计算机、电话、传真机，宣传使用的电子屏、触摸屏和数字电视，管理使用的考勤机、门禁系统和监控摄像机等。

第三步：确定信息点数量。

根据以上分析和图 5-13，确定大厅的信息点数量。

（1）接待台两名工作人员，配有两台计算机、两部电话机、一部传真机，设计 3 个地弹插座，安装 3 个信息点和 3 个语音点。

（2）电子屏有两处，分别位于背景墙上方和门口，分别设计一个双口网络插座，各安装两个网络模块。

（3）电视机和触摸屏处分别设计一个双口网络插座，各安装两个网络模块。

（4）考勤机、门禁和监控摄像机处分别设计一个双口网络插座，各安装两个网络模块。

按照以上设计，在大厅共设计了 3 个地弹插座，7 个双口插座，共计安装 17 个数据点和 3 个语音点。

第四步：确定安装位置。

根据图 5-13 大厅设备位置，接待台处 3 个地弹插座安装在地面，电子屏处两个信息插座安装在距离地面 2.8 m 处，其余 5 个安装在距离地面 0.3 m 处。

第五步：确定工作区材料规格和数量。

完成以上四步后，我们就能清楚地确定该工作区的材料规格和数量，具体如表 5-9 所示。

表 5-9 接待台材料规格和数量

序号	材料名称	型号 / 规格	数量	单位	厂家 / 品牌	使 用 说 明
1	信息插座底盒	86 系列，金属，镀锌	7	个	西元	土建施工 墙内安装
2	信息插座底盒	120 系列，金属，镀锌	3	个	西元	土建施工 墙内安装
3	信息插座面板	86 系列，双口，白色塑料	7	个	西元	弱电施工安装
4	地弹信息面板	120 系列，双口，金属镀锌	3	个	西元	弱点施工安装
5	信息插座模块	网络模块，RJ-45，非屏蔽，6 类	17	个	西元	弱电施工安装 1 个 / 面板
6	信息插座模块	语音模块，RJ-11	3	个	西元	弱电施工安装 1 个 / 面板

第六步：弱电施工详图设计。

按照以上确定的内容，接待台信息点施工设计详图，如图 5-13 所示。

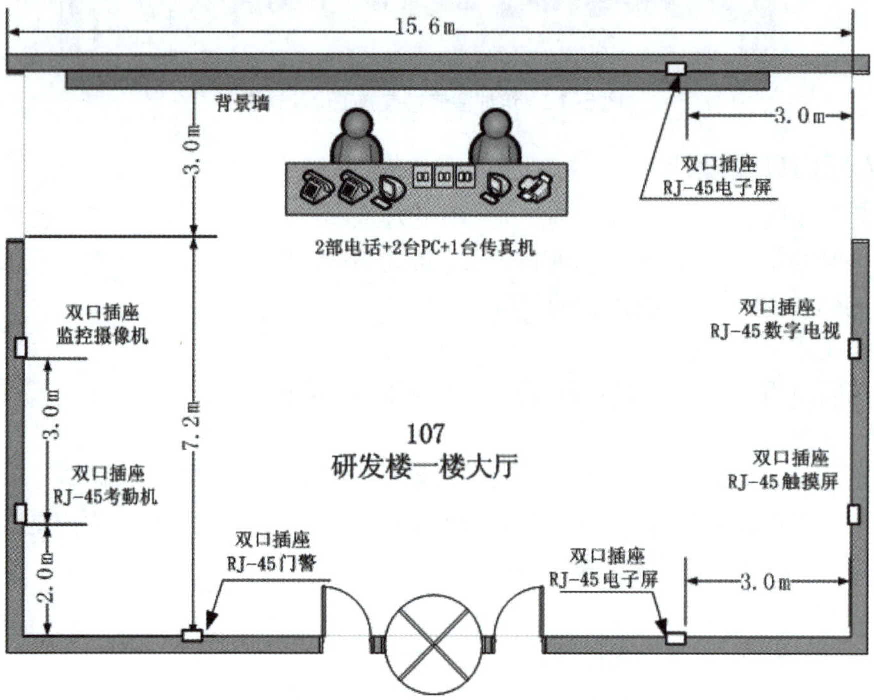

图 5-13 接待台布线图

5.4.7 展室信息点设计

展室一般为用户陈列公司产品进行展示的独立房间。下面以研发楼一层 110 房间产品展室为例，来说明展室的信息点设计。

第一步：确定员工数量。

由图 5-4 可以看到，产品展室只陈列展品，室内不设专门工作人员。

第二步：业务需求分析。

产品展室内一般陈列公司主流或者热销产品，也是公司的亮点，经常安排用户参观，需要考虑设备对信息点的需求。图 5-14 所示为展室设备布局图，仔细分析这些设备的功能和对信息点的需求，然后设计展示信息点规格和位置。主要产品对信息点的需求如下：

（1）西元光缆配线实训装置，有光纤网络信息点需求。

（2）西元铜缆配线实训装置，有 RJ-45 网络信息点需求。

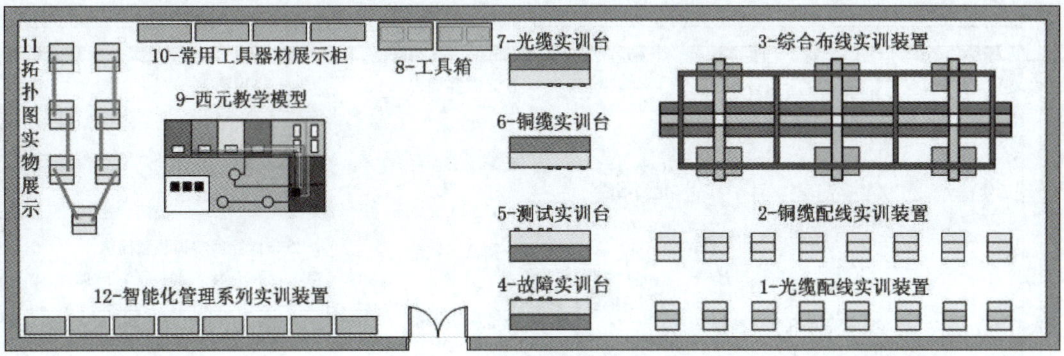

图 5-14　为展室设备布局图

（3）西元综合布线实训装置，有光纤和 RJ-45 网络信息点需求。

（4）西元故障实训台，有 RJ-45 网络信息点需求。

（5）西元测试实训台，有 RJ-45 网络信息点需求。

（6）西元铜缆实训台，有 RJ-45 网络信息点需求。

（7）西元光缆实训台，有 RJ-45 网络信息点需求。

（8）西元工具箱，有 RJ-45 网络信息点需求。

（9）西元教学模型，有 RJ-45 网络信息点需求。

（10）西元常用工具器材展示柜，有 RJ-45 网络信息点需求。

（11）西元拓扑图实物展示，有光纤和 RJ-45 网络信息点需求。

（12）西元智能化管理系列实训装置，有光纤和 RJ-45 网络信息点需求。

第三步：确定信息点数量。

根据第二步对设备信息点逐一需求分析，首先满足设备需要，同时预留部分插座，共计需要安装 63 个网络插座，其中 17 个为地弹网络插座。每个插座安装 2 个模块，共计需要 126 个信息点。

第四步：确定安装位置。

根据图 5-14 展室设备安装位置，许多设备位于展室中间位置，需要在地面安装地弹网络插座，在地弹插座内安装光纤模块或者电缆模块，地弹插座的位置设计在产品附近，与地面高度相同。对于靠墙安装的设备将信息插座安装在墙面，选择使用钢制底盒和塑料面板，位置设计在产品附近，距离地面高度 0.3 m，这样不仅布线成本低，而且连接方便。

第五步：确定工作区材料规格和数量。

完成以上四步后，我们就能清楚地确定该工作区的材料规格和数量，具体如表 5-10 所示。

表 5-10　展室材料规格和数量

序号	材 料 名 称	型号 / 规格	数量	单位	品牌	使 用 说 明
1	信息插座底盒	86 系列，金属，镀锌	46	个	西元	土建墙内安装
2	信息插座面板	86 系列，双口，塑料	46	个	西元	弱电施工安装
3	地弹插座底盒	120，钢制	17	个	西元	土建地面安装
4	地弹插座面板	120，铜制，抗压防水	17	个	西元	弱电施工安装
5	信息模块	RJ-45，非屏蔽，6 类	110	个	西元	弱电施工安装
6	信息模块	RJ-11，语音模块	10	个	西元	弱电施工安装
7	光纤模块	ST 口，多模	6	个	西元	弱电施工安装

第六步：弱电施工详图设计。

按照以上确定的内容，设计展室信息点施工详图，如图 5-15 所示。

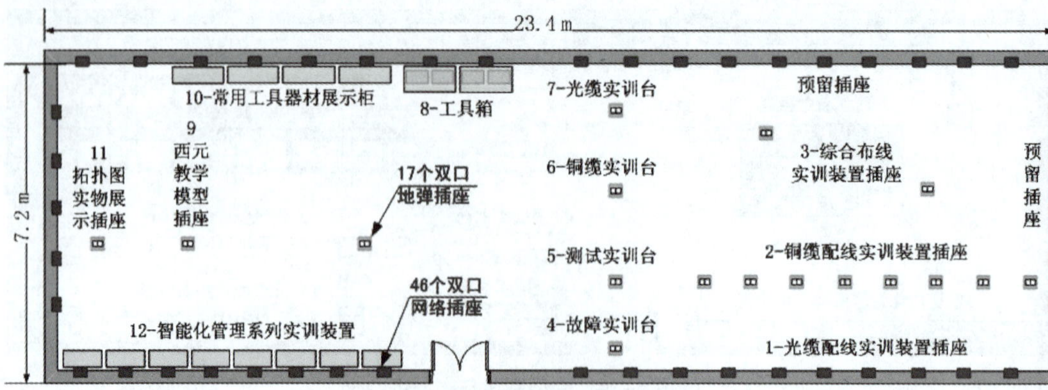

图 5-15　展室信息点施工详图

其他展室，也可以参考上面的步骤和方法进行设计。

5.5 工作区子系统器材选用原则

5.5.1　工作区适配器的选用原则

网络适配器又称网卡或网络接口。选择合适的适配器，可以使综合布线系统的输出与用户终端设备之间保持网络兼容。

网络适配器的选用应遵循以下原则：

（1）当设备连接器需要使用不同于信息插座的连接器时，可用专用电缆及适配器。

（2）当在单一信息插座上进行两种服务时，可使用 Y 型适配器。

（3）当在水平子系统中使用的电缆类别不同于设备所需的电缆类别时，可使用适配器。

（4）当连接数模转换设备、光电转换设备及数据速率转换设备等使用不同信号的装置时，可使用适配器。

（5）当为了实现某些特殊应用以达到网络兼容时，可使用转换适配器。

（6）根据工作区内不同的电信终端设备（如 ADSL 终端）可使用相应的适配器，

常见的适配器类型如表 5-11 所示。

表 5-11　常见网络适配器技术参数表

技术参数	ISA 适配器	EISA 适配器	PCI 适配器
带宽（Mbit/s）	10	10	10 ~ 1 000
总线方式	16 位	32 位	32 位
电气接口方式	RJ-45 接口为主	RJ-45 接口为主	RJ-45 接口为主

5.5.2　信息插座的选用原则

每个工作区至少要配置一个插座。对于难以再增加插座的工作区，要至少安装两个分离的插座。信息插座是终端（工作站）与水平子系统连接的接口。其中最常用的为 RJ-45 信息插座，即 RJ-45 连接器。

信息插座的选用应遵循以下原则：

（1）对于墙面式安装的信息插座，应选用普通信息插座。一般为 86 系列。分为底盒和面板两部分，在面板中卡装网络模块。一般底盒为钢制或者塑料制品，面板为塑料制品。

（2）对于地面式安装的信息插座，应选用地弹信息插座。一般为方形 120 系列和圆形 150 系列。分为底盒和面板两部分，在面板中卡装网络模块。一般底盒为钢制，面板为铸铜制造，具有防水抗压功能。

（3）家居布线应注重美观因素，对于墙面安装的信息插座，应采用暗装方式，将底盒暗埋于墙内。

（4）工作区宜选用双口插座。

5.5.3 跳线的选用原则

（1）跳线使用的缆线必须与水平子系统缆线类别和等级相同，并且符合相关标准的规定。例如在屏蔽系统只能使用专用屏蔽跳线，不能使用非屏蔽跳线。

（2）跳线宜使用软跳线，不宜使用单芯跳线。

（3）每个信息点需要配置一根跳线。

（4）跳线的长度通常为 2 ~ 3 m，最长不超过 5 m。

（5）跳线宜选用工业化专业生产的成品，不宜手工制作。在 6 类或 7 类双绞线布线系统尤为重要。

（6）如果水平子系统采用光缆布线，光纤跳线芯径和类别必须与水平子系统布线保持一致。

常见的跳线规格如表 5-12 所示。

表 5-12 跳线种类和规格

技术参数	类别			
	5 类跳线	超 5 类跳线	6 类跳线	7 类跳线
频率（MHz）	1 ~ 100	1 ~ 100	1 ~ 250	1 ~ 600
带宽（Mbit/s）	100	100	250	620
特性阻抗（Ω）	100	100	100	100

5.6 工作区子系统的安装技术

5.6.1 信息插座安装位置

GB 50311—2016《综合布线系统工程设计规范》国家标准第 7 章安装工艺要求内容中，对工作区的安装工艺提出了具体要求。

（1）地面安装的信息插座，必须选用地弹插座，嵌入地面安装，使用时打开盖板，不使用时盖板应该与地面高度相同。暗装在地面上的信息插座应满足防水盒抗压要求。

（2）墙面安装的信息插座底部离地面的高度宜为 0.3 m，嵌入墙面安装，使用时打开防尘盖插入跳线，不使用时，防尘盖自动关闭。与电源插座保持一定的距离。

5.6.2 信息插座安装原则

信息插座的安装包括底盒安装，模块安装和面板安装。我们先来介绍信息插座安装原则，然后分别陈述底盒、模块和面板的安装步骤。

信息插座的安装，需要遵循下列原则：

（1）在教学楼、学生公寓、实验楼、住宅楼等不需要进行二次区域分割的工作区，信息插座宜设计在非承重的隔墙上，并靠近设备使用位置。

（2）写字楼、商业、大厅等需要进行二次分割和装修的区域，信息点宜设置在四周墙面上，也可以设置在中间的立柱上，但要考虑二次隔断和装修时的扩展方便性和美观性。大厅、展厅、商业收银区在设备安装区域的地面宜设置足够的信息点插座。墙面插座底盒下缘距离地面高度为 0.3 m，地面插座底盒应低于地面。

（3）学生公寓等信息点密集的隔墙，宜在隔墙两面对称设置。

（4）银行营业大厅的对公区、对私区和 ATM 自助区信息点的设置要考虑隐蔽性和安全性。特别是离行式 ATM 机的信息插座不能暴露在客户区。

（5）电子屏幕、指纹考勤机、门禁系统信息插座的高度宜参考设备的安装高度设置。

5.6.3 插座底盒安装步骤

插座底盒安装时，一般按照下列步骤进行。

第一步：检查质量和螺钉孔。打开产品包装，检查合格证，目视检查产品的外观质量情况和配套螺钉。重点检查底盒螺钉孔是否正常，如果其中有一个螺钉孔损坏，坚决不能使用。

第二步：去掉挡板。根据进出线方向和位置，取掉底盒预留孔中的挡板。注意需要保留其他挡板，如果全部取消后，在施工中水泥砂浆会灌入底盒。

第三步：固定底盒。明装底盒按照设计要求用膨胀螺钉直接固定在墙面。暗装底盒首先使用专门的管接头把线管和底盒连接起来，这种专用接头的管口有圆弧，既方便穿线，又能保护线缆不被划伤或者损坏。然后用膨胀螺钉或者水泥砂浆固定底盒。

同时注意底盒嵌入墙面不能太深，如果太深，配套的螺钉长度不够，无法固定面板。

第四步：成品保护。暗装底盒的安装一般在土建过程中进行，因此在底盒安装完毕后，必须进行成品保护，特别要保护螺钉孔，防止水泥砂浆灌入螺孔或者穿线管内。一般做法是在底盒外侧盖上纸板，也有用胶带纸保护螺孔的做法。具体过程见图 5-16~ 图 5-19 所示。

图 5-16 检查底盒

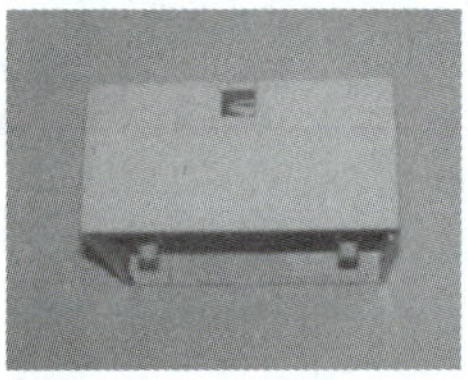

图 5-17 去掉上方挡板

图 5-18 固定底盒

图 5-19 底盒保护

5.6.4 网络模块安装步骤

1. 网络模块端接技术要求和注意事项

网络模块端接主要技术要求如下：

1）保证模块的端接线序正确

如图 5-20 所示，模块上的 8 个塑料线柱分别对应着水晶头内的 1~8 根线芯，左边的 4 个线柱从上到下依次对应水晶头的 2、1、6、3 线芯；右边的 4 个线柱从上到下依次对应 8、7、4、5 线芯。当插入的水晶头为 T568A 线序和 T568B 线序时，模块上对应的压接线序如图 5-20 所示。

2）8 芯导线必须压入塑料线柱刀片底部

网线的 8 芯导线必须压入塑料线柱刀片底部，否则塑料线柱中的刀片没有完全穿透导线绝缘层，接触到铜导体，造成线芯接触不良，而且容易被拔出。

3）使用打线钳时，较长的一侧刀口向外

使用打线钳时，较长的一侧刀口向外，用于切断外部多余的线芯，如果刀口方向放反，则会将内部压接到刀片的导线切断，不能实现电气连接。

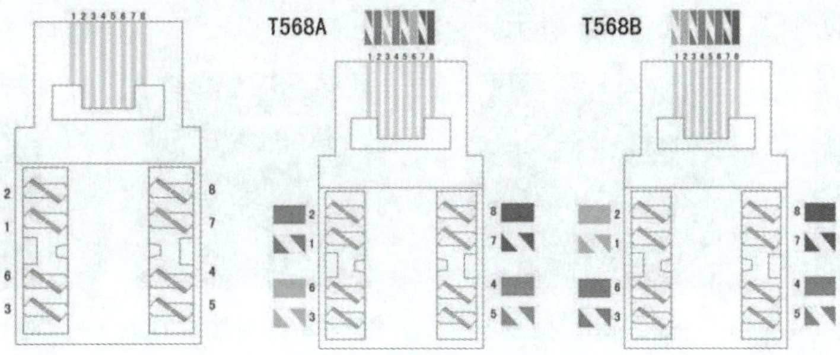

图 5-20　模块线序示意图

2. 网络模块端接操作步骤

网络模块端接需要的材料有：网线一根、网络模块一个、防尘盖一个；

工具包括：剪刀、剥线器、打线钳、卷尺。

网络模块端接的操作步骤如下：

第一步：计算所需网线的长度，用卷尺测量，剪刀裁剪，注意应留有一定的余量。

第二步：调整剥线器刀片进深高度。由于剥线器可用于剥除多种直径的网线护套，每个厂家的网线护套直径也不相同，因此，在每次制作前，必须调整剥线器刀片进深高度，保证在剥除网线外护套时，不划伤导线绝缘层或者铜导体。如图 5-21 所示，切割网线外护套时，刀片切入深度应控制在护套厚度的 60% ~ 90%，而不是彻底切透。

图 5-21　剥除护套切割深度示意图

第三步：剥除网线外护套，首先将网线放入剥线器中，顺时针方向旋转剥线器 1~2 周，然后用力取下护套，剥除长度为 30 mm，如图 5-22 所示，因为刀片没有完全将护套划透，因此不会损伤线芯。

第四步：剪掉撕拉线，用剪刀剪掉撕拉线，如图 5-23 所示，6 类线还需要剪掉中间的十字骨架，如图 5-24 所示。

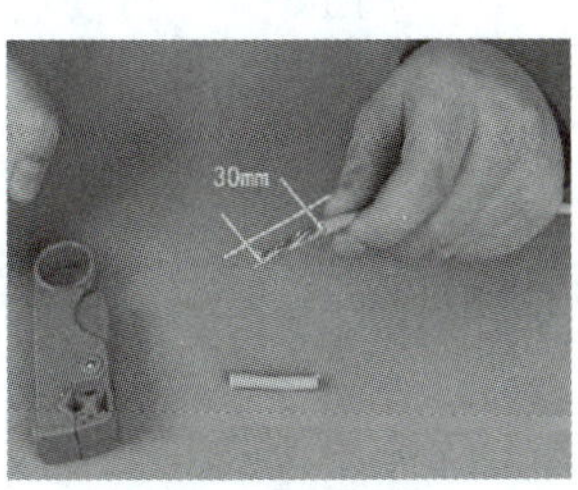

图 5-22　剥除外护套

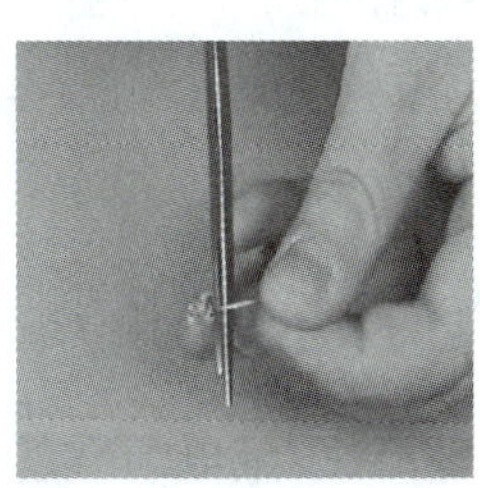

图 5-23　剪掉牵引线

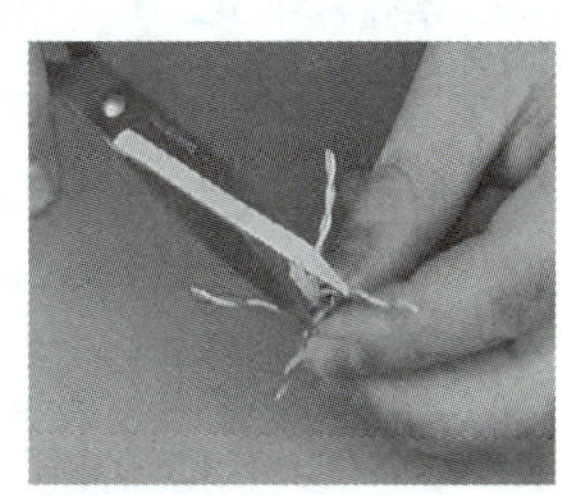

图 5-24　剪掉十字骨架

第五步：拆开 4 对双绞线按照模块外壳侧面色标的线序，将 4 对双绞线拆开排好，如图 5-25 所示。

第六步：用手将 8 芯线压入网络模块对应的 8 个塑料线柱刀片中，如图 5-26 所示，注意检查线序是否正确。

第七步：用打线钳将 8 根线芯压到塑料线柱底部，同时打断多余的线头，注意打线钳刀口的方向不可错放，如图 5-27 所示。

第八步：盖上防尘盖，如图 5-28 所示。

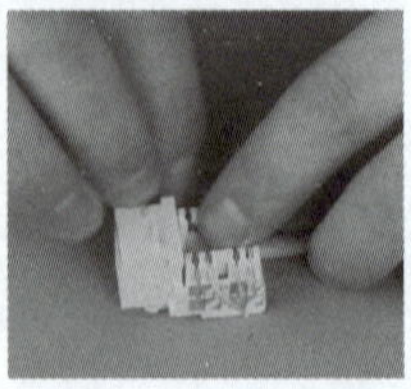
图 5-25　排线序

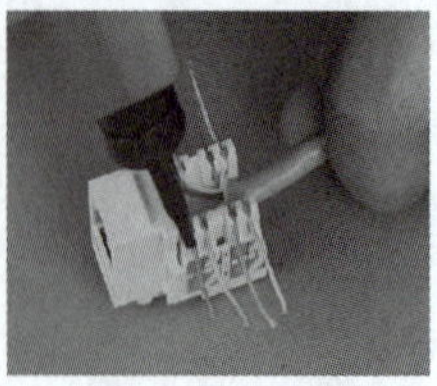
图 5-26　打线

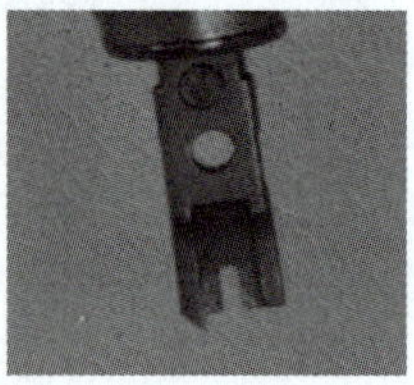
图 5-27　打线钳刀头

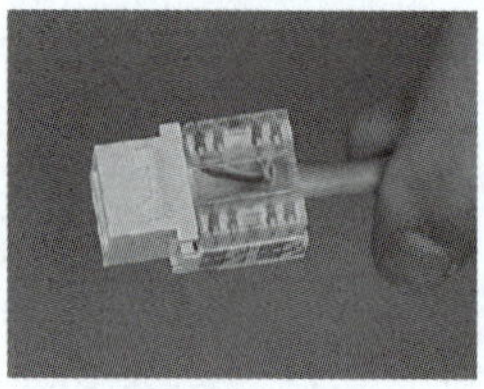
图 5-28　盖防尘盖

以上详细操作方法见配套的教学实训指导视频，该视频的编号和名称为《A118- 网络模块端接方法》。请扫描二维码下载和学习。

A118- 网络模块端接方法

3. 网络模块安装步骤

网络数据模块和电话语音模块的安装方法基本相同，一般安装步骤如下：

准备材料和工具→清理和标记→剥线→分线→压线→安装防尘盖→理线→卡装模块。

详细步骤如下。

第一步：准备材料和工具。在每次开工前，必须一次领取当班需要的全部材料和工具，包括网络数据模块、电话语音模块、标记材料、压接工具等，如图 5-29 所示。

第二步：清理和标记。清理和标记非常重要，在实际工程施工中，一般在底盒安装和穿线较长时间后，才能开始安装模块，因此安装前要首先清理底盒内堆积的水泥砂浆或者垃圾，然后将双绞线从底盒内轻轻取出，清理表面的灰尘重新做编号标记，标记位置距离管口 60 ~ 80 mm，注意做好新标记后才能取消原来的标记，如图 5-30 所示。

第三步：剥线。剥线之前需要先确定剥线长度（30 mm），然后使用带剥线功能的压接工具剥掉双绞线的外皮，特别注意不要损伤线芯和线芯绝缘层，如图 5-31 所示。

第四步：分线。一般按照 568B 线序将双绞线分为 4 对线，穿过相应的卡线槽，再将每对线分开，分成独立的 8 芯线，如图 5-32 所示。

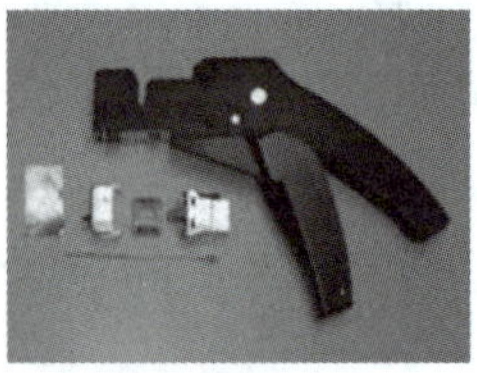
图 5-29　准备材料和工具

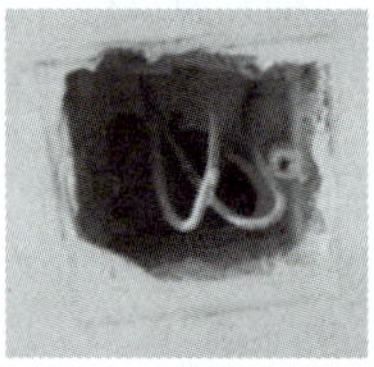
图 5-30　清理和标记

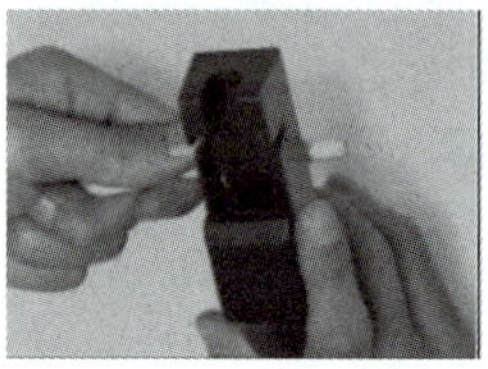
图 5-31　剥线

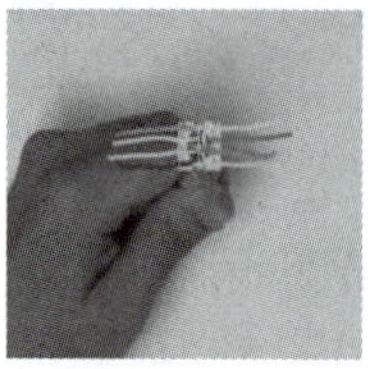
图 5-32　分线

第五步：压线。按照模块上标记的线序色谱，将 8 芯线逐一放入对应的线槽内，完成压接，同时裁剪掉多余的线芯，如图 5-33 所示。

第六步：安装防尘盖。压接完成后，将模块配套的防尘盖卡装好，既能防尘又能防止线芯脱落，如图 5-34 所示。

第七步：理线。模块安装完毕后，把双绞线电缆整理好，保持较大的曲率半径，如图 5-35 所示。

第八步：卡装模块。把模块卡装在面板上，一般数据在左口，语音在右口，如图 5-36 所示。

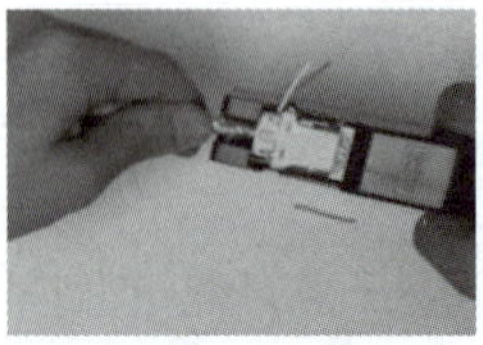
图 5-33　压线

图 5-34　安装防尘盖

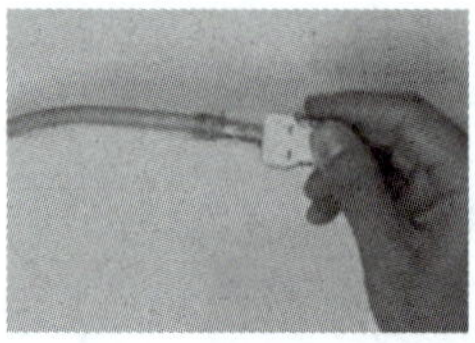
图 5-35　理线

图 5-36　卡装模块

5.6.5 面板安装步骤

面板安装是信息插座最后一个工序，一般应该在端接模块后立即进行，以保护模块。安装时将模块卡接到面板接口中。双口面板上有网络和电话插口标记时，按照标记口位置安装；双口面板上没有标记时，宜将网络模块安装在左边，电话模块安装在右边，并且在面板表面做好标记。具体步骤如下：

第一步：固定面板。将卡装好模块的面板用两个螺钉固定在底盒上。要求横平竖直，用力均匀，固定牢固。特别注意墙面安装的面板为塑料制品，不能用力太大，以面板不变形为原则。

第二步：面板标记。面板安装完毕，立即做好标记，将信息点编号粘贴在面板上。

第三步：成品保护。在实际工程施工中，面板安装后，土建还需要修补面板周围的空洞，刷最后一次涂料，因此必须做好面板保护，防止污染。一般常用塑料薄膜保护面板。

5.7 工程经验

1. 工程经验一　模块和面板安装时间

在工作区子系统模块、面板安装后，经常出现破坏和丢失的情况，主要原因是没有进行室内粉刷就先将模块、面板安装到位了。土建在粉刷的时候可能将面板破坏或取走，所以，一定要等土建将建筑物内部墙面进行粉刷结束后，再安排施工人员到现场进行信息模块的和面板安装。

2. 工程经验二　准备长螺钉

安装面板的时候，由于土建工程中埋设底盒的深度不一致，面板上配带的螺钉长度有时就太短了，需要另外购买一些长一点的螺钉。一般配 50 mm 长的螺钉就可以了。

3. 工程经验三　携带工具

在施工过程中经常会遇到少带工具的情况，所以在安装信息插座时，根据不同的情况，需要携带配套的使用工具。

1）在新建建筑物中施工

（1）安装模块时，需要携带的材料有信息模块、标签纸、签字笔或钢笔、透明胶带或专用编号圈。工具有斜口钳、剥线器、打线钳等。

（2）安装面板时，需要携带的材料有面板、标签。工具有十字口螺丝刀。

2）在已建成的建筑物中施工

信息插座的底盒、模块和面板是同时安装的，需要携带的材料有明装底盒、信息模块、面板、标签纸、签字笔或钢笔、透明胶带或专用编号圈、木楔子。工具有电锤、钻头、斜口钳、十字口螺丝刀、剥线器、RJ-45 压线钳、打线钳

4. 工程经验四　标签

以前在安装模块和面板时，有时就忽略了在面板上做标签，给开通网络造成麻烦。在完成信息插座安装后，在面板上一定要进行标签标识，内外必须一致，以便于以后的开通使用和维护。

5. 工程经验五　成品保护

暗装底盒一般在土建在建设中安装，因此，在底盒安装完毕后，必须进行保护，防止水泥砂浆灌入线管内，同时对安装螺钉孔也要进行保护，避免破坏。一般是在底盒内塞纸团，也有用胶带纸保护螺孔的做法。模块压接完成后，将模块卡接在面板中，然后立即安装面板。如果压接模块后不能及时安装面板时，必须对模块进行保护，一般做法是在模块上套一个塑料袋，避免土建在墙面施工时对模块的污染和损坏。

◎ 典型案例 5 四川省政务服务中心综合布线工程

1. 项目背景分析

四川省政务服务中心大楼是四川省和成都市政府办证服务窗口，建筑面积 30 000 多 m^2，首批设立工商、物价、公安、民政等受理窗口 44 个，集中受理 379 项行政审批。大楼采用了超 5 类屏蔽布线系统。整个中心共设置超 5 类屏蔽信息点 2 156 个。系统共设有 7 个管理间，其中一层设 1 个，五层设 3 个，六层设 3 个，每个管理间通过 6 芯多模光纤与中心互连。

2. 工作区子系统设计

工作区子系统的数据与语音信息模块全部使用超 5 类屏蔽模块。系统共有 2 156 个信息模块，通过信息模块即可以连接语音、数据终端及其他传感器和打印机、传真机等设备。在插座内不但可以插入数据通信用的 RJ–45 接头，还可以使用 RJ–11 等插头。数据信息点与用户设备的连接使用成型跳线，以保证系统完好的屏蔽特性。

3. 水平子系统设计

水平子系统由各管理间至各个工作区之间的电缆构成。数据、语音信号的传输都采用超 5 类屏蔽 8 芯双绞线，数据速率可以达到 100 Mbit/s，可以支持数字电话及一些多媒体应用。

4. 垂直子系统设计

垂直子系统主要用于连接各层管理间，并连接至 5 层的设备间。在 5 层的设备间以放射方式向 1~6 层各管理间配出光纤线缆。

数据系统采用 6 芯多模光纤，主要用于支持高带宽需求的用户，可提供高品质数据传输通道。

对于语音系统，采用 25 对三类大对数电缆，以 5 层的设备间为中心，向 1~6 层的管理间配出大对数电缆。

垂直子系统在竖井的电缆桥架内走线，水平部分走在吊顶内电缆桥架内。

5. 管理间子系统

管理间子系统由各层分设的管理间构成，根据信息点分布情况在第 1 层设 1 个管理间；5 和 6 层各设 3 个管理间。

管理子系统设备全部采用 19 英寸的标准机柜和 24 口 19 英寸 24U 的机架型配线架，来管理所有线缆。同时设 110 型配线架以便管理语音的进线。

6. 设备间子系统

设备间子系统由设备间中的电缆、连接器和相关支撑硬件组成，各楼层管理间子系统均在此交叉连接。设备间设在 5 层数据中心。主干 25 对大对数电缆端接在 7 个配线架上。数据中心主干光纤端接在 2 个光纤终端盒上。

请扫描二维码下载典型案例 5 的 Word 版。

典型案例 5 Word 版

◎ 习题 5

一、填空题

1. 墙面安装的插座一般为 86 系列，插座为正方形，长________mm，宽________mm。（参考 5.2 节）

2. 在墙面安装的信息插座盒底距离地面高度宜为________mm。（参考 5.2 节）

3. 在信息插座附近必须设置电源插座，减少设备跳线的长度。为了减少电磁干扰，电源插座与信息插座的距离应大于________。（参考 5.2 节）

4. 工作区信息点命名必须准确表达信息点的________，要与工作区的名称相对应。（参考 5.3.4 节）

5. 网管中心、呼叫中心、信息中心等终端设备较为密集的场地工作区面积应为________。（参考 5.3.5 节）

6. ________能够一次准确和清楚的表示和统计出建筑物的信息点数量。（参考 5.3.5 节）

7. 新建建筑物的信息点底盒必须暗埋在建筑物的墙内，一般使用________。（参考 5.3.8 节）

8. 每个信息点的预算中应该包括________、________、运输费、管理费、税金等全部费用。（参考 5.3.9 节）

9. 工作区跳线的长度通常为________，最长不超过________m。（参考 5.5.3 节）

10. 工作区网络模块的安装一般为________模块和________模块的安装。（参考 5.6.2 节）

二、选择题（部分为多选题）

1. 在实际工程应用中一个网络插口为（　　）独立的工作区，也就是一个网络模块对应（　　）工作区，在一个房间往往会有（　　）工作区。（参考 5.1 节）

A. 1 个　　B. 2 个　　C. 1~2 个　　D. 多个

2. 计算机为 RJ-45 网络接口时，信息插座内必须安装对应的（　　）模块。（参考 5.2 节）

A. RJ-45　　B. RJ-11　　C. RJ-45 或 RJ-11　　D. SC

3. 信息插座与计算机等终端设备的距离宜保持在（　　）范围内。（参考 5.2 节）

A. 2 m　　B. 3 m　　C. 5 m　　D. 10 m

4. 计算机为 RJ-45 网络接口时，信息插座内必须安装对应的（　　）模块。（参考 5.2 节）

A. RJ-45　　B. RJ-11　　C. RJ-45 或 RJ-11　　D. SC

5. 办公建筑的每一个工作区面积应为（　　）。（参考 5.3.5 节）

A. 3~5 m^2　　B. 5~10 m^2　　C. 20~60 m^2　　D. 60~120 m^2

6. 教学楼教室的工作区信息点一般安装在讲台附近，每间教室一般宜配置（　　）个数据信息点。（参考 5.3.5 节）

A. 1　　B.2　　C.3　　D.4

7. 信息点插座面板规格一般有（　　）。（参考 5.3.8 节）

A. 双口 RJ-45

B. 双口 RJ-11

C. 单口 RJ-45+ 单口 RJ-11

D. 双口 RJ-45+ 双口 RJ-11

8. 下列关于跳线的选用原则，正确的是（　　）。（参考 5.5.3 节）

A. 每个信息点需要一条跳线

B. 跳线的长度通常为 2 ~ 3 m，最长不超过 5 m

C. 如果采用 6 类或 7 类布线，从节约投资的角度看，可以手工制作跳线

D. 若采用多模光纤光缆，光纤跳线的必须采用多模光纤。

9. 在信息模块的安装过程中，以下说法正确的是（　　）。（参考 5.6.4 节）

A. 在双绞线穿入后盖前，需要清理底盒和做好标记

B. 在穿入后盖前，需先将线剥好

C. 剥掉双绞线的外皮时，注意不要损伤线芯和线芯绝缘层

D. 如果双口面板上没有标记时，将网络模块安装在左边，电话模块安装在右边

10. 切割网线外护套时，刀片切入深度应控制在护套厚度的（　　），而不是彻底切透。（参考 5.6.4 节）

A. 50%~90%　　B. 60%~90%　　C. 70%~90%　　D.80%~90%

三、简答题

1. 工作区子系统设计的原则有哪些？（参考 5.2 节）
2. 如何制作工作区信息点点数统计表？该表有什么作用？（参考 5.3.5 节）
3. 如何选择信息点插座？（参考 5.5.2 节）
4. 简述网络模块端接操作步骤。（参考 5.6.4 节）
5. 请参考本单元中的“西安开元电子公司生产基地项目”的工作区子系统设计案例，为你所在的房间设计工作区子系统，并说明在设计中采用了哪些原则。（参考 5.4 节）

请扫描二维码下载习题 5 的 Word 版。

习题 5 Word 版

◎ 实训 6　信息插座的安装实训

1. 实训任务来源

安装在建筑物墙面或地面的各种信息插座，在智能建筑中随处可见。信息插座的正确安装与快速维修，直接关系到各种终端设备的正常使用。

2. 实训任务

完成图 5-37 中网络信息插座的安装任务，具体内容如下：

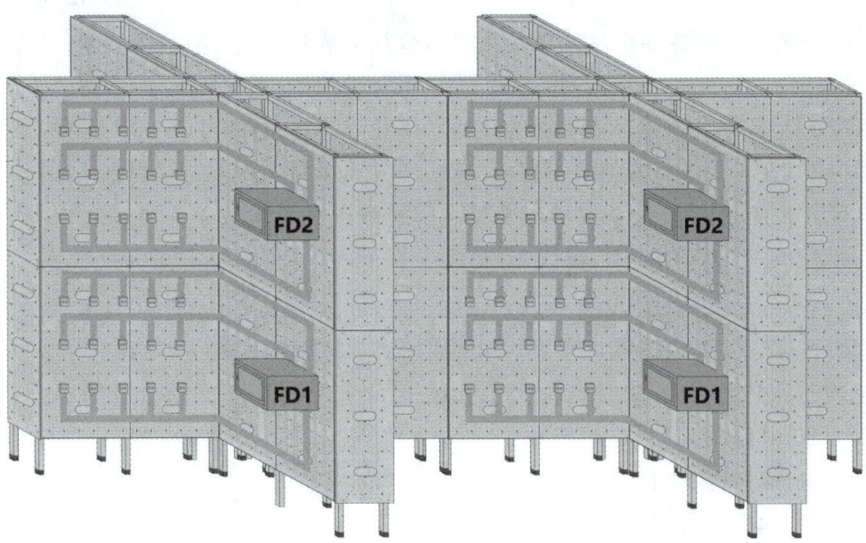

图 5-37　信息插座的安装

彩色高清图

（1）信息插座底盒的安装。按照 GB/T 50312—2016《综合布线系统工程验收规范》第 5.0.3 条规定，具体要求如下：

①信息插座底盒、多用户信息插座安装位置和高度应符合设计文件要求。一般在墙面安装的信息插座距离地面高度为 300 mm。

②固定螺钉应拧紧，不应产生松动现象。

③插座面板应有标识，以颜色、图形、文字表示所接终端设备业务类型。

（2）网络模块的端接与安装。要求网络模块端接电气性能可靠，安装方向正确。

（3）双绞线电缆的端接。

①要求缆线应留有余量以适应成端、终接、检测和变更，如有特殊要求的应按设计要求预留长度，工作区信息插座底盒内宜为 30 ~ 60 mm。

②缆线端接应按网络模块的端接色谱进行正确端接。

教师也可以自行设计更多布线路由，进行实训。请扫描二维码下载彩色高清图片。

3. 技术知识点

（1）信息插座相关知识，详见单元 4 第 4.2 节信息插座。

（2）GB/T 50312—2016《综合布线系统工程验收规范》国家标准第 5.0.3 条，信息插座模块安装规定。

（3）工作区子系统的安装技术，详见教材单元 5。

4. 关键技能

（1）工作区子信息插座底盒的安装。

（2）网络模块的端接与安装。

（3）双绞线电缆的端接。

5. 实训课时

（1）该实训共计 2 课时完成，其中技术讲解 10 min，视频演示 15 min，学员实际操作 45 min，测试与评判 10 min，实训总结、整理清洁现场 10 min。

（2）课后作业 2 课时，独立完成实训报告，提交合格实训报告。

6. 实训指导视频

27399- 实训 6-《信息插座的安装实训》（11 分 16 秒）。

实训 6《信息插座的安装实训》

7. 实训材料

实训材料如表 5-13 所示。

表 5-13 实训材料

序号	名　称	规格说明	数量	器材照片
1	底盒	86×86 型，透明	10 个	
2	双绞线	5e 类非屏蔽	20 m	
3	双口面板	86×86 型，透明	10 个	
4	RJ-45 网络模块	RJ-45，透明，免打非屏蔽	10 个	
5	RJ-11 语音模块	RJ-11，透明，免打非屏蔽	10 个	

8. 实训工具

实训工具如表 5-14 所示。

表 5-14 实训工具

序号	名　称	规格说明	数量	工具照片
1	旋转剥线器	旋转式双刀同轴剥线器，用于剥除外护套	1 个	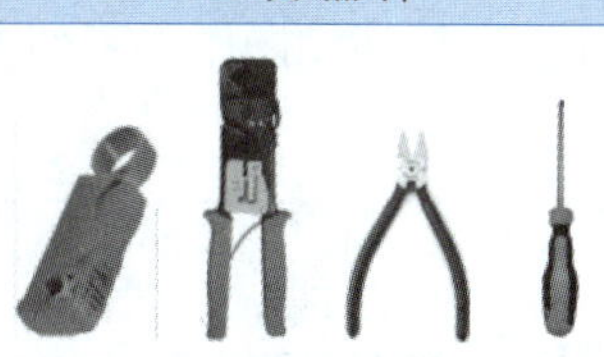
2	网络压线钳	支持 RJ-45 与 RJ-11 水晶头压接	1 把	
3	水口钳	6 寸水口钳，用于剪齐线端	1 把	
4	十字螺丝刀	Φ6×150 mm	1 个	

9. 实训设备

“西元”网络综合布线实训装置，型号：KYSYZ-08-08。

本实训装置为全钢结构，预设各种网络器材安装螺孔和穿墙布线孔，无尘操作，突出工程技术原理实训。能够模拟进行综合布线工程各个子系统的关键技术实训、多种布线路由设计和实训操作、各种线槽或桥架的多种方式安装布线实训、各种线管的明装或暗装方式的安装布线实训。

10. 实训步骤

（1）预习和播放视频。课前应预习，初学者提前预习，请扫描二维码，反复观看实操视频，请多次认真观看，熟悉主要关键技能和评判标准，熟悉线序。

实训时，教师首先讲解技术知识点和关键技能 10 min，然后播放视频 15 min。

(2) 器材工具准备。建议在播放视频期间，教师准备和分发。

①按照表 5-13，发放材料，包括 RJ-45 网络模块、RJ-11 语音模块、底盒、面板等。

②按照表 5-14，发放工具。

③学员检查材料和工具规格数量正确，质量合格。

④本实训要求每组学员单独完成，优先保证质量，掌握方法。

(3) 网络插座的设计和安装实训步骤和方法。

第一步：安装底盒。

①检查底盒的外观是否合格，特别检查底盒上的螺钉孔必须合格，如果其中有一个螺钉孔损坏时坚决不能使用。

②根据图 5-37 所示进出线方向和位置，取掉底盒预设孔中的挡板。

③如图 5-38 所示，使用 M6 螺钉，将底盒固定在“西元综合布线实训装置”上，螺钉应拧紧，底盒不能产生松动现象。

第二步：穿线。

底盒安装完成后，按照图 5-37 所示路由，将缆线布放到网络机柜内，并且预留 1 000 mm。底盒内缆线应预留缆线 100 mm，端接后预留 30 ~ 60 mm，如图 5-39 所示。

第三步：端接。

如图 5-40 所示，端接网络模块，并将网络模块卡装在双口面板上。

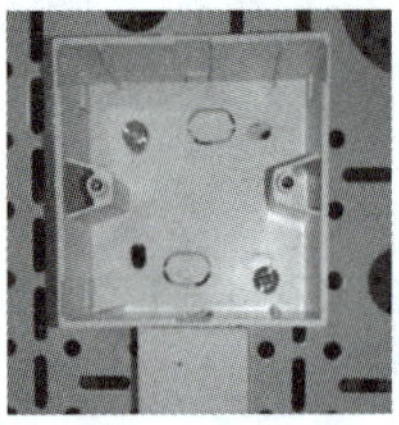

图 5-38 安装底盒

图 5-39 底盒内预留 100 mm

图 5-40 端接模块

第四步：安装面板。

使用信息插座面板自带螺钉，将面板安装在信息插座上。

11. 评判标准

每组信息插座链路 100 分，通断测试合格 100 分，不合格直接给 0 分，操作工艺不再评价，具体评判标准和操作工艺如表 5-15 所示。

表 5-15 信息插座的安装实训评分表

姓名 / 链路编号	链路测试（合格 100 分，不合格 0 分）	操作工艺评价（每处扣 5 分）								评判结果得分	排名
		底盒安装正确（10分）	底盒安装牢固（10分）	面板方向正确（10分）	模块端接正确（10分）	模块安装正确（10分）	电缆预留合适（10分）	线槽路由正确（20分）	测试合格（20分）		

12. 实训报告

请按照单元 1 表 1-1 所示的实训报告模板要求，独立完成实训报告，2 课时。

请扫描二维码下载实训 6 的 Word 版。

实训 6 Word 版

单元 6 水平子系统的设计和安装技术

通过本单元内容的学习，了解水平子系统的设计思路和方法，掌握水平子系统的安装和施工技术。

学习目标

（1）独立完成对水平子系统的设计。

（2）熟悉水平子系统所用设备和耗材。

（3）掌握水平子系统安装施工技术和经验。

6.1 水平子系统的基本概念和工程应用

水平子系统指从工作区信息插座至楼层管理间（FD–TO）的部分，在 GB 50311 国家标准中称为配线子系统，以往资料中也称水平干线子系统。

水平子系统一般在同一个楼层上，是从工作区的信息插座开始到管理间子系统的配线架，由用户信息插座、水平电缆、配线设备等组成。由于水平子系统最为复杂、布线路由长、拐弯多、造价高、安装施工时网络电缆承受拉力大，因此，水平布线子系统的设计和安装质量直接影响信息传输速率，也是网络应用系统最为重要组成部分。图 6–1 所示为水平子系统实际应用案例图。请扫描二维码下载彩色高清图片。

目前，网络应用系统全部采用星状拓扑结构，直接体现在水平子系统，也就是从楼层管理间直接向各个信息点布线。一般安装 4 对双绞线网络电缆，如果有磁场干扰或信息保密需要，须安装屏蔽双绞线网络电缆或者全部采用光缆系统。

在实际工程中，水平子系统的安装布线范围一般全部在建筑物内部，常用的有 3 种布线方式，即暗埋管布线方式、桥架布线方式、地面敷设布线方式。

1. 暗埋管布线方式

暗埋管布线方式是将各种穿线管提前预埋或者浇筑在建筑物的隔墙、立柱、楼板或地面中，然后穿线的布线方式。埋管时必须保证信息插座与管理间穿线管的连续性，根据布线要求、地板和隔墙厚度等空间条件设置，暗埋管布线一般采用薄壁钢管，设计简单明了，安装、维护都比较方便，工程造价也低。

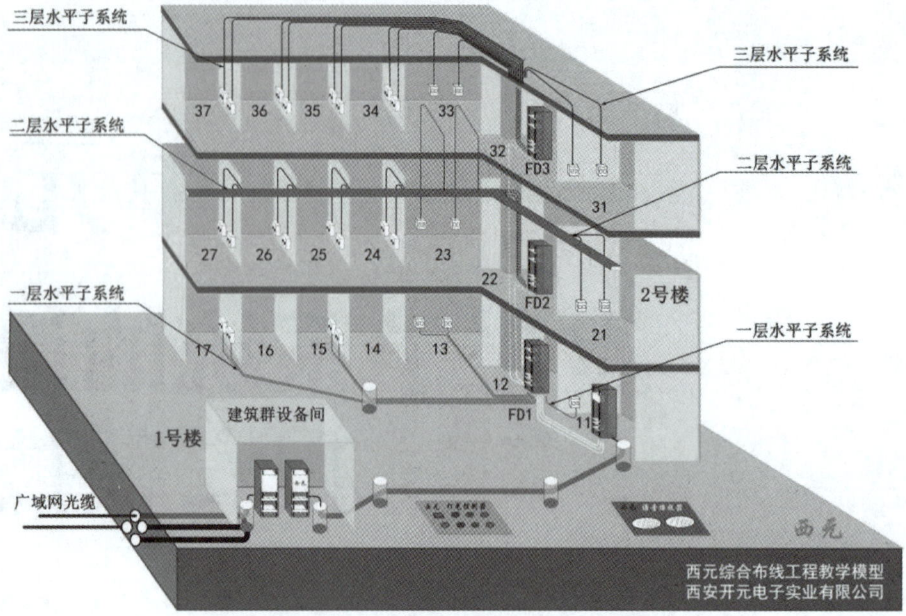

彩色高清图

图 6–1　水平子系统实际应用案例图

比较大的楼层可分为若干区域，每个区域设置一个配线间或者配线箱，先由弱电井的楼层配线间，通过直埋钢管到各区域的配线间或者配线箱，然后通过暗埋管方式，将缆线引到工作区的信息点出口。

这种暗埋管布线方式在新建建筑物中普遍应用，也有在旧楼改造时墙面开槽埋管应用。

2. 桥架布线方式

桥架布线方式是将支撑缆线的金属桥架安装在建筑物楼道或者吊顶等区域，在桥架中再集中安装各种缆线的布线方式。桥架布线方式具有集中布线和管理缆线的优点。

3. 地面敷设布线方式

地面敷设布线方式是先在地面铺设线槽，然后把缆线安装在线槽中的布线方式。一般应用在机房，需要铺设抗静电地板。

6.2 水平子系统的设计原则

在水平子系统的设计中，一般遵循下列原则：

1. 性价比最高原则

这是因为水平子系统范围广、布线长、材料用量大，对工程总造价和质量有比较大的影响。

2. 预埋管原则

认真分析布线路由和距离，确定缆线的走向和位置。新建建筑物优先考虑在建筑物梁和立柱中预埋穿线管，旧楼改造或者装修时考虑在墙面刻槽埋管或者墙面明装线槽。因为在新建建筑物中预埋线管的成本比明装布管、槽的成本低，工期短，外观美观。

3. 水平缆线最短原则

为了保证水平缆线最短原则，一般把楼层管理间设置在信息点居中的房间，保证水平缆线最短。对于楼道长度超过 100 m 的楼层，或者信息点比较密集时，可以在同一层设置多个管理间，这样既能节约成本，又能降低施工难度，因为布线距离短时，线管和电缆也短，拐弯减少，布线拉力也小一些。

4. 水平缆线最长原则

按照 GB 50311 国家标准规定，铜缆双绞线电缆的信道长度不超过 100 m，水平缆线长度一般不超过 90 m。因此在前期设计时，水平缆线最长不宜超过 90 m。

5. 避让强电原则

一般尽量避免水平缆线与 36 V 以上强电供电线路平行走线。在工程设计和施工中，一般原则为网络布线避让强电布线。

如果确实需要平行走线时，应保持一定的距离，一般非屏蔽网络双绞线电缆与强电电缆距离大于 30 cm，屏蔽网络双绞线电缆与强电电缆距离大于 7 cm。

如果需要近距离平行布线甚至交叉跨越布线，需要用金属管保护网络布线。

6. 地面无障碍原则

在设计和施工中，必须坚持地面无障碍原则。一般考虑在吊顶上布线，楼板和墙面预埋布线等。对于管理间和设备间等需要大量地面布线的场合，可以增加抗静电地板，在地板下布线。

6.3 水平子系统的设计步骤和方法

水平子系统设计的步骤一般为：首先进行需求分析，与用户进行充分的技术交流和了解建筑物用途；其次要认真阅读建筑物设计图纸，根据点数统计表，确认信息点位置和数量；再次进行水平子系统的规划和设计，确定每个信息点的水平布线路径；最后确定布线材料规格和数量，列出材料规格和数量统计表。一般设计步骤如图 6–2 所示。

图 6–2　水平子系统设计步骤

6.3.1 需求分析

需求分析对水平子系统的设计尤为重要。主要涉及布线距离、布线路径、布线方式、避让强电和材料的选择等，对后续水平子系统的施工非常重要，也直接影响网络综合布线工程的质量、工期，甚至影响最终工程造价。

智能建筑往往各个楼层功能不同，甚至同一个楼层不同区域的功能也不同，建筑结构也不同，这就需要针对每个楼层，甚至每个区域布线路由进行分析和设计。例如，地下停车场、商场、餐厅、写字楼、宾馆等楼层信息点的水平子系统有非常大的区别。

需求分析首先按照楼层进行分析，分析每个楼层的设备间到信息点的布线距离、布线路径，逐步明确和确认每个工作区信息点的布线距离和路径。

6.3.2 技术交流

在进行需求分析后，要与用户进行技术交流，这是非常必要的。由于水平子系统往往覆盖每个楼层的立面和平面，布线路径也经常与照明线路、电器设备线路、电器插座、消防线路、暖气或者空调线路有多次的交叉或者并行，因此，不仅要与技术负责人交流，也要与项目或者行政负责人进行交流。在交流中重点了解每个信息点路径上的电路、水路、气路和电器设备的安装位置等详细信息。在交流过程中必须进行详细的书面记录，每次交流结束后要及时整理书面记录。

6.3.3 阅读建筑物图纸

认真阅读建筑物设计图纸是不可或缺的程序，通过阅读建筑物图纸掌握建筑物的土建结构、强电路径、弱电路径，特别是主要电器设备和电源插座的安装位置，重点掌握在综合布线路径上的电器设备、电源插座、暗埋管线等。在阅读图纸时，进行记录或者标记，正确处理水平子系统布线与电路、水路、气路和电器设备的直接交叉或者路径冲突问题。

6.3.4 规划和设计

1. 水平子系统的拓扑结构

水平布线子系统为星状结构，如图 6-3 所示。每个信息点都必须通过一根独立的缆线与楼层管理间的配线架连接，然后通过跳线与交换机连接。请扫描二维码下载彩色高清图片。

彩色高清图

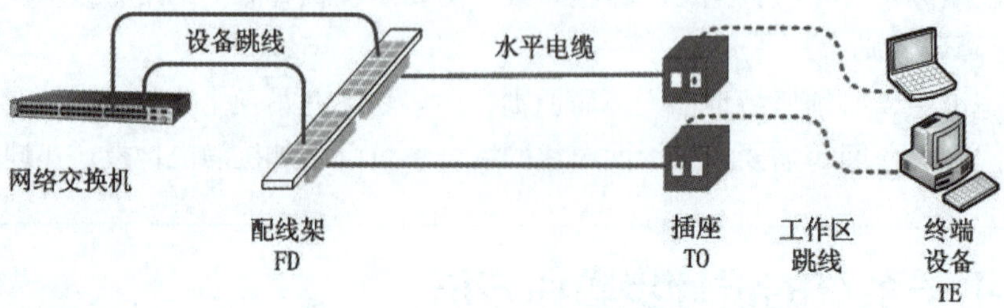

图 6-3 水平子系统拓扑结构

2. 水平子系统的布线距离规定

GB 50311 国家标准规定，水平子系统属于配线子系统中，对于缆线的长度做了统一规定，水平电缆和信道的长度应符合图 6-4 所示规定。请扫描二维码下载彩色高清图片。

彩色高清图

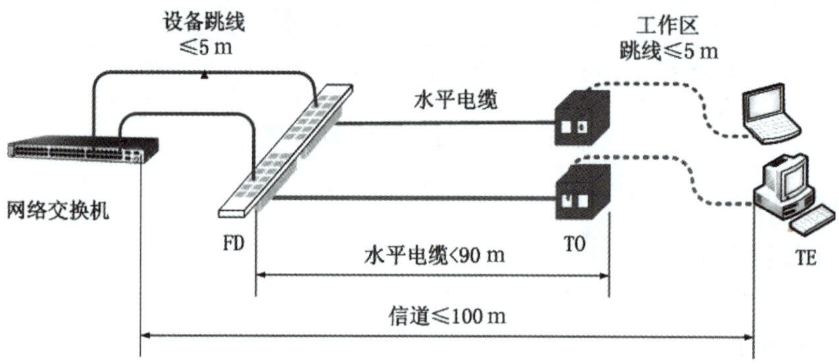

图 6-4 水平电缆和信道长度

水平子系统的长度应符合下列要求：

（1）在电缆水平子系统中，信道最大长度不应大于 100 m。其中水平电缆长度不大于 90 m，一端工作区设备连接跳线不大于 5 m，另一端管理间（设备间）的跳线不大于 5 m，如果两端的跳线之和大于 10 m，水平电缆长度应适当减少，保证配线子系统信道最大长度不应大于 100 m。

（2）信道总长度不应大于 2 000 m。信道总长度包括了综合布线系统水平缆线和建筑物主干缆线及建筑群主干 3 部分缆线之和。

（3）建筑物或建筑群配线设备之间 (FD 与 BD、FD 与 CD、BD 与 BD、BD 与 CD 之间) 组成的信道出现 4 个连接器件时，主干缆线的长度不应小于 15 m。

3. 开放型办公室布线系统长度的计算

对于商用建筑物或公共区域大开间的办公楼、综合楼等的场地，由于其使用对象数量的不确定性和流动性等因素，宜按开放办公室综合布线系统要求进行设计，并应符合下列规定：

采用多用户信息插座时，每一个多用户插座包括适当的备用量在内，宜能支持 12 个工作区所需的 8 位模块通用插座；各段缆线长度可按表 6-1 选用。

表 6-1 各段缆线长度限值

电缆总长度 (m)	水平布线电缆 H (m)	工作区电缆 W (m)	电信间跳线和设备电缆 D (m)
100	90	5	5
99	85	9	5
98	80	13	5
97	75	17	5
97	70	22	5

也可按下式计算：

$$C = (102 - H) / 1.2$$

$$W = C - 5$$

式中：$C = W + D$——工作区电缆、电信间跳线和设备电缆的长度之和；

D——电信间跳线和设备电缆的总长度；

W——工作区电缆的最大长度，且 $W \leqslant 22$ m；

H——水平电缆的长度

4. CP 集合点的设置

如果在水平布线系统施工中，需要增加 CP 集合点时，同一个水平电缆上只允许一个 CP 集合点，而且 CP 集合点与 FD 配线架之间水平线缆的长度应大于 15 m。

CP 集合点的端接模块或者配线设备应安装在墙体或柱子等建筑物固定的位置，不允许随意放置在线槽或者线管内，更不允许暴露在外边。

CP 集合点只允许在实际布线施工中应用，规范了缆线端接做法，适合解决布线施工中个别线缆穿线困难时中间接续，实际施工中尽量避免出现 CP 集合点。在前期项目设计中不允许出现 CP 集合点。

5. 缆线的布放根数

在水平布线系统中，缆线必须安装在线槽或者线管内。

在建筑物墙或者地面内暗埋布线时，一般选择线管，不允许使用线槽。

在建筑物墙面明装布线时，一般选择线槽，很少使用线管。

在楼道或者吊顶上长距离集中布线时，一般选择桥架。

选择线槽时，建议宽高之比为 2 ∶ 1，这样布出的线槽较为美观。

选择线管时，建议使用满足布线根数需要的最小直径线管，这样能够降低布线成本。

缆线布放在管与线槽内的管径与截面利用率，应根据不同类型的缆线做不同的选择。管内穿放大对数电缆或 4 芯以上光缆时，直线管路的管径利用率应为 50% ~ 60%，弯管路的管径利用率应为 40% ~ 50%。管内穿放 4 对对绞电缆或 4 芯光缆时，截面利用率应为 25% ~ 35%。布放缆线在线槽内的截面利用率应为 30% ~ 50%。

常规通用线槽内布放缆线的最大条数表可以按照表 6-2 进行选择。

表 6-2 线槽规格型号与容纳双绞线最多条数表

线槽 / 桥架类型	线槽 / 桥架规格 /（mm）	容纳双绞线最多条数	截面利用率
PVC	20 × 10	2	30%
PVC	25 × 12.5	4	30%
PVC	30 × 16	7	30%
PVC	39 × 18	12	30%

续表

线槽 / 桥架类型	线槽 / 桥架规格 /（mm）	容纳双绞线最多条数	截面利用率
金属、PVC	50 × 25	18	30%
金属、PVC	60 × 22	23	30%
金属、PVC	75 × 50	40	30%
金属、PVC	80 × 50	50	30%
金属、PVC	100 × 50	60	30%
金属、PVC	100 × 80	80	30%
金属、PVC	150 × 75	100	30%
金属、PVC	200 × 100	150	30%

常规通用线管内布放缆线的最大条数表可以按照表 6-3 进行选择。

表 6-3　线管规格型号与容纳的双绞线最多条数表

线管类型	线管规格 /（mm）	容纳双绞线最多条数	截面利用率
PVC、金属	16	2	30%
PVC	20	3	30%
PVC、金属	25	5	30%
PVC、金属	32	7	30%
PVC	40	11	30%
PVC、金属	50	15	30%
PVC、金属	63	23	30%
PVC	80	30	30%
PVC	100	40	30%

1）线缆截面积计算

网络双绞线按照线芯数量分，有 4 对、25 对、50 对等多种规格，按照用途分有屏蔽和非屏蔽等多种规格。但是综合布线系统工程中最常见和应用最多的是 4 对双绞线。由于不同厂家生产的线缆外径不同，不同用途缆线的外径也不同，下面按照外径 6 mm 计算双绞线的截面积。

$$S = d^2 \times 3.14/4 = 6^2 \times 3.14/4 = 28.26\ (\text{mm}^2)$$

式中　S——表示双绞线截面积；

d——表示双绞线直径。

2）线管截面积计算

线管规格一般用线管的外径表示，线管内布线容积截面积应该按照线管的内直径计算，以管径 25 mm PVC 管为例，管壁厚 1 mm，管内部直径为 23 mm，其截面积计算如下：

$$S = d^2 \times 3.14/4 = 23^2 \times 3.14/4 = 415.265\ (\text{mm}^2)$$

式中　S——表示线管截面积；

d——表示线管的内直径。

3）线槽截面积计算

线槽规格一般用线槽的外部长度和宽度表示，线槽内布线容积截面积计算按照线槽的内部长和宽计算，以 40 × 20 线槽为例，线槽壁厚 1 mm，线槽内部长 38 mm，宽 18 mm，其截面积计算如下：

$$S = L \times W = 38 \times 18 = 684\ (\text{mm}^2)$$

式中 S——表示线槽截面积；

L——表示线槽内部长度；

W——表示线槽内部宽度。

4）容纳双绞线最多数量计算

布线标准规定，一般线槽（管）内允许穿线的最大面积 70%，同时考虑线缆之间的间隙和拐弯等因素，考虑浪费空间 40%~50%。因此容纳双绞线根数计算公式如下：

N = 槽（管）截面积 × 70% × (40%~50%)/ 线缆截面积

其中：N——表示容纳双绞线最多数量；

70%——表示布线标准规定允许的空间；

40%~50%——表示线缆之间浪费的空间。

例 1：30 × 16 线槽容纳双绞线最多数量计算如下：

N = 线槽截面积 × 70% × 50%/ 线缆截面积

= (28 × 14) × 70% × 50%/(6^2 × 3.14/4)

=5（根）

说明：上述计算的是使用 30 × 16 PVC 线槽铺设网线时槽内容纳网线的数量。

具体计算分解如下：

30 × 16 线槽的截面积是：长 × 宽 = 28 × 14 = 392（mm^2）；

70% 是布线允许的使用空间；

50% 是线缆之间的空隙浪费的空间；

线缆的直径 D 为 6 mm，它的截面积是：$\pi D^2/4 = 6^2 \times 3.14/4 = 28.26$（$mm^2$）。

例 2：Φ40 PVC 线管容纳双绞线最多数量计算如下：

N = 线管截面积 × 70% × 40%/ 线缆截面积

= (36.6 × 36.6 × 3.14/4) × 70% × 40%/(6 × 6 × 3.14/4)

−10.4（根）

说明：上述计算的是使用 Φ40 PVC 线管铺设网线时，管内容纳网线的数量是 10 根。

具体计算分解如下：

Φ40 PVC 线管的截面积是：$\pi D^2/4 = 36.6 \times 36.6 \times 3.14/4 = 1\,051.56$（$mm^2$）；

70% 是布线允许的使用空间；

40% 是线缆之间的空隙浪费的空间；

线缆的直径 D 为 6 mm，它的截面积是：$\pi D^2/4 = 6^2 \times 3.14/4 = 28.26$（$mm^2$）。

6. 布线弯曲半径要求

布线中如果不能满足最低弯曲半径要求，双绞线电缆的缠绕节距会发生变化，严重时，电缆可能会损坏，直接影响电缆的传输性能。例如，在铜缆系统中，布线弯曲半径直接影响回波损耗值，严重时会超过标准规定值。在光纤系统中，则可能会导致高衰减。因此，在设计布线路径时，尽量避免和减少弯曲，增加电缆的拐弯曲率半径值。

缆线的弯曲半径应符合下列规定：

（1）非屏蔽 4 对对绞电缆的弯曲半径应至少为电缆外径的 4 倍。

（2）屏蔽 4 对对绞电缆的弯曲半径应至少为电缆外径的 4 倍。

（3）主干对绞电缆的弯曲半径应至少为电缆外径的 10 倍。

（4）2 芯或 4 芯水平光缆的弯曲半径应大于 25 mm；

（5）光缆容许的最小曲率半径在施工时应当不小于光缆外径的 20 倍，施工完毕应当不小于光缆外径的 15 倍。

（6）其他芯数的水平光缆、主干光缆和室外光缆的弯曲半径应至少为光缆外径的 10 倍。线管允许的弯曲半径，如表 6-4 所示。

表 6-4　管线敷设允许的弯曲半径

缆线类型	弯曲半径 (mm) / 倍
4 对非屏蔽电缆	不小于电缆外径的 4 倍
4 对屏蔽电缆	不小于电缆外径的 4 倍
大对数主干电缆	不小于电缆外径的 10 倍
2 芯或 4 芯室内光缆	>25 mm
其他芯数和主干室内光缆	不小于光缆外径的 10 倍
室外光缆、电缆	不小于缆线外径的 10 倍

注：当缆线采用电缆桥架布放时，桥架内侧的弯曲半径不应小于 300 mm。

布线施工中布线曲率半径直接影响永久链路的测试指标，多次的实验和工程测试经验表明，如果布线曲率半径小于上表标准规定时，永久链路测试不合格，特别是 6 类布线系统中，曲率半径对测试指标影响非常大。

布线施工中穿线和拉线时缆线拐弯曲率半径往往是最小的，一个不符合曲率半径的拐弯经常会破坏整段缆线的内部物理结构，甚至严重影响永久链路的传输性能。在竣工测试中，永久链路会有多项测试指标不合格，而且这种影响经常是永久性的，无法恢复。

在布线施工拉线过程中，缆线宜与管中心线尽量相同，如图 6-5 所示，以现场允许的最小角度按照 *A* 方向或者 *B* 方向拉线，保证缆线没有拐弯，保持整段缆线的曲率半径比较大，这样不仅施工轻松，而且能够避免缆线护套和内部结构的破坏。

在布线施工拉线过程中，缆线不要与管口形成 90° 拉线，如图 6-6 所示，这样就在管口形成了一个 90° 直角的拐弯，不仅施工拉线困难费力，而且容易造成缆线护套和内部结构的破坏。

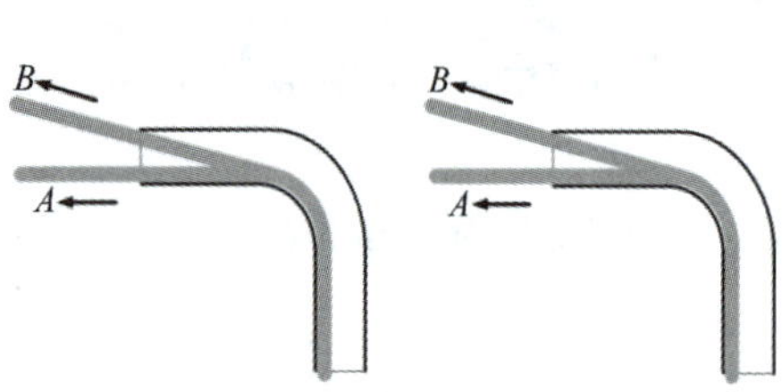

图 6-5　正确拉线方向

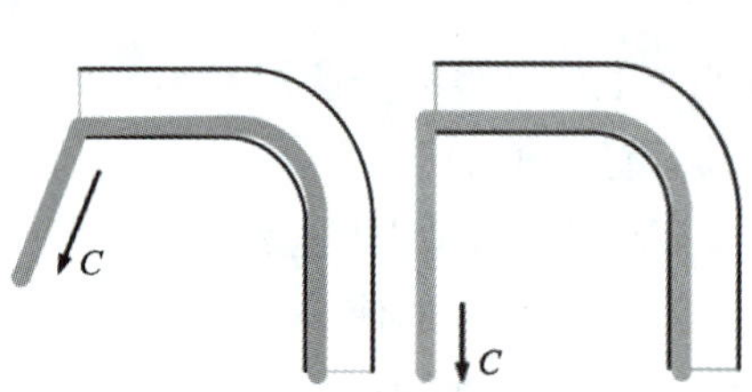

图 6-6　错误拉线方向

在布线施工拉线过程中，必须坚持直接手持拉线，不允许将缆线缠绕在手中或者工具上拉线，也不允许用钳子夹住缆线中间拉线，这样操作时缠绕部分的曲率半径会非常小，夹持部分结构变形，直接破坏缆线内部结构或者护套。

如果遇到缆线距离很长或拐弯很多，手持拉线非常困难时，可以将缆线的端头捆扎在穿线器端头或铁丝上，用力拉穿线器或铁丝。缆线穿好后将受过捆扎部分的缆线剪掉。

穿线时，一般从信息点向楼道或楼层机柜穿线，一端拉线，另一端必须有专人放线和护线，保持缆线在管入口处的曲率半径比较大，避免缆线在入口或者箱内打折形成死结或者曲率半径很小。

7. 网络缆线与电力电缆的间距

在水平子系统中，经常出现综合布线电缆与电力电缆平行布线的情况，为了减少电力电缆电磁场对网络系统的影响，综合布线电缆与电力电缆接近布线时，必须保持一定的距离。GB 50311—2016 国家标准规定的间距应符合表 6-5 的规定。

表 6-5 综合布线电缆与电力电缆的间距

类 别	与综合布线接近状况	最小间距 (mm)
380 V 以下电力电缆 < 2 kV · A	与缆线平行敷设	130
	有一方在接地的金属线槽或钢管中	70
	双方都在接地的金属线槽或钢管中	10
380 V 电力电缆 2 ~ 5 kV · A	与缆线平行敷设	300
	有一方在接地的金属线槽或钢管中	150
	双方都在接地的金属线槽或钢管中	80
380 V 电力电缆 > 5 kV · A	与缆线平行敷设	600
	有一方在接地的金属线槽或钢管中	300
	双方都在接地的金属线槽或钢管中	150

8. 缆线与电器设备的间距

综合布线电缆与附近可能产生高电平电磁干扰的电动机、电力变压器、射频应用设备等电器设备之间应保持必要的间距，为了减少电器设备电磁场对网络系统的影响，综合布线电缆与这些设备布线时，必须保持一定的距离。GB 50311—2016 国家标准规定的综合布线系统缆线与配电箱、变电室、电梯机房、空调机房之间的最小净距宜符合表 6-6 的规定。

表 6-6 综合布线缆线与电气设备的最小净距

名 称	最小净距 (m)	名 称	最小净距 (m)
配电箱	1	电梯机房	2
变电室	2	空调机房	2

9. 缆线与其他管线的间距

墙上敷设的综合布线缆线及管线与其他管线的间距应符合表 6-7 的规定。

表 6-7 综合布线缆线及管线与其他管线的间距

其 他 管 线	平行净距 (mm)	垂直交叉净距 (mm)
避雷引下线	1 000	300
保护地线	50	20
给水管	150	20
压缩空气管	150	20
热力管 (不包封)	500	500
热力管 (包封)	300	300
煤气管	300	20

10. 其他电器防护和接地

综合布线系统应根据环境条件选用相应的缆线和配线设备，或采取防护措施，并应符合相关规定。

11. 缆线的暗埋设计

水平子系统缆线的路径，在新建筑物设计时宜采取暗埋管线。暗管的转弯角度应不小于 90°，在路径上每根暗管的转弯角度不得多于两个，并不应有 S 弯出现，有弯头的管段长度超过 20 m 时，应设置管线过线盒装置；在有两个弯时，不超过 15 m 应设置过线盒。

设置在墙面的信息点布线路径宜使用暗埋钢管或 PVC 管，对于信息点较少的区域管线可以直接铺设到楼层的设备间机柜内，对于信息点比较多的区域先将每个信息点管线分别铺设到楼道或者吊顶上，然后集中进入楼道或者吊顶上安装的线槽或者桥架。

新建公共建筑物暗埋管路径一般有 3 种做法，分别是同层暗埋管、跨层暗埋管和地面暗埋管。

第一种同层暗埋管，从信息插座处隔墙向上垂直埋管到横梁或者楼板，然后在横梁或楼板内水平埋管到楼道出口，最后引入楼道桥架，如图 6–7 所示。这种设计方式的优点是工作区信息插座与水平子系统和楼层管理间在同一个楼层，穿线、安装模块和配线架端接等比较方便，检测和维护也很方便。缺点就是穿线路由长，使用材料多，成本高，拐弯多，穿线时拉力大，对施工技术要求高。

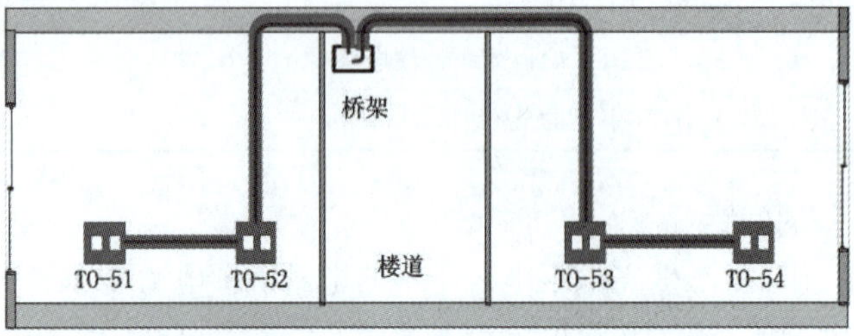

图 6–7　水平子系统同层暗埋管示意图

第二种跨层暗埋管，从信息插座处隔墙向下垂直埋管到横梁或者楼板，然后在横梁或楼板内水平埋管到下一层楼道出口，最后引入楼道桥架。如图 6–8 中 TO–2 信息插座所示。二层信息点对应的管理间机柜不在二层，而是在一层。就整栋楼来说，不仅减少了一个机柜，而且布线路由最短，材料用量少，成本低，拐弯少，穿线时拉力也比较小，比图 6–7 中布线路由缩短了约 2.5 m。与图 6–8 中 TO–2 信息点布线路由相比减少了 U 字形拐弯。缺点是工作区信息插座与楼层管理间不在同一个楼层，一般 X 层信息插座的对应管理间和设备在 *X*–1 层。由于跨越了一个楼层，模块安装和配线架端接等不方便，后期检测和维护更不方便。

第三种地面暗埋管，从信息插座处隔墙向下垂直埋管到地面，然后在地下水平埋管到一层管理间出口。如图 6–8 中 TO–1 信息插座所示，这种暗埋管方式只适合建筑物一层。

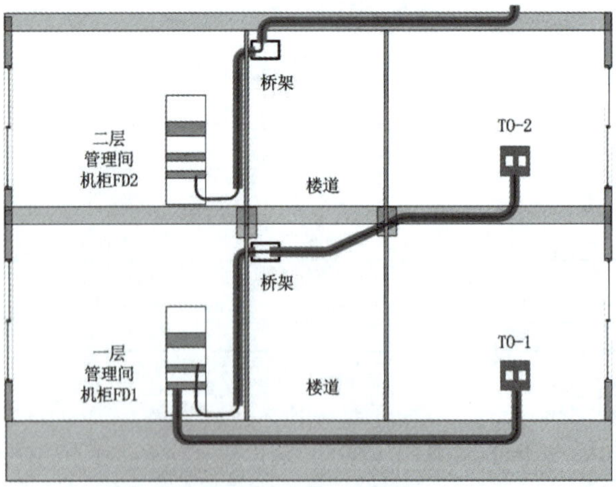

图 6–8　水平子系统跨层暗埋管示意图

12. 缆线的明装设计

住宅楼、老式办公楼、厂房进行改造或者需要增加网络布线系统时，一般采取明装布线方式。住宅楼增加网络布线常见的做法是：将机柜安装在每个单元的中间楼层，然后沿墙面安装 PVC 线槽到每户门上方墙面固定插座，如图 6–9 所示。使用线槽外观美观，施工方便，但是安全性比较差，使用线管安全性比较好。

在已经入住的住宅楼需要增加信息插座时，一般设计在楼道，位于入户门上方。这是因为每个住户家里的布局和装饰结构不同，进入室内施工不方便。

楼道明装布线时，宜选择 PVC 塑料线槽，线槽盖板边缘最好是直角，特别在北方地区不宜选择斜角盖板，斜角盖板容易落灰，影响美观，如图 6-10 所示。

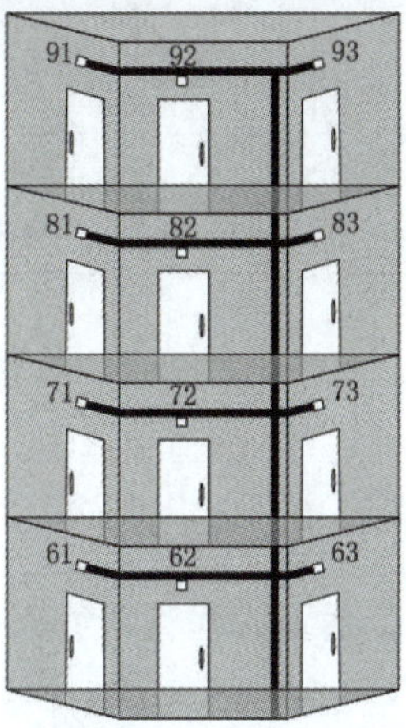

图 6-9　住宅楼水平子系统布线示意图

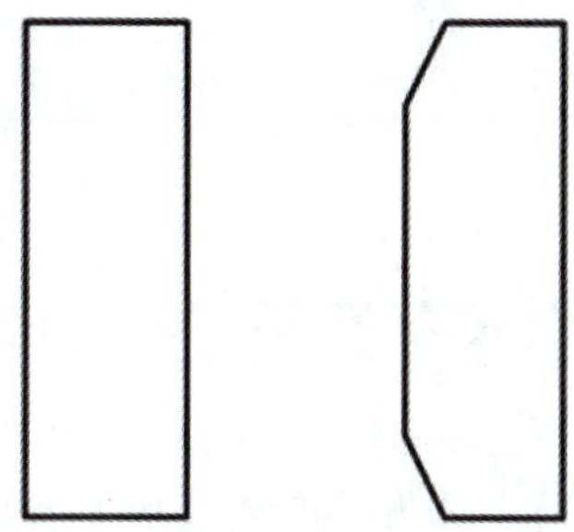

图 6-10　PVC 线槽外形图

6.3.5　材料规格和数量统计表

综合布线水平子系统材料的概算是指根据施工图纸核算材料使用数量，然后计算造价，这就要求我们熟悉施工图纸，掌握定额。本节主要介绍如何对材料进行计算。

对于水平子系统材料的计算，首先确定施工使用布线材料类型，列出一个简单的统计表，统计表主要是针对某个项目分别列出各层使用的材料的名称，对数量进行统计，避免计算材料时漏项，方便材料的核算。

我们以图 6-9 为例简述材料计算方法。

从图 6-9 可以看到，这是一个一梯三户的单元，图中表示了 6~9 层结构。我们按照层高 3.2 m，楼道宽度 3 m，每户两个信息点做材料统计表。使用的主要材料有 PVC 线槽、堵头、阴角、三通、四通、网络插座、双口面板、网络模块、网线等。电缆和线槽等从 6 层地面开始计算。线槽按照右边住户水平 2 m，中间住户垂直 3.2 m，水平 2 m，左边住户水平 2 m。线槽两端必须安装堵头，中间使用三通或者四通连接，我们看到在 9 层有一个三通，各层为四通。表 6-8 为完成的材料统计表。

表 6-8　6~9 层信息点材料统计表

信息点	材　　料							
	4-UTP 电缆 (m)	PVC 线槽 (40 mm)(m)	堵头 (40 mm)	三通 (40 mm)	四通 (40 mm)	插座底盒	双口面板	网络模块
93	14.8	2	1	0	0	1	1	2
92	14.8	5.2	0	1	0	1	1	2
91	17.8	3	1	0	0	1	1	2
83	11.6	2	1	0	0	1	1	2
82	11.6	5.2	0	0	1	1	1	2
81	14.6	3	1	0	0	1	1	2
73	8.4	2	1	0	0	1	1	2

续表

信息点	材料							
	4-UTP 电缆 (m)	PVC 线槽 (40 mm)(m)	堵头 (40 mm)	三通 (40 mm)	四通 (40 mm)	插座底盒	双口面板	网络模块
72	8.4	5.2	0	0	1	1	1	2
71	11.4	3	1	0	0	1	1	2
63	5.2	2	1	0	0	1	1	2
62	5.2	5.2	0	0	1	1	1	2
61	8.2	3	1	0	0	1	1	2
合计	132	40.8	8 个	1 个	3 个	12 个	12 个	24 个

6.4 水平子系统的设计案例

以“西元”研发楼的典型水平子系统的设计为例讲述水平子系统的埋管布线设计方法。

6.4.1 研发楼一层地面埋管布线方式

图 6-11 为一层水平子系统埋管图。从图中可以看到，一层信息点全部采用地面暗埋管布线方式，一般在地面或者楼板埋管时只能使用 $\Phi16$、$\Phi20$ 或 $\Phi25$ 管等直径较小的钢管，由于地面垫层或者楼板厚度的限制，不能使用较大直径的管子，因此往往从楼层管理间到信息点有很多管子铺满楼板。图 6-12 为一层信息点立面图，非常清楚地标明了地面埋管位置。具体布线路由和方式如下：

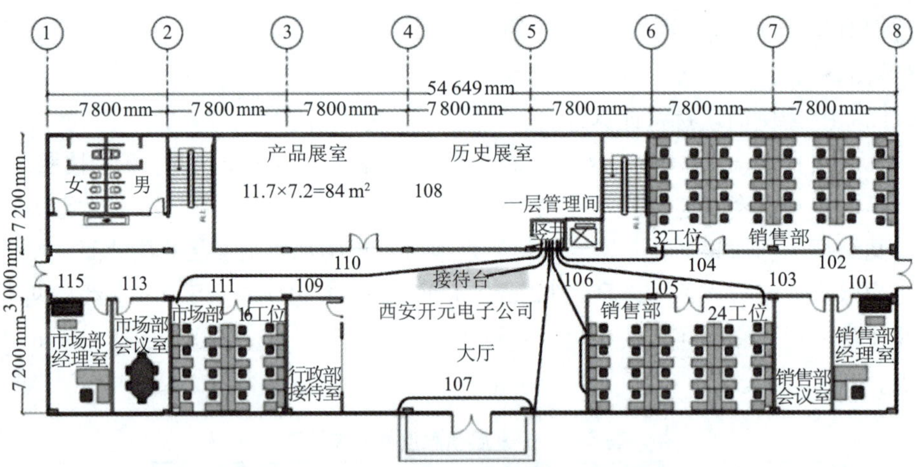

图 6-11　一层地面埋管布线路由平面图

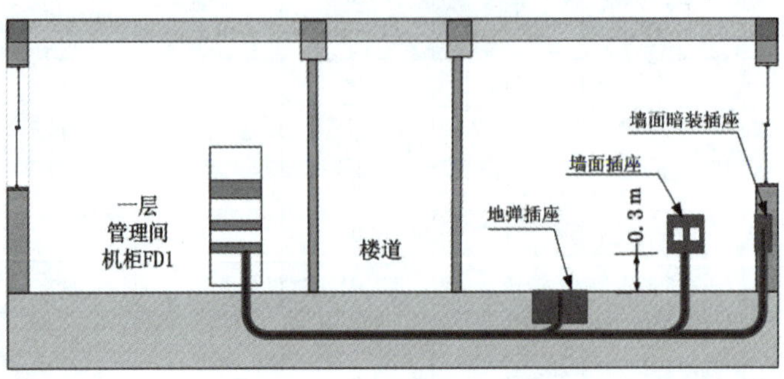

图 6-12　埋管立面图

1. 直接埋管布线到管理间方式

距离一层管理间比较近的展室、接待台、大厅右边和门口的信息点直接布线到一层管理间。一般选择使用 $\varPhi20$ 管，每根管子穿 4 根网线，先将 4 根网线敷设到第一个信息插座出线，然后将另外 2 根网线用 $\varPhi16$ 管敷设到第二个信息插座出线，如图 6–13 所示。

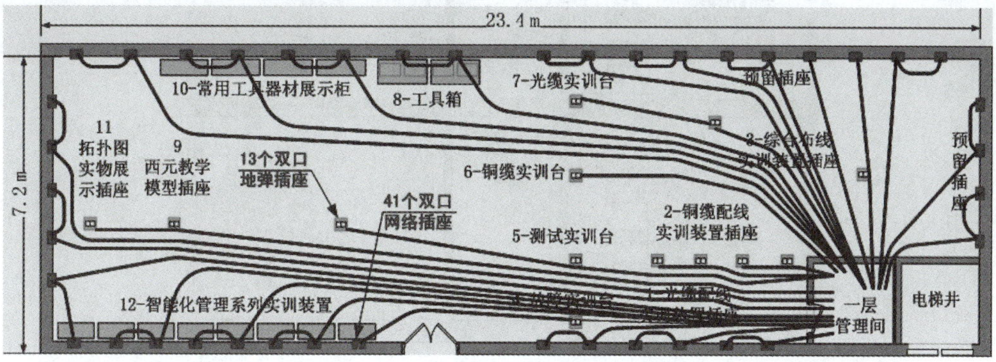

图 6–13　展室信息点布线路由平面图

2. 设置 102 房间分管理间方式

按照单元 5.4.3 集体办公室信息点设计数量知道，102（104）销售部共设计有 34 个数据点和 34 个语音点计算。如果全部埋管布线到一层管理间时，不仅管路多，地面埋管困难，而且布线路由比较长，拐弯多。因此在 102（104）房间设置一个分管理间，将全部信息点缆线通过暗埋管布线到该分管理间，然后从分管理间再连接到一层管理间，如图 6–14 所示。

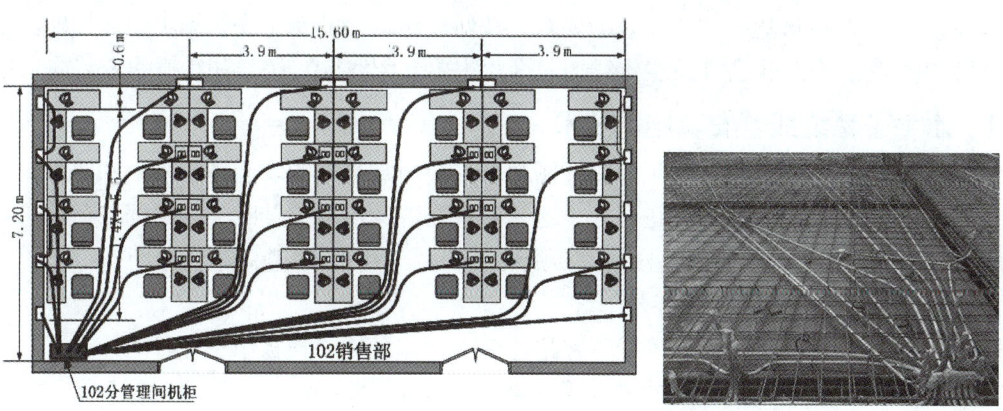

图 6–14　102 销售部埋管布线路由平面图及现场布线照片

3. 设置区域分管理间方式

对于信息点比较密集的几个房间一般划分为一个区域，设置区域分管理间。如图 6–11 中 109 接待室，111 市场部办公室，113 市场部会议室，115 市场部经理办公室 4 个房间的信息点比较密集，就在 111 市场部设置了一个区域分管理间。

105 销售部办公室，103 销售部会议室，101 销售部经理室 3 个房间也设置了一个区域分管理间。这样设计不仅布线路由短，施工方便，而且施工难度低。

6.4.2　二层至四层楼板埋管布线方式

图 6–15 为二层至四层水平子系统埋管布线图，从图中可以看到，采用了跨层布线方式。四层信息点的桥架位于三层楼道，三层信息点的桥架位于二层楼道，二层信息点的桥架位于一层楼道。从信息插座处隔墙向下垂直埋管到横梁或者楼板，然后在横梁或楼板内水平埋管到下一层楼道出口，最后引入楼道桥架。这种设计方式不仅减少了桥架和机柜，而且布线路由最短，材料用

量少，减少了U字形拐弯，拐弯少，成本低，穿线时拉力也比较小。

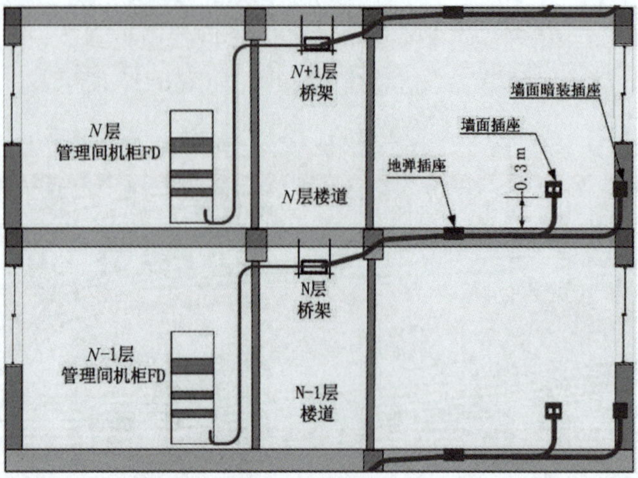

图 6-15　跨层埋管布线路由立面示意图

6.5 水平子系统的安装施工技术

在综合布线工程中，水平子系统的管路非常多，与电气等其他管路交叉也多，这些在图纸中很难标注得非常清楚，就需要在安装阶段根据现场实际情况安排管线，设计出最优敷设管路的施工方案，满足管线路由最短、便于安装的要求。在新建建筑物的水平安装施工中，一般涉及线管暗埋和桥架安装等，有时也会涉及少量线槽，因此主要介绍线管、桥架和线槽的安装施工技术。

6.5.1　水平子系统线管安装施工技术

在建筑设计院提供的综合布线工程设计图中，只会规定基本的安装施工路由和要求，一般不会把每根管路的直径和准确位置标记出来，这就要求在现场实际安装时，要根据每个信息点具体位置和数量，确定线管直径和准确位置。在预埋线管和穿线时一般遵守下列原则：

1. 埋管最大直径原则

预埋在墙体中间暗管的最大管外径不宜超过 50 mm，预埋在楼板中暗埋管的最大管外径不宜超过 25 mm，室外管道进入建筑物的最大管外径不宜超过 100 mm。

2. 穿线数量原则

不同规格的线管，根据拐弯的多少和穿线长度的不同，管内布放线缆的最大条数也不同。同一个直径的线管内如果穿线太多时，拉线困难，如果穿线太少时增加布线成本，这就需要根据现场实际情况确定穿线数量，一般按照表 6-3 线管规格型号与容纳的双绞线最多条数表进行选择。

3. 保证管口光滑和安装护套原则

在钢管现场截断和安装施工中，两根钢管对接时必须保证同轴度和管口整齐，没有错位，焊接时不要焊透管壁，避免在管内形成焊渣。金属管内的毛刺、错口、焊渣、垃圾等必须清理干净，否则会影响穿线，甚至损伤缆线的护套或内部结构，如图 6-16 所示。

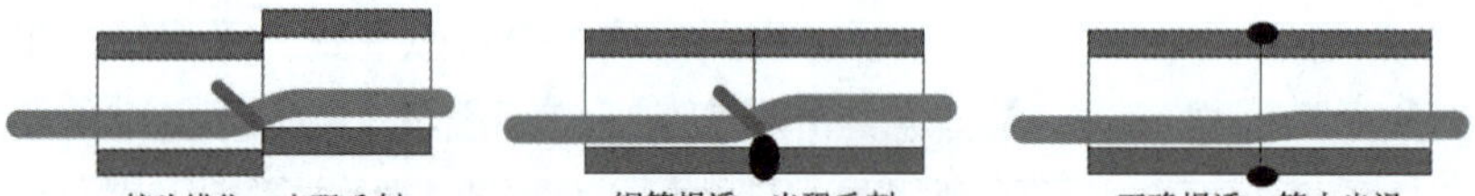

图 6-16　钢管接头示意图

暗埋钢管一般都在现场用切割机裁断，如果裁断太快时，在管口会出现大量毛刺，这些毛刺非常容易划破电缆外皮，因此，必须对管口进行去毛刺工序，保持截断端面的光滑。

在与插座底盒连接的钢管出口，需要安装专用的护套，保护穿线时顺畅，不会划破缆线。这点非常重要，在施工中要特别注意，如图 6-17 所示。

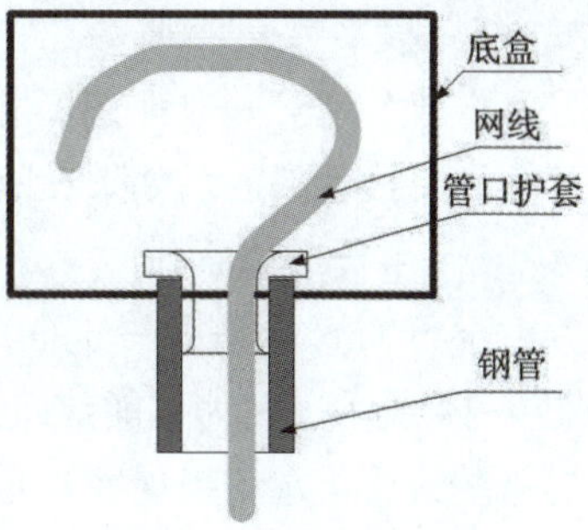

图 6-17 钢管端口安装保护套示意图

4. 保证曲率半径原则

金属管一般使用专门的弯管器成型，拐弯半径比较大，能够满足双绞线对曲率半径的要求。墙内暗埋 Φ16、Φ20 PVC 塑料布线管时，要特别注意拐弯处的曲率半径。宜用弯管器现场制作大拐弯的弯头连接，这样既保证了缆线的曲率半径，又方便轻松拉线，降低布线成本，保护线缆结构。

图 6-18 所示为现场自制大拐弯和工业成品弯头曲率半径的比较，以此 Φ20 PVC 管内穿线为例进行计算和说明曲率半径的重要性。按照 GB 50311 国家标准的规定，非屏蔽双绞线的拐弯曲率半径不小于电缆外径的 4 倍。电缆外径按照 6 mm 计算，拐弯半径必须大于 24 mm。

拐弯连接处不宜使用市场上购买的工业成品弯头，目前市场上没有适合网络综合布线使用的大拐弯 PVC 弯头，只有适合电气和水管使用的 90° 弯头。

图 6-18 所示为市场购买的 Φ20 穿线管弯头的曲率半径，拐弯半径只有 5mm，半径 5 mm ÷ 电缆直径 6 mm=0.8 倍，远远低于标准规定的 4 倍。

图 6-19 为自制大拐弯弯头。直径为 48 mm，半径 24 mm ÷ 电缆直径 6 mm=4 倍。

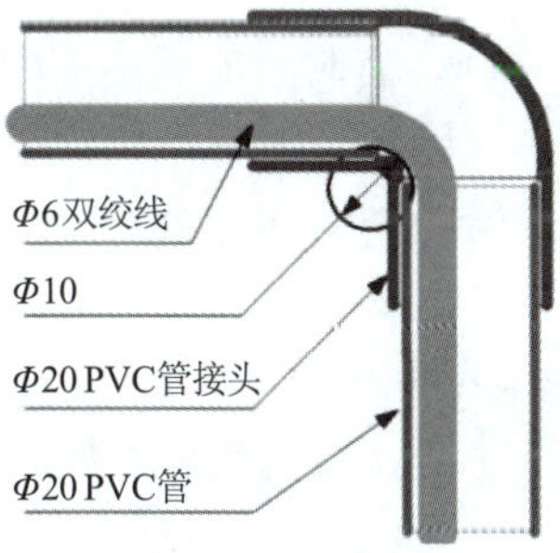

图 6-18 工业成品弯头曲率半径示意图

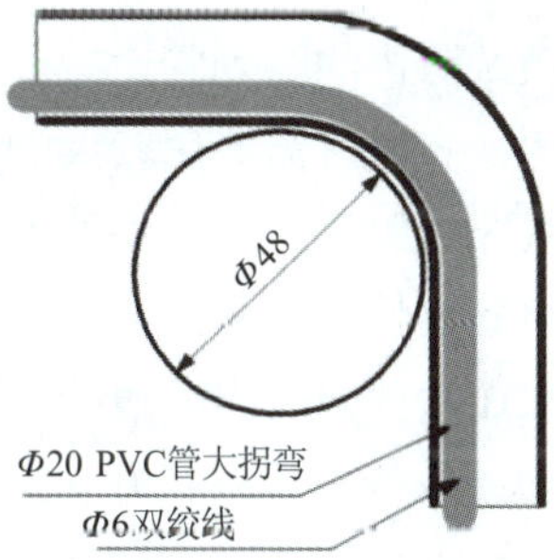

图 6-19 自制大拐弯曲率半径示意图

现场自制大拐弯接头时，必须选用质量较好的冷弯管和配套的弯管器。如果使用的冷弯管与弯管器不配套时，管子容易变形。使用热弯管也无法冷弯成型。用弯管器自制大拐弯的方法和步骤如下：

第一步：准备冷弯管，确定弯曲位置和半径，做出弯曲位置标记，如图 6-20 所示。

第二步：插入弯管器到需要弯曲的位置。如果弯曲较长时，给弯管器绑一根绳子，放到要弯曲的位置，如图 6-21 所示。

第三步：弯管。两手抓紧放入弯管器的位置，用力弯曲，如图 6-22 所示。

第四步：取出弯管器，安装弯头。图 6-23 所示为已经安装到位的大拐弯。

图 6-20 准备和标记

图 6-21 插入弯管器

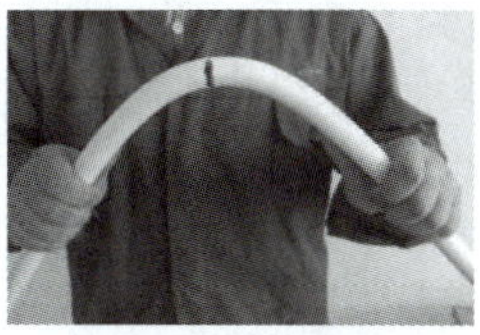

图 6-22 弯管

图 6-23 弯头安装

5. 横平竖直原则

土建预埋管一般都在隔墙和楼板中，为了垒砌隔墙方便，一般按照横平竖直的方式安装线管，不允许将线管斜放，如果在隔墙中倾斜放置线管，需要异形砖，影响施工进度。

6. 平行布管原则

平行布管就是同一走向的线管应遵循平行原则，不允许出现交叉或者重叠，如图 6–13 和图 6–14 所示。因为智能建筑的工作区信息点非常密集，楼板和隔墙中有许多线管，必须合理布局这些线管，避免出现线管重叠。

7. 线管连续原则

线管连续原则是指从插座底盒至楼层管理间之间的整个布线路由的线管必须连续，如果出现一处不连续时将来就无法穿线。特别是在用 PVC 管布线时，要保证管接头处的线管连续，管内光滑，方便穿线，如图 6–24 所示。如果留有较大的间隙时，管内有台阶，将来穿牵引钢丝和布线困难，如图 6–25 所示。

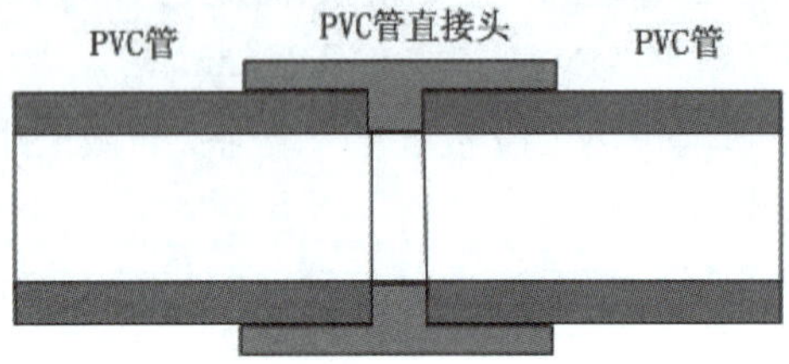

图 6-24　PVC 管连续

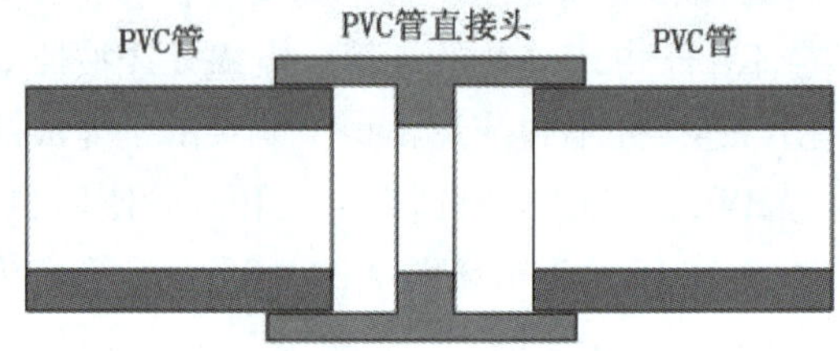

图 6-25　PVC 管有较大间隙

8. 拉力均匀原则

水平子系统路由的暗埋管比较长，大部分都在 20~50 m 之间，有时可能长达 80~90 m，中间还有许多拐弯，布线时需要用较大的拉力才能把网线从插座底盒拉到管理间。

综合布线穿线时应该采取慢速而又平稳的拉线，拉力太大时，会破坏电缆对绞的结构和一致性，引起线缆传输性能下降。

拉力过大还会使线缆内的扭绞线对层数发生变化，严重影响线缆抗噪声（NEXT、FEXT 等）的能力，从而导致线对扭绞松开，甚至可能对导体造成破坏。4 对双绞线最大允许的拉力为一根 100 N，二根为 150 N，三根为 200 N。N 根拉力为 $N\times5+50$ N，不管多少根线对电缆，最大拉力不能超过 400 N。

9. 预留长度合适原则

缆线布放时应该考虑两端的预留，方便理线和端接。在管理间电缆预留长度一般为 3 ~ 6 m，工作区信息插座底盒内为 30 ~ 60 mm；光缆在配线柜处预留长度为 3 ~ 5 m，楼层配线箱处光纤预留长度为 1 ~ 1.5 m。有特殊要求的应按设计要求预留长度。

10. 规避强电原则

在水平子系统布线施工中，必须考虑与电力电缆之间的距离，不仅要考虑墙面明装的电力电缆，更要考虑在墙内暗埋的电力电缆。关于综合布线电缆与电力电缆的间距，可参考 6.3.4 节表 6–5。

11. 穿牵引钢丝原则

土建埋管后，必须穿牵引钢丝，方便后续穿线。穿牵引钢丝的步骤如下：

第一步，把钢丝一端用尖嘴钳弯曲成一个 $\Phi10$ mm 左右的小圈，这样做是防止钢丝在 PVC 管内弯曲，或者在接头处被顶住。

第二步，把钢丝从插座底盒内的 PVC 管端往里面送，一直送到另一端出来。

第三步，把钢丝两端折弯，防止钢丝缩回管内。

第四步，穿线时用钢缆把电缆拉出来。

12. 管口保护原则

钢管或者 PVC 管在敷设时，应该采取措施保护管口，防止水泥砂浆或者垃圾进入管口，堵塞管道，一般用塞头封住管口，并用胶布绑扎牢固。

6.5.2 水平子系统桥架安装施工技术

1. 桥架吊装安装方式

在楼道有吊顶时水平子系统桥架一般吊装在楼板下，如图 6–26 所示。具体步骤如下：

第一步：确定桥架安装高度和位置。

第二步：安装膨胀螺栓、吊杆、桥架挂片，调整好高度。

第三步：安装桥架。并且用固定螺栓把桥架与挂片固定。

第四步：安装电缆和盖板。

2. 桥架壁装安装方式

在楼道没有吊顶的情况下，桥架一般采用壁装方式，如图 6–27 所示。

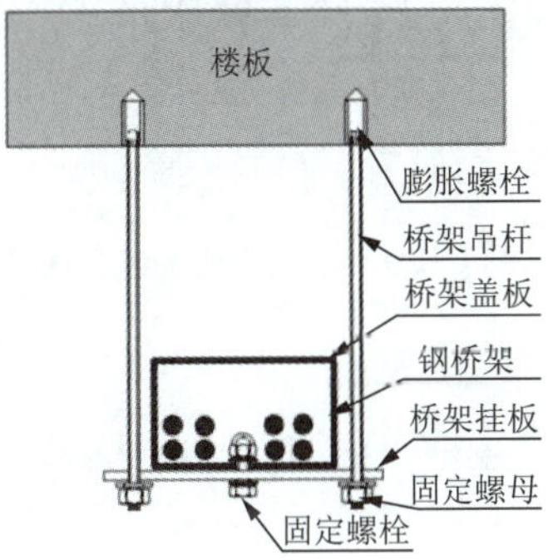

图 6–26 吊装桥架

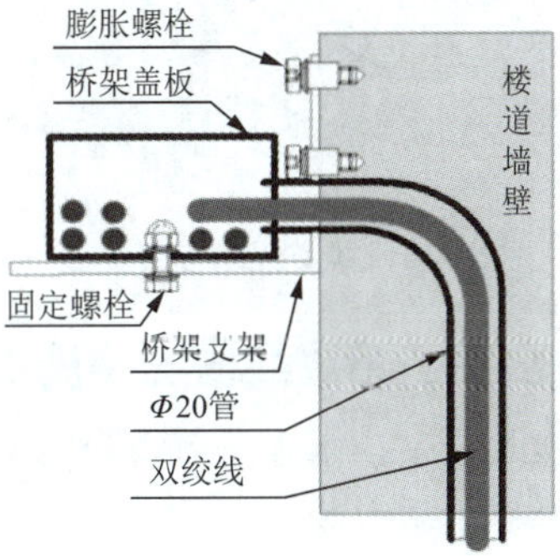

图 6–27 壁装桥架

具体安装步骤如下：

第一步：确定桥架安装高度和位置，并且标记安装高度。

第二步：安装膨胀螺栓、三角支架、调整好高度。

第三步：安装桥架。并且用固定螺栓把桥架与三角支架固定牢固。

第四步：安装电缆和盖板。

在楼道墙面安装金属桥架时，首先根据各个房间信息点出线管口在楼道高度，确定楼道桥架安装高度并且画线，其次先安装 L 形支架或者三角形支架，按照 2~3 个 /m。支架安装完毕后，用螺栓将桥架固定在每个支架上，并且在桥架对应管出口处开孔。

如果各个信息点管出口在楼道高度偏差太大，也可以将桥架安装在管出口的下边，将双绞线通过弯头引入桥架，这样施工方便，外形美观。缆线引入桥架时，必须穿保护管，并且保持比较大的曲率半径。

3. 楼道大型线槽安装方式

在一般小型工程中，有时采取暗管明槽布线方式，在楼道使用较大的 PVC 线槽代替金属桥架，不仅成本低，而且比较美观。一般安装步骤如下：

第一步：根据线管出口高度，确定线槽安装高度，并且画线。

第二步：固定线槽。

第三步：布线。

第四步：安装盖板。

水平子系统也可以在楼道墙面安装比较大的塑料线槽，例如宽度 60 mm、100 mm、150 mm 白色 PVC 塑料线槽，具体线槽高度必须按照需要容纳双绞线的数量来确定，选择常用的标准线槽规格，不要选择非标准规格。安装方法是首先根据各个房间信息点出线管口在楼道高度，确定楼道大线槽安装高度并且画线，其次按照 2~3 处 /m 将线槽固定在墙面，楼道线槽的高度宜遮盖墙面管出口，并且在线槽遮盖的管出口处开孔，如图 6-28 所示。

如果各个信息点管出口在楼道高度偏差太大，宜将线槽安装在管出口的下边，将双绞线通过弯头引入线槽，这样施工方便，外形美观。

将楼道全部线槽固定好以后，再将各个管口的出线逐一放入线槽，边放线边盖板，放线时注意拐弯处保持比较大的曲率半径，如图 6-29 所示。

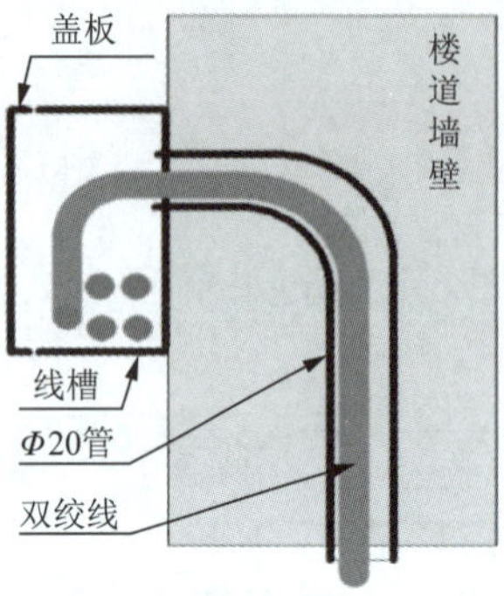

图 6-28　楼道线槽安装方式 1

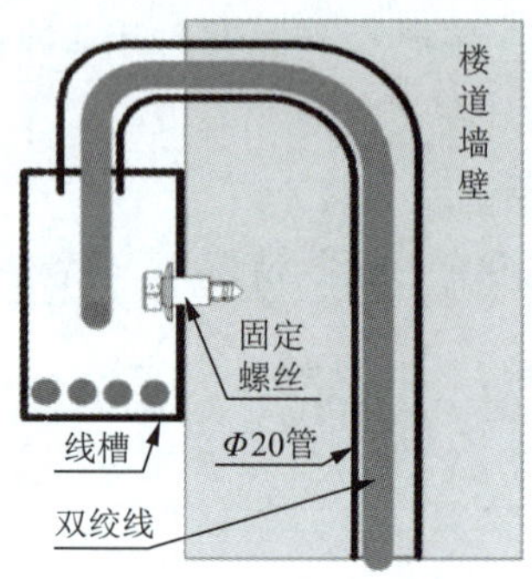

图 6-29　楼道线槽安装方式 2

6.5.3　水平子系统线槽安装施工技术

在旧楼改造中，水平子系统有时会用到明装线槽布线。线槽布线施工一般从安装信息点插座底盒开始，具体步骤如下：

第一步：安装插座底盒，给线槽起点定位。

第二步：钉线槽。

第三步：布线和盖板。

1. 线槽的曲率半径

线槽拐弯处也存在曲率半径问题，线槽拐弯处曲率半径容易保证，图 6-30 为宽度 20 mm PVC 线槽 90° 拐弯形成的最大曲率半径。直径 6 mm 的双绞线电缆在线槽中最大弯曲情况和布线最大曲率半径值为 45 mm（直径 90 mm），布线弯曲半径与双绞线外径的最大倍数为 45 ÷ 6 = 7.5 倍。这就要求在安装保持双绞线电缆时靠线槽外沿，保持最大的曲率半径，如图 6-30 所示。特别强调，在线槽中安装双绞线电缆时必须在水平部分预留一定的余量，而且不能再拉电缆。如果没有余量，并且拉伸电缆后，就会改变拐弯处的曲率半径，如图 6-31 所示。

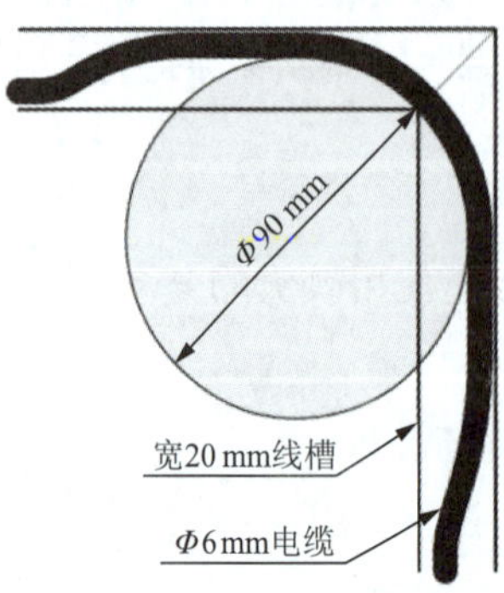

图 6-30　宽 20 mm 线槽拐弯处最大弯曲半径

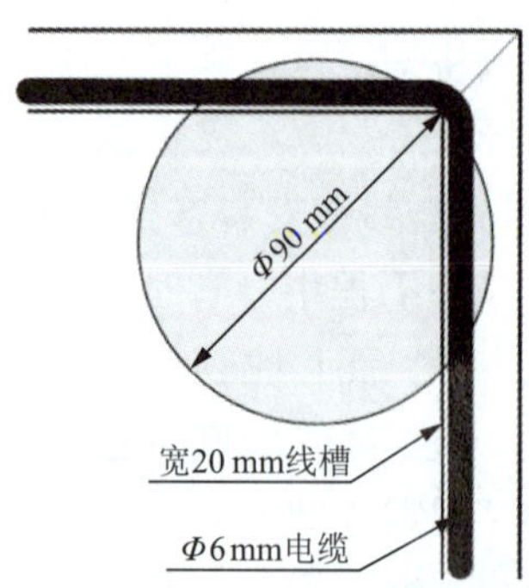

图 6-31　宽 20 mm 线槽拐弯处最小弯曲半径

2. 线槽拐弯

线槽拐弯处一般使用成品弯头，一般有阳角、阴角、三通、堵头等配件，如图 6–32 所示。使用这些成品配件安装施工简单，而且速度快，图 6–33 所示为使用配件安装示意图。

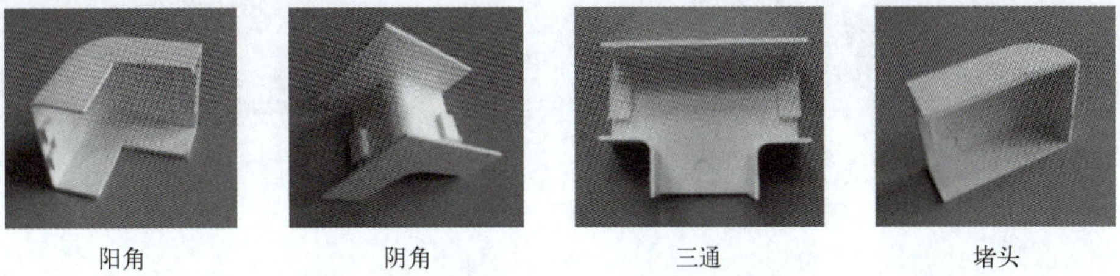

图 6–32 宽 40 mm PVC 线槽常用配件

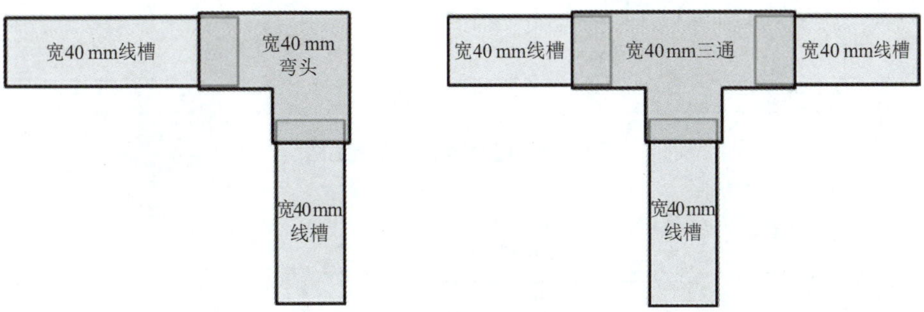

图 6–33 弯头和三通安装示意图

在实际工程施工中，因为准确计算配件非常困难，因此，一般都是现场自制弯头，不仅能够降低材料费，而且美观。现场自制弯头时，要求接缝间隙小于 1 mm，美观。图 6–34 所示为水平弯头制作示意图，图 6–35 所示为阴角弯头制作示意图。

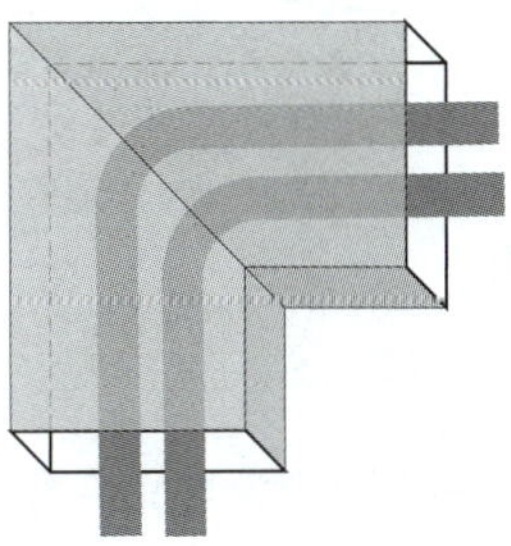

图 6–34 水平弯头制作示意图

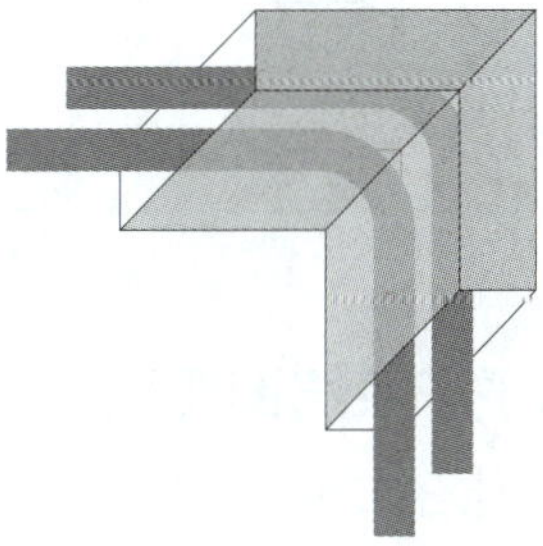

图 6–35 阴角弯头制作示意图

安装线槽时，首先在墙面测量并且标出线槽的位置，在建工程以 1 m 线为基准，保证水平安装的线槽与地面或楼板平行，垂直安装的线槽与地面或楼板垂直，没有可见的偏差。

拐弯处宜使用 90° 弯头或者三通，线槽端头安装专门的堵头。

布线时，先将缆线放到线槽中，边布线边装盖板，拐弯处保持缆线有比较大的拐弯半径。完成安装盖板后，不要再拉线，如果拉线会改变线槽拐弯处的缆线曲率半径。

安装线槽时，用水泥钉或者自攻丝把线槽固定在墙面上，固定距离为 300 mm 左右，必须保证长期牢固。两根线槽之间的接缝必须小于 1 mm，盖板接缝宜与线槽接缝错开。

3. 墙面明装线槽施工图

水平子系统明装线槽安装时要保持线槽的水平，必须确定统一的高度，如图 6–36 所示。

4. 吊顶上架空线槽布线施工图

吊顶上架空线槽布线由楼层管理间引出来的线缆先走吊顶内的线槽，到各房间后，经分支线槽从槽梁式电缆管道分叉后将电缆穿过一段支管引向墙壁，沿墙而下到房内信息插座的布线方式，如图 6-37 所示。

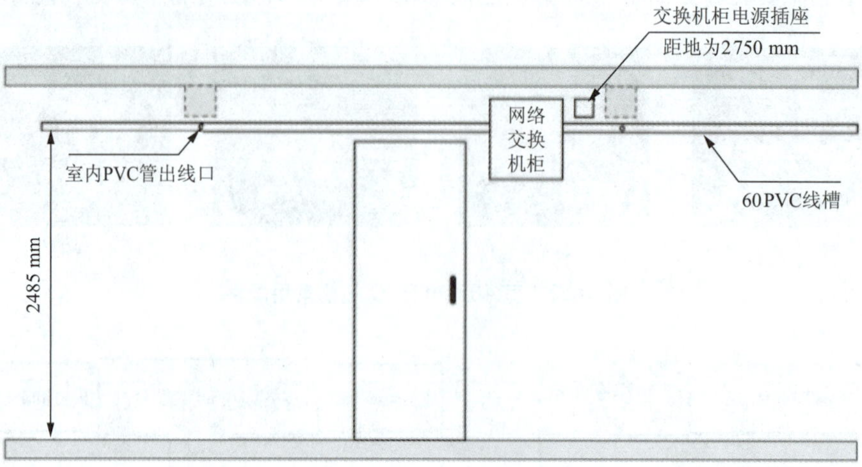

图 6-36　墙面明装线槽施工图

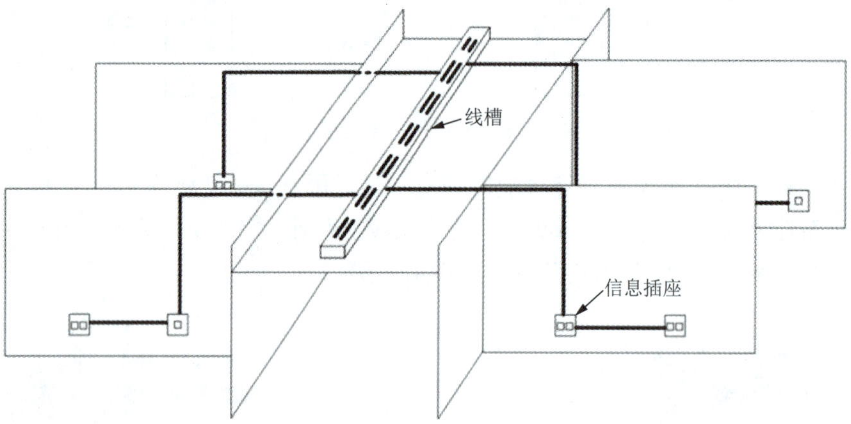

图 6-37　吊顶内线槽布线施工图

6.5.4　水平子系统铜缆抽线和理线操作方法

在建筑物综合布线施工过程中，经常需要把多根缆线穿入一根钢管，要求在穿线时，多根缆线不能缠绕或者打结，否则无法正常穿线，而网线都采用整轴或者整箱盘绕的方式包装，当把缆线从整箱中抽出时，都会自然缠绕在一起，如图 6-38 所示，因此在穿线前都需要理线。

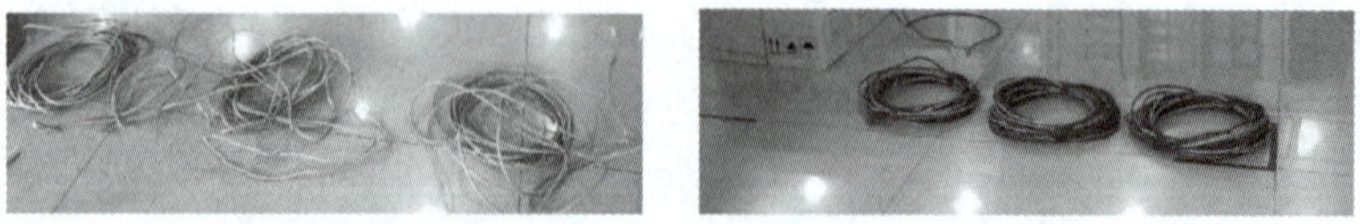

错误的理线方法　　正确的理线方法

图 6-38　综合布线理线对比

这里我们以从 1 箱中分别抽出 3 根 10 m 网线为例，介绍抽线和理线的方法。

1. 铜缆抽线的方法

第一步：抽线前，首先看清楚线头长度标记，然后左手抓住线头，右手连续抽线，把抽出的线临时放在旁边，估计快到 10 m 时，检查长度标记，最后确认抽到 10 m 时，用剪刀把线剪断，如图 6-39~ 图 6-41 所示。注意把长度标记保留在没有抽出的线端。

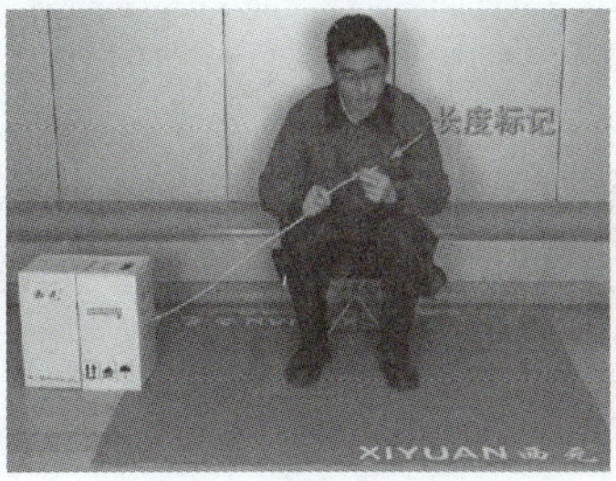

图 6-39 检查标记

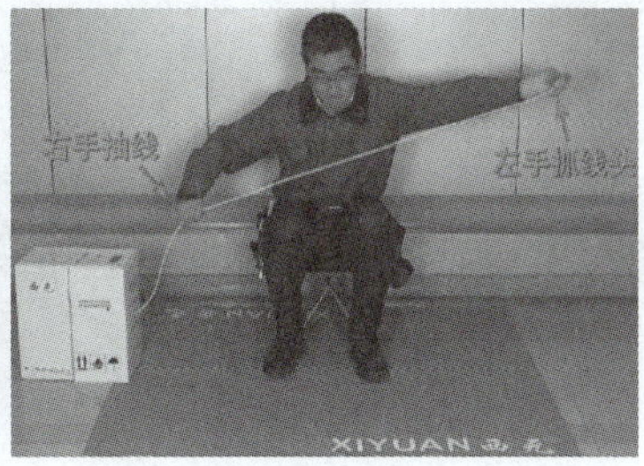

图 6-40 抽线

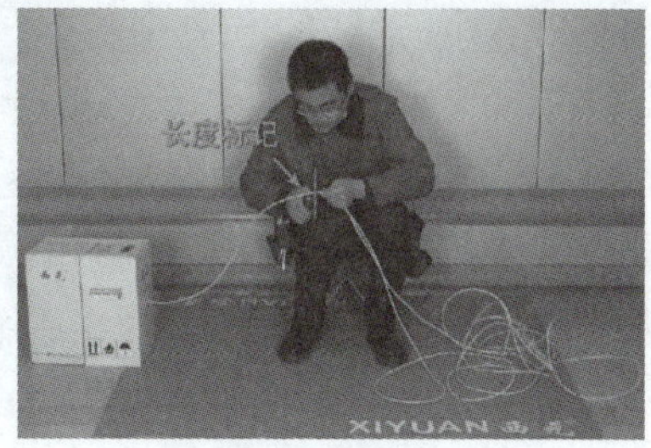

图 6-41 剪线

第二步：把第二根线头和第一根线头并在一起，如图 6-42 所示，用左手抓住线头，右手连续抽线，如图 6-43 所示，同时把已经抽出的两根线捋顺，临时放在旁边，估计快到 10 m 时，检查长度标记，确认抽到 10 m 时，用剪刀把线剪断。

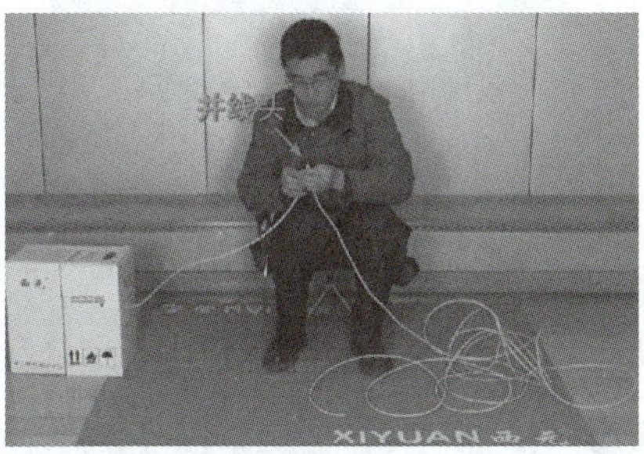

图 6-42 并第二根线线头

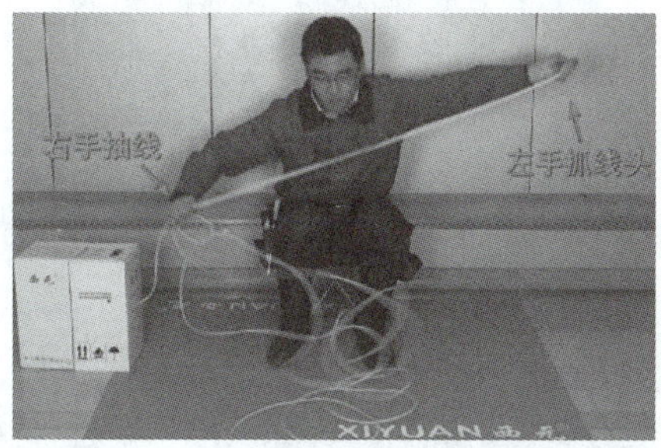

图 6-43 抽第二根线

第三步：把第三根线头和第一、二根线头并在一起，如图 6-44 所示，用左手抓住线头，右手连续抽线，如图 6-45 所示，同时把已经抽出的 3 根线捋顺，临时放在旁边，估计快到 10 m 时，检查长度标记，确认抽到 10 m 时，用剪刀把线剪断。

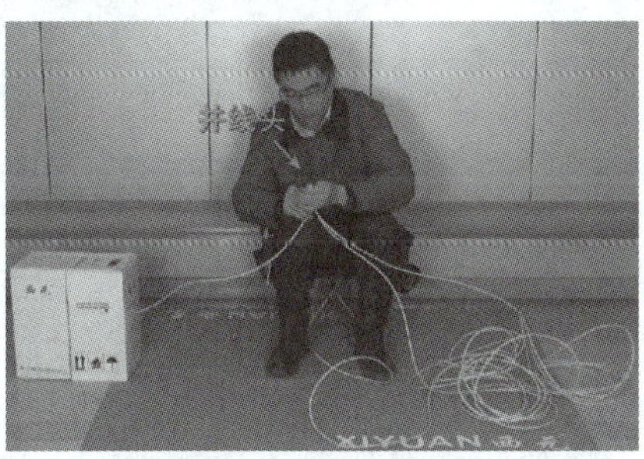

图 6-44 并第三根线线头

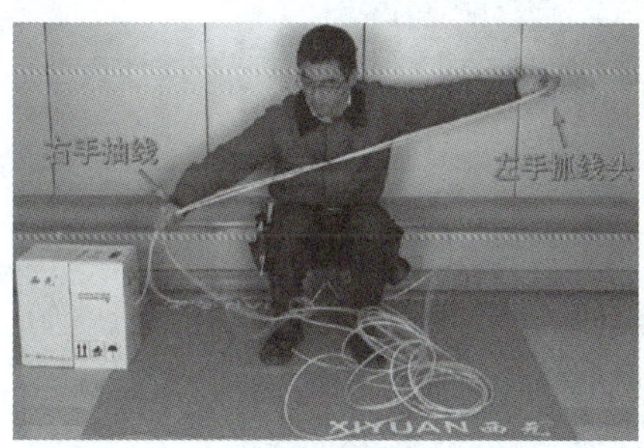

图 6-45 抽第三根线

第四步：把多余的线头塞回网线箱内，如图 6-46 所示，将三根剪好的网线线头对齐，用胶布绑扎在一起，如图 6-47 所示。

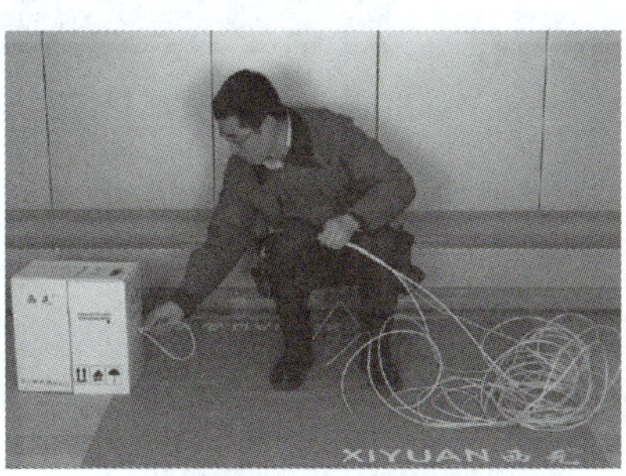

图 6-46 收回线头

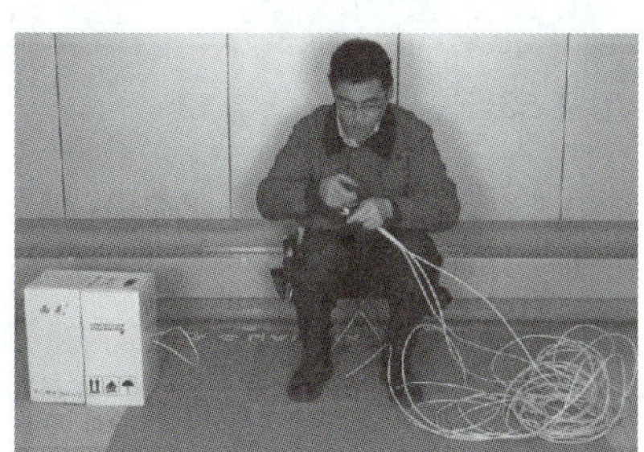

图 6-47 绑扎线头

2. 铜缆理线的方法

第一步：左手持线，线端向前，如图 6–48 所示。

第二步：根据需要的线盘直径，右手手心向下，把线捋直约 1 m，如图 6–49 所示，向前划圈，如图 6–50 所示，同时右手腕和手指向上旋转网线，如图 6–51 所示，消除网线的缠绕力，把线收回到左手，保持线盘平整，完成第一圈盘线，如图 6–52 所示。

第三步：右手把线捋直约 1 m，如图 6–53 所示，向前划圈，如图 6–54 所示，同时右手腕和手指向下旋转，如图 6–55 所示，消除网线的缠绕力，把线收回到左手，保持线盘平整，完成第二圈盘线。

图 6–48 左手持线

图 6–49 测量尺寸

图 6–50 划圈

图 6–51 线向上翻转

图 6–52 完成第一圈理线

图 6–53 测量尺寸

图 6–54 划圈

图 6–55 完成第二圈理线

第四步：按顺序重复第二步和第三步的动作，完成盘线。

在盘线过程中，注意通过右手腕和手指的上下反复旋转，消除网线的缠绕力，始终保持线盘平整。如果线盘不平整时，通过右手腕和手指的旋转角度调整，始终保持线盘的平整。

请扫描下列视频对应的二维码，下载西元教学实训视频片，反复观看和学习。

图 6-56 所示为《A141- 西元铜缆理线方法》（3 根线）视频片头，片长 1 分 37 秒。

图 6-57 所示为《A142- 铜缆理线操作方法》（1 箱抽线）视频片头，片长 4 分 06 秒。

图 6-58 所示为《A143- 铜缆理线操作演示》（站立演示）视频片头，片长 1 分 06 秒。

图 6-56　A141 视频片头

图 6-57　A142 视频片头

图 6-58　A143 视频片头

A141- 西元铜缆理线方法（三根线）

A142- 铜缆理线操作方法

A143- 铜缆理线操作演示

6.6 工程经验

1. 工程经验一　路径的勘察

水平子系统的布线工作开始之前，首先要勘察施工现场，确定布线的路径和走向，避免盲目施工给工程带来浪费和拖延工期。

2. 工程经验二　线槽 / 线管的铺设

水平子系统主干线槽铺设一般都是明装在建筑物过道的两侧或是吊顶之上，这样便于施工和检修。而入户部分有暗埋和明装两种。暗埋时多为PVC线管或钢管，明装时使用PVC线管或线槽。

在过道墙面铺设线槽时，为了线槽保持水平，一般先用墨斗放线，然后用电锤打眼安装木楔子之后才开始安装明装线槽。

在吊顶上安装线槽或桥架，必须在吊顶之前完成安装吊杆或支架及布线工作。

3. 工程经验三　布线时携带的工具

水平子系统布线时，一般在楼道内铺设，高度比较高，需要携带梯子。

在入户时，暗管内土建方都留有牵引钢丝，但是有时拉牵引钢丝时会难以拉出或牵引钢丝留的太短拉不住，这样就需要携带老虎钳，用老虎钳夹住牵引钢丝将线拉出。

4. 工程经验四　布线拉线速度和拉力

水平子系统布线时，拉缆线的速度从理论上讲，线的直径越小，则拉线的速度越快。但是，有经验的安装者一般会慢速而又平稳地拉线，而不是快速地拉线，因为快速拉线通常会造成线的缠绕或被绊住，使施工进度缓慢。从卷轴上拉出缆线时，要注意电缆可能会打结。缆线打结就应视为损坏，应更换缆线。

拉力过大，线缆变形，会破坏电缆对绞的匀称性，将引起线缆传输性能下降。

5. 工程经验五　阴角、阳角、堵头的使用

在完成水平子系统布线后，扣线槽盖板时，在铺设线槽有拐弯的地方需要使用相应规格的阴角、阳角、线槽两端需要使用堵头，使其美观。

6. 工程经验六　双绞线的传输距离一直被确定为 100 m

无论是 10Base-T 和 100Base-TX 标准，还是 1000Base-T 标准，都明确表明最远传输距离为 100 m。在综合布线规范中，也明确要求水平布线不能超过 90 m，链路总长度不能超过 100 m。也就是说，100 m 对于有线以太网而言是一个极限。

7. 工程经验七　住宅楼改造时，信息插座安装门口

信息插座安装在户外主要是针对旧住宅楼增加信息点的情况。由于住户各家的装修不同，家具摆放位置也有所不同，信息点入户施工会对住户带来不必要的麻烦，如破坏装修、搬移家具等。所以，将信息插座安装在楼道住户门口，入户由户主自己处理。

◎ 典型案例 6　综合布线系统的升级改造

1. 需要升级的原因

综合布线在中国建筑智能化进程中发挥着重要作用，20 世纪大量采用支持百兆到桌面的 5 类布线系统，如今，这些系统也慢慢到了更新的时刻了，被更新的主要原因如下：

第一，在广域网和局域网络上传输的信息量在十年的时间里不断增长，很多以前无法实现的网络应用得以实现，如广域网上实时视频、远程医疗、网络游戏、远程教育、网上银行、网上交易等变为现实。同时局域网内的多媒体文件均以几十兆字节、几百兆字节甚至几吉字节的形式出现，这就要求网络以更快的速度来传输这些文件。

第二，网络设备和终端设备为满足网络速度的要求，也在不断升级。仅以以太网网络设备为例，网络端口速率从以前的 10 Mbit/s 向 100 Mbit/s 过渡，从 100 Mbit/s 向 1 000 Mbit/s 过渡，现在很多网络设备提供万兆网络接口。在网络终端设备方面，现在已经是双核、四核，甚至六核的计算机，内存、硬盘容量不断增加。这从客观上要求网络速度不断提升。

第三，布线标准的不断更新，产品工艺的不断求精，创新技术的不断涌现，以及阻燃环保意识的不断提升，客观上为建筑综合布线系统的升级提供了可能性。

2. 是否该升级的判断

如果你为以下的问题均感到为难，那么可以考虑改造升级布线系统。

（1）大楼里的网络设备升级是否超过 6 年，布线系统升级到现在是否超过 10 年？

（2）用户是否经常抱怨大楼的网络应用，嫌网络速度很慢？

（3）大楼的网络设备是否能满足当前网络应用的需要？

（4）大楼的布线系统能否支持当前网络设备的应用？

（5）大楼的布线系统的信息点扩容性能否满足当前的应用？

（6）是否对原来布线系统的环保性、阻燃性存在担心？

（7）是否对原来布线系统的管理显得力不从心？

3. 升级之前需要做的准备

业主一旦确认下来要改造升级，那么接下来要进行以下操作。

（1）要找专业的顾问公司或者专业的人士进行前期咨询，以便对当前智能建筑的发展和布线系统的最新发展有全面的认识和了解。

（2）要对原来建筑体的建筑空间、管道桥架路由、网络业务应用、信息点位置进行认真检查，做好记录以备后用。

（3）要对以下问题做出决定。选择什么样的布线系统？铜缆系统是超 5 类屏蔽系统，是 6 类屏蔽 / 非屏蔽系统，还是增强型 6 类屏蔽 / 非屏蔽系统？ 光缆系统是采用单模系统还是万兆 OM3 多模系统，还是 OM4 多模系统？

（4）要采用什么样的外皮材料？阻燃级别是 CM、CMR、CMP，还是采用低烟无卤的 LSZH？所有产品是否满足 RoHS 的要求？

（5）要有大楼整体大弱电、数字化的思想，改造以前的大楼可能只有语音和数据系统，那么

是否可以通过这次改造让大楼变得更加智能、绿色、安全、节能？除了布线系统，还需考虑视频监控系统、门警系统、一卡通系统、智能照明系统、停车场管理系统等。

（6）要对市场上的厂商品牌进行考察，考察的内容包括公司整体弱电方面实力、解决方案先进性、产品的广泛性、品牌影响力、工程案例同类性、技术服务水平、质保期限、当地的商务支持等。

4. 升级改造需要注意的问题

为了保证工程质量，在项目改造过程中要注意的问题有：

（1）要确定是一次性整体升级改造，还是分楼层逐步改造。

作为工程项目实施的工程商，一次性整体升级改造更为方便；采用每次 5 层的方法逐步推进，这样会给工程商带来一定的施工难度，既要保证原系统的正常运行，也要保证新工程的进度，同时还要考虑到尽量减少作业给楼内人员带来的影响。

（2）不管是一次性整体改造还是分楼层逐步改造，在施工安装前都要做好相关记录。

进行巡楼工作时，要对原来的设备间、楼层配线间、弱电井、管道桥架空间及路由、信息点需求等进行检查登记，对相关部门提出合理的要求，具体内容可以包括空间、面积、电力、电源、照明、接地、间距、干扰、路由、防火、温度、湿度、防尘及防震。另外，线缆敷设方式、弯曲、冗余、电磁干扰也在记录范围之内。具体内容可参考我国的国家标准《综合布线系统工程设计规范》（GB 50311—2016）。

（3）要规划好每次改造的楼层和数量，并注意拆除顺序。

例如，一座 30 层的大楼可以每 5 层作为一个单元来改造。在拆除原有的布线系统工程中，先拆除工作区的信息模块和面板，然后将水平子系统各条线缆拉回桥架；接着在楼层配线间将线缆与配线架分离，从桥架上将线缆收回，从机架机柜将配线架收回。一般来说，水平通道的桥架可以得到再次应用，但对需要增加信息点的楼层，可能需要增加桥架。原来预埋的管线由于缺少牵引线，会给再次施工造成非常大的难度，甚至无法再次使用，需要结合装修再次铺设路由。垂直主干数据系统如果 10 年前铺设的是铜缆系统，则建议更新为光缆；如当年铺设的是多模光纤，建议更新为 OM3 多模光纤；如铺设的是单模光纤，不建议更新，结合实际的应用，只要增加光纤的数量即可。

（4）在改造过程中要确保原有网络的正常运行。

在计划时，一定要周密安排，充分熟悉和理解原有的网络结构和布线的路由布局。

（5）改造后的系统一定要满足现在及未来长远的要求。

要对工程项目按规范进行测试，并且要求 100% 的信息点测试。对铜缆系统按所安装的类别进行相应的测试，如 6 类屏蔽系统、6 类非屏蔽系统、增强型 6 类屏蔽系统、增强型 6 类非屏蔽系统。6 类系统测试相对比较简单，但对增强型 6 类非屏蔽 / 屏蔽系统则要追加 Alien NEXT 测试。对单模光纤和 OM3 多模系统按照 TIA/EIA-568C.3 的标准进行链路长度和衰减的测试。还有就是按照材料品牌对应厂家的质保申请程序要求，准备好材料质保申请表，以获得对未来网络应用的保障。

典型案例 6 Word 版

请扫描二维码下载典型案例 6 的 Word 版。

◎ 习题 6

一、填空题

1. 水平子系统指从________至楼层管理间（FD-TO）的部分，在 GB 50311 国家标准中称为

配线子系统。（参考 6.1 节）

2. 为了保证水平缆线最短原则，一般把楼层管理间设置在________位置，保证水平缆线最短。（参考 6.2 节）

3. 按照 GB 50311 国家标准规定，铜缆双绞线电缆的信道长度不超过________m，水平缆线长度一般不超过________m。（参考 6.2 节）

4. 需要平行走线时，应保持一定的距离，一般非屏蔽网络双绞线电缆与强电电缆距离大于________cm，屏蔽网络双绞线电缆与强点电缆距离大于 7 cm。（参考 6.2 节）

5. 水平布线子系统最常见的是________拓扑结构，即每个信息点都必须通过一根独立的线缆与管理子系统的配线架连接。（参考 6.3.4 节）

6. 如果在水平布线系统施工中，需要增加 CP 集合点时，同一个水平电缆上只允许________CP 集合点，而且 CP 集合点与 FD 配线架之间水平线缆的长度应大于________m。（参考 6.3.4 节）

7. 在水平布线系统中，缆线必须安装在线槽或者线管内，在建筑物墙或者地面内暗设布线时，一般选择________；在建筑物墙明装布线时，一般选择________。（参考 6.3.4 节）

8. 线管内穿放 4 对对绞线电缆或 4 芯以下光缆时，截面利用率应为________。（参考 6.3.4 节）

9. 缆线布放时应该考虑两端的预留，方便理线和端接，工作区信息插座底盒内为________。（参考 6.5.1 节）

10. 钢管或者 PVC 管在敷设时，应该采取措施保护管口，防止水泥砂浆或者垃圾进入管口，堵塞管道，一般用________封住管口，并用________绑扎牢固。（参考 6.5.1 节）

二、选择题（部分为多选题）

1. 水平子系统的拓扑结构一般为（　　）。（参考 6.1 节）

A. 总线　　B. 星状　　C. 树状　　D. 环状

2. 水平子系统一般在同一个楼层上，由（　　）、（　　）、配线设备等组成。（参考 6.1 节）

A. 用户信息插座　　B. 工作区　　C. 水平电缆　　D. 网络模块

3. 一般尽量避免水平缆线与（　　）以上强电供电线路平行走线。（参考 6.2 节）

A. 12 V　　B. 24 V　　C. 36 V　　D. 48 V

4. 在水平子系统中，下列关于双绞线说法中正确的是（　　）。（参考 6.3.4 节）

A. 水平缆线的长度不要超过 90 m

B. 整个水平子系统信道长度不要超过 90 m

C. CP 集合点与楼层配线架之间水平线缆的长度应小于 15 m

D. 水平子系统的线路属于非永久线路，可以随时更换

5. 某金属线槽的标称尺寸是 20×12，以下说法正确的是（　　）。（参考 6.3.4 节）

A. 高是 20 cm，宽是 12 cm　　B. 宽是 20 mm，高是 12 mm

C. 宽是 20 cm，高是 12 cm　　D. 高是 20 mm，宽是 12 mm

6. 非屏蔽 4 对对绞电缆的弯曲半径不应小于电缆外径的（　　）。（参考 6.3.4 节）

A. 2 倍　　B. 4 倍　　C. 8 倍　　D. 10 倍

7. 当缆线采用电缆桥架布放时，桥架内侧的弯曲半径不应（　　）。（参考 6.3.4 节）

A. 大于 200 mm　　B. 小于 200 mm　　C. 大于 300 mm　　D. 小于 300 mm

8. 380 V，2 ~ 5 kV · A 电力电缆与综合布线缆线平行敷设时，最小间距为（　　）。（参考 6.3.4 节）

A. 70 mm　　B. 130 mm　　C. 300 mm　　D. 600 mm

9. 暗管的转弯角度应不小于（ ），在路径上每根暗管的转弯角度不得多于（ ）个。（参考 6.3.4 节）

A. 90°　　B. 120°　　C.1　　D. 2

10. 预埋在墙体中间暗管的最大管外径不宜超过（ ），预埋在楼板中暗埋管的最大管外径不宜超过（ ）。（参考 6.5.1 节）

A. 25 mm　　B. 50 mm　　C. 80 mm　　D. 100 mm

三、简答题

1. 水平子系统在设计中应遵循什么原则？（参考 6.2 节）

2. 管壁厚 1 mm 的 $\Phi 20$ PVC 线管最多容纳多少根线缆外径为 6 mm 的双绞线？请写出主要计算过程。（参考 6.3.4 节）

3. 在预埋线管和穿线时一般遵守哪些原则？（至少列出 5 条）（参考 6.5.1 节）

4. 简述铜缆理线的方法和步骤。（参考 6.5.4 节）

5. 某学生公寓大楼需要改造，每个房间需要多增加一个信息点，请设计一种最佳的水平布线方式。该方式在走线时需要注意哪些问题？（参考 6.4 节）

请扫描二维码下载习题 6 的 Word 版。

习题 6
Word 版

◎ 实训 7　配线子系统安装实训（PVC 线管类）

1. 实训任务来源

建筑物内部水平子系统的管路敷设和缆线保护，大量使用 PVC 线管，PVC 线管必须正确安装与穿线，也经常需要自制弯头。PVC 一般作为暗埋管使用。

2. 实训任务和要求

完成图 6-59 中 FD1 机柜配线子系统的安装任务，具体内容如下：

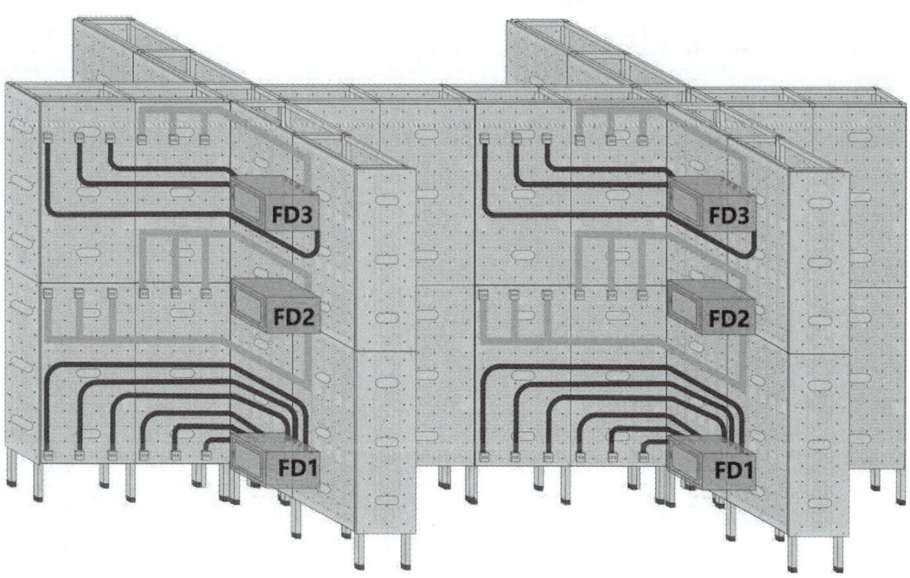

图 6-59　配线子系统布线与安装示意图

请扫描二维码下载高清彩色图片。

彩色高清图

（1）FD1 机柜安装。按照 GB/T 50312—2016《综合布线系统工程验收规范》第 5.0.1 条规定，具体要求如下：

①机柜安装垂直偏差度不应大于 3 mm。

②机柜上的各种零件不得脱落或碰坏，漆面不应有脱落及划痕，各种标志应完整清晰。

（2）PVC 线管安装。要求线管路由正确，横平竖直，固定牢固；线管两端平齐；线管穿入插座底盒的长度为 10 ~ 20 mm，在直接头内部紧靠卡台；自制弯头曲率半径为 Φ100 mm。

（3）完成 PVC 线管内双绞线电缆的布放穿线和端接，按照 GB/T 50312—2016《综合布线系统工程验收规范》第 6.1.1 条规定，具体要求如下：

①双绞线电缆的规格应与设计相符，本实训项目为 CAT5e。

②双绞线电缆的布放穿线应自然平直，不得产生扭绞、打圈等现象，不应受外力的挤压和损伤。

③布线穿线路由中，不得出现双绞线电缆接头。

④缆线两端应贴有标签，应标明编号，标签书写应清晰、端正和正确。

⑤缆线应留有余量以适应成端、终接、检测和变更，如有特殊要求的应按设计要求预留长度，工作区信息插座底盒内宜为 30 ~ 60 mm，机柜内预留电缆长度为 600 ~ 2 000 mm。

本实训要求模块端接完成后，插座底盒内预留电缆长度为 30 ~ 60 mm，穿线时建议预留 100 mm。本实训使用 6U 机柜，机柜预留电缆长度宜为 1 000 mm。

教师也可以自行设计更多布线路由，进行实训。

3. 技术知识点

（1）网络机柜知识，详见单元 4 第 4.5 节。

（2）线管与配件知识，详见教材单元 4 第 4.6 节。

（3）水平子系统线管的安装施工技术，详见教材单元 6。

4. 关键技能

（1）网络机柜、PVC 线管的安装方法。

（2）利用弯管器进行自制弯头的制作。

（3）双绞线电缆的穿线和端接。

5. 实训课时

（1）该实训共计 2 课时完成，其中技术讲解及视频演示 50 min，学员实际操作 30 min，测试与评判 5 min，实训总结、整理清洁现场 5 min。

（2）课后作业 2 课时，独立完成实训报告，提交合格实训报告。

6. 实训指导视频

27399- 实训 7-《配线子系统安装实训（PVC 线管类）》（46 分 02 秒）。

实训 7《配线子系统安装实训（pvc 线管类）》

7. 实训材料

实训材料如表 6-9 所示。

表 6-9 实训材料

序号	名　称	规格说明	数量	器材照片
1	PVC 管	Φ20 PVC 塑料管	20 m	
2	管接头	Φ20 PVC	10 个	
3	管卡	Φ20，Φ6 安装沉孔	20 个	

8. 实训工具

实训工具如表 6-10 所示。

表 6-10 实训工具

序号	名 称	规 格 说 明	数量	工 具 照 片
1	弯管器	用于自制大拐弯的弯头	1 个	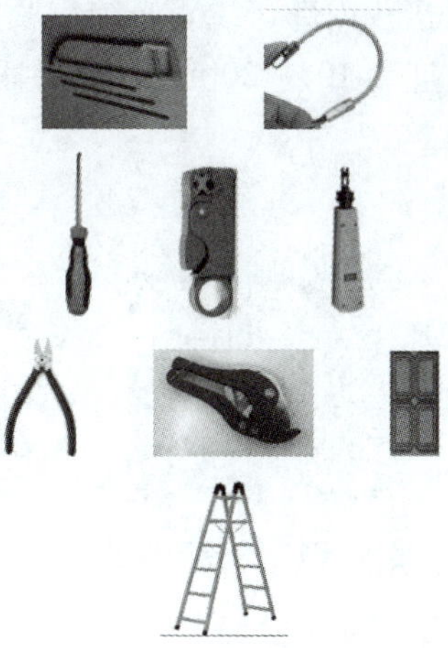
2	穿线器	用于穿线	1 个	
3	十字螺丝刀	用于安装十字头螺钉	1 把	
4	螺钉包	M6×12 用于固定管卡	1 把	
5	钢锯	用于锯切 PVC 管槽	1 把	
6	登高梯子	人字梯	1 个	
7	标签纸	用于线标	1 张	
8	线管剪	裁剪 PVC 线管	1 把	
9	斜口钳	6 寸斜口钳	1 把	
10	打线钳	单口打线钳	1 把	

9. 实训设备

设备名称：西元网络综合布线实训装置。

设备型号：KYSYZ-08-08。

该实训设备是国家专利产品，由全钢的 8 个模块组成，构成 8 个角区域，能够满足 8 组学生同时进行 PVC 线管布线实训。实训设备上预制有螺钉孔，无尘操作，能够进行万次以上的实训。

10. 实训步骤

(1) 预习和播放视频。课前应预习，初学者提前预习，请扫描二维码观看实操视频，请多次认真观看，熟悉关键技能和评判标准。

实训时，教师首先讲解技术知识点和关键技能，然后播放视频。

(2) 器材工具准备。建议在播放视频期间，教师准备和分发。

①按照表 6-9 发放实训材料，包括 PVC 管、管接头、管卡。

②学员检查材料规格正确、数量合格。

③按照表 6-10 发放工具。

④本实训要求学员独立完成，优先保证质量，掌握方法。

(3) PVC 线管布线实训步骤和方法。

第一步：安装机柜。

按照图 6-59 所示，使用 M6 螺钉，将 FD1 机柜安装到西元网路综合布线实训装置对应的位置。请按照图中螺孔与机柜的相对位置，确定 FD1 机柜的位置。

第二步：安装信息插座底盒。

按照图 6-59 所示，使用 M6 螺钉，安装信息插座底盒。信息插座固定螺钉应拧紧，不产生松动现象。

第三步：安装 PVC 线管。

①安装管卡，按照图 6-59 所示布线路由，在合适位置安装管卡。

②裁剪线管，使用线管剪裁取长度合适的线管，线管两端应保持平齐，如图 6-60 所示。

图 6-60 线管两端保持平齐

③安装线管。如图 6-61 所示，必须使用大拐弯的弯头，大拐弯弯头制作方法参考教材单元 6 水平子系统线管安装施工技术，注意弯头两端宜用管卡固定。PVC 线管连接处必须使用管接头，在直接头内部，线管必须靠紧中间卡台，如图 6-62 所示。如图 6-63 所示，线管穿入插座底盒的长度为 10 ~ 20 mm，如果插入线管太长，将影响网络模块的安装，如果太短时，容易将线管拔出。

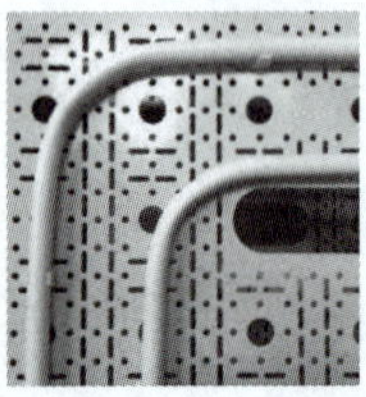

图 6-61　大拐弯弯头

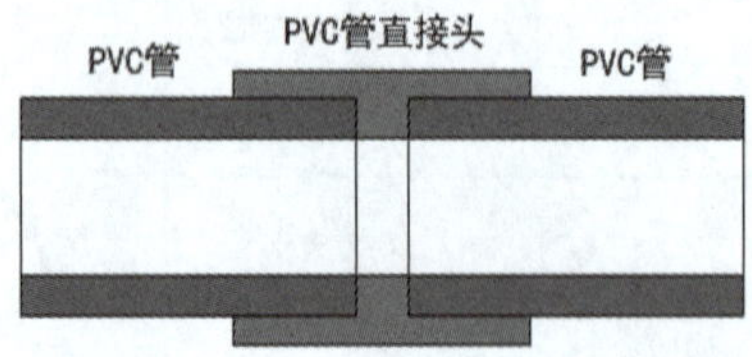

图 6-62　线管靠紧中间卡台

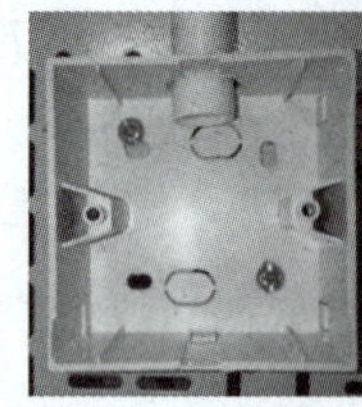

图 6-63　插入底盒 10 ~ 20 mm

第四步：穿线。

①裁线。根据布线路由，计算出缆线长度，使用水口钳进行裁剪。

②理线。为了保证缆线不扭绞、打圈等现象，应进行理线，保证缆线自然平直。

③制作标签。穿线前在缆线两端粘贴带有相同编号的标签。

④穿线。将缆线固定在穿线器上，从信息插座一端穿向网络机柜一端。

第五步：端接。

①端接信息插座模块。按照“实训 3 网路模块端接训练”所示方法，端接信息插座模块，并将模块卡装在信息面板上。

②端接网络配线架。按照“实训 5 网络配线架端接训练”所示方法，端接网络配线架，并将端接完成的网络配线架，安装在机柜内。

第六步：测试。

将测线仪发射端插到面板上的网络插口，将测线仪接收端插入到机柜中的网络配线架端口，观察测线仪指示灯闪烁顺序。依此类推，测试所有端口。

①当端接线序正确时，上下对应的指示灯会按照 1—1、2—2、3—3、4—4、5—5、6—6、7—7、8—8 顺序轮流重复闪烁。

②如果有一芯或者多芯没有压接到位，对应的指示灯不亮。

③如果有一芯或者多芯线序错误时，对应的指示灯将显示错误的线序。

11. 评判标准

评判标准和评分表如表 6-11 所示。

表 6-11　配线子系统安装实训（PVC 线管类）评判表

姓名 / 编号	安装测试（合格 100 分，不合格 0 分）	操作工艺评价							评判结果得分	排名
		布线路由正确（10 分）	机柜安装正确（10 分）	安装牢固横平竖直（10 分）	线管两端平齐（10 分）	弯头曲率半径正确（20 分）	标签正确（10 分）	通断测试（合格 30 分）		

12. 实训报告

请按照单元 1 表 1-1 所示的实训报告模板要求，独立完成实训报告，2 课时。

请扫描二维码下载实训 7 的 Word 版。

实训 7
Word 版

◎ 实训 8　配线子系统安装实训（PVC 线槽类）

1. 实训任务来源

建筑物改造和临时布线时，一般采用明装 PVC 线槽布线方式。

2. 实训任务和要求

完成图 6-59 中，以 PVC 明装线槽为主的 FD2 机柜配线子系统的安装任务，具体内容如下：

（1）FD2 机柜安装。机柜安装按照 GB 50312—2016《综合布线系统工程验收规范》第 5.0.1 条规定，具体要求如下：

①机柜安装垂直偏差度不应大于 3 mm。

②机柜的各种零件不得脱落或碰坏，漆面不应有脱落及划痕，各种标志应完整清晰。

（2）PVC 线槽安装。要求线槽路由正确，横平竖直，固定牢固；线槽两端平齐，接缝 ≤ 1 mm；线槽紧靠插座底盒。

（3）完成 PVC 线槽内双绞线电缆的布放和端接，按照 GB/T 50312—2016《综合布线系统工程验收规范》第 6.1.1 条规定，具体要求如下：

①双绞线电缆的规格应与设计相符，本实训项目为 CAT5e。

②双绞线电缆的布放应自然平直，不扭绞，不打圈等，不应受外力的挤压和损伤。

③布线穿线路由中，不得出现双绞线电缆接头。

④缆线两端应贴有标签，应标明编号，标签书写应清晰、端正和正确。

⑤缆线应留有余量以适应成端、终接、检测和变更，如有特殊要求的应按设计要求预留长度，工作区信息插座底盒内宜为 30 ~ 60 mm，机柜内预留电缆长度为 600 ~ 2 000 mm。

本实训要求模块端接完成后，插座底盒内预留电缆长度为 30 ~ 60 mm，穿线时建议预留 100 mm。本实训使用 6U 机柜，机柜预留电缆长度宜为 1 000 mm。

教师也可以自行设计更多布线路由，进行实训。

3. 技术知识点

（1）网络机柜知识，详见单元 4 第 4.5 节。

（2）线槽知识，详见单元 4 第 4.6 节。

（3）水平子系统线槽安装施工技术，详见单元 6。

4. 关键技能

（1）网络机柜、PVC 线槽的安装方法。

（2）PVC 线槽盖板、阴角、阳角、三通等配件的安装方法和技巧。

（3）双绞线电缆的穿线和端接。

5. 实训课时

（1）该实训共计 2 课时完成，其中技术讲解及视频演示 45 min，学员实际操作 35 min，测试与评判 5 min，实训总结、整理清洁现场 5 min。

（2）课后作业 2 课时，独立完成实训报告，提交合格实训报告。

6. 实训指导视频

27399- 实训 8-《配线子系统安装实训（PVC 线槽类）》（34 分 28 秒）。

实训 8《配线子系统安装实训（PVC 线槽类）》

7. 实训材料

实训材料如表 6-12 所示。

表 6-12　实训材料

序号	名　　称	规格说明	数量	器材照片
1	PVC 线槽	Φ20 PVC 线槽	20 m	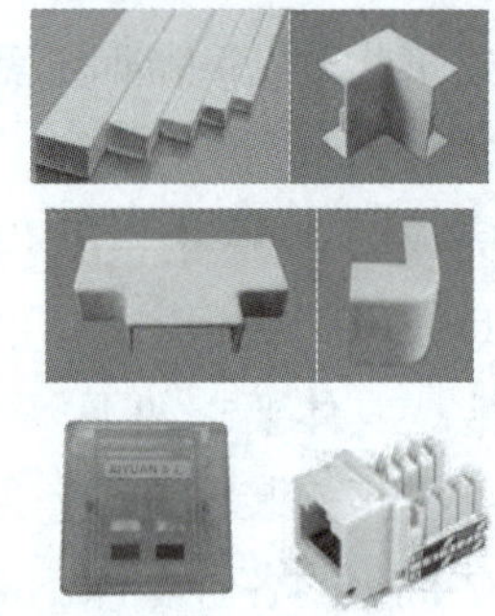
2	阴角	Φ20 PVC 槽配套的附件	5 个	
3	阳角	Φ20 PVC 槽配套的附件	5 个	
4	三通	Φ20 PVC 槽配套的附件	5 个	
5	双口面板	86×86 型，透明	6 个	
6	底盒	86×86 型，透明	6 个	
7	RJ-45 网络模块	RJ-45，透明，免打非屏蔽	12 个	

8. 实训工具

实训工具如表 6-13 所示。

表 6-13　实训工具

序号	名　　称	规格说明	数量	工具照片
1	电动起子	拧紧和旋松螺钉用的电动工具	1 把	
2	十字螺丝刀	用于安装十字头螺钉	1 把	
3	螺钉包	M6×12，用于固定线槽	1 把	
4	登高梯子	3 m，带自锁	1 把	
5	标签纸	用于制作线标	1 张	

9. 实训设备

设备名称：西元网络综合布线实训装置

设备型号：KYSYZ-08-08。

该实训设备是国家专利产品，由全钢的 8 个模块组成，构成 8 个角区域，能够满足 8 组学生同时进行 PVC 线槽布线实训。实训设备上预制有螺丝孔，无尘操作，能够进行万次以上的实训。

10. 实训步骤

1）预习和播放视频

课前应预习，初学者提前预习，请扫描二维码观看实操视频，请多次认真观看，熟悉关键技能和评判标准。

实训时，教师首先讲解技术知识点和关键技能，然后播放视频。

2）器材工具准备

建议在播放视频期间，教师准备和分发。

（1）按照表 6-12 发放实训材料。包括 PVC 线槽、盖板、阴角、三通。

（2）学员检查材料规格正确、数量合格。

（3）按照表 6-13 发放工具。

（4）本实训要求学员独立完成，优先保证质量，掌握方法。

3）PVC 线槽布线实训步骤和方法

第一步：研读图纸。

反复研读图 6-59 线槽布线实训路由图，掌握链路路由后才能开始操作。

第二步：安装机柜。

准备好壁挂式网络机柜，将网络机柜的门先取掉，然后使用 M6 螺钉包，在设计好的位置安装壁挂式网络机柜，螺钉固定牢固。安装完毕后，再将门重新安装到位。

第三步：裁剪线槽。

使用线槽剪裁剪长度合适的线槽，要求线槽两端平齐，如图 6-64 所示。

图 6-64 线槽两端平齐

第四步：开孔。

测量确认线槽长度及安装孔的位置，用记号笔进行标记。利用电动起子在线槽上开 $\Phi 8$ mm 孔，如图 6-65 所示。一般每段线槽至少开两个安装孔。

第五步：固定线槽。

用 M6×12 螺钉把线槽固定在实训装置上，如图 6-66 所示。在线槽拐弯处使用成品弯头，一般有阴角、阳角、堵头、三通等配件。

第六步：布线和盖板。

（1）裁线。根据布线路由，计算出缆线长度，使用水口钳进行裁剪。

（2）理线。为了保证缆线不扭绞，不打圈，应该对缆线进行理线，保证自然平直。

（3）制作标签。穿线前在缆线两端粘贴带有相同编号的标签。

（4）在线槽内布放双绞线电缆，边布放，边装盖板，如图 6-67 所示。注意盖板之间的间隙 $\leqslant 1$ mm。

第七步：端接。

（1）端接信息插座模块。按照“实训 3 网路模块端接训练”所示方法，端接信息插座模块，并将模块卡装在信息面板上。

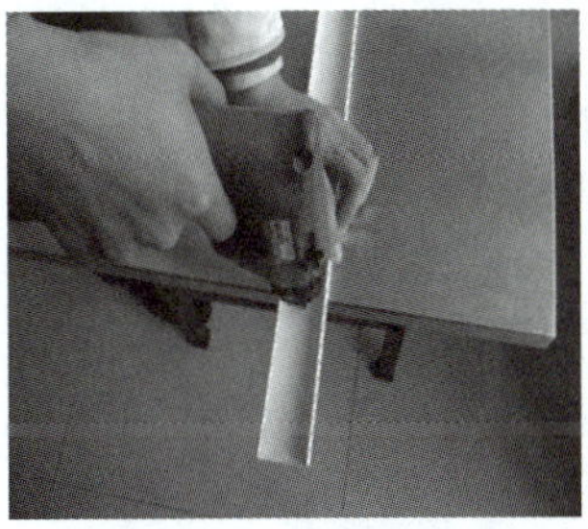

图 6-65 线槽开孔

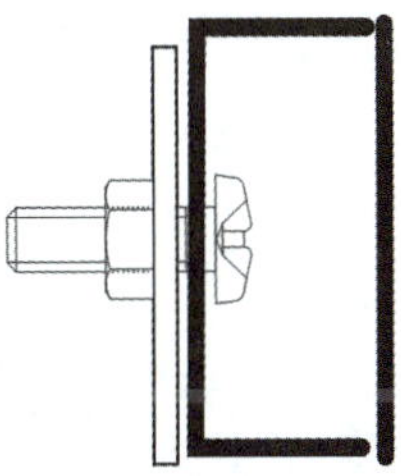

图 6-66 固定线槽

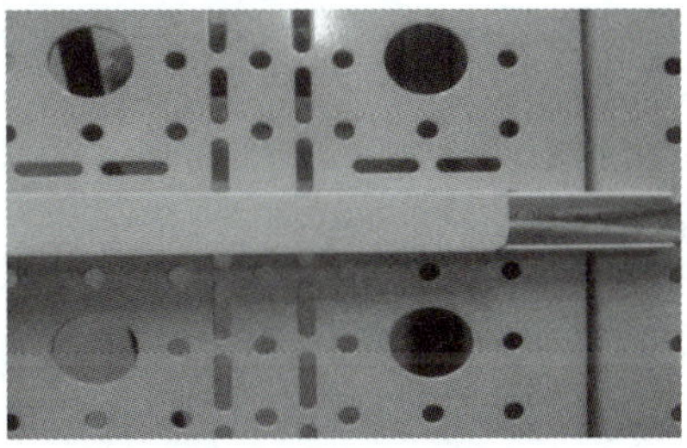

图 6-67 线槽布线

（2）端接网络配线架。按照“实训 5 网络配线架端接训练”所示方法，端接网络配线架，并将端接完成的网络配线架安装在机柜内。

第八步：测试。

将测线仪发射端插入面板上的网络插口，将测线仪接收端插入到机柜中的网络配线架端口，观察测线仪指示灯闪烁顺序。以此类推，测试所有端口。

（1）当线序和压接正确时，上下对应的指示灯会按照 1—1、2—2、3—3、4—4、5—5、6—6、7—7、8—8 顺序轮流重复闪烁。

（2）如果有一芯或者多芯没有压接到位，对应的指示灯不亮。

（3）如果有一芯或者多芯线序错误时，对应的指示灯将显示错误的线序。

11. 评判标准

评判标准和评分表如表 6-14 所示。

表 6-14　配线子系统安装实训（PVC 线槽类）评判表

姓名 / 编号	安装测试（合格 100 分 不合格 0 分）	操作工艺评价							评判结果得分	排名
		布线路由正确（20分）	机柜安装平齐（10分）	线槽安装横平竖直（20 分）	线槽裁剪平齐（10分）	配件使用合理（20分）	缆线标签正确（10分）	链路通断测试合格（10 分）		

12. 实训报告

请按照单元 1 表 1-1 所示的实训报告模板要求，独立完成实训报告，2 课时。

请扫描二维码下载实训 8 的 Word 版。

实训 8
Word 版

单元 7 管理间子系统的设计和安装技术

通过本单元内容的学习，了解管理间子系统的设计方法，并且掌握管理间子系统的安装和施工技术。

学习目标

（1）独立完成管理间子系统的设计。

（2）熟悉管理间子系统的布线方法。

（3）掌握管理间子系统的安装施工技术和经验。

7.1 管理间子系统基本概念和工程应用

管理间子系统也称电信间或者配线间，是专门安装楼层机柜、配线架、交换机和配线设备的楼层管理间，如图 7-1 所示。管理间子系统一般设置在每个楼层的中间位置，主要安装建筑物楼层配线设备，也是连接垂直子系统和水平干线子系统的设备。当楼层信息点很多时，可以设置多个管理间。请扫描二维码下载彩色高清图片。

彩色高清图

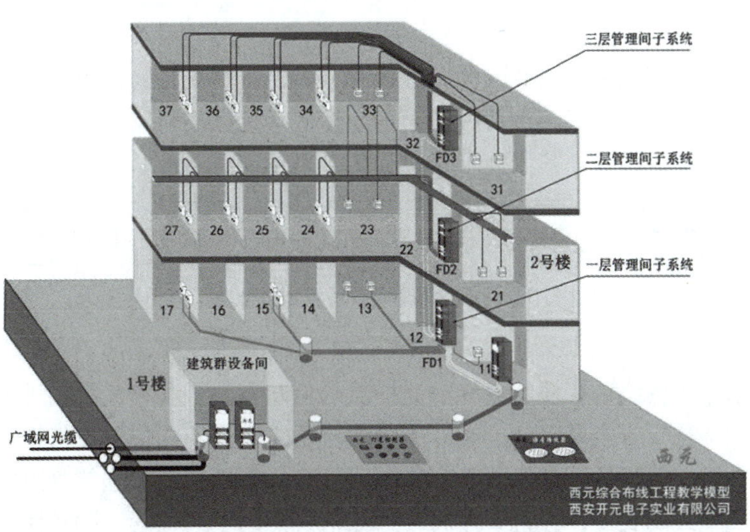

图 7-1 管理间子系统示意图

在综合布线系统中，管理间子系统包括了楼层配线间、二级交接间的缆线、配线架及相关接插跳线等。通过综合布线系统的管理间子系统，可以直接管理整个应用系统终端设备，从而实现综合布线的灵活性、开放性和扩展性。

7.2 管理间子系统的设计原则

在管理间子系统的设计中，一般要遵循以下原则：

1. 配线架数量确定原则

配线架端口数量应该大于信息点数量，保证全部信息点过来的缆线全部端接在配线架中。在工程中，一般使用 24 口或者 48 口配线架。例如，某楼层共有 64 个信息点，至少应该选配 3 个 24 口配线架，配线架端口的总数量为 72 口，就能满足 64 个信息点缆线的端接需求，这样做比较经济。

有时为了在楼层进行分区管理，也可以选配较多的配线架。例如，上述的 64 个信息点如果分为 4 个区域，平均每个区域有 16 个信息点，也需要选配 4 个 24 口配线架，这样每个配线架端接 16 口，预留 8 口，能够进行分区管理和维护方便。

2. 标识管理原则

由于管理间缆线和跳线很多，必须对每根缆线进行编号和标识，在工程项目实施中还需要将编号和标识规定张贴在该管理间内，方便施工和维护。

3. 理线原则

对管理间缆线必须全部端接在配线架中，完成永久链路安装。在端接前必须先整理全部缆线，预留合适长度，重新做好标记，剪掉多余的缆线，按照区域或者编号顺序绑扎和整理好，通过理线环，然后端接到配线架。不允许出现大量多余缆线，缠绕和绞结在一起。

4. 配置不间断电源原则

管理间安装有交换机等有源设备，因此应该设计有不间断电源，或者稳压电源。

5. 防雷电措施

管理间的机柜应该可靠接地，防止雷电及静电损坏。

7.3 管理间子系统的设计步骤和方法

管理间子系统一般根据楼层信息点的总数量和分布密度情况设计，首先确定每个楼层工作区信息点总数量，然后确定水平子系统缆线的平均长度，最后以平均路由最短的原则确定管理间的位置，完成管理间子系统设计。其设计步骤如图 7-2 所示。

图 7-2　管理间子系统设计步骤

7.3.1　需求分析

管理间的需求分析围绕单个楼层或者附近楼层的信息点数量和布线距离进行，各个楼层的管理间最好安装在同一位置，也可以考虑功能不同的楼层安装在不同位置。根据点数统计表分析每个楼层的信息点总数，然后估算每个信息点的缆线长度，特别注意最远信息点的缆线长度，列出最远和最近信息点缆线的长度，宜把管理间布置在信息点的中间位置，同时保证各个信息点双绞线的长度不要超过 90 m。

管理间的位置直接决定水平子系统的缆线长度，也直接决定工程总造价。为了降低工程造价，降低施工难度，也可以在同一个楼层设立多个分管理间。

7.3.2 技术交流

在进行需求分析后，要与用户进行技术交流，不仅要与技术负责人交流，也要与项目或者行政负责人进行交流，进一步充分和广泛地了解用户的需求，特别是未来的扩展需求。在交流中重点了解管理间子系统附近的电源插座、电力电缆、电器设备等情况。对于信息点比较密集的集中办公室可以设置一个独立的分管理间，不仅能够大幅度降低工程造价，也方便管理和物联网设备的扩展及维护。在交流过程中必须进行详细的书面记录，每次交流结束后要及时整理书面记录，这些书面记录是初步设计的依据。

7.3.3 阅读建筑物图纸和管理间编号

在管理间位置的确定前，索取和认真阅读建筑物设计图纸是必要的，在阅读图纸时，进行记录或者标记，这有助于将网络和电话等插座设计在合适的位置，避免强电或者电器设备对网络综合布线系统的影响。

管理间的命名和编号也是非常重要的一项工作，也直接涉及每条缆线的命名，因此，管理间命名首先必须准确表达清楚该管理间的位置或者用途，这个名称从项目设计开始到竣工验收及后续维护必须保持一致。如果出现项目投入使用后用户改变名称或者编号，必须及时制作名称变更对应表，作为竣工资料保存。

管理间子系统使用色标来区分配线设备的性质，标明端接区域、物理位置、编号、类别、规格等，以便维护人员在现场一目了然地加以识别。标识编制应按下列原则进行：

（1）规模较大的综合布线系统应采用计算机进行标识管理，简单的综合布线系统应按图纸资料进行管理，并应做到记录准确、及时更新、便于查阅。

（2）综合布线系统的每条电缆、光缆、配线设备、端接点、安装通道和安装空间均应给定唯一的标志。标志中可包括名称、颜色、编号、字符串或其他组合。

（3）配线设备、缆线、信息插座等硬件均应设置不易脱落和磨损的标识，并应有详细的书面记录和图纸资料。

（4）同一条缆线或者永久链路的两端编号必须相同。

（5）配线设备宜采用统一的色标区别各类用途的配线区。

7.3.4 确定设计要求

1. 管理间数量的确定

每个楼层一般宜至少设置一个管理间（电信间）。如果特殊情况下，每层信息点数量较少，且水平缆线长度不大于 90 m 情况下，宜几个楼层合设一个管理间。管理间数量的设置宜按照以下原则：

如果该层信息点数量不大于 400 个，水平缆线长度在 90 m 范围以内，宜设置一个管理间，当超出这个范围时宜设两个或多个管理间。

在实际工程应用中，为了方便管理和保证网络传输速度或者节约布线成本。例如，学生公寓，信息点密集，使用时间集中，楼道很长，也可以按照 100~200 个信息点设置一个管理间，将管理间机柜明装在楼道。

2. 管理间的面积

GB 50311 中规定管理间的使用面积不应小于 5 m^2，也可根据工程中配线管理和网络管理的容量进行调整。一般新建楼房都有专门的垂直竖井，楼层的管理间基本都设计在建筑物竖井内，面积为 3 m^2 左右。在一般小型网络工程中管理间也可能只是一个网络机柜。

一般旧楼增加网络综合布线系统时，可以将管理间选择在楼道中间位置的办公室，也可以采取壁挂式机柜直接明装在楼道，作为楼层管理间。

管理间安装落地式机柜时，机柜前面的净空不应小于 800 mm，后面的净空不应小于 600 mm，方便施工和维修。安装壁挂式机柜时，一般在楼道安装高度不小于 1.8 m。

3. 管理间的电源要求

管理间应提供不少于两个 220 V 带保护接地的单相电源插座。

管理间如果安装电信管理或其他信息网络设备时，管理供电应符合相应的设计要求。

4. 管理间门要求

管理间应采用外开防火门，门宽不应小于 0.9 m。

5. 管理间地面的要求。

管理间水泥地面应高出本楼层地面，不小于 100 mm，或设置防水门槛，防止楼道水流入管理间。管理间室内地面应具有防潮、防尘、防静电等措施。

6. 管理间环境要求

管理间内温度应为 10 ~ 35℃，相对湿度宜为 20% ~ 80%。一般应该考虑网络交换机等设备发热对管理间温度的影响，在夏季必须保持管理间温度不超过 35 ℃。

7.4 管理间子系统设计案例

7.4.1 跨层管理间安装案例

近年来，随着网络的发展和普及，在新建的建筑物中每层都考虑到管理间，并给网络等留有弱电竖井，便于安装网络机柜等管理设备。图 7-3 所示为西安开元电子科研楼跨层管理间安装位置示意图。从单元 6 知道，该科研楼水平子系统采用跨层布线方式，二层信息点的桥架位于大楼一层，三层信息点的桥架位于大楼二层，四层信息点的桥架位于大楼三层，四层没有管理间。从图中我们可以看到，一、二层管理间位于大楼一层，其中一层的缆线从地面进入竖井，二层的缆线从桥架进入大楼一层竖井内，然后接入一层的管理间配线机柜。三层缆线从桥架，竖井进入二层的管理间，四层缆线从桥架进入三层的管理间。

7.4.2 同层管理间安装案例

在建筑物没有竖井的情况下，一般在楼道安装壁挂式机柜作为楼层管理间，这时信息点与壁挂式机柜在同一个楼层，如图 7-4 所示。

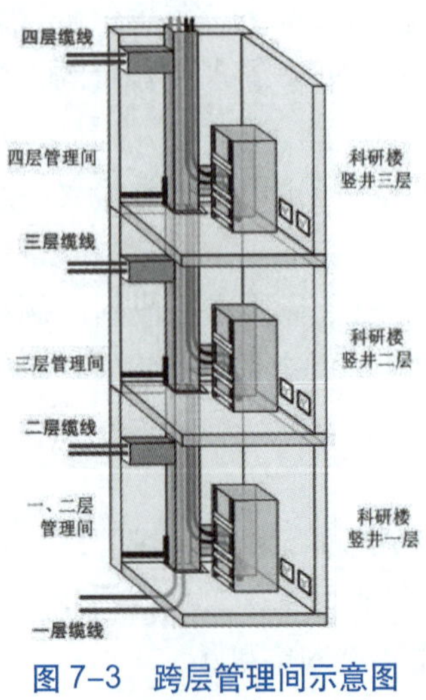

图 7-3 跨层管理间示意图

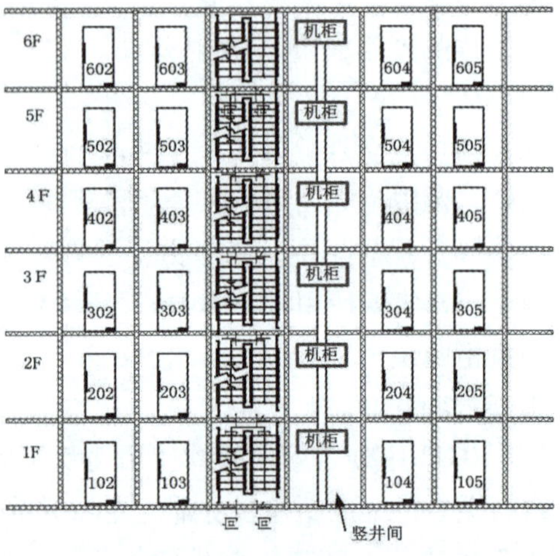

图 7-4 同层管理间示意图

7.4.3 建筑物楼道明装方式

在学校宿舍信息点比较集中、数量相对多的情况下，考虑将网络机柜安装在楼道的两侧，如图 7-5 所示。这样可以减少水平布线的距离，也方便网络布线施工的进行。

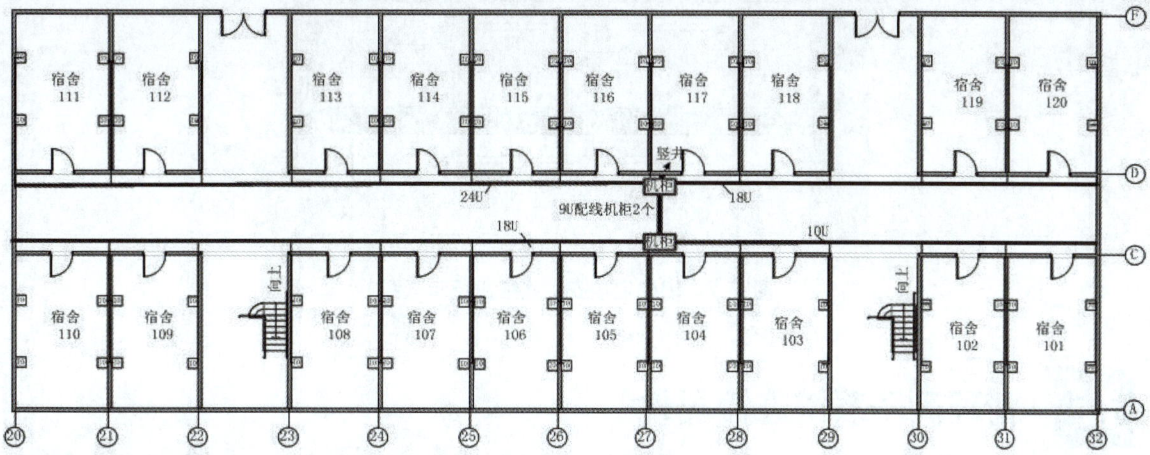

图 7-5　楼道明装网络机柜示意图

7.4.4 建筑物楼道半嵌墙安装方式

在特殊情况下，需要将管理间机柜半嵌墙安装，机柜露在外的部分主要是便于设备的散热。这样的机柜需要单独设计、制作。具体安装如图 7-6 所示。

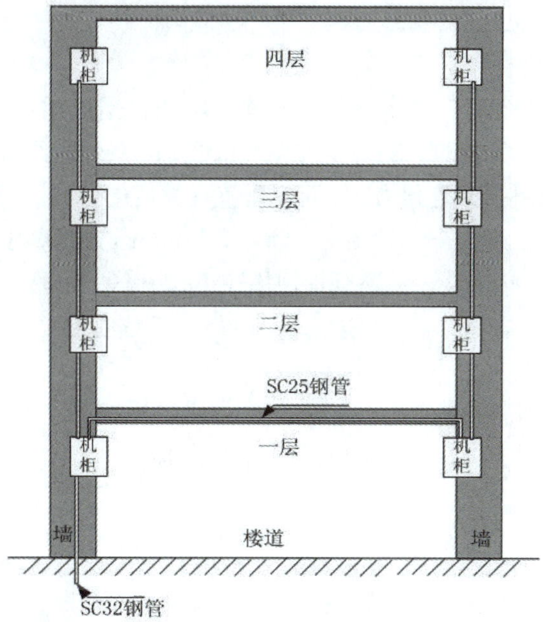

图 7-6　半嵌墙安装网络机柜示意图

7.4.5 住宅楼改造增加综合布线系统

在已有住宅楼中需要增加网络综合布线系统时，一般每个住户考虑一个信息点，这样每个单元的信息点数量比较少，一般将一个单元作为一个管理间，往往把网络管理间机柜设计安装在该单元的中间楼层，如图 7-7 所示。

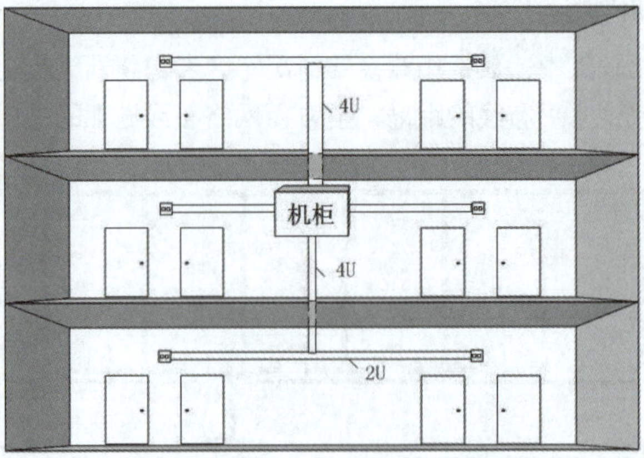

图 7-7　旧住宅楼安装网络机柜示意图

7.5 管理间子系统连接器件

管理子系统的管理器件根据综合布线所用介质类型分为两大类管理器件，即铜缆管理器件和光纤管理器件。这些管理器件用于配线间和设备间的缆线端接，以构成一个完整的综合布线系统。

1. 电缆管理器件

电缆管理器件主要有配线架、机柜及线缆相关管理附件。配线架主要有 110 系列配线架和 RJ-45 模块化配线架两类。110 系列配线架可用于电话语音系统和网络综合布线系统，RJ-45 模块化配线架主要用于网络综合布线系统。

1）110 系列配线架

110 系列配线架产品各个厂家基本相似，有些厂家还根据应用特点不同细分不同类型的产品。例如，AVAYA 公司的 SYSTIMAX 综合布线产品将 110 系列配线架分为两大类，即 110A 和 110P。110A 配线架采用夹跳接线连接方式，可以垂直叠放便于扩展，比较适合于线路调整较少、线路管理规模较大的综合布线场合，如图 7-8 所示。110P 配线架采用接插软线连接方式，管理比较简单但不能垂直叠放，较适合于线路管理规模较小的场合，如图 7-9 所示。

110A 配线架有 100 对和 300 对两种规格，可以根据系统安装要求使用这两种规格的配线架进行现场组合。110A 配线架由以下配件组成：

（1）100 或 300 对线的接线块。

（2）3 对、4 对或 5 对线的 110C 连接块，如图 7-10 所示。

（3）底板、理线环、标签条。

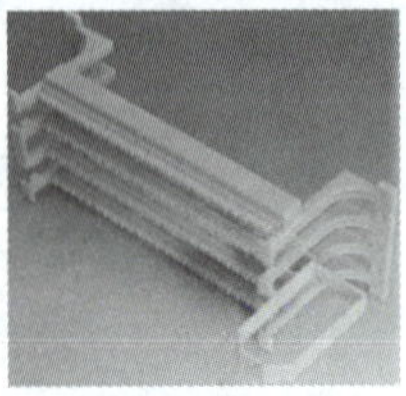

图 7-8　AVAYA 110A 配线架

图 7-9　AVAYA 110P 配线架

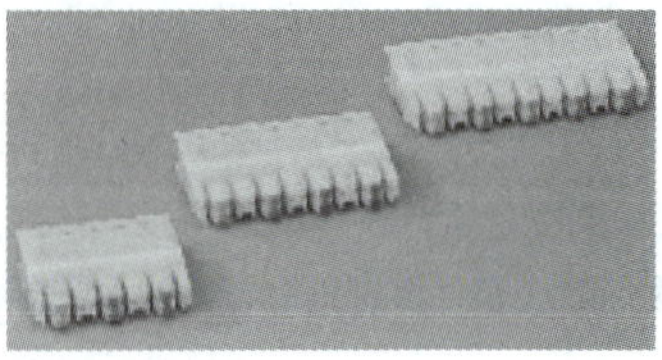

图 7-10　110C 3 对、4 对、5 对连接块

110P 配线架有 300 对和 900 对两种规格。110P 配线架由以下配件组成：

（1）安装于面板上的 100 对线的 110D 型接线块。

（2）3 对、4 对或 5 对线的连接块。

（3）188C2 和 188D2 垂直底板。

（4）188E2 水平跨接线过线槽。

（5）管道组件、接插软线、标签条。

110P 配线架的结构如图 7-11 所示。

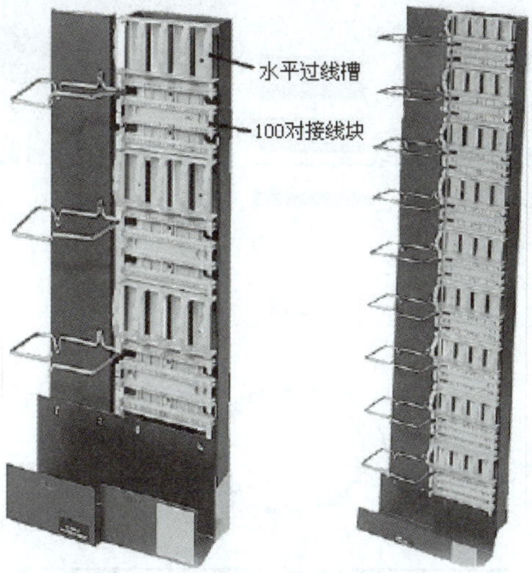

图 7-11 AVAYA 110P 配线架构成

2）RJ-45 模块化配线架

RJ-45 模块化配线架主要用于网络综合布线系统，它根据传输性能的要求分为 5 类、超 5 类、6 类模块化配线架。配线架前端面板为 RJ-45 接口，可通过 RJ-45—RJ-45 软跳线连接到计算机或交换机等网络设备。配线架后端为 BIX 或 110 连接器，可以端接水平子系统线缆或干线线缆。配线架一般宽度为 19 英寸，高度为 1U ~ 4U，主要安装于 19 英寸机柜。模块化配线架的规格一般由配线架根据传输性能、前端面板接口数量以及配线架高度决定。图 7-12 和图 7-13 所示分别为西元 1U 24 口 RJ-45 模块化网络配线架前端面板和后端面板。

图 7-12 24 口模块化配线架前端面板

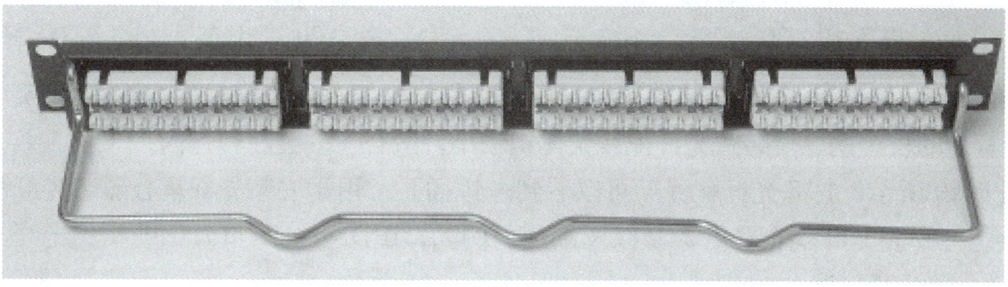

图 7-13 24 口模块化配线架后端面板

配线架前端面板可以安装相应标签以区分各个端口的用途，方便以后的线路管理，配线架后端的 BIX 或 110 连接器都有清晰的色标，方便线对按色标顺序端接。

3）BIX 交叉连接系统

BIX 交叉连接系统是 IBDN 智能化大厦解决方案中常用的管理器件，可以用于计算机网络、电话语音、安保等弱电布线系统。BIX 交叉连接系统主要由以下配件组成：

(1) 50、250、300 线对的 BIX 安装架，如图 7-14 所示。

(2) 25 对 BIX 连接器，如图 7-15 所示。

图 7-14 50、250、300 线对的 BIX 安装架

图 7-15 25 对 BIX 连接器

(3) 布线管理环，如图 7-16 所示。

(4) 标签条。

(5) BIX 跳插线，如图 7-17 和图 7-18 所示。

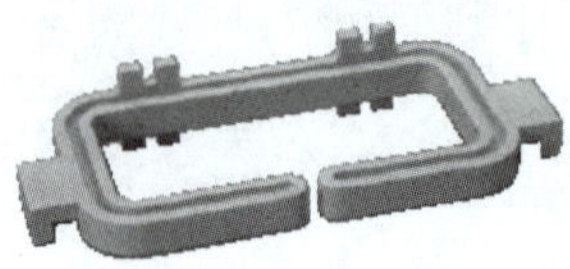

图 7-16 布线管理环

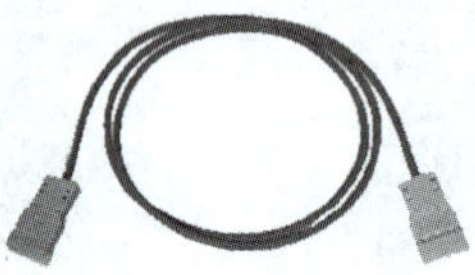

图 7-17 BIX 跳插线 BIX-RJ-45 端口

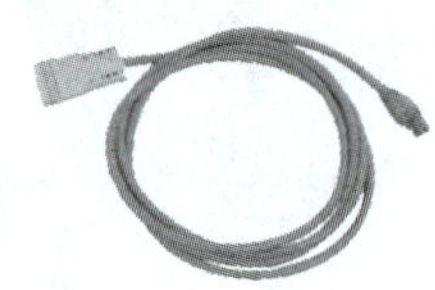

图 7-18 B.X 交叉连接系统

BIX 安装架可以水平或垂直叠加，可以很容易地根据布线现场要求进行扩展，适合于各种规模的综合布线系统。BIX 交叉连接系统既可以安装在墙面上，也可使用专用套件固定在 19 英寸的机柜上。图 7-19 所示为一个安装完整的 BIX 交叉连接系统。

2. 光纤管理器件

光纤管理器件分为光纤配线架和光纤接线箱两类。光纤配线架适合于规模较小的光纤互连场合，如图 7-20 所示。而光纤接线箱适合于光纤互连较密集的场合，如图 7-21 所示。

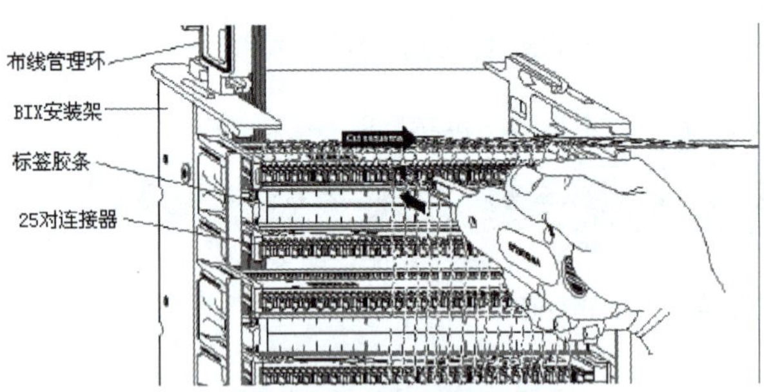

图 7-19 BIX 交叉连接系统

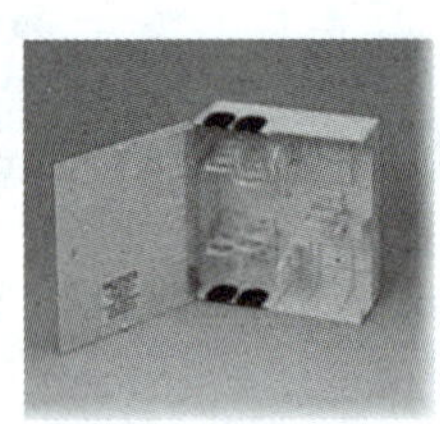

图 7-20 配线架

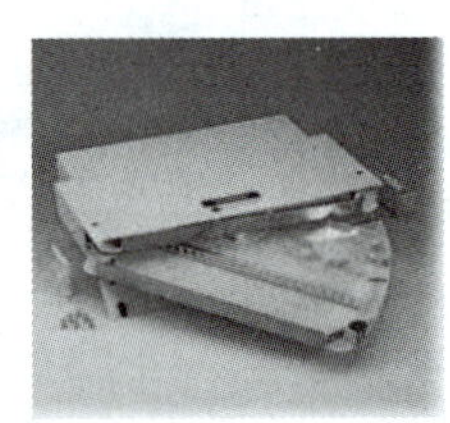

图 7-21 接线箱

光纤配线架又分机架式和墙装式光纤配线架两种，机架式光纤配线架宽度为 19 英寸，可直接安装于标准的机柜内，墙装式光纤配线架体积较小，适合于安装在楼道内。

如图 7-20 所示，打开光纤配线架可以看到一排插孔，用于安装光纤耦合器。光纤配线架的主要参数是可安装光纤耦合器的数量以及高度，例如，IBDN 的 12 口 /1U 机架式光纤配线架可以安装 12 个光纤耦合器。

光纤耦合器的作用是将两个光纤接头对准并固定，以实现两个光纤接头端面的连接。光纤耦合器的规格与所连接的光纤接头有关。常见的光纤接头有两类：ST 型和 SC 型，如图 7-22 和图 7-23 所示。光纤耦合器也分为 ST 型和 SC 型，除此之外，还有 FC 型，如图 7-24~ 图 7-26 所示。

光纤耦合器两端可以连接光纤接头，两个光纤接头可以在耦合器内准确端接起来，从而实现两个光纤系统的连接。一般多芯光缆剥除后固定在光纤配线架内，通过熔接或冷接技术使各纤芯连接于多个光纤接头，这些光纤接头端接于耦合器一端（内侧），使用光纤跳线端接于耦合器另一端（外侧），然后光纤跳线可以连接光纤设备或另一个光纤配线架。

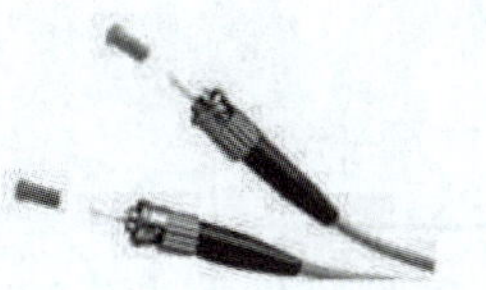

图 7-22　ST 型光纤接头

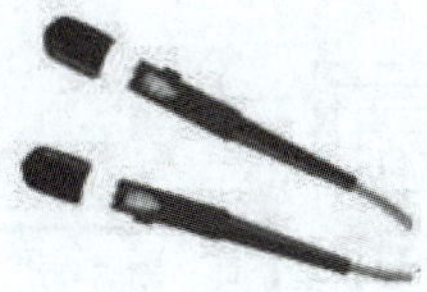

图 7-23　SC 型光纤接头

图 7-24　ST 型光纤耦合器

图 7-25　SC 型光纤耦合器

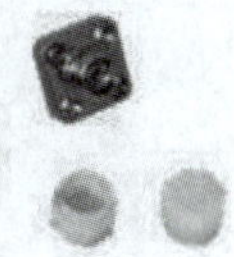

图 7-26　FC 型光纤耦合器

7.6 管理间子系统的安装技术

7.6.1 机柜安装要求

GB 50311—2016《综合布线系统工程设计规范》国家标准第 7 章安装工艺要求内容中，对机柜的安装有如下要求：

一般情况下，综合布线系统的配线设备和计算机网络设备采用 19 英寸标准机柜安装。机柜尺寸通常为 600 mm(宽)×600 mm(深)×2 000 mm(高)，共有 42U 的安装空间。机柜内可安装光纤连接盘、RJ-45(24 口) 配线模块、多线对卡接模块 (100 对)、理线架、计算机 HUB/SW 设备等。如果按建筑物每层电话和数据信息点各为 200 个考虑配置上述设备，大约需要有两个 19 英寸 (42U) 的机柜空间，以此测算电信间面积至少应为 5 m^2(2.5 m×2.0 m)。对于涉及布线系统设置内、外网或专用网时，19 英寸机柜应分别设置，并在保持一定间距的情况下预测电信间的面积。

对于管理间子系统来说，多数情况下采用 6U~12U 壁挂式机柜，一般安装在每个楼层的竖井内或者楼道中间位置。具体安装方法采取三角支架或者膨胀螺栓固定机柜。

7.6.2 电源安装要求

管理间的电源一般安装在网络机柜的旁边，安装 220 V（三孔) 电源插座。如果是新建建筑，一般要求在土建施工过程中按照弱电施工图上标注的位置安装到位。

7.6.3 住宅信息箱的安装

1. 住宅信息箱结构组成与功能模块

住宅信息箱是统一管理住宅内的电话、传真、计算机、电视机、影碟机、音响、安防监控设备和其他网络信息家电的家庭信息平台，为实现各类弱电信息布线在户内的汇集、分配需求，并方便集中管理各类用户终端适配器。它可以使家里各种电器、通信设备、安防报警、智能控制等设备功能更强大，使用更方便，维护更快捷，扩展更容易。图 7-27 所示为住宅信息箱及其系统示意图。

住宅布线系统实训模块由住宅信息箱、电信插座（TO）和波纹软管等组成。能够直接明装或者嵌入式安装在钢板墙、木板墙、土建墙等各种墙面或墙体中，开展竞赛或者教学实训。

住宅布线系统实训模块是西安开元电子实业有限公司为世界技能大赛（WSL）专门设计生产的大赛产品。住宅信息箱按照 2013 年德国莱比锡第 42 届世界技能大赛（WSL）项目 2 信息网络布线（WSC-TP02）模块 3 住宅布线系统竞赛要求设计，完全符合 WSC-TP02 项目竞赛需求，西元公司因此成为 2013 年德国莱比锡第 42 届世界技能大赛（WSL）官方赞助商，西元产品成为该赛项指定产品，日本、韩国、新加坡、阿联酋等全世界各个参赛队都在使用西元产品进行集训和竞赛。

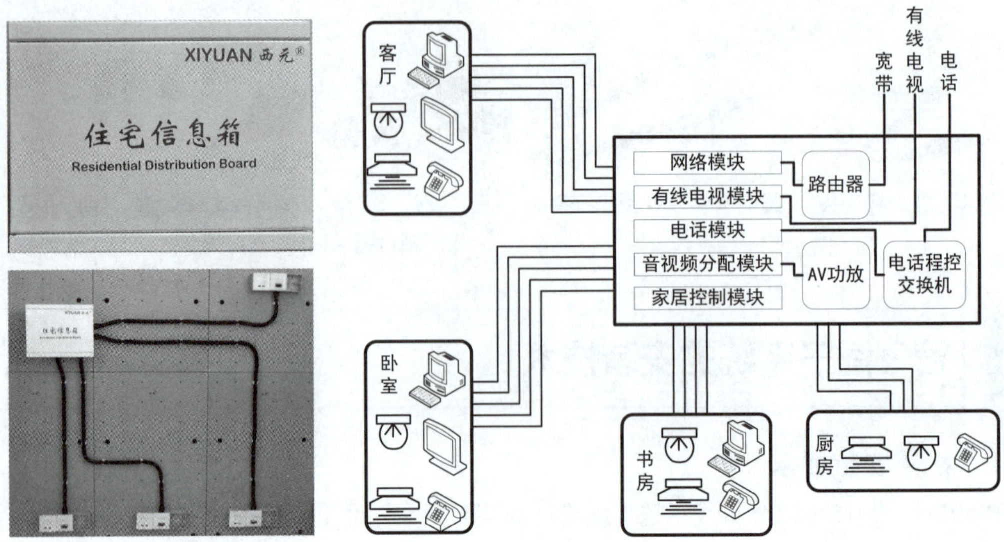

图 7-27　住宅信息箱及其系统示意图

2. 住宅信息箱设备安装规范

安装住宅信息箱时，首先必须认真研读图纸和技术要求，特别注意工作任务的种类、缆线长度、路由和端接位置、现场管理等，并且在施工过程中规范安装，优先保证工作质量，在规定时间完成工作任务。住宅信息箱的安装分为配线架安装和信息插座安装与布线两个阶段，下面就各阶段的安装规范分别进行介绍。

1）配线架安装

按照图纸规定位置，安装所有配线架，要求保证安装位置正确，横平竖直，安装牢固，没有松动。

2）信息插座安装与布线

按照图纸规定的位置和路由完成全部电缆、光缆、闭路线的布线，并安装信息插座。

(1) 电缆布线要求布管路由正确，管卡安装位置合理，管接头安装牢固；两端预留电缆长度合适，线标规范，信息箱内理线合理规范；配线端接剥线长度合适，剪掉撕拉线，剪掉线端，端接位置正确，线序正确。

(2) 光缆布线要求布管路由正确，横平竖直，拐弯曲率半径合理美观，管卡安装位置合理，管接头安装牢固；光缆两端预留长度合适，信息箱内理线合理规范。如果光缆采用冷接方式安装快速连接器，要求剥缆长度合适，剪掉撕拉线，冷接质量合格，插接位置正确。

(3) 闭路布线要求布管路由正确，横平竖直，拐弯曲率半径合理美观，管卡安装位置合理，管接头安装牢固；电缆两端预留长度合适，信息箱内理线合理规范。同时要求两端安装 F 端子，剥缆长度合适，F 端子安装正确，插接位置正确。

3. 住宅信息箱的安装方法

住宅信息箱有明装和暗装两种方式，下面具体介绍两种安装方法：

1）住宅信息箱明装方法

第一步：打开住宅信息箱，将信息箱内网络配线架、光纤配线架、TV 配线架取出。

第二步：按照设计位置，根据墙体的材料选用 M6 螺钉或自攻丝将住宅信息箱固定于墙面。

第三步：选择与信息箱相应的孔布管，住宅信息箱穿线孔孔径。

第四步：根据设计图纸穿线，并且在箱内预留合适的长度，方便端接。

第五步：根据使用情况，进行配线架端接及安装配线架。

2）住宅信息箱暗装方法

第一步：住宅信息箱一般安装在住宅入口或门厅，安装高度距离地面宜为 30~50 cm，请遵守相关标准和规范。

第二步：土建阶段按照设计图纸预留洞口，预留洞口必须大于箱体尺寸。

第三步：电气安装阶段，首先将箱体安装在预留的洞口内，保持箱体与墙壁平齐，同时将各种线管与箱体连接牢固，并将箱体接地，清理金属管口的毛刺，最后用水泥砂浆填充缝隙。

第四步：墙面粉刷完成后，再将门扇用螺钉与箱体固定，保持门扇水平。

第五步：根据设计图纸穿线，并且在箱内预留合适的长度，方便端接。

4. 住宅信息箱内设备功能与连接

（1）网络配线架用于电缆布线系统，配置 6 口 RJ-45 模块，背面安装水平电缆，正面安装网络跳线，如图 7-28 所示。

图 7-28　9 英寸 6 口网络配线架

配线架端接方法：

第一步：剥开双绞线外绝缘护套，长度不超过 20 mm，如图 7-29 所示。

第二步：拆开 4 对双绞线，如图 7-30 所示。

图 7-29　剥开双绞线外绝缘护套

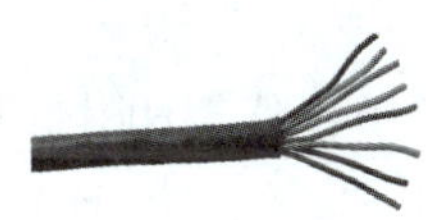

图 7-30　拆开 4 对双绞线

第三步：按照配线架模块所标线序，将双绞线放入端接口中，如图 7-31 所示。

第四步：使用打线钳压接线芯，使其与模块刀片可靠连接，如图 7-32 所示。

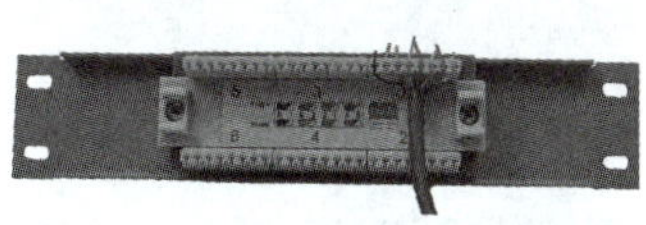

图 7-31　双绞线放入端接口

图 7-32　配线架端接

（2）光纤配线架用于光缆布线系统，配置 4 个双口 SC 光纤模块，背面安装 SC 口光纤接头，正面安装 SC 口光纤跳线，如图 7-33 所示。

图 7-33　9 英寸 4 个双口 SC 光纤配线架

（3）TV 配线架将一路输入电视信号分成多路输出信号，供多台电视使用。入户电视线插接在输入口，输出口与电视机跳线连接，如图 7-34 所示。

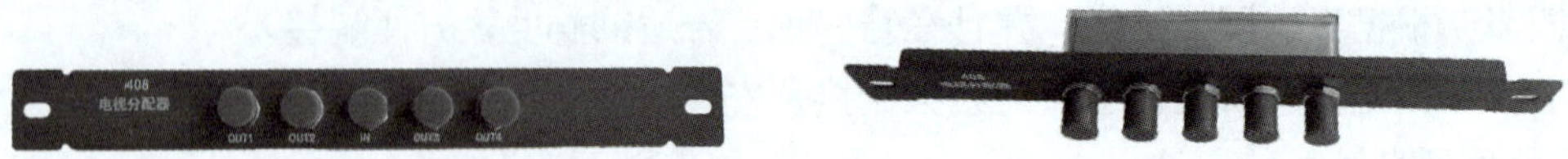

图 7-34　9 英寸 1 进 4 出 TV 配线架

F 头制作方法：

第一步：剥线。剥去同轴电缆外皮，留出约 10 mm。将屏蔽层向后捋，并剪去铝箔层，剥去内绝缘层留出芯线，如图 7-35 所示；注意切除内绝缘层时，要在高于切开外皮平面的 1.5 ~ 2 mm 处切下，这样就不会因气候变化造成绝缘层和铜芯萎缩。

第二步：安装和固定 F 头。铜芯一般应留 10 mm 左右，然后插入 F 头，铜芯应高出 F 头外口约 5 mm，如图 7-36 所示。

第三步：固定 F 头卡环，用 F 头卡环把电缆卡牢（F 头卡环距 F 头帽头应为 2 ~ 3 mm），如图 7-37 所示。

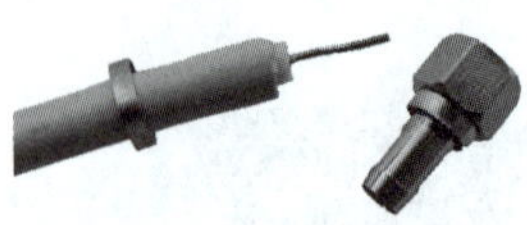

图 7-35　剥线

图 7-36　安装和固定 F 头

图 7-37　固定 F 头卡环

7.6.4　通信跳线架的安装

通信跳线架主要是用于语音配线系统。一般采用 110 跳线架，主要是上级程控交换机过来的接线与到桌面终端的语音信息点连接线之间的连接和跳接部分，便于管理、维护、测试。其安装步骤如下：

（1）取出 110 跳线架和附带的螺钉。

（2）利用十字螺丝刀把 110 跳线架用螺钉直接固定在网络机柜的立柱上。

（3）理线。

（4）按打线标准把每个线芯按照顺序压在跳线架下层模块端接口中。

（5）把 5 对连接模块用力垂直压接在 110 跳线架上，完成下层端接。

7.6.5　网络配线架的安装

网络配线架安装要求：

（1）在机柜内部安装配线架前，首先要进行设备位置规划或按照图纸规定确定位置，统一考虑机柜内部的跳线架、配线架、理线环、交换机等设备。同时考虑跳线方便。

（2）缆线采用地面出线方式时，一般缆线从机柜底部穿入机柜内部，配线架宜安装在机柜下部。采取桥架出线方式时，一般缆线从机柜顶部穿入机柜内部，配线架宜安装在机柜上部。缆线采取从机柜侧面穿入机柜内部时，配线架宜安装在机柜中部。

（3）配线架应该安装在左右对应的孔中，水平误差不大于 2 mm，更不允许错位安装。

网络配线架的安装步骤如下：

（1）检查配线架和配件完整。

（2）将配线架安装在机柜设计位置的立柱上。

（3）理线。

（4）端接打线。

（5）做好标记，安装标签条。

7.6.6 交换机的安装

交换机安装前首先检查产品外包装完整和开箱检查产品，收集和保存配套资料。一般包括交换机、2 个支架、4 个橡皮脚垫和 4 个螺钉、一根电源线、一个管理电缆。然后准备安装交换机，一般步骤如下：

(1) 从包装箱内取出交换机设备。

(2) 给交换机安装两个支架，安装时要注意支架方向。

(3) 将交换机放到机柜中提前设计好的位置，用螺钉固定到机柜立柱上，一般交换机上下要留一些空间用于空气流通和设备散热。

(4) 将交换机外壳接地，把电源线拿出来插在交换机后面的电源接口。

(5) 完成上面几步操作后就可以打开交换机电源了，开启状态下查看交换机是否出现抖动现象，如果出现请检查脚垫高低或机柜上的固定螺钉松紧情况。

注意：拧取这些螺钉的时候不要过于紧，否则会让交换机倾斜；也不能过于松垮，这样交换机在运行时不会稳定，工作状态下设备会抖动。

7.6.7 理线环的安装

理线环的安装步骤如下：

(1) 取出理线环和所带的配件螺钉包。

(2) 将理线环安装在网络机柜的立柱上。

注意：在机柜内设备之间的安装距离至少留 1U 的空间，便于设备的散热。

7.7 工程经验

1. 工程经验一 管理间使用机柜规格的确定

在设计管理间时，我们是根据建筑物中网络信息点的多少，来确定管理间的位置和安装网络机柜的规格。有时在规划机柜内安装设备之后，必须考虑到增加信息点和设备的散热等因素，还要预留 1U ~ 2U 的空间，以便将来有更大的发展时，很容易将设备扩充进去。

2. 工程经验二 配线架、交换机端口的冗余

在以前遇到过这样一个工程，该工程在施工中没有考虑交换机端口的冗余，在使用过程中，有些端口突然出现故障，无法迅速解决，给用户造成了不必要的麻烦和损失。所以，为了便于日后的维护和增加信息点，必须在机柜内配线架和交换机端口做相应冗余，如增加用户或设备时，只需简单接入网络即可。

3. 工程经验三 分清大对数电缆的线序

在管理间和设备间的打线过程中，经常会碰到 25 对或者 100 对大对数电缆的端接问题，不容易分清。在这里，进行简单的阐述。以 25 对大对数电缆为例说明，有 5 个主色，顺序为白、红、黑、黄、紫、每个主色又包括 5 个副色，顺序分别为蓝、橙、绿、棕、灰，即所有的线对 1 ~ 25 对的排序为白蓝、白橙、白绿、白棕、白灰……紫蓝、紫橙、紫绿、紫棕、紫灰。

4. 工程经验四 配线架管理

配线架的管理以表格对应方式，根据座位、部门单元等信息，记录布线的路线，并加以标识，以方便维护人员识别和管理。

◎ 典型案例 7　信息机房综合布线系统维护

1. 信息机房的维护

布线工程完工后，所看到的机柜正面是整整齐齐的，这时客户接收到的是一个经测试合格、布局整齐的综合布线工程，如图 7–38 所示。

经过数年的使用，机房内开始发生变化。图 7–39 和图 7–40 所示为一个使用多年的信息机房内拍摄的照片。图 7–39 所反映的情况还能够忍受，因为混乱的跳线是单根出现的，彼此之间没有任何牵连，也就不会对传输性能带来危害。图 7–40 所示的照片则比较严重，混乱的跳线已经彼此牵连，牵动其中的任何一根都可能影响其他跳线，也就是说，当管理人员拆除其中一根跳线时，有可能就会触及另一根跳线，导致那根跳线的传输状态发生变化，甚至导致传输中断。

图 7–41 是综合布线行业中经常见到的图片。如果机柜内的跳线乱到了这个程度，那最下方的跳线将承载着大量跳线的质量，从而导致跳线断裂。

图 7–38　整齐跳线

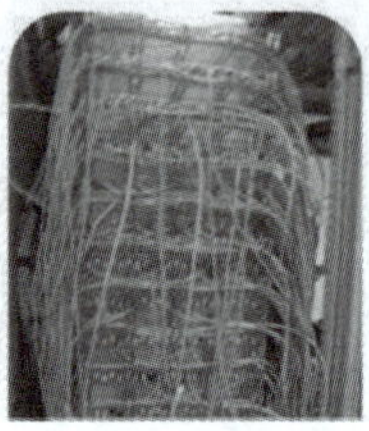

图 7–39　混乱跳线

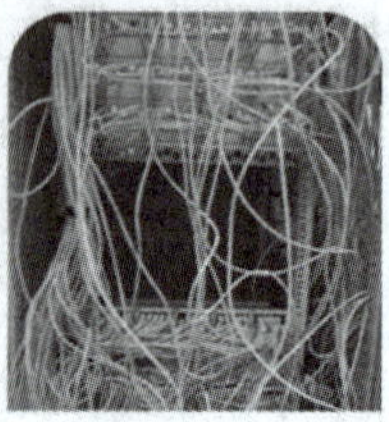

图 7–40　需整理跳线

图 7–41　杂乱跳线

2. 信息机房日常维护工作

综合布线系统所需要做的维护工作，大致可以分为以下 4 类：日常管理、日常维护、故障排除和布局整改。

1）日常管理

日常管理是指对综合布线跳线的位置调整和标签变更，这部分的工作简单，几乎没有技术含量，可以说是一看就懂，但容易一做就乱。绝大多数的跳线混乱源自于此，导致日后无法维护的根源往往也在于此。

一个管理严格的信息机房对所有的变更在实施前应填写变更单，经相关主管批准后方能实施。在实施过程中，先拔下需要更换的跳线，换上去的跳线应重新选用适当的长度，并粘贴两端标签后，沿着跳线管理器敷设好，再将跳线两端插入对应的信息插座内，以免跳线散乱在机柜内。变更结束后应在变更单上填写变更后的状态（正常、失败等），并将变更过程中出现的情况人工记录在变更单上。变更完成后，应将电子版的变更单及变更批复应集中管理，纸质变更单则应按期装订成册。

2）日常维护

日常维护是指在正常运行期间，定期进行保养和检查。一般每隔数月就应该进行一次，而不是等到出现问题在进行维护。

日常维护可以做的事情很多，其中包括：

（1）清除机柜内外综合布线系统上的灰尘。

（2）检查综合布线桥架的平整度，如果发生变形、支架螺钉脱落等与安装图纸不相符合的情况应立即修复，以免桥架断裂或脱落致使信息业务突然中断。

（3）检查机房内双绞线上、面板上、配线架、跳线上的标签，将脱落的标签补全，将粘连不牢的标签固定好，更换有损伤的标签。

(4) 使用性能测试仪对电缆信道和未使用的光纤信道进行抽检，测试方法为永久链路测试和所用跳线的性能测试，并与原始记录进行核对。

(5) 电子配线架系统同样应进行抽样检查，检查可人为设置故障，检查实时报警的响应时间和报警音响；同理，综合布线管理软件（含电子配线架中的软件）应对电子记录进行人工检查，检查范围包含施工记录和上次维护至今的日常记录。施工记录应检查其完整性，不应发生遗失或损坏。

日常维护工作的目的只有一个：将隐患消除在萌芽状态，只有这样，才能确保综合布线系统始终处于经久耐用的水平上。

3）故障排除

系统都有出现故障的可能性，在机房运行之初就有必要制定周全的故障排除预案。

在网络管理系统、电子配线架软件报警或接到故障投诉后，当班管理人员应立即进行故障确认并将故障对机房运行的影响降至最低。

在故障排除过程中，当班管理人员的综合布线水平对于排除故障至关重要。如果在平日里对机房管理人员进行综合布线水平和故障排除技能的反复训练，并备足所需的备品备件，准备好必要的应急工具和材料，那么就能大大缩短故障定位时间和平均无故障时间，并为专业维护人员修复线路提供有价值的参考意见。

4）系统整改

系统整改是指增加、减少和更改综合布线缆线。这一阶段的工作类似于在信息机房内进行一次新的综合布线工程，而且不能影响机房的正常工作。为此，有必要按照参照综合布线工程的管理方法进行施工准备和安装调试：

(1) 综合布线系统在整改前应填写变更单，附施工图纸后报批，在获得批准后整改方可实施。

(2) 在整改过程中，应先抽出所有的废弃缆线和跳线，然后添加新的缆线和跳线。

(3) 施工人员应事先制定完善的施工方案，在尽量短的时间内完成自己的工作，把对机房内温湿度、粉尘等因素的影响降至最低。

(4) 施工完毕应立即组织验收，对整改线路及相邻线路的综合布线系统进行性能测试。其中相邻线路是指在整改时被波及的线路。如果将 24 口配线架取出进行整改其中的一条链路，则该配线架上的 24 条链路均属于相邻线路；如果使用 4 联装的前翻式模块框架，则 4 条链路均属于相邻线路（因为在处理一根线路时，其他线路已经产生了位移）。

(5) 整改完毕后，应按工程要求保留实施过程中所有的图纸、变更单、日志、检测报告、检测记录和相关文件，在有条件时，使用照片作为日志的基本内容。

典型案例 7 Word 版

请扫描二维码下载典型案例 7 的 Word 版。

◎ 习题 7

一、填空题

1. 管理间子系统也称________或者________。（参考 7.1 节）

2. 配线架端口数量应该________信息点数量，保证全部信息点过来的缆线全部端接在配线架中。（参考 7.2 节）

3. 管理间子系统使用________来区分配线设备的性质，标明端接区域、物理位置、编号、容量、规格等，以便维护人员在现场一目了然地加以识别。（参考 7.3.3 节）

4. GB 50311—2016 中规定管理间的使用面积不应小于________。（参考 7.3.4 节）

5. 管理间安装落地式机柜时，机柜前面的净空不应小于________，后面的净空不应小

于________，方便施工和维修。安装壁挂式机柜时，一般在楼道安装高度不小________。（参考 7.3.4 节）

6. 管理间内温度应为________，相对湿度宜为________。（参考 7.3.4 节）

7. 110A 配线架有________和________两种规格；110P 配线架有________和________两种规格。（参考 7.5 节）

8. 光纤管理器件根据光缆布线场合要求分为两类，即光纤配线架和光纤接线箱。光纤配线架适合于________场合，而光纤接线箱适合于________场合。（参考 7.5 节）

9. 光纤配线架又分为________和________两种。（参考 7.5 节）

10. 住宅信息箱有________和________两种安装方式。（参考 7.6.3 节）

二、选择题（部分为多选题）

1. 在综合布线系统中，管理间子系统包括了（　　）、二级交接间的缆线、（　　）及相关接插跳线等。（参考 7.1 节）

A. 楼层配线间　　B. 配线架　　C. 水平电缆　　D. 网络模块

2. 标志中可包括的内容有（　　）。（参考 7.3.3 节）

A 名称　　B. 颜色　　C. 编号　　D. 字符串

3. 楼层的每层信息点数量不大于 400 个，水平缆线长度在 90 m 范围以内，宜设置（　　）管理间，当超出这个范围时宜设（　　）管理间。（参考 7.3.4 节）

A. 一个　　B. 两个　　C. 多个　　D. 两个或多个

4. 管理间安装壁挂式机柜时，一般在楼道安装高度不小于（　　）。（参考 7.3.4 节）

A. 0.6 m　　B. 0.8 m　　C. 1.5 m　　D. 1.8 m

5. 管理间应采用外开防火门，门宽大于（　　）。（参考 7.3.4 节）

A. 0.8 m　　B. 0.9 m　　C. 1.0 m　　D. 1.5 m

6. 管理间水泥地面应高出本楼层地面不小于（　　），或设置防水门槛，防止楼道水流入管理间。（参考 7.3.4 节）

A. 50 mm　　B. 100 mm　　C. 150 mm　　D. 200 mm

7. 配线架主要有（　　）这两类。（参考 7.5 节）

A. 110 系列配线架　　B. RJ-45 模块化配线架

C. 五对连接块　　D. 通信跳线架

8. 110A 配线架由（　　）组成。（参考 7.5 节）

A. 100 或 300 对线的接线块　　B. 3 对、4 对或 5 对线的 110C 连接块

C. 底板　　D. 线环

E. 标签条

9. 尺寸为 600 mm（宽）× 900 mm（深）× 2 000 mm（高）的机柜，共有（　　）U 的安装空间。（参考 7.6.1 节）

A 40　　B.41　　C.42　　D.43

10. 缆线采用地面出线方式时，配线架宜安装在机柜（　　）。（参考 7.6.5 节）

A. 上部　　B. 中部　　C. 下部　　D. 任意位置

三、简答题

1. 在管理间子系统的设计中，一般要遵循哪些原则？（参考 7.2 节）

2. 简述管理间子系统的设计流程。（参考 7.3 节）

3. 管理间的数量应如何确定？（参考 7.3.4 节）

4. 简述住宅信息箱明装方法。（答案参考 7.6.3 节）

5. 简述网络配线架的安装步骤。（参考 7.6.5 节）

请扫描二维码下载习题 7 的 Word 版。

习题 7 Word 版

◎ 实训 9　复杂链路端接实训

1. 实训任务来源

综合布线系统管理间子系统（FD）、设备间子系统（BD）的网络配线架、110 配线架的端接技能。

2. 实训任务

每 3 人一组，完成图 7-42 所示 6 条复杂链路的搭建与端接，每人完成两条复杂链路。要求端接路由正确，每段跳线长度合适，剪掉撕拉线，剥开线对长度合适，没有偏心，端口位置正确，链路通断测试通过。

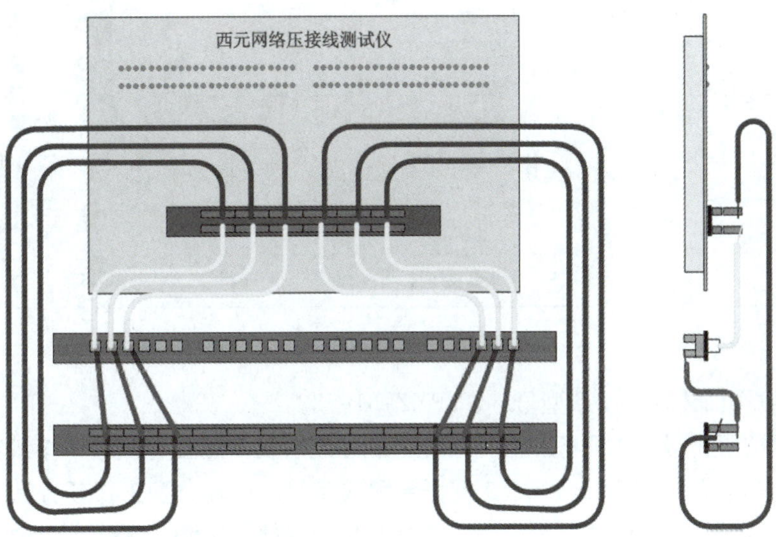

图 7-42　复杂链路的路由示意图

请扫描“彩色高清图”二维码下载彩色高清图。

请扫描“Visio 图”二维码下载 Visio 原图，自行设计更多链路。

彩色高清图

Visio 图

3. 技术知识点

（1）熟悉 110 配线架模块端接方法。

（2）熟悉网络配线架模块端接方法。

（3）熟悉复杂链路路由设计。

4. 关键技能

（1）掌握单口打线钳使用方法。

（2）掌握复杂链路布线和端接。

（3）掌握复杂链路测试方法。

5. 实训课时

（1）该实训共计 2 课时完成，其中技术讲解 10 min，视频演示 10 min，学员实际操作 50 min，链路测试与评判 10 min，实训总结、整理清洁现场 10 min。

（2）课后作业 2 课时，独立完成实训报告，提交合格实训报告。

6. 实训指导视频

27399- 实训 9-《复杂链路端接实训》（5 分 07 秒）。

实训 9《复杂链路端接实训》

7. 实训材料

实训材料如表 7-1 所示。

表 7-1　实训材料

序号	名　称	规 格 说 明	数　量	器 材 照 片
1	5e 类网线	500 mm 超五类非屏蔽网线	18/ 组	
2	RJ-45 水晶头	超五类水晶头	6 个 / 组	

8. 实训工具

实训工具如表 7-2 所示。

表 7-2　实训工具

序号	名　称	规 格 说 明	数量	工 具 照 片
1	旋转剥线器	旋转式剥线器，用于剥除外护套	1 个	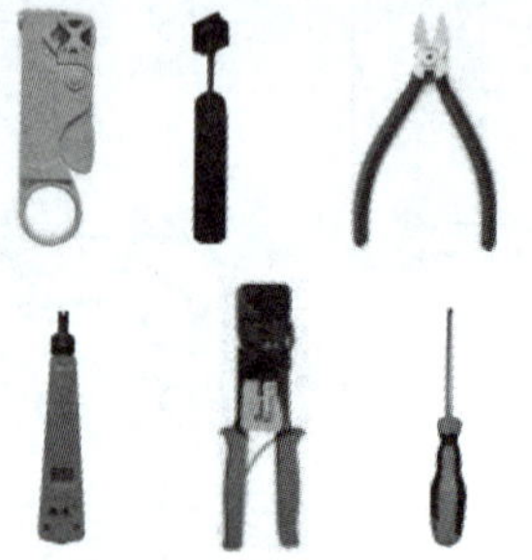
2	5 对打线钳	5 对 110 型打线刀	1 把	
3	水口钳	6 寸水口钳，用于剪齐线端	1 把	
4	单口打线钳	单对 110 型打线刀	1 把	
5	十字螺丝刀	$\Phi6 \times 150$ mm	1 把	
6	网络压线钳	支持 RJ-45 与 RJ-11 水晶头压接	1 把	

9. 实训设备

“西元”配线实训装置，产品型号：KYPXZ-01-52。

本实训装置按照典型工作任务和关键技能实训专门研发，配置有网络压接线实验装置、网络线制作与测量实验装置、网络配线架、110 语音配线架等，仿真典型工作任务，能够通过指示灯闪烁直观和持续显示永久链路通断等故障，包括跨接、反接、短路、开路等各种常见故障。

10. 实训步骤

（1）预习和播放视频。课前应预习，初学者提前预习，请扫描二维码观看实操视频，请多次认真观看，熟悉主要关键技能和评判标准，熟悉线序。

实训时，教师首先讲解技术知识点和关键技能 10 min，然后播放视频 10 min。更多可参考单元 2 和单元 4 相关内容。

（2）器材工具准备。建议在播放视频期间，教师准备和分发。

（1）按照表 7-1 发放材料，包括水晶头，每人 6 个，5 类网线，每人 6 根。

（2）按照表 7-2 发放工具。

（3）学员检查材料和工具规格数量正确，质量合格。

（4）本实训要求每组学员单独完成，优先保证质量，掌握方法。

3）复杂链路端接步骤和方法

第一步：研读图纸。

反复研读图 7-42，掌握链路路由后才能开始操作。

第二步：取线。

从实训材料包中取出 3 根网线，打开压接线实验仪电源。

第三步：第一根网线端接。

完成第一根网线端接，一端进行 RJ-45 水晶头端接，另一端与跳线架模块端接。

第四步：第二根网线端接。

完成第二根网线端接，一端与配线架模块端接，另一端与跳线架模块下层端接。

第五步：第三根网线端接。

完成第三根网线端接，把两端分别与两个通信跳线架模块的上层端接，这样就形成了一个有 6 次端接的网络链路，对应的指示灯直观显示线序。

第六步：测试。

仔细观察指示灯，及时排除端接中出现的开路、短路、跨接、反接等常见故障。

①当跳线线序压接正确时，上下对应的指示灯会按照 1—1、2—2、3—3、4—4、5—5、6—6、7—7、8—8 顺序轮流重复闪烁。

②如果有一芯或者多芯没有压接到位，对应的指示灯不亮。

③如果有一芯或者多芯线序错误时，对应的指示灯将显示错误的线序。

11. 评判标准

评判标准和评分表如表 7-3 所示，每个复杂链路 100 分，6 个复杂链路 600 分。

表 7-3　复杂链路安装与测试训练评判表

姓名 / 永久链路编号	复杂链路（合格 100 分 不合格 0 分）	操作工艺评价（每处扣 5 分）						评判结果得分	排名
		剪掉牵引线（10 分）	每段跳线长度合适（30 分）	剥开线对长度合适（10 分）	端口位置正确（30 分）	路由正确（10 分）	测试合格（10 分）		

12. 实训报告

请按照单元 1 表 1-1 所示的实训报告模板要求，独立完成实训报告，2 课时。

请扫描二维码下载实训 9 的 Word 版。

实训 9
Word 版

单元 8
垂直子系统的设计和安装技术

通过本单元内容的学习，了解垂直子系统的设计思路和方法，并且能够在实训过程中掌握垂直子系统的安装和施工技术。

学习目标

（1）掌握垂直子系统常用器材的类别和性能。

（2）掌握垂直子系统的设计方法和安装技术。

8.1 垂直子系统的基本概念和工程应用

在 GB 50311 国家标准中把垂直子系统称为干线子系统，为了便于理解和工程行业习惯叫法，我们仍然称为垂直子系统，它是综合布线系统中非常关键的组成部分，它由设备间子系统与管理间子系统的引入口之间的布线组成，两端分别连接在设备间和楼层管理间的配线架上。它是建筑物内综合布线的主干缆线，垂直子系统一般使用光缆传输。图 8-1 所示为垂直子系统示意图。请扫描二维码下载彩色高清图片。

彩色高清图

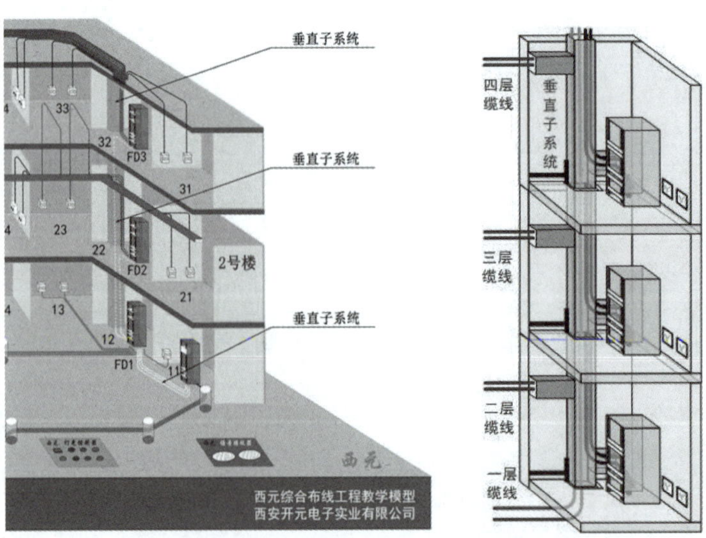

图 8-1　垂直子系统示意图

垂直子系统的布线也是一个星状结构，从建筑物设备间向各个楼层的管理间布线，实现大楼信息流的纵向连接。图 8-2 所示为垂直子系统布线原理图。在实际工程中，大多数建筑物都是垂直向高空发展的，因此很多情况下会采用垂直型的布线方式。但是，也有很多建筑物是横向发展，如飞机场候机厅、工厂仓库等建筑，这时也会采用水平型的主干布线方式。因此，主干线缆的布线路由既可能是垂直型的，也可能是水平型的，或是两者的综合。

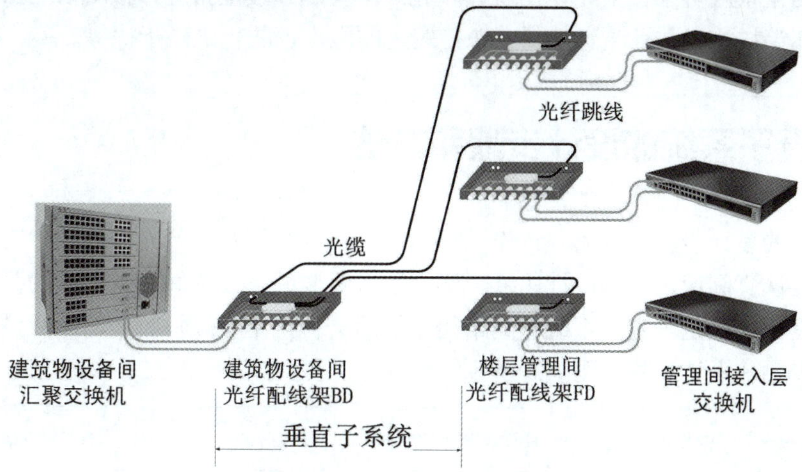

图 8-2 垂直子系统布线原理图

8.2 垂直子系统的设计原则

在垂直子系统中，一般要遵循以下原则。

1. 星状拓扑结构原则

垂直子系统必须为星状网络拓扑结构。

2. 保证传输速率原则

垂直子系统首先考虑传输速率，一般选用光缆。

3. 无转接点原则

由于垂直子系统中的光缆或者电缆路由比较短，而且跨越楼层或者区域，因此在布线路由中不允许有接头或者 CP 集合点等各种转接点。

4. 语音和数据电缆分开原则

在垂直子系统中，语音和数据往往用不同种类的缆线传输，语音电缆一般使用大对数电缆，数据一般使用光缆，但是在基本型综合布线系统中也常常使用电缆。由于语音和数据传输时工作电压和频率不相同，往往语音电缆工作电压高于数据电缆工作电压，为了防止语音传输对数据传输的干扰，必须遵守语音电缆和数据电缆分开的原则。

5. 大弧度拐弯原则

垂直子系统主要使用光缆传输数据，同时对数据传输速率要求高，涉及终端用户多，一般会涉及一个楼层的很多用户，因此，在设计时，垂直子系统的缆线应该垂直安装，如果在路由中间或者出口处需要拐弯时，不能直角拐弯布线，必须设计大弧度拐弯，保证缆线的曲率半径和布线方便。

6. 满足整栋大楼需求原则

由于垂直子系统连接大楼的全部楼层或者区域，不仅要能满足信息点数量少、速率要求低楼层用户的需要，更要保证信息点数量多、传输速率高楼层的用户要求。因此，在垂直子系统的设计中一般选用光缆，并且需要预留备用缆线，在施工中要规范施工和保证工程质量，最终保证垂直子系统能够满足整栋大楼各个楼层用户的需求和扩展需要。

7. 布线系统安全原则

由于垂直子系统涉及每个楼层，并且连接建筑物的设备间和楼层管理间交换机等重要设备，布线路由一般使用金属桥架，因此，在设计和施工中要加强接地措施，预防雷电击穿破坏，还要防止缆线遭破坏等措施，并且注意与强电保持较远的距离，防止电磁干扰等。

8.3 垂直子系统的设计步骤和方法

垂直子系统的设计步骤一般为：首先进行需求分析，与用户进行充分的技术交流和了解建筑物用途；其次要认真阅读建筑物设计图纸，确定建筑物竖井、设备间和管理间的具体位置；再进行初步规划和设计，确定垂直子系统布线路径；最后进行确定布线材料规格和数量，列出材料规格和数量统计表。其设计步骤如图 8-3 所示。

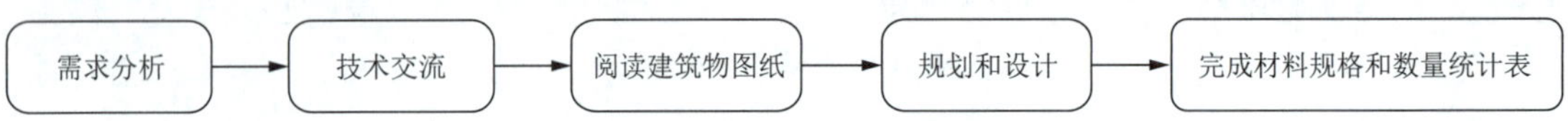

图 8-3　垂直子系统设计步骤

8.3.1 需求分析

需求分析是综合布线系统设计的首项重要工作，垂直子系统是综合布线系统工程中最重要的一个子系统，直接决定每个信息点的稳定性和传输速度。主要涉及布线路径、布线方式和材料的选择，对后续水平子系统的施工是非常重要的。

需求分析首先按照楼层高度进行分析，分析设备间到每个楼层的管理间的布线距离、布线路径，逐步明确和确认垂直子系统的布线材料的选择。

8.3.2 技术交流

在进行需求分析后，要与用户进行技术交流，这是非常必要的。在交流中重点了解每个房间或者工作区的用途、要求、运行环境等因素。在交流过程中必须进行详细的书面记录，每次交流结束后要及时整理书面记录，这些书面记录是初步设计的依据。

8.3.3 阅读建筑物图纸

通过阅读建筑物图纸掌握建筑物的竖井位置、设备间和管理间位置及土建结构、强电路径，重点掌握在垂直子系统路由上的电器设备、电源插座、暗埋管线等。

8.3.4 规划和设计

垂直子系统的线缆直接连接着几十或几百个用户，因此，一旦干线电缆发生故障，则影响巨大。为此，必须十分重视干线子系统的设计工作。

根据综合布线的标准及规范，应按下列设计要点进行垂直子系统的设计工作。

1. 确定缆线类型

垂直子系统缆线主要有光缆和铜缆两种类型，要根据布线环境的限制和用户对综合布线系统设计等级的考虑确定。垂直子系统所需要的电缆总对数和光纤总芯数，应满足工程的实际需求，并留有适当的备份容量。主干缆线宜设置电缆与光缆，并互相作为备份路由。

2. 垂直子系统路径的选择

垂直子系统主干缆线应选择最短、最安全和最经济的路由，一端与建筑物设备间连接，另一端与楼层管理间连接。路由的选择要根据建筑物的结构以及建筑物内预留的电缆孔、电缆井等通道位置而决定。建筑物内一般有封闭型和开放型两类通道，宜选择带门的封闭型通道敷设垂直缆线。开放型通道是指从建筑物的地下室到楼顶的一个开放空间，中间没有任何楼板隔开。封闭型通道是指一连串上下对齐的空间，每层楼都有一间，电缆竖井、电缆孔、管道电缆、电缆桥架等穿过这些房间的地板层。

3. 缆线容量配置

主干电缆和光缆所需的容量要求及配置应符合以下规定：

（1）语音业务，大对数主干电缆的对数应按每一个电话 8 位模块通用插座配置一对线，并在总需求线对的基础上至少预留约 10%的备用线对。

（2）对于数据业务每个交换机至少应该配置一个主干端口。主干端口为电端口时，应按 4 对线容量，为光端口时则按 2 芯光纤容量配置。

（3）当工作区至电信间的水平光缆延伸至设备间的光配线设备 (BD／CD) 时，主干光缆的容量应包括所延伸的水平光缆光纤的容量在内。

4. 垂直子系统线缆敷设保护方式

（1）缆线不得布放在电梯或供水、供气、供暖管道竖井中，也不应布放在强电竖井中。

（2）电信间、设备间、进线间之间干线通道应连通。

5. 垂直子系统干线线缆交接

为了便于综合布线的路由管理，干线电缆、干线光缆布线的交接不应多于两次。从楼层配线架到建筑群配线架之间只应通过一个配线架，即建筑物配线架（在设备间内）。当综合布线只用一级干线布线进行配线时，放置干线配线架的二级交接间可以并入楼层配线间。

6. 垂直子系统干线线缆端接

干线电缆可采用点对点端接，也可采用分支递减端接连接。点对点端接是最简单、最直接的接合方法，如图 8-4 所示。

干线子系统每根干线电缆直接延伸到指定的楼层配线管理间或二级交接间。分支递减端接是用一根足以支持若干楼层配线管理间或若干二级交接间的通信容量的大容量干线电缆，经过电缆接头交接箱分出若干根小电缆，再分别延伸到每个二级交接间或每个楼层配线管理间，最后端接到目的地的连接硬件上，如图 8-5 所示。

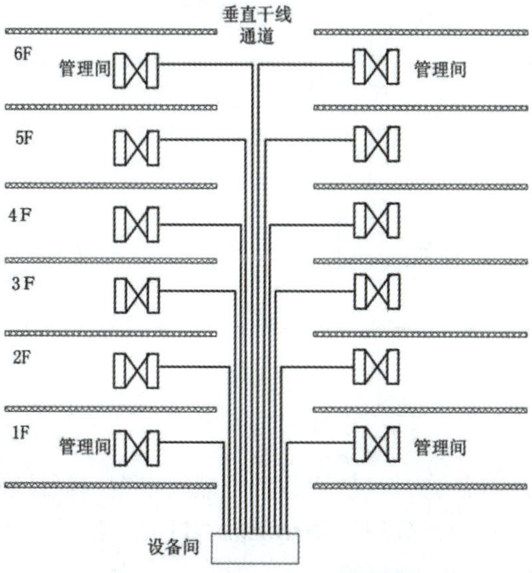

图 8-4　干线电缆点对点端接方式

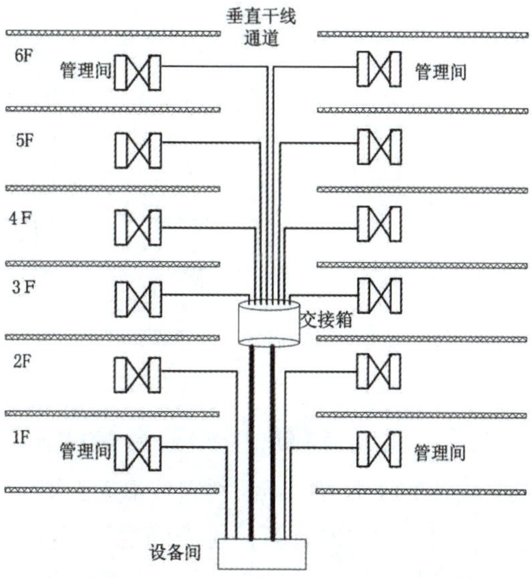

图 8-5　干线电缆分支接合方式

7. 确定干线子系统通道规模

垂直子系统是建筑物内的主干电缆。在大型建筑物内，通常使用的干线子系统通道是由一连串穿过管理间地板且垂直对准的通道组成，穿过弱电间地板的线缆井和线缆孔，如图 8-6 所示。

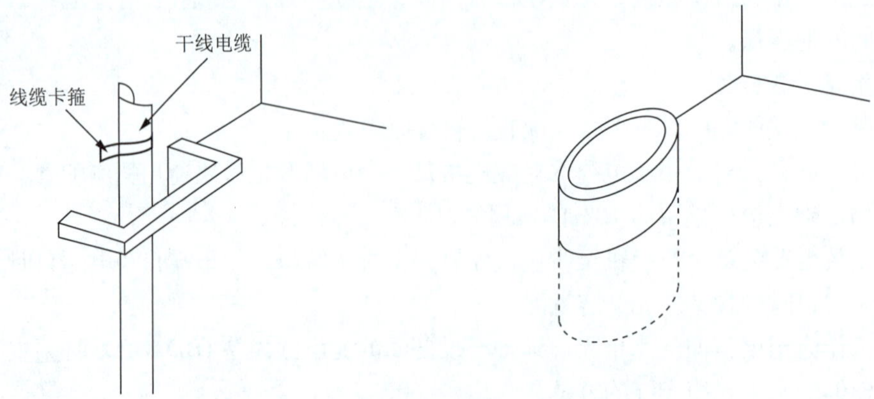

图 8-6　穿过弱电间地板的线缆井和线缆孔

确定干线子系统的通道规模，主要就是确定干线通道和配线间的数目。确定的依据就是综合布线系统所要覆盖的可用楼层面积。如果给定楼层的所有信息插座都在配线间的 75 m 范围之内，那么采用单干线接线系统。单干线接线系统就是采用一条垂直干线通道，每个楼层只设一个配线间。如果有部分信息插座超出配线间的 75 m 范围之外，那么就要采用双通道干线子系统，或者采用经分支电缆与设备间相连的二级交接间。

如果同一幢大楼的管理间上下不对齐，则可采用大小合适的线缆管道系统将其连通，如图 8-7 所示。

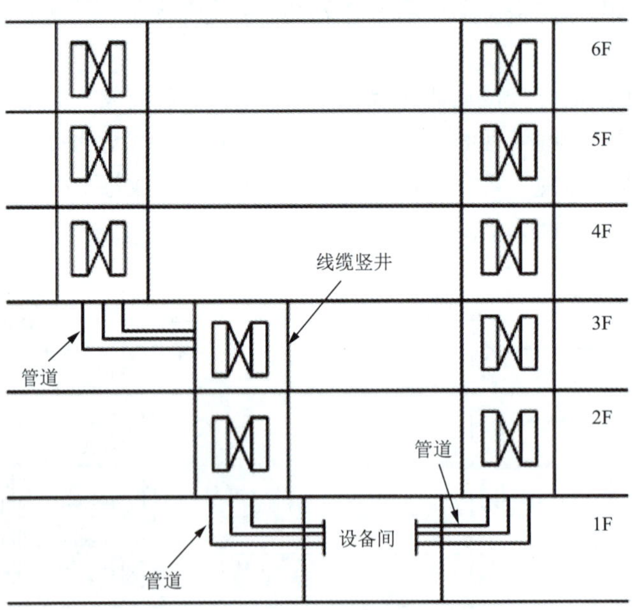

图 8-7　双干线电缆通道

8.3.5　完成材料规格和数量统计表

综合布线垂直子系统材料的概算是指根据施工图纸核算材料使用数量，然后根据定额计算出造价。对于材料的计算，首先确定施工使用布线材料类型，列出一个简单的统计表，统计表主要是针对数量进行统计，避免计算材料时漏项，从而方便材料的核算。

8.4 垂直子系统安装技术

垂直子系统布线路由的走向必须选择缆线最短、最安全和最经济的路由，同时考虑未来扩展需要。垂直子系统在系统设计和施工时，一般应该预留一定的缆线做冗余信道，这一点对于综合布线系统的可扩展性和可靠性来说是十分重要的。

8.4.1 标准规定

GB 50311—2016《综合布线系统工程设计规范》国家标准第 7 章安装工艺要求内容中，对垂直子系统的安装工艺提出了具体要求。垂直子系统垂直通道穿过楼板时宜采用电缆竖井方式。也可采用电缆孔、管槽的方式，电缆竖井的位置应上、下对齐。

8.4.2 垂直子系统线缆的选择

根据建筑物的结构特点以及应用系统的类型，决定选用干线线缆的类型。在垂直子系统设计中常用多模光缆和单模光缆，4 对双绞线电缆，大对数对绞电缆等，在住宅楼也会用到 75 Ω 有线电视同轴电缆。

目前，针对电话语音传输一般采用 3 类大对数对绞电缆 (25 对、50 对、100 对等规格)，针对数据和图像传输采用光缆或 5 类以上 4 对双绞线电缆及 5 类大对数对绞电缆，针对有线电视信号的传输采用 75 Ω 同轴电缆。要注意的是，由于大对数线缆对数多，很容易造成相互间的干扰，因此，很难制造超 5 类以上的大对数对绞电缆，为此 6 类网络布线系统通常使用 6 类 4 对双绞线电缆或光缆作为主干线缆。在选择主干线缆时，还要考虑主干线缆的长度限制，如 5 类以上 4 对双绞线电缆在应用于 100 Mbit/s 的高速网络系统时，电缆长度不宜超过 90 m，否则宜选用单模或多模光缆。

8.4.3 垂直子系统布线通道的选择

垂直线缆的布线路由主要依据建筑的结构及建筑物内预埋的管道而定。目前垂直型的干线布线路由主要采用电缆孔和电缆井两种方法。对于单层平面建筑物水平型的干线布线路由主要用金属管道和电缆托架两种方法。

干线子系统垂直通道有下列 3 种方式可供选择。

1. 电缆孔方式

通道中所用的电缆孔是很短的管道，通常用一根或数根外径 63 ~ 102 mm 的金属管预埋在楼板内，金属管高出地面 25 ~ 50 mm，也可直接在地板中预留一个大小适当的孔洞。电缆往往捆在钢绳上，而钢绳固定在墙上已铆好的金属条上。当楼层配线间上下都对齐时，一般可采用电缆孔方法，如图 8-8 所示。

2. 导管或桥架方式

导管或桥架方式包括明管或暗管敷设或桥架敷设。

3. 电缆竖井方式

在新建工程中，推荐使用电缆竖井的方式。电缆井是指在每层楼板上开出一些方孔，一般宽度为 30 cm，并有 2.5 cm 高的井栏，具体大小要根据所布线的干线电缆数量而定，如图 8-9 所示。与电缆孔方法一样，电缆也是捆扎或箍在支撑用的钢绳上，钢绳靠墙上的金属条或地板三角架固定。离电缆井很近的墙上的立式金属架可以支撑很多电缆。电缆井比电缆孔更为灵活，可以让各种粗细不一的电缆以任何方式布设通过。但在建筑物内开电缆井造价较高，而且不使用的电缆井很难防火。

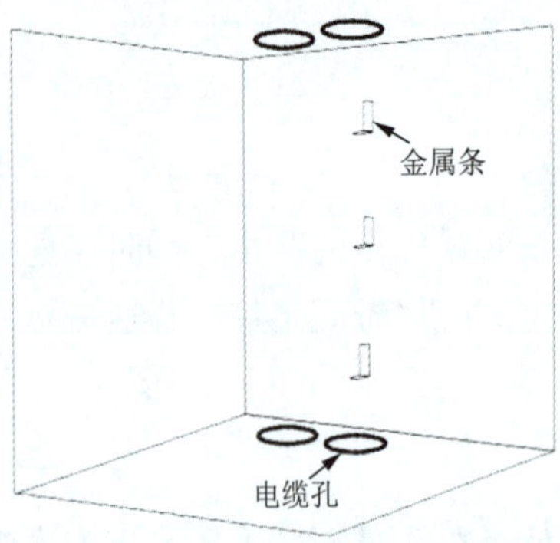

图 8-8　电缆孔方法

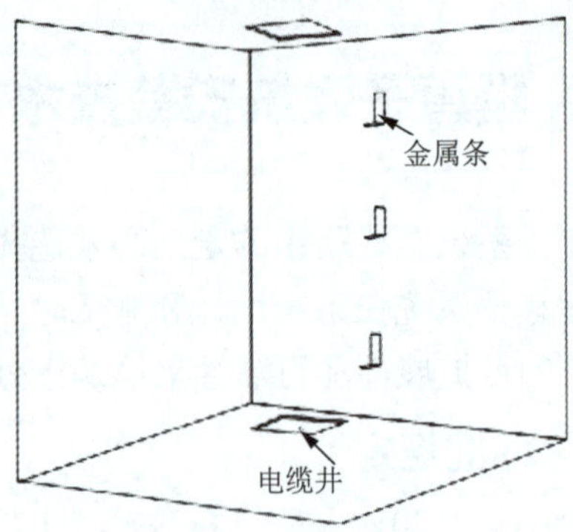

图 8-9　电缆竖井方式

8.4.4　垂直子系统线缆容量的计算

在确定干线线缆类型后，便可以进一步确定每个楼层的干线容量。一般而言，在确定每层楼的干线类型和数量时，要根据楼层水平子系统所有的各个语音、数据、图像等信息插座的数量来进行计算。具体计算的原则如下：

(1) 语音干线可按一个电话信息插座至少配一个线对的原则进行计算。

(2) 计算机网络干线线对容量计算原则是：电缆干线按 24 个信息插座配两根双绞线，每一个交换机或交换机群配 4 根双绞线；光缆干线按每 48 个信息插座配 2 芯光纤。

(3) 当信息插座较少时，可以多个楼层共用交换机，并合并计算光纤芯数。

(4) 如有光纤到用户桌面的情况，光缆直接从设备间引至用户桌面，干线光缆芯数应不包含这种情况下的光缆芯数。

(5) 主干系统应留有足够的余量，以作为主干链路的备份，确保主干系统的可靠性。

8.4.5　垂直子系统缆线的绑扎

垂直子系统敷设缆线时，应对缆线进行绑扎。对绞电缆、光缆及其他信号电缆应根据缆线的类别、数量、缆径、缆线芯数分束绑扎，绑扎间距不宜大于 1.5m，防止线缆因重量产生拉力造成线缆变形。在绑扎缆线的时候特别注意的是应该按照楼层进行分组绑扎。

8.4.6　线缆敷设要求

在敷设线缆时，对不同的介质要区别对待。

1. 光缆

(1) 光缆敷设时不应该绞结。

(2) 光缆在室内布线时要走线槽。

(3) 光缆在地下管道中穿过时要用 PVC 管。

(4) 光缆需要拐弯时，其曲率半径不得小于 30 cm。

(5) 光缆的室外裸露部分要加铁管保护，铁管要固定牢固。

(6) 光缆不要拉得太紧或太松，并要有一定的膨胀收缩余量。

(7) 光缆埋地时，要加铁管保护。

2. 双绞线

(1) 双绞线敷设时要平直，走线槽，不要扭曲。

(2) 双绞线的两端点要标号。

(3) 双绞线的室外部分要加套管，严禁搭接在树干上。

(4) 双绞线不要拐硬弯。

在智能建筑的设计中，一般都有弱电竖井，用于垂直子系统的布线。在竖井中敷设缆线时一般有两种方式，向下垂放电缆和向上牵引电缆。相比较而言，向下垂放比较容易。

3. 向下垂放线缆

（1）把线缆卷轴放到最顶层。

（2）在离房子的开口 3 ~ 4 m 处安装线缆卷轴，并从卷轴顶部馈线。

（3）在线缆卷轴处安排布线施工人员，每层楼上要有一个工人，以便引寻下垂的线缆。

（4）旋转卷轴，将线缆从卷轴上拉出。

（5）将拉出的线缆引导进竖井中的孔洞。在此之前，先在孔洞中安放一个塑料的套状保护物，以防止孔洞不光滑的边缘擦破线缆的外皮。

（6）慢慢地从卷轴上放缆并进入孔洞向下垂放，注意速度不要过快。

（7）继续放线，直到下一层布线人员将线缆引到下一个孔洞。

（8）按前面的步骤继续慢慢地放线，直至线缆到达指定楼层进入横向通道。

4. 向上牵引线缆

向上牵引线缆需要使用电动牵引绞车，其主要步骤如下：

（1）按照线缆的质量，选定绞车型号，并按说明书进行操作。先往绞车中穿一条绳子。

（2）启动绞车，并往下垂放一条拉绳，直到安放线缆的底层。

（3）如果缆上有一个拉眼，则将绳子连接到此拉眼上。

（4）启动绞车，慢慢地将线缆通过各层的孔向上牵引。

（5）缆的末端到达顶层时，停止绞车。

（6）在地板孔边沿上用夹具将线缆固定。

（7）当所有连接制作好之后，从绞车上释放线缆的末端。

8.4.7 大对数线缆的放线方法

在通信及电力等行业，各种光缆、电缆、钢丝、软管等缆线和器材都缠绕在圆形的线轴上，由于线轴体积庞大，在工程布线和布管等施工时，需要从线轴上抽线，首先把线轴放在专业的放线器上，如图 8-10 所示，拉线时线轴转动，将缆线平整均匀的抽出，边抽线边施工，不会出现缆线缠绕和打结，如图 8-11 所示。

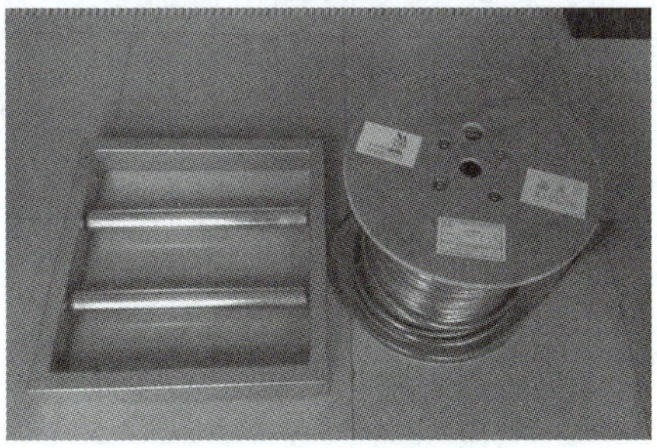

图 8-10 西元放线器

图 8-11 大对数线缆放线

8.5 工程经验

在一次网络综合布线工程施工过程中，将一栋 5 层公寓楼的垂直布线所有的缆线绑扎在了一起，在测试时，发现有一层的缆线无法测通，经过排查发现是垂直子系统的布线出现了问题，需要重新布线。在换线的过程中无法抽动该层的缆线，又将所有绑扎的缆线逐层放开，才更换好。所以在施工过程中，垂直系统的绑扎要分层绑扎，并做好标记。

同时值得注意的是：在许多捆缆线的场合，位于外围的缆线受到的压力比线束里面的大，压力过大会使缆线内的扭绞线对变形，影响性能，表现为回波损耗成为主要的故障模式。回波损耗的影响能够累积下来，这样每一个过紧的绑扎带造成的影响都累加到总回波损耗上。可以想象最坏的情况，在长长的悬线链上固定着一根缆线，每隔 300 mm 就有一个绑扎带，这样固定的缆线如果有 40 m，就有 134 处被挤压着。当绑扎缆线时，要注意采用束缆的方式，绑扎带只要能够束住缆线就足够了。

◎ 典型案例 8　民航机场航站楼综合布线系统设计

1. 航站楼综合布线需求分析

航站楼及配套建筑综合布线系统是机场建设的一项重要基础工程，不但为机场信息弱电系统提供基础链路支持，而且为与外部通信数据网络相连接提供了有力支持。主要需求如下：

（1）满足主干万兆、水平千兆，光纤到桌面的网络传输要求。

（2）主干满足与电信及航站楼、ITC(信息指挥中心)、GTC（停车楼）、UMC（市政实施管理中心楼）的连接。

（3）兼容不同厂家、不同品牌的网络设备。

（4）具备为航站楼的核心网、离港网、无线网、行李网、安检网、POS 系统网、安防网、广播网、办公网络提供集成网络平台。

（5）水平系统采用非屏蔽 6 类双绞线电缆。

2. 航站楼综合布线设计

1）弱电间设计

民航机场航站楼综合布线系统宜采用星状拓扑结构，按模块化设计，由建筑群子系统、设备间子系统、干线子系统、管理间子系统、水平子系统、工作区子系统构成。所有与计算机网络相连的布线硬件一般均为光纤或 6 类产品。

由于航站楼的特殊性，横向跨度巨大，因此设置众多管理间以缩短水平缆线的距离。航站楼的一级管理间（PCR）设置在航站楼的垂直底部，水平中部位置，二级管理间 (DCR) 则分布在等面积的区域内，用以管理三级管理间，三级管理间（SCR）则分布在航站楼的各个区域内，方便水平系统的管理。此外，针对弱电系统，还应设有功能用房，例如，指挥中心、安防控制室、运行控制室、楼宇控制室、行李控制室、消防控制室、机电控制室、旅客服务中心、外场管理中心等。

三级管理间 SCR 设计原则如下：

（1）保证 SCR 到末端的路由长度不大于 90 m。

（2）二层、三层小间尽量在首层小间的垂直投影上方。

（3）小间的上方尽量避免是卫生间。

（4）小间尽量与强电间附近布置。

2）建筑群系统设计

建筑群子系统由连接各建筑物之内的缆线组成，所需的硬件包括电缆、光缆和防止电缆的浪涌电压进入建筑物的电气保护设备等。

机场的建筑群，大致包括航站楼本身、停车楼、信息指挥大楼、市政实施管理中心楼及机场物流中心楼等。根据信息化建设的要求，各个建筑物之间的信息交流是必不可少的，因此，全部采用光缆连接，以实现信息的高速交换。

3）垂直子系统设计

垂直子系统由设备间和楼层配线间之间的连接线缆组成。缆线一般为大对数双绞线电缆或多芯光缆，两端分别端接在设备间和楼层管理间的配线架上。

航站楼综合布线系统数据传输主干系统采用单模万兆光缆敷设，符合 10 Gbit/s 以太网标准 IEEE 802.3ae，语音主干系统采用 3 类大对数非屏蔽双绞铜缆（UTP）。

由于航站楼内的信息量交换非常频繁，而且数据流量相当大，因此作为信息主要通道的设计显得更为重要。不但要保证信息传输的畅通，而且要考虑到由于民航业务的飞速发展而带来的信息量的膨胀，所以主干的设计要考虑到大量的冗余。

4）水平子系统设计

航站楼综合布线水平系统满足千兆以太网需求，支持基于铜缆的千兆以太网标准 IEEE 802.3ab，同时满足基于铜缆的以太网供电传输标准 IEEE 802.3af。水平线缆采用非屏蔽低烟无卤 6 类双绞线。登机桥远端以及其他超过 90 m 的线缆采用室内 2 芯多模光缆。

航站楼综合布线系统水平信息点按应用系统分为：

（1）通用信息点：集成、离港、OA、商业。

（2）航显、时钟、BA、安防。

（3）外部联检单位。

（4）航空公司。

（5）其他驻场单位。

按信息点类别分为：

（1）6 类信息点：TO。

（2）光纤信息点：FO。

5）工作区子系统设计

作为航站楼的基础网络平台，综合布线系统不但要满足日常办公及通信业务，还要对航站楼的核心网、离港网、无线网、行李网、安检网、POS 系统网、安防网、广播网、办公网络提供支撑。因此在设计时要充分考虑以下问题：

（1）用户单位的需求及各系统的需求。

（2）点位分布的密度、安装位置应能满足应用系统的要求并有一定的冗余，便于使用与维护。

（3）对于大开间办公区、商业区、柜台集中的区域宜采用 CP 箱方式，结合内装修进行二次布线。CP 箱可适当预留光纤信息点。

（4）尽量少使用地插和单孔插座，对于重要的应用如航显、时钟点应 1+2 备份。

（5）对于特殊需要的用户或者超长区域可选择光纤信息点和 6A 类信息点（万兆）。

6）设备间子系统

设备间是建筑物用于安装进出线设备、进行综合布线及其应用系统管理和维护的场所，它把中央主配线架与各种不同设备互连起来。航站楼设备间即数据和语音总配线间 PCR。

相应的配线架包括光纤配线架、数据配线架、语音配线架、电子配线架。

7）管理间子系统

管理间子系统由各分管理间配线架及相关接插线等构成，采用交连和互连等方式，实现信息点与各个子系统之间的连接和管理，维护人员可以在配线连接硬件区域调整或重新安排线路路由，而无须改变工作区用户的信息插座，从而实现了综合布线的灵活性、开放性和扩展性。

管理子系统是整个配线系统的关键单元，为使系统的设计和网络系统建成后能正常运行，扩展灵活，维护方便，在设计中考虑：每个配线间的配线架分为两组，一组连接水平双绞线，另外一组连接垂直线缆。配线架的管理以表格对应方式进行，根据房间号、部门单元等信息，记录布线的路线并加以标识，以方便维护和管理。

请扫描二维码下载典型案例 8 的 Word 版。

典型案例 8
Word 版

◎ 习题 8

一、填空题

1. 垂直子系统也称________。由________与________的引入口之间的布线组成。(参考 8.1 节)

2. 垂直子系统的布线方式有________的，也有________的，这主要根据建筑的结构而定。(参考 8.1 节)

3. 垂直子系统必须为________结构。(参考 8.2 节)

4. 垂直子系统中的光缆或者电缆路由比较短，而且跨越楼层或者区域，因此在布线路由中不允许有________等各种转接点。(参考 8.2 节)

5. 垂直子系统缆线主要有________两种类型，要根据布线环境的限制和用户对综合布线系统设计等级的考虑确定。(参考 8.3.4 节)

6. 垂直子系统缆线不得布放在电梯或供水、供气、供暖管道竖井中，也不应布放在________中。(参考 8.3.4 节)

7. 垂直子系统的缆线布线路由主要依据建筑的________及建筑物内________而定。(参考 8.3.4 节)

8. 目前垂直型的干线布线路由主要采用________和________两种方法。对于单层平面建筑物水平型的干线布线路由主要用________和________两种方法。(参考 8.4.3 节)

9. 垂直子敷设缆线时，应对缆线进行绑扎。绑扎间距不宜大于________，间距应均匀，防止线缆应重量产生拉力造成线缆变形，不宜绑扎过紧或使缆线受到挤压。(参考 8.4.5 节)

10. 在竖井中敷设垂直干线一般有两种方式：________和________。(参考 8.4.6 节)

二、选择题（部分为多选题）

1. 语音业务，大对数主干电缆的对数应按每一个电话 8 位模块通用插座配置（ ）线，并在总需求线对的基础上至少预留约（ ）的备用线对。(参考 8.3.4 节)

A. 1 对　　B. 2 对　　C. 10%　　D. 15%

2. 对于数据业务每个交换机至少应该配置一个主干端口。主干端口为电端口时，应按(）线容量，为光端口时则按（ ）光纤容量配置。(参考 8.3.4 节)

A. 2 对　　B. 4 对　　C. 2 芯　　D. 4 芯

3. 为了便于综合布线的路由管理，干线电缆、干线光缆布线的交接不应多于（ ）次。(参考 8.3.4 节)

A. 1　　B. 2　　C. 3　　D. 4

4. 干线电缆可采用（ ）端接连接。(参考 8.3.4 节)

A. 点对点　　B. 线对线　　C. 分支递增　　D. 分支递减

5. 如果有部分信息插座超出配线间的（ ）范围之外，那就要采用双通道垂直子系统，或者采用经分支电缆与设备间相连的二级交接间。(参考 8.3.4 节)

A. 35 m　　B. 50 m　　C. 75 m　　D.90 m

6. 根据建筑物的结构特点以及应用系统的类型，决定选用干线线缆的类型。在干线子系统设计常用（ ）。(参考 8.4.2 节)

A. 4 对双绞线电缆 (UTP 或 STP)　　B. 100 Ω 大对数对绞电缆 (UTF 或 STP)

C. 62.5/125 μm 多模光缆　　D. 8.3/125 μm 单模光缆

E. 75 Ω 有线电视同轴电缆

7. 垂直型的干线布线路由主要采用（ ）两种方法。(参考 8.4.3 节)

A. 电缆孔　　B. 电缆井　　C. 金属管道　　D. 电缆托架

8. 垂直子系统垂直通道可采用下列哪些方式？（　　）（参考 8.4.3 节）

A. 电缆竖井　　B. 电缆孔　　C. 导管或桥架　　D. 手孔

9. 电缆干线按 24 个信息插座配（　　）根双绞线，光缆干线按每 48 个信息插座配（　　）芯光纤。（参考 8.4.4 节）

A. 1　　B. 2　　C. 3　　D. 4

10. 光缆需要拐弯时，其曲率半径不得小于（　　）（参考 8.4.6 节）

A. 15 cm　　B. 30 cm　　C. 35 cm　　D. 40 cm

三、简答题

1. 说明垂直子系统的设计原则。（参考 8.2 节）
2. 简述垂直子系统的一般设计步骤。（参考 8.3 节）
3. 垂直子系统设计中常用的缆线有哪些？各种传输信号一般选择哪些缆线？（参考 8.4.2 节）
4. 说明双绞线在敷设时有什么要求。（参考 8.4.6 节）
5. 简述向下垂放线缆的主要步骤。（参考 8.4.6 节）

请扫描二维码下载习题 8 的 Word 版。

习题 8 Word 版

◎ 实训 10　语音链路端接训练

1. 实训任务来源

建筑物内楼层配线设备（FD）110 型配线架端接任务需求。

2. 实训任务

每组单独完成两根大对数电缆的端接，共计端接 200 次。要求按照色谱分线，理线美观，五对连接块安装正确。

3. 技术知识点

（1）熟悉 5 对连接块结构。

（2）掌握 25 对大对数电缆色谱知识，如表 8-1 所示。

表 8-1　25 对大对数电缆色谱

主　色	白	红	黑	黄	紫
副　色	蓝	橙	绿	棕	黑

（3）熟悉建筑物内楼层配线设备（FD）的概念。

4. 关键技能

（1）掌握 25 对大对数电缆的剥线、按照色谱分线的方法。

（2）掌握 110 型配线架的端接技术和测试方法。

（3）掌握 5 对打线钳的正确使用方法。

5. 实训课时

（1）该实训共计 2 课时完成，其中技术讲解 10 min，视频演示 10 min，学员实际操作 50 min，跳线测试与评判 10 min，实训总结、整理清洁现场 10 min。

（2）课后作业 2 课时，独立完成实训报告，提交合格实训报告。

6. 实训指导视频

27399- 实训 10-《语音链路端接训练》（10 分 11 秒）。

实训 10《语音链路端接训练》

7. 实训材料

实训材料如表 8-2 所示。

表 8-2　实训材料

序号	名　称	规格说明	数　量	器材照片
1	大对数电缆	25 对大对数电缆，5 m/ 根	2 根 / 组	
2	尼龙线扎	3×100 尼龙线扎，用于理线	30 个 / 组	

8. 实训工具

实训工具如表 8-3 所示。

表 8-3　实训工具

序号	名　称	规格说明	数　量	工具照片
1	横向开缆刀	用于剥除大对数电缆外护套	1 个	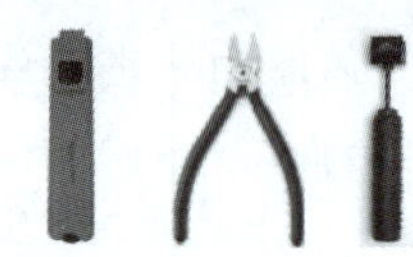
2	水口钳	6 英寸水口钳，用于剪掉撕拉线	1 把	
3	5 对打线钳	用于端接五对连接块	1 个	

9. 实训设备

“西元”网络配线实训装置，型号：KYPXZ-01-52。

本实训装置按照典型工作任务和关键技能实训专门研发，配备有网络压接线实验装置、网络线制作与测量实验装置、110 配线架等，仿真典型工作任务，能够通过指示灯闪烁直观和持续显示永久链路通断等故障，包括跨接、反接、短路、开路等各种常见故障。

10. 实训步骤

（1）预习和播放视频。课前应预习，初学者提前预习，请扫描二维码反复观看实操视频，请多次认真观看，熟悉主要关键技能和评判标准，熟悉线序。

实训时，教师首先讲解技术知识点和关键技能 10 min，然后播放视频 10 min。更多可参考单元 4 第 4.1 节大对数双绞线电缆；第 4.2 节 110 语音配线架相关内容。

（2）器材工具准备。建议在播放视频期间，教师准备和分发。

①按照表 8-2 发放材料，包括 25 对大对数电缆，每组 2 根，3×100 尼龙线扎，每组 30 个等。

②按照表 8-3 发放工具。

③学员检查材料和工具规格数量正确，质量合格。

④本实训要求每组学员单独完成，优先保证质量，掌握方法。

（3）5 对连接块步骤和方法。

第一步：学习图纸。

反复研读链路路由图纸，掌握路由后才能开始操作，图 8-12 所示为 5 对连接块端接训练路由图。

请扫描“彩色高清图”二维码下载彩色高清图。

请扫描“Visio 图”二维码下载 Visio 原图，自行设计更多语音端接链路。

第二步：剥除外护套。

使用横向开缆刀，剥开 25 对大对数电缆外护套，并剪掉撕拉线，开缆刀使用方法如图 8-13 所示。

彩色高清图

Visio 原图

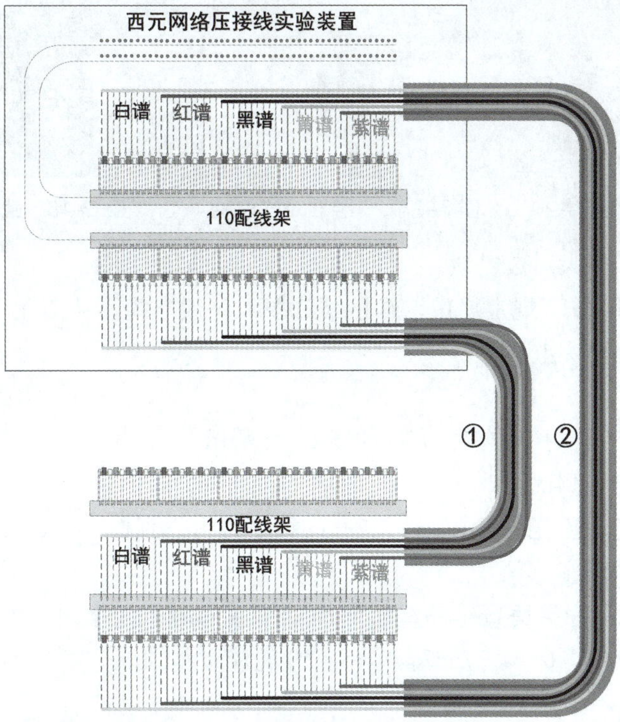

图 8-12　语音链路端接训练路由图

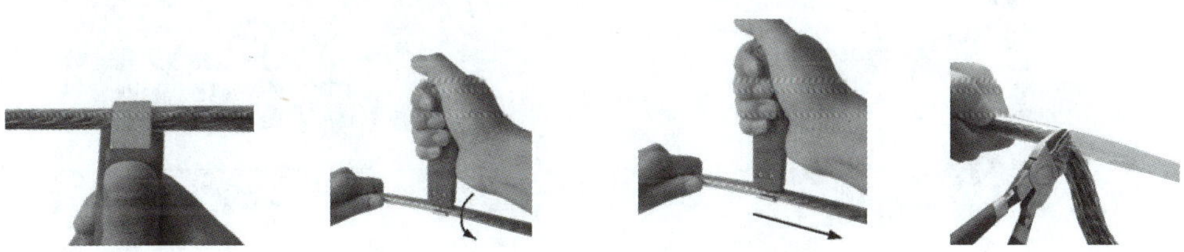

①刀片刺入电缆护套　②逆时针旋转两圈　③开缆刀向线端方向拉出　④剥开外护套

图 8-13　横向开缆刀使用方法

第三步：分开线对。

按照 25 对大对数电缆色谱，将线对分为白、红、黑、黄、紫 4 组。

第四步：端接第一根大对数电缆。

按照色谱将大对数电缆的一端，压接在西元压线仪 110 型配线架模块下排，使用 5 对打线钳进行端接，如图 8-14 所示。如图 8-15 所示，将另一端按照色谱压接在 110 型配线架下层线槽内。

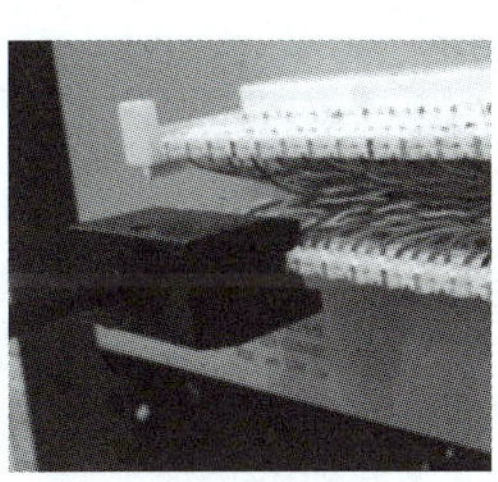

图 8-14　5 对打线钳端接示意图

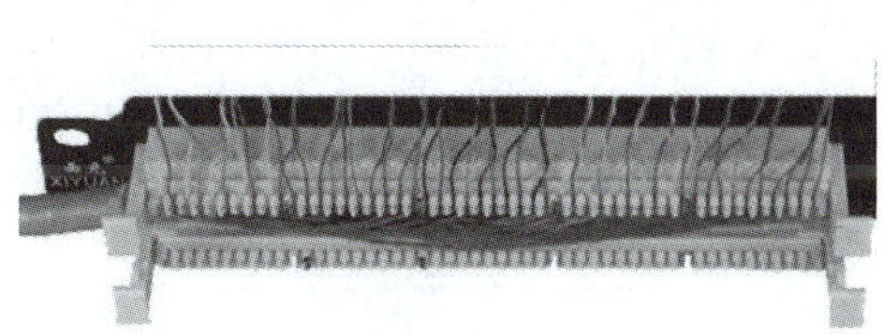

图 8-15　110 型配线架压接示意图

第五步：端接 5 对连接块。

如图 8-16 所示为 5 对连接块实物图。图 8-17 所示将 5 对连接块卡装在 5 对打线钳上；将 5 对连接块刀口对准 110 型配线架线槽，进行打压端接，垂直用力按压 5 对打线钳，打线钳的压力为 10~15 kg。注意五对连接块色标从左到右依次为蓝、橙、绿、棕、灰，如图 8-18 所示。

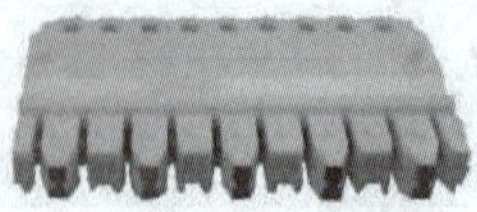

图 8–16　5 对连接块

图 8–17　卡装 5 对连接块

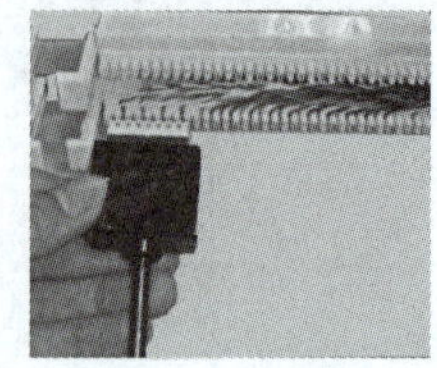

图 8–18　端接 5 对连接块

第六步：端接第二根大对数电缆。

按照上述方法和图 8-12 规定路由，端接第二根大对数电缆，从西元压线仪 110 型配线架模块上排→ 110 型配线架模块上层。

第七步：理线。

将预留的 25 对大对数电缆梳理整齐，如图 8-19 所示。

第八步：链路检查和测试。

对照图 8-12，检查语音链路路由是否正确，端接是否可靠到位，电气连通。打开测试仪电源，观察测试仪指示灯闪烁顺序。

①如图 8-20 所示，如果语音链路全部线序端接正确时，上下对应的指示灯会按照 1—1、2—2、3—3、4—4、5—5、6—6、7—7、8—8 顺序轮流重复闪烁。

图 8–19　大对数电缆理线图

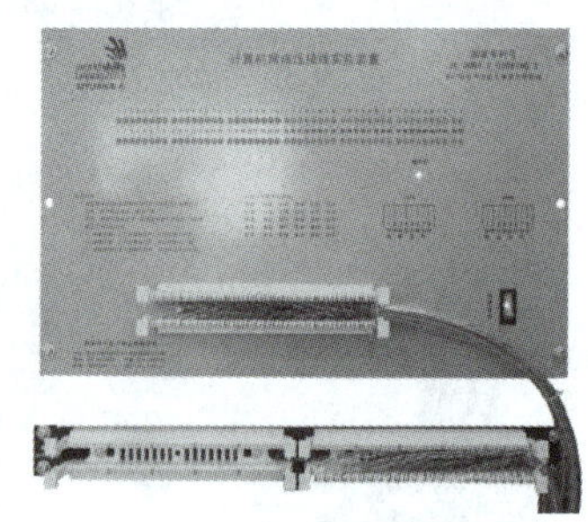

图 8–20　五对连接块端接测试

②如果有一芯或者多芯没有压接到位，或者端口错误时，对应的指示灯不亮。

③如果有一芯或者多芯线序错误时，对应的指示灯将显示错误的线序。

11. 评判标准

本训练按照工程标准评判，只有合格与不合格，不允许使用“及格”或“半对”等模糊的概念。每组语音链路 100 分，通断测试合格 100 分，不合格直接给 0 分，操作工艺不再评价，具体评判标准和操作工艺如表 8-4 所示。

表 8–4　语音链路端接训练评分表

姓名 / 链路编号	语音链路测试（合格 100 分，不合格 0 分）	操作工艺评价（每处扣 5 分）						评判结果得分	排名
		路由正确（2 处）	剪掉撕拉线（4 处）	剪掉塑料包带(4处)	剥开线对长度合适（4 处）	剪齐线端（4 处）	理线合格（2 处）		

评分表说明：该评分表中，每条合格语音链路满分 100 分，扣分点共计有 20 处，即使通断测试通过，也可能在操作工艺评价中扣减 100 分，实际得分为 0 分。

12. 实训报告

请按照单元 1 表 1-1 所示的实训报告模板要求，独立完成实训报告，2 课时。

请扫描二维码下载实训 10 的 Word 版。

实训 10
Word 版

单元 9 设备间子系统的设计和安装技术

教学任务

通过本单元内容的学习，了解设备间子系统的重要性和必要性，掌握设备间子系统的关键技术和设计方法。

学习目标

（1）掌握设备间子系统的设计思路和方法。

（2）掌握设备间子系统的关键技术和安装经验。

9.1 建筑物设备间子系统基本概念和工程应用

设备间子系统就是建筑物的网络中心，有时也称建筑物机房，智能建筑物一般都有独立的设备间。设备间子系统是建筑物中数据、语音垂直主干缆线终接的场所，也是建筑群的缆线进入建筑物的场所，还是各种数据和语音设备及保护设施的安装场所，更是网络系统进行管理、控制、维护的场所。

设备间子系统一般设在建筑物中部或在建筑物的一、二层，避免设在顶层，而且要为以后的扩展留下余地，同时对面积、门窗、天花板、电源、照明、散热、接地等有一定的要求。图 9-1 所示为建筑物设备间子系统实际应用案例图。请扫描二维码下载彩色高清图片。

彩色高清图

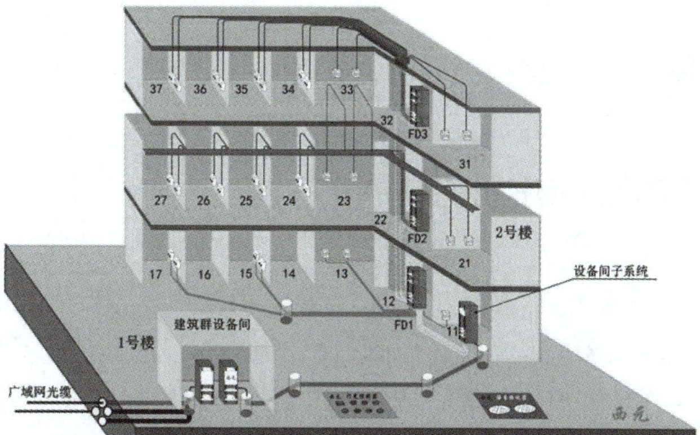

图 9-1　建筑物设备间子系统实际案例图

9.2 建筑物设备间子系统的设计原则

1. 位置合适原则

设备间的位置应根据建筑物的结构、布线规模、设备数量和管理方式综合考虑。设备间宜处于干线子系统的中间位置，并考虑主干缆线的传输距离与数量，设备间宜尽可能靠近建筑物竖井位置，有利于主干缆线的引入，设备间的位置宜便于设备接地，设备间还要尽量远离高低压变配电、电机、X 射线、无线电发射等有干扰源存在的场地。

在工程设计中，设备间一般设置在建筑物一层或者地下室，位置宜与楼层管理间距离近，并且上下对应。这是因为设备间一般使用光缆与楼层管理间设备连接，比较短和很少的拐弯方便光缆施工和降低布线成本。同时设备间与建筑群子系统也是使用光缆连接，布线方式一般常用地埋管方式，设置在一层或者地下室时能够以较短的路由或者较低的成本实现光缆进入。

2. 面积合理原则

设备间面积大小，应该考虑安装设备的数量和维护管理方便。如果面积太小，后期可能出现设备安装拥挤，不利空气流通和设备散热。设备间内应有足够的设备安装空间，其使用面积不应小于 10 m^2。特别要预留维修空间，方便维修人员操作，机架或机柜前面的净空不应小于 1000 mm，后面的净空不应小于 800 mm。

3. 数量合适原则

每栋建筑物内应至少设置一个设备间，如果电话交换机与网络设备分别安装在不同的场地，或根据安全需要，也可设置两个或两个以上设备间，以满足不同业务的设备安装需要。

4. 外开门原则

设备间应采用外开双扇防火门，房门净高不应小于 2 m，净宽不应小于 1.5 m。

5. 配电安全原则

设备间的供电必须符合相应的设计规范，如设备专用电源插座、维修和照明电源插座、接地排等。

6. 环境安全原则

设备间室内环境温度应为 10 ～ 35 ℃，相对湿度应为 20% ～ 80%，并应有良好的通风。设备间应有良好的防尘措施，防止有害气体侵入，设备间梁下净高不应小于 2.5 m，有利于空气循环。

设备间空调应该具有断电自起功能，如果出现临时停电，来电后能够自动重启，不需要管理人员专门启动。设备间空调容量的选择既要考虑工作人员，更要考虑设备散热，还要具有备份功能，一般必须安装两台，一台使用，一台备用。

7. 标准接口原则

建筑物综合布线系统与外部配线网连接时，应遵循相应的接口标准要求。

9.3 设备间子系统的设计步骤和方法

在设计设备间时，设计人员应与用户方一起商量，根据用户方要求及现场情况具体确定设备间的最终位置。只有确定了设备间位置后，才可以设计综合布线的其他子系统。用户需求分析时，确定设备间的位置是一项重要的工作内容。此外，还要与用户进行技术交流，最终确定设计要求。其设计步骤如图 9-2 所示。

图 9–2 设备间子系统设计步骤

9.3.1 需求分析

设备间子系统是综合布线的精髓，设备间的需求分析围绕整个楼宇的信息点数量、设备的数量、规模、网络构成等进行，每幢建筑物内应至少设置一个设备间，如果电话交换机与计算机网络设备分别安装在不同的场地或根据安全需要，也可设置两个或两个以上设备间，以满足不同业务的设备安装需要。

9.3.2 技术交流

进行需求分析后，要与用户进行技术交流，不仅与技术负责人交流，也要与项目或行政负责人进行交流，进一步了解用户的需求，特别是未来的扩展需求。在交流中重点了解规划的设备间子系统附近的电源插座、电力电缆、电器管理等情况。交流过程中必须进行详细的书面记录，每次交流结束后要及时整理书面记录，作为初步设计的依据。

9.3.3 阅读建筑物图纸

在设备间的位置确定前，索取和认真阅读建筑物设计图纸是必要的，通过阅读建筑物图纸掌握建筑物的土建结构、强电路径、弱电路径，特别是主要与外部配线连接接口位置，重点掌握设备间附近的电器管理、电源插座、暗埋管线等。

9.3.4 设备间一般设计要求

1. 设备间的位置

设备间的位置及大小应根据建筑物的结构、综合布线规模、管理方式及应用系统设备的数量等进行综合考虑，择优选取。一般而言，设备间应尽量建在建筑平面及其综合布线干线综合体的中间位置。在高层建筑内，设备间也可以设置在一、二层。

确定设备间的位置时需要参考以下设计规范：

（1）应尽量建在综合布线干线子系统的中间位置，并尽可能靠近建筑物电缆引入区和网络接口，以方便干线线缆的进出。

（2）应尽量避免设在建筑物的高层或用水设备的下层。

（3）应尽量远离强振动源和强噪声源。

（4）应尽量避开强电磁场的干扰。

（5）应尽量远离有害气体源及易腐蚀、易燃、易爆物。

（6）应便于接地装置的安装。

2. 设备间的面积

设备间的使用面积要考虑所有设备的安装面积，还要考虑预留工作人员管理操作设备的地方，一般最小使用面积不得小于 10 m^2。

设备间的使用面积可按照下述两种方法之一确定：

方法一：已知 S_b 为设备所占面积 m^2，S 为设备间的使用总面积 m^2。$S=(5\sim7)\sum S_b$

方法二：当设备尚未选型时，则设备间使用总面积 S 为 $S=KA$。其中，A 为设备间的所有设备台（架）的总数，K 为系数，取值（4.5 – 5.5）m^2/ 台（架）。

3. 设备间的建筑结构

设备间的建筑结构主要依据设备大小、设备搬运及设备质量等因素而设计。

设备间一般安装有不间断电源的电池组，由于电池组非常重，因此对楼板承重设计有一定的要求，一般分为两级，A 级≥ 500 kg/m^2，B 级≥ 300 kg/m^2。

4. 设备间的环境要求

设备间内安装有计算机、网络设备、电话程控交换机、建筑物自控设备等硬件设备。这些设备的运行需要相应的温度、湿度、供电、防尘等要求。设备间内的环境设置可以参照国家计算机用房设计标准 GB 50174—2017《数据中心、设计规范》等相关标准及规范。

1）温湿度

综合布线有关设备的温湿度要求可分为 A、B、C 三级，设备间的温湿度也可参照三个级别进行设计，三个级别具体要求如表 9–1 所示。

表 9–1　设备间温湿度要求

项　目	A　级	B　级	C　级
温度（℃）	夏季：22±4。冬季：18±4	12 ~ 30	8 ~ 35
相对湿度	40% ~ 65%	35% ~ 70%	20% ~ 80%

设备间的温湿度控制可以通过安装降温或加温、加湿或除湿功能的空调设备来实现控制。选择空调设备时，南方地区主要考虑降温和除湿功能，北方地区要全面具有降温、升温、除湿、加湿功能。空调的功率主要根据设备间的大小及设备多少而定。

2）尘埃

设备间内的电子设备对尘埃要求较高，尘埃过高会影响设备的正常工作，降低设备的工作寿命。设备间的尘埃指标一般可分为 A、B 两级，如表 9–2 所示。

表 9–2　设备间尘埃指标要求

项　目	A　级	B　级
粒度（/μm）	最大 0.5	最大 0.5
个数 /（粒 /dm³）	<10 000	<18 000

降低设备间尘埃度关键在于定期的清扫灰尘，工作人员进入设备间应更换干净的鞋具。

3）空气

设备间内应保持空气洁净且有防尘措施，并防止有害气体侵入。允许有害气体限值如表 9–3 所示。

表 9–3　允许有害气体限值

有害气体（mg/m³）	二氧化硫（SO_2）	硫化氢 (H_2S)	二氧化氮 (NO_2)	氨 (NH_3)	氯 (Cl_2)
平均限值	0.2	0.006	0.04	0.05	0.01
最大限值	1.5	0.03	0.15	0.15	0.3

4）照明

为了方便工作人员在设备间内操作设备和维护相关综合布线器件，设备间内必须安装足够照明度的照明系统，并配置应急照明系统。设备间内距地面 0.8 m 处，照明度不应低于 200 lx。设备间配备的事故应急照明，在距地面 0.8 m 处，照明度不应低于 5 lx。

5）噪声

为了保证工作人员的身体健康，设备间内的噪声应小于 70 dB。如果长时间在 70 ~ 80 dB 噪声的环境下工作，不但影响人的身心健康和工作效率，而且可能造成人为的噪声事故。

6）电磁场干扰

根据综合布线系统的要求，设备间无线电干扰的频率应在 0.15 ~ 1 000 MHz 范围内不大于 120 dB，磁场干扰场强不大于 800 A/m。

7）电源要求

电源频率为 50 Hz，电压为交流 220 V 或 380 V，单相三线制或者三相五线制。

设备间供电电源允许变动范围如表 9–4 所示。

表 9–4 设备间供电电源允许变动的范围

项 目	A 级	B 级	C 级
电压变动（%）	−5 ~ +5	−10 ~ +7	−15 ~ +10
频率变动（%）	−0.2 ~ +0.2	−0.5 ~ +0.5	−1 ~ +1
波形失真率（%）	<±5	<±7	<±10

5. 设备间的管理

设备间内的设备种类繁多，而且缆线布设复杂。为了管理好各种设备及线缆，设备间内的设备应分类分区安装，设备间内所有进出线装置或设备应采用不同色标，以区别各类用途的配线区，方便线路的维护和管理。

6. 安全分类

设备间的安全分为 A、B、C 三个类别，具体规定详如表 9–5 所示。

表 9–5 设备间的安全要求

安全项目	A 类	B 类	C 类
场地选择	有要求或增加要求	有要求或增加要求	无要求
防火	有要求或增加要求	有要求或增加要求	有要求或增加要求
内部装修	要求	有要求或增加要求	无要求
供配电系统	要求	有要求或增加要求	有要求或增加要求
空调系统	要求	有要求或增加要求	有要求或增加要求
火灾报警及消防设施	要求	有要求或增加要求	有要求或增加要求
防水	要求	有要求或增加要求	无要求
防静电	要求	有要求或增加要求	无要求
防雷击	要求	有要求或增加要求	无要求
防鼠害	要求	有要求或增加要求	无要求
电磁波防护	有要求或增加要求	有要求或增加要求	无要求

A 类：对设备间的安全有严格的要求，设备间有完善的安全措施。

B 类：对设备间的安全有较严格的要求，设备间有较完善的安全措施。

C 类：对设备间的安全有基本的要求，设备间有基本的安全措施。

根据设备间的要求，设备间安全可按某一类执行，也可按某些类综合执行。综合执行是指一个设备间的某些安全项目可按不同的安全类型执行。例如，某设备间按照安全要求可选防电磁干扰 A 类，火灾报警及消防设施为 B 类。

7. 防火结构

为了保证设备使用安全，设备间应安装相应的消防系统，配备防火防盗门。为了在发生火灾或意外事故时方便设备间工作人员迅速向外疏散，对于规模较大的建筑物，在设备间或机房应设置直通室外的安全出口。

8. 设备间的散热要求

机柜、机架与缆线的走线槽道摆放位置，对于设备间的气流组织设计至关重要。图 9-3 所示为各种设备建议的安装位置。

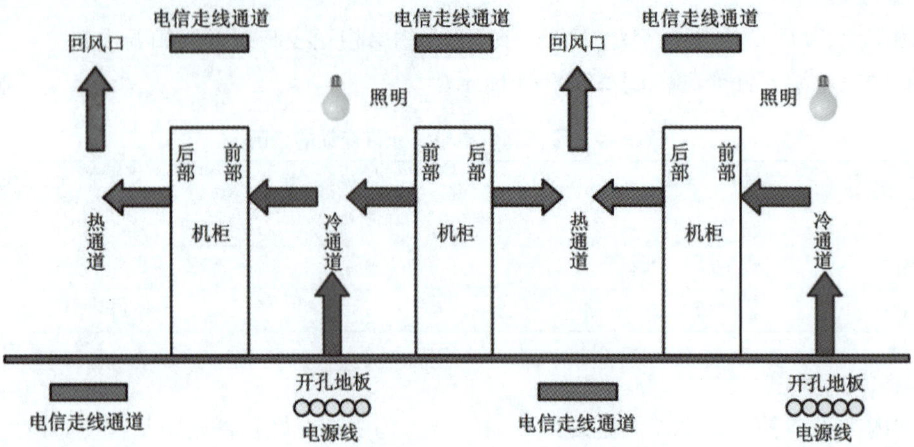

图 9-3　设备间设备摆放位置与气流组织

以交替模式排列设备行，即机柜 / 机架面对面排列以形成热通道和冷通道。冷通道是机架 / 机柜的前面区域，热通道位于机架 / 机柜的后部。形成从前到后的冷却路由。电子设备机柜在冷通道两侧相对排列，冷气从架空地板板块的排风口吹出，热通道两侧电子设备机柜则背靠背，热通道部位的地板无孔，依靠天花板上的回风口排出热气。

对于高散热、高精度设备集装架，可采用弧形高密度孔门。图 9-4 所示为集装架中安装的是发热量极大的 IBM 卡片式服务器和 2U 高密度服务器。

图 9-4　弧形高密度孔门

9. 设备间的接地要求

设备间设备安装过程中必须考虑设备的接地。根据综合布线相关规范，接地要求如下：

（1）直流工作接地电阻一般要求不大于 4 Ω，交流工作接地电阻也不应大于 4 Ω，防雷保护接地电阻不应大于 10 Ω。

（2）建筑物内应设有网状接地系统，保证所有设备等电位。如果综合布线系统单独设接地系统，且能保证与其他接地系统之间有足够的距离，则接地电阻值应小于等于 4 Ω。

（3）为了获得良好的接地，推荐采用联合接地方式。所谓联合接地方式就是将防雷接地、交流工作接地、直流工作接地等统一接到共用的接地装置上。当采用联合接地系统时，通常利用建筑钢筋作防雷接地引下线，而接地体一般利用建筑物基础内钢筋网作为自然接地体，使整幢建筑的接地系统组成一个笼式的均压整体，联合接地电阻要求不大于 1 Ω。

（4）接地所使用的铜线电缆规格与接地的距离有直接关系，一般接地距离在 30 m 以内，接地导线采用直径为 4 mm 的带绝缘套的多股铜线缆。接地铜缆规格与接地距离的关系如表 9-6 所示。

表 9-6　接地铜线电缆规格与接地距离的关系

接地距离（m）	接地导线直径（mm）	接地导线截面积（mm²）
小于 30	4.0	12
30 ~ 48	4.5	16

续表

接地距离（m）	接地导线直径（mm）	接地导线截面积（mm²）
48 ~ 76	5.6	25
76 ~ 106	6.2	30
106 ~ 122	6.7	35
122 ~ 150	8.0	50
150 ~ 300	9.8	75

10. 设备间的内部装饰

设备间装修材料使用符合 GB 50016《建筑设计防火规范》中规定的难燃材料或阻燃材料，应能防潮、吸音、不起尘、抗静电等。

1）地面

为了方便敷设缆线和电源线，设备间的地面最好采用抗静电活动地板，接地电阻在 0.11 ~ 1 000 MΩ 之间，具体要求应符合国家标准 SJ/T 10796《防静电活动地板通用规范》。

2）墙面

墙面应选择不易产生灰尘也不易吸附灰尘的材料，常用涂阻燃漆或耐火胶合板。

3）顶棚

为了吸音及布置照明灯具，吊顶材料应满足防火要求。目前，我国大多数采用铝合金或轻钢作龙骨，安装吸音铝合金板、阻燃铝塑板、喷塑石英板等。

4）隔断

根据设备间放置的设备及工作需要，可用玻璃将设备间隔成若干房间。隔断可以选用防火的铝合金或轻钢作龙骨，安装 10 mm 厚玻璃。或从地板面至 1.2 m 处安装难燃双塑板，1.2 m 以上安装 10 mm 厚玻璃。

11. 设备间的缆线敷设

1）活动地板方式

该方式是缆线在活动地板下的空间敷设，由于地板下空间大，因此电缆容量和条数多，节省电缆费用，缆线敷设和拆除均简单方便，能适应线路增减变化，有较高的灵活性，便于维护管理。但造价较高，会减少房屋的净高，对地板表面材料也有一定要求，如耐冲击性、耐火性、抗静电、稳固性等。

2）地板或墙壁沟槽方式

该方式是缆线在建筑中预先建成的墙壁或地板内沟槽中敷设，沟槽的断面尺寸大小根据缆线终期容量来设计。这种方式造价较活动地板低，便于施工和维护，利于扩建，但沟槽设计和施工必须与建筑设计和施工同时进行，在配合协调上较为复杂。沟槽方式因是在建筑中预先制成，因此在使用中会受到限制，缆线路由不能自由选择和变动。

3）预埋管路方式

该方式是在建筑的墙壁或楼板内预埋管路，其管径和根数根据缆线需要来设计。穿放缆线比较容易，维护、检修和扩建均有利，造价低廉，技术要求不高，是最常用的方式。

4）机架走线架方式

这种方式是在设备或者机架上安装桥架或槽道的敷设方式，桥架和槽道的尺寸根据缆线需要设计，可以在建成后安装，便于施工和维护，也利于扩建。机架上安装桥架或槽道时，应结合设备的结构和布置来考虑，在层高较低的建筑中不宜使用。

9.4 设备间子系统设计案例

在设计设备间布局时，一定要将安装设备区域和管理人员办公区域分开考虑，这样不但便于管理人员的办公，而且便于设备的维护，如图 9-5 所示。设备区域与办公区域使用玻璃隔断分开，如图 9-6 所示。

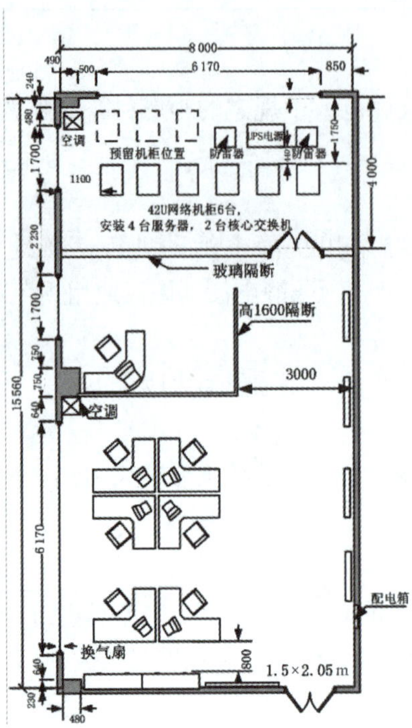

图 9-5　设备间布局平面图

图 9-6　设备间装修效果图

9.5 设备间子系统安装技术

9.5.1　走线通道敷设安装施工

设备间内各种桥架、管道等走线通道敷设应符合以下要求：

（1）横平竖直，水平走向支架或者吊架左右偏差应不大于 50 mm，高低偏差不大于 2 mm。

（2）走线通道与其他管道共架安装时，走线通道应布置在管架的一侧。

（3）走线通道内缆线垂直敷设时，在缆线的上端和每间隔 1.5 m 处应固定在通道的支架上，水平敷设时，在缆线的首、尾、转弯及每间隔 5 ~ 10 m 处进行固定。

（4）布放在电缆桥架上的线缆必须绑扎。外观平直整齐，线扣间距均匀，松紧适度。

（5）要求将交、直流电源线和信号线分架走线，或金属线槽采用金属板隔开，在保证线缆间距的情况下，可以同槽敷设。

（6）缆线应顺直，不宜交叉，特别在缆线转弯处应绑扎固定。

（7）缆线在机柜内布放时不宜绷紧，应留有适量余量，绑扎线扣间距均匀，力度适宜，布放顺直、整齐，不应交叉缠绕。

（8）6_A 类 UTP 网线敷设通道填充率不应超过 40%。

9.5.2 缆线端接

设备间有大量的跳线和端接工作，在进行缆线与跳线的端接时应遵守下列基本要求：

（1）需要交叉连接时，尽量减少跳线的冗余和长度，保持整齐和美观。

（2）满足缆线的弯曲半径要求。

（3）缆线应端接到性能级别一致的连接硬件上。

（4）主干缆线和水平线缆应被端接在不同的配线架上。

（5）双绞线外护套剥除最短。

（6）线对开绞距离不能超过 13 mm。

（7）6_A 类网线绑扎固定不宜过紧。

9.5.3 布线通道安装

1. 地板下安装

设备间桥架必须与建筑物垂直子系统和管理间主桥架连通，在设备间内部，每隔 1.5 m 安装一个地面托架或者支架，用螺栓、螺母等固定。常见安装方式如图 9-7 和图 9-8 所示。

一般情况下可采用支架，支架与托架离地高度也可以根据用户现场的实际情况而定，不受限制，底部至少距地 50 mm 安装。

2. 天花板安装

在天花板安装桥架时采取吊装方式，通过槽钢支架或者钢筋吊竿，再结合水平托架和 M6 螺栓将桥架固定，吊装于机柜上方，将相应的缆线布放到机柜中，通过机柜中的理线器等对其进行绑扎、整理归位。常见安装方式如图 9-9 所示。

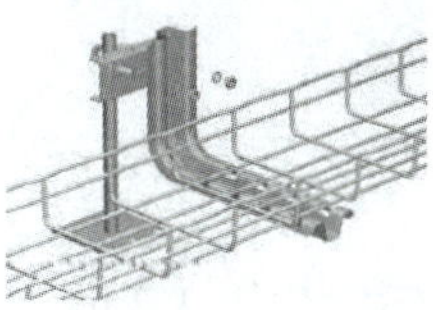

图 9-7　托架安装方式

图 9-8　支架安装方式

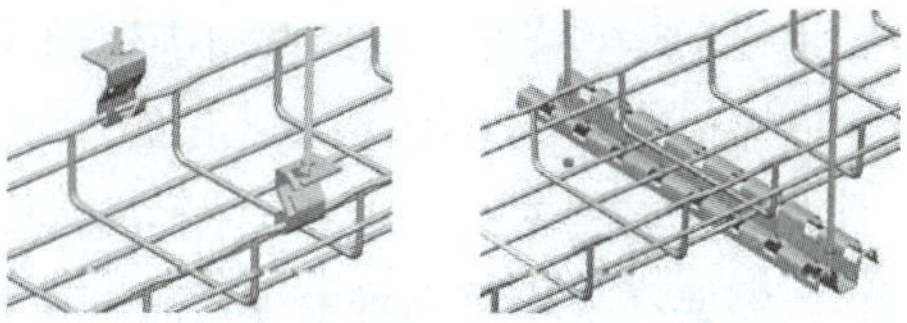

图 9-9　天花板吊装桥架安装方式

3. 特殊安装方式

（1）分层吊挂安装可以敷设更多线缆，便于维护和管理，使现场美观，如图 9-10 所示。

（2）机架支撑安装。采用这种新的安装方式，安装人员不用在天花板上钻孔，而且安装和布线时工人无须爬上爬下，省时省力，非常方便。用户不仅能对整个安装工程有更直观的控制，线缆也能自然通风散热，机房日后的维护升级也很简便，如图 9-11 所示。

图 9-10　分层安装桥架方式

图 9-11　机架支撑桥架安装方式

9.5.4 设备间的接地

1. 设备间的机柜和机架接地连接

设备间机柜和机架等必须可靠接地，一般采用自攻螺钉与机柜钢板连接方式。如果机柜表面是油漆过的，接地必须直接接触到金属，用褪漆溶剂或者电钻帮助，实现电气连接。

在机柜或者机架上距离地面 1.21 m 高度分别安装静电释放（ESD）保护端口，并且安装相应标识。通过 6AWG 跳线与网状共用等电位接地网络相连，压接装置用于将跳线和网状共用等电位接地网络导线压接在一起。在实际安装中，禁止将机柜的接地线按“菊连”的方式串接在一起。

2. 设备接地

安装在机柜或机架上的服务器、交换机等设备必须通过接地汇集排可靠接地。

3. 桥架的接地

桥架必须可靠接地，常见接地方式如图 9–12 所示。

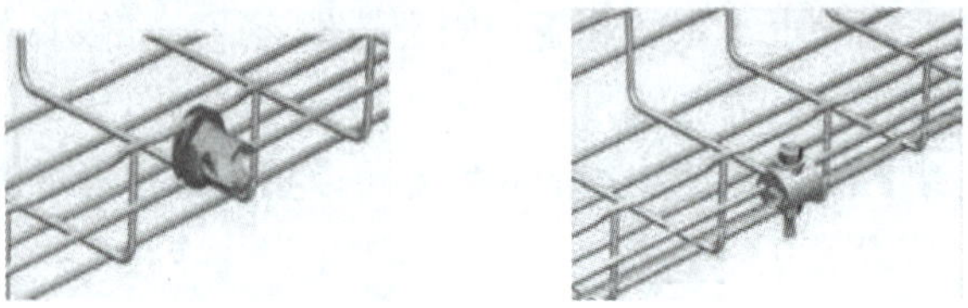

图 9–12 敞开式桥架接地方式

9.5.5 设备间内部的通道设计与安装

1. 人行通道

设备间内人行通道与设备之间的距离应符合下列规定 ：

（1）用于运输设备的通道净宽不应小于 1.5 m。

（2）面对面布置的机柜或机架正面之间的距离不宜小于 1.2 m。

（3）背对背布置的机柜或机架背面之间的距离不宜小于 1 m。

（4）当需要在机柜侧面维修测试时，机柜与机柜、机柜与墙之间的距离不宜小于 1.2 m。

（5）成行排列的机柜，其长度超过 6 m（或数量超过 10 个）时，两端应设有走道 ；当两个走道之间的距离超过 15 m（或中间的机柜数量超过 25 个）时，其间还应增加走道 ；走道的宽度不宜小于 1 m，局部可为 0.8 m。

2. 架空地板走线通道

架空地板，地面起到防静电的作用，在它的下部空间可以作为冷、热通风的通道。同时又可设置线缆的敷设槽、道。

在地板下走线的设备间中，缆线不能在架空地板下面随便摆放。架空地板下缆线敷设在走线通道内，通道可以按照缆线的种类分开设置，进行多层安装，线槽高度不宜超过 150 mm。在建筑设计阶段，安装于地板下的走线通道应当与其他的设备管线（如空调、消防、电力等）相协调，并做好相应防护措施。

考虑到国内的机房建设中，有的房屋层高受到限制，尤为改造项目，情况较为复杂，因此，国内的标准中规定，架空地板下空间只作为布放通信线缆使用时，地板内净高不宜小于 250 mm。当架空地板下的空间既作为布线，又作为空调静压箱时，地板高度不宜小于 400 mm。地板下通道设置如图 9–13 所示。

国外 BISCI 的数据中心设计和实施手册中定义架空地板内净高至少满足 450 mm，推荐 9 00 mm，地板板块底面到地板下通道顶部的距离至少保持 20 mm，如果有线缆束或管槽的出口时，则增至 50 mm，以满足线缆的布放与空调气流组织的需要。

3. 天花板下走线通道

1）净空要求

常用的机柜高度一般为 2.0 m，气流组织所需机柜顶面至天花板的距离一般为 500 ~ 700 mm，尽量与架空地板下净高相近，故机房净高不宜小于 2.6 m。

根据国际分级指标，1 ~ 4 级数据中心的机房梁下或天花板下的净高分别如表 9-7 所示。

表 9-7 机房净高要求

高 度	一级	二级	三 级	四 级
天花板离地板高度	至少 2.6	至少 2.7	至少 3 m。天花板离最高的设备顶部不低于 0.46 m	至少 3 m。天花板离最高的设备顶部不低于 0.6 m

2）通道形式

天花板走线通道由开放式桥架、槽式封闭式桥架和相应的安装附件等组成。开放式桥架因其方便线缆维护的特点，在新建的数据中心应用较广。

走线通道安装在离地板 2.7 m 以上机房走道和其他公共空间上空的空间，否则天花板走线通道的底部应铺设实心材料，以防止人员触及和保护其不受意外或故意的损坏。天花板通道设置如图 9-14 所示。

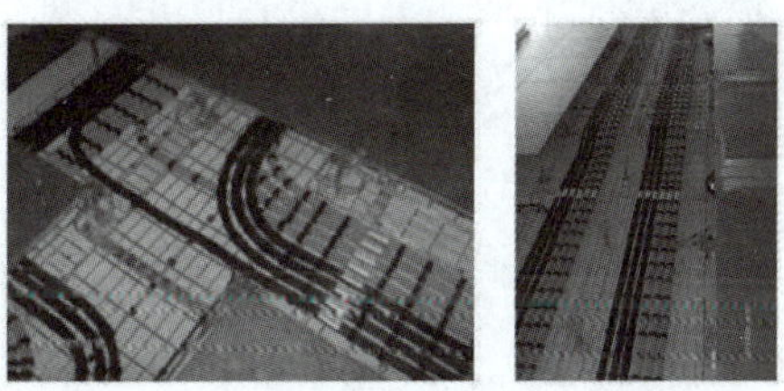

图 9-13 地板下通道布线示意图

图 9-14 天花板通道布线示意图

3）通道位置与尺寸要求

（1）通道顶部距楼板或其他障碍物不应小于 300 mm。

（2）通道宽度不宜小于 100 mm，高度不宜超过 150 mm。

（3）通道内横断面的线缆填充率不应超过 50%。

（4）如果存在多个天花板走线通道时，可以分层安装，光缆最好敷设在铜缆的上方，为了方便施工与维护，铜缆线路和光纤线路宜分开通道敷设。

（5）灭火装置的喷头应当设置于走线通道之间，不能直接放在通道的上面。机房采用管路的气体灭火系统时，电缆桥架应安装在灭火气体管道上方，不阻挡喷头，不阻碍气体。

9.5.6 机柜机架的设计与安装

1. 预连接系统安装设计

预连接系统可以用于水平配线区－设备配线区，也可以用于主配线区－水平配线区之间线缆的连接。预连接系统的设计关键是准确定位预连接系统两端的安装位置以定制合适的线缆长度，包括配线架在机柜内的单元高度位置和端接模块在配线架上的端口位置，机柜内的走线方式、冗余的安装空间，以及走线通道和机柜的间隔距离等。

2. 机架缆线管理器安装设计

在每对机架之间和每列机架两端安装垂直缆线管理器，垂直缆线管理器宽度至少为 83 mm。在单个机架摆放处，垂直缆线管理器至少 150 mm 宽。两个或多个机架一列时，在机架间考虑安装宽度 250 mm 的垂直缆线管理器，在一排的两端安装宽度 150 mm 的垂直缆线管理器，缆线管理器要求从地面延伸到机架顶部。

管理 6_A 类及以上级别的缆线和跳线时，宜采用在高度或深度上适当增加理线空间的缆线管理器，满足缆线最小弯曲半径与填充率要求。机架缆线管理器的组成如图 9-15 所示。

图 9-15　机架缆线管理器构成

3. 机柜安装抗震设计

单个机柜、机架应固定在抗震底座上，不得直接固定在架空地板的板块或随意摆放。对每一列机柜、机架应该连接成为一个整体，采用加固件与建筑物的柱子及承重墙进行固定。机柜、列与列之间也应当在两端或适当的部位采用加固件进行连接。机房设备应防止地震时产生过大的位移，扭转或倾倒。

9.6 工程经验

1. 工程经验一　设备间设备的进场

在安装之前，必须对设备间的建筑和环境条件进行检查，具备下列条件方可开工。

（1）设备间的土建工程已全部竣工，室内墙壁已充分干燥。设备间门的高度和宽度应不妨碍设备的搬运，房门锁和钥匙齐全。

（2）设备间地面应平整光洁，预留暗管、地槽和孔洞的数量、位置、尺寸均应符合工艺设计要求。

（3）电源已经接入设备间，应满足施工需要。

（4）设备间的通风管道应清扫干净，空气调节设备应安装完毕，性能良好。

（5）在铺设活动地板的设备间内，应对活动地板进行专门检查，地板板块铺设严密坚固，符合安装要求，每平方米水平误差应不大于 2 mm，地板应接地良好，接地电阻和防静电措施应符合要求。

2. 工程经验二　设备的散热

设备间的交换机、服务器等设备的安装周围空间不要太拥挤，以利于散热。

◎ 典型案例 9　数据中心案例分析

近年来，在金融、保险、大型连锁、政府、网站服务等行业中涌现出大量的数据中心建设项目，数据中心具有高密度、高带宽、结构化、预连接、易扩展和智能绿色等特点，标准全系列数据中心解决方案，得到各行业客户的广泛关注，满足了客户要求。

下面以某地方税务局数据中心项目为例，简单介绍数据中心的需求、设计、产品选型、工程经验等方面的知识。图 9-16 所示为数据中心布局示意图。

图 9-16 数据中心示意图

1. 数据中心需求

系统要求支持计算机网络系统、视频语音通信系统的连接，满足不同系统的需求。系统模块化程度高，可实现电子化管理。各类布线点数符合发展规模需求的预留量，并方便扩容施工。

机房具体需求如下：

（1）建议采用 6 类布线系统，OM3 万兆多模光纤布线系统。

（2）每机柜按 32 个电缆点布置。

（3）列头柜至总配线柜布置光缆主干，芯数按照流量需求决定，双路由冗余结构，并且以一定电缆作为备份。

（4）所有光纤产品建议采用高密度的 IBM ACS 整合式光纤连接系统（FIT）。

（5）机房配线管理系统需要满足以下要求：

①设计有柜内跳线管理机制，可以方便管理跳线，使跳线整洁。

②各种接口统一，电缆统一为 RJ-45 网络接口，光纤建议统一为双工 LC 小型接口。

③方便的互通互连手段，使各柜内可能发生的业务关系清楚。

④满足配线习惯，如电信配线、网络配线习惯等。

数据中心设计建议考虑耐火性，可采用低烟无卤缆线，其具有阻燃作用，可以避免火势顺缆线蔓延；低烟，不会使火场中的人员窒息；无毒，不会使火场中的人员中毒；无腐蚀，不会造成设备腐蚀，保持良好性能，既满足国标的要求，又具有实际的防火意义。

2. 数据中心设计

根据 TIA-942《数据中心的通信基础设施标准》空间划分，在一个数据中心中应分为接入室（entrance room，ER）、总配线区（main distribution area，MDA）、水平配线区（horizontal distribution area，HAD）、区域配线区（zone distribution area，ZDA）和设备配线区（equipment distribution area，EDA）。

综合布线系统的结构和网络体系结构的关系十分密切，网络体系结构基本确定，布线系统的结构才能确定，网络采用什么体系结构，采用何种传输介质都将对布线系统的设计造成影响。同样，综合布线系统星状或树状拓扑结构也使得网络的基本拓扑结构为星状或树状。建议数据机房根据结构化布线的需求，共分为下列几大区域：

（1）网络区：网络区为整个中心机房核心交换层、汇聚层、网络安全。电信接入及局域网的总配线区，实现光铜分开，负责整个中心机房内部和外部的连接。其中，大楼布线系统的 MDF 也可设于此。

（2）PC 服务器区：按需求每柜布置 24/32 根 UTP，X 芯多模万兆光纤上连列头柜中的汇聚层交换机。列头柜中的汇聚层交换机通过万兆多模光缆主干上连接 MDA 的汇聚层端口区。

（3）小型机区：小型机每柜布置 XX 根 UTP，每柜 XX 芯光缆连接至地盒，然后通过地盒连接至存储交换，再与存储设备互联。

（4）MDA 配线区：本项目 MDA 配线区分为 LAN 部分和 SAN 部分建设。LAN 主配线架可设置在网络设备区，分为网络设备端口区、小型机端口区、汇聚层交换机端口区、大楼端口区（大楼 MDF）等。SAN 主配线架设置在网络设备区，分为小型机端口区、存储设备端口区、存储交换设备端口区等。

3. 产品选型

1）电缆部分

为把数据中心建设成一个方便、标准、灵活、开放的布线系统，结构化布线采用星状布线系统，从核心交换区到其他区域中的各个组中各个机柜的配线都采用 6 类低烟无卤的电缆，十字骨架结构，以保证传输性能。

2）电缆模块

采用免打线安装的 6 类非屏蔽模块，与 6 类非屏蔽电缆匹配使用，在 90 m 标准永久链路实际测试中余量在 7 dB 以上，特别是在小于 15 m 的短链路上更能体现出优异的传输性能，非常适合数据中心项目的实际需求，如图 9-17 所示。

3）光缆部分

把整个数据中心的布线系统根据不同的设备分成主配线区和设备区，如服务器区、核心交换区、PC 服务器区和存储区。主配线区和设备区分别用主干光缆连接，服务器、交换机和存储设备之间通过主配线区和设备区的光缆配线架进行跳线连接。主干光缆连接和跳线连接采用预端接光缆，预端接光缆安装移动方便，可以实现数据中心的快速布线，如图 9-18 所示。

图 9-17　免打模块

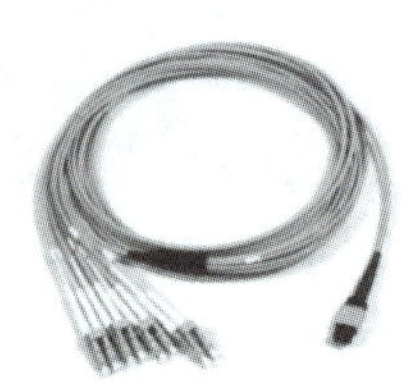

图 9-18　预端接光缆

4）光纤配线架部分

采用标准 19 英寸高配线能力的高密度配线架，配线架采用抽屉式模块化结构，在安装时，只要拉出抽屉，将预连接光缆卡上即可，安装快速便捷。配线架带有标签插槽，方便标签纸的保护及管理，如图 9-19 所示。

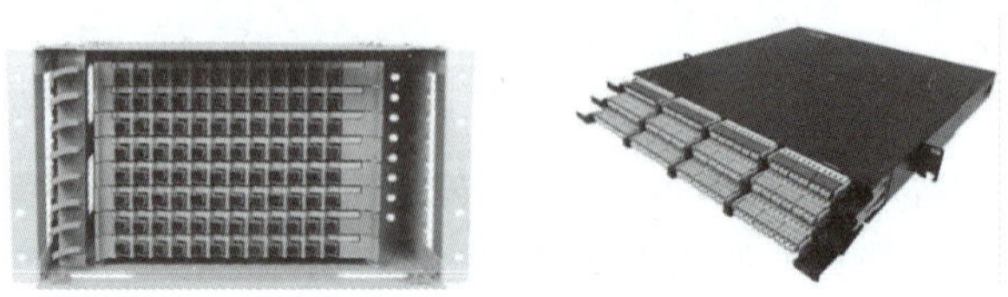

图 9-19　光纤配线模块

4. 工程经验

1）顶层设计、分步建设

数据中心设计应从全局的视角出发，设计总体技术架构，并对整体架构的各方面、各层次、各类使用角色进行统筹考虑和设计，保障数据中心建设的科学性、实用性、长效性。抓住顶层设计，结合资源情况做好分阶段计划，做到一步一个台阶，是数据中心项目建设与应用成功的关键。

2）标准先行、支撑为重

数据中心建设是按照统一规划、分部进行的实施原则，先立标准，后建系统的思路，保障数据中心的数据和信息标准化、权威性，在现有业务系统建设基础上，进一步对数据中心需求进行分析，详细分析数据中心建设要求，全面准确地打造先进、智能、高效的数据中心。标准先行、支撑为重保障了数据中心建设的方向性。

3）需求为纲、创新为举

在掌握需求的基础上，要用创新的思维来考虑数据中心及业务系统的设计，保障数据中心和业务系统满足当前及未来业务发展的需要。一手抓需求，一手抓创新，才能让数据中心建设生机勃勃，保障信息化应用的长效性。

4）专家指导、强强合作

在项目建设过程得到行业专家的指导，提出改进意见，可以使得项目建设少走很多弯路，取得显著的效果。与有行业经验的信息化公司的紧密合作是项目成功建设的重要方式。

5）数据管理流程化、标准化

数据中心管理是必要条件，管理流程包括各类数据管理，数据质量把控，数据接口申请、审批、执行等一系列流程，最终将数据送入各业务端，实现了统一管理、统一核定、统一开放的原则，使大数据更易于管理员掌控，更好地对大数据进行资源整合，避免了资源信息浪费，同时数据安全也得到有效的保障，使数据存储具有高可靠性、访问具有高效性。

请扫描二维码下载典型案例 9 的 Word 版。

典型案例 9
Word 版

◎ 习题 9

一、填空题

1. 设备间子系统一般设在建筑物中部或在建筑物的________层，避免设在________。（参考 9.1 节）

2. 设备间应采用外开双扇防火门，房门净高不应小于________，净宽不应小于________。（参考 9.2 节）

3. 设备间内必须安装足够照明度的照明系统，并配置________系统。（参考 9.3.4 节）

4. 为了保证设备使用安全，设备间应安装相应的________系统，配备防火防盗门。（参考 9.3.4 节）

5. 设备间的安全分为 3 个类别，分别是：________。（参考 9.3.4 节）

6. 为了方便敷设电缆线和电源线，设备间的地面最好采用抗静电活动地板，其接地电阻应在________之间。（参考 9.3.4 节）

7. 设备间内各种桥架、管道等敷设应横平竖直，水平走向支架或者吊架左右偏差应不大于________，高低偏差不大于________。（参考 9.5.1 节）

8. 设备间机柜和机架等必须可靠接地，一般采用________连接方式。（参考 9.5.4 节）

9. 架空地板下空间只作为布放通信线缆使用时，地板内净高不宜小于________。（参考 9.5.5 节）

10. 机柜安装抗震设计时，单个机柜、机架应固定在________上，不得直接固定在架空地板的板块或随意摆放。（参考 9.5.6 节）

二、选择题（部分为多选题）

1. 设备间内应有足够的设备安装空间，其使用面积不应小于（　　）m^2。（参考 9.2 节）

A. 5　　B. 10　　C. 15　　D. 20

2. 设备间室内环境温度应为（　　），相对湿度应为（　　），并应有良好的通风。（参考 9.2 节）

A. 10 ~ 25℃　　B. 10 ~ 35℃

C. 20% ~ 80%　　D. 25% ~ 80%

3. 设备间梁下净高不应小于（　　），有利于空气循环。（参考 9.2 节）

A. 1.5 m　　B. 2 m　　C. 2.5 m　　D. 3 m

4. 以下关于设备间的说明，正确的是（　　）。（参考 9.3.4 节）

A. 应尽量避免设在建筑物的高层或地下室及用水设备的下层

B. 应尽量远离强震动源和强噪声源

C. 应尽量靠近强电磁场

D. 应尽量远离有害气体源以及易腐蚀、易燃、易爆物

5. 设备间设备的接地要求，直流 / 交流工作接地电阻一般要求不大于（　　），防雷保护接地电阻不应大于（　　）。（参考 9.3.4 节）

A. 1 Ω　　B. 4 Ω　　C. 8 Ω　　D. 10 Ω

6. 设备间的线缆敷设方式有（　　）。（参考 9.3.4 节）

A. 活动地板方式　　B. 预埋管路方式

C. 地板或墙壁内沟槽方式　　D. 机架走线架方式

7. 走线通道内缆线垂直敷设时，在缆线的上端和每间隔（　　）处应固定在通道的支架上，水平敷设时，在缆线的首、尾、转弯及每间隔（　　）处进行固定。（参考 9.5.1 节）

A. 1.5 m　　B. 2.5 m　　C. 3 ~ 5 m　　D. 5 ~ 10 m

8. 面对面布置的机柜或机架正面之间的距离不宜小于（　　）。（参考 9.5.5 节）

A. 0.8 m　　B. 1.0 m　　C. 1.2 m　　D. 1.5 m

9. 当需要在机柜侧面维修测试时，机柜与机柜、机柜与墙之间的距离不宜小于（　　）。（参考 9.5.5 节）

A. 0.8 m　　B. 1.0 m　　C. 1.2 m　　D. 1.5 m

10. 天花板下走线通道顶部距楼板或其他障碍物不应小于（　　）。（参考 9.5.5 节）

A. 200 mm　　B. 250 mm　　C. 300 mm　　D. 500 mm

三、简答题

1. 简述建筑物设备间子系统的设计原则（参考 9.2 节）

2. 确定设备间的位置时需要参考哪些设计规范？（参考 9.3.4 节）

3. 设备间子系统面积如何确定？（参考 9.3.4 节）

4. 设备间有大量的跳线和端接工作，在进行缆线与跳线的端接时应遵守哪些基本要求？（参考 9.5.2 节）

5. 简述设备间内人行通道与设备之间的距离应符合哪些规定。（参考 9.5.5 节）

请扫描二维码下载习题 9 的 Word 版。

习题 9
Word 版

◎ 实训 11　语音配线架端接训练

1. 实训任务来源

综合布线系统管理间子系统（FD）、设备间子系统（BD）的语音配线架、110 配线架等端接基本技能。

2. 实训任务

两人为一组，完成 25 口语音配线架端接训练，包括一根 25 对大对数电缆的二次端接和一根鸭嘴跳线的端接，具体路由如图 9-20 所示，仿真 110 配线架到语音配线架的链路端接。要求端接路由正确，剪掉撕拉线和塑料包带，剥开线对长度合适，理线美观，链路通断测试通过。

请扫描“彩色高清图”二维码下载彩色高清图片，包括 3、6 口端接彩色高清图和 4、5 口端接彩色高清图。

请扫描“Visio 原图”二维码，下载 Visio 原图，包括 3、6 口端接图和 4、5 口端接图，自行设计更多语音配线架端接链路。

彩色高清图

彩色高清图

Visio 图

Visio 图

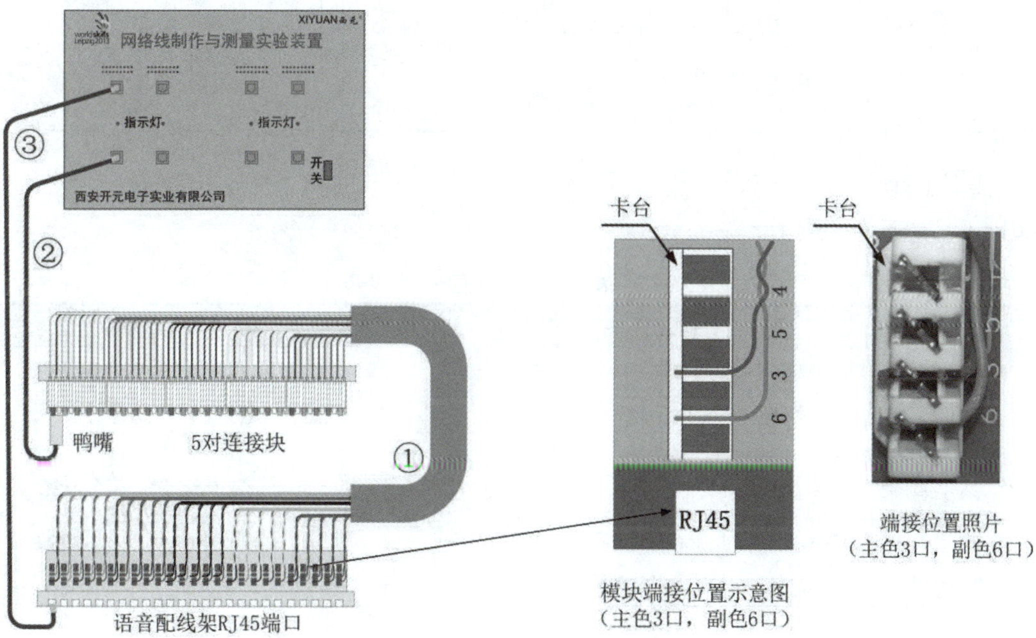

图 9-20　语音配线架端接路由与端接位置（3、6 口）

3. 技术知识点

1）熟悉语音配线架的结构与用途

（1）语音配线架主要用于实现语音信息点与程控交换机的连接，对来自信息点的电缆进行模块化端接和管理。

(2)语音配线架后端设计有 T 形理线排,用于绑扎和固定线对。

2）熟悉语音配线架模块知识，模块带有线序标记，一般为 6、3，5、4。例如，西元语音配线架模块如图 9-21 所示。

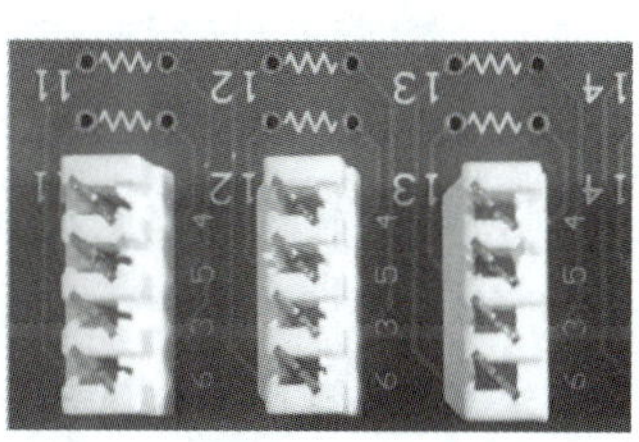

图 9-21　西元语音配线架模块

4. 关键技能

（1）大对数电缆剥除外护套的方法。

（2）大对数电缆的线序色谱。

（3）鸭嘴跳线的制作和使用方法。

（4）打线钳的正确使用方法。

5. 实训课时

（1）该实训共计 2 课时完成，其中技术讲解 10 min，视频播放 15 min，学员实际操作 45 min，语音配线架端接测试与评判 10 min，实训总结、整理清洁现场 10 min。

（2）课后作业 2 课时，独立完成实训报告，提交合格实训报告。

6. 实训指导视频

实训 11
《语音配线架端接训练》

27399- 实训 11-《语音配线架端接训练》（10 分 36 秒）。

请扫描二维码提前预习，实训效果更好，课堂时间更短。

7. 实训材料

实训材料如表 9–8 所示。

表 9–8　实训材料

序号	名　称	规 格 说 明	数量	器 材 照 片
1	25 对大对数电缆	25 对大对数电缆，5 m/ 根	1 根	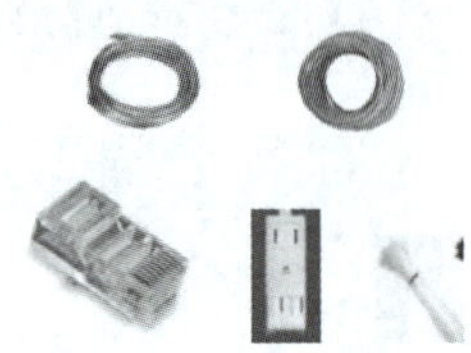
2	5e 类网线	超 5 类非屏蔽网线	1 m	
3	RJ–45 水晶头	超 5 类非屏蔽水晶头	3 个	
4	鸭嘴夹	二位鸭嘴夹	1 个	
5	线扎	3 × 100 尼龙线扎，用于理线	30 个	

8. 实训工具

实训工具如表 9–9 所示。

表 9–9　实训工具

序号	名　称	规 格 说 明	数量	工 具 照 片
1	纵横开缆刀	用于剥除 25 对大对数电缆外护套	1 把	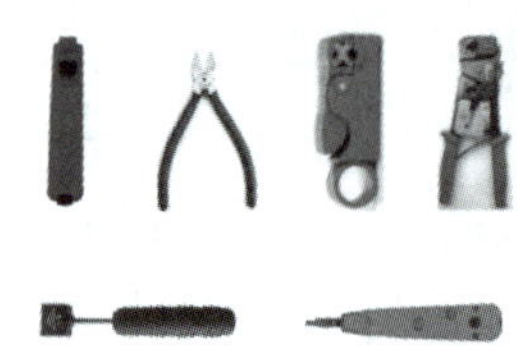
2	水口钳	6 英寸水口钳，用于剪齐线端	1 把	
3	5 对打线钳	5 对 110 型打线刀	1 把	
4	语音打线钳	语音配线架打线刀	1 把	
5	旋转剥线器	旋转式剥线器，用于剥除外护套	1 把	
6	网络压线钳	支持 RJ–45 与 RJ–11 水晶头压接	1 把	

9. 实训设备

西元网络配线实训装置，型号：KYPXZ–01–52。

本实训装置按照典型工作任务和关键技能实训专门研发，配备有网络压接线实验装置、网络线制作与测量实验装置、110 配线架、RJ–45 口语音配线架等，仿真典型工作任务，能够通过指示灯闪烁直观和持续显示永久链路通断等故障，包括跨接、反接、短路、开路等各种常见故障。

10. 实训步骤

（1）预习和播放视频。课前应预习，初学者提前预习，请扫描二维码观看实操视频，请多次认真观看，熟悉主要关键技能和评判标准，熟悉色谱。

实训时，教师首先讲解技术知识点和关键技能 10 min，然后播放视频 15 min。更多可参考 4.1 节大对数双绞线电缆、4.2 节 110 语音配线架和 RJ–45 口语音配线架相关内容。

（2）器材工具准备。建议在播放视频期间，教师准备和分发。

①按照表 9–8 发放材料，包括 25 对大对数电缆一根，2 位鸭嘴夹一个，RJ–45 水晶头 3 个，5e 类网线 1 m 等。

②学员检查材料数量正确，规格与质量合格。

③按照表 9-9 发放工具。

④本实训要求每人至少完成 25 对大对数电缆两端端接，优先保证质量，掌握方法。

(3) 语音配线架的端接步骤和方法。

第一步：研读图纸。

反复研读语音配线架端接训练图纸，确定端接位置，进行工作任务分工，建议按照下列分工：每人独立完成图 9-20 的全部任务，两人轮流操作，相互检查。教师也可以临时调整分工，指定语音配线架端接位置或 110 配线架其他位置。

第二步：110 配线架端接。

按照实训 5 方法，将大对数电缆的一端端接在 110 配线架下层，如图 9-22 所示。

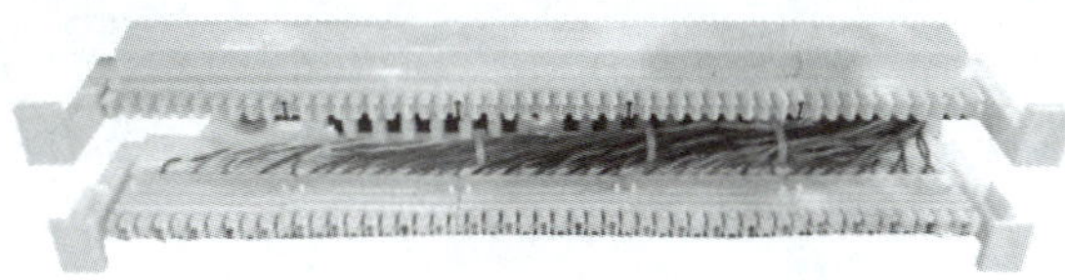

图 9-22　110 配线架端接示意图

请扫描二维码，下载更多 110 配线架端接实物照片。

彩色高清图

第三步：语音配线架端接。

①剥除 25 对大对数电缆外护套，长度 50 cm。剪掉撕拉线和塑料包带，按照 25 对大对数电缆色谱，将线对分为白、红、黑、黄、紫 5 组。

②如图 9-23 所示，使用尼龙线扎将大对数电缆固定在语音配线架理线排上，注意不能将大对数电缆固定在有地线接线柱的一端。

③语音配线架 T 形理线排与语音配线架模块一一对应，将已分好的线对按照大对数电缆的色谱顺序，绑扎在 T 形理线排上。

④如图 9-24 所示，将线对端接在语音配线架模块 4、5（或者 3、6）线柱，注意线对的进线方向，线端朝向有台阶的一面。使用专门的语音打线钳，将线对压入线柱内，特别注意打线钳刀片方向，朝向有台阶的一面，也就是线端方向。图 9-25 所示为打线钳刀片方向示意图。如果刀片方向错误时，将会把线芯切断，而且严重损坏塑料模块。

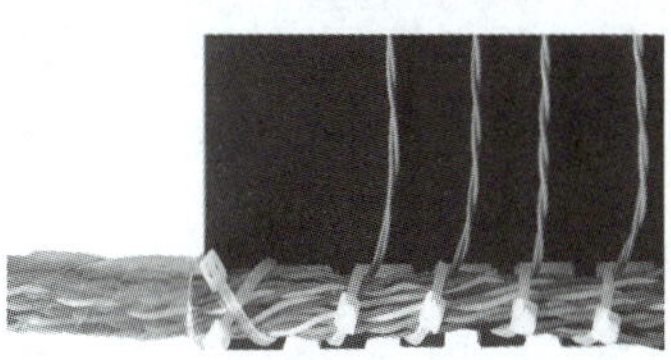

图 9-23　固定大对数电缆

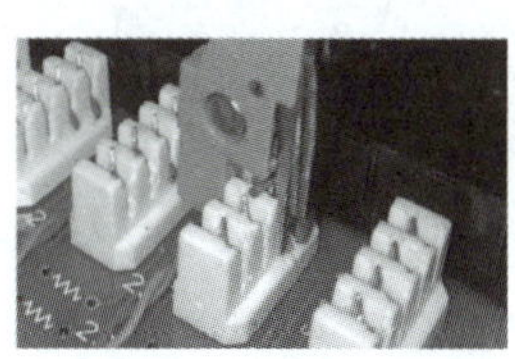

图 9-24　模块进线方向

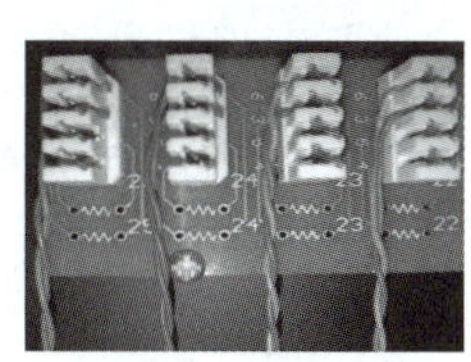

图 9-25　打线钳刀片方向图

⑤如图 9-26 所示，完成语音配线架端接，剪掉多余线扎。

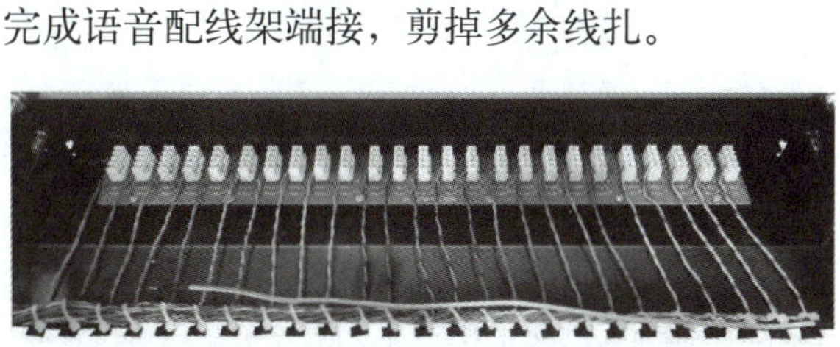

图 9-26　语音配线架端接示意图

第四步：制作 RJ-45- 鸭嘴测试跳线。

①按照实训 2 所示方法，将跳线一端端接 RJ-45 水晶头。

②跳线另一端端接鸭嘴连接器，具体制作方法如下：

- 拆开鸭嘴连接器的压盖，如图 9-27 所示。
- 将 3、6 两芯压入鸭嘴连接器的刀片中，如图 9-28 所示。
- 安装鸭嘴连接器压盖，用手捏紧，完成鸭嘴连接器的制作，如图 9-29 所示。

彩色高清图

请扫描“彩色高清图”二维码下载彩色高清图片，包括 4 芯鸭嘴连接器。

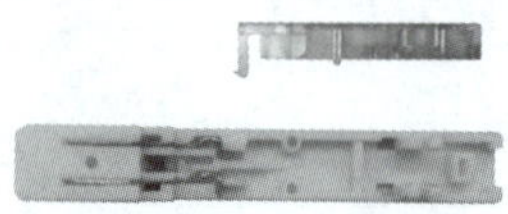

图 9-27　拆开鸭嘴连接器压盖

图 9-28　压入鸭嘴连接器刀片中

图 9-29　完成的鸭嘴连接器

第五步：制作 RJ-45-RJ-45 网络跳线一根

根据实训 2 内容，制作一根 RJ-45-RJ-45 水晶头网络跳线。

第六步：链路检查和测试。

按照图 9-20 所示路由和位置，检查路由是否正确，端接是否到位可靠，电气连通。

①如图 9-30 所示，将鸭嘴连接器卡装在 5 对模块上层，例如对准白 / 白蓝线对，将 RJ-45 水晶头插接在测线仪下排端口。

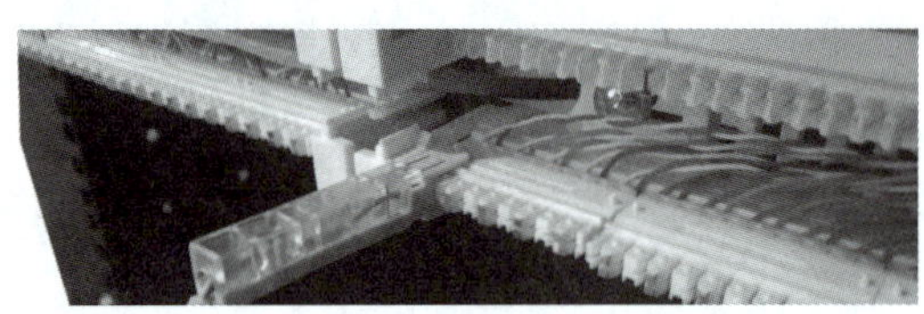

图 9-30　鸭嘴跳线测试示意图

②将 RJ-45—RJ-45 网络跳线，一端插接在语音配线架对应端口，例如 1 号端口；另一端插接在测试仪上排端口，这样就搭建了一个完整的测试链路。

③测试仪指示灯按照 4—4，5—5 顺序轮流闪烁，即为通断测试通过。依此类推，逐一测试各个链路，完成 25 对的测试。

11. 评判标准

本训练按照工程标准评判，只有合格与不合格，不允许使用“及格”或“半对”等模糊的概念，全部 25 对必须测试通过后，再进行操作工艺评价，具体评判标准如表 9-10 所示。

表 9-10　实训 7 语音配线架端接技能训练评分表

姓名 / 链路编号	测试结果 合格 100 分，不合格 0 分	操作工艺评价（每处扣 10 分）					评判结果得分	排名
		路由正确（1 处）	剪掉撕拉线（2 处）	剪掉塑料包带（2 处）	剥开线对长度合适（2 处）	理线规范（3 处）		

评分表说明：该评分表中，每条合格链路满分 100 分，扣分点共计有 10 处，即使通断测试通过，也可能在操作工艺评价中扣减 100 分，实际得分为 0 分。

12. 实训报告

请按照表 1-1 所示的实训报告格式，独立完成实训报告，2 课时。

实训 11 Word 版

请扫描二维码下载实训 11 的 Word 版。

单元 10 建筑群和进线间子系统的设计和安装技术

通过本单元内容的学习，了解建筑群子系统和进线间子系统的设计原则和施工的工程技术。

学习目标

（1）熟悉建筑群子系统的布线方法。

（2）掌握进线间子系统和建筑群子系统的设计原则。

（3）了解建筑群子系统在综合布线中的重要性。

10.1 建筑群子系统基本概念和工程应用

建筑群子系统也称楼宇子系统，主要实现建筑物与建筑物之间的通信连接，一般采用光缆并配置光纤配线架等相应设备。它支持楼宇之间通信所需的硬件，包括缆线、端接设备和电气保护装置。图 10-1 所示为建筑群子系统工程实际案例图。设计时应考虑布线系统周围的环境，确定建筑物之间的传输介质和路由，并使线路长度符合相关标准规定。请扫描二维码下载彩色高清图片。

彩色高清图

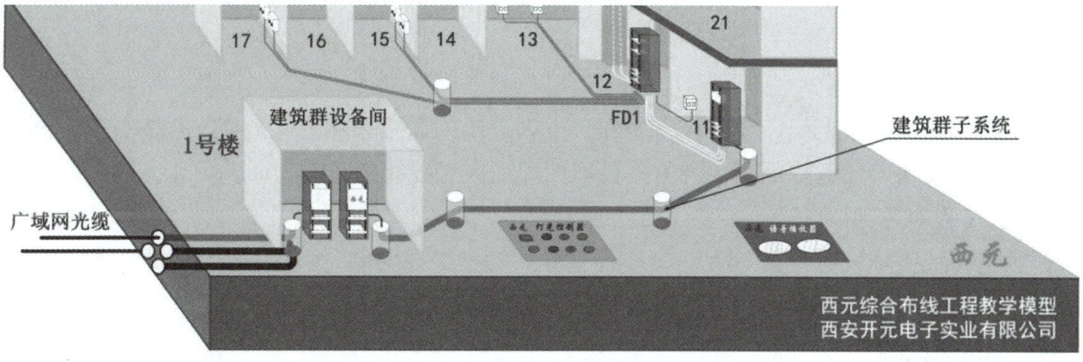

图 10-1　建筑群子系统实际案例图

10.2 进线间子系统基本概念和工程应用

进线间是建筑物外部通信和信息管线的入口部位，并可作为入口设施和建筑群配线设备的安装场地。进线间是 GB 50311 国家标准在系统设计内容中专门增加的，要求在建筑物前期系统设计中要增加进线间，满足多家运营商业务需要。进线间一般通过地埋管线进入建筑物内部，宜在土建阶段实施。进线间主要作为室外电、光缆引入楼内的成端与分支及光缆的盘长空间位置。对于光缆至大楼、至用户、至桌面的应用及容量日益增多，进线间就显得尤为重要。图 10-2 所示为进线间（出入口）子系统实际案例图。请扫描二维码下载彩色高清图片。

彩色高清图

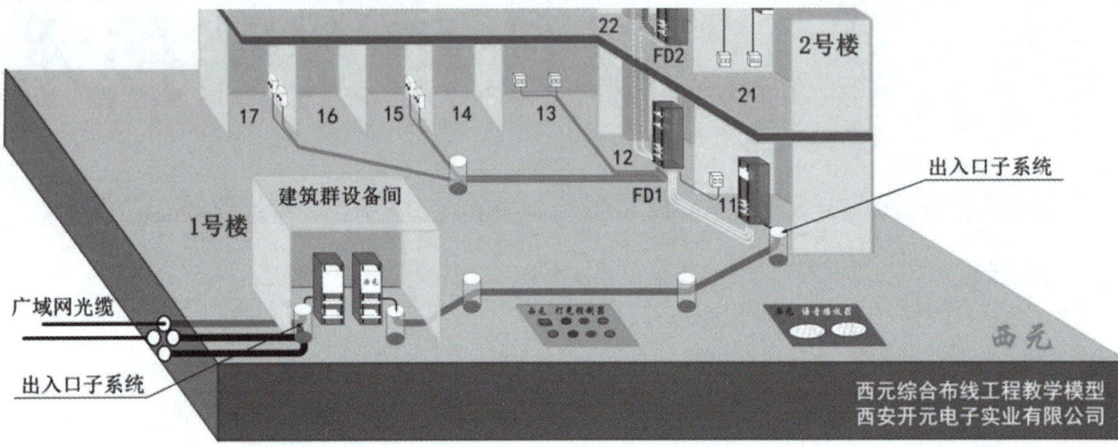

图 10-2　进线间（出入口）子系统实际案例图

10.3 建筑群子系统的设计原则

在建筑群子系统的设计时，一般要遵循以下原则。

1. 地下埋管原则

建筑群子系统的室外缆线，一般通过建筑物进线间进入大楼内部的设备间，室外距离比较长，设计时一般选用地埋管道穿线或者电缆沟敷设方式。也有在特殊场合使用直埋方式，或者架空方式。

2. 远离高温管道原则

建筑群的光缆或者电缆，经常在室外部分或者进线间需要与热力管道交叉或者并行，遇到这种情况时，必须保持较远的距离，避免高温损坏缆线或者缩短缆线的寿命。

3. 远离强电原则

园区室外地下埋设有许多 380 V 或者 10 000 V 的交流强电电缆，这些强电电缆的电磁辐射非常大，网络系统的缆线必须远离这些强电电缆，避免对网络系统的电磁干扰。

4. 预留原则

建筑群子系统的室外管道和缆线必须预留备份，以方便未来升级和维护。

5. 管道抗压原则

建筑群子系统的地埋管道穿越园区道路时，必须使用钢管或者抗压 PVC 管。

6. 大拐弯原则

建筑群子系统一般使用光缆，要求拐弯半径大，实际施工时，一般在拐弯处设立接线井，方便拉线和后期维护。如果不设立接线井拐弯时，必须保证较大的曲率半径。

10.4 进线间子系统的设计原则

在进线间子系统的设计时，一般要遵循以下原则。

1. 地下设置原则

进线间一般应该设置在地下或者靠近外墙，以便于缆线引入，且与布线垂直竖井连通。

2. 空间合理原则

进线间应满足缆线的敷设路由、端接位置及数量、光缆的盘长空间和缆线的弯曲半径、充气维护设备、配线设备安装所需要的场地空间和面积，大小应按进线间的进出管道容量及入口设施的最终容量设计。

3. 满足多家运营商需求原则

进线间应考虑满足不少于 3 家电信业务经营者安装入口设施等设备的面积，进线间的面积不宜小于 10 m^2。

4. 共用原则

在设计和安装时，进线间应该考虑通信、消防、安防、楼控等其他设备及设备安装空间。如安装配线设备和信息通信设施时，应符合设备安装设计的要求。

5. 安全原则

进线间应设置防有害气体措施和通风装置，排风量按每小时不小于 5 次容积计算，入口门应采用相应的外开防火门，门净高不应小于 2.0 m，净宽不应小于 0.9 m，同时与进线间无关的水暖管道不宜通过。

10.5 建筑群子系统的设计步骤和方法

10.5.1 需求分析

在建筑群子系统设计时需求分析应该包括工程的总体概况、工程各类信息点统计数据、各建筑物信息点分布情况、各建筑物平面设计图、现有系统的状况、设备间位置等。具体分析从一个建筑物到另一个建筑物之间的布线距离、布线路径，逐步明确和确认布线方式和布线材料的选择，一般应该考虑以下具体问题：

1. 确定敷设现场的特点

包括确定整个工地的大小、工地的地界、建筑物的数量等。

2. 确定电缆系统的一般参数

包括确认起点、端接点位置、所涉及的建筑物及每座建筑物的层数、每个端接点所需的双绞线的对数、有多个端接点的每座建筑物所需的双绞线总对数等。

3. 确定建筑物的电缆入口

建筑物入口管道的位置应便于连接公用设备，根据需要在墙上穿过一根或多根管道。

对于现有的建筑物，要确定各个入口管道的位置；每座建筑物有多少入口管道可供使用；入口管道数目是否满足系统的需要。如果入口管道不够用，则要确定在移走或重新布置某些电缆时是否能腾出某些入口管道，在不够用的情况下应另装多少入口管道；如果建筑物尚未建起，则要根据选定的电缆路由完善电缆系统设计，并标出入口管道。建筑物入口管道的位置应便于连接公用设备，根据需要在墙上穿过一根或多根管道。如果外线电缆延伸到建筑物内部的长度超过15 m，就应使用合适的电缆入口器材，在入口管道中填入防水和气密性很好的密封胶，如B型管道密封胶。

4. 确定明显障碍物的位置

包括确定土壤类型、电缆的布线方法、地下公用设施的位置、查清拟定的电缆路由中沿线各个障碍物位置或地理条件、对管道的要求等。

5. 确定主电缆路由和备用电缆路由

包括确定可能的电缆结构、所有建筑物是否共用一根电缆，查清在电缆路由中哪些地方需要获准后才能通过、选定最佳路由方案等。

6. 选择所需电缆的类型和规格

包括确定电缆长度、画出最终的结构图、画出所选定路由的位置和挖沟详图，确定入口管道的规格、选择每种设计方案所需的专用电缆、保证电缆可进入口管道、应选择其规格、材料、长度和类型等。

7. 确定每种选择方案所需的劳务成本

包括确定布线时间、计算总时间、计算每种设计方案的成本、总时间乘以当地的工时费以确定成本。

8. 确定每种选择方案的材料成本

包括确定电缆成本，所有支持结构的成本、所有支撑硬件的成本等。

9. 选择最经济、最实用的设计方案

把每种选择方案的劳务费成本加在一起，得到每种方案的总成本。

10.5.2 技术交流

在进行需求分析后，要与用户进行技术交流，这是非常必要的。由于建筑群子系统往往覆盖整个建筑物群的平面，布线路径也经常与室外的强电线路、给（排）水管道、道路和绿化等项目线路有多次的交叉或者并行实施，因此不仅要与技术负责人交流，也要与项目或者行政负责人进行交流。在交流中重点了解每条路径上的电路、水路、气路的安装位置等详细信息。在交流过程中进行详细的书面记录，每次交流结束后要及时整理书面记录。

10.5.3 阅读建筑物图纸

建筑物主干布线子系统的缆线较多，且路由集中，是综合布线系统的重要主干线路，索取和认真阅读建筑物设计图纸是不能省略的程序，通过阅读建筑群总平面图和单体图掌握建筑物的土建结构、强电路径、弱电路径，重点掌握在综合布线路径上的强电管道、给（排）水管道、其他暗埋管线等。在阅读图纸时，进行记录或者标记，正确处理建筑群子系统布线与电路、水路、气路和电器设备的直接交叉或者路径冲突问题。

10.5.4 设计要求

建筑群子系统主要应用于多幢建筑物组成的建筑群综合布线工程，设计时主要考虑布线路由等内容。建筑群子系统应按下列要求进行设计。

1. 考虑环境美化要求

建筑群主干布线子系统设计应充分考虑建筑群覆盖区域的整体环境美化要求，建筑群干线光缆尽量采用地下管道或电缆沟敷设方式。因客观原因最后选用了架空布线方式的，也要尽量选用原已架空布设的电话线或有线电视电缆的路由，干线光缆与这些电缆一起敷设，以减少架空敷设的缆线线路。

2. 考虑建筑群未来发展需要

在布线设计时，要充分考虑各建筑需要安装的信息点种类、信息点数量，选择相对应的干线光缆类型以及敷设方式，使综合布线系统建成后，保持相对稳定，能满足今后一定时期内各种新的信息业务发展需要。

3. 路由的选择

考虑到节省投资，路由应尽量选择距离短、线路平直的路由。但具体的路由还要根据建筑物之间的地形或敷设条件而定。在选择路由时，应考虑原有已铺设的地下各种管道，在管道内应与电力线缆分开敷设，并保持一定间距。

4. 电缆引入要求

建筑群干线光缆进入建筑物时，都要设置引入设备，并在适当位置终端转换为室内电缆、光缆。引入设备应安装必要保护装置以达到防雷击和接地的要求。干线光缆引入建筑物时，应以地下引入为主，如果采用架空方式，应尽量采取隐蔽方式引入。

5. 干线电缆、光缆交接要求

建筑群的主干光缆布线的交接不应多于两次。

6. 建筑群子系统缆线的选择

建筑群子系统敷设的缆线类型及数量由连接应用系统种类及规模来决定。计算机网络系统常采用光缆，经常使用 62.5/125 μm 规格的多模光纤，户外布线大于 2 km 时可选用单模光纤。

电话系统常采用 3 类大对数电缆，为了适合于室外传输，电缆还覆盖了一层较厚的外层皮。3 类大对数双绞线根据线对数量分为 25 对、50 对、100 对、250 对、300 对等规格，要根据电话语音系统的规模来选择 3 类大对数双绞线相应的规格及数量。

有线电视系统常采用同轴电缆或光缆作为干线电缆。

7. 缆线的保护

当缆线从一建筑物到另一建筑物时，易受到雷击、电源碰地、感应电压等影响，必须进行保护。如果铜缆进入建筑物时，按照 GB 50311 的强制性规定必须增加浪涌保护器。

10.5.5 布线方法

建筑群子系统的缆线布设方式通常使用架空布线法、直埋布线法、地下管道布线法、隧道内布线法等。

1. 架空布线法

这种布线方式造价较低，但影响环境美观且安全性和灵活性不足。架空布线法要求用电杆在建筑物之间悬空架设，一般先架设钢丝绳，然后在钢丝绳上挂放缆线。架空布线使用的主要材料和配件有缆线、钢缆、固定螺栓、固定拉攀、预留架、U 形卡、挂钩、标志管等，如图 10–3 所示，在架设时需要使用滑车、安全带等辅助工具。请扫描二维码下载彩色高清图片。

2. 直埋布线法

直埋布线法就是在地面挖沟，然后将缆线直接埋在沟内，通常应埋在距地面 0.6 m 以下的地方，或按照当地城管等部门的有关法规去施工。直埋布线法的路由选择受到土质、公用设施、天然障碍物（如木、石头）等因素的影响。直埋布线法具有较好的经济性和安全性，总体优于架空布线法，但更换和维护不方便且成本较高。

彩色高清图

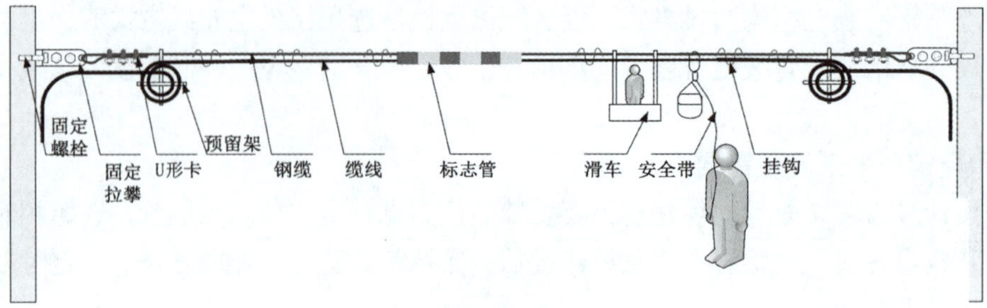

图 10-3 架空布线示意图

3. 地下管道布线法

地下管道布线是一种由管道和人孔组成的地下系统，它把建筑群的各个建筑物进行互连，一根或多根管道通过基础墙进入建筑物内部的结构。地下管道能够保护缆线，不会影响建筑物的外观及内部结构。管道埋设的深度一般为 0.8 ~ 1.2 m，或符合当地有关法规规定的深度。为了方便日后的布线，管道安装时应预埋一根拉线，以供以后的布线使用。为了方便管理，地下管道应间隔 50 ~ 180 m 设立一个接合井，此外安装时至少应预留 1 ~ 2 个备用管孔，以供扩充之用。图 10-4 所示为地下埋管布线示意图。请扫描二维码下载彩色高清图片。

彩色高清图

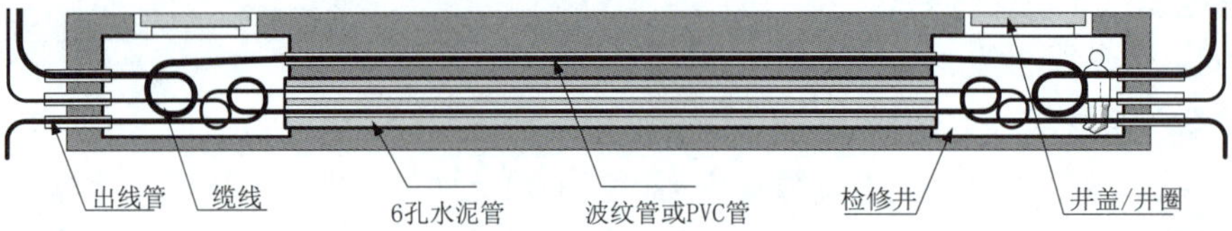

图 10-4 地埋布线示意图

4. 隧道内布线法

在建筑物之间通常有地下通道，利用这些通道来敷设电缆不仅成本低，而且可以利用原有的安全设施。如考虑到暖气泄漏等条件，安装时应与供气、供水、供电的管道保持一定的距离，安装在尽可能高的地方，可根据民用建筑设施有关条件进行施工。

以上叙述了管道内、直埋、架空、隧道 4 种建筑群布线方法，如表 10-1 所示。

表 10-1 4 种建筑群布线方法比较

方法	优 点	缺 点
管道内	提供最佳机械保护，任何时候都可敷设，扩充和加固都很容易，保持建筑物的外貌	挖沟、开管道和人孔的成本很高
直埋	提供某种程度的机械保护，保持建筑物的外貌	挖沟成本高，难以安排电缆的敷设位置，难以更换和加固
架空	如果有电线杆，则成本最低	没有提供任何机械保护，灵活性差，安全性差，影响建筑物美观
隧道	保持建筑物的外貌，如果有隧道，则成本最低、安全	热量或泄漏的热气可能损坏缆线，可能被水淹

10.6 建筑群子系统的安装要求

建筑群子系统主要采用光缆进行敷设，因此建筑群子系统的安装技术主要指光缆的安装技术。安装光缆需格外谨慎，连接每条光缆时都要熔接。光纤不能拉得太紧，也不能形成直角。较长距离的光缆敷设最重要的是选择一条合适的路径。必须要有很完备的设计和施工图纸，以便施工和今后检查方便可靠。施工中要时刻注意不要使光缆受到重压或被坚硬的物体扎伤。光缆转弯时，其转弯半径要大于光缆自身直径的 20 倍。

10.6.1 光纤熔接技术

1. 熔接前的准备工作

1）准备相关工具、材料

在做光缆熔接之前，需要准备以下工具和材料：西元光纤熔接机 KYRJ-369、西元工具箱 KYGJX-31、光缆、光纤跳线、光纤熔接保护套、光纤切割刀、无水酒精等，如图 10-5 所示。

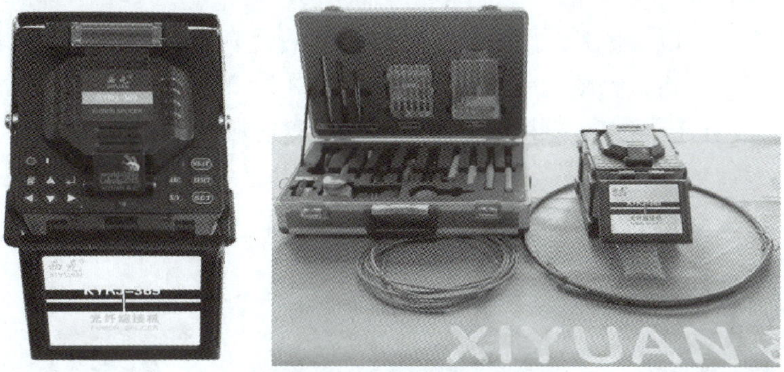

图 10-5 光纤熔接设备及材料

2）检查熔接机

主要工作包括熔接机开启与关停、电极的检查。

2. 开缆

光缆有室内和室外之分，室内光缆借助工具很容易开缆。由于室外光缆内部有钢丝拉线，故对开缆增加了一定的难度。这里介绍室外光缆开缆的一般方法和步骤。

第一步：在光缆开口处找到光缆内部的两根钢丝，用斜口钳剥开光缆外皮，用力向侧面拉出一小截钢丝，如图 10-6 所示。

第二步：一只手握紧光缆，另一只手用老虎钳夹紧钢丝，向身体内侧旋转拉出钢丝，如图 10-7 所示；用同样的方法拉出另外一根钢丝，两根钢丝都旋转拉出，如图 10-8 所示。

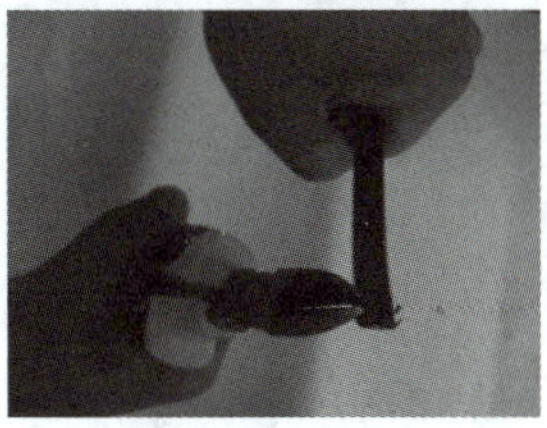

图 10-6 拨开外皮

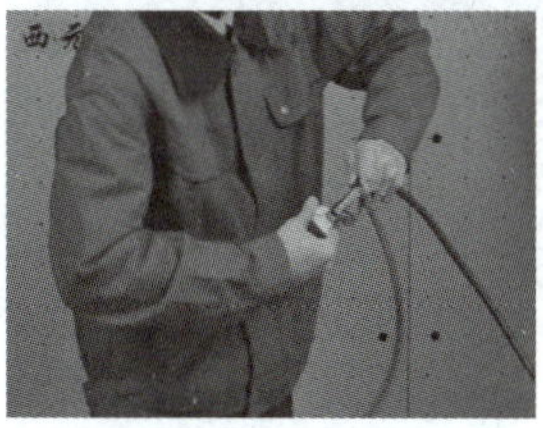

图 10-7 拉出钢丝

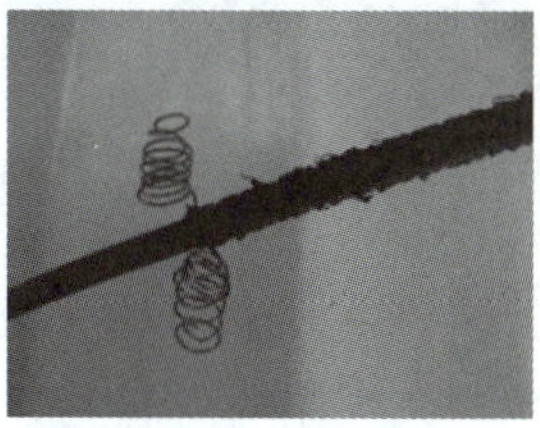

图 10-8 拉出两根钢丝

第三步：用老虎钳或断线钳将任意一根的旋转钢丝剪断，留一根以备在光纤配线盒内固定。当两根钢丝拉出后，外部的黑皮保护套就被拉开了，用手剥开保护套，然后用斜口钳剪掉拉开的黑皮保护套，然后用剥皮钳将其剪剥后抽出，如图 10-9 所示。

第四步：用剥皮钳将保护套剪剥开，如图 10-10 所示，并将其抽出。

注意：由于这层保护套内部有油状的填充物（起润滑作用），故应该用棉球擦干。

第五步：完成开缆，如图 10-11 所示。

图 10-9　拨开保护套

图 10-10　抽出保护套

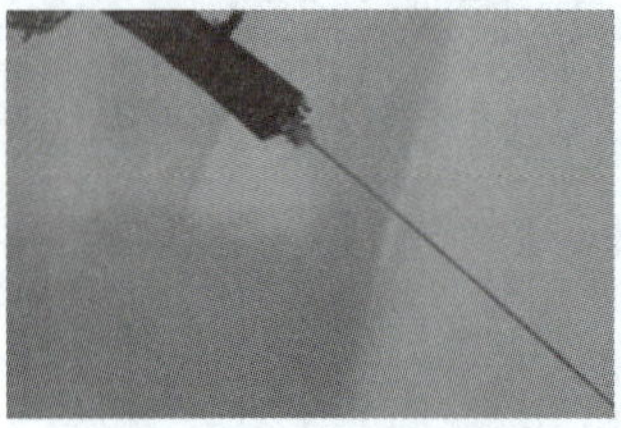
图 10-11　完成开缆

3. 光纤的熔接

1）剥光纤与清洁

第一步：剥尾纤。可以使用光纤跳线，从中间剪断后，成为尾纤进行操作。一手拿好尾纤一端，另一手拿好光纤剥线钳，如图 10-12 所示，用剥线钳剥开尾纤外皮后抽出外皮，可以看到光纤的白色护套，如图 10-13 所示（剥出的白色保护套长度大概为 15 cm 左右）。

第二步：将光纤在食指上轻轻环绕一周，用拇指按住，留出光纤应为 4 cm，然后用光纤剥线钳剥开光纤保护套，在切断白色外皮后，缓缓将外皮抽出，此时可以看到透明状的光纤，如图 10-14 所示。

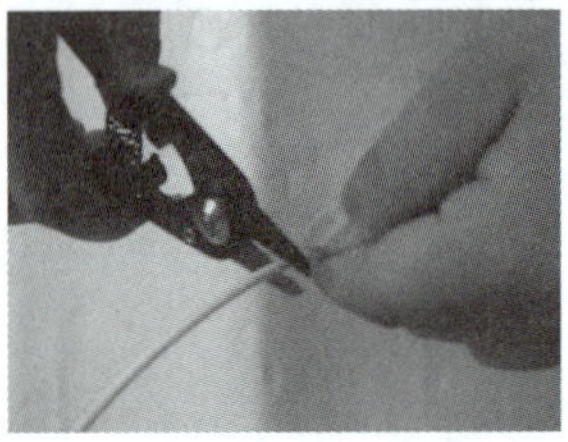
图 10-12　剥开尾纤外皮

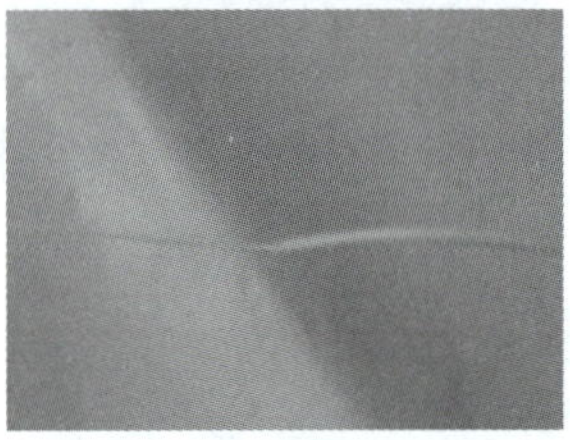
图 10-13　抽出外皮

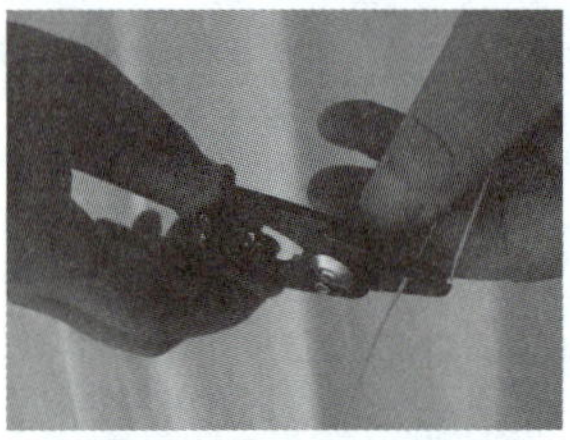
图 10-14　剥开光纤保护套

第三步：用光纤剥线钳的最细小的口，轻轻地夹住光纤，缓缓地把剥线钳抽出，将光纤上的树脂保护膜刮下，如图 10-15 所示。

第四步：用酒精棉球，沾无水酒精对剥掉树脂保护套的裸纤进行清洁，如图 10-16 和图 10-17 所示。

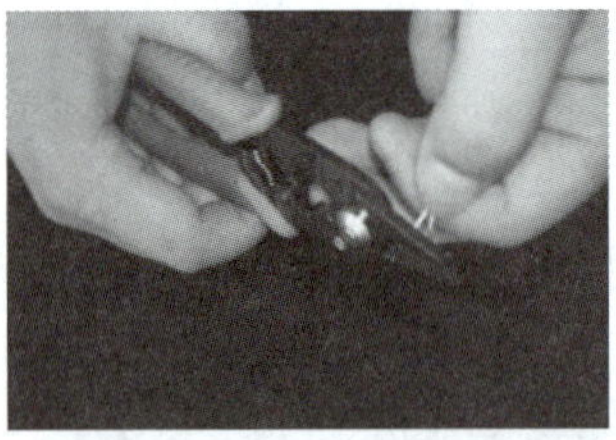
图 10-15　刮下树脂保护膜

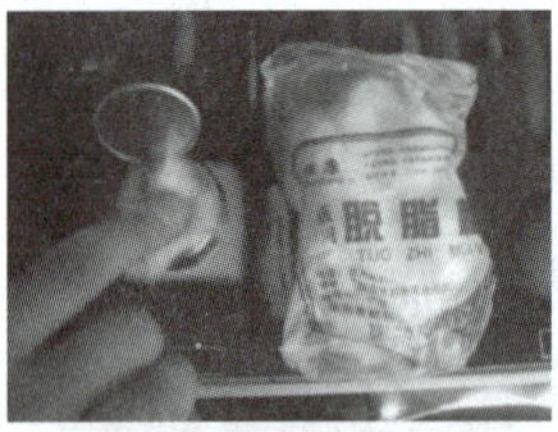
图 10-16　酒精棉球

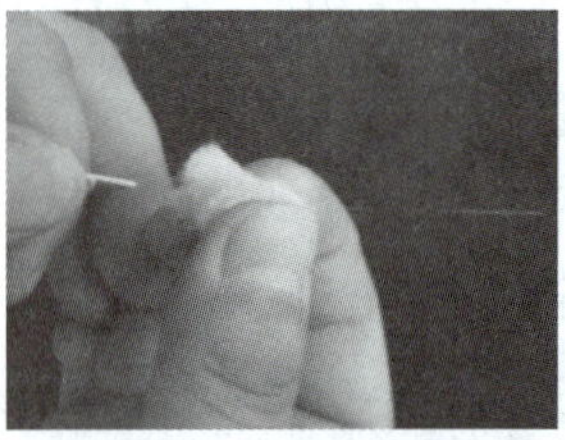
图 10-17　清洁裸纤

2）切割光纤与清洁

第一步：安装热缩保护管。

将热缩套管套在一根待熔接光纤上，熔接后保护接点，如图 10-18 所示。

第二步：制作光纤端面。

（1）用剥皮钳剥去光纤涂覆层 30 ~ 40 mm，用干净酒精棉球擦去裸光纤上的污物。

（2）用高精度光纤切割刀将裸光纤切去一段，保留裸纤 12 ~ 16 mm。

（3）将安装好热缩套管的光纤放在光纤切割刀中较细的导向槽内，如图 10-19 所示。

（4）然后依次放下大小压板，如图 10-20 所示。

（5）左手固定切割刀，右手扶着刀片盖板，并用大拇指迅速向远离身体的方向推动切割刀刀架，如图 10-21 所示，此时就完成光纤的切割部分。

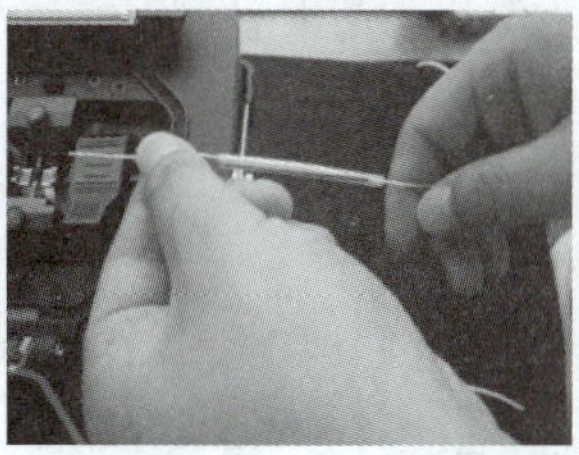

图 10-18 安装热缩保护管

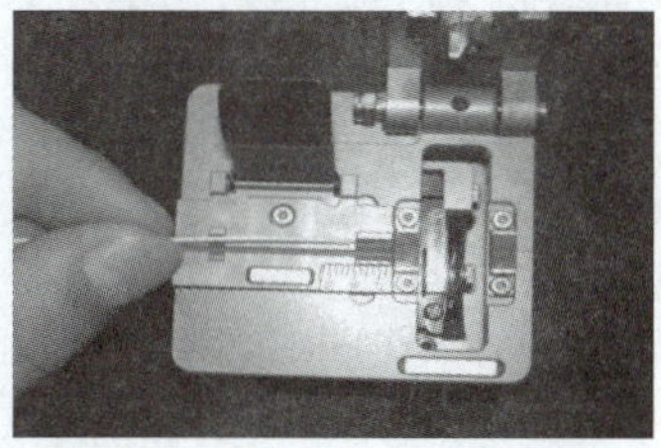

图 10-19 放入切割刀导槽

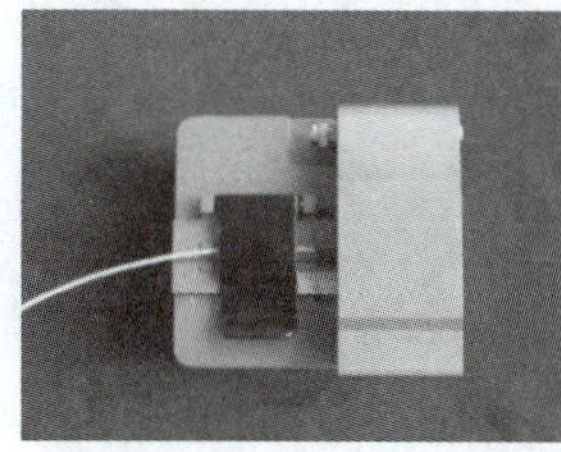

图 10-20 放下大小压板

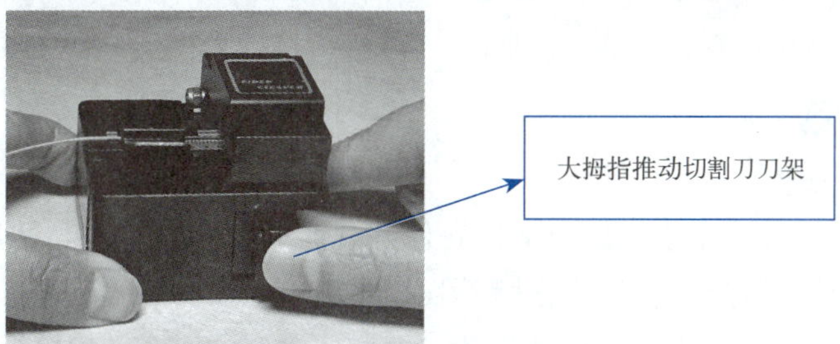

图 10-21 光纤切割

3）安放光纤

第一步：打开熔接机防风罩使大压板复位，显示器显示“请安放光纤”。

第二步：分别打开光纤大压板将切好端面的光纤放入 V 形载纤槽，光纤端面不能触到 V 形载纤槽底部，如图 10-22 所示。

第三步：盖上熔接机的防尘盖后如图 10-23 所示，检查光纤的安放位置是否合适，在屏幕上显示两边光纤位置居中为宜，如图 10-24 所示。

图 10-22 放入 V 形载纤槽

图 10-23 盖上防尘盖

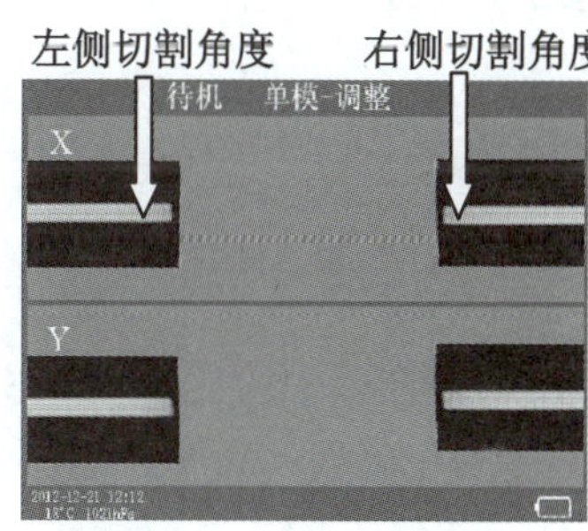

图 10-24 检查安装位置

4）熔接

进行熔接机自动熔接的具体步骤如下：

第一步：检查确认“熔接光纤”项选择正确。

第二步：做光纤端面。

第三步：打开防风罩及光纤大压板，安装光纤。

第四步：盖下防风罩，按 SET 键，熔接机进入全自动工作过程：自动清洁光纤、检查端面、设定间隙、纤芯准直、放电熔接和接点损耗估算。

5）加热热缩管

第一步：取出熔接好的光纤。

依次打开防风罩、左右光纤压板，小心取出接好的光纤，避免碰到电极。

第二步：移放热缩管。

将事先装套在光纤上的热缩管小心地移到光纤接点处，使两光纤被覆层留在热缩管中的长度基本相等。

第三步：加热热缩管。

6）盘纤固定

将接续好的光纤盘到光纤收容盘内，在盘纤时，盘圈的半径越大，弧度越大，整个线路的损耗越小，所以，一定要保持一定的半径，使激光在光纤传输时，避免产生一些不必要的损耗。

7）盖上盘纤盒盖板

盖上盘纤盒盖板，完成操作。

请扫描二维码下载或观看 27399- 实训 12-《光纤熔接技术训练》（9 分 06 秒）视频。

实训 12《光纤熔接技术训练》

10.6.2 光纤冷接技术

1. 冷接的基本原理

光纤冷接技术也称机械接续，是把两根处理好端面的光纤固定在高精度 V 形槽中，通过外径对准的方式实现光纤纤芯的对接，同时利用 V 形槽内的光纤匹配液填充光纤切割不平整所形成的端面间隙，这一过程完全无源，因此称为冷接。作为一种低成本的接续方式，光纤冷接技术在 FTTX 的户线光纤（即皮线光缆）维护工作中有一定的适用性。

1）V 形槽

无论是光纤冷接子，还是连接器，要实现纤芯的精确对接，就必须要将比头发丝还细的光纤固定住位置，这就是 V 形槽的作用，如图 10-25 所示。

2）匹配液

对接的两段光纤的端面之间，经常并不能完美无隙地贴在一起，匹配液的作用就是填补它们之间的间隙。匹配液是一种透明无色的液体，折射率与光纤大体相当，可以弥补光纤切割缺陷引起的损耗过大，有效降低菲涅尔反射，如图 10-26 所示。匹配液通常密封在 V 形槽内，以免流失。

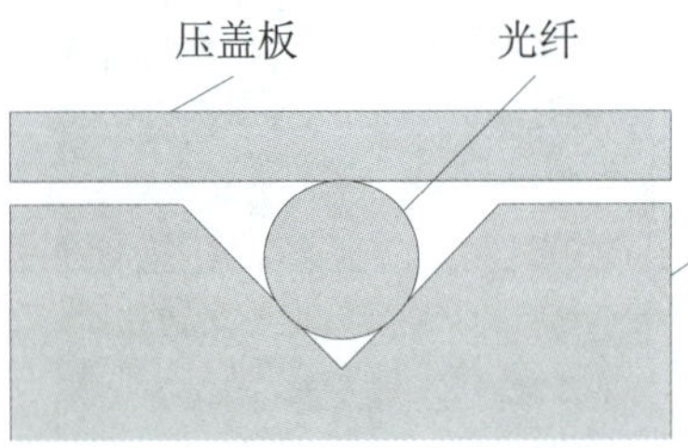

图 10-25 压板式 V 形槽的结构示意图

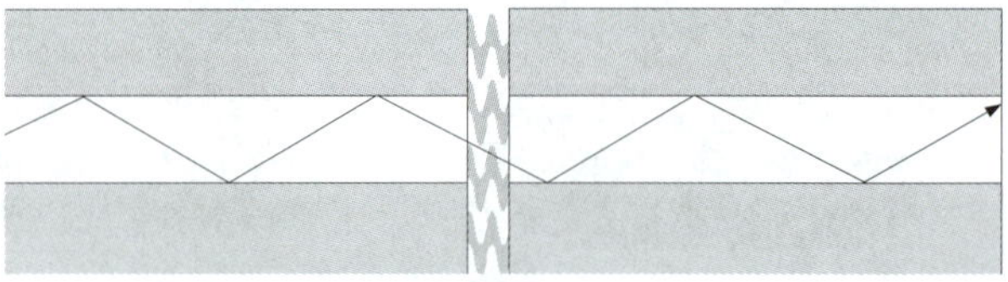

图 10-26 光纤与匹配液中光信号传播的示意图

3）光纤端面

常见的光纤端面分为平面和球面，不常见的还有斜面。通常使用光纤切割刀切割出来的端面为平面，球面则需要更为复杂的道具和工艺处理，在现场制作的端面一般都是平面，而在工厂里制作，如连接器的预埋光纤端面，则为球面型。

两段光纤端面之间的接续方式分为以下几类：

（1）平面 - 平面冷接续方式。平面 - 平面冷接续方式是指光纤接续点两端均为切制的平面，如图 10-27 所示。对接时要加入匹配液弥补接续空隙，实现光信号的低损导通。适用范围：光纤冷接子和光纤快速接续连接器。

（2）球面 - 平面冷接续方式。球面 - 平面冷接续方式是指光纤接续点一端为研磨的球面，另一端为现场切制的平面，如图 10-28 所示。对接时根据产品结构的不同，可选择性加入匹配液来弥补接续空隙。它是目前高品质产品主要采用的冷接续方式。适用范围：现场光纤快速接续连接器。

（3）球面－球面冷接续方式。球面－球面冷接续方式是指光纤接续点两端均为研磨的球面，如图 10-29 所示。对接时不用加入匹配液来弥补接续空隙。这种方式在活动连接器中大量使用，而用于现场冷接最初是 20 世纪 80 年代。适用范围：光纤活动连接器、光纤冷接子和现场光纤快速接续连接器。

（4）斜面－斜面冷接续方式。斜面－斜面冷接续方式是指光纤接续点两端均为研磨或切制的斜面，如图 10-30 所示。需在接续点加入匹配液来弥补接续空隙。它主要用于对回波损耗要求较高的 CATV 模拟信号的传输，一般用在 APC 活动连接器上，用在现场冷接续技术领域只是刚刚开始。适用范围：APC 型光纤活动连接器、光纤冷接子或现场快速接续连接器。

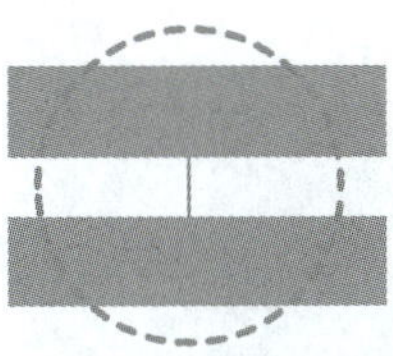

图 10-27　平面－平面接续

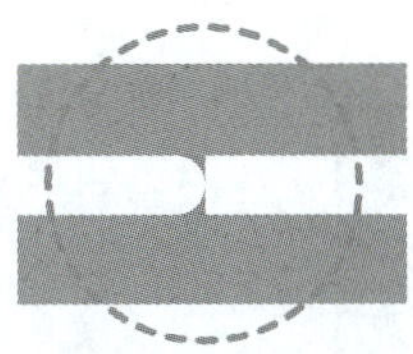

图 10-28　球面－平面接续

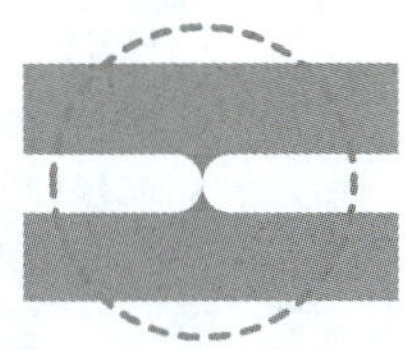

图 10-29　球面－球面接续

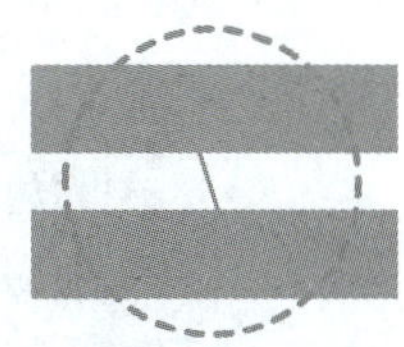

图 10-30　斜面－斜面接续

2. 快速连接头的结构原理

1）直通型快速连接器

如图 10-31 所示，这种连接器内不需要预置光纤，也无须匹配液，只需将切割好的纤芯插入套管用紧固装置加固即可，最终的光纤端面就是现场切割刀切割的平面型光纤端面。直通型快速连接器内部无接续点和匹配液，不会由于匹配液的流失而影响使用寿命，也不存在因使用时间过长导致匹配液变质等问题。

2）预埋型快速连接器

如图 10-32 所示，这种连接器的插针内预埋有一段两端面研磨好的（球面形）光纤，与插入的光纤在 V 形槽内对接，V 形槽内填充有匹配液，最终陶瓷插针处的光纤端面是预埋光纤的球形端面。预埋型快速连接器光纤端面可以保证是符合行业标准的研磨端面，可以满足端面几何尺寸，而直通型快速连接器的光纤端面几何尺寸无法满足行业标准的要求。

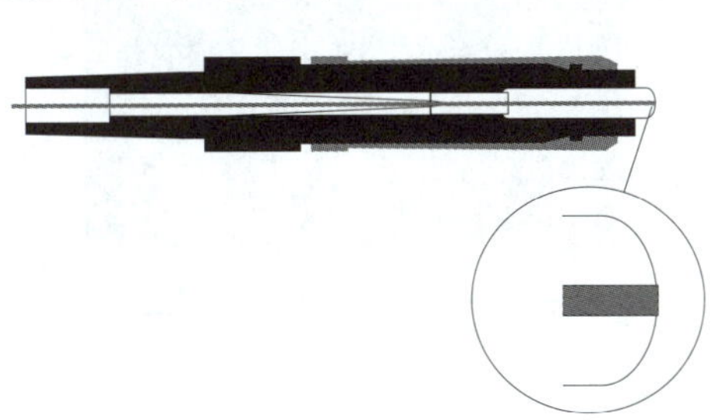

图 10-31　直通型快速连接器

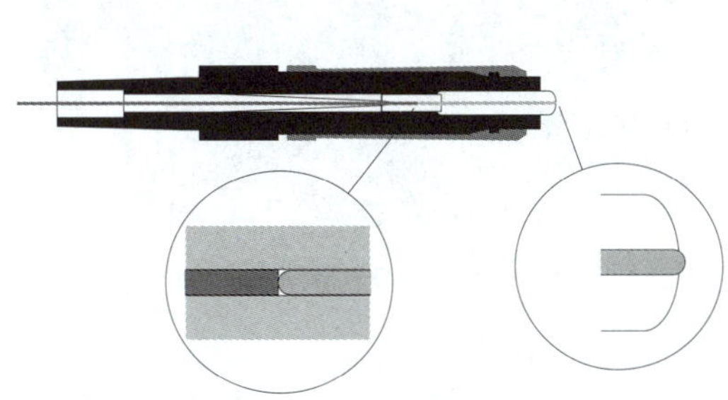

图 10-32　预埋型快速连接器

3. 光纤快速连接头的制作

接续光缆有皮线光缆和室内光缆，以皮线光缆为例介绍光纤快速连接头的制作。

1）制作工具

（1）光纤冷接使用西元光纤冷接与测试工具箱，如图 10-33 所示，型号为 KYGJX-35。

（2）皮线剥皮钳，用于剥除皮线光缆外护套，如图 10-34 所示。

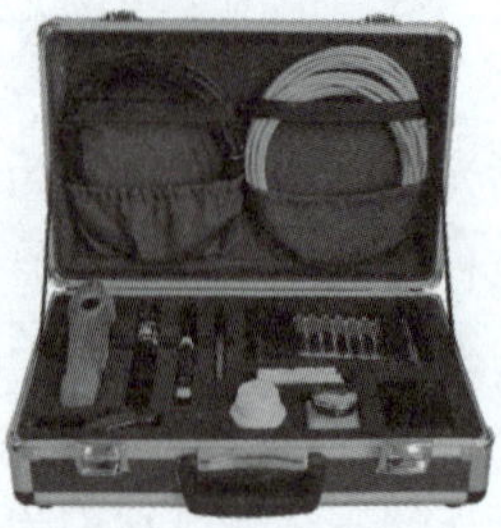

图 10-33　西元冷接工具箱

图 10-34　皮线剥皮钳

（3）光纤剥皮钳，用于去除光纤涂覆层，如图 10-35 所示。

（4）光纤切割刀，用于切割光纤纤芯端面，切出来后光纤端面应为平面，如图 10-36 所示。

（5）无尘纸，用于清洁裸纤，如图 10-37 所示。

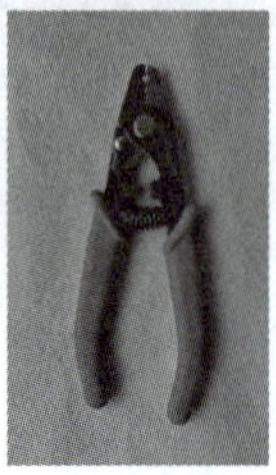

图 10-35　光纤剥皮钳

图 10-36　切割刀

图 10-37　无尘纸

（6）光功率计和红光笔，用于测试光纤损耗。

2) 光纤快速连接器的制作方法

以直通型快速连接器为例介绍制作方法。

第一步：准备材料和工具。

端接前，应准备好工具和材料，并检查所用的光纤和连接器是否有损坏。

第二步：打开光纤快速连接器。

将光纤快速连接器的螺帽和外壳取下，锁紧套松开，压盖打开，并将螺帽套在光缆上，如图 10-38 和图 10-39 所示。

图 10-38　打开快速连接器

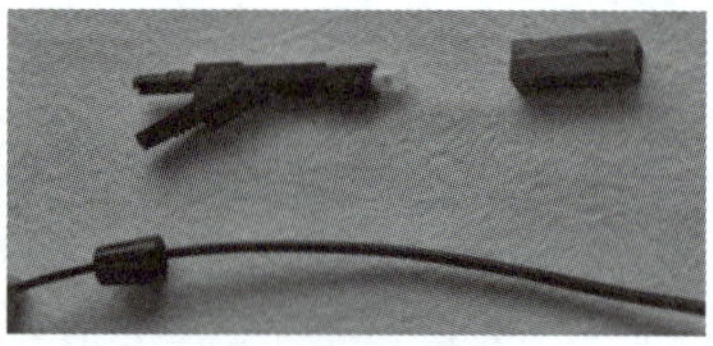

图 10-39　螺帽套在光缆上

第三步：切割光纤。

（1）使用皮线剥皮钳剥去 50 mm 的光缆外护套，如图 10-40 所示。

（2）使用光纤剥皮钳剥去光纤涂覆层，用干净的无尘纸蘸酒精擦去裸纤上的污物，将光缆放入导轨中定长，如图 10-41 所示。

（3）将光纤和导轨条放置在切割刀的导线槽中，依次放下大小压板，左手固定切割刀，右手扶着刀片盖板，并用大拇指迅速向远离身体的方向推动切割刀刀架（使用前应回刀），完成切割，如图 10-42 所示。

第四步：固定光纤。

将光纤从连接器末端的导入孔处穿入，如图 10-43 所示。外露部分应略弯曲，说明光纤接触良好。

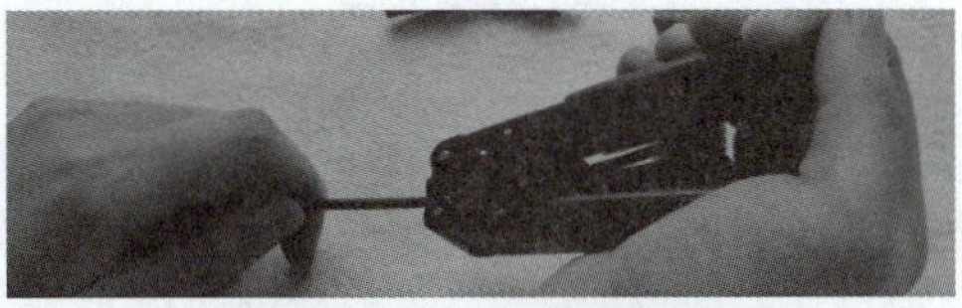

图 10-40 剥去光缆外护套

图 10-41 光缆放入导轨中定长

图 10-42 光纤切割

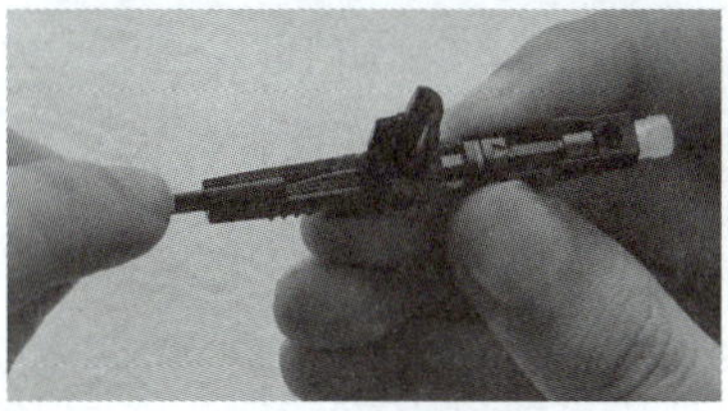

图 10-43 连接器穿入光纤

第五步：闭合光纤快速连接器。

将锁紧套推至顶端夹紧光纤，闭合压盖，拧紧螺帽，套上外壳，完成制作，如图 10-44 所示。

图 10-44 制作好的光纤快速连接器

扫描二维码下载或观看《A314- 西元直通型光纤连接器的制作》（2 分 41 秒）视频。

A314- 西元直通型光纤连接器的制作

4. 光纤冷接子的结构原理

光纤冷接子实现光纤与光纤之间的固定连接。皮线光缆冷接子，适用于 2×3 mm 皮线光缆、Φ2.0 mm/Φ3.0 mm 单模 / 多模光缆，如图 10-45 所示。光纤冷接子，适用于 250/900 μm 单模 / 多模光纤，如图 10-46 所示。

图 10-45 皮线光缆冷接子

图 10-46 光纤冷接子

两种冷接子原理一样，图 10-47 和图 10-48 为皮线光缆冷接子拆分图和内腔结构图，由图可以看出，两段处理好的光纤纤芯从两端的锥形孔推入。由于内腔逐渐收拢的结构可以很容易地进入中间的 V 形槽部分，从 V 形槽间隙推入光纤到位后，将两个锁紧套向中间移动压住盖板，使光纤固定，就完成了固定的连接。

5. 光纤冷接子的制作

接续光缆有皮线光缆和室内光缆，以皮线光缆为例介绍冷接子的制作。使用西元光纤冷接与测试工具箱。

图 10-47　皮线光缆冷接子拆分图

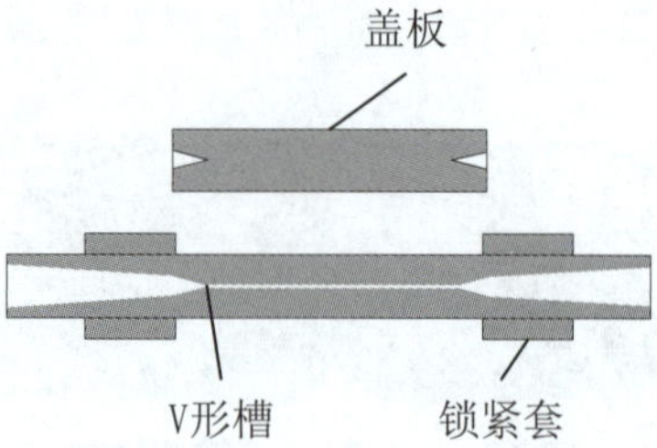

图 10-48　皮线光缆冷接子内腔结构图

第一步：准备材料和工具。

端接前，应准备好工具和材料，并检查所用的光纤和冷接子是否有损坏。

第二步：打开冷接子备用，如图 10-49 所示。

第三步：切割光纤。

（1）使用皮线剥皮钳剥去 50 mm 的光缆外护套，如图 10-50 所示。

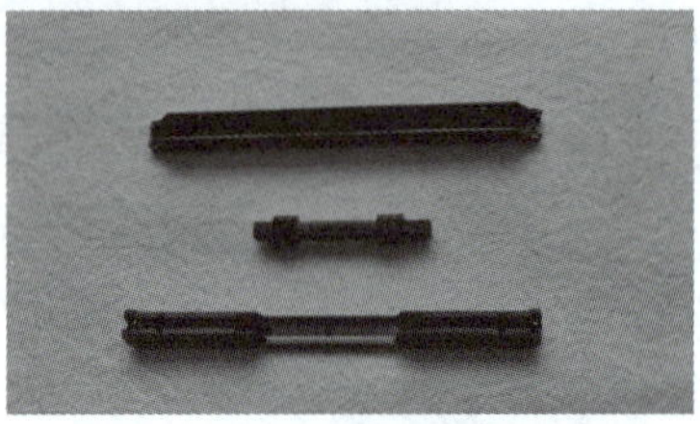

图 10-49　冷接子

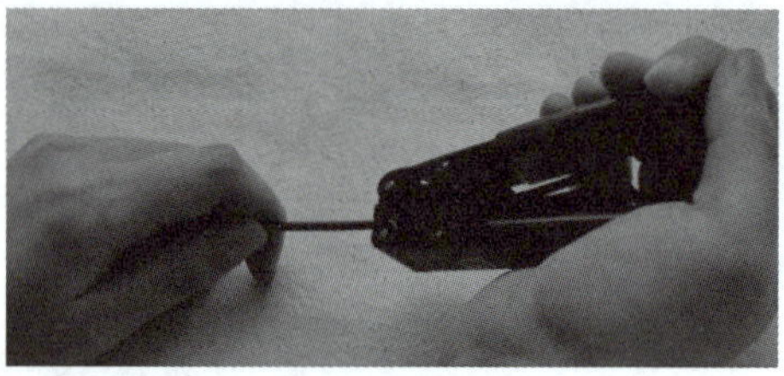

图 10-50　剥去光缆外护套

（2）使用光纤剥皮钳剥去光纤涂覆层，用干净的无尘纸蘸酒精擦去裸纤上的污物，将光缆放入导轨中定长，如图 10-51 所示。

（3）将光纤和导轨条放置在切割刀的导线槽中，依次放下大小压板，左手固定切割刀，右手扶着刀片盖板，并用大拇指迅速向远离身体的方向推动切割刀刀架（使用前应回刀），完成切割，如图 10-52 所示。

图 10-51　光缆放入导轨中定长

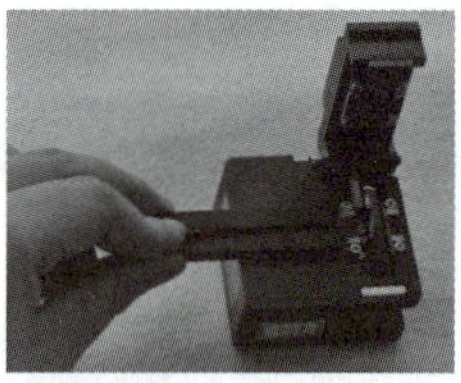

图 10-52　光纤切割

第四步：光纤穿入皮线冷接子。

把制备好的光纤穿入皮线冷接子，直到光缆外皮切口紧贴在皮线座阻挡位，如图 10-53 所示。光纤对顶应产生弯曲，此时说明光缆接续正常。

第五步：锁紧光缆。

弯曲尾缆，防止光缆滑出；同时取出卡扣，压下卡扣锁紧光缆，如图 10-54 所示。

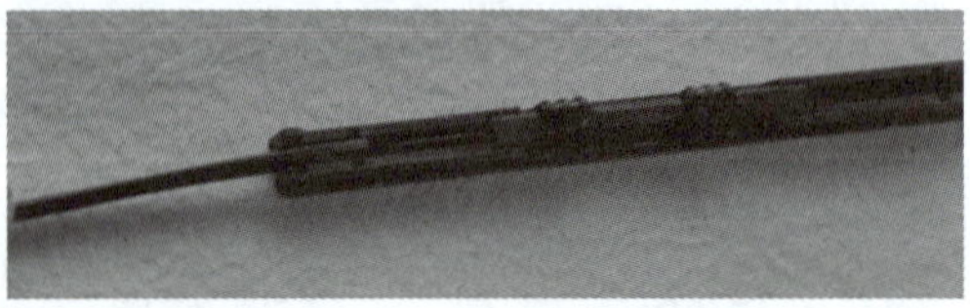

图 10-53　光纤穿入皮线冷接子

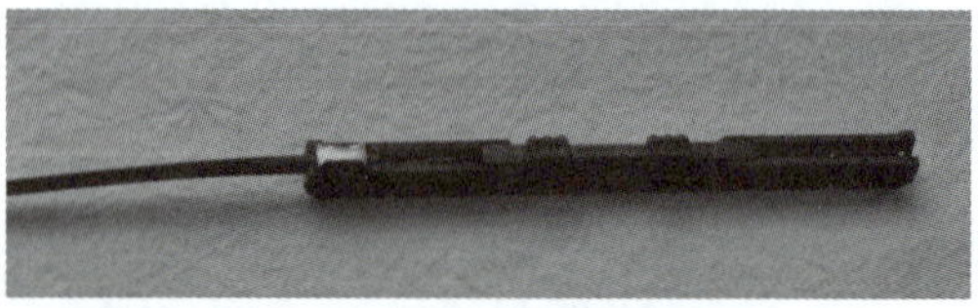

图 10-54　卡扣锁紧光缆

第六步：固定两接续光纤。

按照上述方法对另一侧光缆进行相同处理。然后将冷接子两端锁紧块先后推至冷接子最中间的限位处，固定两接续光纤，如图 10-55 所示。

第七步：压下皮线盖。

压下皮线盖，完成皮线接续，如图 10-56 所示。

图 10-55 冷接子两端锁紧

图 10-56 制作完成

扫描二维码下载或观看《A313- 西元皮线冷接子的接续》(2 分 38 秒) 视频。

A313- 西元皮线冷接子的接续

10.6.3 室外架空光缆施工

（1）吊线托挂架空方式，该方式简单便宜，我国应用最广泛，但挂钩加挂、整理较费时。

（2）吊线缠绕式架空方式，这种方式较稳固，维护工作少，但需要专门的缠扎机。

（3）自承重式架空方式，要求高，施工、维护难度大，造价高，国内目前很少采用。

（4）架空时，光缆引入线杆处须加导引装置进行保护，并避免光缆拖地，光缆牵引时注意减小摩擦力。每个杆上要预留伸缩的光缆。

（5）要注意光缆中金属物体的可靠接地。特别是在山区、高电压电网区和多雷电地区一般要每千米有 3 个接地点。

10.6.4 室外管道光缆施工

（1）施工前应核对管道占用情况，清洗、安放塑料子管，同时放入牵引线。

（2）计算好布放长度，一定要有足够的预留长度。

（3）一次布放长度不要太长（一般 2 km），布线时应从中间开始向两边牵引。

（4）布缆牵引力一般不大于 120 kg，而且应牵引光缆的加强芯部分，并作好光缆头部的防水加强处理。

（5）光缆引入和引出处须加顺引装置，不可直接拖地。

（6）管道光缆也要注意可靠接地。

10.6.5 直接地埋光缆的敷设

（1）直埋光缆沟深度要按标准进行挖掘。

（2）不能挖沟的地方可以架空或钻孔预埋管道敷设。

（3）沟底应保证平缓坚固，需要时可预填一部分沙子、水泥或支撑物。

（4）敷设时可用人工或机械牵引，但要注意导向和润滑。

（5）敷设完成后，应尽快回土覆盖并夯实。

10.6.6 建筑物内光缆的敷设

（1）垂直敷设时，应特别注意光缆的承重问题，一般每两层要将光缆固定一次。

（2）光缆穿墙或穿楼层时，要加带护口的保护用塑料管，并且要用阻燃的填充物将管子填满。

（3）在建筑物内也可以预先敷设一定量的塑料管道，待以后要敷射光缆时再用牵引或真空法布光缆。

10.7 工程经验

1. 工程经验一　路径的勘察

建筑群子系统的布线工作开始之前，首先要勘察室外施工现场，确定布线的路径和走向，同时避开强电管道和其他管道。

2. 工程经验二　管道的铺设

铺设室外管道时要采用直径较大的，要留有余量。铺设光缆时要特别注意转弯半径，转弯半径过小会导致链路严重损耗，仔细检查每一条光缆，特别是面板盒，有的面板盒深度不够，面板没装到盒上时是好的，装上去以后测试就通不过，原因是装上去后光缆曲率半径太小，造成严重损耗。

3. 工程经验三　缆线的铺设

为防止意外破坏，室外电缆一般应穿入埋在地下的管道内，如需架空，则应架高（高 4 m 以上），而且一定要固定在墙上或电线杆上，切勿搭架在电杆上、墙头上，甚至门框、窗框上。在条件允许的情况下，弱电应走单独的弱电井，减少受电磁干扰的机会。

◎ 典型案例 10　综合布线智能技术行情分析：光纤将广泛应用

为了降低公司网络管理成本，确保企业的语音和数据通信能正常运作，提高企业在 IT 方面的投资回报率，现在很多大型的企业开始着手建立自己的智能配线系统。

通常智能化布线系统由硬件和软件两个系统组成。

1. 硬件方面

1）6 类布线系统代替超 5 类布线系统

6 类布线与 5e 类布线相比所带来的好处是显而易见的。采用高带宽的 6 类布线系统，可以大大减少在网络设备端的投资，包括网卡和交换机等。

2）光纤布线逐渐被广泛应用

整个综合布线系统的未来走向一定是从电缆向光纤转化，也称“光进铜退”。随着价格的下降，光纤的优势将非常明显，尤其在中高端用户中，光纤 +6 类系统成为布线发展的趋势。

3）智能布线系统

智能配线系统没有统一的国际标准，所以各公司产品的设计理念也不尽相同，从硬件角度大致可分为端口检测技术和链路检测技术两种，下面从性能上做一个简单的分析。

端口检测技术就是在端口内置了微型感应器，采用标准 8 芯跳线接入任一端端口即可有感应，连接跳线需要按照顺序建立连接关系。

端口技术的特点是采用普通跳线，易于部署和维护，能够自动发现使用的端口。这是因为使用标准跳线大大节省了维护成本。

端口技术是基于物理层的事件的技术，只要跳线在端口有操作，就会发现并记录，有极快的系统反应速度，是真正实时性的系统，而不是扫描或轮询式的方式。

链路检测技术，依靠跳线中附加的导体，通过特殊 9 针或 10 针跳线接触形成回路进行检测。如果采用链路技术，必须在铜跳线和光跳线中固化一根金属丝。

链路技术的特点是使用特殊跳线，可自动发现特有的跳线，允许跳线两端不按次序连接。

链路技术需要较多上层设备构建特有网络组，形成一套管理网络，来扫描电子配线架，从而建立数据库。

总体来说，两种技术各有优缺点。这两种技术的共同点，都是采用带外的管理模式，不采用双绞线中 1~8 针对的传输介质，而是在端口或旁侧增加感应能力来判断跳线的位置。当然智能布线也有其他技术，如传输线路载波技术，以及将链路技术改良融入一些端口技术的优点，相信智能布线技术在硬件上还会进一步发展。

2. 软件方面

从软件角度来说，各厂商的产品方向基本一致。就目前几个国外厂商发展方向来看，有如下几个发展方面。

加强软件管理能力，通过后台软件增强图形化界面，加入电子工作单机制，丰富报表功能，提高报警能力。电子配线架诞生之初，最主要的一个功能是帮助实现 IT 流程化。IT 流程化就是给用户一个指导性的跳线操作，管理维护和整个流程都依赖电子任务单，整个系统有一个严格的记录和数据库的同步。

智能布线系统是一种将传统布线与智能管理联系在一起的系统。通过智能布线系统，将网络连接的架构及其变化自动传给系统管理软件，管理系统将收到的实时信息进行处理，用户通过查询管理系统，便可随时了解布线系统的最新结构。通过将管理元素全部电子化，可以做到直观、实时和高效的无纸化管理。重视现场和远程这两个方面的管理，一方面提高现场信息的辨识度，另一方面增加远程管理的能力。

请扫描二维码下载典型案例 10 的 Word 版。

典型案例 10 Word 版

习题 10

一、填空题

1. 建筑群子系统也称楼宇子系统，主要实现________与________之间的通信连接，一般采用光缆并配置光纤配线架等相应设备。（参考 10.1 节）

2. ________是建筑物外部通信和信息管线的入口部位，并可作为入口设施和建筑群配线设备的安装场地。（参考 10.2 节）

3. 建筑群子系统的室外管道和缆线必须________，方便未来升级和维护。（参考 10.3 节）

4. 进线间一般应该设置在地下或者靠近外墙，以便于缆线引入，并且应与________连通。（参考 10.4 节）

5. 进线间应考虑满足不少于________家电信业务经营者安装入口设施等设备的面积。（参考 10.4 节）

6. 一般来说，计算机网络系统常采用光缆作为建筑物布线线缆，在网络工程中，经常使用________，户外布线大于 2 km 时可选用________。（参考 10.5.4 节）

7. 电话系统常采用________作为布线线缆。（参考 10.5.4 节）

8. 建筑群子系统的缆线布设方式通常使用架空布线法、________、________、隧道内布线法等。（参考 10.5.5 节）

9. 建筑群子系统主要采用________进行敷设。（参考 10.6 节）

10. 常见的光纤端面分为________和________，不常见的还有斜面。（参考 10.6.2 节）

二、选择题（部分为多选题）

1. 进线间使用面积不应小于（　　）m^2。（参考 10.4 节）

A. 5　　B. 10　　C. 15　　D. 20

2. 进线间应设置预防有害气体措施和通风装置，排风量按每小时不小于(　　)次容积计算，并且有防渗水措施和排水措施。（参考 10.4 节）

A. 2　　B. 3　　C. 4　　D. 5

3. 进线间应采用相应的外开防火门，门净高不应小于（　　）m，净宽不应小于（　　）m。（参考 10.4 节）

A. 0.9　　B. 1.5　　C. 1.8　　D. 2.0

4. 建筑群的主干光缆布线的交接不应多于（　　）次。（参考 10.5.4 节）

A. 1　　B. 2　　C. 3　　D. 4

5. 直埋布线法就是在地面挖沟，然后将缆线直接埋在沟内，通常应埋在距地面（　　）以下的地方，或按照当地城管等部门的有关法规去施工。（参考 10.5.5 节）

A. 0.5 m　　B. 0.6 m　　C. 0.8 m　　D. 1.2 m

6. 建筑群子系统的缆线敷设采用地下管道布线时，为了方便管理，地下管道应间隔（　　）设立一个接合井，此外安装时至少应预留（　　）备用管孔，以供扩充之用。（参考 10.5.5 节）

A. 50 ～ 150 m　　B. 50 ～ 180 m　　C. 1 ～ 2 个　　D. 2 ～ 3 个

7. 光缆转弯时，其转弯半径要大于光缆自身直径的（　　）倍。（参考 10.6 节）

A. 10　　B. 15　　C. 20　　D. 25

8. 通常使用光纤切割刀切割出来的端面为（　　）。（参考 10.6.2 节）

A. 平面　　B. 球面　　C. 斜面　　D. 光面

9. 室外光缆施工时，布缆牵引力一般不大于（　　）kg，而且应牵引光缆的加强芯部分，并作好光缆头部的防水加强处理。（参考 10.6.4 节）

A. 90　　B. 100　　C. 110　　D. 120

10. 垂直敷设时，应特别注意光缆的承重问题，一般每（　　）要将光缆固定一次。（参考 10.6.6 节）

A. 一层　　B. 两层　　C. 三层　　D. 四层

三、简答题

1. 建筑群子系统的设计原则是什么？（参考 10.3 节）
2. 进线间子系统的设计原则是什么？（参考 10.4 节）
3. 比较建筑群子系统的 4 种布线方式，并说明其优点和缺点。（参考 10.5.5 节）
4. 室外管道光缆施工时，需要注意哪些问题？（参考 10.6.4 节）
5. 简述直通型快速连接器制作过程中切割光纤时的具体操作。（参考 10.6.2 节）

请扫描二维码下载习题 10 的 Word 版。

习题 10
Word 版

◎ 实训 12　光纤熔接技术训练

1. 实训任务来源

光缆普遍应用于综合布线垂直子系统、建筑群子系统和光纤入户工程中，光纤熔接是光纤接续的主要手段，也是信息通信工程、5G 安装运维的关键技术。

2. 实训任务

（1）完成光缆的开缆和清洁。要求在开缆工序中不损伤光纤，预留长度合适。

（2）完成光纤熔接实训。要求熔接方法正确，熔接损耗≤ 0.2 dB/ 点，保护套管居中。

（3）完成光纤在光纤配线架内的固定。要求按照产品说明书规定，预留光缆长度合适，固定牢固，在盘纤盒内有序理线和固定。

3. 技术知识点

(1) 光纤通信原理、光纤结构和分类知识，影响光纤传输的主要因素等，详见第 4.3.1 节。

(2) 光缆基本知识、光缆型号命名、光缆分类知识，详见第 4.3.2 节。

(3) 综合布线系统工程常用的室内光缆、室外光缆以及特殊光缆，常用特殊光缆有皮线光缆、8 字光缆、路面微槽光缆、海底光缆等，详见第 4.3.3 节。

(4) 光纤跳线、光纤配线架、光纤接续盒、光纤终端盒等常用器材知识和安装使用方法，详见第 4.4 节和第 10.6 节。

4. 关键技能

(1) 光缆开缆和清洁，光纤色谱。

(2) 光缆工具使用方法与技巧。

(3) 光纤熔接机的使用方法和光纤熔接注意事项。

5. 实训课时

(1) 该实训共计 2 课时完成，其中技术讲解 20 min，视频播放 10 min，学员实际操作 40 min，测试与评判 10 min，实训总结、整理清洁现场 10 min。

(2) 课后作业 2 课时，独立完成实训报告，提交合格实训报告。

6. 实训指导视频

27399- 实训 12-《光纤熔接技术训练》(9 分 06 秒)。

实训 12《光纤熔接技术训练》

7. 实训材料

实训材料如表 10–2 所示。

表 10–2 实训材料

序号	名 称	规 格 说 明	数量	工 具 照 片
1	热收缩套管	用于保护纤芯	8 个	
2	无尘纸	用于清洁纤芯	1 张	
3	酒精	用于清洁纤芯	1 瓶	
4	光纤	4 芯室内光缆	5 m	

8. 实训工具

实训工具如表 10–3 所示。

表 10–3 实训工具

序号	名 称	规 格 说 明	数量	工 具 照 片
1	光纤熔接机	西元 KYRJ–369	1 件	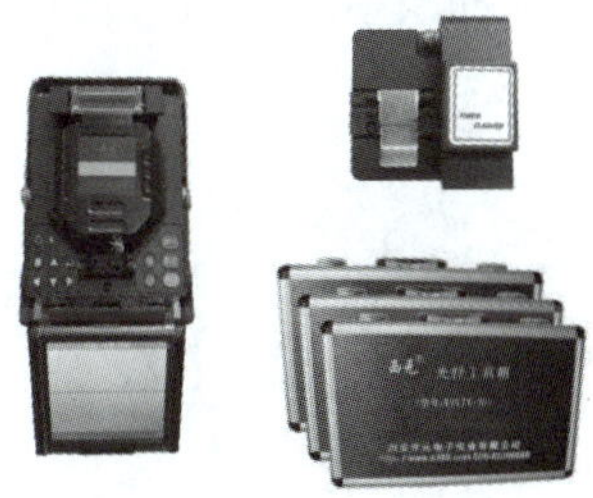
2	光纤工具箱	西元 KYGJX–31，配置的主要工具如下：束管钳、多用剪、剥皮钳、美工刀、尖嘴钳、钢丝钳、斜口钳、光纤剥线钳、活动扳手、横向开缆刀、清洁球、酒精泵、钢卷尺、组合螺丝批、微型螺丝批、镊子、记号笔、红光笔等	1 件	
3	光纤切割刀	切割光纤长度 5~20 mm		

9. 实训设备

设备名称：西元全光网配线端接实训装置，设备型号：KYPXZ–02–06。

本实训装置按照典型工作任务和关键技能实训专门研发，配置有光纤配线端接实验仪、光纤配线架、光纤配线箱、西元光纤信息插座等，仿真典型工作任务，能够通过指示灯持续和间断闪烁显示各种光纤跳线和光纤复杂链路配线、端接、通断测试等功能。

10. 实训步骤

(1) 预习和播放视频。课前应预习，初学者提前预习，请扫描二维码观看实操视频，请多次认真观看，熟悉关键技能和评判标准。

实训时，教师首先讲解技术知识点和关键技能 20 min，然后播放视频 10 min。更多可参考教材第 4.3.1、4.3.2、4.3.3 节和第 10.6 节相关内容。

(2) 器材工具准备。建议在播放视频期间，教师准备和分发。

①按照表 10–3 发放工具。

②学员检查工具规格正确、数量合格。

③本实训要求学员独立完成，优先保证质量，掌握方法。

(3) 光纤熔接工程技术实训步骤和方法。

第一步：剥除光缆外护套。

使用光纤剥线钳，剥除光缆外护套，并将光缆固定在光纤盘线盒内，如图 10–57 所示。

第二步：穿热收缩套管。

由于剥去涂覆层的光纤很脆弱，特别容易折断，所以需要使用热缩管对光纤进行保护。图 10–58 所示为穿热收缩套管。

图 10–57 固定光缆

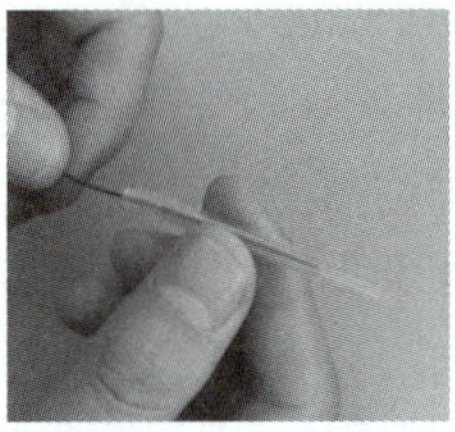

图 10–58 穿热收缩套管

第三步：准备熔接机。

打开熔接机电源，采用预置的程式进行熔接，并在使用中和使用后及时去除熔接机中的灰尘。

第四步：制作对接光纤端面。

光纤端面制作的好坏将直接影响光纤对接后传输质量，所以在熔接前一定要保证光纤端面切割平齐，具体步骤如下：

①如图 10–59 所示，使用光纤剥线钳剥去光纤纤芯上的树脂层。

②如图 10–60 所示，使用无尘纸蘸取酒精。

③如图 10–61 所示，用蘸酒精的无尘纸在裸纤上擦拭 3 次。

④如图 10–62 所示，将光纤放入光纤切割刀进行切割，切割长度为 16 mm，将切割掉的纤芯及时放入垃圾盒内，防止伤人。

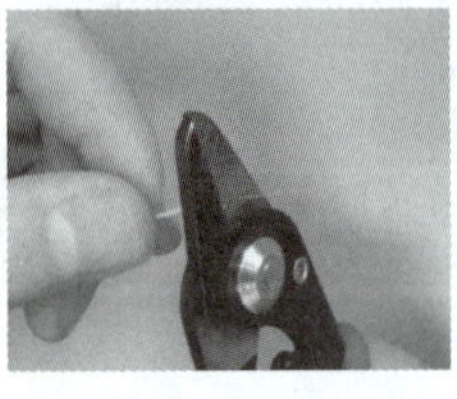

图 10–59 用剥线钳去除树脂层

图 10–60 蘸取酒精

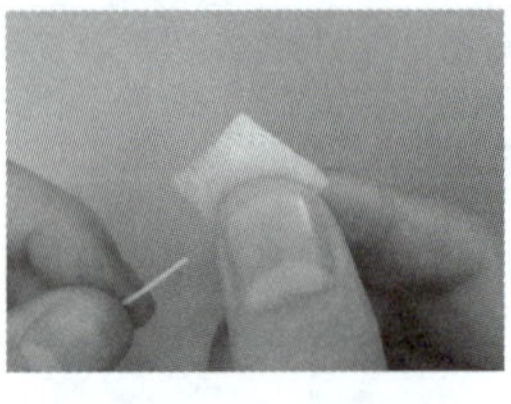

图 10–61 清洁光纤

图 10–62 切割光纤

第五步：放置光纤。

如图 10–63 所示，将光纤放在熔接机的 V 形槽中，将对接的光纤的切割面靠近电极尖端位置，小心压上光纤压板，关上防风罩，光纤熔接机自动完成熔接。图 10–64 所示为完成熔接后显示屏内容。

图 10-63　光纤放入 V 形槽中

图 10-64　完成熔接

第六步：加热热缩套管。

①如图 10-65 所示，打开防风罩，把光纤从熔接机上取出，再将热缩管放在裸纤中间。

②如图 10-66 所示，将套有热缩管的光纤放入加热炉，盖上盖板后，自动加热。

③如图 10-67 所示，为热缩套管加热指示灯，当加热完成后，指示灯熄灭。

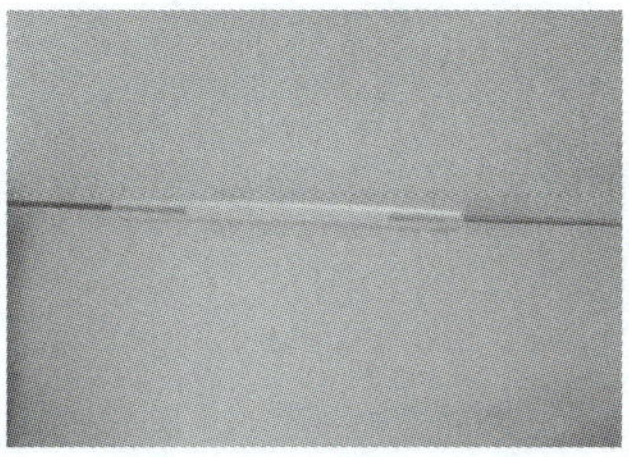

图 10-65　套热缩套管

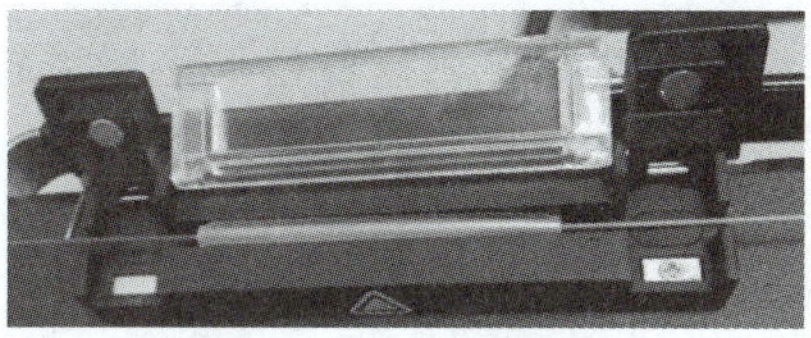

图 10-66　放入加热炉

图 10-67　加热指示灯

第七步：盘纤固定。

如图 10-68 所示将接续好的光纤盘到光纤收容盘内，在盘纤时，盘圈的半径越大，弧度越大，整个线路的损耗越小。

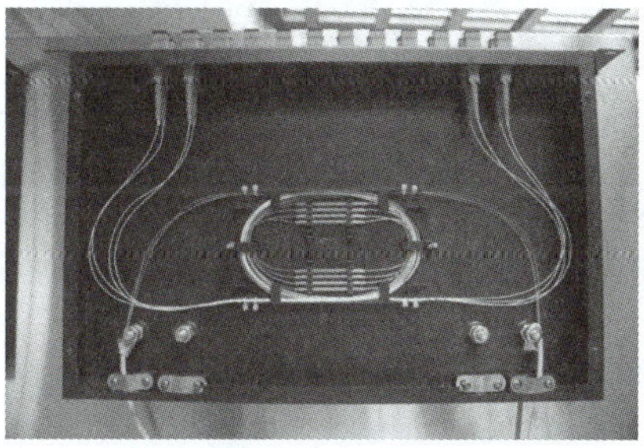

图 10-68　光纤盘纤

11. 评判标准

评判标准和评分表如表 10-4 所示。

表 10-4　光纤熔接技术实训评判表

姓名/编号	光纤熔接技术实训（合格100分，不合格0分）	操作工艺评价							评判结果得分	排名
		开缆合适（10 分）	热缩管使用正确（10 分）	曲率半径合适（10 分）	熔接损耗 ＜0.3 dB 20 分	光纤熔接盒固定正确（10 分）	断纤清理（10 分）	测试通过（30 分）		

12. 实训报告

请按照单元 1 表 1-1 所示的实训报告模板要求，独立完成实训报告，2 课时。

请扫描二维码下载实训 12 的 Word 版。

实训 12
Word 版

单元 11 综合布线工程测试与验收

通过本单元学习，熟悉综合布线系统电缆链路和光缆链路的测试原理，了解综合布线工程验收项目和技术。

技能目标

（1）掌握综合布线工程测试项目与验收内容。

（2）掌握综合布线永久链路的测试技术与方法。

工程测试与验收是一项系统性工作，它包含链路连通性、电气和物理特性测试，还包括对施工环境、工程器材、设备安装、缆线敷设、缆线终接、竣工技术文档等的验收。验收工作贯穿于整个综合布线工程中，包括施工前检查、随工检验、初步验收、竣工验收等几个阶段，每个阶段都有其特定的内容。

11.1 双绞线链路测试

11.1.1 双绞线电缆测试相关知识

1. 测试设备

在综合布线工程中，对双绞线链路的测试通常有通断测试与分析测试两类。前者主要用于链路的简单通断性判定，图 11-1 所示为其常用测试设备。后者用于链路性能参数的确定，图 11-2 所示为其常用测试设备。下面主要介绍 DTX 系列产品的性能和测试模型。

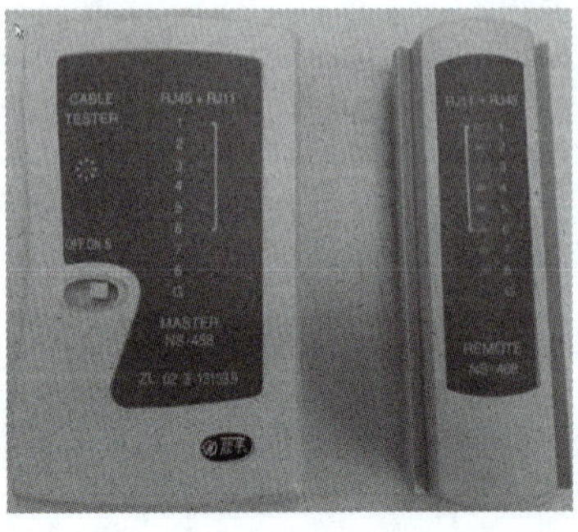

图 11-1 “能手”测试仪

图 11-2 FLUKE DTX 系列产品

1）测试软件

LinkWare 软件可完成测试结果的管理，其界面如图 11–3 所示。图 11–4 显示了各种格式的测试报告，如图形和纯文本等。LinkWare 具有强大的统计功能，图 11–5 显示了 LinkWare 对单个信息点进行单项参数数据统计的结果。

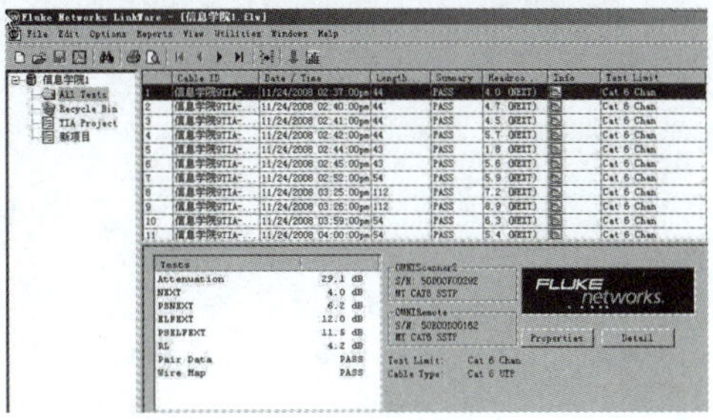

图 11–3　测试界面

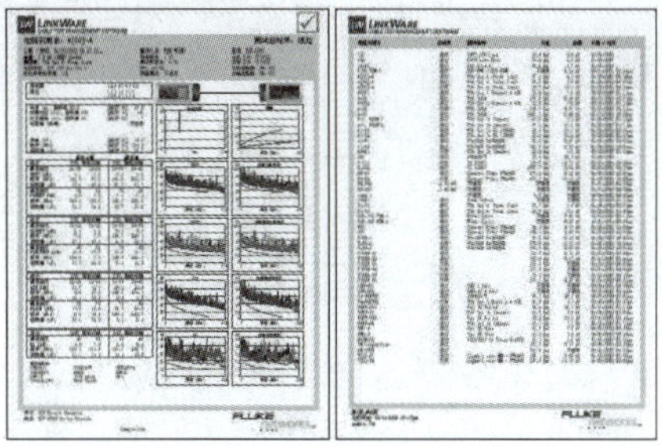

图 11–4　测试报告

2）测试仪器精度

测试结果中出现“*”，表示该结果处于测试仪器的精度范围内，测试仪无法准确判断。测试仪器的精度范围也称“灰区”，精度越高，“灰区”范围越小，测试结果越可信。图 11–6 显示了 FLUKE 测试仪成功和失败的灰区结果。影响测试仪精度的因素有高精度的永久链路适配器和匹配性能好的插头。

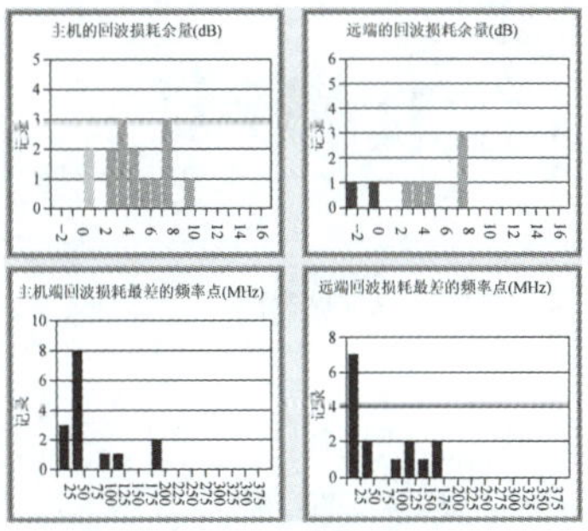

图 11–5　信息点数据统计

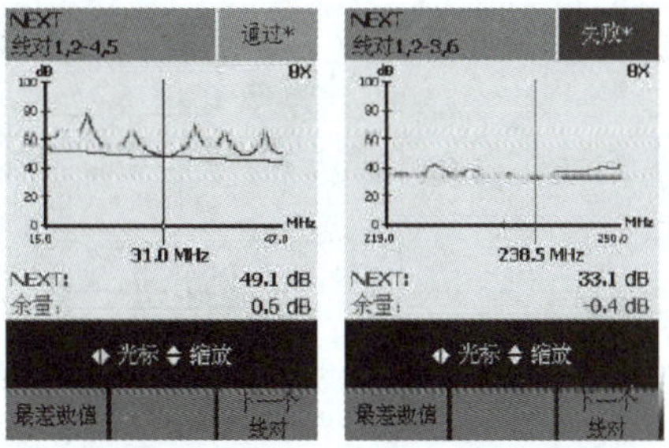

（a）成功　　（b）失败

图 11–6　测试结果

2. 测试模型

1）基本链路模型

基本链路包括三部分：最长为 90 m 的水平布线电缆、两端接插件和两条 2 m 测试设备跳线。基本链路连接模型应符合图 11–7 所示方式。

2）信道模型

信道指从网络设备跳线到工作区跳线间端到端的连接，它包括了最长为 90 m 的水平布线电缆、两端接插件、一个工作区转接连接器、两端连接跳线和用户终端连接线，信道最长为 100 m，如图 11–8 所示。

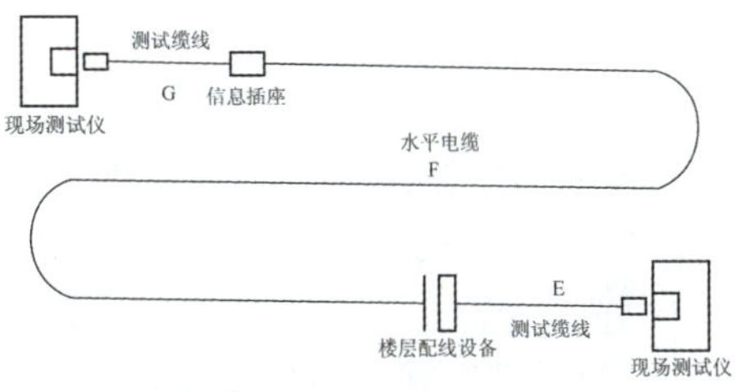

图 11–7　基本链路连接模型

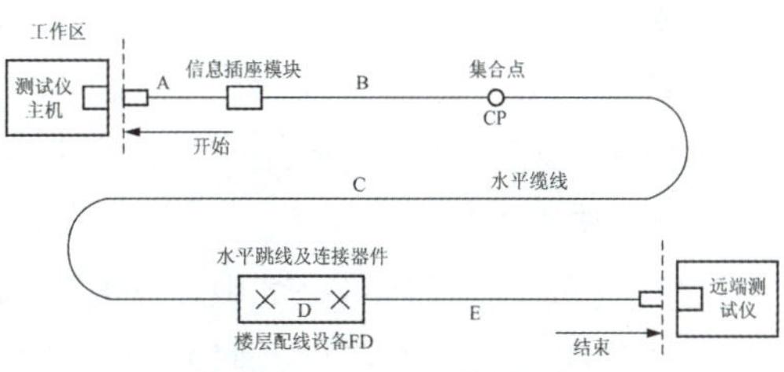

图 11–8　信道连接模型

3）永久链路模型

永久链路又称固定链路，它由最长为 90 m 的水平电缆、两端接插件和转接连接器组成，如图 11-9 所示。H 为从信息插座至楼层配线设备（包括集合点）的水平电缆，$H \leqslant 90\text{m}$。其与基本链路的区别在于基本链路包括两端的 2 m 测试电缆。在使用永久链路测试时可排除跳线在测试过程中本身带来的误差，从技术上消除了测试跳线对整个链路测试结果的影响，使测试结果更准确、合理。

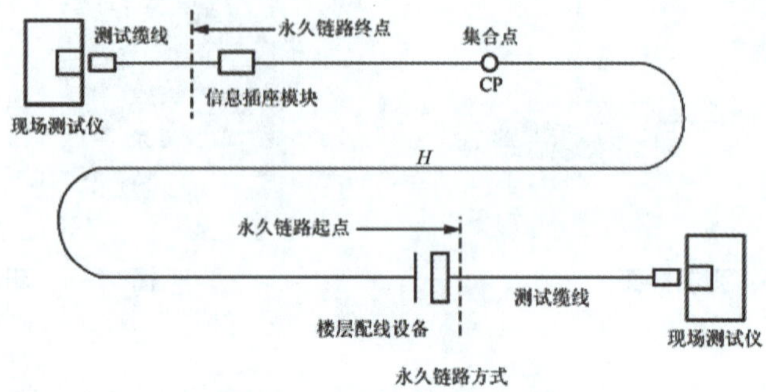

图 11-9 永久链路连接模型

4）各种模型之间的差别

图 11-10 显示了 3 种测试模型之间的差异性，主要体现在测试起点和终点的不同、包含的固定连接点不同和是否可用终端跳线等。

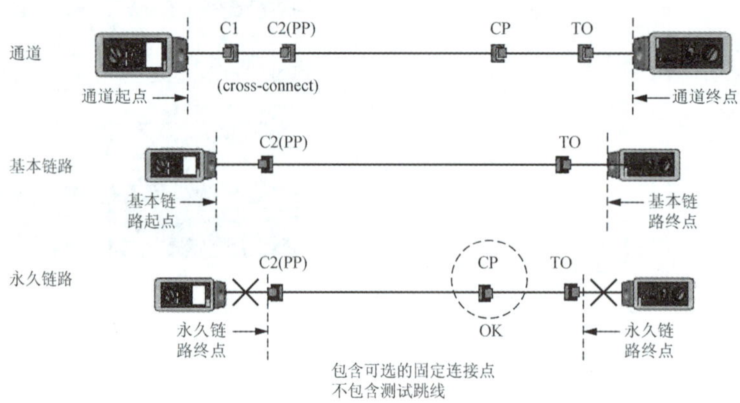

图 11-10 3 种链路链接模型差异比较

3. 测试类型

从工程的角度可将综合布线工程的测试分为两类：验证测试和认证测试。

验证测试一般是在施工的过程中由施工人员边施工边测试，以保证所完成的每一个连接的正确性。

认证测试是指对布线系统依照标准进行逐项检测，以确定布线是否达到设计要求，包括连接性能测试和电气性能测试。认证测试通常分为自我认证和第三方认证两种类型。

4. 测试标准

布线的测试首先是与布线的标准紧密相关的。布线的现场测试是布线测试的依据，它与布线的其他标准息息相关，我们已经在单元 2 进行了介绍，更详细的资料可以直接参考标准原件。

5. 测试技术参数

综合布线的双绞线链路测试中，需要现场测试的参数包括接线图、长度、传输时延、插入损耗、近端串扰、综合近端串扰、回波损耗、衰减串扰比、等效远端串扰和综合等效远端串扰等。

下面介绍比较重要的几个参数。

1）接线图

接线图的测试，主要测试水平电缆终接在工作区或电信间配线设备的 8 位模块式通用插座的安装连接是否正确。正确的线对组合为 1/2、3/6、4/5、7/8，分为非屏蔽和屏蔽两类，对于非 RJ-45 的连接方式按相关规定要求列出结果，布线过程中可能出现以下正确或错误的连接图测试情况。图 11-11 所示为正确接线的测试结果。

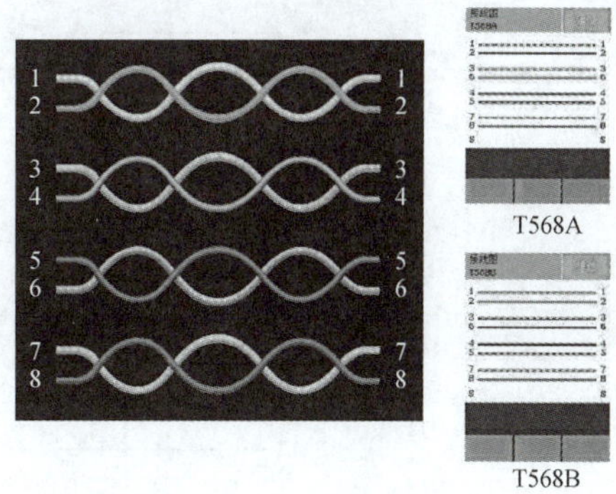

图 11-11　正确接线图

对布线过程中出现错误的连接图测试情况分析如下：

（1）开路：双绞线中有个别芯没有正确连接，图 11-12 显示第 8 芯断开，且中断位置分别距离测试的双绞线两端 22.3 m 和 10.5 m 处。

（2）反接 / 交叉：双绞线中有个别芯对交叉连接，图 11-13 显示 1、2 芯交叉。

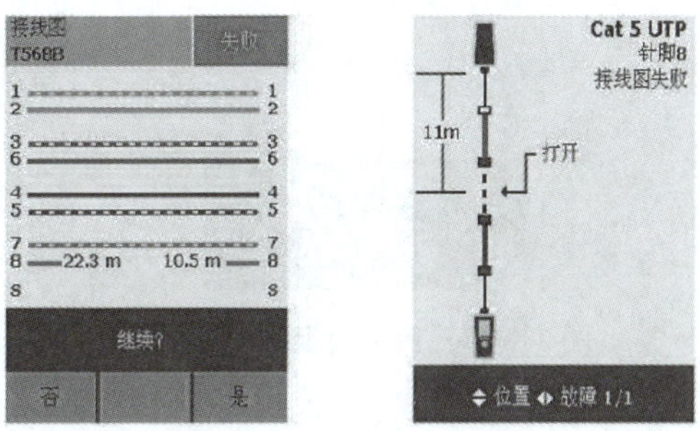

图 11-12　开路

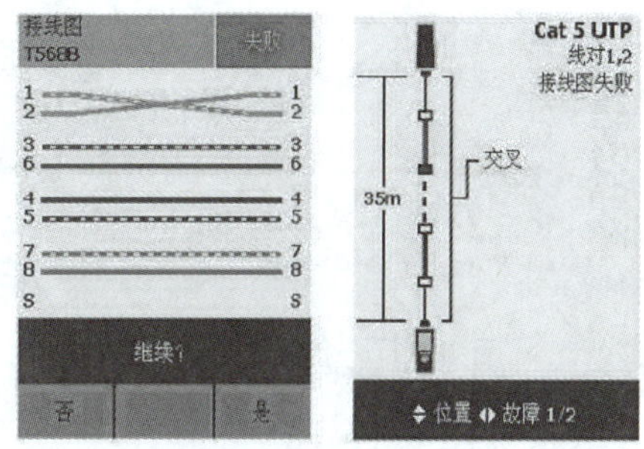

图 11-13　反接 / 交叉

（3）短路：双绞线中有个别芯对铜芯直接接触，图 11-14 显示 3、6 芯短路。

（4）跨接 / 错对：双绞线中有个别芯对线序错接，图 11-15 显示 1 和 3、2 和 6 两对芯错对。

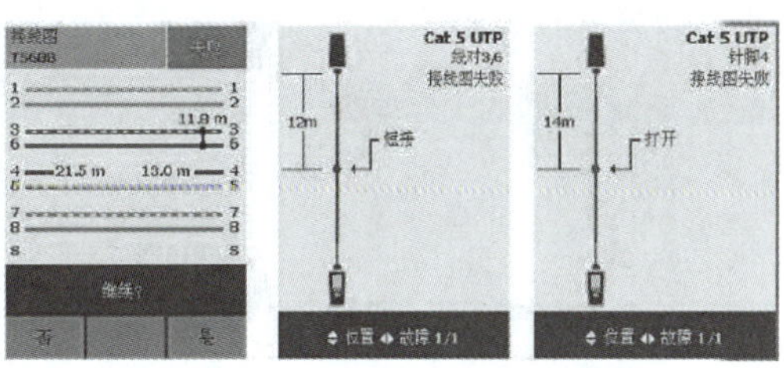

图 11-14　短路

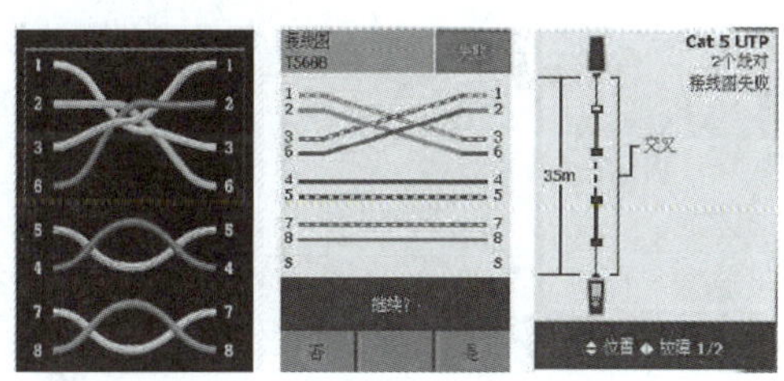

图 11-15　跨接 / 错对（2）长度

2）长度

长度为被测双绞线的实际长度。长度测量的准确性主要受几个方面的影响：缆线的额定传输速度（NVP）、绞线长度与外皮护套的长度，以及沿长度方向的脉冲散射。NVP 表示的是信号在缆线中传输的速度，以光速的百分比形式表示。NVP 设置不正确将导致长度测试结果错误，比如 NVP 设定为 70% 而缆线实际的 NVP 值是 65%，那么测量还没有开始就有了 5% 以上的误差。图 11-16 所示为一个信号在链路短路、开路和正常状态下的 3 种传输状态。

3）传输时延

传输时延为被测双绞线的信号在发送端发出后到达接收端所需要的时间，最大值为 555 ns；图 11-17 描述了信号的发送过程，图 11-18 描述了测试结果，从中可以看到不同线对的信号是先后到达对端的。

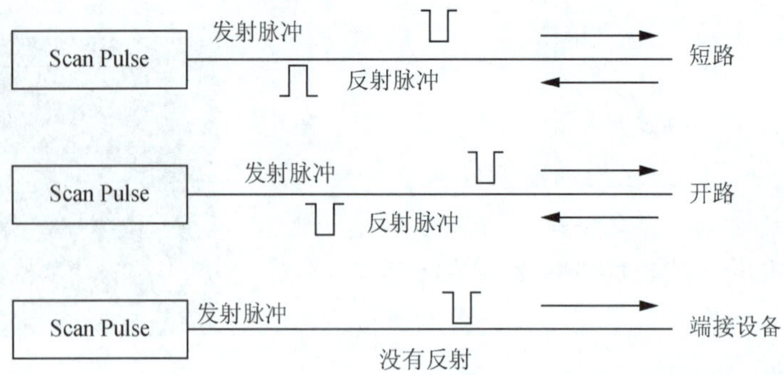

图 11–16　时域反射

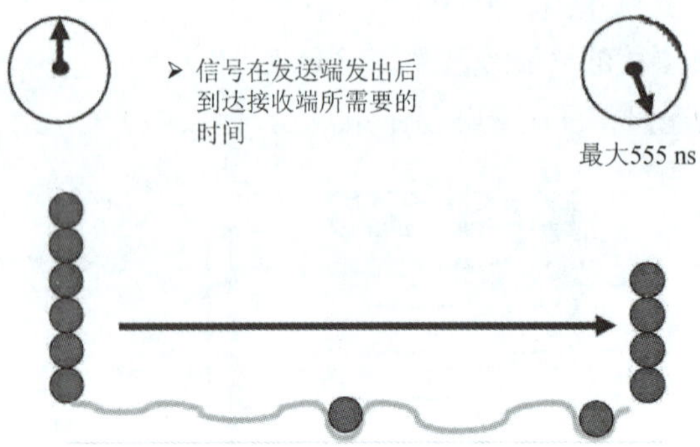

图 11–17　传输时延产生过程

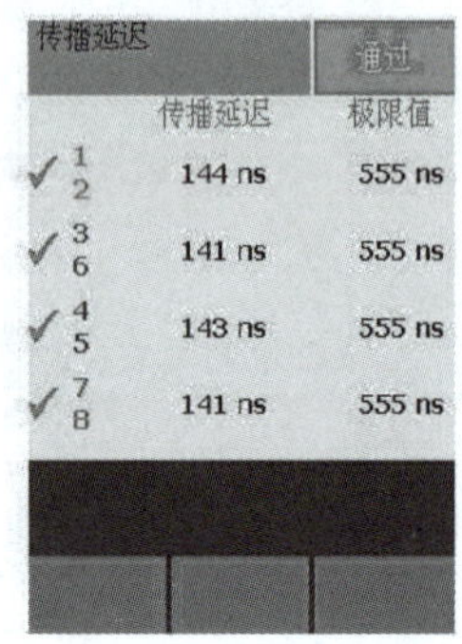

图 11–18　传输时延测试结果

4）衰减或者插入损耗

衰减或者插入损耗为链路中传输所造成的信号损耗（以 dB 表示）。图 11–19 描述了信号的衰减过程；图 11–20 显示了插入损耗测试结果。造成链路衰减的主要原因有电缆材料的电气特性和结构、不恰当的端接和阻抗不匹配的反射，而线路过量的衰减会使电缆链路传输数据变得不可靠。

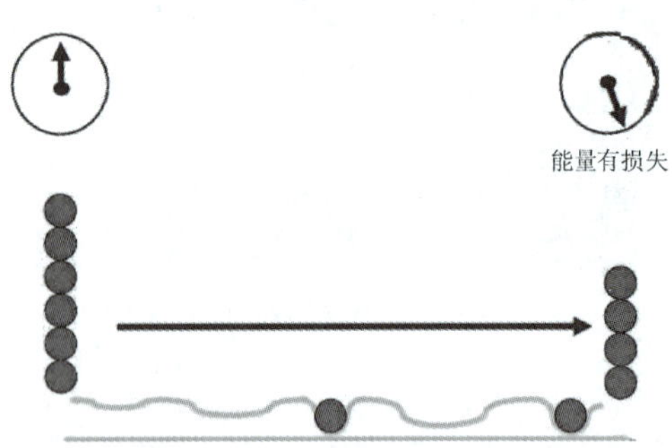

图 11–19　插入损耗产生过程

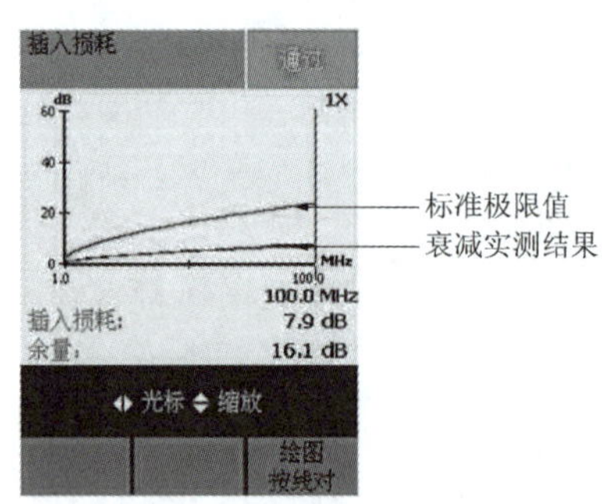

图 11–20　插入损耗测试结果

5）串扰

串扰是测量来自其他线对泄露过来的信号。图 11–21 显示了串扰的形成过程。串扰又可分为近端串扰（NEXT）和远端串扰（FEXT）。NEXT 是在信号发送端（近端）进行测量。图 11–22 显示了 NEXT 的形成过程。对比图 11–21 和图 11–22 可知，NEXT 只考虑了近端的干扰，忽略了对远端的干扰。

NEXT 的影响类似于噪声干扰，当干扰信号足够大的时候，将直接破坏原信号或者接收端将原信号错误地识别为其他信号，从而导致站点间歇的锁死或者网络连接失败。

NEXT 又与噪声不同，NEXT 是缆线系统内部产生的噪声，而噪声是由外部噪声源产生的。图 11–23 描述了双绞线各线对之间的相互干扰关系。

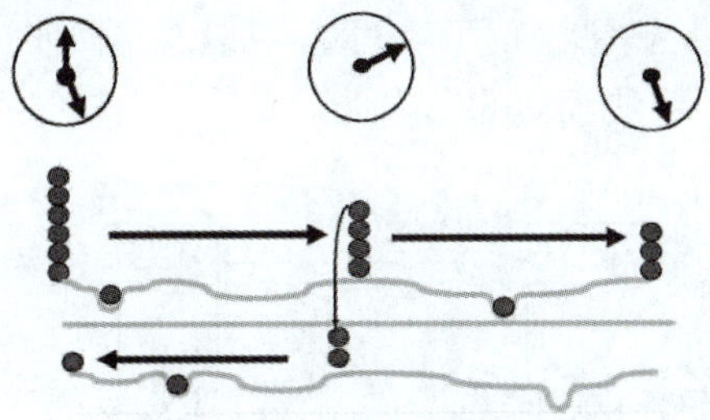

图 11-21　串扰产生过程

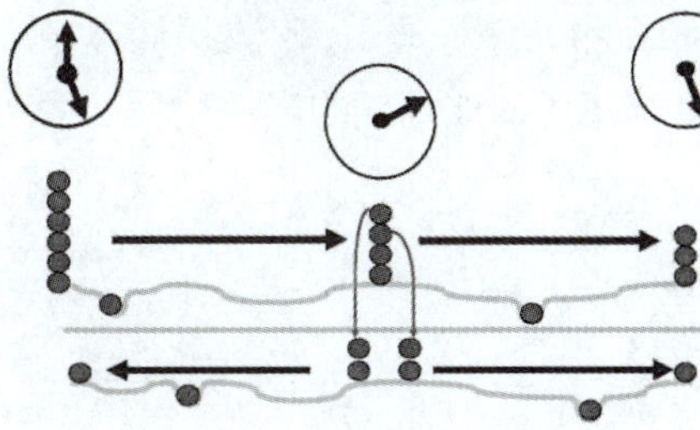

图 11-22　NEXT 产生过程

NEXT 是频率的复杂函数，图 11-24 描述了 NEXT 的测试结果。图 11-25 显示的测试结果验证了 4 dB 原则。在 ISO 11801:2002 标准中，NEXT 的测试遵循 4 dB 原则，即当衰减小于 4 dB 时，可以忽略 NEXT。

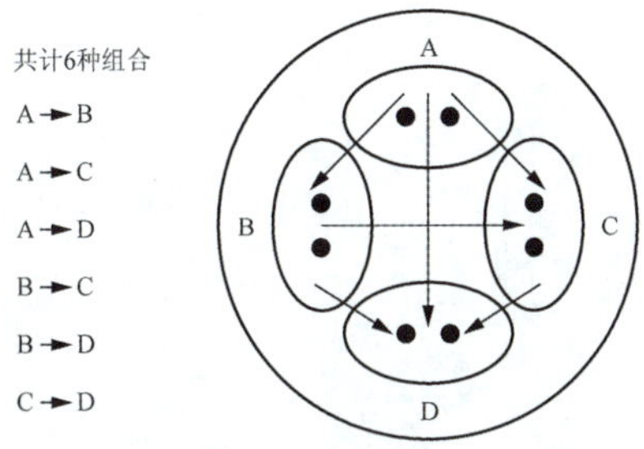

图 11-23　线对间的近端串扰测量

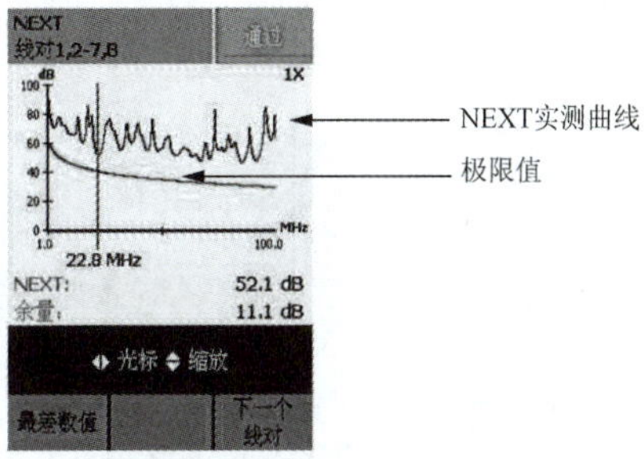

图 11-24　NEXT 测试结果

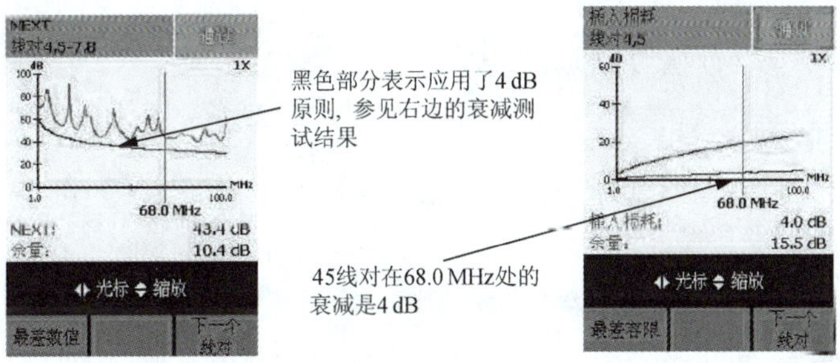

图 11-25　4 dB 原则

6）综合近端串扰

综合近端串扰（PS NEXT）是一对线感应到所有其他绕对对其的近端串扰的总和。图 11-26 描述了综合近端串扰的形成，图 11-27 显示了测试结果。

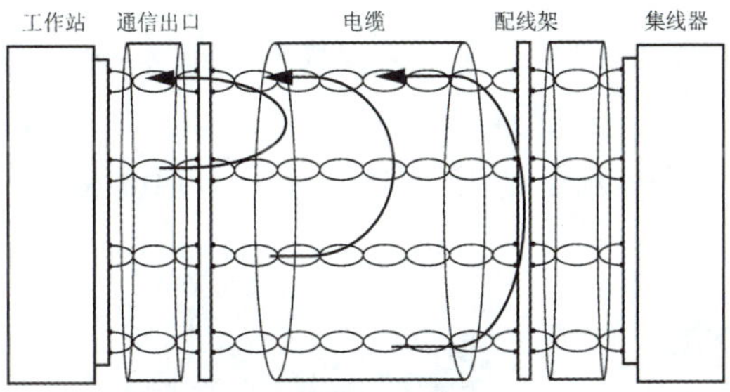

图 11-26　综合近端串扰产生过程

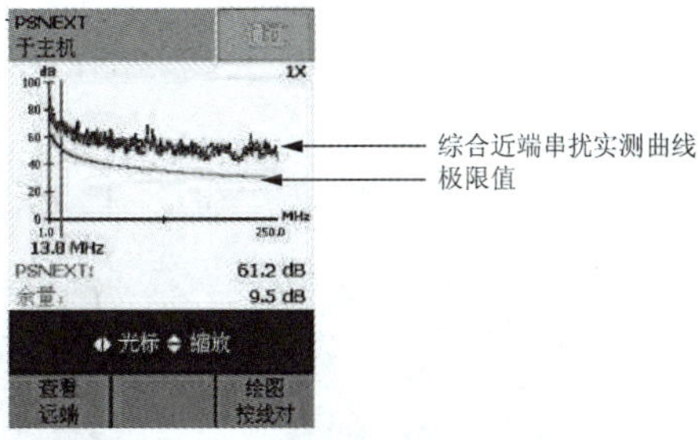

图 11-27　综合近端串扰测试结果

7）回波损耗

回波损耗是由于缆线阻抗不连续 / 不匹配所造成的反射，产生原因是特性阻抗之间的偏离，体现在缆线的生产过程中发生的变化、连接器件和缆线的安装过程。

在 TIA 和 ISO 标准中，回波损耗遵循 3 dB 原则，即当衰减小于 3 dB 时，可以忽略回波损耗。图 11-28 描述了回波损耗的产生过程。图 11-29 描述了回波损耗的影响。

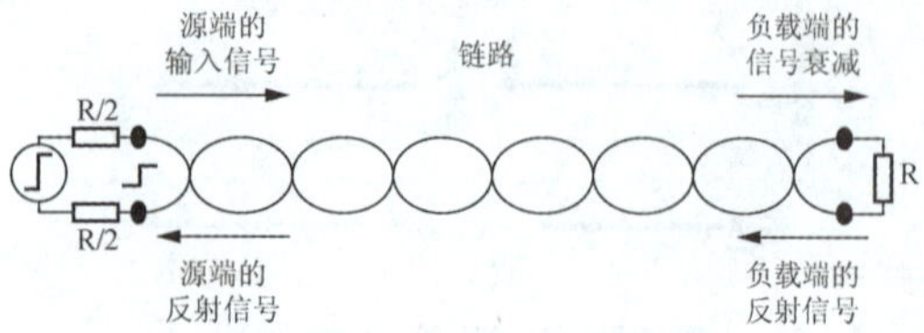

图 11-28 回波损耗产生过程

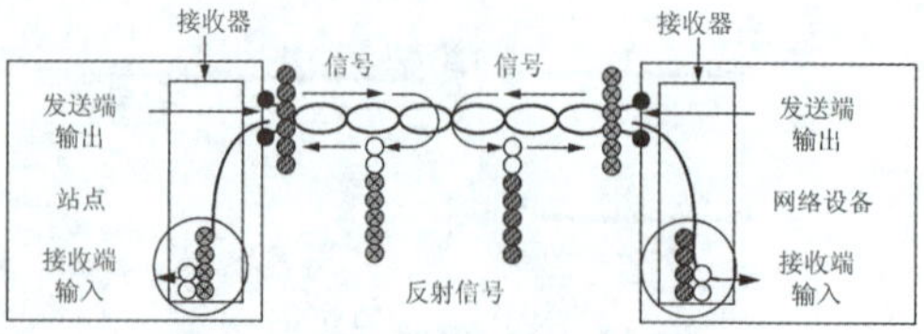

图 11-29 回波损耗的影响

8）衰减串扰比

衰减串扰比（ACR）类似信号噪声比，用来表征经过衰减的信号和噪声的比值，ACR=NEXT 值－衰减，数值越大越好。图 11-30 描述了 ACR 的产生过程。

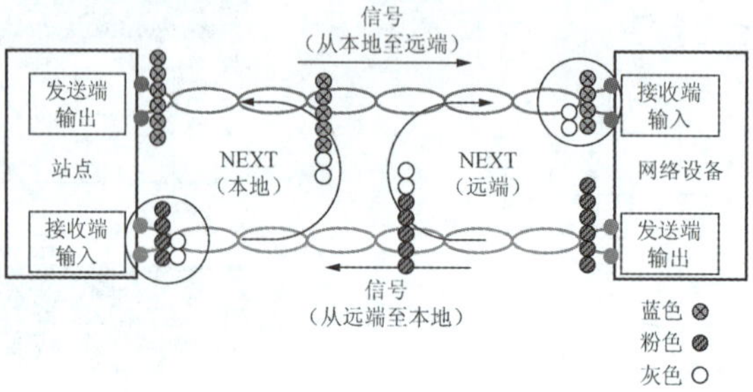

图 11-30 ACR 产生过程

11.1.2 项目测试

根据项目分析的内容，确定项目实施内容。

1. 确定测试标准

当工程为国内工程时，应该选择和使用中国国家标准，如 GB 50312。

2. 确定测试链路标准

为了保证缆线的测试精度，采用永久链路测试。

3. 确定测试设备

项目全部使用 6 类线进行敷设，所以测试时必选用 FLUKE-DTX 的 6 类双绞线模块进行。

4. 测试信息点

（1）将 FLUKE-DTX 设备的主机和远端机都接好 6 类双绞线永久链路测试模块。

（2）将 FLUKE-DTX 设备的主机放置在配线间（中央控制室）的配线架前，远端机接入到各楼层的信息点进行测试。

（3）设置 FLUKE-DTX 主机的测试标准，旋钮至 SETUP，选择测试标准为 TIA Cat6 Perm. link，如图 11-31 所示。

（4）接入测试缆线接口。图 11-32 和图 11-33 分别显示了测试中主机端和远端端接状态。

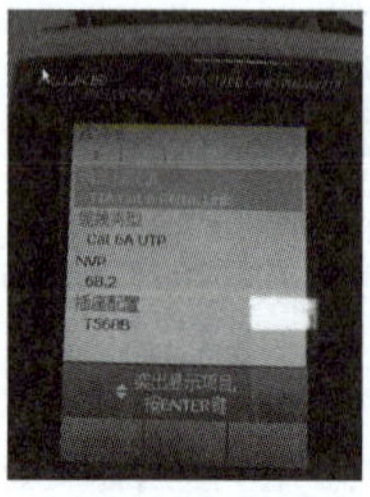

图 11-31 测试标准选择

图 11-32 主机端端接状态

图 11-33 远端端接状态

（5）缆线测试。旋钮至 AUTO TEST，按下 TEST，设备将自动开始测试缆线，图 11–34 和图 11–35 分别显示了开始测试和保存结果操作。

（6）保存测试结果。直接按 SAVE 即可对结果进行保存。

5. 分析测试数据

通过专用线将结果导入到计算机中，通过 LinkWare 软件即可查看相关结果。

（1）所有信息点测试结果如图 11–36 所示。

图 11–34　开始测试

图 11–35　保存结果

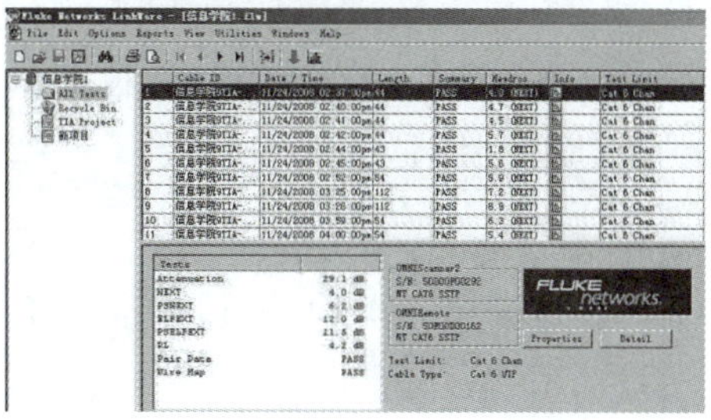

图 11–36　所有信息点测试结果

（2）单个信息点测试结果如图 11–37 所示。

（3）通过预览方式查看各个信息点测试结果如图 11–38 所示。

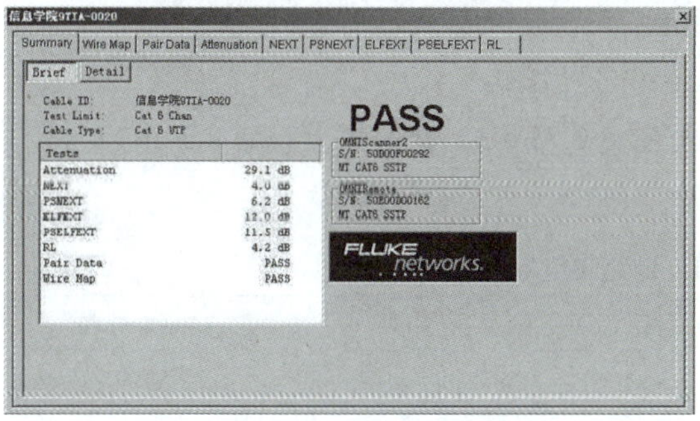

图 11–37　单个信息点测试结果

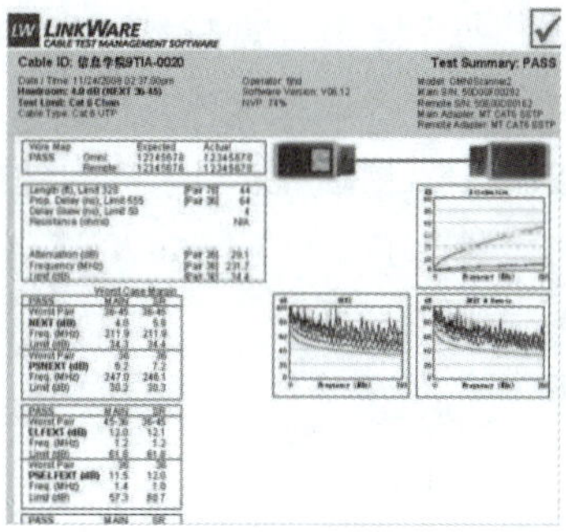

图 11–38　预览方式查看测试结果

11.2 光纤链路测试

11.2.1 光纤测试相关知识

1. 测试设备

综合布线工程中，用于光缆的测试设备也有多种，其中，FLUKE 系列测试仪上就可以通过增加光纤模块实现。这里主要介绍 OptiFiber 多功能光缆测试仪。

1）功能

可以实现专业测试光纤链路的链路 OTDR 状态。

2）界面介绍

OptiFiber 多功能光缆测试仪如图 11–39 所示。

3）FiberInspector 光缆端截面检查器

FiberInspector 光缆端截面检查器（见图 11–40）可直接检查配线架或设备光口的端截面，比传统的放大镜快 10 倍，同时可避免眼睛直视激光所造成的眼睛伤害。

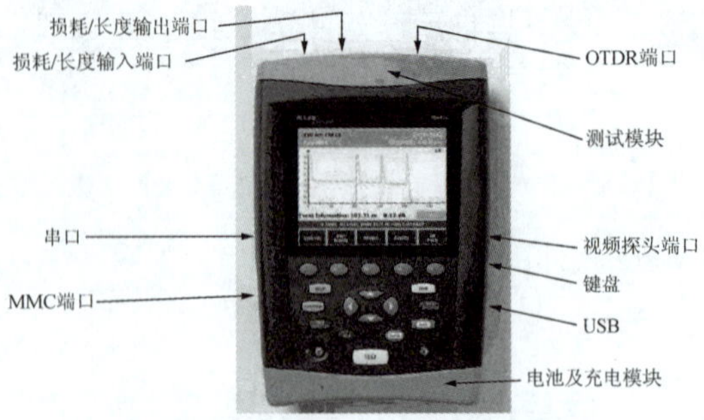

图 11-39　多功能光缆测试仪界面

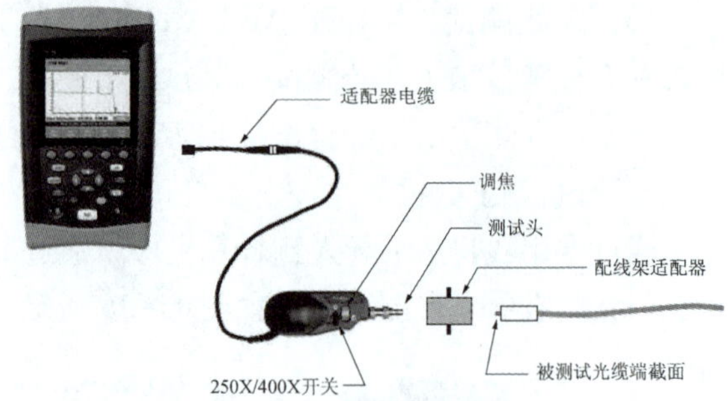

图 11-40　光缆端截面检查器

2. 光纤测试标准

1）通用标准

一般为基于光缆长度、适配器及接合的可变标准。

2）LAN 应用标准

3）特定应用标准

每种应用的测试标准是固定的，例如 10BASE-FL，Token Ring，ATM。

（1）TIA/EIA-568-B.3 标准。该标准主要定义了光缆、连接器和链路长度的标准。

① 光缆每千米最大衰减（850 nm）3.75 dB。

② 光缆每千米最大衰减（1 300 nm）1.5 dB。

③ 光缆每千米最大衰减（1 310 nm、1 550 nm）1.0 dB。

连接器（双工 SC 或 ST）中，适配器最大衰减 0.75 dB，熔接最大衰减 0.3 dB。

链路长度（主干）标准如表 11-1 所示。

表 11-1　链路长度标准

分　段	HC-IC（m）	IC-MC（m）
62.5/125 多模	300	1 700
50/125 多模	300	1 700
8/125 单模	300	2 700

（2）TIA TSB140 标准。于 2004 年 2 月被批准，主要对光缆定义了两个级别的测试。

① 级别 1：测试长度与衰减，使用光损耗测试仪或 VFL 验证极性。

② 级别 2：级别 1 加上 OTDR 曲线，证明光缆的安装没有造成性能下降的问题。

3. 测试技术参数

1）衰减

（1）衰减是指光沿光纤传输过程中光功率的减少。

（2）对光纤网络总衰减的计算：光纤损耗（LOSS）是指光纤输出端的功率（power out）与发射到光纤时的功率（power in）的比值。

（3）损耗是同光纤的长度成正比的。

（4）光纤损耗因子（α）：用来反映光纤衰减的特性。

2）回波损耗

回波损耗又称反射损耗，它是指在光纤连接处，后向反射光相对输入光的比率的分贝数。改进回波损耗的有效方法是，尽量将光纤端面加工成球面或斜球面。

3）插入损耗

插入损耗是指光纤中的光信号通过活动连接器之后，其输出光功率相对输入光功率的比率的分贝数，插入损耗越小越好。插入损耗的测试结果如图 11–41 所示。

4）OTDR 参数

OTDR 测量的是反射的能量而不是传输信号的强弱，如图 11–42 所示。

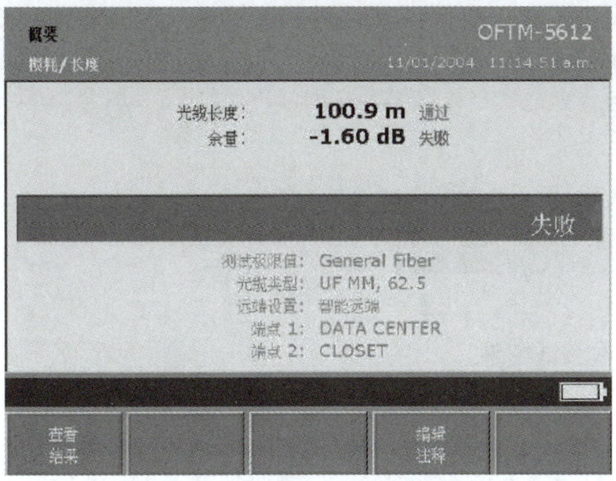

图 11–41 光缆测试结果

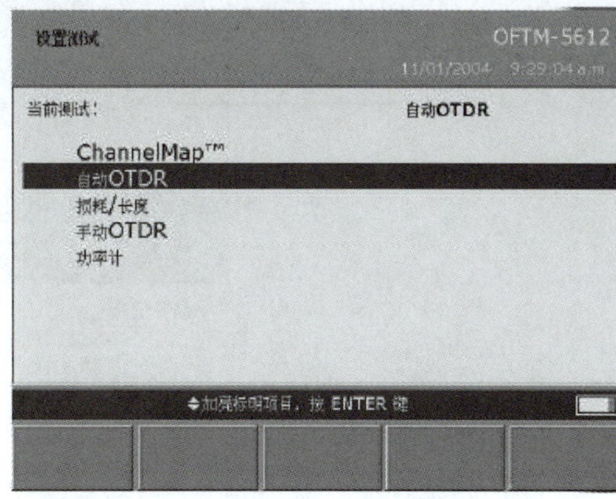

图 11–42 OTDR 测量

（1）Channel Map。图形显示链路中所有连接和各连接间的光缆长度，如图 11–43 所示。

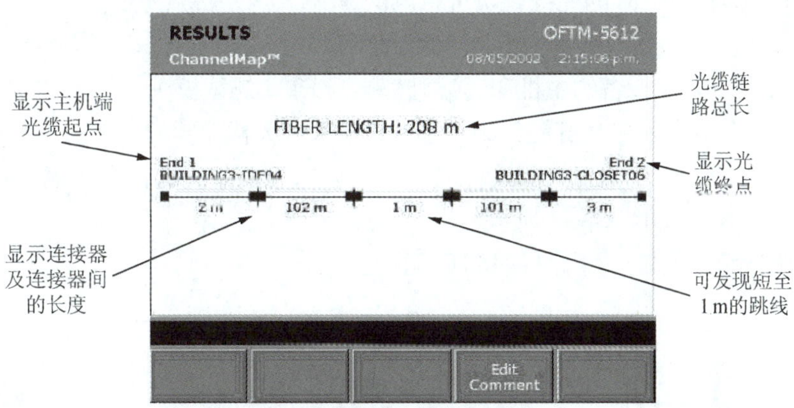

图 11–43 Channel Map 结果

（2）OTDR 曲线。曲线自动测量和显示事件，光标自动处于第一个事件处，可移动到下一个事件，如图 11–44 所示。

（3）OTDR 事件表。可以显示所有事件的位置和状态，以及各种不同的事件特征，例如末端、反射、损耗、幻象等，如图 11–45 所示。

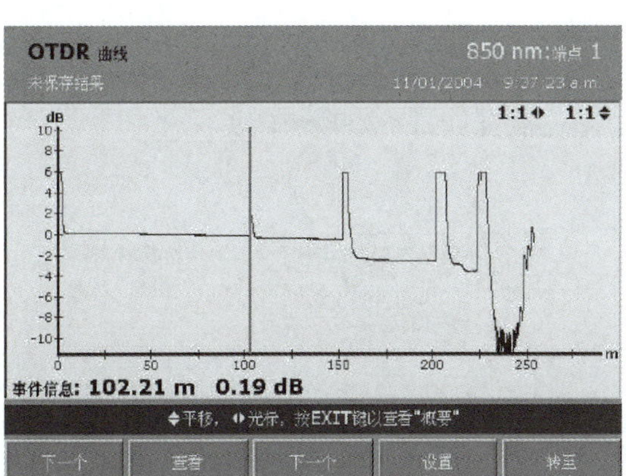

图 11–44 OTDR 曲线图

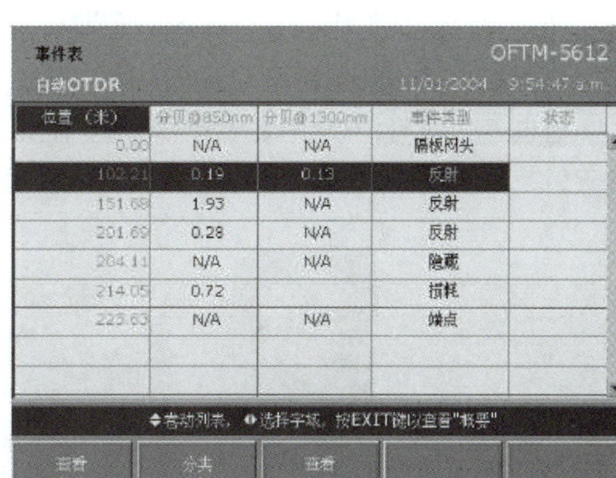

图 11–45 OTDR 事件表

（4）光功率。验证光源和光缆链路的性能，如图 11-46 所示。

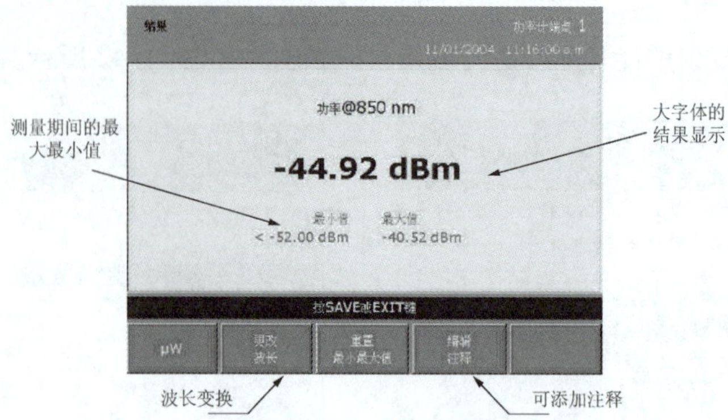

图 11-46　光功率测试结果

11.2.2　项目测试

1. 确定测试标准

该工程为国内工程，使用目前国内普遍使用的 TIA TSB140 标准测试。

2. 确定测试设备

选择 FLUKE-DTX-FTM 的光纤模块进行测试。

3. 测试信息点

（1）将 FLUKE-DTX 设备的主机和远端机都接好 FTM 测试模块。

（2）设备主机接在控制室光纤配线架，远端机接入到大楼光纤配线架的信息点进行测试。

（3）设置 FLUKE-DTX 主机的测试标准，旋钮至 SETUP，先选择测试缆线类型为 Fiber，再选择测试标准为 Tier2，如图 11-47 所示。

（4）接入测试缆线接口，如图 11-48 所示。

图 11-47　选择测试标准

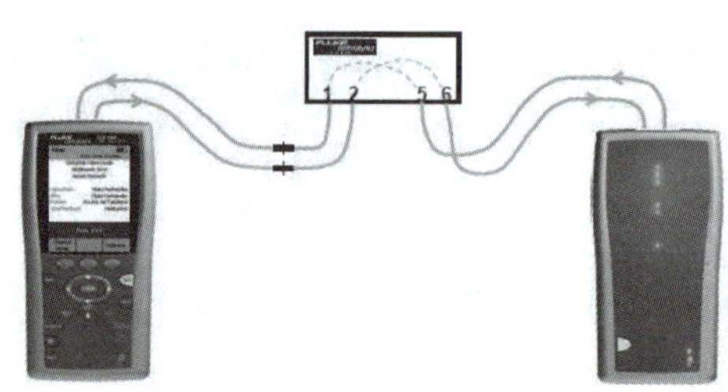

图 11-48　接入测试缆线接口

（5）缆线测试，旋钮至 AUTO TEST，按下 TEST，设备将自动测试缆线，如图 11-49 所示。

（6）保存测试结果，直接按 SAVE 即可对结果进行保存。

4. 分析测试数据

通过专用线将结果导入到计算机中，通过 LinkWare 软件即可查看相关结果。

（1）所有信息点测试结果如图 11-50 所示。

图 11-49　缆线测试

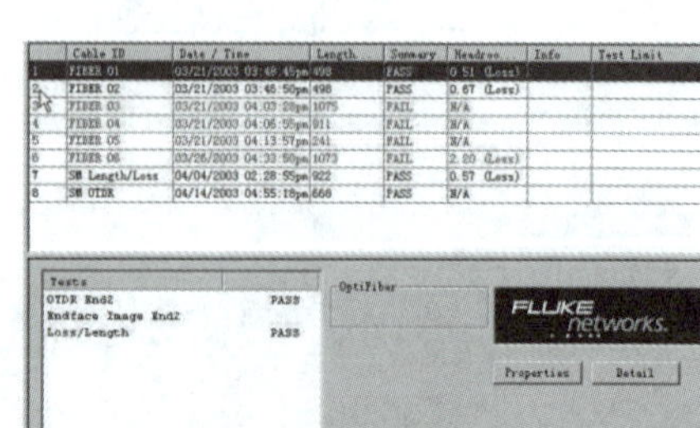

图 11-50　查看所有信息点结果

（2）单个信息点测试结果如图 11-51 所示。

（3）通过预览方式查看测试结果如图 11-52 所示。

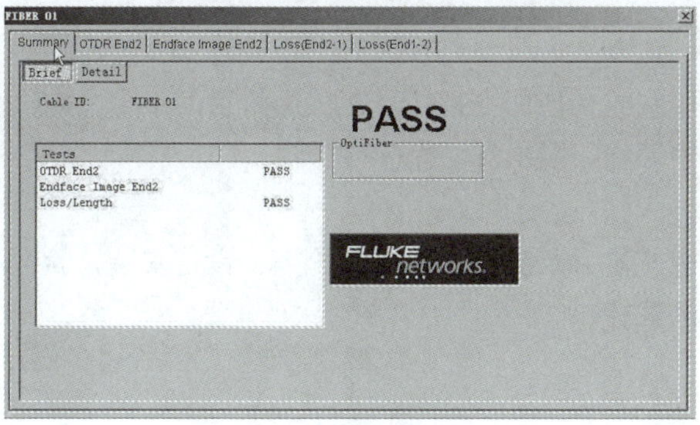

图 11-51　查看单个信息点结果

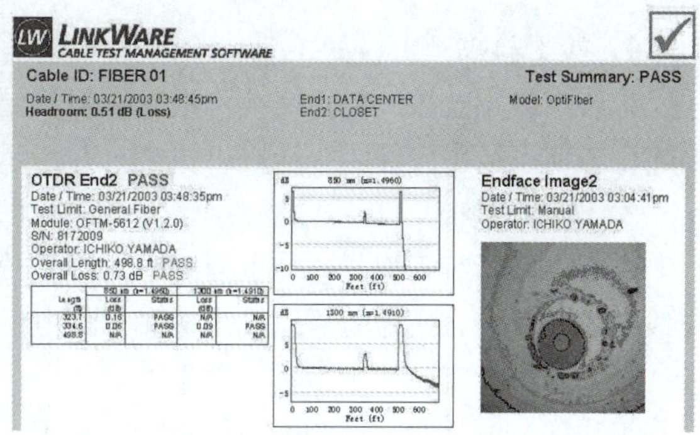

图 11-52　预览方式查看结果

11.3 系统验收

11.3.1 系统验收相关知识

1. 工程验收人员组成

验收是整个工程中最后的部分，验收通过标志着工程的全面完工。为了保证整个工程的质量，需要聘请相关行业的专家参与验收。对于防雷及地线工程等关系到计算机信息系统安全相关的工程部分，甚至还可以申请有关主管部门协助验收（如气象局、公安局、纪检部门等）。所以，综合布线系统工程验收领导小组可以考虑聘请以下人员参与工程的验收。

（1）工程双方单位的行政负责人。

（2）有关直管人员和项目主管。

（3）主要工程项目监理人员。

（4）建筑物设计施工单位的相关技术人员。

（5）第三方验收机构或相关技术人员组成的专家组。

2. 工程验收分类

1）施工前检查

工程验收应从工程开工之日起就开始。从工程材料的验收开始，严把产品质量关，保证工程质量，施工前的检查包括设备材料检验和环境检查。设备材料检验包括查验产品的规格、数量、型号是否符合设计要求，检查缆线的外护套有无破损，抽查缆线的电气性能指标是否符合技术规范。环境检查包括检查土建施工情况，包括地面、墙面、电源插座及接地装置、机房面积和预留孔洞等。

2）随工验收

在工程中随时考核施工单位的施工水平和施工质量，对产品的整体技术指标和质量有一个了解，部分验收工作应随工进行，如布线系统的电气性能测试工作、隐蔽工程等。

随工验收应对工程的隐蔽部分边施工边验收，在竣工验收时，一般不再对隐蔽工程进行复查，由建筑工地代表和质量监督员负责。

3）初步验收

所有的新建、扩建和改建项目，都应在完成施工调测之后进行初步验收。初步验收的时间应在原计划的建设工期内进行，由建设方组织设计、施工、监理和使用等单位人员参加。初步验收工作包括检查工程质量、审查竣工资料、对发现的问题提出处理的意见，并组织相关责任单位落实解决。

4）竣工验收

综合布线系统接入电话交换系统、计算机局域网或其他弱电系统，在试运行后的半个月内，由建设方向上级主管部门报送竣工报告，并请示主管部门组织对工程进行验收。

3. 验收内容

综合布线系统工程验收的主要内容为环境检查、器材及测试仪表工具检查、设备安装检验、缆线敷设和保护方式检验、缆线终接和工程电气测试等。

（1）环境检查。

工作区、电信间、设备间的检查内容如下：

①工作区、电信间、设备间土建工程已全部竣工。房屋地面平整、光洁，门的高度和宽度应符合设计要求。

②房屋预埋线槽、暗管、孔洞和竖井的位置、数量、尺寸均应符合设计要求。

③铺设活动地板的场所，活动地板防静电措施及接地应符合设计要求。

④应提供 220 V 带保护接地的单相电源插座。

⑤应提供可靠的接地装置，接地电阻值及接地装置的设置应符合设计要求。

⑥电信间、设备间的位置、面积、高度、通风、防火及环境温、湿度等应符合设计要求。

建筑物进线间及入口设施的检查内容如下：

①引入管道与其他设施如电气、水、煤气、下水道等的位置间距应符合设计要求。

②引入缆线采用的敷设方法应符合设计要求。

③管线入口部位的处理应符合设计要求，并应检查是否采取排水及防止气、水、虫等进入的措施。

④进线间的位置、面积、高度、照明、电源、接地、防火、防水等应符合设计要求。

（2）器材及测试仪表工具检查。

①工程所用缆线和器材的品牌、型号、规格、数量、质量应在施工前进行检查，应符合设计要求并具备相应的质量文件或证书，原出厂检验证明材料、质量文件与设计不符者不得在工程中使用。

②综合布线系统的测试仪表应能测试相应类别工程的各种电气性能及传输特性，其精度符合相应要求。测试仪表的精度应按相应的鉴定规程和校准方法进行定期检查和校准，经过相应计量部门校验取得合格证后，方可在有效期内使用。

（3）设备安装检验。

（4）缆线敷设和保护方式检验。

（5）缆线终接。

（6）工程电气测试。

（7）管理系统验收。

①管理系统的记录文档应详细完整并汉化，包括每个标识符相关信息、记录、报告、图纸等。

②标识符应包括安装场地、缆线终端位置、缆线管道、水平链路、主干缆线、连接器件、接地等类型的专用标识，系统中每一组件应指定一个唯一标识符。

③每根缆线应指定专用标识符，标在缆线的护套上或在距每一端护套 300 mm 内设置标签，缆线的终接点应设置标签标记指定的专用标识符。

(8) 工程验收。

①竣工技术文件。工程竣工后，施工单位应在工程验收以前将工程竣工技术资料交给建设单位。综合布线系统工程的竣工技术资料应包括以下内容：安装工程量；工程说明；设备、器材明细表；竣工图纸；测试记录；工程变更、检查记录及施工过程中，需更改设计或采取相关措施，建设、设计、施工等单位之间的双方洽商记录；随工验收记录；隐蔽工程签证；工程决算。

②工程内容。综合布线系统工程应按表 11-2 所列项目及内容进行检验。检测结论作为工程竣工资料的组成部分及工程验收的依据之一。

表 11-2 检验项目及内容

阶段	验收项目	验 收 内 容	验收方式
施工前检查	1. 环境要求	(1) 土建施工情况：地面、墙面、门、电源插座及接地装置；(2) 土建工艺：机房面积、预留孔洞；(3) 施工电源；(4) 地板铺设；(5) 建筑物入口设施检查	施工前检查
	2. 器材检验	(1) 外观检查；(2) 型式、规格、数量；(3) 电缆及连接器件电气性能测试；(4) 光纤及连接器件特性测试；(5) 测试仪表和工具的检验	
	3. 安全、防火要求	(1) 消防器材；(2) 危险物的堆放；(3) 预留孔洞防火措施	
设备安装	1. 电信间、设备间、设备机柜、机架	(1) 规格、外观；(2) 安装垂直、水平度；(3) 油漆不得脱落标志完整齐全；(4) 各种螺钉必须紧固；(5) 抗震加固措施；(6) 接地措施	随工检验
	2. 配线模块及 8 位模块式通用插座	(1) 规格、位置、质量；(2) 各种螺钉必须拧紧；(3) 标志齐全；(4) 安装符合工艺要求；(5) 屏蔽层可靠连接	
电、光缆布放（楼内）	1. 电缆桥架及线槽布放	(1) 安装位置正确；(2) 安装符合工艺要求；(3) 符合布放缆线工艺要求；(4) 接地	随工检验
	2. 缆线暗敷（包括暗管、线槽、地板下等方式）	(1) 缆线规格、路由、位置；(2) 符合布放缆线工艺要求；(3) 接地	隐蔽工程签证
电、光缆布放（楼间）	1. 架空缆线	(1) 吊线规格、架设位置、装设规格；(2) 吊线垂度；(3) 缆线规格；(4) 卡、挂间隔；(5) 缆线的引入符合工艺要求	随工检验
	2. 管道缆线	(1) 使用管孔孔位；(2) 缆线规格；(3) 缆线走向；(4) 缆线的防护设施的设置质量	隐蔽工程签证
	3. 埋式缆线	(1) 缆线规格；(2) 敷设位置、深度；(3) 缆线的防护设施的设置质量；(4) 回土夯实质量	
	4. 通道缆线	(1) 缆线规格；(2) 安装位置，路由；(3) 土建符合工艺要求	
	5. 其他	(1) 通信线路与其他设施的间距；(2) 进线室设施安装、施工质量	随工检验隐蔽工程签证
缆线终接	1. 8 位模块式通用插座	符合工艺要求	随工检验
	2. 光纤连接器件	符合工艺要求	
	3. 各类跳线	符合工艺要求	
	4. 配线模块	符合工艺要求	
系统测试	1. 工程电气性能测试	(1) 连接图；(2) 长度；(3) 衰减；(4) 近端串音；(5) 近端串音功率和；(6) 衰减串音比；(7) 衰减串音比功率和；(8) 等电平远端串音；(9) 等电平远端串音功率和；(10) 回波损耗；(11) 传播时延；(12) 传播时延偏差；(13) 插入损耗；(14) 直流环路电阻；(15) 设计中特殊规定的测试内容；(16) 屏蔽层的导通	竣工检验
	2. 光纤特性测试	(1) 衰减；(2) 长度	
管理系统	1. 管理系统级别	符合设计要求	竣工检验
	2. 标识符与标签设置	(1) 专用标识符类型及组成；(2) 标签设置；(3) 标签材质及色标	
	3. 记录和报告	(1) 记录信息；(2) 报告；(3) 工程图纸	
工程总验收	1. 竣工技术文件	清点、交接技术文件	
	2. 工程验收评价	考核工程质量，确认验收结果	

注：系统测试内容的验收亦可在随工中进行检验。

11.3.2 项目实施

根据项目分析内容，本项目验收过程分别进行了“开工前检查”“随工验收”“初步验收”“竣工验收”4种验收过程。

(1) 根据工程设计方案要求，进行“开工前检查”，确保工程器材和设备符合设计要求。

(2) 在工程施工中，重点检查隐蔽工程，可使用“随工验收”。

(3) 最重要的验收就是在整个工程结束后，分别进行“初步验收”和“竣工验收”。

11.4 工程经验

1. 工程经验一 用130 m长的6类线跑百兆网能通过FLUKE测试吗

不能通过6类链路测试，但百兆可以正常使用。衰减值（插入损耗）、长度、时延、ACR等多数参数均不会通过测试。如果用百兆应用标准进行测试，除了“长度/时延”指标超差外，其他指标基本上都能通过测试。

2. 工程经验二 光纤的熔接

光纤熔接是连续工作的中心环节，高性能熔接机和熔接过程中科学操作是十分必要的。

应根据光缆工程要求，配备蓄电池容量和精密度合适的熔接设备。

熔接前根据光纤的材料和类型，设置好最佳预熔主熔电流和时间以及光纤送入量等关键参数。熔接过程中还应及时清洁熔接机V形槽、电极、物镜、熔接室等，随时观察熔接中有无气泡、过细、过粗、虚熔、分离等不良现象，注意OTDR测试仪表跟踪监测结果，及时分析产生上述不良现象的原因，采取相应的改进措施。如多次出现虚熔现象，应检查熔接的两根光纤的材料、型号是否匹配，切刀和熔接机是否被灰尘污染，并检查电极氧化情况，若均无问题则应适当提高熔接电流。

◎ 典型案例11 光纤主干的设计与施工

1. 光纤主干系统的结构

目前对于光纤网络结构来讲，主要采用分层星型结构，网络分为二级：

第一级是网络中心，为中心节点，布置了网络的核心设备，如路由器、交换机、服务器，并预留了对外的通信接口。

第二级是各配线间的交换机。在楼内设置光纤主干作为数据传输干线，从核心层到二级节点，并在分配线间端接。二级交换机可以采用以太网或快速以太网交换机，它向上与网络中心的主干交换机相连，向下直接与服务器和工作站连接。

根据上述网络结构，我们将整个结构大体分为两级：星状－主干部分和水平部分，主干部分的星状结构中心在一层弱电接入房，辐射向各个楼层，而介质分别使用光纤和大对数双绞线。水平部分的星状中心在楼层配线间，由配线架引出水平双绞线到各个信息点。在星状结构的中心均为管理子系统，通过两点式的管理方式实现整个布线系统的连接、配置及灵活的应用。

此外，考虑到网络系统根据客户要求可能会被设计为几个需要物理分隔的网段（如外网、办公网、管理网、弱电网等）。同样，综合布线系统也须根据应用将布线物理隔离。

对于现代化办公大楼来讲，IP电话被越来越多地运用到实际工作当中。对于综合布线系统来说，IP电话的信息的传输同样将由光纤主干来承担，而无须架设传统的大对数铜缆。而对于某些仍然需要模拟方式传输的设备（如传真机），可以通过网关设备将其转换为TCP/IP方式，如图11-53所示。

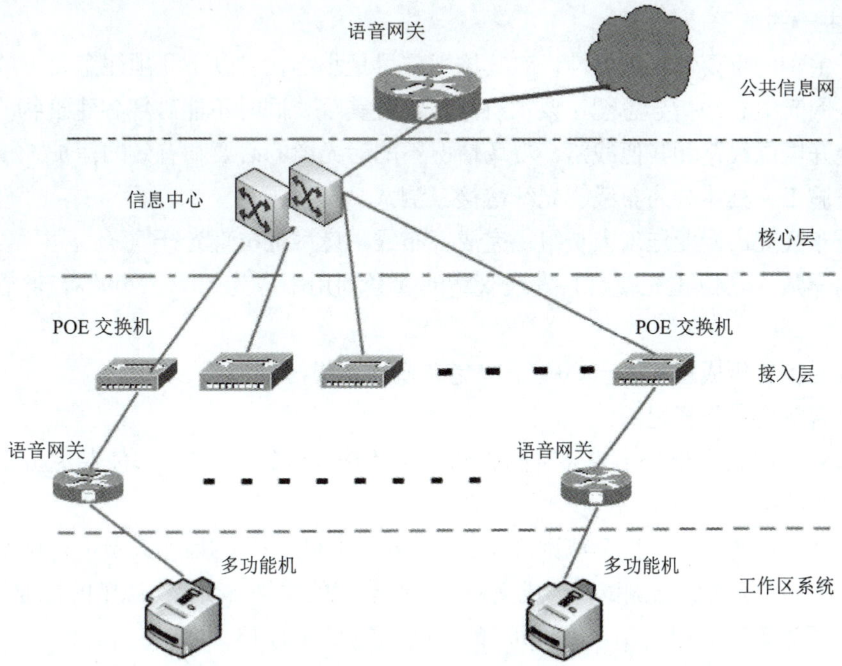

图 11-53 办公大楼模拟信号传输

2. 光纤主干产品的选型设计

首先，需要确定项目中数据量的需求，从而决定光纤主干的类型。

要确定网络的信息量及带宽，首先要根据客户需求大致计算出信息点数量。假设在同一时间，有 50% 的信息点在被使用，而每个用户将占用 20 Mbit/s 的带宽，那么根据信息点的数量，就可以得到当前弱电间信息主干的带宽需求量。根据求得的数据量，可以得到所需敷设光纤的芯数。值得注意的是，在综合布线光纤主干的设计中，主干系统最好应考虑 100% 冗余备份。

接下来应确认光纤类型及数量：

（1）根据光纤敷设位置确定光纤类型：室内 / 室外 / 室内外 / 铠装等。

（2）根据传输距离、传输速度等方面确定：多模（OM1/OM2/OM3）/ 单模。

（3）根据接插件需求确定：LC/SC/SF 等光纤类型。

（4）根据布线结构及现场情况确定光纤长度：

长度 =(距主配线架的层数 × 层高 + 弱电井到主配线架的距离 + 端接容限)× 每层需要根数

注意：端接容限中光纤部分为 10 m。

（5）根据防火要求，确定光纤外皮是否为低烟无卤。

3. 数据机房光纤的设计

在大楼数据机房或数据中心中，应参考 TIA-942 协议，在数据机房或数据中心中设立总配线区（MDA）。网络设备、服务器以及在大楼总配线架（MDF）汇总的光纤，都被再次在机房或数据中心内汇聚到主配线区中。通过主配线区之间的光纤跳线，完成设备之间的跳接。

主配线架到设备机柜之间建议采用相对固定的预连接光缆，避免了设备之间直接跳线所造成的跳线混乱和在设备上经常插拔跳线的情况。

可在主配线区域采用高密度的配线架，如 5HU 的空间达到 288 芯的配线功能，产品结构采用模块化结构。主干光纤采用预连接的光缆，不需要现场端接，便于系统扩容时，只需直接端接预连接光缆的连接器，主干采用 MPO 的连接器，直接插接模块，以节约整体安装时间，方便机房的维护。

4. 光纤主干的施工

由于光纤主干的重要性和脆弱性，对其施工应尽量小心，有以下几项注意要点：

（1）局域网光缆布线指导思想：要求有隐蔽性且美观，同时不能破坏各建筑物的结构，在利用现有空间避开电源线路和其他线路，现场情况下的对光缆的必要和有效的保护。

（2）光缆施工，具体分为布线、光纤熔接、测试。

（3）光纤布线应由专业施工人员组织完成，布线中应尽量拉直光纤。

（4）管内穿放 4 芯以上光缆时，直线管路的管径利用率应为 50% ~ 60%，弯管路的管径利用率应为 40% ~ 50%。

（5）拐弯处不能折成小于等于 90°，以免造成纤芯损伤。

（6）光纤两头要制作标记。

（7）光纤安装的转弯半径：安装时的转弯半径为线缆外径的 10 倍，安装完成后长时间放置时的转弯半径为线缆外径的 15 倍。

（8）应选择好的光纤熔接机及测试仪器，要有专业的有经验的操作人员进行精细熔接。

（9）完工后应做光纤链路测试，形成文档，光纤测试的结果必须符合以下的标准：1 000 Mbit/s 的链路损耗必须为 3.2 dB 以下；100 Mbit/s 的链路损耗必须为 13 dB 以下。

请扫描二维码下载典型案例 11 的 Word 版。

典型案例 11 Word 版

◎ 习题 11

一、填空题

1. 在综合布线工程中，对双绞线链路的测试通常有________与________两类。（参考 11.1.1 节）

2. 测试仪器的精度范围也称________区。（参考 11.1.1 节）

3. 从工程的角度可将综合布线工程的测试分为两类：________和________。（参考 11.1.1 节）

4. 双绞线电缆的反接 / 交叉是指________。（参考 11.1.1 节）

5. 为了保证缆线的测试精度，采用________测试。（参考 11.1.2 节）

6. 衰减是指光沿光纤传输过程中________的减少。（参考 11.2.1 节）

7. 改进回波损耗的有效方法是，尽量将光纤端面加工________。（参考 11.2.1 节）

8. OTDR 测量的是________而不是传输信号的强弱。（参考 11.2.1 节）

9. ________是整个工程中最后的部分，同时标志着工程的全面完工。（参考 11.3.1 节）

10. 设备材料检验包括查验产品的规格、________、型号是否符合设计要求，检查缆线的外护套有无破损，抽查缆线的________是否符合技术规范。（参考 11.3.1 节）

二、选择题（部分为多选题）

1. 永久链路测试模型包括（　　）。（参考 11.1.1 节）

A. 最长为 90 m 的水平布线电缆　　B. 两端接插件

C. 转接连接器　　D. 两条 2 m 测试设备跳线

2. 综合布线的双绞线链路测试中，需要现场测试的参数包括（　　）。（参考 11.1.1 节）

A. 接线图　　B. 回波损耗　　C. 串扰　　D. 长度

3.（　　）为链路中传输所造成的信号损耗（以分贝 dB 表示）。（参考 11.1.1 节）

A. 传输时延　　B. 衰减　　C. 串扰　　D. 回波损耗

4. 综合布线的光纤链路测试中，需要测试的参数包括（　　）。（参考 11.2.1 节）

A. 衰减　　B. 回波损耗　　C. 串扰　　D. OTDR 参数

5.（　　）是同光纤的长度成正比的。（参考 11.2.1 节）

A. 衰减　　B. 回波损耗

C. 插入损耗　　D. OTDR 参数

6. 验收工作贯穿于整个综合布线工程中，一般包括（　　）阶段。（参考 11.3.1 节）

A. 施工前检查　　B. 随工检验　　C. 初步验收　　D. 竣工验收

7. 综合布线系统工程的验收内容中，验收项目（　　）是环境要求的验收内容。（参考 11.3.1 节）

A. 电缆电气性能测试　　B. 施工电源

C. 外观检查　　D. 消防器材

8. 综合布线系统工程的竣工技术资料应包括（　　）。（参考 11.3.1 节）

A. 设备、器材明细表　　B. 竣工图纸

C. 测试记录　　D. 随工验收记录

9. 综合布线系统工程的验收内容中，验收项目（　　）不属于隐蔽工程签证。（参考 11.3.1 节）

A. 管道线缆　　B. 架空线缆

C. 埋式线缆　　D. 通道缆线

10. 综合布线系统工程的验收内容中，下列需要进行随工检验有（　　）。（参考 11.3.1 节）

A. 设备安装　　B. 竣工技术文件

C. 缆线终接　　D. 器材检验

三、简答题

1. 简述双绞线电缆的 3 种测试模型。（参考 11.1.1 节）
2. 综合布线的双绞线电缆的测试技术指标有哪些？分别代表什么含义？（参考 11.1.1 节）
3. 光纤测试的技术指标有哪些？分别代表什么含义？（参考 11.2.1 节）
4. 简述综合布线系统工程施工前检查的相关内容。（参考 11.3.1 节）
5. 综合布线系统工程验收的主要内容有哪些？（参考 11.3.1 节）

请扫描二维码下载习题 11 的 Word 版。

习题 11 Word 版

◎ 实训 13　光纤测试链路的搭建实训

1. 实训任务来源

光缆普遍应用于综合布线垂直子系统、建筑群子系统和光纤入户工程中，光纤跳线及光缆接头类型的合理选用，光纤链路的正确搭建等，关系到综合布线系统的性能和应用。

2. 实训任务

每 2~4 人一组，使用西元光纤配线端接实验仪和光纤配线架，进行多种光纤测试链路的搭建实训与测试。完成图 11-54 所示的 8 种光纤测试链路的搭建。请扫描二维码下载彩色高清图片。

彩色高清图

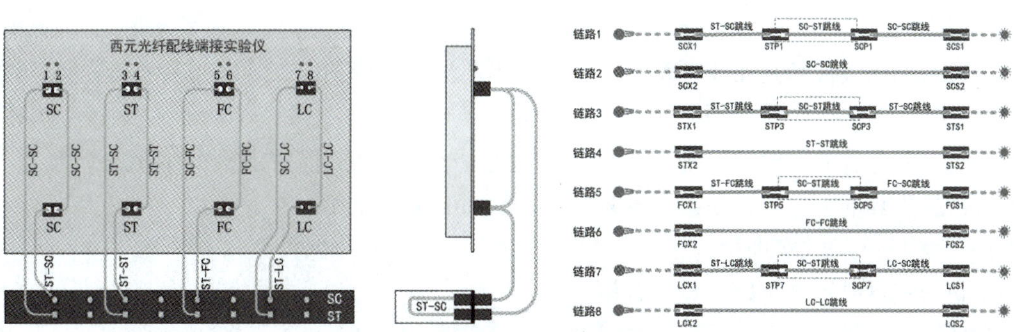

图 11-54　光纤测试链路路由示意图

3. 技术知识点

（1）光纤通信原理、光纤结构和分类知识，影响光纤传输的主要因素等，详见第 4.3.1 节。

（2）光纤耦合器、光纤跳线、光纤配线架等常用器材知识，详见第 4.4 节。

4. 关键技能

（1）光纤跳线种类和使用方法。

（2）光纤配线端接实验仪和光纤配线架使用方法。

（3）光纤测试链路的搭建。

5. 实训课时

（1）该实训共计 2 课时完成，其中技术讲解 10 min，视频演示 10 min，学生实际操作 50 min，跳线测试与评判 10 min，实训总结、整理清洁现场 10 min。

（2）课后作业 2 课时，独立完成实训报告，提交合格实训报告。

实训 13《光纤测试链路的搭建实训》

6. 实训指导视频

27399- 实训 13-《光纤测试链路的搭建实训》（8 分 08 秒）。

7. 实训材料

实训材料如表 11–3 所示。

表 11–3　实训材料

序号	名　称	规格说明	数量	器材照片
1	SC–SC 光纤跳线	SC–SC 成品跳线	2 根	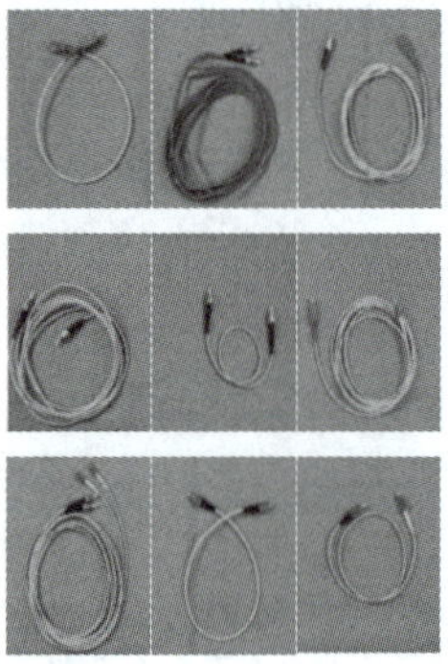
2	SC–ST 光纤跳线	SC–ST 成品跳线	6 根	
3	SC–FC 光纤跳线	SC–FC 成品跳线	1 根	
4	SC–LC 光纤跳线	SC–LC 成品跳线	1 根	
5	ST–ST 光纤跳线	ST–ST 成品跳线	2 根	
6	ST–FC 光纤跳线	ST–FC 成品跳线	1 根	
7	ST–LC 光纤跳线	ST–LC 成品跳线	1 根	
8	FC–FC 光纤跳线	FC–FC 成品跳线	1 根	
9	LC–LC 光纤跳线	LC–LC 成品跳线	1 根	

8. 实训设备

设备名称：西元全光网配线端接实训装置。

设备型号：KYPXZ–02–06。

本实训装置按照典型工作任务和关键技能实训专门研发，配置有光纤配线端接实验仪、光纤配线架、光纤配线箱等，仿真典型工作任务，能够通过指示灯持续和间断闪烁显示各种光纤跳线和光纤测试链路配线、端接、通断测试等功能。

9. 实训步骤

（1）预习和播放视频。课前应预习，初学者提前预习，请扫描二维码观看实操视频，请多次认真观看，熟悉关键技能和评判标准。

实训时，教师首先讲解技术知识点和关键技能 10 min，然后播放视频 10 min。

（2）器材工具准备。建议在播放视频期间，教师准备和分发。

①按照表 11–3 发放实训材料。

②学员检查材料规格正确、数量合格。

③本实训要求学员独立完成，优先保证质量，掌握方法。

（3）光纤测试链路的搭建实训步骤和方法。

第一步：SC-SC 口，光纤测试链路的搭建实训。

① SC 光纤耦合器端口测试。

用一根SC-SC口光纤跳线，两端分别插接在1号对应的上下SC口，看到1号红色指示灯常亮。

将光纤跳线换到 2 号对应的上下 SC 口，看到 2 号红色指示灯常亮，说明 SC 端口工作正常，如图 11-55 所示。

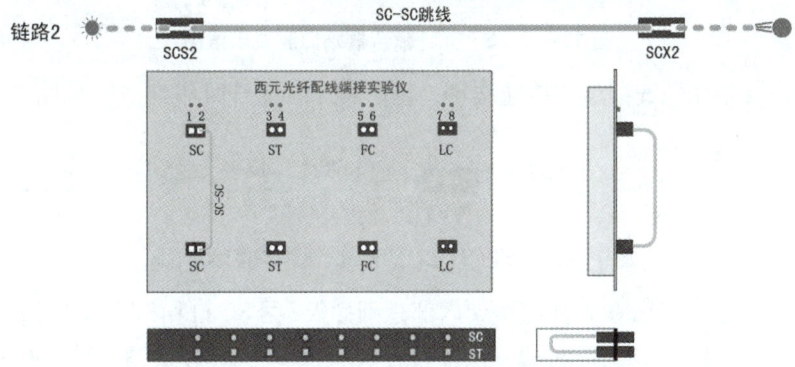

图 11-55 SC 光纤耦合器端口测试示意图

② SC-SC 口，光纤测试链路的搭建实训，由两种 3 根光纤跳线组成，如图 11-56 所示。

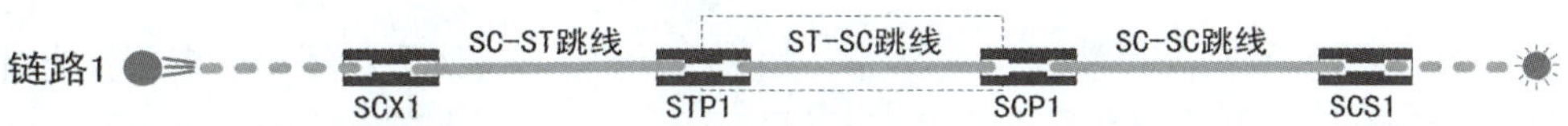

图 11-56 SC-SC 口光纤测试链路搭建示意图

取一根SC-ST光纤跳线，在光纤配线架内部分别插入1号SC口和1号ST口，如图11-57所示。

取一根 SC-ST 光纤跳线，将两端分别插接在实验仪 SC 口和光纤配线架 ST 口，如图 11-58 所示。

取一根 SC-SC 光纤跳线，将两端分别插接在实验仪 SC 口和光纤配线架 SC 口，如图 11-59 所示。

如果看到 1 号指示灯亮，说明光纤链路通。如果指示灯不亮，请重新插接或者更换光纤跳线。

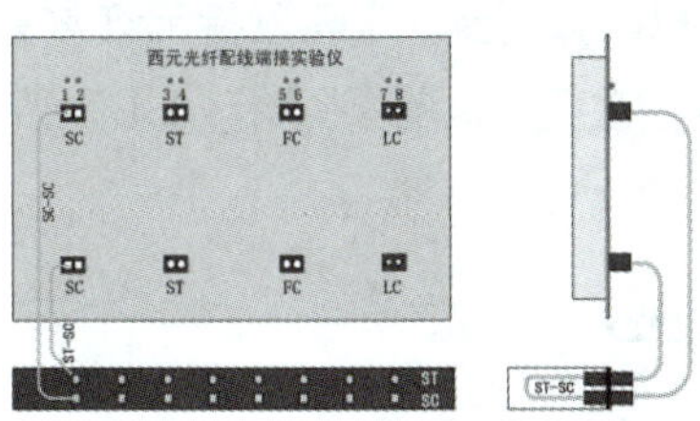

图 11-57 SC-ST 光纤跳线

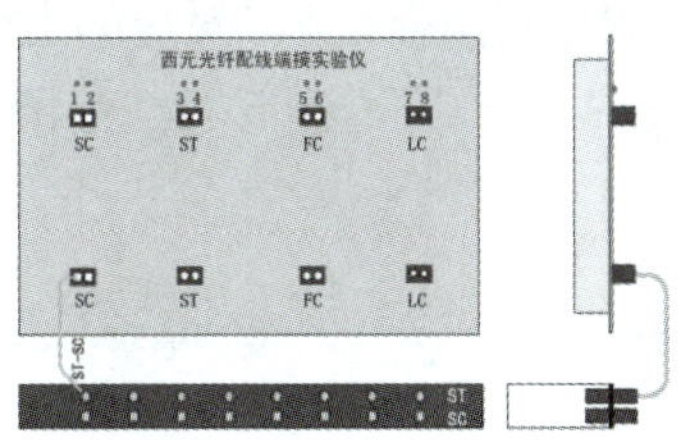

图 11-58 SC-ST 光纤跳线

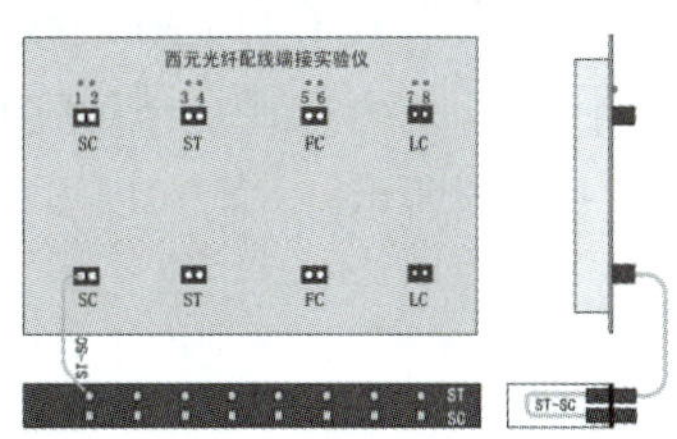

图 11-59 SC-SC 光纤跳线

第二步：ST-ST 口，光纤测试链路的搭建实训。

① ST 光纤耦合器端口测试。

用一根 ST-ST 口光纤跳线，两端分别插接在 3 号对应的上下 ST 口，看到 3 号红色指示灯常亮。

将光纤跳线换到 4 号对应的上下 ST 口，看到 4 号红色指示灯常亮，说明 ST 端口工作正常，如图 11-60 所示。

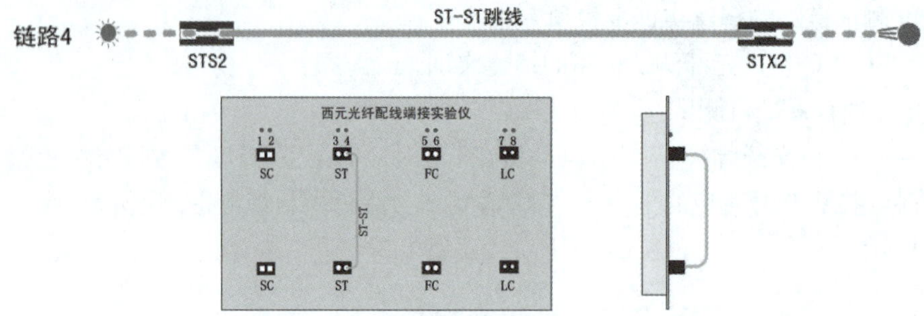

图 11-60　ST 光纤耦合器端口测试示意图

② ST-ST 口，光纤测试链路的搭建实训，由两种 3 根光纤跳线组成，如图 11-61 所示。

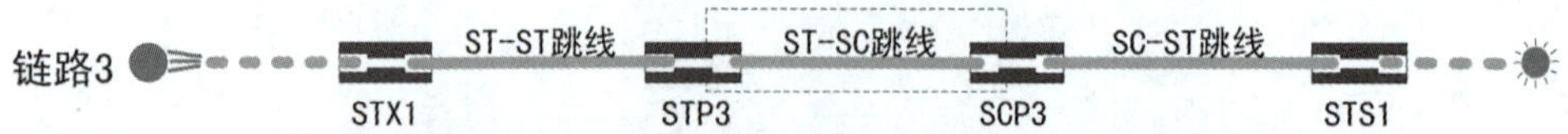

图 11-61　ST-ST 口光纤测试链路搭建示意图

取一根SC-ST光纤跳线,在光纤配线架内部分别插入3号SC口和3号ST口,如图11-62所示。

取一根 SC-ST 光纤跳线，将两端分别插接在实验仪 ST 口和光纤配线架 SC 口，如图 11-63 所示。

取一根 ST-ST 光纤跳线，将两端分别插接在实验仪 ST 口和光纤配线架 ST 口，如图 11-64 所示。

如果看到 3 号指示灯亮,说明光纤链路通。如果指示灯不亮,请重新插接或者更换光纤跳线。

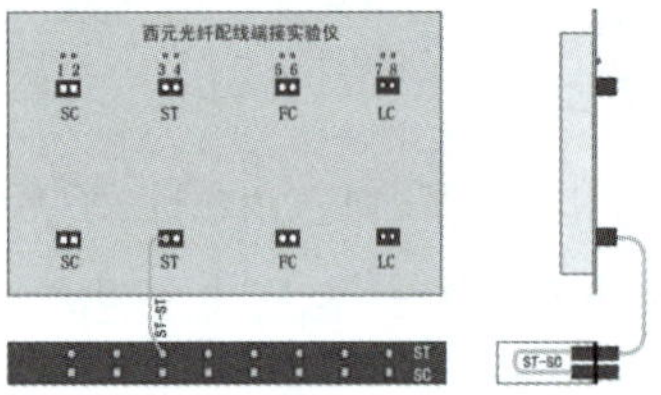

图 11-62　SC-ST 光纤跳线

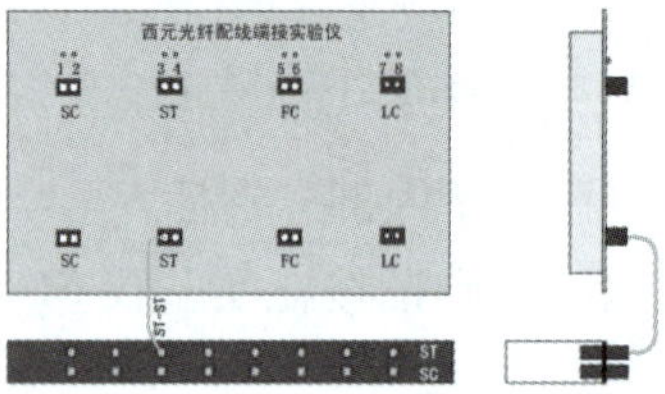

图 11-63　SC-ST 光纤跳线

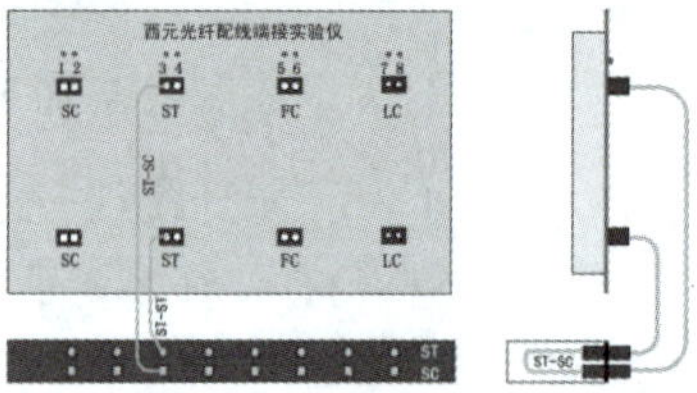

图 11-64　ST-ST 光纤跳线

第三步：FC-FC 口，光纤测试链路的搭建实训。

① FC 光纤耦合器端口测试。

用一根FC-FC口光纤跳线,两端分别插接在5号对应的上下FC口,看到5号红色指示灯常亮。

将光纤跳线换到 6 号对应的上下 FC 口，看到 6 号红色指示灯常亮，说明 FC 端口工作正常，如图 11-65 所示。

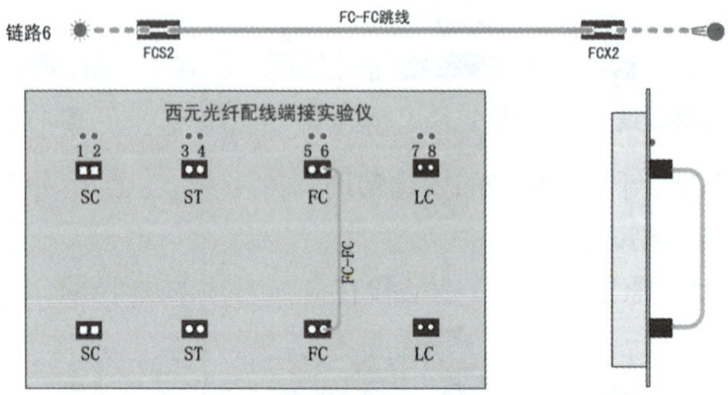

图 11-65　FC 光纤耦合器端口测试示意图

② FC-FC 口，光纤测试链路的搭建实训，由 3 种 3 根光纤跳线组成，如图 11-66 所示。

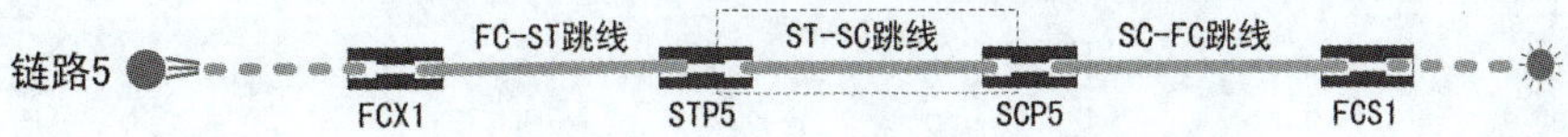

图 11-66　所示 FC-FC 口光纤测试链路搭建示意图

取一根SC-ST光纤跳线，在光纤配线架内部分别插入5号SC口和5号ST口，如图11-67所示。

取一根 SC-FC 光纤跳线，将两端分别插接在实验仪 FC 口和光纤配线架 SC 口，如图 11-68 所示。

取一根 ST-FC 光纤跳线，将两端分别插接在实验仪 FC 口和光纤配线架 ST 口，如图 11-69 所示。

如果看到 5 号指示灯亮，说明光纤链路通。如果指示灯不亮，请重新插接或者更换光纤跳线。

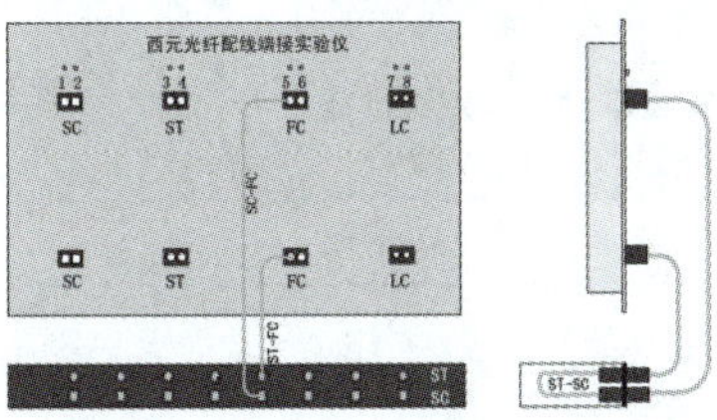

图 11-67　SC-ST 光纤跳线

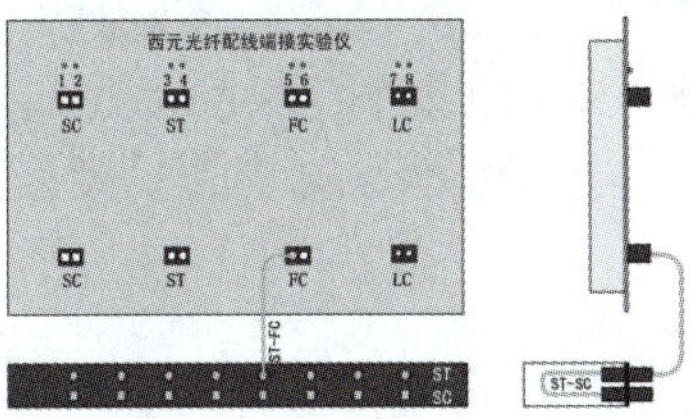

图 11-68　SC-FC 光纤跳线

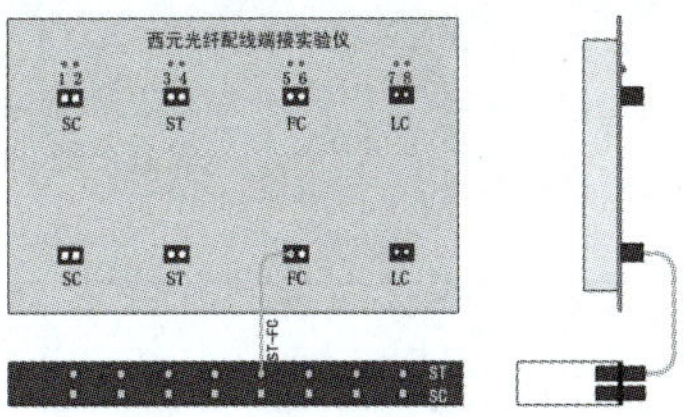

图 11-69　ST-FC 光纤跳线

第四步：LC-LC 口，光纤测试链路的搭建实训。

① LC 光纤耦合器端口测试。

用一根LC-LC口光纤跳线，两端分别插接在7号对应的上下LC口，看到7号红色指示灯常亮。

将光纤跳线换到 8 号对应的上下 LC 口，看到 8 号红色指示灯常亮，说明 LC 端口工作正常，如图 11-70 所示。

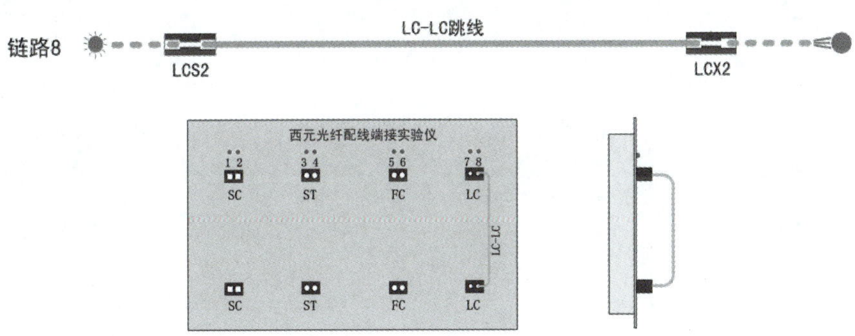

图 11-70　LC 光纤耦合器端口测试示意图

② LC-LC 口，光纤测试链路的搭建实训，由 3 种 3 根光纤跳线组成，如图 11-71 所示。

取一根SC-ST光纤跳线，在光纤配线架内部分别插入7号SC口和7号ST口，如图11-72所示。

取一根 SC-LC 光纤跳线，将两端分别插接在实验仪 LC 口和光纤配线架 SC 口，如图 11-73 所示。

取一根 ST-LC 光纤跳线，将两端分别插接在实验仪 LC 口和光纤配线架 ST 口，如图 11-74 所示。

如果看到 7 号指示灯亮，说明光纤链路通。如果指示灯不亮，请重新插接或者更换光纤跳线。

图 11-71　LC-LC 口光纤测试链路搭建示意图

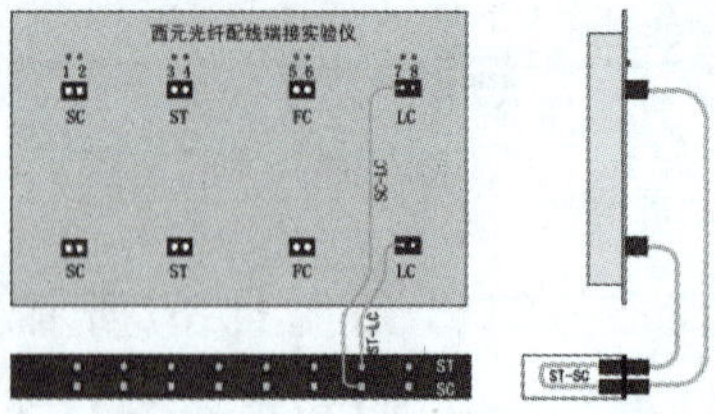

图 11–72　SC–ST 光纤跳线

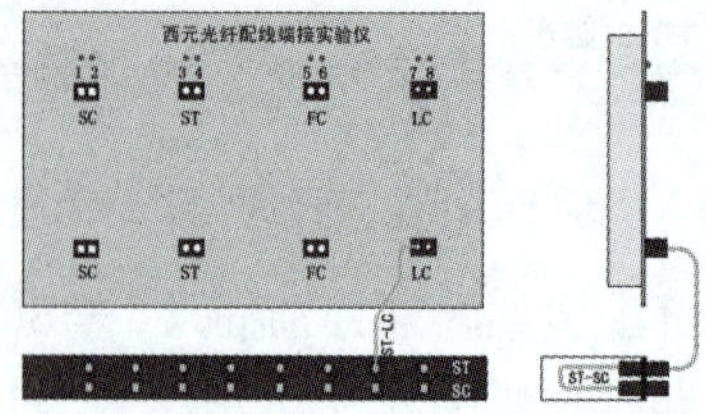

图 11–73　SC–LC 光纤跳线

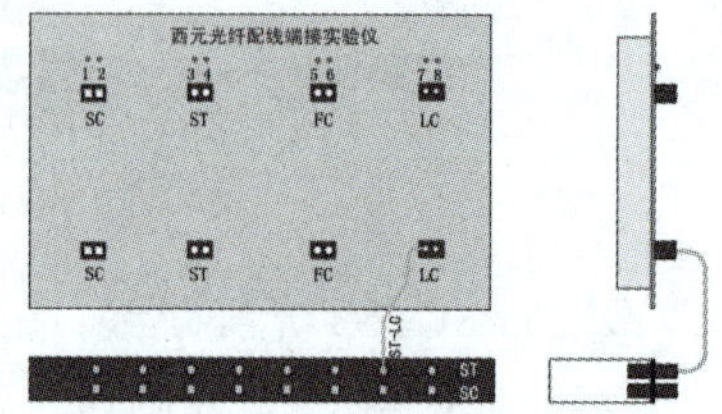

图 11–74　ST–LC 光纤跳线

10. 评判标准

该项目评判标准和评分表如表 11–4 所示。每个测试链路 100 分，4 个共 100 分。

表 11–4　光纤测试链路的搭建实训评判标准表

姓名 / 链路编号	链路测试（合格100分，不合格 0 分）	操作工艺评价（每处扣 5 分）					评判结果得分	排名
		光纤配线架跳线安装正确（20分）	光纤跳线插接正确（30 分）	光纤配线配线架端口正确（30 分）	布线路由正确（10 分）	理线规范（10 分）		

11. 实训报告

请按照单元 1 表 1–1 所示的实训报告模板要求，独立完成实训报告，2 课时。

请扫描二维码下载实训 13 的 Word 版。

实训 13 Word 版

单元 12

综合布线工程招投标

通过本单元内容的学习，了解综合布线工程招投标的基本流程。

学习目标

（1）掌握综合布线工程招投标的基本概念。

（2）熟悉综合布线工程招投标的主要过程、方式和关键问题。

12.1 基本概念

12.1.1 招标基本概念

1. 招标

招标通常是指需要投资建设的单位，通过招标公告或投标邀请书等形式邀请具备承担招标项目能力的系统集成施工单位进行投标，最后选择其中对招标人最有利的投标人进行工程总承包的一种经济行为。工程招标也可以委托工程招标代理机构来进行。

2. 招标人

招标人是指提出招标项目、进行招标的法人或者其他组织。

3. 招标代理机构

招标代理机构是指依法设立、从事招标代理业务并提供相关服务的社会中介组织。

4. 招标文件

招标文件一般由招标人或者招标代理机构根据招标项目的特点和需要进行编制。

12.1.2 招标涉及人员

项目招标主要涉及三方面人员：一是项目建设单位，二是招标工作人员和评审人员，三是投标公司的工作人员。项目建设单位主要是项目负责人和技术人员，提出项目建设的具体技术需求和商务（财务）要求。招标工作人员主要是招标公司或部门的工作人员，有时还有纪检监察部门的人员，以及专家库中随机抽取的 5 人以上单数组成的评审人员。投标公司的工作人员由技术人员，会同主要产品厂商售前支持人员，按照标书的要求制作出投标的技术材料和工程预算报价，由商务人员按标书的要求准备好执照、资质和各种认证等商务材料，做成投标书。

12.1.3 招标方式

项目招标的方式主要有以下 6 种。

1. 公开招标

公开招标也称无限竞争性招标，是指招标人在报刊、网络或其他媒体上刊登招标公告，邀请不特定的法人或其他组织参加投标竞争，从中择优选择中标单位的招标方式。

适用条件：集中采购目录以内的或者公开招标数额标准以上的货物、工程和服务。

2. 邀请招标

邀请招标也称有限竞争性招标，是指招标人以投标邀请的方式邀请特定的法人或其他组织参加投标竞争，从中选定中标者的招标方式。

适用条件：

（1）具有特殊性，只能从有限范围的供应商处采购的。

（2）采用公开招标方式的费用占政府采购项目总价值的比例过大的。

3. 竞争性谈判

竞争性谈判是指采购人或采购代理机构直接邀请 3 家以上法人或其他组织就采购事宜进行谈判的招标方式。

适用条件：

（1）招标后没有供应商投标或者没有合格标的或者重新招标未能成立的。

（2）技术复杂或者性质特殊，不能确定详细规格或者具体要求的。

（3）采用招标所需时间不能满足用户紧急需要的。

（4）不能事先计算出价格总额的。

4. 单一来源采购

单一来源采购是指招标人或招标代理机构以单一来源采购邀请函的方式，邀请生产、销售垄断性产品的法人或其他组织直接进行价格谈判的招标方式。

适用条件：

（1）只能从唯一供应商处采购的。

（2）发生了不可预见的紧急情况不能从其他供应商处采购的。

（3）必须保证原有采购项目一致性或者服务配套的要求，需要继续从原供应商处添购，且添购资金总额不超过原合同采购金额 10% 的。

5. 询价采购

询价采购也称货比三家，是指招标人或招标代理机构以询价通知书的方式，邀请 3 家以上特定的法人或者其他组织进行报价，通过对报价进行比较来确定中标人的招标方式。

适用条件：采购的货物规格、标准统一，货源充足且价格变化幅度小的项目。

6. 竞争性磋商

竞争性磋商是指招标人或招标代理机构，通过组建竞争性磋商小组，与符合条件的法人或者其他组织就采购货物、工程和服务事宜进行磋商，供应商按照磋商文件的要求提交响应文件和报价，招标人从磋商小组评审后提出的候选供应商名单中，确定成交供应商的招标方式。

适用条件：

（1）政府购买服务项目。

（2）技术复杂或者性质特殊，不能确定详细规格或者具体要求的。

（3）因艺术品采购、专利、专有技术或者服务的时间、数量事先不能确定等原因不能事先计算出价格总额的。

(4) 市场竞争不充分的科研项目，以及需要扶持的科技成果转化项目。

(5) 招标投标法及其实施条例必须进行招标的工程建设项目以外的工程建设项目。

12.1.4 招标程序

一般招标流程如图 12-1 所示，我们简单介绍几个主要环节。

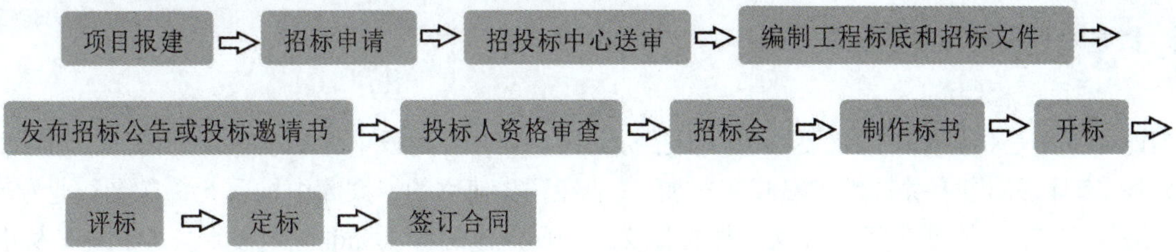

图 12-1 招标流程图

1. 开标

开标应当在招标文件预先确定的时间和地点公开进行，由招标人或招标代理机构主持，邀请所有投标人参加。开标时，由投标人代表检查投标文件的密封情况，也可以由招标人委托的公证机构检查并公证。经确认无误后，由工作人员当众拆封，宣读投标人名称、投标价格和投标文件的其他主要内容。开标过程应当记录，并存档备查。

2. 评标

评标由招标人依法组建的评标委员会在严格保密的情况下进行。评标委员会由招标人的代表和有关技术、经济等方面的专家组成，成员人数为 5 人以上单数，其中技术、经济等方面的专家不得少于成员总数的 2/3。

3. 定标

中标人确定后，招标人应当向中标人发出中标通知书，并同时将中标结果通知所有未中标的投标人。中标通知书对招标人和中标人具有法律效力。中标通知书发出后，招标人改变中标结果的，或者中标人放弃中标项目的，应当依法承担法律责任。

4. 签订合同

招标人和中标人应当自中标通知书发出之日起 30 日内，按照招标文件和中标人的投标文件订立书面合同。同时，招标人应当自确定中标人之日起 15 日内，向有关行政监督部门提交招标投标情况的书面报告。

12.1.5 投标

1. 工程投标

工程投标通常是指系统集成施工单位（一般称为投标人）在获得招标人工程建设项目的招标信息后，通过分析招标文件，迅速而有针对性地编写投标文件，参与竞标的一种经济行为。

2. 投标人及其资格

投标人是响应招标、参加投标竞争的法人或者其他组织。

两个以上法人或者其他组织可以组成一个联合体，以一个投标人的身份共同投标。

3. 分析工程项目招标文件

招标文件是编制投标文件的主要依据，投标人必须对招标文件进行仔细研究。

4. 编制项目投标文件

投标人应当按照招标文件的要求编制投标文件，并对招标文件提出的实质性要求和条件作出响应。

投标文件的编制主要包括投标文件的组成，投标文件的格式，投标文件的数量，投标文件的递交，投标文件的补充、修改和撤回。

5. 工程项目投标报价

工程项目投标报价主要包括 3 个方面：工程项目造价的估算、工程项目投标报价的依据和工程项目投标报价的内容。

12.1.6 评标

1. 项目评标组织

评标工作是招投标中的重要环节，由招标公司、业主、建设单位的上级主管部门、建设单位的财务、审计部门及有关技术专家共同参加，一般在预先建立的专家库中抽取 5 ~ 7 名行业专家。评标组织应在评审前编制评标办法，按招标文件中所规定的各项标准确定技术标准和商务标准。

技术标准是指招标文件中技术部分所规定的技术要求、设备或材料的名称、型号、主要技术参数、数量和单位，以及质量保证、技术服务等。

商务标准是指技术标准以外的全部招标要素，如投标人须知、合同条款所要求的格式，特别是招标文件要求的投标保证金、资格文件、报价、交货期等。

2. 项目评标方法

评标方法目前主要有两种：综合评分法和最低评标价法。

1）综合评分法

综合评分法是指投标文件满足招标文件全部实质性要求，且按照评审因素的量化指标评审得分最高的投标人为中标候选人的评标方法。评审因素的设定应当与投标人所提供货物服务的质量相关，包括投标报价、技术或者服务水平、履约能力、售后服务等。评标时，评标委员会各成员应当独立对每个投标人的投标文件进行评价，并汇总每个投标人的得分。评标结果按评审后得分由高到低顺序排列，得分相同的，按投标报价由低到高顺序排列。得分且投标报价相同的并列。

2）最低评标价法

最低评标价法是指投标文件满足招标文件全部实质性要求，且投标报价最低的投标人为中标候选人的评标方法。技术、服务等标准统一的货物服务项目，应当采用最低评标价法。采用最低评标价法评标时，除了算术修正和落实政府采购政策需进行的价格扣除外，不能对投标人的投标价格进行任何调整。评标结果按投标报价由低到高顺序排列，投标报价相同的并列。

3）项目评标标准

评标的具体标准多种多样，每个项目都有其特点，标准也不尽相同，表 12-1 和表 12-2 提供了两种评分标准供参考。

表 12-1 评分表 1

序号	投标单位	技术方案	产品			报价	施工		资质	业绩	培训	售后服务	总分
			指标	可靠性	品牌		措施	计划					
		25	5	5	5	30	5	5	5	5	5	5	100

表 12-2 评分表 2

评 标 项 目	评 标 细 则	得 分
投标报价（45）	报价（40）	
	产品品牌、性能、质量（5）	

续表

评 标 项 目	评 标 细 则	得 分
设计方案（15）	方案的先进性、合理性、扩展性（5）	
	图纸的合理性（3）	
	系统设计的合理性、科学性（4）	
	设备选型合理性（3）	
施工组织计划（10）	施工技术措施（2）	
	先进技术应用（2）	
	现场管理（2）	
	施工计划优化及可行性（4）	
工程业绩和项目经理（15）	近 3 年完成重大工程（3）	
	管理能力和水平（3）	
	近 3 年工程获奖情况（2）	
	项目经理技术答辩（5）	
	项目经理业绩（2）	
质量工期保障措施（5）	工期满足标书要求（2）	
	质量工期保证措施（3）	
履行合同能力（5）	注册资本（1）	
	ISO 9000 等认证（2）	
	重合同守信誉及银行资信证明（2）	
优惠条件（2）	有实质性优惠条件（2）	
售后服务承诺（3）	本地有服务部门（2）	
	客户评价良好（1）	
总分（100）		

3. 定标及签订合同

确定中标单位后，公开发布中标通知。中标单位得到通知后到采购部门领取中标通知书，持中标通知书与项目建设单位签订合同，并提供履约保证。

12.1.7 合同条款

依据合同的适用范围，合同可以分为通用合同和专用合同两大类，通用合同条款的内容是按我国各建设行业工程合同管理中的共性规则制定。专用合同条款则根据各行业的管理要求和具体工程的特点，由各行业在其施工招标文件范本中自行制定。在一般的建设行业工程实施过程中普遍使用通用合同，对于部分具有本身特点和要求的行业，可以在通用合同基础上增加专用合同条款进行进一步约定。

下面主要针对通用合同进行介绍和分析。

1. 通用合同条款组成

《中华人民共和国标准施工招标文件》中的通用合同条款全文共 24 条 130 款，分为 8 组，如表 12-3 所示。

表 12-3 通用合同条款

序号	合同条款约束范围	功 能 描 述	条款具体内容
1	合同主要用语定义和一般性约定	对合同中使用的主要用语和常用语予以专门定义；对相关合同文件的通用性解释和一般性说明	1. 一般约定

续表

序号	合同条款约束范围	功 能 描 述	条款具体内容
2	合同双方的责任、权利和义务	约定合同双方的责任、权利和义务	2. 发包人义务
			3. 监理人
			4. 承包人
3	合同双方的施工资源投入	列出双方投入施工资源的责任及其具体操作内容	5. 材料和工程设备
			6. 施工设备和临时设施
			7. 交通运输
			8. 测量放线
			9. 施工安全、治安保卫和环境保护
4	工程进度控制	列出双方对工程进度控制的责任及其具体操作内容	10. 进度计划
			11. 开工和竣工
			12. 暂停施工
5	工程质量控制	列出双方对工程质量控制的责任及其具体操作内容	13. 工程质量
			14. 试验和检验
6	工程投资控制	列出双方对工程投资控制的责任及其具体操作内容	15. 变更
			16. 价格调整
			17. 计量和支付
7	验收和保修	列出双方对工程竣工验收，缺陷修复，保修责任及其具体操作内容	18. 竣工验收
			19. 缺陷责任与保修责任
8	工程风险、违约和索赔	列出双方对工程风险、违约和索赔的责任及具体操作内容	20. 保险
			21. 不可抗力
			22. 违约
			23. 索赔
			24. 争议的解决

2. 常用合同格式

合同协议书应按“施工招标文件”确定的格式拟定，合同协议书是合同双方的总承诺，合同的常见格式的具体内容应约定在协议书附件和以下文件中：

（1）中标通知书应由发包人在施工招标确定中标人后，按“施工招标文件”确定的格式拟定。

（2）投标函及投标函附录中包含有合同双方在合同中相互承诺的条件，应附入合同文件。

（3）专用合同条款和通用合同条款是整个施工合同中最重要的内容，它根据合同法的公平原则，约定了合同双方在履行合同全过程中的工作规则。各行业自行约定的行业规则不能违背本通用合同条款已约定的通用规则。

（4）“技术标准和要求”的内容是施工合同中根据工程的安全、质量和进度目标，约定合同双方应遵守的技术标准的内容和要求，技术标准中的强制性规定必须严格遵守。

（5）“图纸”是施工合同中为实施工程施工的全部工程图纸和有关文件。

（6）已标价的工程量清单是投标人在投标阶段的报价承诺，合同实施阶段用于发包人支付合同价款，工程完工后用于合同双方结清合同价款的依据。

（7）“其他合同文件”是合同双方约定需要进入合同的其他文件。

12.2 综合布线工程技术实训室项目的招投标

为了帮助读者快速掌握招投标的规定与知识，我们以大家熟悉的综合布线工程技术实训室项目为例，重点介绍项目招标、投标文件编制中应关注的主要问题和事项。

项目招标技术文件一般由使用单位编制，招标商务文件一般由招标执行机构进行编制，编制依据为《中华人民共和国招标投标法》。综合布线工程技术实训室在编制招标技术文件时，主要考虑以下因素：

1. 实训室应符合专业特点和人才培养目标需求

实训室必须根据相关专业特点和岗位技能需求建设，结合工程项目设计、安装施工、测试验收和运维管理等大国工匠与高技能专业人才的培养需求，以专业教学标准为依据，以相关国家标准为导向，以专业核心课程为重点，以学生对口就业为最终目标，制定针对性的实训室解决方案。

（1）实训室应适用计算机应用技术、计算机网络技术等专业。

（2）提供表 12-4 所示的相关国家标准。

表 12-4 综合布线工程技术实训室涉及的主要国家标准

标准编号	标准名称
GB 50311—2016	《综合布线系统工程设计规范》
GB/T 50312—2016	《综合布线系统工程验收规范》
GB/T 29269—2012	《信息技术 住宅通用布缆》

2. 实训室配套软性资源丰富

实训室必须配套丰富优质的软性资源，解决教师敢上课、上好课的难题。包括表 12-5 所示的国家标准、专业教材、实训指导视频、教学实训网站、专业文化资源、专门材料包、送课上门、劳模进校园、师资培训班、职业技能鉴定、企业研修、产教融合等内容。

表 12-5 综合布线工程技术实训室配套软性资源表

序号	项目名称	项目内容
1	国家标准	包括最新国家标准、行业标准、专业教学标准、职业技能标准等
2	专业教材	《综合布线工程实用技术》，由行业教授级高工、技师团队主编
3	实训指导视频	每门课程和每个实训项目都有专业的实操演示视频，每个产品都有介绍视频
4	教学实训网站	省级科技创新服务平台，典型案例与标准等资源持续更新，在线答疑与考试
5	专业文化资源	提供典型案例、设计图纸、职业素养、岗位技能等专业文化展示箱或挂图
6	专门材料包	每个实训项目都有专门材料包，网店直接购买，送货上门
7	送课上门	西元持证技师 / 工程师送课到校，示范教学实训 1 周
8	劳模进校园	西元劳模、工匠进校园，进行职业素养教育，指导对口就业与创业
9	师资培训班	行业教授级高工、国家标委会专家、持证技师等领衔主讲，10 期 / 年
10	职业技能鉴定	理论与技能考评合格，颁发国家职业资格证书、行业证书、企业证书等
11	企业研修	在陕西省智能建筑产教融合科技创新服务平台或西元工坊研修 1~2 月
12	产教融合	企校共同开发教学资源、研制新产品、申请专利、申报教学成果奖等

3. 实训功能丰富，应用广泛

实训室的主要实训功能如图 12-2 所示，必须满足理论教学、基本技能实训、工程技术实训、扩展技能实训等功能。

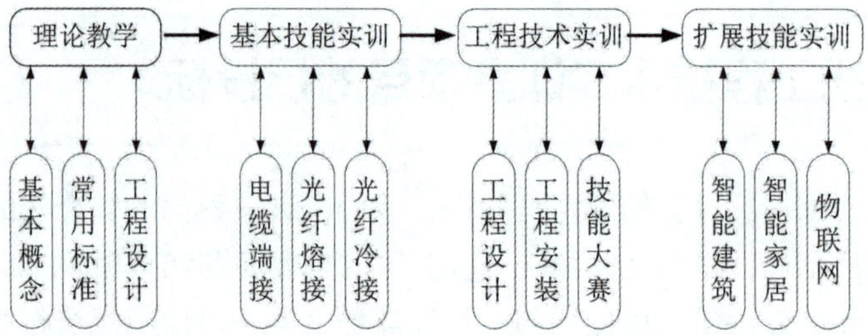

图 12-2　综合布线工程技术实训室设备配置原则

4. 实训项目多，实训课时合理

表 12-6 所示为实训室实训项目与实训课时表。

表 12-6　综合布线工程技术实训室实训项目与课时表

教材单元名称	序号	实训项目与实训功能	实训课时
认识综合布线工程	实训 1	综合布线系统认知	1
综合布线系统常用标准	实训 2	跳线端接技能训练	2
	实训 3	网络模块端接训练	2
综合布线系统设计	实训 4	综合布线系统设计实训	2
综合布线工程常用器材和工具	实训 5	网络配线架端接实训	2
工作区子系统的设计和安装技术	实训 6	信息插座的安装实训	2
水平子系统的设计和安装技术	实训 7	配线子系统安装实训（PVC 线管类）	2
	实训 8	配线子系统安装实训（PVC 线槽类）	2
管理间子系统的设计和安装技术	实训 9	复杂链路端接实训	2
垂直子系统的设计和安装技术	实训 10	语音链路端接训练	2
设备间子系统的设计和安装技术	实训 11	语音配线架端接训练	2
建筑群和进线间子系统的设计和安装技术	实训 12	光纤熔接技术训练	2
综合布线工程测试和验收	实训 13	光纤测试链路的搭建实训	2
综合布线工程招投标	实训 14	光纤复杂链路的搭建实训	2
综合布线工程管理	实训 15	住宅布线系统安装实训	2
合计	15 个		29

5. 实训室建设时应配置齐全，材料丰富管理方便

表 12-7 所示为实训室新建采购时的主要设备和材料配置清单。具体硬件设备应包括认知类设备、基本技能训练实训类设备、工程设计与实战操作设备、工具箱及配套实训材料包等。材料包应为透明吸塑盒包装，管理方便。

表 12-7　综合布线工程技术实训室主要设备配置清单

序号	设备类型	设备名称	设备型号	数量
1	综合布线工程技术认知类设备	综合布线工程教学模型	KYMX-03-08	1 台
2		网络综合布线器材展示柜（电缆）	KYSYZ-01-12-1	1 台
3		网络综合布线器材展示柜（光缆）	KYSYZ-01-12-2	1 台
4		网络综合布线器材展示柜（配件）	KYSYZ-01-12-3	1 台
5		网络综合布线器材展示柜（工具）	KYSYZ-01-12-4	1 台
6		综合布线安装技能展示装置	KYZJZ-05-03	1 台
7		专业文化展示箱	西元配套	8 台
8		专业文化展示箱（带灯）	西元配套	8 台

续表

序号	设备类型	设备名称	设备型号	数量
9	综合布线工程技术实操类设备	第二代网络配线实训装置	KYPXZ-01-52	12台
10		第二代全光网配线端接实训装置	KYPXZ-02-06	12台
11		IT 工程技术实训平台	KYSYZ-12-1221	12模块
12		西元光纤熔接机	KYRJ-369	12台
13	配套实训工具器材类设备	光纤工具箱	KYGJX-31	12个
14		光纤冷接与测试工具箱	KYGJX-35	12个
15		综合布线工具箱	KYGJX-12	12个
16		不锈钢操作台	KYCZT-12-6-2	12张
17		第二代器材存放架	KYSXS-18-18-2	2个
18		PVC 线管、线槽、网络电缆、光缆等配套实训器材	西元配套	1套
19	综合布线工程技术实训材料包	透明吸塑盒电缆端接材料包（每盒7根UTP电缆，8个RJ-45水晶头，6个RJ-45模块）	XY786	40套
20		透明吸塑盒包装5e类非屏蔽水晶头（48个/盒）	XY-48-5e	40盒
21		透明吸塑盒包装5e类屏蔽水晶头（48个/盒）	XY-48-5e-P	40盒
22		透明吸塑盒包装6类非屏蔽水晶头（48个/盒）	XY-48-6	40盒
23		透明吸塑盒包装6类屏蔽水晶头（48个/盒）	XY-48-6P	40盒
24		透明吸塑盒包装5e类非屏蔽网络模块（24个/盒）	XY-24-5e	40盒
25		透明吸塑盒包装5e类屏蔽网络模块（24个/盒）	XY-24-5e-S	40盒
26		透明吸塑盒包装6类非屏蔽网络模块（24个/盒）	XY-24-6	40盒
27		透明吸塑盒包装6类屏蔽网络模块（24个/盒）	XY-24-6-S	40盒
28		透明吸塑315盒包装5e类非屏蔽水晶网络模块（24个/盒）	XY-24-5e-TM	40盒

6. 实训室耗材能够按照实训项目独立补充采购

为了适应学校低值易耗材料采购管理的规定，实训室耗材应能够按照实训项目独立补充采购，保证每学期教学实训需要。表12-8所示为本教材全部实训项目耗材配置表。

表12-8 实训项目耗材配置表

实训项目编号	实训项目材料包名称	材料包型号	数量包/学生
实训2	跳线端接技能训练材料包	XY786	40包
实训3			
实训5	网络配线架端接实训材料包	XYCLB-TD5	40包
实训6	信息插座的安装实训材料包	XYCLB-TD6	40包
实训7	配线子系统安装实训（PVC线管类）材料包	XYCLB-TD7	40包
实训8	配线子系统安装实训（PVC线槽类）材料包	XYCLB-TD8	40包
实训9	复杂链路端接实训材料包	XYCLB-TD9	40包
实训10	语音链路端接训练材料包	XYCLB-TD10	40包
实训11	语音配线架端接训练材料包	XYCLB-TD11	40包
实训12	光纤熔接技术训练材料包	XYCLB-TD12	40包
实训13	光纤测试链路的搭建实训材料包	XYCLB-TD13	40包
实训14	光纤复杂链路的搭建实训材料包	XYCLB-TD14	40包
实训15	住宅布线系统安装实训材料包	XYCLB-TD15	40包

◎ 典型案例 12　××学院综合布线工程技术实训室项目招标文件

1. 招标文件封面

略。

2. 目录

3. 第一章　投标邀请（招标公告）

××市政府采购中心受××市财政局委托，现对“××学院综合布线工程技术实训室设备采购”进行国内公开招标，欢迎具备条件的国内投标供应商参加投标。

1）项目名称及内容

（1）项目编号：××。

（2）项目名称：××学院综合布线工程技术实训室设备采购。

（3）资金来源：财政资金。

（4）项目预算：×××万元。

（5）项目类别：政府采购货物。

（6）标段（包别）划分：共分一个包。

2）投标供应商资格

（1）符合《中华人民共和国政府采购法》第二十二条规定。

（2）本项目不接受联合体投标。

3）报名及招标文件发售办法

（1）报名时间：2020 年 12 月 17 日 09:00 至 2020 年 12 月 23 日 17:30。

（2）招标文件价格：免收。

（3）报名方式：

①企业报名流程请参见××公共资源交易中心网站“办事指南”栏目中的“投标人”→“交易主体报名及咨询”→“交易主体报名及咨询服务指南”。

②企业报名成功后，直接下载招标文件及其他资料（含答疑或相关说明）。

4）开标时间及地点

（1）开标时间：2020 年 12 月 30 日 9:30。

（2）开标地点：××公共资源交易中心 3 楼 3 号开标室。

5）联系方法

略。

6）公告期限

本项目公告期限为 5 个工作日。

4. 第二章　投标供应商须知前附表

投标供应商须知前附表如表 12-9 所示。

表 12-9 投标供应商须知前附表

序号	内　容	说明与要求
1	采购人	×× 学院
2	委托人	×× 市财政局
3	招标代理机构	×× 市政府采购中心
4	项目名称	×× 学院综合布线工程技术实训室设备采购
5	项目编号	××X
6	项目性质	货物类
7	资金来源	财政投资
8	包别划分	分为一个包
9	付款方式	验收合格后一次性付款
10	联合体投标	不允许
11	投标有效期	120 天
12	供货及安装地点	×× 学院
13	供货及安装期限	合同签订后 30 个日历日内完成供货
14	免费质保期	验收合格之日起一年
15	投标保证金金额	免收
16	答疑	2019 年 12 月 24 日 17:30 时前接受网上答疑
17	勘察现场	自行勘察
18	投标文件份数及要求	1) 加密电子投标文件：在投标截止时间前通过 ×× 公共资源交易中心电子交易平台上传。 2) 加密电子投标文件使用 ×× 公共资源交易中心提供的电子标书制作工具软件制作生成。 3) 本项目不接收未加密电子投标文件。 4) 投标供应商在招标文件规定的截止时间前上传了网上加密电子投标文件，但未在规定时间内进行解密的，投标无效
19	投标时间及地点	投标截止时间：同开标时间，详见招标公告。 加密的电子投标文件接收截止时间为：投标截止时间
20	开标时间及地点	详见招标公告
21	评标办法	综合评分法，详见招标文件第四章评标办法
22	中标服务费	免收
23	履约保证金	合同价的 5%，期限至合同签订后满一年
24	投标样品	不需要
25	采购人联系方式	详见招标公告
26	对中小型企业产品的价格扣除	依据财政部、工信部《关于印发《政府采购促进中小企业发展暂行办法》的通知》（财库〔2011〕181 号）规定执行
27	对自主技术创新和首创型产品的政府采购政策	本项目对《×× 市两创产品目录》产品的价格给予 6% 的扣除，用扣除后的价格参与评审
28	业绩	本项目将对排名第一的中标候选供应商，经评标委员会评审认可的投标供应商业绩进行公示。如有虚假，将取消中标资格并上报监督管理部门按有关规定处理
29	主要成交标的名称、规格、型号、数量、单价	依据《中华人民共和国政府采购法实施条例》（国务院令第 658 号）规定：本项目将对排名第一的中标候选供应商的主要成交标的名称、规格型号、数量、单价，随评审结果一并公　。参加本次采购活动的企业应当在投标文件中提供《主要成交标的承诺函》，如有虚假，将取消中标资格并上报监督管理部门按有关规定处理
30	网上投标特别说明	投标供应商必须严格遵守《×× 公共资源交易中心网上招投标操作规程（暂行）》的规定
31	社保证明材料	略

5. 第三章 投标供应商须知

1）总则

(1) 适用范围。

本招标文件仅适用于本次公开招标所述的货物项目采购。

(2) 有关定义。

① 政府采购监督管理部门：系指 ×× 市公共资源交易监督管理局。

② 采购人：系指本次采购项目的业主方。

③ 委托人：系指本次采购项目的委托方。

④ 采购代理机构：系指 ×× 市政府采购中心。

⑤ 投标供应商：系指响应招标、参加投标竞争的法人、其他组织或自然人。

⑥ 货物：系指各种形态和种类的物品，包括原材料、设备、产品等，包括与之相关的备品备件、工具、手册及安装、调试、技术协助、培训、售后服务等。本招标文件所采购的货物、产品、配件等全部标的，均应是全新、未使用过的，是完全符合相应质量标准的原装正品。无论招标文件是否列明，投标供应商所提供的货物、产品、配件均须符合国家产品质量、安全、卫生、环保、检疫检验、生产经营许可等现行法律法规的规定，且在投标时已具备，否则投标无效。本招标文件所要求的证书、认证、资质，均应当是有权机构颁发，且在有效期内的。

⑦ 业绩：除非本招标文件另有规定，业绩系指符合本招标文件规定且已供货（安装）完毕的与最终用户签订的合同及招标文件要求的相关证明。

(3) 合格的投标供应商。

① 合格的投标供应商应符合招标文件载明的投标资格。

② 单位负责人为同一人或者存在直接控股、管理关系的不同供应商，不得参加同一合同项下的政府采购活动。

(4) 知识产权

投标供应商须保证，采购人在中华人民共和国境内使用投标货物、资料、技术、服务或其任何一部分时，享有不受限制的无偿使用权，不会产生因第三方提出侵犯其专利权、商标权或其他知识产权而引起的法律或经济纠纷。如投标供应商不拥有相应的知识产权，则在投标报价中必须包括合法获取该知识产权的一切相关费用。

(5) 投标品牌

招标文件中提供的参考商标、品牌或标准是采购人为了方便投标供应商更准确、更清楚了解拟采购货物的技术规格和标准，并无限制性。投标供应商在投标中若选用替代商标、品牌或标准，应优于或相当于参考商标、品牌或标准。

(6) 合同标的转让与分包

合同未约定或者未经采购人同意，中标供应商不得向他人转让中标项目，也不得将中标项目肢解后分别向他人转让。

(7) 采购信息的发布

与本次采购活动相关的信息，将在 ×× 公共资源交易中心网站发布。

2）招标文件

(1) 招标文件构成（略）。

(2) 招标文件的澄清或修改。

招标代理机构对招标文件必要的澄清或修改内容，须在提交投标文件的截止时间前，以书面形式通知所有已下载招标文件的投标人。澄清或修改内容作为招标文件的组成部分。

各潜在投标供应商对招标文件如有疑问，可要求澄清，要求澄清的潜在投标供应商应在投标截止时间前，以网上形式向××市政府采购中心提出。提交成功后疑问文件即传至××市政府采购中心，请投标供应商及时通过“答疑文件下载”及网站答疑公告栏目查看答疑文件。

××市政府采购中心对招标文件进行的答疑、澄清、变更或补充，将在网站上及时发布，该公告内容为招标文件的组成部分，对投标供应商具有同样约束力。当招标文件、招标文件的答疑、澄清、变更或补充等在同一内容的表述上不一致时，以最后发出的书面文件为准。

(3) 在投标截止时间前，××市政府采购中心可以视采购具体情况，延长投标截止时间和开标时间，在网站上发布变更公告。

(4) ××市政府采购中心发布答疑、澄清、变更或补充公告，澄清或修改内容不影响投标文件编制的，可不改变投标截止时间和开标时间。

3）投标文件的编制

(1) 投标文件构成与要求。

① 投标文件是对招标文件的实质性响应及承诺文件。

② 除非注明“投标供应商可自行制作格式”，投标文件应使用招标文件提供的格式。

③ 除专用术语外，投标文件及投标供应商与采购人就有关投标的往来函电均应使用中文。投标供应商提交的支持性文件和印制的文件可以用另一种语言，但相应内容应翻译成中文，对不同文字文本投标文件的解释发生异议的，以中文文本为准。

④ 除非招标文件另有规定，投标文件应使用人民币填报所有报价。

⑤ 投标供应商资质证书（或资格证明）处于年检、换证、升级、变更等期间，除非有法律法规或发证机构书面材料明确表明投标供应商资质（或资格）有效，否则一律不予认可。

⑥ 投标供应商的投标文件一律不予退还。

(2) 报价。

① 投标供应商应以“包”为报价的基本单位，包内所有项目均应报价。

② 投标供应商的报价应包含所投货物、保险、税费、包装、加工及加工损耗、运输、现场落地、安装及安装损耗、调试、检测验收和交付后约定期限内免费维保等工作所发生的一切应有费用。投标报价为签订合同的依据。

③ 报价应当低于同类货物和服务的市场平均价格，不得高于项目预算。

④ 投标供应商应按招标文件要求在投标文件中注明拟提供货物的单价明细和总价。

⑤ 每一包只允许有一个最终报价，任何有选择的报价或替代方案将导致投标无效。

⑥ 报价可精确到小数点后两位，如不足两位，按照两位计算，如超出两位，按照四舍五入方式计算至小数点后两位（报价单位按招标文件约定）。

⑦ 除国家政策性文件规定以外，投标供应商所报价格在合同实施期间不因市场变化因素而变动。

(3) 投标内容填写及说明。

① 投标文件须对招标文件载明的投标资格、技术、资信、服务、报价等全部要求和条件做出实质性和完整的响应，如果投标文件填报的内容资料不详，或没有提供招标文件所要求的全部资料、证明及数据，将导致投标无效。

② 投标供应商应在投标文件中提交招标文件要求的有关证明文件，作为其投标文件的一部分。

③ 投标供应商应在投标文件中提交招标文件要求的所有货物，符合招标文件规定的证明文件（可以是手册、图纸和资料等），并作为其投标文件的一部分。

④ 投标文件应字迹清楚、编排有序、内容齐全、不得涂改或增删。如有错漏处必须修改，应在修改处加盖投标供应商公章（或电子签章）。

⑤ 投标供应商应根据其投标文件中开标一览表的内容填写唱标信息，唱标信息不作为评审的依据。唱标信息与开标一览表不一致的，以开标一览表为准。

4）投标文件的递交

（1）投标文件的密封和标记。

加密的电子投标文件的递交见《×× 公共资源交易中心网上招投标操作规程》相关规定。

（2）投标文件的递交。

投标供应商应当在截止时间前网上提交加密电子投标文件，否则投标无效。在投标截止时间之后送达的投标文件，×× 市政府采购中心有权拒绝。

（3）投标文件的修改和撤回。

投标供应商在递交投标文件后，可以修改或撤回其投标，但这种修改和撤回，必须在规定的投标截止时间前，并以书面形式通知 ×× 市政府采购中心。在投标截止时间后，投标供应商不得再要求修改或撤回其投标文件。投标供应商的修改书或撤回通知书，应按规定进行编制、密封、标记和递交，且在内层信封上标明“修改”或“撤回”字样。

5）开标与评标

（1）开标与投标文件的评审。

① ×× 市政府采购中心将在投标供应商须知前附表规定的时间和地点组织开标。

② 开标时，各投标供应商应在规定时间前，对投标文件现场或远程解密，项目负责人在监督员监督下解密所有投标文件。

③ 投标资格审查由采购人代表在评标前进行审查，资格不符合招标文件要求和相关法律规定的，投标无效。投标文件由评标委员会进行审查。

④ 开标时，×× 市政府采购中心将通过网上开标系统公布投标供应商名称、投标价格，以及 ×× 市政府采购中心认为合适的其他详细内容。

⑤ 无论何种原因，即使投标供应商投标时携带了证书材料的原件，但投标文件中未提供与之内容完全一致的扫描件或影印件的，评标委员会可以视同其未提供。

⑥ 评标委员会决定投标文件的响应性及符合性，只根据投标文件本身的内容及 ×× 公共资源交易中心企业库的资料，而不寻求其他外部证据。

（2）投标文件的澄清、说明或补正。

① 为有助于投标的审查、评价和比较，评标委员会可以书面方式要求投标供应商对投标文件中含义不明确、对同类问题表述不一致或者有明显文字和计算错误的内容作必要的澄清、说明或补正。澄清、说明或补正应以书面方式进行并不得超出投标文件的范围或改变投标文件的实质性内容。

② 如有询标，授权代表（或法定代表人）可通过远程登录的方式接受网上询标，也可携带本人有效身份证明原件参加询标。因授权代表联系不上、没有及时登录系统、未到开标现场等情形而无法接受评标委员会询标的，投标供应商自行承担相关风险。

③ 投标文件报价出现前后不一致的，除招标文件另有规定外，按照下列顺序修正：开标一览表内容与投标文件相应内容不一致的，以开标一览表为准；大写金额和小写金额不一致的，以大写金额为准；单价金额小数点或者百分比有明显错位的，应以开标一览表的总价为准，并修改单价；总价金额与按单价汇总金额不一致的，以单价金额计算结果为准。修正后的报价经投标供应商确认后产生约束力，投标供应商不确认的，其投标无效。

（3）废标处理及投标无效情形（略）。

6）定标与签订合同

（1）定标。

① 投标有效性评审后，评标委员会应当按招标文件规定的标准和方法提出独立评审意见，推荐中标候选供应商。

② 原则上把合同授予实质上响应招标文件要求的排名最前的中标候选供应商或通过资格审查的中标候选供应商。

③ 最低报价并不是被授予合同的保证。

（2）中标通知书。

中标供应商确定后，××市政府采购中心将在刊登本次招标公告的媒体上发布中标公告，同时以书面形式向中标供应商发出中标通知书。中标供应商应委派专人凭介绍信或公司授权书（须携带身份证明）到××市政府采购中心领取中标通知书。中标通知书对采购人和中标供应商具有同等法律效力。中标通知书发出以后，采购人改变中标结果或者中标供应商放弃中标，应当承担相应的法律责任。

（3）签订合同。

① 中标供应商应在中标通知书发出之日起30日内与采购人签订合同。招标文件、中标供应商的投标文件及澄清文件等，均作为合同的附件。

② 采购双方必须严格按照招标文件、投标文件及有关承诺签订采购合同，不得擅自变更。合同的标的、价款、质量、履行期限等主要条款应当与招标文件和中标供应商的投标文件的内容一致，采购人和中标供应商不得再行订立背离合同实质性内容的其他协议。

（4）验收。

① 采购人为政府采购项目履约验收的责任主体，负责政府采购项目的履约验收工作。

② 采购人验收时，应成立3人以上验收小组，明确责任，严格依照采购文件、中标通知书、政府采购合同及相关验收规范进行核对、验收，形成验收结论，并出具书面验收报告。

6. 第四章　评标办法

1）总则

第一条　为了做好××学院综合布线工程技术实训室设备采购的招标评标工作，保证项目评审工作的正常有序进行，维护采购人、投标供应商的合法权益，依据政府采购法律法规，本着公开、公平、公正的原则，制定本评标办法。

第二条　本项目评标办法采用综合评分法。

第三条　本项目将依法组建不少于5人组成的评标委员会，负责本项目的评标工作。

第四条　评标委员会按照“公平、公正、科学、择优”的原则，评价参加本次招标的投标供应商所提供的产品价格、性能、质量、服务及其投标文件的符合性及响应性。

2）评标程序及评审细则

第一条　评标工作于开标后进行。评标委员会应认真研究招标文件，至少应了解和熟悉招标的目的、招标项目的范围和性质、主要技术要求、标准和商务条款、评标标准、评标方法和在评标过程中考虑的相关因素。

第二条　有效投标应符合以下原则：满足招标文件的实质性要求；无重大偏离、保留或采购人不能接受的附加条件；通过投标有效性评审；评标委员会依据招标文件认定的其他原则。

第三条　评标委员会遵循公开、公平、公正和科学诚信的原则，按照招标文件规定的评标办法对投标文件采用相同程序和标准独立进行评定。

第四条　综合评分法，是指投标文件满足招标文件全部实质性要求且按照评审因素的量化指标评审得分最高的供应商为中标候选供应商的评标方法。综合评分法的主要因素：投标文件中的技术、资信、价格及相应的分值权重，满分为 100 分。评审程序如下：

（1）采购人代表对投标文件进行资格审查。

（2）资格审查合格后，评标委员会对投标文件进行符合性审查。

（3）对投标文件进行详细审查。评标委员会只对通过符合性审查，实质上响应招标文件要求的投标文件按照下述指标表进行详细审查。表 12-10 所示为评审细则涉及的主要内容，实际评审细则表一般要求更具体和详细。例如，要求提供证明材料复印件，加盖制造商公章，不提供不得分。

表 12-10　评审细则表

序号	评标项目	满分分值	评审细则
A 价格部分（满分 30 分）			
A1	价格部分	30	以有效最低投标报价为基准价，投标报价得分 =(基准价 / 投标报价)×30
B 技术部分（满分 55 分）			
B1	技术性能	35	完全满足或优于招标文件技术指标、参数要求的得 35 分。投标技术指标、参数低于招标文件技术指标、参数要求的，每项扣 5 分，扣完为止
B2	技术实力	4	1. 设备制造厂商为国家标准化组织委员或会员单位的得 1 分。 2. 设备制造厂商参与起草或者编写国家标准，每个标准得 1 分
B3	自主知识产权	4	所投产品为国家专利产品，发明专利得 2 分，实用新型专利得 1 分。提供专利证书复印件，加盖制造商公章，不提供不得分
B4	技能大赛	6	1. 所投产品为 2018 年全国职业院校技能大赛“网络布线”赛项指定品牌的得 3 分。 2. 设备制造厂商获得国家级教学成果一等奖的得 3 分，二等奖的得 2 分，省级教学成果奖的得 1 分
B5	配套教材	6	1. 所投产品配套理论教材《综合布线工程实用技术》，正式出版，以所投产品为平台编制，详细介绍综合布线理论和实训项目，得 2 分。 2. 所投产品配套实训教材《网络综合布线工程技术实训教程》，正式出版，以所投产品为平台编制，详细介绍综合布线实训项目，得 2 分。 3. 所投产品配套技能竞赛指导教材《信息网络布线工程技术训练教程》，正式出版，以所投产品为平台编制，详细介绍网络布线竞赛内容，得 2 分
C 商务部分（满分 15 分）			
C1	师资培训	2	设备制造厂商能为培训合格的师生颁发综合布线相关证书的得 2 分
C2	信誉	5	设备制造厂商连续 6 年及以上（含 6 年）被工商部门评为“守合同重信用”单位的得 5 分，6 年以下得 2 分，3 年以下得 1 分，没有不得分
C3	财务状况	3	财务状况良好的得 3 分，一般的得 1~2 分，差的和没有提供的不得分
C4	售后服务	5	根据各投标人提供的售后服务承诺优劣情况，包括具体的售后服务内容、故障响应时间、响应方式等进行综合评定

7. 第五章　采购合同

略。

8. 第六章　采购需求

表 12-11 所示为采购需求表。

表 12-11　采购需求表

序号	设备名称	推荐型号	规格参数及要求	数量
1	综合布线工程教学模型	西元 KYMX-03-08	（1）设备长 2.4 m，宽 1.2 m，高 1.8 m。微缩建筑模型，真实展示智能化建筑物理结构，三层，每层 7 个房间。全透明建筑结构，模块化组合，具有方便教学和演示功能。 （2）设备能够全面展示网络综合布线系统工程物理结构和布线方式。一层展示地埋布线方式，二层展示管槽布线方式，三层展示吊顶布线方式。 （3）教学模型由一栋园区网络中心、一栋三层综合楼和园区室外管网系统组成，配套有灯光指示系统和智能语音解说系统。全面展示和介绍园区网络系统工程全貌，包括网络中心和综合楼网络系统	1 台

续表

<table>
<tr><th>序号</th><th>设备名称</th><th>推荐型号</th><th>规格参数及要求</th><th>数量</th></tr>
<tr><td>2</td><td>铜缆展示柜</td><td rowspan="4">西元
KYSYZ-01-12-1
KYSYZ-01-12-2
KYSYZ-01-12-3
KYSYZ-01-12-4</td><td rowspan="4">(1) 综合布线实训室产品展示柜为国家发明专利，包括螺钉和连杆结构及自攻螺钉固定的透明亚克力门、带螺孔的钢板、螺钉、数字播放器、射灯和开关等组成。展示柜总高度 1 950 mm，总宽度 1 200 mm，上部深度 220 mm，下部深度 350 mm，产品展示柜为 18 mm 厚密度板用自攻螺钉连接组成上下组合板式结构。
(2) 铜缆展示柜展示了 7 类 50 件常用铜缆器材。
(3) 光缆展示柜展示了 6 类 26 件常用光缆器材。
(4) 配件展示柜展示了 4 类 26 件常用配件器材。
(5) 工具展示柜展示了 4 类 30 件常用工具器材</td><td>1 台</td></tr>
<tr><td>3</td><td>光缆展示柜</td><td>1 台</td></tr>
<tr><td>4</td><td>配件展示柜</td><td>1 台</td></tr>
<tr><td>5</td><td>工具展示柜</td><td>1 台</td></tr>
<tr><td>6</td><td>综合布线安装技能展示装置</td><td>西元
KYZJZ-05-03</td><td>(1) 设备为开放式机架结构，42U 机架，高 2 m，长 0.7 m，宽 0.5 m，机架设计有 Φ60 穿线孔、Φ50 穿线孔、Φ25 穿线孔、Φ6.5 通孔、Φ60×150 手孔。
(2) 设备安装有网络压接线仪 1 台，网络跳线测试仪 1 台，网络配线架 8 个，透明信息插座 24 个，彩色铜缆链路 144 条，PDU 电源插座 1 个等。
(3) 设备通过 4 种颜色缆线展示了综合布线工程抽线、理线、端接工艺规范，色彩丰富，美观漂亮</td><td>1 台</td></tr>
<tr><td>7</td><td>专业文化展示箱</td><td>西元
KYWZX-69</td><td>铝合金框架 + 卡模 +LED 灯。实训室文化展示，内容包括实训室简介、管理制度、安全规范、典型案例等</td><td>8 台</td></tr>
<tr><td>8</td><td>第二代网络配线实训装置</td><td>西元
KYPXZ-01-52</td><td>(1) 设备为开放式机架结构，38U 机架，高 1.8 m，长 0.6 m，宽 0.5 m，机架设计 Φ60 穿线孔、Φ50 穿线孔、Φ25 穿线孔、Φ6.5 通孔、Φ60×150 手孔。
(2) 设备安装有网络压接线仪 1 台，网络跳线测试仪 1 台，屏蔽网络配线架 1 个，非屏蔽网络配线架 1 个，110 型通信跳线架 2 个，RJ-45 语音配线架 1 个，PDU 电源插座 1 个等。
(3) 设备能够进行网络双绞线的配线和端接，每芯线都有对应的指示灯直观和持续显示通断情况和线序，能够直观判断网络双绞线端接的跨接、反接、短路、断路等故障。能够测试屏蔽或非屏蔽网络跳线和链路。能进行多种永久链路的安装与测试实训</td><td>12 台</td></tr>
<tr><td>9</td><td>第二代全光网配线端接实训装置</td><td>西元
KYPXZ-02-06</td><td>(1) 设备为开放式机架结构，38U 机架，高 1.8 m，长 0.6 m，宽 0.5 m，机架设计 Φ60 穿线孔、Φ50 穿线孔、Φ25 穿线孔、Φ6.5 通孔、Φ60×150 手孔。
(2) 设备安装有带液晶触摸屏的光纤配线端接仪 1 台，8 口 SC+8 口 ST 组合式光纤配线架 2 个，48 口 SC 光纤配线箱 (ODF) 1 台，理线环 2 个，光纤信息插座 4 个，PDU 电源插座 1 个等。
(3) 设备能够测试各种光纤跳线和复杂光纤链路的通断、损耗和长度，具有光缆一级和二级测试功能，能够同时搭建多路多种复杂光纤链路，进行光纤通信系统安装和测试实训</td><td>12 台</td></tr>
<tr><td>10</td><td>IT 工程技术实训平台</td><td>西元
KYSYZ-12-1221</td><td>(1) 设备为全钢结构，由方钢支架和多孔钢板组成，整体强度高，表面平整，保证能够多次重复安装和拆卸。模块化结构，能够根据场地安装为“十”形、“E”形、“U”形、“L”形等，适合不同大小的教室灵活安装，每个模块尺寸高 2.6 m，长 1.2 m，宽 0.24 m。每个实训区域安装有 6U 机柜和住宅信息箱。
(2) 每块钢板设计有多种安装螺孔和通孔，包括 M6 高硬度螺钉孔、Φ6.5 通孔、Φ5×20 条孔、Φ25 穿线孔、Φ60×150 手孔等，能够快速安装网络布线系统的设备、机柜、信息插座、桥架、线管、线槽等，也能快速安装门禁系统、报警系统、视频监控系统、可视对讲系统等智能建筑类的设备、机柜和布线等。
(3) 设备具有网络布线系统工程规划设计、安装和调试、永久链路安装与理线、故障模拟和维修、项目管理和新技术应用等教学实训平台功能</td><td>12 模块</td></tr>
<tr><td>11</td><td>光纤熔接机</td><td>西元
KYRJ-369</td><td>(1) 适用光纤：SM (单模)，MM (多模)，D. (色散位移) 光纤，NZDS (非零色散位移，即 G.655 光纤)。
(2) 熔接机类型：单芯熔接机。
(3) 包层外径：80~150 μm。
(4) 被覆光纤直径：100~1 000 μm。
(5) 光纤切割长度：8~16 mm。</td><td>12 台</td></tr>
<tr><td>12</td><td>光纤工具箱</td><td>西元 KYGJX-31</td><td>包含 20 种光纤熔接常用工具</td><td>12 个</td></tr>
</table>

续表

序号	设备名称	推荐型号	规格参数及要求	数量
13	光纤冷接与测试工具箱	西元 KYGJX-35	包含 15 种光纤冷接常用工具	12 个
14	综合布线工具箱	西元 KYGJX-12	包含 27 种综合布线工程常用工具	12 个
15	不锈钢操作台	KYCZT-12-6-2	1.2 m × 0.6 m × 0.75 m，不锈钢面板，方钢支架	12 张
16	器材存放架	KYSXS-18-18-2	1.8 m × 0.4 m × 1.8 m，4 层棚板，存放线槽和线管	2 个
17	配套实训器材	西元配套	包含人字梯 12 个、电动起子 12 把、5 对打线钳 12 把、语音打线钳 12 把、电缆剥皮钳 12 把、地布 12 块、弹簧垃圾桶 12 个、网络配线架 24 个、通信跳线架 24 个、理线环 24 个	1 套
18	透明吸塑盒电缆端接材料包	XY786	每盒 7 根 UTP 电缆、8 个 RJ-45 水晶头、6 个 RJ-45 模块	40 盒
19	透明吸塑盒包装 5e 类非屏蔽水晶头	XY-48-5e	48 个 / 盒	40 盒
20	透明吸塑盒包装 5e 类屏蔽水晶头	XY-48-5e-P	48 个 / 盒	40 盒
21	透明吸塑盒包装 6 类非屏蔽水晶头	XY-48-6	48 个 / 盒	40 盒
22	透明吸塑盒包装 6 类屏蔽水晶头	XY-48-6P	48 个 / 盒	40 盒
23	透明吸塑盒包装 5e 类非屏蔽网络模块	XY-24-5e	24 个 / 盒	40 盒
24	透明吸塑盒包装 5e 类屏蔽网络模块	XY-24-5e-S	24 个 / 盒	40 盒
25	透明吸塑盒包装 6 类非屏蔽网络模块	XY-24-6	24 个 / 盒	40 盒
26	透明吸塑盒包装 6 类屏蔽网络模块	XY-24-6-S	24 个 / 盒	40 盒
27	透明吸塑盒包装 5e 类非屏蔽水晶网络模块	XY-24-5e-TM	24 个 / 盒	40 盒
28	跳线端接技能训练材料包	XY786	按照实训 2 跳线端接技能训练内容配置	40 包
29	网络配线架端接实训材料包	XYCLB-TD5	按照实训 5 网络配线架端接实训内容配置	40 包
30	信息插座的安装实训材料包	XYCLB-TD6	按照实训 6 信息插座的安装实训内容配置	40 包
31	配线子系统安装实训（PVC 线管类）材料包	XYCLB-TD7	按照实训 7 配线子系统安装实训（PVC 线管类）内容配置	40 包
32	配线子系统安装实训（PVC 线槽类）材料包	XYCLB-TD8	按照实训 8 配线子系统安装实训（PVC 线槽类）内容配置	40 包
33	复杂链路端接实训材料包	XYCLB-TD9	按照实训 9 复杂链路端接实训内容配置	40 包
34	语音链路端接训练材料包	XYCLB-TD10	按照实训 10 语音链路端接训练内容配置	40 包
35	语音配线架端接训练材料包	XYCLB-TD11	按照实训 11 语音配线架端接训练内容配置	40 包
36	光纤熔接技术训练材料包	XYCLB-TD12	按照实训 12 光纤熔接技术训练内容配置	40 包

续表

序号	设备名称	推荐型号	规格参数及要求	数量
37	光纤测试链路的搭建实训材料包	XYCLB-TD13	按照实训 13 光纤测试链路的搭建实训内容配置	40 包
38	光纤复杂链路的搭建实训材料包	XYCLB-TD14	按照实训 14 光纤复杂链路的搭建实训内容配置	40 包
39	住宅布线系统安装实训材料包	XYCLB-TD15	按照实训 15 住宅布线系统安装实训内容配置	40 包
40	软性教学资源	西元配套	（1）标准类资源：包括 ISO/IEC、TIA/EIA、IEC 通用布缆相关国际标准、中国网络综合布线相关国家标准及技术白皮书等共 93 项。 （2）技能操作视频类资源：以投标设备为平台拍摄，详细讲解技术原理和实训操作细节，直观展现各项技能操作，减轻教师教学强度，学生能够反复观看，自主学习。包括设计类、铜缆实训指导类、光纤熔接实训指导类、光纤冷接实训指导类、工程技术实训指导类、解决方案类等不少于 60 个。 （3）教材类资源：包括理论教材、实训教材、实训指导书、技能大赛指导教材等。正式出版，以所投设备为平台编制，详细介绍相关理论和实训项目	1 套

9. 第七章　投标文件格式

1）投标文件资料清单

表 12-12 所示为投标文件资料清单。

表 12-12　投标文件资料清单

序号	资料名称	备注
1	开标一览表	
2	主要成交标的承诺函	
3	投标供应商综合情况简介	
4	投标函	
5	无重大违法记录声明函、无不良信用记录声明函	
6	投标产品分项报价表	
7	投标响应表	
8	投标业绩承诺函	
9	投标授权书	
10	供货及售后服务方案	
11	中小企业投标声明函	
12	两创产品投标声明函	
13	有关证明文件	

2）投标文件格式

略。

10. 第八章　网上招投标操作规程

略。

请扫描二维码下载典型案例 13 的 Word 版。

典型案例 13 Word 版

◎ 习题 12

一、填空题

1. 招标人是指提出招标项目、进行招标的________或者其他组织。（参考 12.1.1 节）

2. 招标文件一般由________或者________根据招标项目的特点和需要进行编制。（参考12.1.1 节）

3. 公开招标是指招标人在报刊、网络或其他媒体上刊登________，邀请不特定的法人或其他组织参加投标竞争，从中择优选择中标单位的招标方式。（参考 12.1.3 节）

4. 评标委员会由招标人的代表和有关技术、经济等方面的专家组成，成员人数为________人以上单数，其中技术、经济等方面的专家不得少于成员总数的________。（参考 12.1.4 节）

5. 招标人和中标人应当自中标通知书发出之日起________内，按照招标文件和中标人的投标文件订立书面合同。（参考 12.1.4 节）

6. ________是编制投标文件的主要依据，投标人必须对招标文件进行仔细研究。（参考12.1.5 节）

7. 工程项目投标报价主要包括 3 个方面，分别是：工程项目造价的________，工程项目投标报价的________和工程项目投标报价的________。（参考 12.1.5 节）

8. 评标的方法目前主要有两种：________和________。（参考 12.1.6 节）

9. ________是指投标文件满足招标文件全部实质性要求，且投标报价最低的投标人为中标候选人的评标方法。（参考 12.1.6 节）

10. 依据合同的适用范围，合同可以分为________和________两大类。（参考 12.1.7 节）

二、简答题

1. 什么是综合布线系统工程招标？一般涉及哪些人员？（参考 12.1.1 节和 12.1.2 节）
2. 简述综合布线系统工程项目招标的 6 种方式。（参考 12.1.3 节）
3. 简述工程招标一般流程。（参考 12.1.4 节）
4. 什么是综合布线系统工程投标？投标文件的编制包括哪些内容？（参考 12.1.5 节）
5. 简述综合布线系统工程主要的两种评标方法。（参考 12.1.7 节）

请扫描二维码下载习题 12Word 版。

习题 12 Word 版

◎ 实训 14　光纤复杂链路的搭建实训

1. 实训任务来源

光缆普遍应用于综合布线垂直子系统、建筑群子系统和光纤入户工程中，光纤跳线及光缆接头类型的合理选用，光纤链路的正确搭建等，关系到综合布线系统的性能和应用。

2. 实训任务

每 2~4 人一组，使用西元光纤配线端接实验仪、光纤配线架、光纤配线箱和西元光纤信息插座，进行光纤复杂测试链路的搭建实训与测试，如图 12-3 所示。请扫描二维码下载彩色高清图片。

彩色高清图

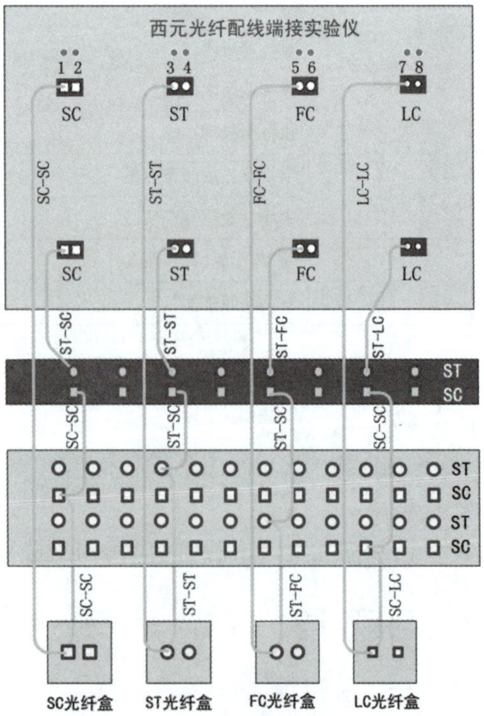

图 12-3　光纤复杂链路实训示意图

3. 技术知识点

（1）光纤通信原理、光纤结构和分类知识，影响光纤传输的主要因素等，详见第 4.3.1 节。

（2）光纤耦合器、光纤跳线、光纤配线架、光纤面板与底盒等常用器材知识，详见第 4.4 节。

4. 关键技能

（1）光纤跳线种类和使用方法。

（2）光纤配线端接实验仪、光纤配线架、光纤配线箱使用方法。

（3）光纤信息插座安装和端接方法。

（4）光纤测试链路的搭建。

5. 实训课时

（1）该实训共计 2 课时完成，其中技术讲解 10 min，视频演示 10 min，学员实际操作 50 min，跳线测试与评判 10 min，实训总结、整理清洁现场 10 min。

（2）课后作业 2 课时，独立完成实训报告，提交合格实训报告。

6. 实训指导视频

27399- 实训 14-《光纤复杂链路的搭建实训》（8 分 11 秒）。

实训 14《光纤复杂链路的搭建实训》

7. 实训材料

实训材料如表 12–13 所示。

表 12–13 实训材料

序号	名　称	规格说明	数量	器材照片
1	SC–ST 光纤跳线	SC–ST 成品跳线	7 根	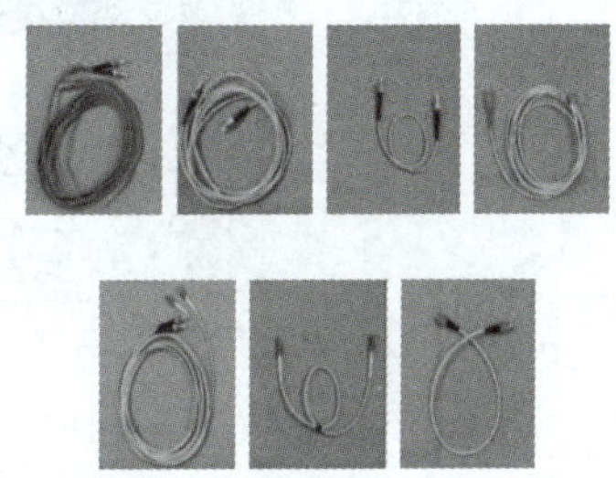
2	SC–LC 光纤跳线	SC–LC 成品跳线	1 根	
3	ST–ST 光纤跳线	ST–ST 成品跳线	3 根	
4	ST–FC 光纤跳线	ST–FC 成品跳线	2 根	
5	ST–LC 光纤跳线	ST–LC 成品跳线	1 根	
6	FC–FC 光纤跳线	FC–FC 成品跳线	1 根	
7	LC–LC 光纤跳线	LC–LC 成品跳线	1 根	

8. 实训设备

设备名称：西元全光网配线端接实训装置。

设备型号：KYPXZ–02–06。

本实训装置按照典型工作任务和关键技能实训专门研发，配置有光纤配线端接实验仪、光纤配线架、光纤配线箱、西元光纤信息插座等，仿真典型工作任务，能够通过指示灯持续和间断闪烁显示各种光纤跳线和光纤复杂链路配线、端接、通断测试等功能。

9. 实训步骤

（1）预习和播放视频。课前应预习，初学者提前预习，请扫描二维码观看实操视频，请多次认真观看，熟悉关键技能和评判标准。

实训时，教师首先讲解技术知识点和关键技能 10 min，然后播放视频 10 min。

（2）器材准备。建议在播放视频期间，教师准备和分发。

①按照表 12–13 发放实训材料。

②学员检查材料规格正确、数量合格。

③本实训要求学员独立完成，优先保证质量，掌握方法。

（3）光纤复杂链路的搭建实训步骤和方法。

第一步：SC–SC 光纤复杂链路的搭建。

SC–SC 光纤复杂链路的搭建，由两种 5 根光纤跳线插接 10 次，组成光纤复杂链路，如图 12–4 所示。具体步骤如下：

①取一根 SC–ST 光纤跳线，分别插接在实验仪 1 号 SC 口和光纤配线架 1 号 ST 口。

②取一根 SC–ST 光纤跳线，分别插接在光纤配线架内部的 1 号 SC 口和 1 号 ST 口。

③取一根 SC-SC 光纤跳线，分别插接在光纤配线架面板的 1 号 SC 口和 ODF 面板的 SC 口。

④取一根 SC-SC 光纤跳线，分别插接在 ODF 内部的 SC 口和信息插座内部的 SC 口。

⑤取一根 SC-SC 光纤跳线，分别插接在信息插座面板的 SC 口和实验仪 1 号 SC 口。

⑥如果看到 1 号指示灯亮，说明光纤链路通。如果指示灯不亮，请重新插接或者更换有故障的光纤跳线。

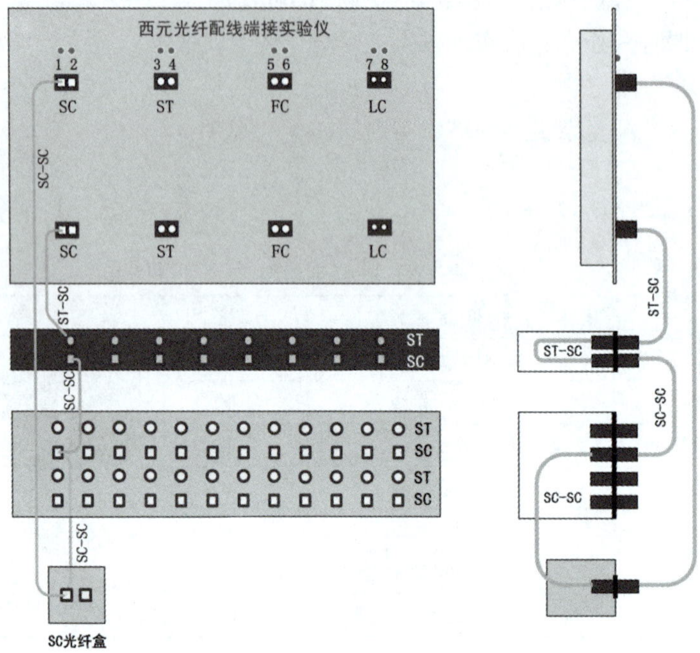

图 12-4　SC-SC 光纤复杂链路路由图

第二步：ST-ST 光纤复杂链路的搭建。

ST-ST 光纤复杂链路的搭建，由两种 5 根光纤跳线插接 10 次，组成光纤复杂链路，如图 12-5 所示。具体步骤如下：

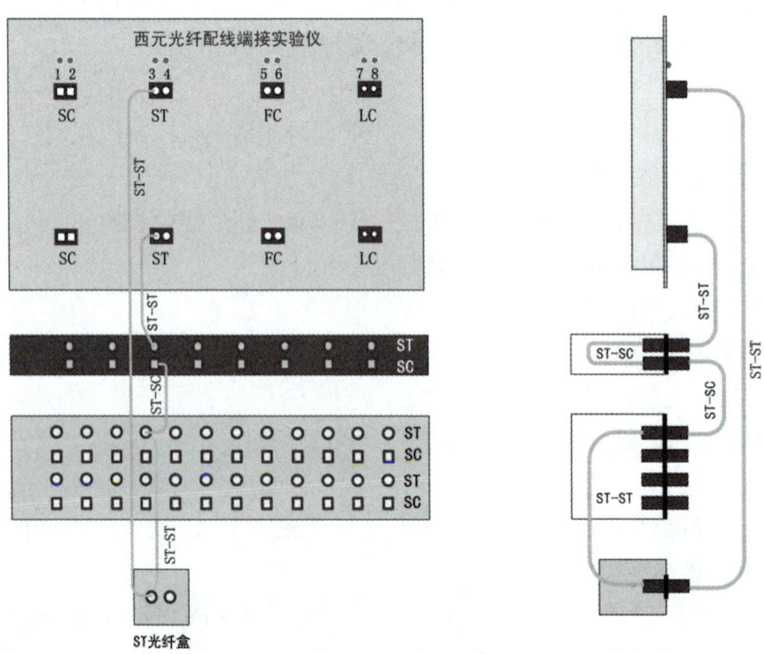

图 12-5　ST-ST 光纤复杂链路路由图

①取一根 ST-ST 光纤跳线，分别插接在实验仪 3 号 ST 口和光纤配线架的 3 号 ST 口。

②取一根 ST-SC 光纤跳线，分别插接在光纤配线架内部的 3 号 SC 口和 3 号 ST 口。

③取一根 ST-SC 光纤跳线，分别插接在光纤配线架面板的 3 号 SC 口和 ODF 面板的 ST 口。

④取一根 ST-ST 光纤跳线，分别插接在 ODF 内部的 ST 口和信息插座内部的 ST 口。

⑤取一根 ST-ST 光纤跳线，分别插接在信息插座面板的 ST 口和实验仪 3 号 ST 口。

⑥如果看到 3 号指示灯亮，说明光纤链路通。如果指示灯不亮，请重新插接或者更换有故障的光纤跳线。

第三步：FC-FC 光纤复杂链路的搭建。

FC-FC 光纤复杂链路的搭建，由 3 种 5 根光纤跳线插接 10 次，组成光纤复杂链路，如图 12-6 所示。具体步骤如下：

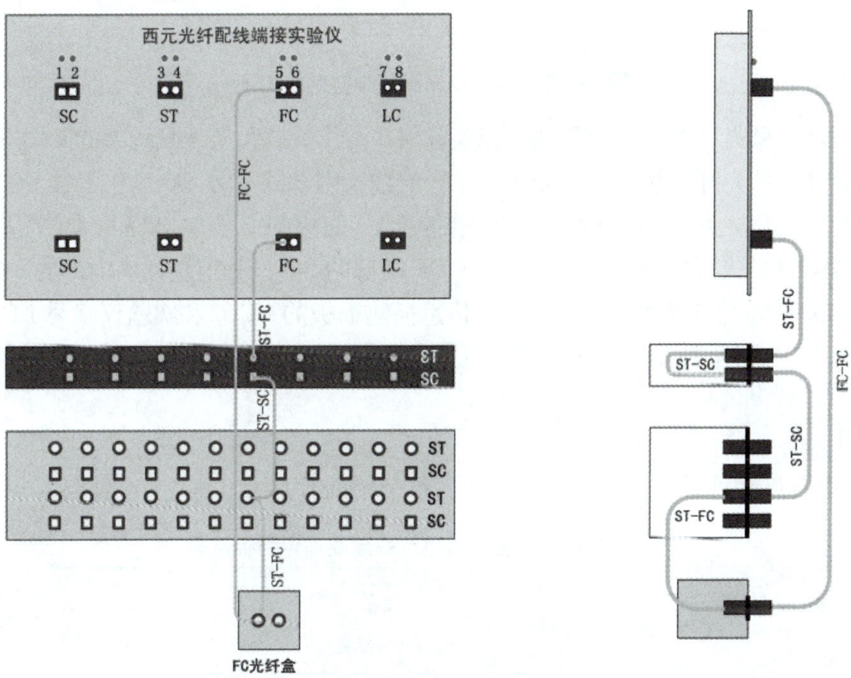

图 12-6 FC-FC 光纤复杂链路路由图

①取一根 ST-FC 光纤跳线，分别插接在实验仪 5 号 FC 口和光纤配线架的 5 号 ST 口。

②取一根 ST-SC 光纤跳线，分别插接在光纤配线架内部的 5 号 SC 口和 5 号 ST 口。

③取一根 ST-SC 光纤跳线，分别插接在光纤配线架面板的 5 号 SC 口和 ODF 面板的 ST 口。

④取一根 ST-FC 光纤跳线，分别插接在 ODF 内部的 ST 口和信息插座内部的 FC 口。

⑤取一根 FC-FC 光纤跳线，分别插接在信息插座面板的 FC 口和实验仪 5 号 FC 口。

⑥如果看到 5 号指示灯亮，说明光纤链路通。如果指示灯不亮，请重新插接或者更换有故障的光纤跳线。

第四步：LC-LC 光纤复杂链路的搭建。

LC-LC 光纤复杂链路的搭建，由 5 种 5 根光纤跳线插接 10 次，组成光纤复杂链路，如图 12-7 所示。具体步骤如下：

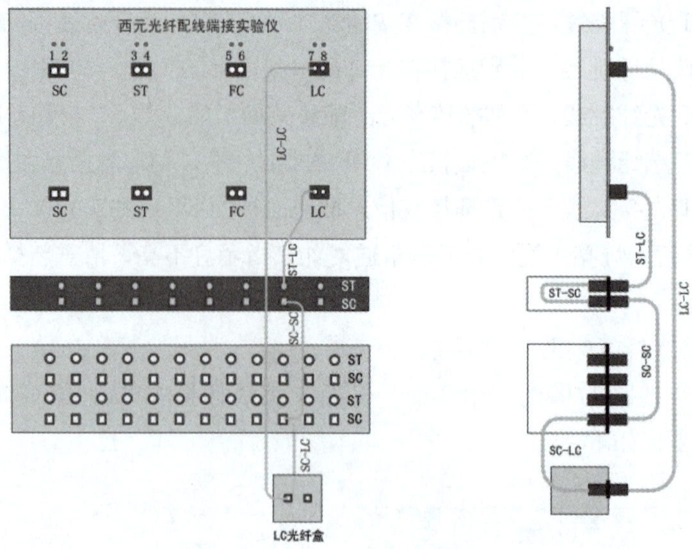

图 12-7　LC-LC 光纤复杂链路路由图

①取一根 ST-LC 光纤跳线，分别插接在实验仪 7 号 LC 口和光纤配线架的 7 号 ST 口。

②取一根 ST-SC 光纤跳线，分别插接在光纤配线架内部的 7 号 SC 口和 7 号 ST 口。

③取一根 SC-SC 光纤跳线，分别插接在光纤配线架面板的 7 号 SC 口和 ODF 面板的 SC 口。

④取一根 SC-LC 光纤跳线，分别插接在 ODF 内部的 SC 口和信息插座内部的 LC 口。

⑤取一根 LC-LC 光纤跳线，分别插接在信息插座面板的 LC 口和实验仪 7 号 LC 口。

⑥如果看到 7 号指示灯亮，说明光纤链路通。如果指示灯不亮，请重新插接或者更换有故障的光纤跳线。

10. 评判标准

该项目评判标准和评分表如表 12-14 所示。每个复杂链路 100 分，4 个链路共 400 分。

表 12-14　光纤复杂链路的搭建实训评判标准表

姓名 / 链路编号	链路测试（合格 100 分，不合格 0 分）	操作工艺评价					评判结果得分	排名
		ODF 面板端口插接正确（20 分）	光纤跳线插接正确（30 分）	光纤配线架端口插接正确（30 分）	布线路由正确（10 分）	理线规范（10 分）		

11. 实训报告

请按照单元 1 表 1-1 所示的实训报告模板要求，独立完成实训报告，2 课时。

请扫描二维码下载实训 14 的 Word 版。

实训 14
Word 版

单元 13

综合布线工程管理

通过对本单元学习，熟悉综合布线工程管理常识和基本管理方法。

学习目标

（1）掌握综合布线工程项目管理常识和常用工作表。

（2）掌握综合布线工程现场管理、器材管理、进度和安全管理方法。

13.1 现场管理

施工现场是指施工活动所涉及的施工场地及项目各部门和施工人员可能涉及的一切活动范围。现场管理工作应着重考虑对施工现场工作环境、居住环境、自然环境、现场物资及所有参与项目施工的人员行为进行管理，应按照事前、事中、事后的时间段，采用制订计划、实施计划、过程检查、发现问题后对问题进行分析、制定预防和纠正措施的程序进行现场管理。施工现场管理的基本要求主要包括以下方面：

1. 现场工作环境管理

项目经理应按照施工组织设计的要求管理作业现场工作环境，落实各项工作负责人，

严格执行检查计划，对于检查中所发现的问题进行分析，制定纠正及预防措施，并予以实施。对工程中的责任事故应按奖惩方案予以奖惩。

2. 现场居住环境管理

项目经理应对施工驻地的材料放置和伙房卫生进行重点管理，落实驻点管理负责人和工地伙房管理办法、员工宿舍管理办法、驻点防火防盗措施、驻点环境卫生管理办法，教育员工清楚火灾时的逃生通道，保证施工人员和施工材料的安全。

3. 现场周围环境管理

项目经理需要考虑施工现场周围环境的地形特点、施工的季节、现场的交通流量、施工现场附近的居民密度、施工现场的高压线和其他管线情况、与公路及铁路的交越情况、与河流的交越情况等前提下进行施工作业，对重要环境因素应重点对待。

4. 现场物资管理

在工地驻点的物资存放方面，应根据施工工序的前后次序放置施工材料，并进行恰当标识，

现场物资应整齐堆放，注意防火、防盗、防潮。物资管理人员还应做好现场物资的进货、领用的账目记录，并负责向业主移交剩余物资，办理相应手续。对于上述工作的完成情况，项目经理应在施工过程中进行检查，发现问题时应按相关要求进行处理。

13.2 技术管理

1. 图纸审核

在工程开工前，工程管理及技术人员应该充分了解设计意图、工程特点和技术要求。

1）施工图的自审

施工单位收到有关技术文件后，应尽快对施工图设计进行熟悉，写出自审的记录。自审施工图设计的记录应包括对设计图纸的疑问和对设计图纸的有关建议等。

2）施工图设计会审

一般由业主主持，由设计单位、施工单位和监理单位参加，四方共同进行施工图设计的会审。由设计单位的工程主设计人向与会者说明拟建工程的设计依据、意图和功能要求，并对特殊结构、新材料、新工艺和新技术提出设计要求。施工单位根据自审记录及对设计意图的了解，提出对施工图设计的疑问和建议；在统一认识的基础上，对所探讨的问题逐一地做好记录，形成“施工图设计会审纪要”，由业主正式行文，作为与设计文件同时使用的技术文件和指导施工的依据，以及业主与施工单位进行工程结算的依据。

审定后的施工图设计与施工图设计会审纪要，都是指导施工的法定性文件；在施工中既要满足规范、规程，又要满足施工图设计和会审纪要的要求。

图纸会审记录是施工文件的组成部分，与施工图具有同等效力，所以，图纸会审记录的管理办法和发放范围同施工图管理、发放，并认真实施。

2. 技术交底

为确保所承担的工程项目满足合同规定的质量要求，保证项目的顺利实施，应使所有参与施工的人员熟悉并了解项目的概况、设计要求、技术要求、工艺要求。技术交底是确保工程项目质量的关键环节，是质量要求、技术标准得以全面认真执行的保证。

技术交底的内容：工程概况、施工方案、质量策划、安全措施、“三新”技术、关键工序、特殊工序（如果有）和质量控制点、施工工艺（遇有特殊工艺要求时要统一标准）、法律、法规、对成品和半成品的保护，制定保护措施、质量通病预防及注意事项。

13.3 施工现场人员管理

施工现场人员的管理包括：

（1）制定施工人员档案。

（2）佩戴有效工作证件。

（3）所有进入场地的员工均给予一份安全守则。

（4）加强离职或被解雇人员的管理。

（5）项目经理要制定施工人员分配表。

（6）项目经理每天向施工人员发出工作责任表。

（7）制定定期会议制度。

(8) 每天均巡查施工场地。

(9) 按工程进度制定施工人员每天的上班时间。

(10) 对现场施工人员的行为进行管理，要求项目经理部组织制定施工人员行为规范和奖惩制度，教育员工遵守当地的法律法规、风俗习惯、施工现场的规章制度，保证施工现场的秩序。同时项目经理部应明确由施工现场负责人对此进行检查监督，对于违规者应及时予以处罚。

13.4 材料管理

材料的管理包括：

(1) 做好材料采购前的基础工作。工程开工前，项目经理、施工员必须反复认真地对工程设计图纸进行熟悉和分析，根据工程测定材料实际数量，提出材料申请计划，申请计划应做到准确无误。

(2) 各分项工程都要控制住材料的使用。

(3) 在材料领取、入库出库、投料、用料、补料、退料和废料回收等环节上尤其引起重视，严格管理。

(4) 对于材料操作消耗特别大的工序，由项目经理直接负责。具体施工过程中可以按照不同的施工工序，将整个施工过程划分为几个阶段，在工序开始前由施工员分配大型材料使用数量，工序施工过程中如发现材料数量不够，由施工员报请项目经理领料，并说明材料使用数量不够的原因。每一阶段工程完工后，由施工员清点、汇报材料使用和剩余情况，材料消耗或超耗分析原因并与奖惩挂钩。

(5) 对部分材料实行包干使用，节约有奖、超耗则罚的制度。

(6) 及时发现和解决材料使用不节约、出入库不计量，生产中超额用料高等问题。

(7) 实行特殊材料以旧换新，领取新料由材料使用人或负责人提交领料原因。材料报废须及时提交报废原因，以便有据可循，作为以后奖惩的依据。

13.5 安全管理

施工阶段的安全管理应采取安全控制措施。

施工阶段安全控制要点主要包括施工现场防火；施工现场用电安全；低温雨季施工防潮；机具仪表的保管、使用；机房内施工时通信设备、网络等电信设施的安全；施工过程中水、电、煤气、通信电（光）缆管线等市政或电信设施的安全；施工过程中文物保护；井下作业时的防毒、防坠落、防原有线缆损坏；公路上作业的安全防护；高处作业时人员和仪表的安全等。各安全控制点的控制措施内容如下：

1. 施工现场防火措施

施工现场实行逐级防火责任制，施工单位应明确一名施工现场负责人为防火负责人，全面负责施工现场的消防安全管理工作，根据工程规模配备消防员和义务消防员。

临时使用的仓库应符合防火要求。在机房施工作业使用电焊、气割、砂轮锯等时，必须有专人看管。施工材料的存放，保管应符合防火安全要求。易燃品必须专库储存，尽可能采取随用随进，专人保管、发放、回收。

熟悉施工现场的消防器材，机房施工现场严禁吸烟。电气设备、电动工具不准超负荷运行，线路接头要结实、接牢、防止设备线路过热或打火短路。现场材料堆放中，堆放不宜过多，垛之间保持一定防火间距。

2. 施工现场安全用电措施

临时用电和带电作业的安全控制措施应在《施工组织设计》中予以明确。

施工人员进入施工现场后，应组织实施安全教育，安全教育应强调用电安全知识。

施工现场需要临时用电时，操作人员应检查临时供电设施、电动机械与手持电动工具是否完好，是否符合规定要求，安装漏电保护装置，注意防止过压、过流、过载及触电等情况发生；接通电源之前，应设警示标志；临时用电结束后，立即做好恢复工作。

在涉及 36 V 以上电气布线和安装时，或者临近电力线施工作业的，应视电力线带电；操作人员必须戴安全帽，穿绝缘鞋，戴绝缘手套，并且随时与电力线，尤其是与高压电力线保持安全距离。在交流配电盘（箱、屏）、列柜及其他带电设备上作业时，操作人员应有保护措施，所用工具应做绝缘处理；严格操作规程，保持精力集中；带电施工过程中设专人看管电源闸箱，保持良好联络，随时做好应急准备。

3. 低温雨季施工控制措施

低温季节施工时，施工人员应尽量避免高空作业，必须进行高空作业时，应穿戴防冻、防滑的保温服装和鞋帽；吊装机具在低温下工作时，应考虑其安全系数；光缆的接续机具和测试仪表工作时应采取保温措施，满足其对温度要求；车辆应加装防冻液、防滑链，注意防冻、防滑。

雨季施工时，雷雨天气禁止从事高空作业，空旷环境中施工人员避雨时应远离树木，注意防雷。雨天施工时，施工人员应注意道路状况，防止滑倒摔伤。

13.6 质量控制管理

质量控制主要表现为施工组织和施工现场的质量控制，控制的内容包括工艺质量控制和产品质量控制。影响质量控制的因素主要有人、机械、材料、方法和环境等五大方面。因此，对这五方面因素严格控制，是保证工程质量的关键。

具体措施如下：

（1）现场成立以项目经理为首，由各分组负责人参加的质量管理领导小组。

（2）承包方在工程中应投入受过专业训练及经验丰富的人员来施工及督导。

（3）施工时应严格按照施工图纸、操作规程及现阶段规范要求进行施工。

（4）认真做好施工记录。

（5）加强材料的质量控制，是提高工程质量的重要保证。

（6）认真做好技术资料和文档工作，对于各类设计图纸资料仔细保存，对各道工序的工作认真做好记录和文字资料，完工后整理出整个系统的文档资料，为今后的应用和维护工作打下良好的基础。

13.7 成本控制管理

13.7.1 成本控制管理内容

1. 施工前计划

（1）做好项目成本计划。

(2) 组织签订合理的工程合同与材料合同。

(3) 制订合理可行的施工方案。

2. 施工过程中的控制

(1) 降低材料成本，实行三级收料及限额领料。

(2) 节约现场管理费。

3. 工程总结分析

(1) 根据项目部制定的考核制度，体现奖优罚劣的原则。

(2) 竣工验收阶段要着重做好工程的扫尾工作。

13.7.2 成本控制基本原则

(1) 加强现场管理，合理安排材料进场和堆放，减少二次搬运和损耗。

(2) 加强材料的管理工作，做到不错发、领错材料，不遗失材料，施工班组要合理使用材料，做到材料精用。在敷设线缆当中，既要留有适量的余量，还应力求节约，不予浪费。

(3) 材料管理人员要及时组织使用材料的发放，施工现场材料的收集工作。

(4) 加强技术交流，推广先进的施工方法，积极采用科学的施工方案，提高施工技术。

(5) 积极鼓励员工"合理化建议"活动的开展，提高施工班组人员的技术素质，尽可能地节约材料和人工，降低工程成本。

(6) 加强质量控制、加强技术指导和管理，做好现场施工工艺的衔接，杜绝返工，做到一次施工，一次验收合格。

(7) 合理组织工序穿插，缩短工期，减少人工、机械及有关费用的支出。

(8) 科学合理安排施工程序，搞好劳动力、机具、材料的综合平衡，向管理要效益。平时施工现场由 1–2 人巡视了解土建进度和现场情况，做到有计划性和预见性，预埋条件具备时，应采取见缝插针，集中人力预埋的办法，节省人力物力。

13.8 施工进度控制

施工进度控制关键就是编制施工进度计划，合作安排好前后序作业的工序，综合布线工程具体的作业安排如下：

(1) 对于与土建工程同时进行的布线工程，首先检查垂井、水平线槽、信息插座底盒是否安装到位，布线路由是否全线贯通，设备间、配线间是否符合要求，对于需要安装布线槽道的布线工程，首先需要安装垂井、水平线槽和插座底盒等。

(2) 敷设主干布线主要是敷设光缆或大对数电缆。

(3) 敷设水平布线主要是敷设双绞线。

(4) 线缆敷设的同时，开始为各设备间设立跳线架，跳线面板光纤盒的安装。

(5) 当水平布线工程完成后，开始为各设备间的光纤及 UTP/STP 安装跳线板，为端口及各设备间的跳线设备做端接。

(6) 安装好所有的跳线板及用户端口，做全面性的测试，包括光纤及 UTP/STP，并提供报告交给用户。

13.9 工程各类报表

1. 施工进度日志

施工进度日志由现场工程师每日随工程进度填写施工中需要记录的事项，具体表格样式如表 13-1 所示。

表 13-1　施工进度日志

<table>
<tr><td colspan="5">组别：　　人数：　　负责人：　　日期：</td></tr>
<tr><td colspan="5">工程进度计划：</td></tr>
<tr><td colspan="5">工程实际进度：</td></tr>
<tr><td colspan="5">工程情况记录：</td></tr>
<tr><td>时间</td><td>方位、编号</td><td>处理情况</td><td>尚待处理情况</td><td>备注</td></tr>
<tr><td></td><td></td><td></td><td></td><td></td></tr>
</table>

2. 施工责任人员签到表

施工的人员必须签到，签到按先后顺序，每人须亲笔签名，明确施工的责任人。签到表由现场项目工程师负责落实，并保留存档。具体表格样式如表 13-2 所示。

表 13-2　施工责任人签到表

<table>
<tr><td colspan="8">项目名称：　　　　项目工程师：</td></tr>
<tr><td>日期</td><td>姓名 1</td><td>姓名 2</td><td>姓名 3</td><td>姓名 4</td><td>姓名 5</td><td>姓名 6</td><td>姓名 7</td></tr>
<tr><td></td><td></td><td></td><td></td><td></td><td></td><td></td><td></td></tr>
<tr><td></td><td></td><td></td><td></td><td></td><td></td><td></td><td></td></tr>
</table>

3. 施工事故报告单

施工过程中无论出现何种事故，都应由项目负责人将初步情况填报“事故报告”。具体格式如表 13-3 所示。

表 13-3　施工事故报告单

<table>
<tr><td colspan="2">填报单位：　　　　项目工程师：</td></tr>
<tr><td>工程名称：</td><td>设计单位：</td></tr>
<tr><td>地点：</td><td>施工单位：</td></tr>
<tr><td>事故发生时间：</td><td>报出时间：</td></tr>
<tr><td>事故情况及主要原因：</td><td></td></tr>
</table>

4. 工程开工报告

工程开工前，由项目工程师负责填写开工报告，待有关部门正式批准后方可开工，正式开工后该报告由施工管理员负责保存待查。具体报告格式如表 13-4 所示。

表 13-4　工程开工报告

<table>
<tr><td>工程名称：</td><td></td><td>工程地点：</td><td></td></tr>
<tr><td>用户单位：</td><td></td><td>施工单位：</td><td></td></tr>
<tr><td>计划开工：</td><td>年　月　日</td><td>计划竣工：</td><td>年　月　日</td></tr>
<tr><td colspan="4">工程主要内容：</td></tr>
</table>

续表

工程主要情况：		
主抄： 抄送： 报告日期：	施工单位意见： 签名： 日期：	建设单位意见： 签名： 日期：

5. 施工报停表

在工程实施过程中可能会受到其他施工单位的影响，或者由于用户单位提供的施工场地和条件及其他原因造成施工无法进行。为了明确工期延误的责任，应该及时填写施工报停表，在有关部门批复后将该表存档。施工报停表具体格式如表13-5所示。

表13-5 施工报停表

工程名称：		工程地点：	
建设单位：		施工单位：	
停工日期：	年 月 日	计划复工：	年 月 日
工程停工主要原因：			
计划采取的措施和建议：			
停工造成的损失和影响：			
主抄： 抄送： 报告日期：	施工单位意见： 签名： 日期：	建设单位意见： 签名： 日期：	

6. 工程领料单

项目工程师根据现场施工进度情况安排材料发放工作，具体的领料情况必须有单据存档。具体格式如表13-6所示。

表13-6 工程领料单

工程名称			领料单位		
批料人			领料日期	年 月 日	
序号	材料名称	材料编号	单位	数量	备注

7. 工程设计变更单

工程设计经过用户认可后，施工单位无权单方面改变设计。工程施工过程中如确实需要对原设计进行修改，必须由施工单位和用户主管部门协商解决，对局部改动必须填报“工程设计变更单”，经审批后方可施工。具体格式如表13-7所示。

表13-7 工程设计变更单

工程名称		原图名称	
设计单位		原图编号	
原设计规定的内容：		变更后的工作内容：	
变更原因说明：		批准单位及文号：	
原工程量		现工程量	
原材料数		现材料数	
补充图纸编号		日 期	年 月 日

8. 工程协调会议纪要

工程协调会议纪要具体格式如表 13–8 所示

表 13–8 工程协调会议纪要

日期：			
工程名称		建设地点	
主持单位		施工单位	
参加协调单位			
工程主要协调内容：			
工程协调会议决定：			
仍需协调的遗留问题：			
参加会议代表签字：			

9. 隐蔽工程阶段性合格验收报告

隐蔽工程阶段性合格验收报告如表 13–9 所示。

表 13–9 隐蔽工程阶段性合格验收报告

工程名称：		工程地点：	
建设单位：		施工单位：	
计划开工：	年 月 日	实际开工：	年 月 日
计划竣工：	年 月 日	实际竣工：	年 月 日
隐蔽工程完成情况：			
提前和推迟竣工的原因：			
工程中出现和遗留的问题：			
主抄： 抄送： 报告日期：	施工单位意见： 签名： 日期：	建设单位意见： 签名： 日期：	

10. 工程验收申请

施工单位按照施工合同完成了施工任务后，会向用户单位申请工程验收，待用户主管部门答复后组织安排验收。工程验收申请具体格式如表 13–10 所示。

表 13–10 工程验收申请

工程名称：		工程地点：	
建设单位：		施工单位：	
计划开工：	年 月 日	实际开工：	年 月 日
计划竣工：	年 月 日	实际竣工：	年 月 日
工程完成主要内容：			
提前和推迟竣工的原因：			
工程中出现和遗留的问题：			
主抄： 抄送： 报告日期：	施工单位意见： 签名： 日期：	建设单位意见： 签名： 日期：	

◎ 典型案例 13　园区综合布线系统设计施工和管理

1. 综合布线系统设计

综合布线系统设计对综合布线的全过程起着关键性的作用，设计质量的好坏取决于 3 个因素：设计介入的时间、对用户需求的了解和产品的选型定位。

1）设计介入的时间

一般综合布线系统介入的时候，设计院或用户已经指定了设备间（布线机房）、弱电竖井及管理间（弱电间）的物理位置，即建筑的施工图设计已经完成。很多情况下这些物理位置设计得不合理直接影响综合布线系统的造价，所以设计介入的时间非常重要。该园区在进行建筑初步设计的时候就引入了整个园区弱电系统的设计单位，对综合布线系统进行了规划设计，帮助用户对设计院提出了设备间（布线机房）、管理间（弱电间）的位置和面积要求。

2）用户需求的了解

用户需求是综合布线系统设计的基础，如果不能充分理解客户需求，布线系统设计就成了无源之水。该园区用户在建设初期提出了如下的综合布线功能需求：

（1）园区综合布线系统能满足业务计算机内部网络、Internet 网络、电话网络需要。

（2）业务计算机内部网络的布线与 Internet 网络、电话系统的布线完全分开，分开的内容包括设备间（布线机房）分开，管理间（弱电间）尽量分开（如不能分开，业务网布线机柜与其他机柜间隔大于 1 m），桥架（垂直和水平）、管路、面板之间的间隔大于 20 cm。

（3）业务计算机内部网络的布线要求抗干扰。

（4）主干的配置冗余备份，满足将来扩展的需要。

（5）业务网目前满足千兆主干，百兆交换到桌面的网络传输要求，将来能升级到万兆主干，千兆交换到桌面的网络传输水平。

（6）电话网络目前采用传统的程控交换机系统实现模拟电话、数字电话，将来可以升级至 IP 电话系统。

（7）Internet 网络采用园区集中光纤接入，百兆交换到桌面的网络传输标准。

根据以上功能需求，设计单位对三者网络逐一进行了分析，对于园区业务计算机内部网络，目前综合布线市场上屏蔽 6 类、7 类及光纤到桌面的方案均能满足要求，考虑性价比等综合因素，建议水平区子系统采用屏蔽 6 类双绞线，垂直干线子系统采用 2 路 6 芯 50/125 μm（OM3）室内多模光纤，建筑群子系统采用 2 路 6 芯或 12 芯 9/125 μm 室外单模光纤的布线方案。

3）产品的选型定位

根据以上用户需求以及与设计院的沟通，建议采用同一个品牌的布线产品，包括面板、模块、超 5 类线缆、屏蔽 6 类线缆、配线架、光缆、大对数电缆、跳线等。

园区中心总配线架位于 A 分区，与 C 分区、E 分区的分区总配线架之间采用两路 24 芯单模光缆进行连接，各分区总配线架到各区楼宇总配线架之间采用单路 12 芯单模光缆进行连接，各栋楼宇内部的配线架之间采用 8 芯多模光缆进行连接。系统拓扑图如图 13-1 所示。

2. 综合布线系统施工

成功的综合布线工程不仅需要前瞻性的设计，施工的好坏也是重要因素。决定综合布线系统施工好坏的因素主要包括 4 方面：机柜及标签的设计、产品厂商的技术支持、缆线敷设与系统的端接质量（施工队素质）、与安装公司等单位的配合。

1）机柜及标签的设计

综合布线系统的施工图一般由系统图和平面布置图组成，布线施工队伍在进驻现场后第一件事情就应该是跟系统设计人员、业主就机柜内布置和标签展开深化设计，依据此设计，施工队伍就能组织施工的先后顺序，保证缆线在水平桥架、垂直桥架内层次分明不交叉，保证系统的美观。

2）产品厂商的技术支持

在参与整个综合布线系统工程的单位之中，产品厂商对产品特性最为了解，他们知道如何实施可以使产品的性能发挥到极致，所以整个工程厂商的参与程度直接影响到实施的效果。在该园区综合布线系统的施工过程中，3M 中国公司派驻专门的技术工程师到现场进行指导，前期对施工人员进行了多次辅导，手把手培训模块的端接，指导工人穿线并进行抽查测试，及时发现问题并指导整改，使得整个工程屏蔽 6 类线的测试一次性通过率达到 95%以上，测试数据相当好。

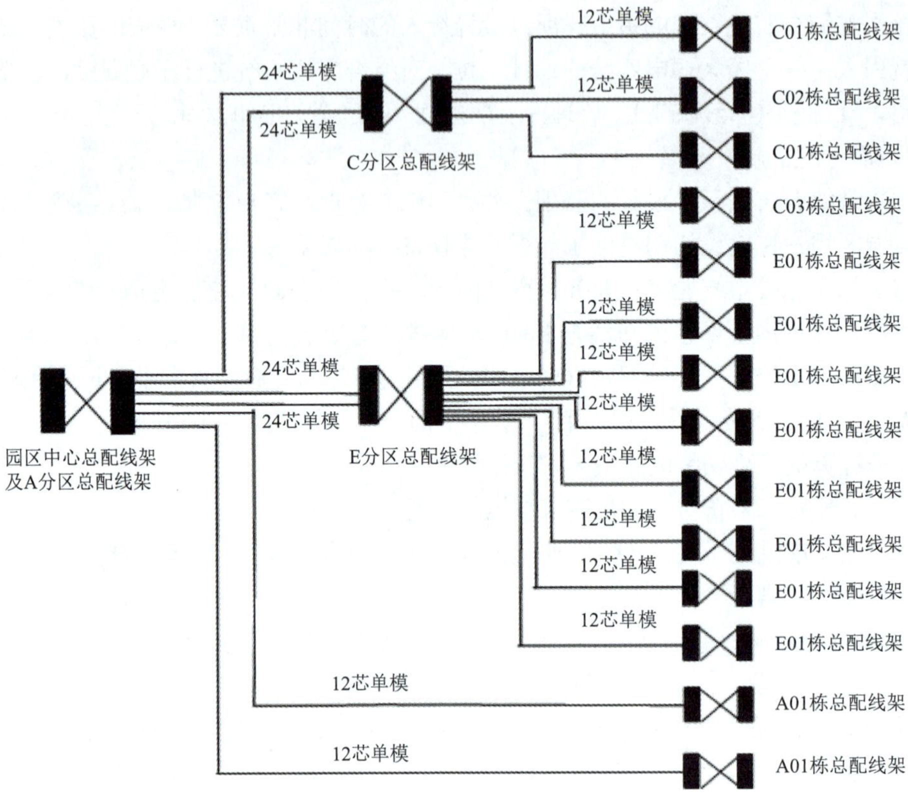

图 13–1　园区结构化屏蔽布线系统

3）缆线敷设与系统的端接质量（施工队素质）

综合布线系统是技术活，施工队伍的素质直接影响到布线的成本和质量。施工队进入现场后，首先需要对缆线敷设进行计算，充分利用每箱线量，减少不能使用的余线数量，从而减少成本。施工队伍要充分了解测试参数的含义及施工中的诸多环节对测试参数的影响，以便保证在线缆敷设、模块端接的质量。

4）与安装公司等单位的配合

综合布线施工的质量还与一些协作单位如安装公司的配合程度有密切关系，很多工程的桥架管线工程由安装公司完成，布管的质量、过路盒盖板的安装都关系到布线的质量。举两个例子，第一，Φ20 管本来要敷设两根缆线，但是安装公司在管子 90° 弯时质量不过关，两根缆线敷设非常紧，影响测试数据；第二，安装公司在封过路盒盖板时不认真，螺钉将缆线打穿或者割断，影响缆线使用。所以，在综合布线施工期间，与安装公司等单位的协作是非常重要的。

3. 综合布线的管理

随着网络技术的发展，网管人员可以通过一些软件工具做到对网络设备、服务器等的监控和管理，但还会遇到以下问题：①网络出现故障，不能迅速找出故障点所处的物理位置及整条链路的情况；②网络系统端口经常变更但文档管理跟不上；③网管人员变更后，接手人员工作困难。所以，高质量的综合布线系统工程必须与高质量的管理系统进行匹配，网络管理才能变得非常轻松。

该园区信息中心与综合布线系统实施单位配合开发了一套基于 SQL Server 平台的网络维护管理软件，将综合布线涉及的所有信息包括系统图、机柜图、编号原则、编号位置、电子图纸、测试报告等与网络管理的所有信息与相关人员所处部门进行沟通，当网管人员遇到故障时，不用翻图纸，只需要输入任何一个相关信息，与之相关的图纸与信息点信息可以立刻一目了然。这个网络管理软件大大提高了网管人员的工作效率，彻底解决了网管人员的后顾之忧。

请扫描二维码下载典型案例 13 的 Word 版。

典型案例 13 Word 版

◎ 习题 13

一、填空题

1. 施工现场是指施工活动所涉及的________以及项目各部门和施工人员可能涉及的一切________。（参考 13.1 节）

2. 在工程开工前，工程管理及技术人员应该充分地了解和掌握设计图纸的________、工程特点和________。（参考 13.2 节）

3. 审查施工图设计的程序通常分为________、________两个阶段。（参考 13.2 节）

4. ________是确保工程项目质量的关键环节，是质量要求、技术标准得以全面认真执行的保证。（参考 13.2 节）

5. 对于材料操作消耗特别大的工序，由________直接负责。（参考 13.4 节）

6. 施工现场实行________责任制，施工单位应明确一名施工现场负责人为防火负责人，全面负责施工现场的消防安全管理工作。（参考 13.5 节）

7. 在涉及 36 V 以上电气布线和安装时，或者临近电力线施工作业时，应视为电力线________，操作人员必须戴安全帽，穿绝缘鞋，戴________，并且随时与电力线，尤其是与高压电力线保持安全距离。（参考 13.5 节）

8. 质量控制主要表现为施工组织和施工现场的质量控制，控制的内容包括________质量控制和________质量控制。（参考 13.6 节）

9. 工程成本控制的原则之一为加强现场管理，合理安排材料进场和堆放，减少________和损耗。（参考 13.7.2 节）

10. 施工进度控制关键就是________，合作安排好前后序作业的工序。（参考 13.8 节）

二、选择题（部分为多选题）

1. 施工现场管理的基本要求主要包括（　　）。（参考 13.1 节）

A. 现场工作环境管理　　B. 现场居住环境管理

C. 现场周围环境管理　　D. 现场物资管理

2. 技术管理包括（　　）。（参考 13.2 节）

A. 现场勘测　　B. 图纸审核　　C. 编制施工进度表　　D. 技术交底

3. 施工现场人员的管理包括（　　）。（参考 13.3 节）

A. 制定施工人员档案

B. 佩戴有效工作证件

C. 所有进入场地的员工均给予一份安全守则

D. 加强离职或被解雇人员的管理

4. 对部分材料实行（　　）使用，节约有奖、超耗则罚的制度。（参考 13.4 节）

A. 按期　　B. 节约　　C. 按部门　　D. 包干

5. 影响质量控制的因素主要有“人、机械、（　　）、（　　）、环境”等五大方面。（参考 13.6 节）

A. 图纸审核　　B. 材料　　C. 方法　　D. 温度

6. 成本控制管理中，施工过程中的控制包括（　　）。（参考 13.7.1 节）

A. 减少材料使用　　B. 减少施工人员　　C. 降低材料成本　　D. 节约现场管理费

7. 工程成本控制基本原则之一为，积极鼓励员工（　　）活动的开展，提高施工班组人员的（　　），尽可能地节约材料和人工，降低工程成本。（参考 13.7.2 节）

A. “合理化建议”　　B. 遵守考勤制度　　C. 技术素质　　D. 数量

8. 工程开工前，由项目工程师负责填写（　　），待有关部门正式批准后方可开工。（参考 13.9 节）

A. 项目计划　　B. 开工报告　　C. 验收报告　　D. 材料清单

9. 请在表 13-11 中填写（　　）内的内容。（参考 13.9 节）

表 13–11　工程开工报告

工程名称：		工程地点：	
用户单位：		（　　）：	
（　　）：	年　月　日	计划竣工：	年　月　日
工程主要（　　）：			
工程主要情况：			
主抄： 抄送： 报告日期：	施工单位意见： 签名： 日期：	（　　）单位意见： 签名： 日期：	

A. 计划开工　　B. 建设　　C. 施工单位　　D. 内容

10. 施工单位按照施工合同（　　）了施工任务后，向用户单位申请（　　），待用户主管部门答复后组织安排验收。（参考 7.9 节）

A. 完成　　B. 接受　　C. 工程验收　　D. 竣工

三、简答题

1. 简述技术交底的内容。（参考 13.2 节）

2. 施工现场人员的管理非常重要，不仅能够保证工程质量，也能保证按时完工，主要包括哪些内容？（参考 13.3 节）

3. 简述成本控制管理内容。（参考 13.7.1 节）

4. 请列出视频监控工程常用的各类报表。（参考 13.9 节）

5. 请以本校教学楼综合布线系统工程为例，按照表 13-12 所示模板，填写工程验收申请。（参考 13.9 节）

表 13–12　工程验收申请

工程名称：		工程地点：	
建设单位：		施工单位：	
计划开工：	年　月　日	实际开工：	年　月　日
计划竣工：	年　月　日	实际竣工：	年　月　日
工程完成主要内容：			

续表

提前和推迟竣工的原因：		
工程中出现和遗留的问题：		
主抄： 抄送： 报告日期：	施工单位意见： 签名： 日期：	建设单位意见： 签名： 日期：

请扫描二维码下载习题 13 的 Word 版。

习题 Word 版

◎ 实训 15 住宅布线系统安装实训

1. 实训任务来源

用户单元信息配线箱到墙面信息插座（TO）永久链路的安装测试需要。

2. 实训任务和要求

完成图 13-2 中住宅布线系统安装实训任务，具体内容如下：

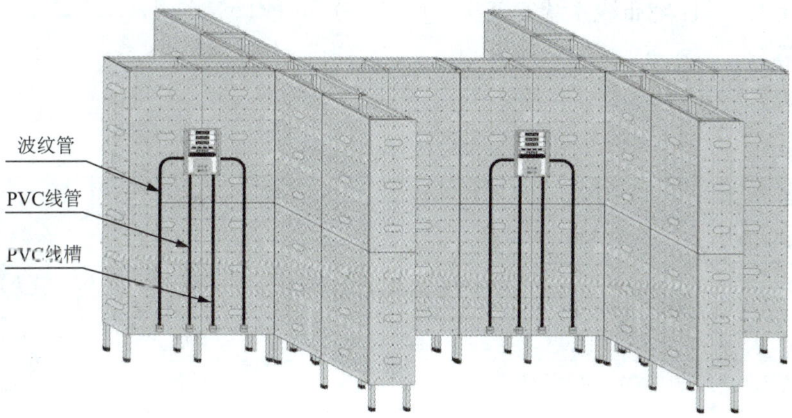

图 13-2 住宅布线系统安装示意图

请扫描二维码下载彩色高清图片。

彩色高清图

(1) 住宅信息箱安装。按照 GB 50311—2016《综合布线系统工程设计规范》国家标准第 7.1.3 条规定，多用户信息插座箱体在墙上、柱子的上部或吊顶安装时，距地高度不宜小于 1 800 mm。

(2)信息插座安装。按照 GB 50311—2016《综合布线系统工程设计规范》国家标准第 7.1.1 条，工作区信息插座的安装规定，具体要求如下：

①暗装或明装在墙体或柱子上的信息插座底盒底距地高度宜为 300 mm。

②信息插座模块宜采用标准 86 系列面板安装。

(3) 波纹管安装。要求波纹管路由正确，横平竖直，固定牢固。

(4) 缆线终接。按照 GB 50311—2016《综合布线系统工程验收规范》国家标准第 7.0.1 规定，具体要求如下：

①缆线在终接前，应核对缆线标识内容是否正确。

②缆线终接处应牢固、接触良好。

③对绞电缆与连接器件连接应认准线号、线位色标，不得颠倒和错接。

(5) 配线设备安装。按照 GB 50311—2016《综合布线系统工程验收规范》国家标准第 5.0.2 规定，具体要求如下：

①各部件应完整，安装就位，标志齐全、清晰。

②安装螺钉应拧紧，面板应保持在一个平面上。

3. 技术知识点

（1）住宅信息箱知识，详见单元 7 第 7.6.3 节。

（2）信息插座知识，详见单元 4 第 4.2 节。

（3）水平子系统线管的安装施工技术，详见单元 6 第 6.5.1 节和第 6.5.3 节。

4. 关键技能

（1）住宅信息箱的安装知识。

（2）信息插座安装知识。

（3）波纹管、PVC 线槽、PVC 线管安装穿线。

5. 实训课时

（1）该实训共计 2 课时完成，其中技术讲解 10 min，视频演示 15 min，学员实际操作 45 min，跳线测试与评判 10 分钟，实训总结、整理清洁现场 10 分钟。

（2）课后作业 2 课时，独立完成实训报告，提交合格实训报告。

6. 实训指导视频

实训 15《住宅布线系统安装实训》

27399- 实训 15-《住宅布线系统安装实训》（15 分 56 秒）。

7. 实训材料

实训材料如表 13–13 所示。

表 13–13 实训材料

序号	名　称	规格说明	数量	器材照片
1	信息插座底盒	标准 86 型底盒，透明	6 个	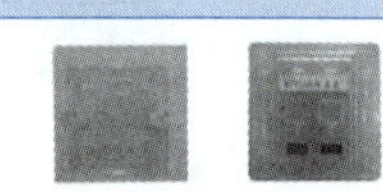
2	86 型面板	86 型双口信息面板，带面板安装螺丝	6 个	
3	波纹管	Φ20 波纹管，黑色	5 m	
4	波纹管接头	Φ21.2 波纹管接头	6 个	
5	PVC 线管	Φ20 PVC 线管	3 m	
6	管卡	Φ20 管卡，用于固定 PVC 线管	4 个	
7	线槽	20 × 10 PVC 线槽	1.5 m	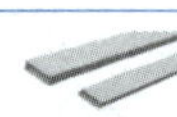
8	网络模块	5e 类 RJ-45 网络模块	12 个	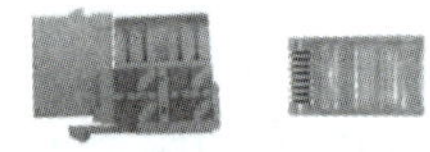
9	网络水晶头	5e 类 RJ-45 网络水晶头	4 个	
10	网线	5e 类双绞线电缆	10 m	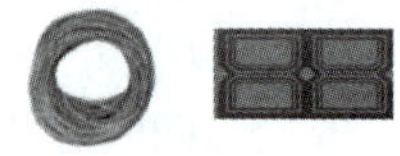
11	标签纸	用于线标	1 张	

8. 实训工具

实训工具如表 13–14 所示。

表 13–14 实训工具

序号	名　称	规格说明	数量	工具照片
1	网络压线钳	支持 RJ-45 与 RJ-11 水晶头压接	1 把	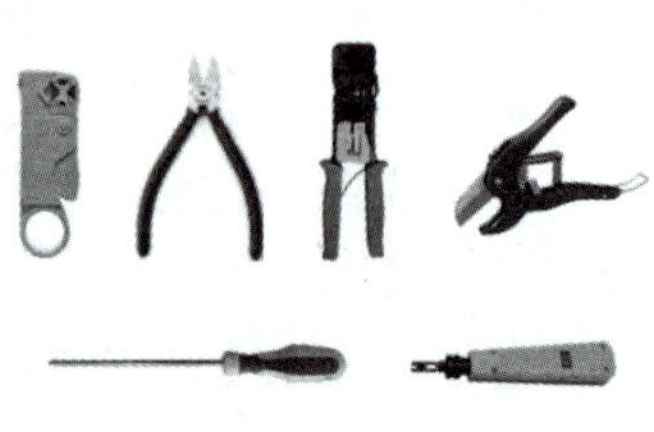
2	旋转剥线器	旋转式剥线器，用于剥除外护套	1 把	
3	水口钳	6 寸水口钳，用于剪掉撕拉线	1 把	
4	单口打线钳	用于端接 5 对连接块	1 把	
5	十字螺丝刀	用于安装十字头螺钉	1 把	
6	线管剪	用于裁剪 PVC 线管	1 把	

9. 实训设备

设备名称：西元网络综合布线实训装置。

设备型号：KYSYZ-08-08。

本实训装置按照典型工作任务和关键技能训练需要专门研发，可安装住宅信息箱、86 型信息插座、PVC 线槽、PVC 线管和波纹管，能够对住宅布线系统安装进行系统的训练。住宅信息箱配备有网络配线模块、光纤配线模块、TV 配线模块、电源模块等。

10. 实训步骤

(1) 预习和播放视频。课前应预习，初学者提前预习，请扫描二维码观看实操视频，请多次认真观看，熟悉主要关键技能和评判标准。

实训时，教师首先讲解技术知识点和关键技能，然后播放视频。

(2) 器材工具准备。建议在播放视频期间，教师准备和分发。

①按照第 7 条材料表，给每个工位发放材料，包括 86 型信息插座底盒 6 个、86 型信息面板 6 个、波纹管 5 m，波纹管接头 6 个、PVC 线管 1.5 m、PVC 线槽 1.5 m、管卡 4 个、网络模块 12 个、网络水晶头 4 个、标签纸 1 张等。

②学员检查材料规格数量合格。

③按照第 8 条工具表发放工具。

④本实训要求每组学员单独完成，优先保证质量，掌握方法。

(3) 住宅布线系统安装训练步骤和方法。

第一步：学习图纸。

反复研读图 13-2 住宅布线系统安装示意图，掌握住宅布线系统安装路由与搭建方式后才能开始操作。

第二步：安装住宅信息箱。

拆开住宅信息箱包装箱，将信息箱内网络配线架、光纤配线架、TV 配线架取出。使用 M6 螺丝按照图纸要求位置，将住宅信息箱安装在网络综合布线实训装置上。

请按照图 13-2 中螺孔与住宅信息箱的相对位置，确定住宅信息箱的安装位置。

第三步：安装信息插座底盒。

按照图 13-2 住宅布线系统安装示意图所示位置，使用 M6 螺钉将信息插座底盒安装在网络综合布线实训装置上。

第四步：安装波纹管。

将波纹管一端安装在底盒 Φ25 孔中，另一端安装在住宅信息箱侧面面 Φ25 孔中。波纹管接头安装方法如图 13-3 所示。

①取下接头螺母 ②将波纹管穿入接头 ③将接头穿入底盒 ④安装螺母

图 13-3 波纹管接头安装方法

第五步：安装线管、线槽。

①安装管卡。按照图 13-2 所示路由，选择合适位置安装管卡，用于固定 PVC 线管。具体操作方法请参考“实训 7 配线子系统安装实训（PVC 线管类)”。

②安装线槽。使用电动起子对线槽开孔，每段线槽至少开两个安装孔。具体操作方法请参考

"实训 7 配线子系统安装实训（PVC 线槽类）"。

第六步：穿线。

每根线管、线槽内穿两根 5e 类网线，线端使用标签纸做好标记。

第七步：配线端接。

将电缆一端端接在信息插座网络模块上，另一端端接在住宅信息箱内 6 口网络配线架模块上。图 13-4 所示为 6 口网络配线架实物照片。

第八步：安装网络配线架。

将端接完成的网络配线架，安装在住宅信息箱内，并将光纤配线模块、路由模块、TV 模块等安装在住宅信息箱内。图 13-5 所示为住宅信息箱设备安装位置示意图。

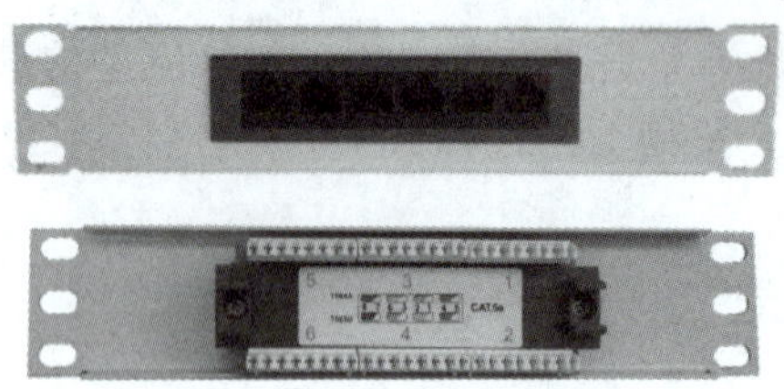

图 13-4　6 口网络配线架

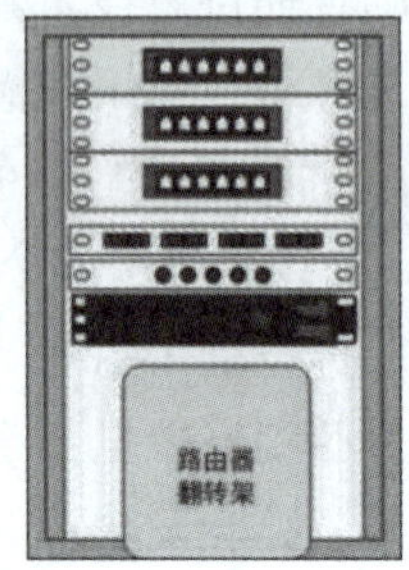

图 13-5　住宅信息箱内设备安装位置

第九步：住宅布线系统通断测试。

将测线仪发射端插入到双口面板上的网络插口，将测线仪接收端插入到机柜中的网络配线架端口，观察测线仪指示灯闪烁顺序。以此类推，测试所有端口。

①当跳线线序压接正确时，上下对应的指示灯会按照 1—1、2—2、3—3、4—4、5—5、6—6、7—7、8—8 顺序轮流重复闪烁。

②如果有一芯或者多芯没有压接到位，对应的指示灯不亮。

③如果有一芯或者多芯线序错误时，对应的指示灯将显示错误的线序。

11. 评判标准

该项目评判标准和评分表如表 13-15 所示。每个永久链路 100 分，6 个共 600 分。

表 13-15　住宅布线系统安装实训评判标准表

姓名 / 链路编号	链路测试合格 100 分，不合格 0 分	操作工艺评价（每处扣 5 分）						评判结果得分	排名
		信息箱安装正确（20 分）	配线架安装正确（30 分）	信息插座安装正确（30 分）	布线路由正确（10 分）	理线规范（10 分）	测试通过（30 分）		

12. 实训报告

请按照单元 1 表 1-1 所示的实训报告模板要求，独立完成实训报告，2 课时。

请扫描二维码下载实训 15 的 Word 版。

实训 15 Word 版

参考文献